丛书主编 柯 洪

全国一级造价工程师职业资格考试十年真题·九套模拟

建设工程技术与计量

（安装工程）

上册 十年真题

U0725583

主编 赵 斌

中国建筑工业出版社
中国城市出版社

图书在版编目（CIP）数据

建设工程技术与计量. 安装工程／赵斌主编.

北京：中国城市出版社，2025. 7. --（全国一级造价工程师职业资格考试十年真题·九套模拟）. -- ISBN 978-7-5074-3841-3

Ⅰ. TU723. 3-44

中国国家版本馆 CIP 数据核字第 20252YA544 号

责任编辑：朱晓瑜　张智芊

责任校对：党　蕾

全国一级造价工程师职业资格考试十年真题·九套模拟

丛书主编　柯　洪

建设工程技术与计量

（安装工程）

主编　赵　斌

*

中国建筑工业出版社、中国城市出版社出版、发行（北京海淀三里河路9号）

各地新华书店、建筑书店经销

北京鸿文瀚海文化传媒有限公司制版

建工社（河北）印刷有限公司印刷

*

开本：787 毫米×1092 毫米　1/16　印张：31¼　字数：719 千字

2025 年 8 月第一版　2025 年 8 月第一次印刷

定价：**88. 00** 元（上、下册）

ISBN 978-7-5074-3841-3

（904873）

前　言

一、2025 年一级造价工程师职业资格考试的变化

2025 年一级造价工程师职业资格考试发布了新的考试大纲，考试教材也发生了较大的变化。

1. 考试大纲的变化

2025 年一级造价工程师职业资格考试发布的新考试大纲对各门课程的内容要求均未发生变化，但调整了"建设工程造价案例分析"科目的试题类型，如表 1 所示。

2025 年一级造价工程师职业资格考试各科目考试时间和试题类型　　表 1

项目	科目				
	建设工程造价管理	建设工程计价	建设工程技术与计量（土木建筑工程、交通运输工程、水利工程、安装工程）	建设工程造价案例分析（土木建筑工程、安装工程）	建设工程造价案例分析（交通运输工程、水利工程）
考试时间（小时）	2.5	2.5	2.5	4	4
满分记分	100	100	100	约 20　约 100	120
试题类型	客观题	客观题	客观题	客观题　主观题	主观题

在"建设工程造价案例分析"科目中首次出现了 20 分左右的客观题，但具体会采用与其他三门课程一样的方式命题，还是采用小案例的方式，即在某一个案例下出 3~5 道选择题，尚不明确，给考生备考造成难度。

2. 考试教材的变化

2024 年 11 月 26 日，《建设工程工程量清单计价标准》GB/T 50500—2024 及九个专业的工程量计算标准发布，并将于 2025 年 9 月 1 日实施，2025 年各科目一级造价工程师职业资格考试教材均根据新版清单计价标准及工程量计算标准做出了较大的修改，在各门课程中均出现了 20%~40% 的新知识点，对于这些新知识点将如何出题，分值如何重新分布都是影响考生备考的大问题。

2025 年"十年真题·九套模拟"系列辅导书将针对上述变化进行大篇幅地修订，帮助考生科学备考，以期顺利通过一级造价工程师职业资格考试。

二、考生在复习备考时遇到的困难

经过长期以来对考生复习状况的跟踪调研，以及"十年真题·九套模拟"系列辅导书自2019年出版以来各位主编通过线上直播和线下授课方式与部分考生代表的沟通，大部分积极备考的考生普遍反映教材的内容并不难理解和掌握，但在考试时还是会不断出现判断、选择或计算错误。造成这些应考困境的主要原因是：

（1）一级造价工程师职业资格考试的教材内容就专业知识的层面来说并不是很深，大多是从事专业领域工作应具备的基础知识。很多考生学习起来并不是很吃力，但经常出现顾此失彼的现象。因为同时进行四门课程的备考，不免在时间和精力分配上力不从心，并且各门课程的内容容易相互干扰，每一个知识点内容都不难掌握，但把四门课的知识点都集中在一起不免有顾此失彼之感。

（2）经过20多年的发展，一级造价工程师职业资格考试已经形成了比较稳定的模式。也就是不仅仅要求考生能够学会教材中的各个知识点，还必须牢固掌握并灵活运用。一级造价工程师职业资格考试有时可能在一个相对简单的知识点上设计一些难度较大的题目，考生如不能掌握考试规律，很难取得理想的分数。

（3）考生备考时有时会有无从下手之感。面对厚厚的几百页教材，考生往往会抓不住重点，不了解主要的考点，不了解主要的题型，不了解主要的考试方式。如果在复习备考中不辅以大量的高质量习题训练，最终会有事倍功半的结果。

三、本丛书的主要特点

本丛书由"十年真题"和"九套模拟"两部分组成，分别对考生复习备考起到不同的指导和帮助作用。

1. "十年真题"部分[①]

对真题的详细研读永远是复习备考的不二法门，但很多考生只满足于用历年真题测试自己的知识掌握程度，殊不知这种方法的帮助是很有限的。有时用某一年真题自行测试效果较为理想，用另一年真题自行测试却成绩较差。因此直接采用真题进行模拟考核并不是效率很高的学习方法，即使测试效果较好也并不能必然表示今年的考核就可以顺利通过。再加上2025年教材进行了重大更新，很多考生并不了解历次教材的修订情况，反而会被过去的知识点所影响，对目前教材的内容产生理解困惑。基于这些困境，本丛书"十年真题"部分主要通过真题研读的方式帮助考生掌握每门课程的核心考点和要

注：①为便于读者理解与学习，本书引用的历年真题中的相应规范、标准均改为最新版本。

求，同时避免常犯的考试错误：

（1）研读要点一：关注高频考点。虽然在这十年中，教材已多次更新，既包括知识点范畴的更新，也包括某知识点具体内容的更新，但是在历次变化中，高频考点表现出相对的稳定性，通过"十年真题"中各考点的出现频次，可以准确掌握全书的考试重点，事半功倍。

（2）研读要点二：关注常见考试题型。在掌握高频考点的基础上，还应进一步熟悉各考点在历次考核中的常见题型。从历年真题的情况来看，通常每一高频考点会有两到三种常见的考试题型，包括计算题、概念填选题、综合理解题、比较选择题，掌握了常见题型，就可以应对考试时可能出现的各种变化。

（3）研读要点三：关注考题中干扰项的选择。这是广大考生最容易忽略的一点，恰恰也是最重要的一点。很多考生在看历年真题时，重点关注的都是正确答案的选择，鲜有关注其他干扰项的设置。其实干扰项的设置是大有道理的，都是根据考生对知识点的常见错误理解而设计的，并且对于大多数考点来说，干扰项的选择也有其规律性，很多干扰项的重复使用率非常高。熟悉常见考点的常用干扰项，避免众多考生常犯的错误（对于案例来说，就是在计算时经常出现的计算遗漏、计算错误或者考虑欠缺等情况），才能真正做到知己知彼，百战不殆。

"十年真题"通过以上三方面的研读层层推进，带动考生深刻了解考试的内涵及发展趋势，不仅帮助考生对知识点的掌握更加牢固，还可以使考生对考试的各项要求了如指掌，成竹于胸。

2. "九套模拟"部分

在通过"十年真题"牢固掌握基础知识、熟悉考试规律的基础上，本丛书通过"九套模拟"不断训练及提升考生运用知识及应对考试的能力。与其他的模拟试卷相比，本丛书独具以下特点：

（1）循序渐进，循环提高。本丛书主要针对参加土建和安装专业考试的考生，各专业课程都准备了九套模拟题，并创新性地将其分为逆袭卷（五套）、黑白卷（三套）和定心卷（一套）。逆袭卷用于考前45~60天的阶段，主要特点是全面覆盖所有知识点和考点，以帮助考生深入掌握教材内容；黑白卷用于考前30天的阶段，主要特点是模拟题集中于教材的重点、难点及高频考点，以帮助考生最快速度最大程度掌握考试中分值占比最大的知识点；定心卷用于考前7~15天的阶段，主要特点是全真模拟考题难度，考生可以更加真实地测定出知识的掌握程度。

（2）关注考试的发展趋势。2025年采用了全新的一级造价工程师职业资格考试教材。本丛书的各套真题针对变化的知识点重点关注，反复用不同题型进行训练，提高考生对新知识点的掌握程度，做到对考试可能出现的题型成竹于胸。

（3）配合解析，掌握易错考点。考生往往面临"知其然不知其所以然"的困境。针对这一难题，本丛书选择了部分模拟题进行详细解析，详尽深入阐述各易错考点，同时还在一些重要题目上配备了视频或音频讲解。考生可以举一反三，避免在考试中被类似题型迷惑，帮助考生取得更好的成绩。

"十年真题·九套模拟"系列辅导书自发行以来受到了广大考生的欢迎，同时也提出了很多建设性批评意见，编写者针对这些意见对 2025 年版辅导书进行了完善修订。相信通过对本丛书的学习，考生可以大幅度提高对各知识点的掌握程度，取得理想的考试成绩。由于编者水平有限，书中难免会有疏漏，还望各位考生谅解并提出宝贵意见。

目 录

上册 十年真题

下册　九套模拟

第一章　安装工程材料

一、本章概览

本章知识架构见图1-1。

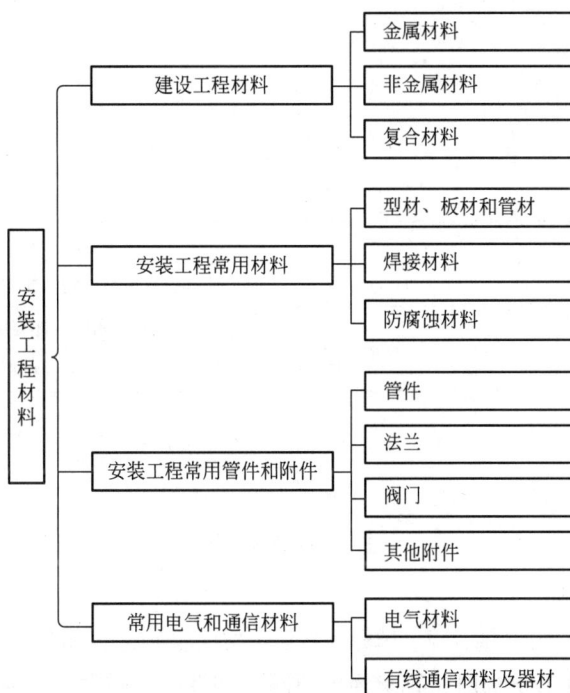

图1-1　本章知识架构

二、考情分析

参见表1-1。

表1-1　　　　　　　　　　　　　　　　　本章考情分析

章节内容	2024			2023			2022		
	单选	多选	分值	单选	多选	分值	单选	多选	分值
第一章　安装工程材料	10题10分	5题7.5分	17.5	10题10分	5题7.5分	17.5	10题10分	5题7.5分	17.5
第一节　建设工程材料	5　5	2　3	8	5　5	2　3	8	5　5	2　3	8

章节内容	2024			2023			2022		
	单选	多选	分值	单选	多选	分值	单选	多选	分值
第二节　安装工程常用材料	2	2	1	1.5	3.5	2	2	1	1.5	3.5	2	2	1	1.5	3.5
第三节　安装工程常用管件和附件	2	2	1	1.5	3.5	2	2	1	1.5	3.5	2	2	1	1.5	3.5
第四节　常用电气和通信材料	1	1	1	1.5	2.5	1	1	1	1.5	2.5	1	1	1	1.5	2.5

第一节　建设工程材料

一、名师考点

参见表 1-2。

表 1-2　　　　　　　　　　　　　　　　本节考点

教材点		知识点
一	金属材料	钢、铸铁、有色金属的性能与用途
二	非金属材料	分类、主要非金属的性能与用途
三	复合材料	复合材料的分类与性能、主要复合材料的性能与用途

二、真题回顾

I　金属材料

（一）单项选择题

1. 钢中含有的碳、硅、锰、硫、磷等元素对钢材性能影响正确的为（　　）。（2015 年）

A. 当含碳量超过 1.00%时，钢材强度下降，塑性大、硬度小、易加工

B. 硫、磷含量较高时，会使钢材产生热脆和冷脆性，但对其塑性、韧性影响不大

C. 硅、锰能够在不显著降低塑性、韧性的情况下，提高钢材的强度和硬度

D. 锰能够提高钢材的强度和硬度，而硅则会使钢材塑性、韧性显著降低

2. 与奥氏体型不锈钢相比，马氏体型不锈钢的优点是具有（　　）。（2015 年）

A. 较高的强度、硬度和耐磨性　　　　　B. 较高的韧性、良好的耐腐蚀性

C. 良好的耐腐蚀性和抗氧化性　　　　　D. 良好的压力加工和焊接性能

3. 某种钢材，其塑性和韧性较高，可通过热处理强化，多用于制作较重要、荷载较大的机械零件，是广泛应用的机械制造用钢。此种钢材为（　　）。（2015 年）

A. 普通碳素结构钢　　　　　　　　　　B. 优质碳素结构钢

C. 普通低合金钢　　　　　　　　　　　D. 奥氏体型不锈钢

4. 普通碳素结构钢的强度、硬度较高，耐磨性较好，但塑性、冲击韧性和可焊性差，此种钢材为（　　）。（2016 年）

A. Q235 钢 B. Q255 钢

C. Q275 钢 D. Q295 钢

5. 某不锈钢的屈服强度低，主要通过冷加工或氮合金化使其强化，此种不锈钢为（　　）。（2016 年）

A. 马氏体型不锈钢 B. 奥氏体型不锈钢

C. 铁素体-奥氏体型不锈钢 D. 沉淀硬化型不锈钢

6. 石墨对铸铁的性能影响很大，影响铸铁韧性和塑性的最大因素是（　　）。（2016 年）

A. 石墨的数量 B. 石墨的大小

C. 石墨的分布 D. 石墨的形状

7. 钢中含有少量的碳、硅、锰、硫、磷、氧和氮等元素，其中对钢的强度、硬度等性质起决定性影响的是（　　）。（2017 年）

A. 硫 B. 磷

C. 碳 D. 氧

8. 普通碳素结构钢中，牌号为 Q235 的钢，其性能和使用特点为（　　）。（2017 年）

A. 强度不高，塑性、韧性、加工性能较好，主要用于制作薄板和盘条

B. 强度适中，塑性、韧性、可焊性良好，大量用于制作钢筋、型钢和钢板

C. 强度和硬度较高，耐磨性较好，但塑性、韧性和可焊性较差，主要用于制作轴类、耐磨零件及垫板

D. 综合力学性能良好，具有较好的耐低温冲击韧性和焊接性能，主要用于制造承载较大的零件

9. 某种铸铁具有较高的强度、塑性和冲击韧性，可以部分代替碳钢，用来制作形状复杂、承受冲击和振动荷载的零件，且与其他铸铁相比，其成本低、质量稳定、处理工艺简单。此铸铁为（　　）。（2017 年）

A. 可锻铸铁 B. 球墨铸铁

C. 蠕墨铸铁 D. 片墨铸铁

10. 钢中含碳量较低时，对钢材性能影响为（　　）。（2018 年）

A. 塑性小，质地较软 B. 延伸性好，冲击韧性高

C. 不易冷加工，切削与焊接 D. 超过 1% 时，强度开始上升

11. 碳、硫、磷及其他残余元素的含量控制较宽，生产工艺简单，必要的韧性、良好的塑性以及价廉和易于大量供应，这种钢材为（　　）。（2018 年）

A. 普通碳素结构钢 B. 优质碳素结构钢

C. 普通低合金钢 D. 优质合金结构钢

12. 钢材元素中，含量较多会严重影响钢材冷脆性的元素是（　　）。（2019 年）

A. 硫 B. 磷

C. 硅 D. 锰

13. 某种钢材含碳量小于 0.8%，其所含的硫、磷及金属夹杂物较少，塑性和韧性较高，广泛应用于机械制造，当含碳量较高时，具有较高的强度和硬度，主要制造弹簧和耐磨零件，此种钢材为（　　）。（2019 年）

A. 普通碳素结构钢   B. 优质碳素结构钢

C. 普通低合金钢   D. 优质低合金钢

14. 钢中除含铁以外，还含有其他一些元素。其中某种元素的含量对钢的性质有决定性的影响，该元素含量低的钢材强度较低，但塑性大，延伸率和冲击韧性高，质地较软，易于冷加工、切削和焊接；含量高的钢材强度高、塑性小、硬度大、脆性大且不易加工，该元素是（   ）。（2020 年）

A. 硫   B. 磷

C. 碳   D. 锰

15. 此钢具有较高的韧性、良好的耐腐蚀性、高温强度和较好的抗氧化性，以及良好的压力加工和焊接性能。但是这类钢的屈服强度低，该钢材是（   ）。（2020 年）

A. 马氏体型不锈钢   B. 奥氏体型不锈钢

C. 铁素体–奥氏体型不锈钢   D. 沉淀硬化型不锈钢

16. 具有较高的强度、塑性和冲击韧性，可以部分代替碳钢，常用来制造形状复杂、承受冲击和振动荷载的零件，如管接头和低压阀门等，该铸铁为（   ）。（2020 年）

A. 灰铸铁   B. 球墨铸铁

C. 蠕墨铸铁   D. 可锻铸铁

17. 以下钢的成分均属于有害元素的是（   ）。（2021 年）

A. 碳、磷   B. 硫、硅

C. 硫、磷   D. 锰、硅

18. 根据《低合金高强度结构钢》GB/T 1591—2018 的分类，下列各组均属于普通质量低合金常用牌号的是（   ）。（2021 年）

A. Q195、Q215   B. Q235、Q275

C. Q295、Q335   D. Q355、Q390

19. 某有色金属及合金有优良的导电性和导热性，较好的耐腐蚀性和抗磁性，优良的耐磨性和较高的塑性，易加工成型。该有色金属是（   ）。（2021 年）

A. 铜及铜合金   B. 铝及铝合金

C. 镍及镍合金   D. 钛及钛合金

20. 钢材的成分一定时，其金相组织主要取决于钢材的热处理，下列热处理对钢材性能影响最大的是（   ）。（2022 年）

A. 正火   B. 回火

C. 退火   D. 淬火+回火

21. 铸铁的韧性和塑性取决于某成分的数量、形状、大小和分布，该组成成分是（   ）。（2022 年）

A. 石墨   B. 硅

C. 磷   D. 锰

22. 某合金材料，在大气、淡水、海水中很稳定，对硫酸、磷酸、亚硫酸、铬酸和氢氟酸有耐侵蚀，不耐硝酸侵蚀，在盐酸中也不稳定，该合金材料是（   ）。（2022 年）

A. 钛合金   B. 镍合金

C. 铅合金　　　　　　　　　　　　D. 镁合金

23. 依据《钢铁产品牌号表示方法》GB/T 221—2008，下列关于 Q235AF 含义的说法，正确的是（　　）。(2023 年)

　　A. 表示最大屈服强度 235N/mm^2、质量等级为 A 级的热轧光圆钢筋

　　B. 表示最小屈服强度 235N/mm^2、质量等级为 A 级的热轧带肋钢筋

　　C. 表示最大屈服强度 235N/mm^2、质量等级为 A 级的镇静碳素钢

　　D. 表示最小屈服强度 235N/mm^2、质量等级为 A 级的沸腾碳素钢

24. 某不锈钢具有较高的韧性、较好的抗氧化性、良好的压力加工和焊接性能，主要通过冷加工或氮合金化使其强化。该不锈钢是（　　）。(2023 年)

真题讲解

　　A. 奥氏体型不锈钢　　　　　　　　B. 铁素体型不锈钢

　　C. 马氏体型不锈钢　　　　　　　　D. 沉淀硬化型不锈钢

25. 某铸铁具有一定的韧性和较高的耐磨性，良好的铸造性能和导热性，主要用于生产汽缸盖、汽缸套、钢锭模和液压阀等铸件。该铸铁是（　　）。(2023 年)

　　A. 普通灰铸铁　　　　　　　　　　B. 球墨铸铁

　　C. 蠕墨铸铁　　　　　　　　　　　D. 可锻铸铁

26. 在铜锌合金中加入某些元素，主要用于制造具有良好切削性能及耐磨性能的零件。该铜锌合金是（　　）。(2023 年)

　　A. 锰黄铜　　　　　　　　　　　　B. 铅黄铜

　　C. 铝黄铜　　　　　　　　　　　　D. 硅黄铜

27. 钢中某少量元素，含量低时，材料强度较低，塑性大，延伸率和冲击韧性高；含量高时，钢材塑性小，硬度大，脆性大且不易加工，该元素是（　　）。(2024 年)

　　A. 锰　　　　　　　　　　　　　　B. 碳

　　C. 硫　　　　　　　　　　　　　　D. 硅

28. 根据《低合金高强度结构钢》GB/T 1591—2018，钢牌号 Q335 属于钢材料的品种类别是（　　）。(2024 年)

　　A. 普通质量低合金钢　　　　　　　B. 优质低合金钢

　　C. 特殊质量低合金钢　　　　　　　D. 专用低合金钢

29. 某不锈钢具有较高的强度、硬度和耐磨性，通常用于弱腐蚀性介质以及温度 < 580℃ 的环境中，也可作为受力较大的零件和工具的制作材料。此不锈钢的焊接性能不好，一般不用作焊接件，该不锈钢是（　　）。(2024 年)

　　A. 铁素体型不锈钢　　　　　　　　B. 奥氏体型不锈钢

　　C. 马氏体型不锈钢　　　　　　　　D. 沉淀硬化型不锈钢

30. 某金属及其合金具有优良的导电性和导热性，较好的耐蚀性和抗磁性，优良减摩性和耐磨性，较高的强度和塑性，易加工成型和铸造各种零件。该金属及合金是（　　）。(2024 年)

　　A. 铝及其合金　　　　　　　　　　B. 镍及其合金

　　C. 镁及其合金　　　　　　　　　　D. 铜及其合金

（二）多项选择题

1. 钛及钛合金具有很多优异的性能，其主要优点有（　　）。（2015 年）

A. 高温性能良好，可在 540℃ 以上使用

B. 低温性能良好，可作为低温材料

C. 常温下抗海水、抗大气腐蚀

D. 常温下抗硝酸和碱溶液腐蚀

2. 铁素体-奥氏体型不锈钢和奥氏体型不锈钢相比具有的特点有（　　）。（2017 年）

A. 其屈服强度为奥氏体型不锈钢的两倍

B. 应力腐蚀小于奥氏体型不锈钢

C. 晶间腐蚀小于奥氏体型不锈钢

D. 焊接时的热裂倾向大于奥氏体型不锈钢

3. 工程中常用有色金属及其合金中，有优良耐腐蚀性的有（　　）。（2017 年）

A. 镍及其合金　　　　　　　　　　B. 钛及其合金

C. 镁及其合金　　　　　　　　　　D. 铅及其合金

4. 关于可锻铸铁的性能，说法正确的有（　　）。（2018 年）

A. 较高的强度、塑性和冲击韧性

B. 可生产汽缸盖、汽缸套等铸件

C. 黑心可锻铸铁依靠石墨化退火获得

D. 与球墨铸铁相比成本低、质量稳定、处理工艺简单

5. 球墨铸铁应用较广泛，属于球墨铸铁性能特点的有（　　）。（2019 年）

A. 综合机械性能接近于钢　　　　　B. 铸造性能很好，成本低廉

C. 成分要求不严格　　　　　　　　D. 其中的石墨呈团絮状

6. 紫铜的特点包括（　　）。（2020 年）

A. 主要用于制作电导体　　　　　　B. 主要用于配制合金

C. 主要用于制作轴承等耐磨零件　　D. 主要用于制作抗腐蚀、抗磁零件

7. 奥氏体型不锈钢的特点有（　　）。（2021 年）

A. 良好的韧性和耐腐蚀性　　　　　B. 高温强度较好，抗氧化性好

C. 良好的加工和焊接性　　　　　　D. 可以进行热处理强化

8. 关于可锻铸铁，下列描述正确的是（　　）。（2022 年）

A. 黑心可锻铸铁依靠石墨化退火来获得

B. 白心可锻铸铁利用氧化脱碳退火来制取

C. 通过淬火取得珠光体

D. 可锻铸铁具有较高的强度、塑性和冲击韧性

9. 钢中主要化学元素为铁，另外还含有少量的碳、硅、硫、磷等元素，下列关于少量元素对钢的性质的影响，说法正确的有（　　）。（2023 年）

A. 碳含量低的钢材强度较低

B. 硅使钢材塑性、韧性显著降低

C. 硫使钢材产生热脆性

真题讲解

D. 磷使钢材产生冷脆性

10. 球墨铸铁因铸造性能好、成本低廉、生产方便，在工业中得到了广泛的应用。下列选项属于球墨铸铁特点的有（　　）。（2024 年）

A. 含碳量较灰铸铁低　　　　　　　　　B. 抗拉强度远超灰铸铁

C. 综合机械性能接近钢　　　　　　　　D. 比铸钢耐疲劳强度好

Ⅱ 非金属材料

（一）单项选择题

1. 它广泛用于电力、冶金、机械、化工和硅酸盐等工业的各种热体表面及各种高温窑炉、锅炉的炉墙保温绝热。此种耐火隔热材料为（　　）。（2015 年）

A. 蛭石　　　　　　　　　　　　　　　B. 黏土砖

C. 硅藻土砖　　　　　　　　　　　　　D. 矿渣棉

2. 某中性耐火材料制品，热膨胀系数较低，导热性高耐热震性能好，高温强度高，不受酸碱的侵蚀，也不受金属和熔渣的润湿，质轻，是优质的耐高温材料。此类耐火制品为（　　）。（2017 年）

A. 硅砖制品　　　　　　　　　　　　　B. 碳质制品

C. 黏土砖制品　　　　　　　　　　　　D. 镁质制品

3. 聚四氟乙烯具有极强的耐腐蚀性，几乎耐所有的化学药品，除此之外还具有的特性为（　　）。（2017 年）

A. 优良的耐高温、低温性能

B. 摩擦系数高，常用于螺纹连接处的密封

C. 强度较高，塑性、韧性也较好

D. 介电常数和介电损耗大，绝缘性能优异

4. 耐腐蚀性优于金属材料，具有优良的耐磨性、耐化学腐蚀性、绝缘性及较高的抗压性能，耐磨性能比钢铁高十几倍至几十倍，这种材料为（　　）。（2018 年）

A. 陶瓷　　　　　　　　　　　　　　　B. 玻璃

C. 铸石　　　　　　　　　　　　　　　D. 石墨

5. 高分子材料具有的性能有（　　）。（2018 年）

A. 导热系数大　　　　　　　　　　　　B. 耐燃性能好

C. 耐腐蚀性差　　　　　　　　　　　　D. 电绝缘性能好

6. 某酸性耐火材料，抗酸性炉渣侵蚀能力强，易受碱性炉渣侵蚀，主要用于焦炉、玻璃熔窑、酸性炼钢炉等热工设备，该耐火材料为（　　）。（2019 年）

A. 硅砖　　　　　　　　　　　　　　　B. 铬砖

C. 镁砖　　　　　　　　　　　　　　　D. 碳砖

7. 应用于温度在700℃以上的高温绝热工程，宜选用的多孔质保温材料为（　　）。（2019 年）

A. 石棉　　　　　　　　　　　　　　　B. 蛭石

C. 泡沫混凝土　　　　　　　　　　　　D. 硅藻土

8. 某塑料制品分为硬、软两种。硬制品密度小，抗拉强度较好，耐水性、耐油性和耐化学药品侵蚀性好，用来制作化工、纺织等排污、气、液输送管；软塑料常制成薄膜，用于工业包装等。此塑料制品材料为（　　　）。（2019 年）

　　A. 聚乙烯　　　　　　　　　　B. 聚四氟乙烯

　　C. 聚氯乙烯　　　　　　　　　　D. 聚苯乙烯

9. 目前应用最多、最广的耐火隔热材料，具有气孔率高的特点，广泛用于电力、冶金、机械、化工、石油、金属冶炼电炉和硅酸盐等工业的各种热体表面及各种高温窑炉、锅炉、炉墙中层的保温绝热部位，该材料是（　　　）。（2020 年）

　　A. 硅藻土　　　　　　　　　　B. 硅酸铝耐火纤维

　　C. 微孔硅酸钙　　　　　　　　　　D. 矿渣棉

10. 具有极优良的耐磨性、耐化学腐蚀性、绝缘性及较高的抗压性能，但脆性大、承受冲击荷载的能力低的非金属耐腐蚀材料为（　　　）。（2020 年）

　　A. 铸石　　　　　　　　　　B. 石墨

　　C. 玻璃　　　　　　　　　　D. 水玻璃耐酸水泥

11. 它抗酸性炉渣侵蚀能力强，但易受碱性渣侵蚀，它的软化温度很高，重复煅烧后体积不收缩，甚至略有膨胀，但是抗热震性能差。主要用于焦炉、玻璃熔窑、酸性炼钢炉等热工设备的是（　　　）。（2021 年）

　　A. 硅砖　　　　　　　　　　B. 镁制品

　　C. 碳砖　　　　　　　　　　D. 铬砖

12. 具有非常优良的耐高、低温性能，几乎耐所有的化学药品。不吸水、电性能优异。缺点是强度低、冷流性强。用于制作减摩密封零件，以及高频或潮湿条件下的绝缘材料。该材料是（　　　）。（2021 年）

　　A. 聚四氟乙烯　　　　　　　　　　B. 聚苯乙烯

　　C. 工程塑料　　　　　　　　　　D. 酚醛树脂

13. 某玻璃制品应用最为广泛，具有较好的透明度、化学稳定性和热稳定性，其机械强度高，硬度大，电绝缘性强，但可溶于氢氟酸，该玻璃制品是（　　　）。（2022 年）

　　A. 磷酸盐玻璃　　　　　　　　　　B. 铝酸盐玻璃

　　C. 硼酸盐玻璃　　　　　　　　　　D. 硅酸盐玻璃

14. 某材料具有气孔率高、耐高温及保温性能好、密度小等特点，广泛用于电力、冶金等行业中各种热体表面及高温窑炉、锅炉、炉墙中层的保温绝热部位。该耐热保温材料是（　　　）。（2023 年）

真题讲解

　　A. 硅藻土　　　　　　　　　　B. 硅酸铝耐火纤维

　　C. 微孔硅酸钙　　　　　　　　　　D. 矿渣棉

15. 某树脂耐弱酸和弱碱，耐高温，燃烧时产生的烟相对较少，毒性也相对低，常用于一些高温领域作耐火材料、摩擦材料、胶粘剂等。该树脂是（　　　）。（2024 年）

　　A. 环氧树脂　　　　　　　　　　B. 酚醛树脂

　　C. 呋喃树脂　　　　　　　　　　D. 不饱和聚酯树脂

（二）多项选择题

1. 耐腐蚀（酸）非金属材料的主要成分是金属氧化物、氧化硅和硅酸盐等。下面选项中属于耐腐蚀（酸）非金属材料的是（　　）。（2016 年）

A. 铸石

B. 石墨

C. 玻璃

D. 陶瓷

2. 聚苯乙烯属于一种热塑性塑料，其主要特点包括（　　）。（2016 年）

A. 具有较大的刚度和较高的密度

B. 具有优良的耐腐蚀性，几乎不吸水

C. 具有良好的隔热、防振和高频绝缘性能

D. 耐冲击性差，不耐沸水，耐油性有限

3. 聚丙烯的特点有（　　）。（2020 年）

A. 介电性和化学稳定性良好

B. 耐热、力学性能优良

C. 耐光性好，不易老化

D. 低温韧性和染色性良好

4. 高温用绝热材料，使用温度可在 700℃以上，该类材料有（　　）。（2022 年）

A. 硅纤维

B. 硅酸铝纤维

C. 蛭石

D. 硅藻土

5. 聚丙烯是由丙烯聚合而得的结晶型热塑性塑料，主要用于制作受热的电气绝缘零件、防腐包装材料以及耐腐蚀的化工设备。下列关于聚丙烯的特点，说法正确的有（　　）。（2023 年）

A. 力学性能优良

B. 质轻、不吸水

C. 化学稳定性和耐热性良好

D. 耐光性能好，不易老化

6. 耐火材料是炼钢、炼铁及其他冶炼炉和锅炉内衬的基础材料之一。下列选项属于耐火材料的有（　　）。（2024 年）

A. 莫来石

B. 硅藻土

C. 蛭石

D. 碳砖

Ⅲ　复合材料

（一）单项选择题

1. 属于无机非金属材料基复合材料的为（　　）。（2018 年）

A. 水泥基复合材料

B. 铝基复合材料

C. 木质基复合材料

D. 高分子基复合材料

2. 在民用工业中得到应用，其主要优点是生产工艺简单，可以像生产一般金属零件那样进行生产，用该材料制造的发动机活塞使用寿命大幅提高，该复合材料为（　　）。（2022 年）

A. 塑料-钢复合管

B. 板状增强型复合材料

C. 颗粒增强复合铝基材料

D. 塑料-青铜-钢材

（二）多项选择题

1. 由聚氯乙烯塑料与低碳钢板复合而成的塑料-钢复合材料，除能耐酸、碱、油等侵

蚀外，还具有的性能包括（　　）。（2015 年）

A. 塑料与钢材间的剥离强度大于 200MPa

B. 深冲加工时不剥离，冷弯 120°不分离开裂

C. 绝缘性能和耐磨性能良好

D. 具有低碳钢的冷加工性能

2. 下列关于塑料–钢复合材料的性能，说法正确的有（　　）。（2018 年）

A. 化学稳定性好，耐水性差

B. 绝缘性及耐磨性好

C. 深冲加工时不剥离，冷弯 120℃不分离开裂

D. 具有低碳钢的冷加工性能

3. 按基体类型分类，属于热固性树脂基复合材料的是（　　）。（2019 年）

A. 聚丙烯基复合材料

B. 橡胶基复合材料

C. 环氧树脂基复合材料

D. 聚氨酯树脂基复合材料

4. 强度不高，产量较大，来源较丰富的纤维在复合材料中称为一般纤维增强体，下列属于一般纤维增强体的有（　　）。（2021 年）

A. 玻璃纤维　　　　　　　　　　B. 碳纤维

C. 石棉纤维　　　　　　　　　　D. 矿物纤维

三、真题解析

Ⅰ　金属材料

（一）单项选择题

1.【答案】C

【解析】钢中碳的含量对钢的性质有决定性影响，含碳量低的钢材强度较低，但塑性大、延伸率和冲击韧性高，质地较软，易于冷加工、切削和焊接；含碳量高的钢材强度高（当含碳量超过 1.00% 时，钢材强度开始下降）、塑性小、硬度大、脆性大且不易加工。硫、磷为钢材中有害元素，含量较多就会严重影响钢材的塑性和韧性，磷使钢材显著产生冷脆性，硫则使钢材产生热脆性。硅、锰等为有益元素，它们能使钢材强度、硬度提高，而塑性、韧性不显著降低。

2.【答案】A

【解析】马氏体型不锈钢具有较高的强度、硬度和耐磨性。通常用于弱腐蚀性介质环境中，如海水、淡水和水蒸气中；以及使用温度 ≤580℃ 的环境，通常也可作为受力较大的零件和工具的制作材料。但由于此钢焊接性能不好，故一般不用于焊接件。

3.【答案】B

【解析】与普通碳素结构钢相比，优质碳素结构钢塑性和韧性较高，并可通过热处理强化，多用于较重要的零件，是广泛应用的机械制造用钢。

4. 【答案】C

【解析】Q275 钢强度和硬度较高，耐磨性较好，但塑性、冲击韧性和可焊性差，主要用于制造轴类、农具、耐磨零件和垫板等。

5. 【答案】B

【解析】奥氏体型不锈钢。基体以面立方晶体结构的奥氏体组织为主，主要通过冷加工或氮合金化使其强化。钢中主要合金元素为铬、镍、铁、铝、钼、氮等。此钢具有较高的韧性、良好的耐蚀性、高温强度和较好的抗氧化性，以及良好的压力加工和焊接性能。但是这类钢的屈服强度低。

6. 【答案】D

【解析】铸铁的韧性和塑性主要决定于石墨的数量、形状、大小和分布，其中石墨形状的影响最大。

7. 【答案】C

【解析】钢中主要化学元素为铁，另外还含有少量的碳、硅、锰、硫、磷、氧和氮等，这些少量元素对钢的性质影响很大。钢中碳的含量对钢的性质有决定性影响，含碳量低的钢材强度较低，但塑性大，延伸率和冲击韧性高，质地较软，易于冷加工、切削和焊接；含碳量高的钢材强度高（当含碳量超过 1.00% 时，钢材强度开始下降）、塑性小、硬度大、脆性大且不易加工。

8. 【答案】B

【解析】Q235 钢强度适中，有良好的承载性，又具有较好的塑性和韧性，可焊性和可加工性也好，是钢结构常用的牌号；Q235 钢大量制作成钢筋、型钢和钢板，用于建造房屋和桥梁等。

9. 【答案】A

【解析】可锻铸铁具有较高的强度、塑性和冲击韧性，可以部分代替碳钢。这种铸铁有黑心可锻铸铁、白心可锻铸铁和珠光体可锻铸铁三种类型。可锻铸铁常用来制造形状复杂、承受冲击和振动荷载的零件，如管接头和低压阀门等。与球墨铸铁相比，可锻铸铁具有成本低、质量稳定、处理工艺简单等优点。

10. 【答案】B

【解析】钢中碳的含量对钢的性质有决定性影响，含碳量低的钢材强度较低，但塑性大，延伸率和冲击韧性高，质地较软，易于冷加工、切削和焊接；含碳量高的钢材强度高（当含碳量超过 1.00% 时，钢材强度开始下降）、塑性小、硬度大、脆性大且不易加工。

11. 【答案】A

【解析】普通碳素结构钢的碳、硫、磷及其他残余元素的含量控制较宽，某些性能（如低温韧性和时效敏感性）较差。普通碳素结构钢生产工艺简单，有良好的工艺性能（如焊接性能、压力加工性能等）、必要的韧性、良好的塑性以及价廉和易于大量供应，通常在热轧后使用。

12. 【答案】B

【解析】硫、磷为钢材中有害元素，含量较多就会严重影响钢材的塑性和韧性，磷使钢材显著产生冷脆性，硫则使钢材产生热脆性。

13.【答案】B

【解析】优质碳素结构钢是含碳小于0.8%的碳素钢，这种钢中所含的硫、磷及非金属夹杂物比碳素结构钢少。与普通碳素结构钢相比，优质碳素结构钢塑性和韧性较高，可通过热处理强化，多用于较重要的零件，是广泛应用的机械制造用钢。根据含碳量的不同，优质碳素钢分为低碳钢、中碳钢和高碳钢。高碳钢具有高的强度、硬度、弹性极限和疲劳极限（尤其是缺口疲劳极限），切削性能尚可，但焊接性能和冷塑性变形能力差，水淬时容易产生裂纹。主要用于制造弹簧和耐磨零件。

14.【答案】C

15.【答案】B

【解析】马氏体型不锈钢，具有较高的强度、硬度和耐磨性，但焊接性能不好，一般不用于焊接件。使用温度≤580℃的环境中，通常也可作为受力较大的零件和工具的制作材料。

奥氏体型不锈钢。基体以面立方晶体结构的奥氏体组织为主，主要通过冷加工或氮合金化使其强化。钢中主要合金元素为铬、镍、铁、铝、锢、氮等。此钢具有较高的韧性、良好的耐蚀性、高温强度和较好的抗氧化性，以及良好的压力加工和焊接性能。但是这类钢的屈服强度低。

铁素体-奥氏体型不锈钢，其屈服强度约为奥氏体型不锈钢的两倍，可焊性良好，韧性较高，应力腐蚀、晶间腐蚀及焊接时的热裂倾向均小于奥氏体型不锈钢。

沉淀硬化型不锈钢，突出优点是具有高强度，耐腐蚀性优于铁素体型不锈钢。主要用于制造高强度和耐腐蚀的容器、结构和零件，也可用于高温零件。

16.【答案】D

【解析】灰铸铁，价格便宜，占各类铸铁总产量的80%以上。

球墨铸铁，综合机械性能接近于钢。球墨铸铁的抗拉强度与钢相当，扭转疲劳强度甚至超过45钢。在实际工程中，常用球墨铸铁来代替钢制造某些重要零件，如曲轴、连杆和凸轮轴等，也可用于高层建筑室外进入室内给水的总管或室内总干管。

蠕墨铸铁，强度接近于球墨铸铁，并具有一定的韧性和较高的耐磨性；同时，又有灰铸铁良好的铸造性能和导热性。蠕墨铸铁在生产中主要用于生产汽缸盖、汽缸套、钢锭模和液压阀等铸件。作为一种新的铸铁材料，发展前景相当乐观。

可锻铸铁，具有较高的强度、塑性和冲击韧性，常用来制造形状复杂、承受冲击和振动荷载的零件，如管接头和低压阀门等。

17.【答案】C

【解析】钢中碳的含量对钢的性质有决定性影响，含碳量低的钢材强度较低，但塑性大，延伸率和冲击韧性高，质地较软，易于冷加工、切削和焊接；含碳量高的钢材强度高（当含碳量超过1.00%时，钢材强度开始下降）、塑性小、硬度大、脆性大且不易加工。硫、磷为钢材中有害元素，含量较多就会严重影响钢材的塑性和韧性，磷使钢材显著产生冷脆性，硫则使钢材产生热脆性。硅、锰等为有益元素，它们能使钢材强度、硬度提高，而塑性、韧性不显著降低。

18.【答案】C

【解析】

低合金钢分类与常用牌号

序号	分类	常用牌号	分类依据
1	普通质量低合金钢	Q295、Q335	《低合金高强度结构钢》GB/T 1591—2018
2	优质低合金钢	Q355B（C、D）、Q390B（C、D）	《低合金高强度结构钢》GB/T 1591—2018
		Q235NHA（B、C、D）	《耐候结构钢》GB/T 4171—2008
3	特殊质量低合金钢	Q420B（C、D）、Q460B	《低合金高强度结构钢》GB/T 1591—2018
		12MnNiVR	《承压设备用钢板和钢带 第6部分：调质高强度钢》GB/T 713.6—2023
		16Mn、Q345R、L390Q	《石油天然气工业 油气开采中用于含硫化氢环境的材料 第2部分：抗开裂碳钢、低合金钢和铸铁》GB/T 20972.2—2025

19. **【答案】** A

【解析】 铜及铜合金有优良的导电性和导热性、较好的耐腐蚀性和抗磁性、优良的减摩性和耐磨性、较高的强度和塑性、较高的弹性极限和疲劳极限、易加工成型和铸造各种零件。

20. **【答案】** D

【解析】 钢材的力学性能（如抗拉强度、屈服强度、伸长率、冲击韧度和硬度等）取决于钢材的成分和金相组织。钢材的成分一定时，其金相组织主要取决于钢材的热处理，如退火、正火、淬火+回火等，其中淬火+回火的影响最大。

21. **【答案】** A

【解析】 铸铁的韧性和塑性主要决定于石墨的数量、形状、大小和分布，其中石墨形状的影响最大。铸铁的其他性能也与石墨密切相关。基体组织是影响铸铁硬度、抗压强度和耐磨性的主要因素。

22. **【答案】** C

【解析】 在铅中加入锑、铜、锡和砷等元素可提高铅的再结晶温度、细化晶粒、提高硬度和强度等，并保持合金的良好耐腐蚀性。铅在大气、淡水、海水中很稳定，铅对硫酸、磷酸、亚硫酸、铬酸和氢氟酸等有良好的耐腐蚀性。铅与硫酸作用时，在其表面产生一层不溶解的硫酸铅，它可保护内部铅不再被继续腐蚀。铅不耐硝酸的腐蚀，在盐酸中也不稳定。

23. **【答案】** D

【解析】 Q235AF：表示最小屈服强度235N/mm²、质量等级为A级的沸腾碳素钢。专业用低合金高强度钢，应在钢牌号最后标明。例如16Mn钢，用于桥梁的专用钢种为"16MnQ"，压力容器的专用钢种为"16MnR"；HRB335：屈服强度为335N/mm²的热轧带肋钢筋；L415：最小规定总延伸强度415MPa的管线用钢。

24. **【答案】** A

25. **【答案】** C

【解析】蠕墨铸铁的强度接近于球墨铸铁，并具有一定的韧性和较高的耐磨性；同时又有灰铸铁良好的铸造性能和导热性。蠕墨铸铁是在一定成分的铁水中加入适量的蠕化剂经处理而炼成的。蠕墨铸铁主要用于生产汽缸盖、汽缸套、钢锭模和液压阀等铸件。

26.【答案】B

【解析】为了获得更高的强度、抗蚀性和良好的铸造性能，在铜锌合金中加入铝、硅、锰和镍等元素，形成各种复杂黄铜，如铅黄铜、锰黄铜和铝黄铜等。铅黄铜主要用于要求良好切削性能及耐磨性能的零件；锰黄铜常用于制造轴承等耐磨件；铝黄铜可制作耐腐蚀零件，还可用于制造大型蜗杆等重要零件。

27.【答案】B

【解析】钢中主要化学元素为铁，另外还含有少量的碳、硅、锰、硫、磷、氧和氮等，这些少量元素对钢的性质影响很大。钢中碳的含量对钢的性质有决定性影响，含碳量低的钢材强度较低，但塑性大，延伸率和冲击韧性高，质地较软，易于冷加工、切削和焊接；含碳量高的钢材强度高（当含碳量超过 1.00% 时，钢材强度开始下降）、塑性小、硬度大、脆性大和不易加工。硫、磷为钢材中有害元素，含量较多就会严重影响钢材的塑性和韧性，磷使钢材显著产生冷脆性；硫则使钢材产生热脆性；硅、锰等为有益元素，它们能使钢材强度、硬度提高，而塑性、韧性不显著降低。

28.【答案】A

29.【答案】C

【解析】马氏体型不锈钢。此钢具有较高的强度、硬度和耐磨性。通常用于弱腐蚀性介质环境中，如海水、淡水和水蒸气中，以及使用温度小于或等于 580℃ 的环境中；通常也可作为受力较大的零件和工具的制作材料。但由于此钢焊接性能不好，故一般不用作焊接件。

30.【答案】D

【解析】铜及其合金有优良的导电性和导热性、较好的耐蚀性和抗磁性、优良减摩性和耐磨性、较高的强度和塑性、高的弹性极限和疲劳极限、易加工成型和铸造各种零件。

(二) 多项选择题

1.【答案】BCD

【解析】钛在高温下化学活性极高，非常容易与氧、氮和碳等元素形成稳定的化合物，所以在大气中工作的钛及钛合金只在 540℃ 以下使用；钛具有良好的低温性能，可作为低温材料；常温下钛具有极好的抗蚀性能，在大气、海水、硝酸和碱溶液等介质中十分稳定。但在任何浓度的氢氟酸中均能迅速溶解。

2.【答案】ABC

【解析】铁素体-奥氏体型不锈钢，这类钢其屈服强度约为奥氏体型不锈钢的两倍，可焊性良好，韧性较高，应力腐蚀、晶间腐蚀及焊接时的热裂倾向均小于奥氏体型不锈钢。

3.【答案】ABD

【解析】镁及镁合金的主要特性是密度小、化学活性强、强度低。但纯镁一般不能用于结构材料。虽然镁合金相对密度小，且强度不高，但它的比强度和比刚度却可以与合金结构钢相媲美，镁合金能承受较大的冲击、振动荷载，并有良好的机械加工性能和抛光性能；其缺点是耐腐蚀性较差、缺口敏感性大及熔铸工艺复杂。

4. 【答案】ACD

【解析】可锻铸铁具有较高的强度、塑性和冲击韧性，可以部分代替碳钢。这种铸铁有黑心可锻铸铁、白心可锻铸铁、珠光体可锻铸铁三种类型。可锻铸铁常用来制造形状复杂、承受冲击和振动荷载的零件，如管接头和低压阀门等。与球墨铸铁相比，可锻铸铁具有成本低、质量稳定、处理工艺简单等优点。

5. 【答案】AB

【解析】球墨铸铁其综合机械性能接近于钢，因铸造性能很好，成本低廉，生产方便，在工业中得到了广泛的应用。球墨铸铁的成分要求比较严格，与灰铸铁相比，它的含碳量较高，通常在4.5%~4.7%范围内变动，以利于石墨球化。

6. 【答案】AB

【解析】紫铜主要用于制作电导体及配制合金。纯铜的强度低，不宜用作结构材料。

锰黄铜常用于制造轴承等耐磨件；铝黄铜可制作耐腐蚀零件，还可用于制造大型蜗杆等重要零件。

锡青铜主要用于制造轴承、轴套等耐磨零件和弹簧等弹性元件，以及抗蚀、抗磁零件等；铝青铜可制造齿轮、轴套和蜗轮等在复杂条件下工作的高强度抗磨零件，以及弹簧和其他高耐腐蚀性弹性元件；硅青铜可制作弹簧、齿轮、蜗轮、蜗杆等耐腐蚀和耐磨零件。

7. 【答案】ABC

【解析】奥氏体型不锈钢具有较高的韧性、良好的耐腐蚀性、高温强度和较好的抗氧化性，以及良好的压力加工和焊接性能。但是这类钢的屈服强度低，且不能采用热处理方法强化，只能进行冷变形强化。

8. 【答案】ABD

【解析】可锻铸铁具有较高的强度、塑性和冲击韧性，可以部分代替碳钢。这种铸铁有黑心可锻铸铁、白心可锻铸铁、珠光体可锻铸铁三种类型。黑心可锻铸铁依靠石墨化退火来获得；白心可锻铸铁利用氧化脱碳退火来制取。可锻铸铁常用来制造形状复杂、承受冲击和振动荷载的零件，如管接头和低压阀门等。与球墨铸铁相比，可锻铸铁具有成本低、质量稳定、处理工艺简单等优点。

9. 【答案】ACD

10. 【答案】BC

【解析】球墨铸铁的综合机械性能接近于钢，铸造性能很好，成本低廉，生产方便，在工业中得到了广泛的应用。球墨铸铁的成分要求比较严格，与灰铸铁相比，它的含碳量较高，通常在4.5%~4.7%范围内变动，以利于石墨球化。

球墨铸铁的抗拉强度远远超过灰铸铁，与钢相当。因此，对于承受静载的零件，使用球墨铸铁比铸钢还节省材料，而且重量更轻、具有较好的耐疲劳强度。实验表明，球墨铸铁的扭转疲劳强度甚至超过45号钢。在实际工程中常用球墨铸铁来代替钢制造某些重要零件，如曲轴、连杆和凸轮轴等，也可用于高层建筑室外进入室内给水的总管或室内总干管。

II 非金属材料

（一）单项选择题

1. 【答案】C

【解析】硅藻土砖、板广泛用于电力、冶金、机械、化工、石油、金属冶炼电炉和硅酸盐等工业的各种热体表面及各种高温窑炉、锅炉、炉墙中层的保温绝热部位。

2. 【答案】B

【解析】碳质制品的热膨胀系数很低，导热性高，耐热震性能好，高温强度高。在高温下长期使用也不软化，不受任何酸碱的侵蚀，有良好的抗盐性能，也不受金属和熔渣的润湿，质轻，是优质的耐高温材料。

3. 【答案】A

【解析】聚四氟乙烯俗称塑料王，具有非常优良的耐高温、低温性能，可在 -180 ~ 260℃的范围内长期使用。几乎耐所有的化学药品，在侵蚀性极强的王水中煮沸也不起变化，摩擦系数极低，仅为 0.04。聚四氟乙烯不吸水、电性能优异，是目前介电常数和介电损耗最小的固体绝缘材料；缺点是强度低、冷流性强。

4. 【答案】C

【解析】本题考查的是非金属材料。铸石具有极优良的耐磨性、耐化学腐蚀性、绝缘性及较高的抗压性能。其耐磨性能比钢铁高十几倍至几十倍。

5. 【答案】D

【解析】高分子材料的基本性能及特点：

（1）质轻。密度平均为 $1.45g/cm^3$，约为钢的 1/5、铝的 1/2。

（2）比强度高。接近或超过钢材，是一种优良的轻质高强材料。

（3）有良好的韧性。高分子材料在断裂前能吸收较大的能量。

（4）减摩、耐磨性好。有些高分子材料在无润滑和少润滑的条件下，它们的耐磨、减摩性能是金属材料无法比拟的。

（5）电绝缘性好。电绝缘性可与陶瓷、橡胶媲美。

（6）耐腐蚀性。化学稳定性好，对一般的酸、碱、盐及油脂有较好的耐腐蚀性。

（7）导热系数小。如泡沫塑料的导热系数只有 $0.02 ~ 0.046W/（m \cdot K）$，约为金属的 1/1500，是理想的绝热材料。

（8）易老化。高分子材料在光、空气、热及环境介质的作用下，分子结构会产生逆变，机械性能变差，寿命缩短。

（9）易燃。塑料不仅可燃，而且燃烧时发烟，产生有毒气体。

（10）耐热性低。高分子材料的耐热性是指温度升高时其性能明显降低的抵抗能力。主要包括机械性能和化学性能两方面，而一般多指前者，所以耐热性实际常用高分子材料开始软化或变形的温度来表示。

（11）刚度小。如塑料弹性模量只有钢材的 1/20 ~ 1/10，且在长期荷载作用下易产生蠕变。但在塑料中加入纤维增强材料，其强度可大大提高，甚至可超过钢材。

6. 【答案】A

【解析】硅砖抗酸性炉渣侵蚀能力强，但易受碱性炉渣的侵蚀，它的软化温度很高，接近其耐火度，重复煅烧后体积不收缩，甚至略有膨胀，但是抗热震性差。硅砖主要用于焦炉、玻璃熔窑、酸性炼钢炉等热工设备。

7.【答案】D

【解析】高温用绝热材料，使用温度可在700℃以上。这类纤维质材料有硅酸铝纤维和硅纤维等；多孔质材料有硅藻土、蛭石加石棉和耐热胶粘剂等制品。

8.【答案】C

【解析】聚氯乙烯刚度和强度比聚乙烯高，常见制品有硬、软两种。加入增塑剂的为软聚氯乙烯，未加的为硬聚氯乙烯。后者密度小，抗拉强度较好，有良好的耐水性、耐油性和耐化学药品侵蚀的性能。因此，硬聚氯乙烯塑料常被用来制作化工、纺织等工业的废气排污排毒塔，以及常用于气体、液体输送管。另外，硬聚氯乙烯塑料板在常温下容易加工，又有良好的热成型性能，工业用途很广。软聚氯乙烯塑料常制成薄膜，用于工业包装等，但不能用于包装食品，因增塑剂或稳定剂有毒，能溶于油脂，污染食品。

9.【答案】A

【解析】硅藻土耐火隔热保温材料，目前应用最多、最广。硅藻土砖、板、管具有气孔率高、耐高温及保温性能好、密度小等特点，广泛用于各种热体表面及各种高温窑炉、锅炉、炉墙中层的保温绝热部位。硅藻土管广泛用于各种高温管道及其他高温设备的保温绝热部位。

10.【答案】A

【解析】铸石具有极优良的耐磨性、耐化学腐蚀性、绝缘性及较高抗压性能。但脆性大、承受冲击荷载的能力低。在要求耐腐蚀、耐磨或高温条件下，当不受冲击振动时，铸石是钢铁的理想代用材料。

11.【答案】A

【解析】硅砖抗酸性炉渣侵蚀能力强，但易受碱性渣侵蚀，它的软化温度很高，接近其耐火度，重复煅烧后体积不收缩，甚至略有膨胀，但是抗热震性能差。硅砖主要用于焦炉、玻璃熔窑、酸性炼钢炉等热工设备。

12.【答案】A

【解析】聚四氟乙烯具有非常优良的耐高、低温性能，可在−180~260℃的范围内长期使用。聚四氟乙烯几乎耐所有的化学药品，在侵蚀性极强的王水中煮沸也不起变化，摩擦系数极低，仅为0.04。聚四氟乙烯不吸水、电性能优异，是目前介电常数和介电损耗最小的固体绝缘材料。缺点是强度低、冷流性强。主要用于制作减摩密封零件，化工耐腐蚀零件，热交换器、管、棒、板制品和各种零件，以及高频或潮湿条件下的绝缘材料。

13.【答案】D

【解析】按形成玻璃的氧化物可分为硅酸盐玻璃、磷酸盐玻璃、硼酸盐玻璃和铝酸盐玻璃等，其中硅酸盐玻璃是应用最为广泛的玻璃品种。硅酸盐玻璃的化学稳定性很高，抗酸性强，组织紧密而不透水，但它若长期在某些介质作用下也会被侵蚀。玻璃长时期在温水或水汽作用下能使硅酸盐水解，玻璃表面分离出二氧化硅凝胶和苛性碱，使玻璃混浊变色、表面粗糙。硅酸盐玻璃具有较好的光泽、透明度、化学稳定性和热稳定性

（石英玻璃使用温度达 1000~1100℃），其机械强度高（如块状玻璃的抗压强度为 600~1600MPa，玻璃纤维抗拉强度为 1500~4000MPa）、硬度大（莫氏硬度为 5.5~6.5）和电绝缘性强，但可溶解于氢氟酸。一般用于制造化学仪器、高级玻璃制品、无碱玻璃纤维和绝缘材料等。

14.【答案】A

【解析】硅藻土材料是目前应用最多、最广的耐热保温材料。硅藻土耐火保温砖、板、管，具有气孔率高、耐高温及保温性能好、密度小等特点。采用这种材料，可以减少热损失，降低燃料消耗，减薄炉墙厚度，降低工程造价，缩短窑炉周转时间，提高生产效率。硅藻土砖、板广泛用于电力、冶金、机械、化工、石油、金属冶炼电炉和硅酸盐等工业的各种热体表面及各种高温窑炉、锅炉、炉墙中层的保温绝热部位。硅藻土管广泛用于各种气体、液体高温管道及其他高温设备的保温绝热部位。

15.【答案】B

【解析】酚醛树脂耐弱酸和弱碱，遇强酸发生分解，遇强碱发生腐蚀。酚醛树脂最重要的特征是耐高温性，即使在非常高的温度下，也能保持其结构的整体性和尺寸的稳定性；因此，酚醛树脂被应用于一些高温领域，如耐火材料、摩擦材料、胶粘剂和铸造行业。另外，与其他树脂相比，在燃烧的情况下酚醛树脂会缓慢分解产生氢气、碳氢化合物、水蒸气和碳氧化物。分解过程中所产生的烟相对较少，毒性也相对低。这些特点使酚醛树脂适用于公共运输和安全要求非常严格的领域，如矿山、防护栏和建筑业等。

（二）多项选择题

1.【答案】ABC

【解析】常用的非金属耐腐蚀（酸）材料有铸石、石墨、耐酸水泥、天然耐酸石材和玻璃等。

2.【答案】BCD

【解析】聚苯乙烯具有较大的刚度，其密度小，常温下透明，几乎不吸水，具有优良的耐腐蚀性，电阻高，是很好的隔热、防振、防潮和高频绝缘材料；缺点是耐冲击性差，不耐沸水，耐油性有限。

3.【答案】AB

【解析】聚丙烯具有质轻、不吸水，介电性、化学稳定性和耐热性良好等特点。力学性能优良，但是耐光性能差，易老化，低温韧性和染色性能不好。聚丙烯主要用于制作受热的电气绝缘零件、防腐包装材料以及耐腐蚀的（浓盐酸和浓硫酸除外）化工设备等。使用温度为−30~100℃。

4.【答案】ABD

【解析】高温用绝热材料，使用温度可在 700℃ 以上。这类纤维质材料有硅酸铝纤维和硅纤维等；多孔质材料有硅藻土、蛭石加石棉和耐热胶粘剂等制品。

5.【答案】ABC

6.【答案】AD

【解析】中性耐火材料：以高铝质制品为代表，其主晶相是莫来石和刚玉。碳质制品是另一类中性耐火材料，根据含碳原料的成分不同，分为碳砖、石墨制品和碳化硅质制品三类。

硅藻土属于耐热保温材料；蛭石属于绝热材料。

Ⅲ 复合材料

（一）单项选择题

1.【答案】A

【解析】参见"复合材料构成图"。

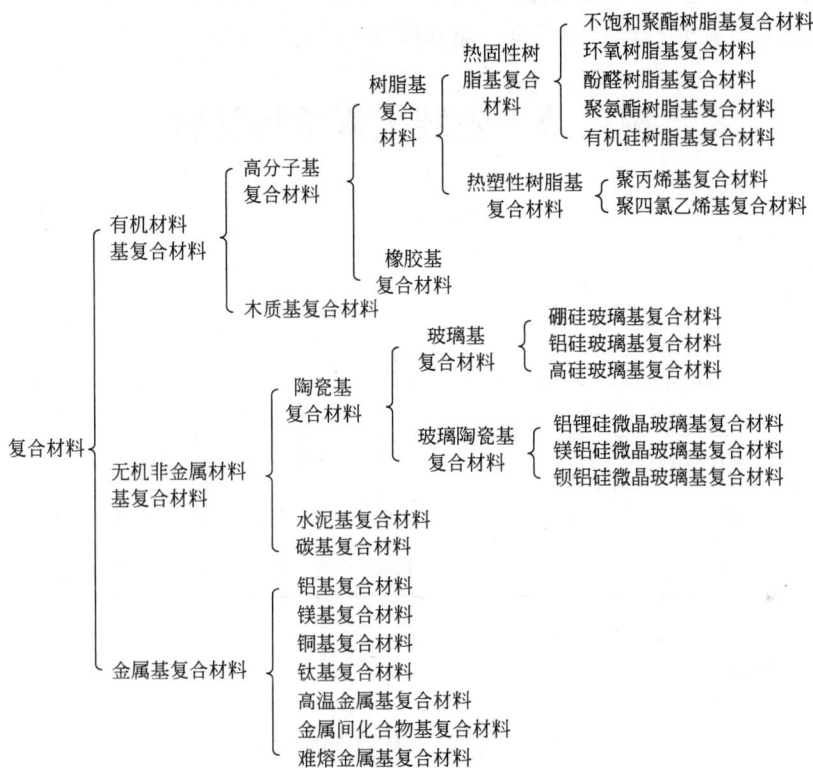

复合材料构成图

2.【答案】C

【解析】颗粒增强复合铝基材料已在民用工业中得到应用，其主要优点是生产工艺简单，可以像生产一般金属零件那样进行生产，用该材料制造的发动机活塞使用寿命大幅提高。

（二）多项选择题

1.【答案】BCD

【解析】塑料-钢复合材料。其性能如下：

（1）化学稳定性好，耐酸、碱、油及醇类的侵蚀，耐水性也好；

（2）塑料与钢材间的剥离强度≥20MPa；

（3）深冲加工时不剥离，冷弯120°不分离开裂（$d=0$）；

（4）绝缘性能和耐磨性能良好；

（5）具有低碳钢的冷加工性能；

（6）在-10~60℃内可长期使用，短时间使用可耐120℃。

2.【答案】BCD

3.【答案】CD

【解析】参见"复合材料构成图"。

4.【答案】ACD

【解析】一般纤维增强体是指强度不高，产量较大，来源较丰富的纤维，主要有玻璃纤维、石棉纤维、矿物纤维、棉纤维、亚麻纤维和合成纤维等。

第二节 安装工程常用材料

一、名师考点

参见表1-3。

表1-3　　　　　　　　　　　　　　　　本节考点

教材点		知识点
一	型材、板材和管材	主要管材的性能与用途
二	焊接材料	构成、分类、主要焊接材料的性能与用途
三	防腐蚀材料	构成、分类、主要防腐材料的性能与用途

二、真题回顾

Ⅰ 型材、板材和管材

（一）单项选择题

1. 与其他塑料管材相比，某塑料管材具有刚性高、耐腐蚀、阻燃性能好、导热性能低、热膨胀系数低及安装方便等特点，是现今新型的冷热水输送管道。此种管材为（　　）。（2016年）

A. 交联聚乙烯管　　　　　　　　B. 超高分子量聚乙烯管

C. 氯化聚氯乙烯管　　　　　　　D. 无规共聚聚丙烯管

2. 它是最轻的热塑性塑料管材，具有较高的强度、较好的耐热性，且无毒、耐化学腐蚀，但其低温易脆化，每段长度有限，且不能弯曲施工，目前广泛用于冷热水供应系统中。此种管材为（　　）。（2017年）

A. 聚乙烯管　　　　　　　　　　B. 超高分子量聚乙烯管

C. 无规共聚聚丙烯管　　　　　　D. 工程塑料管

3. 耐腐蚀介质在200℃以下使用；160℃以下不宜在大压力下使用，质轻，不生锈，不耐碱的金属材料为（　　）。（2017年）

A. 铅
B. 铝
C. 镍
D. 钛

4. 某塑料管材无毒、质量轻、韧性好、可盘绕、耐腐蚀，常温下不溶于任何溶剂，强度较低，一般适宜于压力较低的工作环境，其耐热性能不好，不能作为热水管使用。该管材为（　　）。（2017年）

A. 聚乙烯管
B. 聚丙烯管
C. 聚丁烯管
D. 工程塑料管

5. 爆破强度高、内表面清洁度高，具有良好的耐疲劳抗震性能。适于汽车和冷冻设备、电热电器工业中的刹车管、燃料管、润滑油管、加热器或冷却器管，此管材为（　　）。（2019年）

A. 直缝电焊钢管
B. 单面螺旋缝钢管
C. 双面螺旋缝钢管
D. 双层卷焊钢管

6. 具有较高的强度、耐热性，最高工作温度可达95℃，在1.0MPa下长期（50年）使用温度可达70℃，无毒，耐化学腐蚀，常温下无任何溶剂能溶解，广泛地用在冷热水供应系统中的管材为（　　）。（2020年）

A. 硬聚氯乙烯管
B. 聚乙烯管
C. 无规共聚聚丙烯管
D. 工程塑料管

7. 根据《低压流体输送用焊接钢管》GB/T 3091—2015 的规定，钢管的理论重量计算公式为 $W = 0.0246615 \times (D-t) \times t$，某钢管外径108mm，壁厚6mm，则该钢管的单位长度理论重量为（　　）kg。（2022年）

A. 12.02
B. 13.91
C. 13.21
D. 15.09

8. 某非金属管材多用于承受各种强烈磨损的部位，抗压强度很高，且有耐强酸和碱腐蚀的特性。该非金属管材是（　　）。（2023年）

A. 混凝土管
B. 陶瓷管
C. 石墨管
D. 铸石管

真题讲解

9. 某塑料管材无毒、质量轻、韧性好、可盘绕，在常温下不溶于任何溶剂，主要应用于低压饮水管、雨水管、气体管道、工业耐腐蚀管道等，缺点是强度较低，热性能不好，不能作热水管使用。该塑料管材是（　　）。（2024年）

A. 聚乙烯管
B. 聚丙烯管
C. 聚丁烯管
D. 工程塑料管

（二）多项选择题

1. 与聚乙烯管（PE 管）相比，交联聚乙烯管（PEX 管）的主要优点有（　　）。（2015年）

A. 耐压性能好
B. 韧性好
C. 可用于冷、热水管道
D. 可用于供暖及燃气管道

2. 关于铝及铝合金管，下列说法正确的是（　　）。（2021年）

A. 质量轻，不生锈

B. 机械强度较低，不能承受较高压力

C. 温度高于160℃时，不宜在压力下使用

D. 可以输送浓硝酸、醋酸和盐酸

Ⅱ 焊接材料

（一）单项选择题

1. 使用酸性焊条焊接时，对其药皮作用表述正确的为（　　）。（2015年）

A. 药皮中含有多种氧化物，能有效去除硫、磷等杂质

B. 药皮中的大理石能产生 CO_2，可减少合金元素烧损

C. 药皮中的萤石会使电弧更加稳定

D. 能有效去除氢离子，减少氢气产生的气孔

2. 与碱性焊条相比，酸性焊条的使用特点为（　　）。（2016年）

A. 对铁锈、水分不敏感　　　　　　　B. 能有效清除焊缝中的硫、磷等杂质

C. 焊缝的金属力学性能较好　　　　　D. 焊缝中有较多由氢引起的气孔

3. 埋弧焊焊丝表面镀铜以利于防锈并改善其导电性，下列各种焊丝不宜镀铜的是（　　）。（2021年）

A. 碳钢　　　　　　　　　　　　　　B. 不锈钢

C. 普通低合金钢　　　　　　　　　　D. 优质低合金钢

4. 碱性焊条熔渣的主要成分是碱性氧化物，下列选项属于碱性焊条缺点的是（　　）。（2024年）

A. 脱氧性能较差　　　　　　　　　　B. 不能有效消除焊缝金属中的硫

C. 合金元素烧损较多　　　　　　　　D. 容易出现氢气孔

（二）多项选择题

1. 下列关于焊丝材料性能和使用说法正确的是（　　）。（2015年）

A. 除不锈钢焊丝和非铁金属焊丝外，均应镀铜以防生锈并改善导电性能

B. 一般使用直径 3~6mm 的焊丝，以发挥半自动埋弧焊的大电流和高熔敷率的优点

C. 同一电流，使用较小直径焊丝，可加大焊缝熔深，减小熔宽

D. 工件装配不良时，宜选用较粗焊丝

2. 药皮在焊接过程中起着极为重要的作用，其主要表现有（　　）。（2017年）

A. 避免焊缝中形成夹渣、裂纹、气孔，确保焊缝的力学性能

B. 弥补焊接过程中合金元素的烧损，提高焊缝的力学性能

C. 药皮中加入适量氧化剂，避免氧化物还原，以保证焊接质量

D. 改善焊接工艺性能，稳定电弧，减少飞溅，易脱渣

3. 碱性焊条熔渣的主要成分是碱性氧化物，碱性焊条具有的特点为（　　）。（2019年）

A. 熔渣脱氧较完全，合金元素烧损少

B. 焊缝金属的力学性能和抗裂性均较好

C. 可用于合金钢和重要碳钢结构的焊接

D. 不能有效消除焊缝金属中的硫、磷

4. 酸性焊条具有的特点为 （　　）。（2020 年）

A. 焊接过程中产生的烟尘较少，有利于焊工健康

B. 对铁锈、水分敏感

C. 一般用于焊接低碳钢板和不太重要的碳钢结构

D. 价格低，焊接可选择交流焊机

5. 下列关于碱性焊条药皮中各成分作用的说法，正确的有 （　　）。（2023 年）

A. 药皮中的大理石可产生 CO_2 保护气体

B. 药皮中的铁合金可作为脱氧剂

C. 药皮中的萤石主要作用是稳定电弧

D. 药皮中含有碳酸钾时可使用交流电源

6. 酸性焊条熔渣的成分主要是酸性氧化物，关于酸性焊条特点，下列说法正确的有（　　）。（2024 年）

A. 促使合金元素氧化

B. 焊缝很少产生由氢引起的气孔

C. 对铁锈和水分不敏感

D. 能有效地清除焊缝的硫、磷等杂质

Ⅲ　防腐蚀材料

（一）单项选择题

1. 具有良好的机械强度、抗紫外线、抗老化和抗阳极剥离等性能，广泛用于天然气和石油输配管线、市政管网、油罐、桥梁等防腐工程的涂料为 （　　）。（2015 年）

A. 三聚乙烯涂料 　　　　　　　 B. 环氧煤沥青涂料

C. 聚氨酯涂料 　　　　　　　　 D. 漆酚树脂涂料

2. 涂料由主要成膜物质、次要成膜物质和辅助成膜物质组成。下列材料属于辅助成膜物质的是 （　　）。（2016 年）

A. 合成树脂 　　　　　　　　　 B. 着色颜料

C. 体质颜料 　　　　　　　　　 D. 稀料

3. 酚醛树脂漆、过氯乙烯漆及呋喃树脂漆在使用中，其共同的特点为 （　　）。（2017 年）

A. 耐有机溶剂介质的腐蚀 　　　　 B. 具有良好的耐碱性

C. 既耐酸又耐碱腐蚀 　　　　　　 D. 与金属附着力差

4. 机械强度高，粘结力大，涂层使用温度在 $-40\sim150℃$，使用寿命 50 年以上，广泛用于设备管道的防腐蚀处理的涂料是 （　　）。（2019 年）

A. 酚醛 　　　　　　　　　　　 B. 过氯乙烯

C. 环氧煤沥青 　　　　　　　　 D. 三氯乙烯

5. 某种涂料具有耐盐、耐酸、耐各种稀释剂等优点，且施工方便、造价低，广泛用于石油、化工、冶金行业的管道、容器、设备及混凝土构筑物表面等防腐领域，这种涂料为 （　　）。（2021 年）

A. 漆酚树脂漆　　　　　　　　　B. 酚醛树脂漆

C. 聚氨酯漆　　　　　　　　　　D. 呋喃树脂漆

6. 某涂料适用于大型快速施工的需要，广泛应用在化肥、氯碱生产中，防止工业大气如二氧化硫、氨气、氯气、氯化氢、硫化氢和氧化氮等气体腐蚀，也可作为地下防潮和防腐蚀涂料，该涂料是（　　）。(2022 年)

A. 漆酚树脂漆　　　　　　　　　B. 酚醛树脂漆

C. 环氧–酚醛漆　　　　　　　　D. 呋喃树脂漆

7. 某漆是多异氰酸酯化合物和端羟基化合物进行预聚反应生成的高分子合成材料，广泛用于石化及冶金等行业的管道、容器及设备等表面的防腐。该漆是（　　）。(2023 年)

A. 酚醛树脂漆　　　　　　　　　B. 聚氨酯漆

C. 呋喃树脂漆　　　　　　　　　D. 漆酚树脂漆

（二）多项选择题

1. 聚氨酯漆是一种新型涂料，广泛用于石化、矿山、冶金等行业的管道、容器、设备及混凝土构筑物表面等防腐领域，其具有的特点包括（　　）。(2014 年)

A. 耐酸、耐盐　　　　　　　　　B. 耐各种稀释剂

C. 无毒、施工方便　　　　　　　D. 造价较高

2. 聚氨酯漆是一种新型涂料，其主要性能有（　　）。(2016 年)

A. 能够耐盐、耐酸腐蚀　　　　　B. 能耐各种稀释剂

C. 可用于混凝土构筑表面的涂覆　　D. 施工方便、无毒，但造价高

3. 关于环氧树脂的性能，说法正确的有（　　）。(2018 年)

A. 良好的耐磨性，但耐碱性差

B. 涂膜有良好的弹性与硬度，但收缩率较大

C. 若加入适量呋喃树脂，可提高使用温度

D. 热固型比冷固型的耐温与耐腐蚀性能好

4. 聚丙烯的特点有（　　）。(2020 年)

A. 介电性和化学稳定性良好　　　B. 耐热、力学性能优良

C. 耐光性好，不易老化　　　　　D. 低温韧性和染色性良好

三、真题解析

Ⅰ 型材、板材和管材

（一）单项选择题

1.【答案】C

【解析】氯化聚氯乙烯冷热水管是现今新型的输水管道。该管与其他塑料管材相比，具有刚性高、耐腐蚀、阻燃性能好、导热性能低、热膨胀系数低及安装方便等特点。

2.【答案】C

3.【答案】B

【解析】铝管多用于耐腐蚀性介质管道、食品卫生管道及有特殊要求的管道。铝管输

送的介质操作温度在 200℃ 以下，当温度高于 160℃ 时，不宜在压力下使用。铝管的特点是质轻，不生锈，但机械强度较差，不能承受较高的压力，铝管常用于输送浓硝酸、醋酸、脂肪酸、过氧化氢等液体及硫化氢、二氧化碳气体。它不耐碱及含氯离子的化合物，如盐水和盐酸等介质。

4. 【答案】A

【解析】聚乙烯管（PE 管）无毒、质量轻、韧性好、可盘绕、耐腐蚀，在常温下不溶于任何溶剂，低温性能、抗冲击性和耐久性均比聚氯乙烯好。目前，PE 管主要应用于饮用水管、雨水管、气体管道、工业耐腐蚀管道等领域。PE 管强度较低，一般适宜于压力较低的工作环境，且耐热性能不好，不能作为热水管使用。

5. 【答案】D

【解析】直缝电焊钢管，主要用于输送水、暖气和煤气等低压流体和制作结构零件等。

单面螺旋缝钢管，用于输送水等一般用途。

双面螺旋钢管，用于输送石油和天然气等特殊用途。

双层卷焊钢管，具有爆破强度高、内表面清洁度高，有良好的耐疲劳抗震性能。适于汽车和冷冻设备、电热电器工业中的刹车管、燃料管、润滑油管、加热或冷却器管。

6. 【答案】C

【解析】无规共聚聚丙烯管（PP-R 管）是最轻的热塑性塑料管，具有较高的强度，较好的耐热性，最高工作温度可达 95℃，在 1.0MPa 下长期（50 年）使用温度可达 70℃，其低温脆化温度仅为 -15~0℃，在北方地区不能用于室外。每段长度有限，且不能弯曲施工。

7. 【答案】D

【解析】计算过程：0.0246615×（108-6）×6＝15.09（kg）。

8. 【答案】D

9. 【答案】A

【解析】聚乙烯（PE）管。PE 管材无毒、重量轻、韧性好、可盘绕、耐腐蚀，在常温下不溶于任何溶剂，低温性能、抗冲击性和耐久性均比聚氯乙烯好。

（二）多项选择题

1. 【答案】ACD

【解析】PEX 管耐温范围广（-70~110℃）、耐压、化学性能稳定、重量轻、流体阻力小、安装简便、使用寿命长，且无味、无毒。其连接方式有夹紧式、卡环式、插入式三种。PEX 管适用于建筑冷、热水管道、供暖管道、雨水管道、燃气管道以及工业用的管道等。

2. 【答案】ABC

Ⅱ 焊接材料

（一）单项选择题

1. 【答案】D

2. 【答案】A

3.【答案】B

【解析】焊丝表面应当干净光滑，焊接时能顺利地送进，以免给焊接过程带来干扰。除不锈钢焊丝和非铁金属焊丝外，各种低碳钢和低合金钢焊丝的表面镀铜层既可起防锈作用，也可改善焊丝与导电嘴的电接触状况。

4.【答案】D

【解析】碱性焊条。其熔渣的主要成分是碱性氧化物（如大理石、萤石等），并含有较多的铁合金作为脱氧剂和合金剂，焊接时大理石分解产生的二氧化碳作为保护气体。由于焊条的脱氧性能好，合金元素烧损少，焊缝金属合金化效果较好。但由于电弧中含氧量低，如遇焊件或焊条存在铁锈和水分时，容易出现氢气孔。在药皮中加入一定的萤石，在焊接过程中与氢化合生成氟化氢，具有去氢作用。但是萤石不利于电弧的稳定，必须采用直流反极性进行焊接。若在药皮中加入稳定电弧的组成物碳酸钾等，便可使用交流电源。

（二）多项选择题

1.【答案】ACD

【解析】按焊接工艺的需要，除不锈钢焊丝和非铁金属焊丝外，焊丝表面均镀铜，以利于防生锈并改善导电性能。焊丝直径的选择根据用途而定。半自动埋弧焊用的焊丝较细，一般直径为 1.6mm、2mm、2.4mm。自动埋弧焊一般使用直径 3～6mm 的焊丝，以充分发挥埋弧焊的大电流和高熔敷率的优点。同一电流，使用较小直径的焊丝时，可获得加大焊缝熔深、减小熔宽的效果。当工件装配不良时，宜选用较粗的焊丝。

2.【答案】ABD

【解析】若采用无药皮的光焊条焊接，则在焊接过程中，空气中的氧和氮会大量侵入熔化金属，将金属铁及有益元素碳、硅、锰等氧化和氮化，并形成各种氧化物和氮化物残留在焊缝中，造成焊缝夹渣或裂纹。而融入熔池中的气体可能使焊缝产生大量气孔，这些因素都能使焊缝的力学性能（强度、冲击值等）大大降低，同时使焊缝变脆。在光焊条外面涂一层由各种矿物等组成的药皮，能使电弧燃烧稳定，焊缝质量得到提高。在药皮中要加入一些还原剂，使氧化物还原，以保证焊缝质量。药皮可改善焊接工艺性能，使电弧稳定燃烧、飞溅少、焊缝成形好、易脱渣和熔敷效率高。

3.【答案】ABC

【解析】碱性焊条其熔渣的主要成分是碱性氧化物（如大理石、萤石等），并含有较多的铁合金作为脱氧剂和合金剂，焊接时大理石分解产生的二氧化碳气体作为保护气体。由于焊条的脱氧性能好，合金元素烧损少，焊缝金属合金化效果较好。但由于电弧中含氧量低，如遇焊件或焊条存在铁锈和水分时，容易出现氢气孔。在药皮中加入一定量的萤石，在焊接过程中与氢化合生成氟化氢，具有去氢作用。但是萤石不利于电弧的稳定，必须采用直流反极性进行焊接。若在药皮中加入稳定电弧的组成物碳酸钾（K_2CO_3）等，便可使用交流电源。

碱性焊条的熔渣脱氧较完全，又能有效地消除焊缝金属中的硫，合金元素烧损少，所以焊缝金属的力学性能和抗裂性均较好，可用于合金钢和重要碳钢结构的焊接。

4. 【答案】ACD

【解析】酸性焊条其熔渣的成分主要是酸性氧化物（SiO_2、TiO_2、Fe_2O_3）。焊接过程中产生烟尘较少，有利于焊工健康，且价格比碱性焊条低，焊接时可选用交流焊机。酸性焊条药皮中含有多种氧化物，具有较强的氧化性，促使合金元素氧化；酸性焊条对铁锈、水分不敏感，焊缝很少产生氢气孔。但酸性熔渣脱氧不完全，也不能有效地清除焊缝的硫、磷等杂质，故焊缝的金属力学性能较低，一般用于焊接低碳钢和不太重要的碳钢结构。

5. 【答案】AD

6. 【答案】ABC

【解析】酸性焊条。其熔渣的成分主要是酸性氧化物（SiO_2、TiO_2、Fe_2O_3）及其他在焊接时易放出氧的物质，药皮里的造气剂为有机物，焊接时产生保护气体。

酸性焊条药皮中含有多种氧化物，具有较强的氧化性，促使合金元素氧化；同时电弧气中的氧电离后形成负离子与氢离子有很强的亲和力，生成氢氧根离子，从而防止氢离子溶入液态金属里，所以这类焊条对铁锈、水分不敏感，焊缝很少产生由氢引起的气孔。但酸性熔渣脱氧不完全，也不能有效地清除焊缝的硫、磷等杂质，故焊缝的金属的力学性能较低，一般用于焊接低碳钢和不太重要的碳钢结构。

Ⅲ　防腐蚀材料

（一）单项选择题

1. 【答案】A

【解析】三聚乙烯涂料广泛用于天然气和石油输配管线、市政管网、油罐、桥梁等防腐工程。它主要由聚乙烯、炭黑、改性剂和助剂组成，经熔融混炼造粒而成，具有良好的机械强度、电性能、抗紫外线、抗老化和抗阳极剥离等性能，防腐寿命可达到20年以上。

2. 【答案】D

【解析】辅助成膜物质包括稀料和辅助材料。选项A属于主要成膜物质；选项B、C属于次要成膜物质。参见"涂料的基本组成图"。

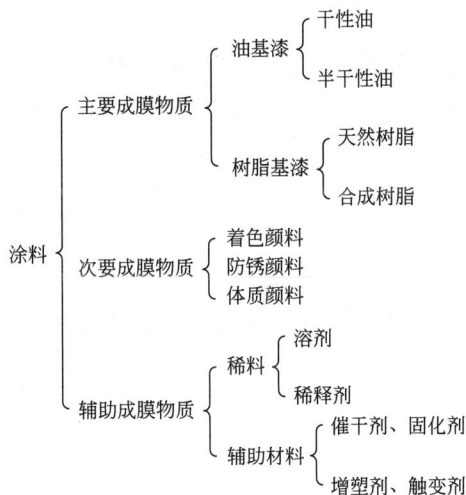

涂料的基本组成图

3. 【答案】D

【解析】酚醛树脂漆，具有良好的电绝缘性和耐油性，能耐60%硫酸、盐酸，及一定浓度的醋酸、磷酸、大多数盐类和有机溶剂等介质的腐蚀，但不耐强氧化剂和碱。其漆膜较脆，温差变化大时易开裂，与金属附着力较差，在生产中应用受到一定限制。其使用温度一般为120℃。

过氯乙烯漆，具有良好的耐酸性气体、耐海水、耐酸、耐油、耐盐雾、防霉、防燃烧等性能。但不耐酚类、酮类、脂类和苯类等有机溶剂介质的腐蚀。其最高使用温度约为70℃，若温度过高，则会导致漆膜破坏。该清漆不耐光，容易老化，而且不耐磨和不耐强烈的机械冲击。此外，它与金属表面附着力不强，特别是光滑表面和有色金属表面更为突出。在漆膜没有充分干燥下往往会有漆膜揭皮现象。

呋喃树脂漆，具有优良的耐酸性、耐碱性及耐温性，原料来源广泛，价格较低。能耐大部分有机酸、无机酸、盐类等介质的腐蚀，并有良好的耐碱性、耐有机溶剂性、耐水性、耐油性，但不耐强氧化性介质（硝酸、铬酸、浓硫酸等）的腐蚀。由于呋喃树脂漆存在性脆、与金属附着力差、干后会收缩等缺点，因此大部分采用改性呋喃树脂漆。

4. 【答案】C

【解析】环氧煤沥青综合了环氧树脂机械强度高、粘结力大、耐化学介质侵蚀和煤沥青耐腐蚀等优点。涂层使用温度可以在−40～150℃。在酸、碱、盐、水、汽油、煤油、柴油等一般稀释剂中长期浸泡无变化，使用寿命可达到50年以上。环氧煤沥青广泛用于城市给水管道、煤气管道以及炼油厂、化工厂、污水处理厂等设备、管道的防腐处理。

5. 【答案】C

【解析】聚氨酯漆广泛用于石油、化工、矿山、冶金等行业的管道、容器、设备以及混凝土构筑物表面等防腐领域。聚氨酯漆具有耐盐、耐酸、耐各种稀释剂等优点，同时又具有施工方便、无毒、造价低等特点。

6. 【答案】A

【解析】漆酚树脂漆是生漆经脱水缩聚用有机溶剂稀释而成。它改变了生漆的毒性大、干燥慢、施工不便等缺点，但仍保持生漆的其他优点，适用于大型快速施工的需要，广泛应用在化肥、氯碱生产中，防止工业大气如二氧化硫、氨气、氯气、氯化氢、硫化氢和氧化氮等气体腐蚀，也可作为地下防潮和防腐蚀涂料，但它不耐阳光紫外线照射，应用时应考虑到用于受阳光照射较少的部位。同时涂料不能久置（约6个月）。

7. 【答案】B

【解析】聚氨酯漆是多异氰酸酯化合物和端羟基化合物进行预聚反应而生成的高分子合成材料。它广泛用于石油、化工、矿山、冶金等行业的管道、容器、设备以及混凝土构筑物表面等防腐领域。聚氨酯漆具有耐盐、耐酸、耐各种稀释剂等优点，同时又具有施工方便、无毒、造价低等特点。

（二）多项选择题

1. 【答案】ABC

【解析】聚氨酯漆是多异氰酸酯化合物和端羟基化合物进行预聚反应而生成的高分子合成材料。它广泛用于石油、化工、矿山、冶金等行业的管道、容器、设备以及混凝土构筑物表面等防腐领域。聚氨酯漆具有耐盐、耐酸、耐各种稀释剂等优点，同时又具有施工方便、无毒、造价低等特点。

2.【答案】ABC

3.【答案】CD

【解析】环氧树脂涂料具有良好的耐腐蚀性能，特别是耐碱性，并有较好的耐磨性。与金属和非金属（除聚氯乙烯、聚乙烯等外）有极好的附着力，漆膜有良好的弹性与硬度，收缩率也较低，使用温度一般为90~100℃。若在环氧树脂中加入适量的呋喃树脂改性，可以提高其使用温度。热固型环氧涂料，其耐温性和耐腐蚀性均比冷固型环氧涂料好。在无条件进行热处理时，采用冷固型涂料。

4.【答案】AB

【解析】聚丙烯具有质轻、不吸水，介电性、化学稳定性和耐热性良好等特点。聚丙烯力学性能优良，但是耐光性能差，易老化，低温韧性和染色性能不好。聚丙烯主要用于制作受热的电气绝缘零件、防腐包装材料以及耐腐蚀的（浓盐酸和浓硫酸除外）化工设备等。使用温度为-30~100℃。

第三节　安装工程常用管件和附件

一、名师考点

参见表1-4。

表1-4　　　　　　　　　　　　　本节考点

	教材点	知识点
一	管件	主要管件的性能与用途
二	法兰	主要法兰、垫片的性能与用途
三	阀门	主要阀门的性能与用途
四	其他附件	主要附件的性能与用途

二、真题回顾

I　法兰

（一）单项选择题

1. 压缩回弹性能好，具有多道密封和一定自紧功能，对于法兰压紧面的表面缺陷不敏感，易对中，拆卸方便，能在高温、低压、高真空、冲击振动等场合使用的平垫片为（　　）。（2015年）

A. 橡胶石棉垫片　　　　　　　　　　B. 金属缠绕式垫片

C. 齿形垫片　　　　　　　　　　D. 金属环形垫片

2. 法兰密封面形式为 O 形圈面型, 其使用特点为 (　　)。(2016 年)

A. O 形密封圈是非挤压型密封

B. O 形圈截面尺寸较小, 消耗材料少

C. 结构简单, 不需要相配合的凸面和槽面的密封面

D. 密封性能良好, 但压力使用范围较窄

3. 对高温、高压工况, 密封面加工精度要求较高的管道, 应采用环连接面型法兰连接, 其配合使用的垫片应为 (　　)。(2017 年)

A. O 形密封圈　　　　　　　　　B. 金属缠绕垫片

C. 齿形金属垫片　　　　　　　　D. 八角形实体金属垫片

4. O 形圈面型法兰垫片特点有 (　　)。(2018 年)

A. 尺寸小, 质量轻　　　　　　　B. 安装拆卸不方便

C. 压力范围使用窄　　　　　　　D. 非挤压型密封

5. 多用于有色金属及不锈钢管道上, 适用于管道需要频繁拆卸及清洗检查的地方, 所采用的法兰形式是 (　　)。(2019 年)

A. 平焊法兰　　　　　　　　　　B. 对焊法兰

C. 螺纹法兰　　　　　　　　　　D. 松套法兰

6. 主要用于工况比较苛刻的场合, 应力变化反复的场合, 压力、温度波动较大和高温、高压及零下低温的管道的法兰为 (　　)。(2020 年)

A. 平焊法兰　　　　　　　　　　B. 整体法兰

C. 对焊法兰　　　　　　　　　　D. 松套法兰

7. 它在装配时较易对中, 且成本较低, 因而得到广泛应用。只适用于压力等级比较低, 压力波动、振动及振荡均不严重的管道系统中, 所采用的法兰形式是 (　　)。(2021 年)

A. 平焊法兰　　　　　　　　　　B. 对焊法兰

C. 松套法兰　　　　　　　　　　D. 螺纹法兰

8. 某密封面形式, 安装时容易对中, 垫片较窄且受力均匀, 压紧垫片所需的螺栓力相应较小。故即使应用于压力较高场合, 螺栓尺寸也不易过大。缺点是垫片更换困难, 法兰造价较高。该法兰密封面形式为 (　　)。(2022 年)

A. 突面型　　　　　　　　　　　B. 凹凸面型

C. 榫槽面型　　　　　　　　　　D. O 形圈面型

9. 每次更换垫片时, 都要对两法兰密封面进行加工, 费时费力。与之配合的法兰是 (　　)。(2022 年)

A. 凹凸面型　　　　　　　　　　B. 突面型

C. 平面型　　　　　　　　　　　D. 环连接面型

10. 某法兰多用于需频繁拆卸的有色金属及不锈钢大口径低压管道的连接。该法兰是 (　　)。(2023 年)

真题讲解

A. 平焊法兰   B. 对焊法兰

C. 松套法兰   D. 螺纹法兰

11. 当高温、高压且压力、温度波动幅度大的管道采用法兰连接时，宜选用的法兰是
（ ）。（2024 年）

A. 松套法兰   B. 平焊法兰

C. 对焊法兰   D. 螺纹法兰

（二）多项选择题

1. 关于松套法兰的特点，说法正确的有 （ ）。（2018 年）

A. 分焊环、翻边和搭焊法兰

B. 法兰可旋转，易对中，用于大口径管道

C. 适用于定时清洗和检查，需频繁拆卸的地方

D. 法兰与管道材料可不一致

2. 金属缠绕垫片是由金属带和非金属带螺旋复合绕制而成的一种半金属平垫片，具
有的特点是 （ ）。（2019 年）

A. 压缩、回弹性能好   B. 具有多道密封但无自紧功能

C. 对法兰压紧面的表面缺陷不太敏感   D. 容易对中，拆卸方便

3. 以下对于松套法兰的说法正确的是 （ ）。（2022 年）

A. 大口径管道上易于安装

B. 适用于管道不需要频繁拆卸以供清洗和检查的地方

C. 可用于输送腐蚀性介质的管道

D. 适用于中高压管道的连接

Ⅱ 阀门

（一）单项选择题

1. 具有结构紧凑、体积小、质轻、驱动力矩小、操作简单、密封性能好的特点，易
实现快速启闭，不仅适用于一般工作介质，而且还适用于工作条件恶劣介质的阀门为
（ ）。（2015 年）

A. 蝶阀   B. 旋塞阀

C. 球阀   D. 节流阀

2. 球阀是近年来发展最快的阀门品种之一，其主要特点为 （ ）。（2016 年）

A. 密封性能好，但结构复杂

B. 启闭慢、维修不方便

C. 不能用于输送氧气、过氧化氢等介质

D. 适用于含纤维、微小固体颗粒的介质

3. 某阀门结构简单、体积小、质轻，仅由少数几个零件组成，操作简单，阀门处于
全开位置时，阀板厚度是介质流经阀体的唯一阻力，阀门所产生的压力降很小，具有较
好的流量控制特性。该阀门应为 （ ）。（2017 年）

A. 截止阀   B. 蝶阀

C. 旋塞阀　　　　　　　　　　　　D. 闸阀

4. 在管道上主要用于切断、分配和改变介质流动方向，设计成 V 形开口的球阀还具有良好的流量调节功能。不仅适用于水、溶剂、酸和天然气等一般工作介质，而且还适用于工作条件恶劣的介质，如氧气、过氧化氢、甲烷和乙烯等，且适用于含纤维、微小固体颗料等介质。该阀门为（　　　）。（2019 年）

A. 疏水阀　　　　　　　　　　　　B. 球阀

C. 旋塞阀　　　　　　　　　　　　D. 蝶阀

5. 主要用在大口径管道上，在开启和关闭时省力，水流阻力较小，其缺点是严密性较差；一般只作为截断装置。不宜用于需要调节大小和启闭频繁的管路上，该阀门是（　　　）。（2021 年）

A. 闸阀　　　　　　　　　　　　　B. 球阀

C. 截止阀　　　　　　　　　　　　D. 蝶阀

6. 阀门的种类有很多，按其动作特点分为两大类，即驱动阀门和自动阀门。其中属于驱动阀门的有（　　　）。（2022 年）

A. 止回阀　　　　　　　　　　　　B. 节流阀

C. 跑风阀　　　　　　　　　　　　D. 安全阀

7. 某阀门被广泛用于冷、热水系统的大口径管道上，运行中不需要调节流量和频繁启闭，具有流体阻力小、启闭力较小的特点。该阀门是（　　　）。（2023 年）

A. 闸阀　　　　　　　　　　　　　B. 截止阀

C. 旋塞阀　　　　　　　　　　　　D. 球阀

（二）多项选择题

1. 截止阀的特点包括（　　　）。（2020 年）

A. 结构简单，严密性差　　　　　　B. 改变流体方向，水流阻力大

C. 低进高出，方向不能装反　　　　D. 不适用于带颗粒、黏性大的流体

2. 球阀是利用球体绕阀杆的轴线旋转 90°实现开启和关闭的目的。下列选项属于球阀特点的有（　　　）。（2024 年）

A. 材料耗用较少　　　　　　　　　B. 密封性差

C. 驱动力矩较大　　　　　　　　　D. 易实现快速启闭

Ⅲ　其他附件

（一）单项选择题

1. 某补偿器优点是制造方便、补偿能力大、轴向推力小、维修方便、运行可靠；缺点是占地面积较大。此种补偿器为（　　　）。（2015 年）

A. 填料补偿器　　　　　　　　　　B. 波形补偿器

C. 球形补偿器　　　　　　　　　　D. 方形补偿器

2. 某补偿器具有补偿能力大，流体阻力和变形应力小等特点，特别适合远距离热能输送。可用于建筑物的各种管道中，以防止不均匀沉降或振动造成的管道破坏。此补偿器为（　　　）。（2016 年）

A. 方形补偿器
B. 套筒式补偿器
C. 球形补偿器
D. 波形补偿器

3. 填料式补偿器特点为（　　）。（2018 年）

A. 流体阻力小，补偿能力大
B. 不可单向和双向补偿
C. 轴向推力小
D. 不需经常检修和更换填料

4. 具有补偿能力大，流体阻力和变形应力小，且对固定支座的作用力小等特点，主要靠角位移吸收，该补偿器应成对使用，单台使用没有补偿能力，但可作管道万向接头使用的补偿器为（　　）。（2020 年）

A. 波形补偿器
B. 球形补偿器
C. 填料补偿器
D. 方形补偿器

5. 为防止建筑物地基不均匀下沉或震动等对管道造成破坏，需要对管道做出补偿，宜选用的补偿器是（　　）。（2024 年）

A. 波纹补偿器
B. 球形补偿器
C. 填料式补偿器
D. 方形补偿器

（二）多项选择题

1. 球形补偿器是一种新型补偿装置，关于其使用特征，正确的描述有（　　）。（2015 年）

A. 可以补偿管道在一个或多个方向上的横向位移
B. 流体阻力和变形应力小，对固定支座的作用力小
C. 成对使用补偿能力大，单台使用时补偿能力小
D. 长时间运行出现渗漏时，不需停气减压便可维护

2. 填料式补偿器主要由带底脚的套筒、插管和填料函三部分组成，其主要特点有（　　）。（2016 年）

A. 安装方便，占地面积小
B. 填料使用寿命长，无需经常更换
C. 流体阻力小，补偿能力较大
D. 轴向推力大，易漏水漏气

3. 与其他几种人工补偿器相比，球形补偿器除具有补偿能力大、流体阻力小的特点外，还包括（　　）。（2017 年）

A. 补偿器变形应力小
B. 对固定支座的作用力小
C. 不需停气减压便可维护出现的渗漏
D. 成对使用可作万向接头

4. 关于球形补偿器的特点，下列说法正确的是（　　）。（2021 年）

A. 补偿能力大
B. 流体阻力和变形应力小
C. 可以单台使用，补偿能力小
D. 可以作万向接头使用

5. 球形补偿器主要依靠球体的角位移来吸收或补偿热力管道一个或多个方向上横向位移。下列关于球形补偿器特点，说法正确的有（　　）。（2023 年）

真题讲解

A. 单台使用具有补偿能力　　　　B. 流体阻力和变形应力小

C. 对固定支座的作用力小　　　　D. 可作管道万向接头使用

三、真题解析

I　法兰

（一）单项选择题

1.【答案】B

【解析】金属缠绕式垫片的特性是：压缩回弹性能好，具有多道密封和一定的自紧功能；对于法兰压紧面的表面缺陷不太敏感，不粘结法兰密封面，容易对中，因而拆卸便捷；能在高温、低压、高真空、冲击振动等循环交变的各种苛刻条件下，保持其优良的密封性能。

2.【答案】B

【解析】选项 A，O 形密封圈是一种挤压型密封圈。选项 C，O 形圈面型具有相配合的凸面和槽面的密封面。选项 D，O 形圈的截面尺寸很小、质量轻、消耗材料少，且使用简单，安装、拆卸方便，更为突出的优点还在于 O 形圈具有良好的密封能力，压力使用范围很宽。

3.【答案】D

【解析】环连接面型：环连接面密封的法兰也属于窄面法兰，其在法兰的突面上开出一环状梯形槽作为法兰密封面，和榫槽面法兰一样，这种法兰在安装和拆卸时必须在轴向将法兰分开。这种密封面专门与用金属材料加工成截面形状为八角形或椭圆形的实体金属垫片配合，实现密封连接。由于金属环垫可以依据各种金属的固有特性来选用。因而这种密封面的密封性能好，对安装要求也不太严格，适合于高温、高压工况，但密封面的加工精度较高。

4.【答案】A

【解析】O 形圈面型：这是一种较新的法兰连接形式，它是随着各种橡胶 O 形圈的出现而发展起来的。具有相配合的凸面和槽面的密封面，O 形圈嵌在槽内。O 形密封圈是一种挤压型密封，其基本工作原理是依靠密封件发生弹性变形，在密封接触面上造成接触压力，当接触压力大于被密封介质的内压时，不发生泄漏，反之则发生泄漏。像这种借介质本身来改变 O 形圈接触状态使之实现密封的过程，称为"自封作用"。O 形圈密封效果比一般平垫圈可靠。由于 O 形圈的截面尺寸都很小、重量轻，消耗材料少，且使用简单，安装、拆卸方便，更为突出的优点还在于 O 形圈具有良好的密封能力，压力使用范围很宽，静密封工作压力可达 100MPa 以上，适用温度为 $-60 \sim 200℃$，可满足多种介质的使用要求。

5.【答案】D

【解析】松套法兰俗称活套法兰，分为焊环活套法兰、翻边活套法兰和对焊活套法兰，多用于铜、铝等有色金属及不锈钢管道上。这种法兰连接的优点是法兰可以旋转，易于对中螺栓孔，在大口径管道上易于安装，也适用于管道需要频繁拆卸以供清洗和检查的地方。其法兰附属元件材料与管道材料一致，而法兰材料可与管道材料不同（法兰的材料多为Q235、Q255碳素钢），因此，比较适合于输送腐蚀性介质的管道。但松套法兰耐压不高，一般仅适用于低压管道的连接。

6.【答案】C

【解析】对焊法兰又称高颈法兰。对焊法兰主要用于工况比较苛刻的场合，如管道热膨胀或其他荷载而使法兰承受的应力较大，或应力变化反复的场合；压力、温度大幅度波动的管道和高温、高压及零下低温的管道。

7.【答案】A

【解析】平焊法兰又称搭焊法兰。平焊法兰与管道固定时，是将管道端部插至法兰承口底或法兰内口且低于法兰内平面，焊接法兰外口或里口和外口，使法兰与管道连接。其优点在于焊接装配时较易对中，且成本较低，因而得到了广泛的应用。平焊法兰只适用于压力等级比较低，压力波动、振动及振荡均不严重的管道系统中。

8.【答案】C

【解析】榫槽面型，是具有相配合的榫面和槽面的密封面，垫片放在槽内，由于受槽的阻挡，不会被挤出。垫片比较窄，因而压紧垫片所需的螺栓力也就相应较小。即使应用于压力较高场合，螺栓尺寸也不易过大，安装时容易对中，垫片受力均匀，故密封可靠。垫片很少受介质的冲刷和腐蚀，适用于易燃、易爆、有毒介质及压力较高的重要密封。但更换垫片困难，法兰造价较高。此外，榫面部分容易损坏，在拆装或运输过程中应加以注意。

9.【答案】A

【解析】齿形垫片是利用同心圆的齿形密纹与法兰密封面相接触，构成多道密封环，因此密封性能较好，使用周期长。常用于凹凸式密封面法兰的连接，缺点是在每次更换垫片时，都要对两法兰密封面进行加工，费时费力。另外，垫片使用后容易在法兰密封面上留下压痕，故一般用于较少拆卸的部位。齿形垫的材质有普通碳素钢、低合金钢和不锈钢等。其密封性能比平形密封垫好，压紧力也比平形垫片小一些。

10.【答案】C

【解析】松套法兰俗称活套法兰，分为焊环活套法兰、翻边活套法兰和对焊活套法兰，多用于铜、铝等有色金属及不锈钢管道上。这种法兰连接的优点是法兰可以旋转，易于对中螺栓孔，在大口径管道上易于安装，也适用于管道需要频繁拆卸以供清洗和检查的地方。其法兰附属元件材料与管道材料一致，而法兰材料可与管道材料不同（法兰的材料多为Q235、Q255碳素钢），因此，比较适合于输送腐蚀性介质的管道。但松套法兰耐压不高，一般仅适用于低压管道的连接。

11.【答案】C

【解析】对焊法兰又称为高颈法兰。它与其他法兰不同之处在于从法兰与管道焊接处到法兰盘有一段长而倾斜的高颈，此段高颈的壁厚沿高度方向逐渐过渡到管壁厚度，改善了应力的不连续性，因而增加了法兰强度。对焊法兰主要用于工况比较苛刻的场合，如管道热膨胀或其他荷载而使法兰处受的应力较大，或应力变化反复的场合；压力、温度大幅度波动的管道和高温、高压及零下低温的管道。

（二）多项选择题

1. 【答案】BCD

【解析】松套法兰，俗称活套法兰，分为焊环活套法兰、翻边活套法兰和对焊活套法兰。这种法兰连接的优点是法兰可以旋转，易于对中螺栓孔，在大口径管道上易于安装，也适用于管道需要频繁拆卸以供清洗和检查的地方。其法兰附属元件材料与管子材料一致，而法兰材料可与管子材料不同。

2. 【答案】ACD

【解析】金属缠绕垫片是由金属带和非金属带螺旋复合绕制而成的一种半金属平垫片。其特性是压缩、回弹性能好，具有多道密封和一定的自紧功能，对于法兰压紧面的表面缺陷不太敏感，不粘结法兰密封面，容易对中，因而拆卸便捷。能在高温、低压、高真空、冲击振动等循环交变的各种苛刻条件下，保持优良的密封性能。在石油化工工艺管道上被广泛采用。

3. 【答案】AC

【解析】松套法兰俗称活套法兰，分为焊环活套法兰、翻边活套法兰和对焊活套法兰，多用于铜、铝等有色金属及不锈钢管道上。这种法兰连接的优点是法兰可以旋转，易于对中螺栓孔，在大口径管道上易于安装，也适用于管道需要频繁拆卸以供清洗和检查的地方。其法兰附属元件材料与管道材料一致，而法兰材料可与管道材料不同（法兰的材料多为 Q235、Q255 碳素钢），因此比较适合于输送腐蚀性介质的管道。但松套法兰耐压不高，一般仅适用于低压管道的连接。

Ⅱ　阀门

（一）单项选择题

1. 【答案】C

【解析】球阀具有结构紧凑、密封性能好、结构简单、体积较小、质轻、材料耗用少、安装尺寸小、驱动力矩小、操作简便、易实现快速启闭和维修方便等特点。选用特点：适用于水、溶剂、酸和天然气等一般工作介质，而且还适用于工作条件恶劣的介质，如氧气、过氧化氢、甲烷和乙烯等，且特别适用于含纤维、微小固体颗料等介质。

2. 【答案】D

3. 【答案】B

【解析】蝶阀结构简单、体积小、质轻，只由少数几个零件组成，只需旋转90°即可快速启闭，操作简单，同时具有良好的流体控制特性。蝶阀处于完全开启位置时，蝶板厚度是介质流经阀体时唯一的阻力，通过该阀门所产生的压力降很小，具有较好的流量控制特性。

4. 【答案】B

5. 【答案】A

【解析】闸阀与截止阀相比，在开启和关闭时省力，水流阻力较小，阀体比较短，当闸阀完全开启时，其阀板不受流动介质的冲刷磨损。但由于闸板与阀座之间密封面易受磨损，其缺点是严密性较差；另外，在不完全开启时，水流阻力较大。因此，闸阀一般只作为截断装置，即用于完全开启或完全关闭的管路中，而不宜用于需要调节大小和启闭频繁的管路上。

6.【答案】B

【解析】驱动阀门是用手操纵或其他动力操纵的阀门。如截止阀、节流阀（针型阀）、闸阀、旋塞阀等均属这类阀门。自动阀门是借助于介质本身的流量、压力或温度参数发生变化而自行动作的阀门。如止回阀、安全阀、浮球阀、减压阀、跑风阀和疏水器等均属自动阀门。

7.【答案】A

（二）多项选择题

1.【答案】BCD

【解析】截止阀主要用于热水供应及高压蒸汽管路中，严密性较高。安装时要注意流体"低进高出"，方向不能装反。选用特点：结构比闸阀简单，制造、维修方便，可以调节流量，但流动阻力大，不适用于带颗粒和黏性较大的介质。

2.【答案】AD

【解析】球阀具有结构紧凑、密封性能好、重量轻、材料耗用少、安装尺寸小、驱动力矩小、操作简便、易实现快速启闭和维修方便等特点。

选用特点：适用于水、溶剂、酸和天然气等一般工作介质，而且还适用于工作条件恶劣的介质，如氧气、过氧化氢、甲烷和乙烯等，且适用于含纤维、微小固体颗料等介质。

Ⅲ　其他附件

（一）单项选择题

1.【答案】D

【解析】方形补偿器优点是制造方便，补偿能力大，轴向推力小，维修方便，运行可靠；缺点是占地面积较大。

2.【答案】C

【解析】球形补偿器具有补偿能力大，流体阻力和变形应力小，且对固定支座的作用力小等特点。特别对远距离热能的输送，即使长时间运行出现渗漏时，也可不需停气减压便可维护。其用于建筑物的各种管道中，可防止因地基产生不均匀沉降或振动等意外原因对管道产生的破坏。

3.【答案】A

【解析】填料式补偿器安装方便，占地面积小，流体阻力较小，补偿能力较大；缺点是轴向推力大，易漏水漏气，需经常检修和更换填料。如管道变形有横向位移时，易造成填料圈卡住。这种补偿器主要用在安装方形补偿器时空间不够的场合。

4.【答案】B

【解析】球形补偿器主要依靠球体的角位移来吸收或补偿管道一个或多个方向上横向位移，该补偿器应成对使用，单台使用没有补偿能力，但可作管道万向接头使用。球形补偿器具有补偿能力大，流体阻力和变形应力小，且对固定支座的作用力小等特点。球形补偿器用于热力管道中，补偿热膨胀，其补偿能力为一般补偿器的 5~10 倍；用于冶金设备的汽化冷却系统中，可作为万向接头用；用于建筑物的各种管道中，可防止因地基产生不均匀下沉或振动等意外原因对管道产生的破坏。

5.【答案】B

【解析】球形补偿器具有补偿能力大、流体阻力和变形应力小，且对固定支座的作用力小等特点。球形补偿器用于热力管道中，补偿热膨胀，其补偿能力为一般补偿器的 5~10 倍；用于冶金设备（如高炉、转炉、电炉、加热炉等）的汽化冷却系统中，可作万向接头用；用于建筑物的各种管道中，可防止因地基产生不均匀下沉或震动等意外原因对管道产生的破坏。

（二）多项选择题

1.【答案】AB

2.【答案】ACD

【解析】填料式补偿器安装方便，占地面积小，流体阻力较小，补偿能力较大；缺点是轴向推力大，易漏水漏气，需经常检修和更换填料。如管道变形有横向位移时，易造成调料圈卡住。这种补偿器主要用在安装方形补偿器时空间不够的场合。

3.【答案】ABC

4.【答案】ABD

5.【答案】BCD

第四节　常用电气和通信材料

一、名师考点

参见表 1-5。

表 1-5　　　　　　　　　　　　　　　　本节考点

	教材点	知识点
一	电气材料	主要电气材料的性能与用途
二	有线通信材料及器材	主要有线通信材料及器材的性能与用途

二、真题回顾

Ⅰ　电气材料

（一）单项选择题

1. 五类大对数铜缆的型号为（　　）。（2018 年）

A. UTP CAT3.025~100（25~100 对）　　　B. UTP CAT5.025~100（25~50 对）

C. UTP CAT5.025~50（25~50 对）　　　D. UTP CAT3.025~100（25~100 对）

2. 电缆型号为：$NH-VV_{22}$（3×25+1×16）表示的是（　　）。（2019 年）

A. 铜芯、聚乙烯绝缘和护套、双钢带铠装、三芯 $25mm^2$、一芯 $16mm^2$ 耐火电力电缆

B. 铜芯、聚乙烯绝缘和护套、钢带铠装、三芯 $25mm^2$、一芯 $16mm^2$ 阻燃电力电缆

C. 铜芯、聚氯乙烯绝缘和护套、双钢带铠装、三芯 $25mm^2$、一芯 $16mm^2$ 耐火电力电缆

D. 铜芯、聚氯乙烯绝缘和护套、钢带铠装、三芯 $25mm^2$、一芯 $16mm^2$ 阻燃电力电缆

3. 适用于 1kV 及以下室外直埋敷设的电缆型号的是（　　）。（2020 年）

A. YJV

B. BTTZ

C. VV

D. VV_{22}

4. 依据《民用建筑电气设计标准》GB 51348—2019，下列宜选用铝芯电线情况的是（　　）。（2021 年）

A. 火灾时需要维持正常工作场所

B. 移动式用电设备或有剧烈振动场所

C. 适用于中压室外架空线路

D. 导线截面面积 $10mm^2$ 及以下线路

5. 具有较高的机械强度，导电性能良好，适用于大挡距架空线路敷设的裸导线是（　　）。（2022 年）

A. 铝绞线

B. 铜绞线

C. 钢芯铝绞线

D. 扩径钢芯铝绞线

6. 某绝缘导线适用交流 500V 及以下，或直流 1000V 及以下电气设备及照明装置，且长期允许工作温度不超过 65℃。该导线是（　　）。（2023 年）

A. 铜芯聚氯乙烯绝缘软线

B. 铜芯橡皮绝缘软线

C. 铜芯橡皮绝缘玻璃丝编织电线

D. 铜芯聚氯乙烯绝缘清洁软电线

（二）多项选择题

与聚氯乙烯绝缘电力电缆截面相等时的性能相比，交联聚乙烯绝缘电力电缆的特点有（　　）。（2024 年）

A. 载流量大

B. 接头制作简便

C. 无敷设高差限制

D. 主要用于 1kV 及以下电力输送

Ⅱ　有线通信材料及器材

（一）单项选择题

1. 双绞线是由两根绝缘的导体扭绞封装而成，其扭绞的目的为（　　）。（2015 年）

A. 将对外的电磁辐射和外部的电磁干扰减到最小

B. 将对外的电磁辐射和外部的电感干扰减到最小

C. 将对外的电磁辐射和外部的频率干扰减到最小

D. 将对外的电感辐射和外部的电感干扰减到最小

2. 用于距离 15km 的远程通信，要求每千米带宽为 10GHz，应选用的通信传输介质是

（　　）。（2024 年）

　　A. 双绞电缆　　　　　　　　　　B. 同轴电缆

　　C. 多模光纤　　　　　　　　　　D. 单模光纤

（二）多项选择题

1. 光纤传输中的单模光纤，其主要传输特点有（　　）。（2015 年）

　　A. 对光源要求低，可配用 LED 光源

　　B. 模间色散很小，传输频带较宽

　　C. 耦合光能量较小

　　D. 传输设备较贵

2. 与单模光纤相比，多模光纤除可传播多种模式的光以外，还具有的特点包括（　　）。（2016 年）

　　A. 耦合光能量大，发散角度大

　　B. 可用发光二极管（LED）作光源

　　C. 传输频带较宽，传输距离较远

　　D. 有较高的性价比

3. 单模光纤的缺点是芯线细，耦合光能量较小，接口时比较难，但其优点也较多，包括（　　）。（2017 年）

　　A. 传输设备较便宜，性价比较高　　B. 模间色散很小，传输频带宽

　　C. 适用于远程通信　　　　　　　　D. 可与光谱较宽的 LED 配合使用

4. 同轴电缆具有的特点是（　　）。（2019 年）

　　A. 随着温度升高，衰减值减少　　　B. 损耗与工作频率的平方根成正比

　　C. 50Ω 电缆多用于数字传输　　　　D. 75Ω 电缆多用于模拟传输

5. 单模光纤的特点（　　）。（2020 年）

　　A. 芯线粗，只能传播一种模式的光　B. 模间色散小，频带宽

　　C. 可与发光二极管配合使用　　　　D. 保密性好，适宜远程通信

6. 下列关于同轴电缆的说法正确的是（　　）。（2021 年）

　　A. 随温度增高，衰减值增大　　　　B. 损耗与工作频率平方根成反比

　　C. 50Ω 电缆用于模拟传输　　　　　D. 70Ω 电缆用于有线电视传输

7. 通信线缆桥架按结构形式分类，除包括托盘式外，还包括（　　）。（2022 年）

　　A. 梯级式　　　　　　　　　　　　B. 组合式

　　C. 隔板式　　　　　　　　　　　　D. 槽式

8. 光在光纤中的传输模式可分为单模光纤和多模光纤，与多模光纤相比，单模光纤的特点有（　　）。（2023 年）

真题讲解

　　A. 可与发光二极管配合使用

　　B. 光纤与光源以及光纤间接续容易

　　C. 模间色散小，传输频带宽

　　D. 保密性好，适用远程通信

三、真题解析

Ⅰ 电气材料

(一) 单项选择题

1. 【答案】 C

【解析】 大对数铜缆主要型号规格：

(1) 三类大对数铜缆 UTP CAT3.025~100（25~100 对）。

(2) 五类大对数铜缆 UTP CAT5.025~50（25~50 对）。

(3) 超五类大对数铜缆 UTP CAT51.025~50（25~50 对）。

2. 【答案】 C

【解析】 NH-VV$_{22}$（3×25+1×16）表示铜芯、聚氯乙烯绝缘和护套、双钢带铠装、三芯 25mm^2、一芯 16mm^2 耐火电力电缆。

3. 【答案】 D

【解析】 铜芯聚氯乙烯绝缘聚氯乙烯护套电力电缆。价格便宜，物理机械性能较好，挤出工艺简单，但绝缘性能一般。大量用来制造 1kV 及以下的低压电力电缆，供低压配电系统使用。常用于室外的电缆如 VV$_{22}$。

4. 【答案】 C

【解析】 铝芯电线也有价格低廉、重量轻等优势，此外铝芯在空气中能很快生成一层氧化膜，防止电线后续进一步氧化，适用于中压室外架空线路。

铜芯电线用于消防负荷、导线截面面积在 10mm^2 及以下的线路。在民用建筑的下列场合也应选用铜芯导体：火灾时需要维持正常工作的场所；移动式用电设备或有剧烈振动的场所；对铝有腐蚀的场所；易燃、易爆场所；有特殊规定的其他场所。

5. 【答案】 C

【解析】 在架空配电线路中，铜绞线因其具有优良的导线性能和较高的机械强度，且耐腐蚀性强，一般应用于电流密度较大或化学腐蚀较严重的地区；铝绞线的导电性能和机械强度不及铜导线，一般应用于挡距比较小的架空线路；钢芯铝绞线具有较高的机械强度，导电性能良好，适用于大挡距架空线路敷设；防腐钢芯铝绞线，适用于沿海、咸水湖、含盐质砂土区及工业污染区等输配电线路；扩径钢芯铝绞线，适用于高海拔、超高压、有无线电干扰地区输电线路。

6. 【答案】 B

【解析】

常用绝缘导线的型号、名称和用途

型号	名称	用途
BX（BLX）	铜（铝）芯橡皮绝缘电线	适用于交流 500V 及以下，或直流 1000V
BXF（BLXF）	铜（铝）芯氯丁橡皮绝缘电线	及以下的电气设备及照明装置。电线的
BXR	铜芯橡皮绝缘软线	长期允许工作温度不应超过 65℃

续表

型号	名称	用途
BV（BLV）	铜（铝）芯聚氯乙烯绝缘电线	适用于各种交流、直流电气装置，电工仪表、仪器，电信设备，动力及照明线路固定敷设。电线长期允许工作温度不超过70℃（BV-105型除外）。电线敷设温度不低于0℃
BVV（BLVV）	铜（铝）芯聚氯乙烯绝缘聚氯乙烯护套圆形电线	
BVVB（BLVVB）	铜（铝）芯聚氯乙烯绝缘聚氯乙烯护套平形电线	
BVR	铜芯聚氯乙烯绝缘软线	
BV-105	铜芯耐热105℃聚氯乙烯绝缘电线	
ZR-BV（BLV）	阻燃铜（铝）芯聚氯乙烯绝缘电线	
NH-BV	铜芯聚氯乙烯绝缘耐火电线	
WDZ-BY	铜芯低烟无卤阻燃聚烯烃绝缘电线	
WDZ-BYJ	铜芯低烟无卤阻燃交联聚烯烃绝缘电线	
RV	铜芯聚氯乙烯绝缘软线	适用于各种交流、直流电器、电工仪器、家用电器、小型电动工具、动力及照明装置的连接。电线长期允许工作温度不超过70℃（RV-105型除外）
RVB	铜芯聚氯乙烯绝缘平形软线	
RVS	铜芯聚氯乙烯绝缘绞型连接软电线	
RV-105	铜芯耐热105℃聚氯乙烯绝缘连接软电线	
RFS	铜芯丁腈聚氯乙烯复合物绝缘软线	
CRV	铜芯聚氯乙烯绝缘清洁软电线	
RXS	铜芯橡皮绝缘棉纱编织绞型软电线	
RX	铜芯橡皮绝缘棉纱编织圆形软电线	
BBX	铜芯橡皮绝缘玻璃丝编织电线	适用电压分别有500V及250V两种，用于室内外明装固定敷设或穿管敷设
BBLX	铝芯橡皮绝缘玻璃丝编织电线	

注：B（B）—第一个字母表示布线，第二个字母表示玻璃丝编织；L—铝芯，无字母则表示铜芯；X—橡皮绝缘；V（V）—第一个字母表示聚氯乙烯（塑料）绝缘，第二个字母表示聚氯乙烯护套（Y—聚乙烯护套）；F—复合型；R—软线；B—平形电线，无字母则表示圆形；S—双绞；ZR—阻燃；NH—耐火；WDZ—低烟无卤阻燃。

（二）多项选择题

【答案】ABC

【解析】交联聚乙烯绝缘电力电缆电场分布均匀，没有切向应力，耐高温（90℃），与聚氯乙烯绝缘电力电缆截面相等时载流量大，重量轻，接头制作简便，无敷设高差限制，适宜于高层建筑。

Ⅱ　有线通信材料及器材

（一）单项选择题

1.【答案】A

【解析】双绞线是由两根绝缘的导体扭绞封装在一个绝缘外套中而形成的一种传输介质，通常以"对"为单位，并把它作为电缆的内核，根据用途不同，其芯线要覆以不同的护套。扭绞的目的是使对外的电磁辐射和遭受外部的电磁干扰减少到最小。

2.【答案】D

【解析】单模光纤的优点是其模间色散很小，传输频带宽，适用于远程通信，每千米带宽可达10GHz。

（二）多项选择题

1.【答案】BCD

2.【答案】ABD

【解析】多模光纤：中心玻璃芯较粗或可传输多种模式的光。多模光纤耦合光能量大，发散角度大，对光源的要求低，能用光谱较宽的发光二极管（LED）作光源，有较高的性价比。缺点是传输频带较单模光纤窄，多模光纤传输距离比较近，一般只有几公里。

3.【答案】BC

4.【答案】BCD

【解析】电缆的芯线越粗，其损耗越小。长距离传输多采用内导体粗的电缆。同轴电缆的损耗与工作频率的平方根成正比。电缆的衰减与温度有关，随着温度增高，其衰减值也增大。

目前，有两种广泛使用的同轴电缆，一种是 50Ω 电缆，用于数字传输，由于多用于基带传输，也叫基带同轴电缆；另一种是 75Ω 电缆，用于模拟传输，也称宽带同轴电缆。

5.【答案】BD

6.【答案】AD

【解析】同轴电缆的损耗与工作频率的平方根成正比。电缆的衰减与温度有关，随着温度增高，其衰减值也增大。

目前，有两种广泛使用的同轴电缆，一种是 50Ω 电缆，用于数字传输，由于多用于基带传输，也叫基带同电缆；另一种是 75Ω 电缆，用于模拟传输，也称宽带同轴电缆。

7.【答案】ABD

【解析】桥架按制造材料分类分为钢制桥架、铝合金桥架、玻璃钢阻燃桥架等；按结构形式分为梯级式、托盘式、槽式（槽盒）、组合式。

8.【答案】CD

第二章　安装工程施工技术

一、本章概览

本章知识架构参见图 2-1。

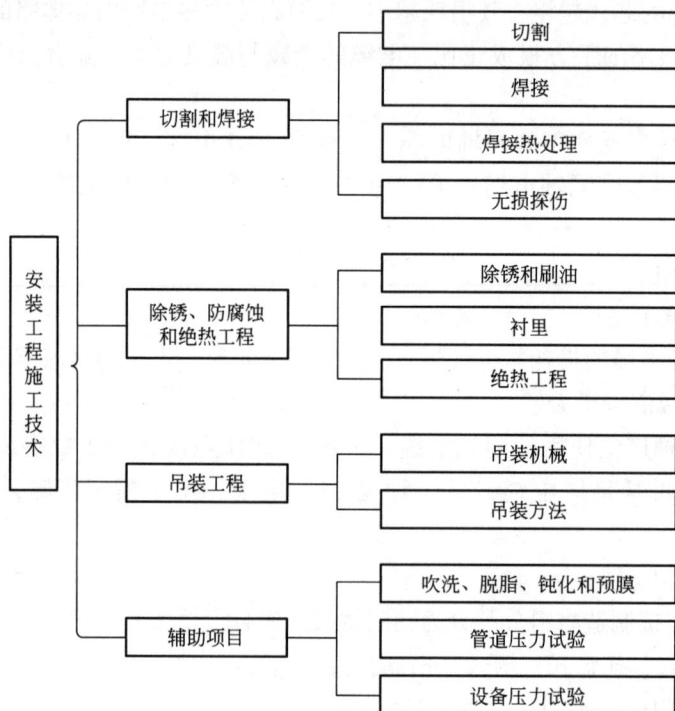

图 2-1　本章知识架构

二、考情分析

参见表 2-1。

表 2-1　　　　　　　　　　　　　　　本章考情分析

章节内容	2024					2023					2022				
	单选		多选		分值	单选		多选		分值	单选		多选		分值
第二章　安装工程施工技术	10题	10分	4题	6分	16分	10题	10分	4题	6分	16分	10题	10分	4题	6分	16分
第一节　切割和焊接	4	4	2	3	7	4	4	2	3	7	4	4	2	3	7

续表

章节内容	2024			2023			2022		
	单选	多选	分值	单选	多选	分值	单选	多选	分值
第二节　除锈、防腐蚀和绝热工程	2　2	1	1.5　3.5	2　2	1	1.5　3.5	2　2	1	1.5　3.5
第三节　吊装工程	2　2	0	0　2	2　2	0	0　2	2　2	0	0　2
第四节　辅助项目	2　2	1	1.5　3.5	2　2	1	1.5　3.5	2　2	1	1.5　3.5

第一节　切割和焊接

一、名师考点

参见表 2-2。

表 2-2　　　　　　　　　　　　　　　　　　本节考点

	教材点	知识点
一	切割	主要切割方法的性能与用途
二	焊接	焊接分类、主要方法的性能与用途
三	焊接热处理	焊接热处理分类、主要方法的性能与用途
四	无损探伤	无损探伤主要方法的性能与用途

二、真题回顾

Ⅰ　切割

（一）单项选择题

1. 借助于运动的上刀片和固定的下刀片进行切割的机械为（　　）。（2018 年）

　　A. 剪板机　　　　　　　　　　　　B. 弓锯床

　　C. 螺纹钢筋切断机　　　　　　　　D. 砂轮切割机

2. 可以切割金属和非金属材料，其主要优点是切割速度快、切割面光洁、热变形小、几乎没有热影响区。该切割方法是（　　）。（2021 年）

　　A. 等离子弧切割　　　　　　　　　B. 碳弧气割

　　C. 氧熔剂切割　　　　　　　　　　D. 氧-乙炔火焰切割

3. 使用轻巧灵活，简单便捷，在各种场合得到广泛使用，主要用来对一些小直径尺寸的方管、圆管、扁钢、槽钢等型材进行切断加工。但其生产效率低，加工精度低，安全稳定性较差，该切割设备为（　　）。（2022 年）

　　A. 剪板机　　　　　　　　　　　　B. 弓锯床

　　C. 钢筋切断机　　　　　　　　　　D. 砂轮切割机

4. 某种靠熔化切割绝大部分金属和非金属材料的方法，具有切割速度快、切割面光

洁、热影响区和热变形小的特点。该切割方法是（　　）。（2023 年）

A. 氧-丙烷火焰切割　　　　　　　B. 氧熔剂切割

C. 碳弧气割　　　　　　　　　　　D. 等离子弧切割

（二）多项选择题

1. 与氧-乙炔火焰切割相比，氧-丙烷火焰切割的特点有（　　）。　**真题讲解**
（2017 年）

A. 火焰温度较高，切割时间短，效率高

B. 点火温度高，切割的安全性大大提高

C. 无明显烧塌，下缘不挂渣，切割面粗糙性好

D. 氧气消耗量高，但总切割成本较低

2. 激光切割是一种无接触的切割方法，其切割的主要特点有（　　）。（2019 年）

A. 切割质量好　　　　　　　　　　B. 可切割金属与非金属材料

C. 切割时生产效率不高　　　　　　D. 适用于各种厚度材料的切割

3. 氧-丙烷火焰切割的优点有（　　）。（2019 年）

A. 安全性高　　　　　　　　　　　B. 对环境污染小

C. 切割面粗糙度低　　　　　　　　D. 火焰温度高

4. 切割不锈钢、工具钢应选择的切割方式为（　　）。（2020 年）

A. 氧-乙炔切割　　　　　　　　　　B. 氧-丙烷切割

C. 氧熔剂切割　　　　　　　　　　D. 等离子弧切割

Ⅱ　焊接

（一）单项选择题

1. 焊接时热效率高，熔深大，焊接速度高、焊接质量好，适用于有风环境和长焊缝焊接，但不适合焊接厚度小于 1mm 的薄板。此种焊接方法为（　　）。（2015 年）

A. 焊条电弧焊　　　　　　　　　　B. CO_2 电弧焊

C. 氩弧焊　　　　　　　　　　　　D. 埋弧焊

2. 点焊、缝焊和对焊是某种压力焊的三个基本类型。这种压力焊是（　　）。（2016 年）

A. 电渣压力焊　　　　　　　　　　B. 电阻焊

C. 摩擦焊　　　　　　　　　　　　D. 超声波焊

3. 用熔化极氩气气体保护焊焊接铝、镁等金属，为有效去除氧化膜，提高接头焊接质量，应采取（　　）。（2017 年）

A. 交流电源反接法　　　　　　　　B. 交流电源正接法

C. 直流电源反接法　　　　　　　　D. 直流电源正接法

4. 焊接工艺过程中，正确的焊条选用方法为（　　）。（2017 年）

A. 合金钢焊接时，为弥补合金元素烧损，应选用合金成分高一等级的焊条

B. 在焊接结构刚性大、接头应力高、焊缝易产生裂纹的金属材料时，应选用比母材强度低一级的焊条

C. 普通结构钢焊接时，应选用熔敷金属抗拉强度稍低于母材

D. 为保障焊工的身体健康，应尽量选用价格稍贵的碱性焊条

5. 某焊接方式具有熔深大，生产效率和机械化程度高等优点，适用于焊接中厚板结构的长焊缝和大直径圆筒等，此焊接方式为（　　）。（2019 年）

A. 手弧焊　　　　　　　　　　B. 埋弧焊

C. 等离子弧焊　　　　　　　　D. 电渣焊

6. 适用于受力不大、焊接部位难以清理的焊件，且对铁锈、氧化皮、油污不敏感的焊条为（　　）。（2019 年）

A. 酸性焊条　　　　　　　　　B. 碱性焊条

C. 镍钼焊条　　　　　　　　　D. 低硅焊条

7. 50mm 的高压钢的坡口形式是（　　）。（2019 年）

A. I 形坡口　　　　　　　　　B. J 形坡口

C. U 形坡口　　　　　　　　　D. V 形坡口

8. 焊接效率较高，焊接区在高温停留时间较长，焊后一般要进行热处理，适用于重型机械制造业，可进行大面积堆焊和补焊的是（　　）。（2020 年）

A. 钨极惰性气体保护焊　　　　B. 等离子弧焊

C. 电渣焊　　　　　　　　　　D. 埋弧焊

9. 某 DN40 低压碳素钢管需加工坡口，宜采用的加工坡口方法是（　　）。（2020 年）

A. 氧-乙炔切割　　　　　　　B. 手提砂轮机

C. 坡口机加工　　　　　　　　D. 车床加工

10. 下列关于焊接参数选择正确的是（　　）。（2021 年）

A. 在不影响焊接质量的前提下，尽量选用大直径焊条

B. 电弧焊焊接弧长应大于焊条长度

C. 合金元素多的合金钢焊条应选用大电流

D. 焊接薄钢板或碱性焊条，采用直流正接

11. 某壁厚 30mm 的高压钢管焊，需加工坡口，宜选用（　　）。（2021 年）

A. I 形坡口　　　　　　　　　B. V 形坡口

C. U 形坡口　　　　　　　　　D. Y 形坡口

12. 下列常用焊接方法中，属于熔焊的是（　　）。（2022 年）

A. 埋弧焊　　　　　　　　　　B. 电阻焊

C. 摩擦焊　　　　　　　　　　D. 超声波焊

13. 某电弧焊焊接热影响区和变形较小、焊接质量较高、焊接成本低，可进行全位置焊接，但焊缝表面成形较差，适用于焊接低碳钢、低合金钢。该电弧焊是（　　）。（2023 年）

A. 钨极惰性气体保护焊　　　　B. 熔化极气体保护焊

C. CO_2 气体保护焊　　　　　D. 等离子弧焊

14. 下列关于电弧焊的焊接参数选择的说法，正确的是（　　）。（2023 年）

A. 不影响焊接质量前提下，宜选择大直径焊条

B. 含合金元素较多的合金钢焊条，焊接电流应增大

C. 使用酸性焊条焊接时，宜采用短弧焊

D. 直流正接适合焊接薄小工件

15. 某焊接方法适用于铝、镁、钛和锆等有色金属和不锈钢、耐热钢等各种薄板连接，也适用于某些黑色和有色金属厚壁压力容器及管道的焊接，此焊接方法是（　　）。（2024 年）

　　A. 钨极惰性气体保护焊　　　　　　B. 埋弧焊

　　C. CO_2 气体保护焊　　　　　　　　D. 激光焊

16. 进行结构形状复杂、刚性大、承受动荷载和冲击荷载的厚工件焊接时，为保证焊缝金属具有较高的塑性和韧性，应选用的焊条是（　　）。（2024 年）

　　A. 硅钙型焊条　　　　　　　　　　B. 硅锰型焊条

　　C. 高氢型焊条　　　　　　　　　　D. 低氢型焊条

17. 对某管壁厚度为 50mm 的高压钢管进行焊接，应选用的管材坡口形式是（　　）。（2024 年）

　　A. I 形　　　　　　　　　　　　　B. V 形

　　C. U 形　　　　　　　　　　　　　D. Y 形

（二）多项选择题

1. 采用电弧焊焊接时，正确的焊条选用方法有（　　）。（2015 年）

A. 焊接在腐蚀介质、高温条件下工作的结构件时，应选用低合金钢焊条

B. 焊接承受动载和交变荷载的结构件时，应选用熔渣主要成分为大理石、萤石等的焊条

C. 焊接表面有油、锈、污等难以清理的结构件时，应选用熔渣成分主要为 SiO_2、TiO_2、Fe_2O_3 等的焊条

D. 为保障焊工身体健康，条件允许情况下尽量多采用酸性焊条

2. 特殊型坡口主要有（　　）。（2018 年）

　　A. 卷边坡口　　　　　　　　　　　B. 塞、槽焊坡口

　　C. 带钝边 U 形坡口　　　　　　　　D. 带垫板坡口

3. 关于焊接参数选择正确的是（　　）。（2020 年）

　　A. 含合金元素较多的合金钢焊条，焊接电流大

　　B. 酸性焊条焊接时，应该使用短弧

　　C. 焊接重要的焊接结构或厚板大刚度结构应选择直流电源

　　D. 碱性焊条或薄板的焊接，应选择直流反接

4. 埋弧焊具有的优点是（　　）。（2021 年）

　　A. 效率高，熔深小

　　B. 速度快，质量好

　　C. 适合于水平位置长焊缝的焊接

　　D. 适用于小于 1mm 厚的薄板

5. 以下对于焊条选用说法正确的是（　　）。（2022 年）

　　A. 在焊接结构刚性大、接头应力高、焊缝易产生裂纹的不利情况下，应考虑选用比

母材强度低一级的焊条

B. 对承受动荷载和冲击荷载的焊件，除满足强度要求外，主要应保证焊缝金属具有较高的塑性和韧性，可选用塑性、韧性指标较高的高氢型焊条

C. 当焊件的焊接部位不能翻转时，应选用适用于全位置焊接的焊条

D. 为了保障焊工的身体健康，在允许的情况下应尽量采用酸性焊条

6. 熔焊接头的坡口根据其形状的不同，可分为基本型、组合型和特殊型三类。下列坡口形式中属于组合型坡口的有（　　　）。（2022 年）

A. Y 形坡口　　　　　　　　　　　　B. J 形坡口

C. T 形坡口　　　　　　　　　　　　D. 双 V 形坡口

7. 埋弧焊是在一层颗粒状的可熔化焊剂覆盖下燃烧进行焊接的方法。埋弧焊的主要优点有（　　　）。（2023 年）

A. 熔深大，热效率高

B. 过程操作方便，没有或很少有熔渣，焊后基本上不需清渣

C. 在有风的环境下，保护效果胜过其他焊接方法

D. 焊接速度快

真题讲解

8. 与钨极惰性气体保护焊相比，等离子弧焊的主要特点有（　　　）。（2024 年）

A. 焊接速度快，生产率高　　　　　　B. 焊缝致密，成形美观

C. 电弧挺直度和方向性好　　　　　　D. 费用较高，适宜于室外焊接

Ⅲ　焊接热处理

（一）单项选择题

1. 为了使重要的金属结构零件获得高强度、较高弹性极限和较高的韧性，应采用的热处理工艺为（　　　）。（2015 年）

A. 正火　　　　　　　　　　　　　　B. 高温回火

C. 去应力退火　　　　　　　　　　　D. 完全退火

2. 为获得较高的力学性能（高强度、弹性极限和较高的韧性），对于重要钢结构零件经热处理后其强度较高，且塑性、韧性更显著超过正火处理。此种热处理工艺为（　　　）。（2016 年）

A. 低温回火　　　　　　　　　　　　B. 中温回火

C. 高温回火　　　　　　　　　　　　D. 完全退火

3. 焊后热处理工艺中，与钢的退火工艺相比，正火工艺的特点为（　　　）。（2017 年）

A. 正火较退火的冷却速度快，过冷度较大

B. 正火得到的是奥氏体组织

C. 正火处理的工件其强度、硬度较低

D. 正火处理的工件其韧性较差

4. 气焊焊口应采用的热处理方式为（　　　）。（2019 年）

A. 单一中温回火　　　　　　　　　　B. 单一高温回火

C. 正火加高温回火　　　　　　　　　D. 单一低温回火

5. 将钢件加热到 250~500℃ 回火，使工件得到好的弹性、韧性及相应的硬度，一般适用于中等硬度的零件、弹簧等。该热处理方法是（　　　）。（2020 年）

A. 低温回火　　　　　　　　　　　　B. 中温回火

C. 高温回火　　　　　　　　　　　　D. 淬火

6. 为了消除应力、细化组织、改善切削加工性能，将钢件加热到临界点 A_{c3} 以上的适当温度，保持一定时间后在空气中冷却，得到珠光体基体组织的热处理工艺为（　　　）。（2021 年）

A. 退火工艺　　　　　　　　　　　　B. 淬火工艺

C. 回火工艺　　　　　　　　　　　　D. 正火工艺

7. 将钢件加热到临界点以上适当温度，保持一定时间后在空气中冷却，得到珠光体基体组织，旨在消除应力、细化组织、改善切削加工性能。该热处理工艺是（　　　）。（2024 年）

A. 退火工艺　　　　　　　　　　　　B. 正火工艺

C. 淬火工艺　　　　　　　　　　　　D. 回火工艺

（二）多项选择题

下列关于焊后采用完全退火进行热处理的目的或用途的有（　　　）。（2023 年）

A. 细化组织、降低硬度

B. 改善加工性能

C. 增加内应力

D. 适用于中碳钢和中碳合金钢的铸件、焊件等

真题讲解

Ⅳ　无损探伤

（一）单项选择题

1. 某一形状复杂的非金属试件，按工艺要求对其表面上开口缺陷进行检测，检测方法应为（　　　）。（2015 年）

A. 涡流检测　　　　　　　　　　　　B. 磁粉检测

C. 液体渗透检测　　　　　　　　　　D. 超声波检测

2. 对于铁磁性和非铁磁性金属材料而言，只能检查其表面和近表面缺陷的无损探伤方法为（　　　）。（2016 年）

A. 超声波探伤　　　　　　　　　　　B. 涡流检测

C. 磁粉检测　　　　　　　　　　　　D. 液体渗透检测

3. 无检测中，关于涡流探伤特点的正确表述为（　　　）。（2017 年）

A. 仅适用于铁磁性材料的缺陷检测

B. 对形状复杂的构件检查时表现出优势

C. 可以一次测量多种参数

D. 要求探头与工件直接接触，检测速度快

4. 不受被检试件几何形状、尺寸大小、化学成分和内部组织结构的限制，一次操作

可同时检验开口与表面中所有缺陷，此探伤方法为（　　）。（2018 年）

A. 超声波探伤 　　　　　　　　　　B. 涡流探伤

C. 磁粉探伤 　　　　　　　　　　　D. 渗透探伤

5. 只能检查磁性和非铁磁性导电金属材料表面和近表面缺陷的无损探伤方法为（　　）。（2020 年）

A. 射线探伤 　　　　　　　　　　　B. 磁粉探伤

C. 超声波探伤 　　　　　　　　　　D. 涡流探伤

6. 奥氏体型不锈钢或镍基合金的焊接接头表面缺陷宜采用的检测方法是（　　）。（2023 年）

真题讲解

A. 磁粉探伤 　　　　　　　　　　　B. 渗透探伤

C. 超声波探伤 　　　　　　　　　　D. 射线探伤

（二）多项选择题

1. 无损检测时，关于射线探伤特点的正确表示为（　　）。（2016 年）

A. X 射线照射时间短，速度快

B. Y 射线穿透能力比 X 射线强，灵敏度高

C. Y 射线投资少，成本低，施工现场使用方便

D. 中子射线检测能够检测封闭在高密度金属材料中的低密度非金属材料

2. 与 γ 射线探伤相比，X 射线探伤的特点有（　　）。（2017 年）

A. 显示缺陷的灵敏度高

B. 穿透力较 γ 射线强

C. 照射时间短，速度快

D. 设备复杂、笨重、成本高

3. 超声波探伤与 X 射线探伤相比，具有的特点是（　　）。（2019 年）

A. 具有较高的探伤灵敏度、效率高

B. 对缺陷观察直观性

C. 对试件表面无特殊要求

D. 适合于厚度较大试件的检验

4. 适合检测表面和近表面缺陷的无损检测方法是（　　）。（2021 年）

A. 超声波探伤 　　　　　　　　　　B. X 射线探伤

C. 涡流探伤 　　　　　　　　　　　D. 磁粉探伤

5. 当进行安装工程质量检查时，常用的无损探伤方法有超声波探伤、渗透探伤、磁粉探伤和涡流探伤等，关于各种探伤方法的不足，下列说法正确的有（　　）。（2024 年）

A. 中子射线探伤不适合金属和非金属复合材料检查

B. 渗透探伤受被检试件几何形状和内部结构限制

C. 涡流探伤难以检查形状复杂试件

D. 磁粉探伤难以检测铁磁性试件宽而浅的缺陷

三、真题解析

Ⅰ　切割

（一）单项选择题

1.【答案】 A

【解析】 剪板机是借助于运动的上刀片和固定的下刀片，采用合理的刀片间隙，对各种厚度的金属板材施加剪切力，使板材按所需要的尺寸断裂分离。剪板机属于锻压机械的一种，主要用于金属板材的切断加工。

2.【答案】 A

【解析】 等离子切割机配合不同的工作气体可以切割各种气割难以切割的金属，尤其是对于有色金属（不锈钢、碳钢、铝、铜、钛、镍）切割效果更佳；其主要优点是切割速度快（如在切割普通碳素钢薄板时，速度可达氧切割法5~6倍）、切割面光洁、热变形小、几乎没有热影响区。

3.【答案】 D

【解析】 砂轮切割机是以高速旋转的砂轮片切割钢材的工具。砂轮片是用纤维、树脂或橡胶将磨料黏合制成的。砂轮切割机使用轻巧灵活，简单便捷，在各种场合得到广泛使用，尤其是在建筑工地上和室内装修中使用较多。主要用来对一些小直径尺寸的方管、圆管、扁钢、槽钢等型材进行切断加工。但其生产效率低，加工精度低，安全稳定性较差。

4.【答案】 D

（二）多项选择题

1.【答案】 BCD

【解析】 氧-丙烷火焰切割与氧-乙炔火焰切割相比具有以下优点：

（1）丙烷的点火温度为580℃，大大高于乙炔的点火温度（305℃），且丙烷在氧气或空气中的爆炸范围比乙炔窄得多，故氧-丙烷火焰切割的安全性大大高于氧-乙炔火焰切割。

（2）丙烷是石油炼制过程的副产品，制取容易，成本低廉，且易于液化和灌装，对环境污染小。

（3）氧-丙烷火焰温度适中，选用合理的切割参数切割时，切割面的粗糙度优于氧-乙炔火焰切割。

氧-丙烷火焰切割的缺点是火焰温度比较低，切割预热时间略长，氧气的消耗量也高于氧-乙炔火焰切割，但总的切割成本远低于氧-乙炔火焰切割。

2.【答案】 AB

【解析】 激光切割的特点：切割质量好，切割效率高，可切割多种材料（金属与非金属），但切割大厚板时有困难。

3.【答案】 ABC

4.【答案】 CD

【解析】 氧-丙烷火焰切割属于气割。能气割的金属：纯铁、低碳钢、中碳钢、低合金钢以及钛。铸铁、不锈钢、铝和铜等不满足气割条件，目前常用的是等离子弧切割。氧熔剂切割可用来切割不锈钢。等离子弧切割能够切割不锈钢、高合金钢、铸铁、铝、铜、钨、钼、陶瓷、水泥、耐火材料等。碳弧气割可加工铸铁、高合金钢、铜和铝及其合金等，但不得切割不锈钢。

Ⅱ 焊接

（一）单项选择题

1. **【答案】** D

【解析】 埋弧焊的主要优点：

（1）热效率较高，熔深大，工件的坡口可较小（一般不开坡口单面一次熔深可达20mm），减少了填充金属量。

（2）焊接速度高，焊接厚度为 8~10mm 的钢板时，单丝埋弧焊速度可达 50~80cm/min。

（3）焊接质量好，焊剂的存在不仅能隔开熔化金属与空气的接触，而且使熔池金属较慢地凝固，减少了焊缝中产生气孔、裂纹等缺陷的可能性。

（4）在有风的环境中焊接时，埋弧焊的保护效果胜过其他焊接方法。

埋弧焊的主要缺点：

（1）由于采用颗粒状焊剂，这种焊接方法一般只适用于水平位置焊缝焊接。

（2）由于焊接材料的局限，主要用于焊接各种钢板、堆焊耐磨耐腐蚀合金或用于焊接镍基合金，不能焊接铝、钛等氧化性强的金属及其合金。

（3）由于不能直接观察电弧与坡口的相对位置，容易焊偏。

（4）只适于长焊缝的焊接，且不能焊接空间位置受限的焊缝。

（5）不适用于薄板、小电流焊接。

由于埋弧焊熔深大，生产效率高，机械化操作的程度高，因而适于焊接中厚板结构的长焊缝和大直径圆筒的环焊缝，尤其适用于大批量生产。是压力容器、管段制造、箱型梁柱等重要钢结构制作中的主要焊接方法。

2. **【答案】** B

【解析】 电阻焊有三种基本类型，即点焊、缝焊和对焊。

3. **【答案】** C

4. **【答案】** B

【解析】 对于合金结构钢有时还要求合金成分与母材相同或接近，A 选项错误。

在焊接结构刚性大、接头应力高、焊缝易产生裂纹的不利情况下，应考虑选用比母材强度低一级的焊条，B 选项正确。

对于普通结构钢，通常要求焊缝金属与母材等强度应选用熔敷金属抗拉强度等于或稍高于母材的焊条，C 选项错误。

为保障焊工的身体健康，在允许的情况下应尽量多采用酸性焊条，D 选项错误。

5. **【答案】** B

【解析】由于埋弧焊熔深大，生产效率高，机械化操作的程度高，因而适于焊接中厚板结构的长焊缝和大直径圆筒的环焊缝，尤其适用于大批量生产。

6.【答案】A

【解析】酸性焊条药皮中含有多种氧化物，具有较强的氧化性，促使合金元素氧化；同时电弧气中的氧电离后形成负离子与氢离子，有很强的亲和力，生成氢氧根离子，从而防止氢离子溶入液态金属里，所以这类焊条对铁锈、水分不敏感，焊缝很少产生由氢引起的气孔。但酸性熔渣脱氧不完全，也不能有效地清除焊缝的硫、磷等杂质，故焊缝的金属力学性能较低，一般用于焊接低碳钢和不太重要的碳钢结构。

7.【答案】C

【解析】U形坡口适用于高压钢管焊接，管壁厚度为 20～60mm。坡口根部有钝边，其厚度为 2mm 左右。

8.【答案】C

【解析】电渣焊总是以立焊方式进行，不能平焊。对熔池的保护作用比埋弧焊更强。电渣焊的焊接效率比埋弧焊高，焊接时坡口准备简单，热影响区比电弧焊宽得多，机械性能下降，故焊后一般要进行热处理（通常用正火）以改善组织和性能。电渣焊主要应用于 30mm 以上的厚件，特别适用于重型机械制造业，如轧钢机、水轮机、水压机及其他大型锻压机械。电渣焊可进行大面积堆焊和补焊。

9.【答案】B

【解析】低压碳素钢管，公称直径等于或小于 50mm 的，采用手提砂轮磨坡口；公称直径大于 50mm 的，用氧-乙炔切割坡口，然后用手提砂轮机打掉氧化层并打磨平整。

10.【答案】A

【解析】在不影响焊接质量的前提下，为了提高劳动生产率，一般倾向于选择大直径的焊条。一般情况下，使用碱性焊条或薄板的焊接，采用直流反接；而酸性焊条，通常选用正接。含合金元素较多的合金钢焊条，一般电阻较大，热膨胀系数大，焊接过程中电流大，焊条易发红，造成药皮过早脱落，影响焊接质量，而且合金元素烧损多，因此焊接电流相应减小。要求电弧长度小于或等于焊条直径，即短弧焊。在使用酸性焊条焊接时，为了预热待焊部位或降低熔池温度，有时将电弧稍微拉长进行焊接，即所谓的长弧焊。

11.【答案】C

【解析】U形坡口适用于高压钢管焊接，管壁厚度为 20～60mm。坡口根部有钝边，其厚度为 2mm 左右。

I形坡口适用于管壁厚度在 3.5mm 以下的管口焊接。这种坡口管壁不需要倒角，实际上是不需要加工的坡口，只要管材切口的垂直度能够保证对口的间隙要求，就可以采用对口焊接。

V形坡口适用于中低压钢管焊接，坡口的角度为 60°～70°，坡口根部有钝边，其厚度为 2mm 左右。

12.【答案】A

13. 【答案】C

【解析】CO_2 气体保护焊也属于气体保护电弧焊，是利用外加 CO_2 气体作为电弧介质并保护电弧与焊接区的电弧焊方法。

CO_2 气体保护焊的主要优点：

（1）焊接生产效率高，其生产率是手工焊条电弧焊的 1~4 倍。

（2）焊接热影响区和焊接变形较小、焊接质量较高。

（3）焊缝抗裂性能高，焊缝低氢且含氮量也较少。

（4）焊接成本低，只有埋弧焊、焊条电弧焊的 40%~50%。

（5）焊接时电弧为明弧焊，可见性好，操作简便，可进行全位置焊接。

不足之处：

（1）焊接飞溅较大，焊缝表面成形较差。

（2）仅适用于焊接低碳钢、低合金钢、低合金高强钢，不适合于焊接有色金属、不锈钢。

（3）抗风能力差，给室外作业带来一定困难。

（4）很难用交流电源进行焊接，焊接设备比较复杂。

14. 【答案】A

【解析】电弧焊的焊接参数主要有焊条直径、焊接电流、电弧电压、焊接层数、电源种类及极性等。

（1）焊条直径的选择。焊条直径的选择主要取决于焊件厚度、接头形式、焊缝位置及焊接层次等因素。在不影响焊接质量的前提下，为了提高劳动生产率，一般倾向于选择大直径的焊条。

（2）焊接电流的选择。焊接电流的大小，对焊接质量及生产率有较大影响。主要根据焊条类型、焊条直径、焊件厚度、接头形式、焊缝空间位置及焊接层次等因素来决定，其中，最主要的因素是焊条直径和焊缝空间位置。含合金元素较多的合金钢焊条，一般电阻较大，热膨胀系数大，焊接过程中电流大，焊条易发红，造成药皮过早脱落，影响焊接质量，而且合金元素烧损多，因此焊接电流相应减小。

（3）电弧电压的选择。电弧电压是由电弧长来决定的。电弧长，则电弧电压高；电弧短，则电弧电压低。在焊接过程中，电弧过长，会使电弧燃烧不稳定，飞溅增加，熔深减小，而且外部空气易侵入，造成气孔等缺陷。因此，要求电弧长度小于或等于焊条直径，即短弧焊。在使用酸性焊条焊接时，为了预热待焊部位或降低熔池温度，有时将电弧稍微拉长进行焊接，即所谓的长弧焊。

（4）焊接层数的选择。在中、厚板焊条电弧焊时，往往采用多层焊。层数多一些，对提高焊缝的塑性、韧性有利。但要防止接头过热和扩大热影响区的有害影响。另外，层数增加，往往使焊件变形增加。因此，要综合考虑加以确定。

（5）电源种类及极性的选择。

直流电源焊机，电弧稳定，飞溅小，焊接质量好。在其他情况下，首先考虑用交流焊机，因为交流焊机构造简单，造价低，使用维护也较直流焊机方便。

极性的选择，根据焊条的性质和焊接特点的不同，利用电弧中阳极温度比阴极温度高的特点，选用不同的极性来焊接不同的焊件。

直流正接：采用直流焊机，当工件接阳极，焊条接阴极时，称为直流正接，此时工件受热较大，适合焊接厚大工件。

直流反接：当工件接阴极，焊条接阳极时，称为直流反接，此时工件受热较小，适合焊接薄小工件。

15.【答案】A

【解析】由于能很好地控制热输入，所以它是连接薄板金属和打底焊的一种极好方法，几乎可以用于所有金属的连接，尤其适用于焊接化学活泼性强的铝、镁和铅等有色金属以及不锈钢、耐热钢等各种合金；对于某些黑色和有色金属的厚壁重要构件（如压力容器及管道），为了保证高的焊接质量，也常采用钨极惰性气体保护焊。

16.【答案】D

【解析】考虑焊接构件的使用性能和工作条件。对承受动荷载和冲击荷载的焊件，除满足强度要求外，主要应保证焊缝金属具有较高的塑性和韧性，可选用塑、韧性指标较高的低氢型焊条。

考虑焊接结构特点及受力条件。对结构形状复杂、刚性大的厚大焊件，在焊接过程中，冷却速度快，收缩应力大，易产生裂纹，应选用抗裂性好、韧性好、塑性高、氢裂纹倾向低的焊条，如低氢型焊条、超低氢型焊条和高韧性焊条。

17.【答案】C

【解析】管材的坡口形式主要有 3 种：I 形坡口、V 形坡口和 U 形坡口。

1）I 形坡口。I 形坡口适用于管壁厚度在 3.5mm 以下的管口焊接。这种坡口管壁不需要倒角，实际上是不需要加工的坡口，只要管材切口的垂直度能够保证对口的间隙要求，就可以对口焊接。

2）V 形坡口。V 形坡口适用于中低压钢管焊接，坡口的角度为 60°~70°，坡口根部有钝边，其厚度为 2mm 左右。

3）U 形坡口。U 形坡口适用于管壁厚度为 20~60mm 的高压钢管焊接。坡口根部有钝边，其厚度为 2mm 左右。

（二）多项选择题

1.【答案】BCD

【解析】按焊件的工况条件选用焊条。

（1）焊接承受动载、交变荷载及冲击荷载的结构件时，应选用碱性焊条。

（2）焊接承受静载的结构件时，应选用酸性焊条。

（3）焊接表面带有油、锈、污等难以清理的结构件时，应选用酸性焊条。

（4）焊接在特殊条件，如在腐蚀介质、高温等条件下工作的结构件时，应选用特殊用途焊条。

2.【答案】ABD

【解析】特殊型坡口。不属于上述基本型又不同于上述组合型的形状特殊的坡口。主要有：卷边坡口，带垫板坡口，锁边坡口，塞、槽焊坡口等。

3.【答案】CD

【解析】焊接电流选择最主要的因素是焊条直径和焊缝空间位置。含合金元素较多的合金钢焊条，焊接电流相应减小。

电弧电压的选择，在使用酸性焊条焊接时，一般采用长弧焊。

直流电源，电弧稳定，飞溅小，焊接质量好，一般用于重要的焊接结构或厚板大刚度结构的焊接。其他情况，应首先考虑用交流焊机，交流焊机构造简单，造价低，使用维护也较直流焊机方便。

一般情况下，使用碱性焊条或薄板的焊接，采用直流反接；而酸性焊条，通常选用正接。

4.【答案】BC

5.【答案】ACD

【解析】焊条选用的原则：

（1）考虑焊缝金属的力学性能和化学成分。对于普通结构钢，通常要求焊缝金属与母材等强度，应选用熔敷金属抗拉强度等于或稍高于母材的焊条；对于合金结构钢有时还要求合金成分与母材相同或接近。在焊接结构刚性大、接头应力高、焊缝易产生裂纹的不利情况下，应考虑选用比母材强度低一级的焊条。当母材中碳、硫、磷等元素的含量偏高时，焊缝中易产生裂纹，应选用抗裂性能好的低氢型焊条。

（2）考虑焊接构件的使用性能和工作条件。对承受动荷载和冲击荷载的焊件，除满足强度要求外，主要应保证焊缝金属具有较高的塑性和韧性，可选用塑性、韧性指标较高的低氢型焊条。对接触腐蚀介质的焊件，应根据介质的性质及腐蚀特征选用不锈钢类焊条或其他耐腐蚀焊条。在高温、低温、耐磨或其他特殊条件下工作的焊件，应选用相应的耐热钢、低温钢、堆焊或其他特殊用途焊条。

（3）考虑焊接结构特点及受力条件。对结构形状复杂、刚度大的厚大焊件，在焊接过程中，冷却速度快，收缩应力大，易产生裂纹，应选用抗裂性好、韧性好、塑性高、氢裂纹倾向低的焊条。如低氢型焊条、超低氢型焊条和高韧性焊条。

（4）考虑施焊条件。当焊件的焊接部位不能翻转时，应选用适用于全位置焊接的焊条。对受力不大、焊接部位难以清理的焊件，应选用对铁锈、氧化皮、油污不敏感的酸性焊条。

（5）考虑生产效率和经济性。在酸性焊条和碱性焊条都可满足要求时，应尽量选用酸性焊条。对焊接工作量大的结构，有条件时应尽量选用高效率焊条，如铁粉焊条、重力焊条、底层焊条、立向下焊条和高效不锈钢焊条等。

焊条除根据上述原则选用外，有时为了保证焊件的质量还需通过试验来最后确定。为了保障焊工的身体健康，在允许的情况下应尽量采用酸性焊条。

6.【答案】AD

【解析】组合型坡口由两种或两种以上的基本型坡口组合而成。主要有 Y 形坡口、VY 形坡口、带钝边 U 形坡口、双 Y 形坡口、双 V 形坡口、2/3 双 V 形坡口、带钝边双 U 形坡口、UY 形坡口、带钝边 J 形坡口、带钝边双 J 形坡口、双单边 V 形坡口、带钝边单边 V 形坡口、带钝边双单边 V 形坡口和带钝边 J 形单边 V 形坡口等。

7.【答案】ACD

8. 【答案】ABC

【解析】等离子弧焊与钨极惰性气体保护焊相比，有以下特点：

（1）等离子弧能量集中、温度高，焊接速度快，生产率高。

（2）穿透能力强，对于大多数金属在一定厚度范围内都能获得锁孔效应，可一次行程完成8mm以下直边对接接头单面焊双面成型的焊缝。焊缝致密，成形美观。

（3）电弧挺直度和方向性好，可焊接薄壁结构（如1mm以下金属箔的焊接）。

（4）设备比较复杂、气体耗量大，费用较高，只适宜于室内焊接。

Ⅲ 焊接热处理

（一）单项选择题

1. 【答案】B

2. 【答案】C

3. 【答案】A

【解析】正火是将钢件加热到临界点 A_{c3} 或 A_{cm} 以上的适当温度，保持一定时间后在空气中冷却，得到珠光体基体组织的热处理工艺。其目的是消除应力、细化组织、改善切削加工性能及淬火前的预热处理，也是某些结构件的最终热处理。

正火较退火的冷却速度快，过冷度较大，其得到的组织结构不同于退火，性能也不同，如经正火处理的工件其强度、硬度、韧性较退火高，而且生产周期短，能量耗费少，故在可能情况下，应优先考虑正火处理。

4. 【答案】C

【解析】对于气焊焊口采用正火加高温回火处理。这是因为气焊焊缝及热影响区的晶粒粗大，需细化晶粒，故采用正火处理。然而，单一的正火不能消除残余应力，故需再加高温回火，以消除应力。单一的中温回火只适用于工地拼装的大型普通低碳钢容器的组装焊缝，其目的是达到部分消除残余应力和去氢。绝大多数场合是选用单一的高温回火。

5. 【答案】B

【解析】淬火是为了提高钢件的硬度、强度和耐磨性，多用于各种工具、轴承、零件等。

低温回火，主要用于各种高碳钢的切削工具、模具、滚动轴承等的回火处理。

中温回火，使工件得到好的弹性、韧性及相应的硬度，一般适用于中等硬度的零件、弹簧等。

高温回火，即调质处理，可获得较高的力学性能，如高强度、弹性极限和较高的韧性，主要用于重要结构零件。钢经调质处理后不仅强度较高，而且塑性、韧性更显著超过正火处理的情况。

6. 【答案】D

【解析】正火是将钢件加热到临界点 A_{c3} 或 A_{cm} 以上适当温度，保持一定时间后在空气中冷却，得到珠光体基体组织的热处理工艺。其目的是消除应力、细化组织、改善切削加工性能及淬火前的预热处理，也是某些结构件的最终热处理。

7. 【答案】B

【解析】正火是将钢件加热到临界点 A_{c3} 或 A_{cm} 以上适当温度，保持一定时间后在空气中冷却，得到珠光体基体组织的热处理工艺。其目的是消除应力、细化组织、改善切削加工性能及淬火前的预热处理，也是某些结构件的最终热处理。

正火较退火的冷却速度快，过冷度较大，其得到的组织结构不同于退火，性能也不同，如经正火处理的工件其强度、硬度、韧性较退火为高，而且生产周期短，能量耗费少，故在可能情况下，应优先考虑正火处理。

(二) 多项选择题

【答案】ABD

【解析】完全退火是将钢件加热到临界点 A_{c3}（对亚共析钢而言，是指珠光体全部转变为奥氏体、过剩相铁素体也完全消失的温度）以上适当温度，在炉内保温缓慢冷却的工艺方法。其目的是细化组织、降低硬度、改善加工性能、去除内应力。完全退火适用于中碳钢和中碳合金钢的铸件、焊件、轧制件等。

Ⅳ 无损探伤

(一) 单项选择题

1. 【答案】C

【解析】液体渗透检测的优点是不受被检试件几何形状、尺寸大小、化学成分和内部组织结构的限制，也不受缺陷方位的限制，一次操作可同时检验开口与表面中所有缺陷；不需要特别昂贵和复杂的电子设备和器械；检验的速度快，操作比较简便，大量的零件可以同时进行批量检验，因此，大批量的零件可实现100%的检验；缺陷显示直观，检验灵敏度高。最主要的限制是只能检出试件开口与表面的缺陷，不能显示缺陷的深度及缺陷内部的形状和大小。

2. 【答案】B

3. 【答案】C

【解析】涡流探伤只能检查金属材料和构件的表面和近表面缺陷。在检测时并不要求探头与工件接触，所以这为实现高速自动化检测提供了条件。涡流法可以一次测量多种参数，如对管材的涡流检测，可以检查缺陷的特征。此外，还可以测量管材的内径、外径、壁厚和偏心率等。

4. 【答案】D

【解析】渗透探伤的优点是不受被检试件几何形状、尺寸大小、化学成分和内部组织结构的限制，也不受缺陷方位的限制，一次操作可同时检验开口与表面中所有缺陷；不需要特别昂贵和复杂的电子设备和器械；检验的速度快，操作比较简便，大量的零件可以同时进行批量检验，缺陷显示直观，检验灵敏度高，操作简单，不需要复杂设备，费用低廉，能发现宽度 $1\mu m$ 以下的缺陷。

5. 【答案】D

【解析】X 射线探伤优点是显示缺陷的灵敏度高，特别是当焊缝厚度小于30mm 时，较 γ 射线灵敏度高，其次是照射时间短、速度快。缺点是设备复杂、笨重，成本高，操作麻烦，穿透力较 γ 射线小。

γ 射线探伤厚度分别为 200mm、120mm 和 100mm。探伤设备轻便灵活，特别是施工现场更为方便，投资少，成本低。但其曝光时间长，灵敏度较低，石油化工行业现场施工经常采用。

超声波探伤与 X 射线探伤相比，具有较高的探伤灵敏度、周期短、成本低、灵活方便、效率高、对人体无害等优点。缺点是对工作表面要求平滑、要求富有经验的检验人员才能辨别缺陷种类、对缺陷没有直观性。超声波探伤适合于厚度较大的零件检验。

磁粉探伤设备简单、操作容易、检验迅速，具有较高的探伤灵敏度，几乎不受试件大小和形状的限制；可用来发现铁磁材料的表面或近表面的缺陷，可检出的缺陷最小宽度约为 1μm，可探测的深度一般在 1~2mm；它适于薄壁件或焊缝表面裂纹的检验，也能显露出一定深度和大小的未焊透缺陷；但难于发现气孔、夹渣及隐藏在焊缝深处的缺陷。宽而浅的缺陷也难以检测，检测后常需退磁和清洗，试件表面不得有油脂或其他能粘附磁粉的物质。

涡流探伤的主要优点是检测速度快，探头与试件可不直接接触，不需要耦合剂。主要缺点是只适用于导体，对形状复杂试件难做检查，只能检查薄试件或厚试件的表面、近表面缺陷。

6.【答案】B

（二）多项选择题

1.【答案】ACD

2.【答案】ACD

3.【答案】AD

4.【答案】CD

【解析】射线和超声波探伤检测内部缺陷；涡流和磁粉探伤检测表面和近表面缺陷；液体渗透探伤检测开口与表面缺陷。

5.【答案】CD

【解析】中子射线探伤的独特优点是能够检验封闭在高密度金属材料中的低密度材料，如非金属材料。

渗透探伤的优点是不受被检试件几何形状、尺寸大小、化学成分和内部组织结构的限制，也不受缺陷方位的限制，一次操作可同时检验开口与表面的所有缺陷。

第二节　除锈、防腐蚀和绝热工程

一、名师考点

参见表 2-3。

表 2-3	本节考点	
教材点		知识点
一	除锈和刷油	切割主要方法的性能与用途
二	衬里	焊接分类、主要方法的性能与用途
三	绝热工程	焊接热处理分类、主要方法的性能与用途

二、真题回顾

I　除锈和刷油

（一）单项选择题

1. 涂料涂覆工艺中，为保障环境安全，需要设置废水处理工艺的涂覆方法是（　　）。（2015 年）

　　A. 电泳涂装法　　　　　　　　　B. 静电喷涂法

　　C. 压缩空气喷涂法　　　　　　　D. 高压无空气喷涂法

2. 涂膜质量好，工件各个部位，如内层、凹陷、焊缝等处都能获得均匀平滑的漆膜的涂覆方法是（　　）。（2019 年）

　　A. 滚涂法　　　　　　　　　　　B. 空气喷涂法

　　C. 高压无气喷涂法　　　　　　　D. 电泳涂装法

3. 用于一些薄壁、形状复杂的零件表面需要除掉氧化物及油垢，宜采用的除锈方法是（　　）。（2020 年）

　　A. 喷射除锈法　　　　　　　　　B. 抛射除锈法

　　C. 火焰除锈法　　　　　　　　　D. 化学方法

4. 一批厚度为 20mm 的钢板，需在涂覆厂进行除锈涂漆处理，宜选用的防锈方法为（　　）。（2021 年）

　　A. 喷射除锈法　　　　　　　　　B. 抛射除锈法

　　C. 化学除锈法　　　　　　　　　D. 火焰除锈法

5. 经过彻底的喷射或抛射除锈，钢材表面无可见的油脂和污垢，且氧化皮、铁锈和油漆涂层等附着物已基本清除，其残留物应是牢固附着的，该处理方法质量等级为（　　）。（2022 年）

　　A. St_2 级　　　　　　　　　　B. St_3 级

　　C. Sa_2 级　　　　　　　　　　D. Sa_3 级

6. 经手工或动力工具除锈后，钢材表面无可见的油脂和污垢，且没有附着不牢的氧化皮、铁锈和油漆涂层等附着物，底材显露部分的表面具有金属光泽。该除锈等级是（　　）。（2023 年）

　　A. St_2 级　　　　　　　　　　B. St_3 级

　　C. Sa_2 级　　　　　　　　　　D. Sa_3 级

真题讲解

7. 对形状复杂、内外层均需进行涂装的工件，应选用的涂装方法是（　　）。（2024 年）

A. 电泳涂装法 B. 空气喷涂法

C. 高压无气喷涂法 D. 刷涂法

（二）多项选择题

1. 涂料涂覆工艺中的电泳涂装的主要特点有（　　）。（2016年）

A. 使用水溶性涂料和油溶性涂料 B. 涂装效率高，涂料损失小

C. 涂膜厚度均匀，附着力强 D. 不适用复杂形状工件的涂装

2. 与空气喷涂法相比，高压无气喷涂法的特点有（　　）。（2017年）

A. 避免发生涂料回弹和漆雾飞扬 B. 工效要高出数倍至十几倍

C. 涂膜附着力较强 D. 漆料用量较大

3. 高压无气喷涂的主要特点为（　　）。（2020年）

A. 涂膜的附着力强，质量好

B. 速度快，工效高

C. 解决了其他涂装方法对复杂形状工件的涂装难题

D. 无涂料回弹和大量漆雾飞扬

4. 某钢基体表面处理的质量等级为 $Sa_{2.5}$ 级，在该表面可进行覆盖层施工的有（　　）。（2021年）

A. 金属热喷涂层 B. 搪铅衬里

C. 橡胶衬里 D. 塑料板粘结衬里

5. 下列选项属于电泳涂装法主要特点的有（　　）。（2023年）

A. 溶剂用量大，对大气有污染 B. 涂装效率高，涂料损失小

C. 涂膜厚度欠均匀，涂装质量一般 D. 设备复杂，投资费用高

真题讲解

6. 关于火焰除锈方法的适用范围，下列说法正确的有（　　）。（2024年）

A. 适用于除掉金属表面旧的防腐层

B. 适用于油浸过的金属表面除锈

C. 适用于薄壁金属设备、管道除锈

D. 适用于退火钢和可淬硬钢除锈

Ⅱ 衬里

（一）单项选择题

1. 采用氢-氧焰将铅条熔融后贴覆在被衬的物件或设备表面上，形成具有一定厚度、密实的铅层。这种防腐方法为（　　）。（2016年）

A. 涂铅 B. 粘铅

C. 衬铅 D. 搪铅

2. 某一回转运动的反应釜，工艺要求在负压下工作，釜内壁需采用金属铅防腐蚀，覆盖铅的方法应为（　　）。（2017年）

A. 螺栓固定法 B. 压板条固定法

C. 搪钉固定法 D. 搪铅法

3. 硫化是生胶与硫碱物理化学变化的过程，硫化后的橡胶具有的特点是（　　）。

（2023 年）

    A. 弹性和硬度提高

    B. 耐磨性及耐腐蚀性能降低

    C. 软橡胶含硫量少，与金属的粘结力比硬橡胶强

    D. 弹性提高而硬度降低

（二）多项选择题

1. 设备衬胶前的表面处理宜采用喷砂除锈法。在喷砂前应除去铸件气孔中的空气及油垢等杂质，采用的方法有（　　）。（2015 年）

    A. 蒸汽吹扫　　　　　　　　　　　B. 加热

    C. 脱脂及空气吹扫　　　　　　　　D. 脱脂及酸洗、钝化

2. 铸石作为耐磨、耐腐蚀衬里，主要特性为（　　）。（2019 年）

    A. 腐蚀性能强，能耐氢氟酸腐蚀　　B. 耐磨性好，比锰钢高 5~10 倍

    C. 硬度高，仅次于金刚石和刚玉　　D. 应用广，可用于各种管道防腐内衬

Ⅲ　绝热工程

（一）单项选择题

1. 管道绝热工程施工时，适用于纤维质绝热层面上的防潮层材料应该采用（　　）。（2016 年）

    A. 沥青油毡　　　　　　　　　　　B. 塑料薄膜

    C. 石棉水泥　　　　　　　　　　　D. 麻刀石灰泥

2. 绝热结构金属保护层的搭接缝，宜采用的连接方式为（　　）。（2016 年）

    A. 自攻螺钉连接　　　　　　　　　B. 普通铆钉连接

    C. 抽芯铆钉连接　　　　　　　　　D. 焊接连接

3. 用金属薄板作保冷结构的保护层时，保护层接缝处的连接方法除咬口连接外，还宜采用的连接方法为（　　）。（2017 年）

    A. 钢带捆扎法　　　　　　　　　　B. 自攻螺钉法

    C. 铆钉固定法　　　　　　　　　　D. 带垫片抽芯铆钉固定法

4. 软质或半硬质绝热制品的金属保护层纵缝，采用搭接缝，可使用的连接方式是（　　）。（2019 年）

    A. 抽芯铆钉连接　　　　　　　　　B. 自攻螺钉

    C. 钢带捆扎　　　　　　　　　　　D. 玻璃钢打包带捆扎

5. 对异型管件、阀门、法兰等进行绝热层施工，宜采用的施工方法为（　　）。（2020 年）

    A. 捆扎绝热层　　　　　　　　　　B. 粘贴绝热层

    C. 浇筑式绝热层　　　　　　　　　D. 钉贴绝热层

6. 某绝热层施工方法适用于把绝热材料的预制品种固定在保温面上形成绝热层，主要用于矩形风管、大直径管道和设备容器的绝热层。该绝热方法为（　　）。（2021 年）

    A. 钉贴绝热层　　　　　　　　　　B. 充填绝热层

C. 捆扎绝热层   D. 粘贴绝热层

7. 主要用于矩形风管、大直径管道和设备容器的绝热层施工中，适用于各种绝热材料加工成型的预制品件，该绝热层施工方式是（　　）。（2022 年）

A. 钉贴法   B. 充填法

C. 绑扎法   D. 粘贴法

8. 根据《通用安装工程工程量计算标准》GB/T 50856—2024，关于供热管道绝热工程工程量计算，下列说法正确的是（　　）。（2024 年）

A. 按图示中心线以延长米计算

B. 按图示表面积及调整系数计算

C. 按图示表面积加绝热层厚度计算

D. 按图示表面积加绝热层厚度及调整系数计算

（二）多项选择题

关于金属保护层施工，下列说法正确的是（　　）。（2022 年）

A. 硬质绝热制品金属保护层纵缝，在不损坏里面制品及防潮层前提下可进行咬接

B. 软质绝热制品的金属保护层纵缝如果采用搭接缝，只能用抽芯铆钉固定

C. 铝箔玻璃钢薄板保护层的纵缝，可使用自攻螺钉固定

D. 保冷结构的金属保护层接缝宜用咬合或钢带捆扎结构

三、真题解析

Ⅰ　除锈和刷油

（一）单项选择题

1. 【答案】A

【解析】电泳涂装法的主要特点有：

（1）采用水溶性涂料，节省了大量有机溶剂，大大降低了大气污染和环境危害，安全卫生，同时避免了火灾的隐患。

（2）涂装效率高，涂料损失小，涂料的利用率可达 90%～95%。

（3）涂膜厚度均匀，附着力强，涂装质量好，工件各个部位如内层、凹陷、焊缝等处都能获得均匀、平滑的漆膜，解决了其他涂装方法对复杂形状工件的涂装难题。

（4）生产效率高，施工可实现自动化连续生产，大大提高劳动效率。

（5）设备复杂，投资费用高，耗电量大，施工条件严格，并需进行废水处理。

2. 【答案】D

3. 【答案】D

【解析】喷射除锈法是目前最广泛采用的除锈方法，多用于施工现场设备及管道涂覆前的表面处理。喷射除锈的主要优点是除锈效率高、质量好、设备简单。但操作时灰尘弥漫，劳动条件差，且会影响到喷砂区附近机械设备的生产和保养。

抛射除锈法，又称抛丸法，主要用于涂覆车间工件的金属表面处理。特点是除锈质量好，但只适用于较厚的、不怕碰撞的工件。

化学方法，也称酸洗法，主要适用于对表面处理要求不高、形状复杂的零部件以及在无喷砂设备条件的除锈场合。

火焰除锈法，适用于除掉旧的防腐层（漆膜）或带有油浸过的金属表面工程，不适用于薄壁的金属设备、管道，也不能用于退火钢和可淬硬钢的除锈。

4.【答案】B

【解析】抛射除锈法，又称抛丸法，是利用抛丸器中高速旋转（2000r/min 以上）的叶轮抛出的钢丸（粒径为 0.3~3mm），以一定角度冲撞被处理的工件表面，将金属表面的铁锈和其他污物清除干净。抛射除锈主要用于涂覆车间工件的金属表面处理。抛射除锈法的特点是：除锈质量好、效率高，但只适用于较厚的、不怕碰撞的工件，不适用于大型、异形工件的除锈。

5.【答案】C

【解析】Sa$_2$ 级：彻底的喷射或抛射除锈。钢材表面无可见的油脂和污垢，且氧化皮、铁锈和油漆涂层等附着物已基本清除，其残留物应是牢固附着的。

6.【答案】B

【解析】St$_3$ 级：非常彻底的手工和动力工具除锈。钢材表面无可见的油脂和污垢，且没有附着不牢的氧化皮、铁锈和油漆涂层等附着物。除锈应比 St$_2$ 级更为彻底，底材显露部分的表面应具有金属光泽。

7.【答案】A

【解析】电泳涂装法涂膜厚度均匀，附着力强，涂装质量好，工件各个部位如内层、凹陷、焊缝等处都能获得均匀、平滑的漆膜，解决了其他涂装方法对复杂形状工件的涂装难题。

（二）多项选择题

1.【答案】BC

2.【答案】ABC

3.【答案】ABD

4.【答案】BCD

【解析】

钢基体表面覆盖层类别及质量等级

序号	覆盖层类别	表面处理质量等级
1	金属热喷涂层	Sa$_3$ 级
2	搪铅、纤维增强塑料衬里、橡胶衬里、树脂胶泥衬砌砖板衬里、塑料板粘结衬里、玻璃鳞片衬里、喷涂聚脲衬里、涂料涂层	Sa$_{2.5}$ 级
3	水玻璃胶泥衬砌砖板衬里、涂料涂层、氯丁胶乳水泥砂浆衬里	Sa$_2$ 级或 St$_3$ 级
4	衬铅、塑料板非粘结衬里	Sa$_1$ 级或 St$_2$ 级

5.【答案】BD

6.【答案】AB

【解析】火焰除锈的主要工艺是先将基体表面锈层铲掉，再用火焰烘烤或加热，并配合使用动力钢丝刷清理加热表面。此种方法适用于除掉旧的防腐层（漆膜）或带有油浸过的金属表面工程，不适用于薄壁的金属设备、管道，也不能用于退火钢和可淬硬钢的除锈。

Ⅱ　衬里

（一）单项选择题

1.【答案】D

【解析】采用氢-氧焰将铅条熔融后贴覆在被衬的物件或设备表面上，形成具有一定厚度、密实的铅层，这种防腐方法称为搪铅。

2.【答案】D

【解析】衬铅：将铅板用搪钉、螺栓或压板固定在设备或被衬工件表面上，再用铅焊条将铅板之间的缝隙焊接起来，形成一层将设备与介质隔离开的铅防腐层，称为衬铅。

搪铅：采用氢-氧焰将铅条熔融后贴覆在被衬的物件或设备表面上，形成具有一定厚度、密实的铅层。

衬铅的施工方法比搪铅简单，生产周期短，相对成本也低，适用于立面、静荷载和正压下工作；搪铅与设备器壁之间结合均匀且牢固，没有间隙，传热性好，适用于负压、回转运动和振动下工作。

3.【答案】A

【解析】硫化后的橡胶具有良好的弹性、硬度、耐磨性及耐腐蚀性能。软橡胶含硫量少，它与金属的粘结力比硬橡胶和半硬橡胶差。

（二）多项选择题

1.【答案】AB

【解析】设备表面处理。金属表面不应有油污、杂质。一般采用喷砂除锈为宜，也有采用酸洗处理。对铸铁件，在喷砂前应用蒸汽或其他方法加热除去铸件气孔中的空气及油垢等杂质。

2.【答案】BC

【解析】铸石其主要性能是：硬度高、耐磨性好、抗腐蚀性能强，除耐氢氟酸和热磷酸外，能抗任何酸碱的腐蚀（耐酸性大于96%，耐碱性大于98%）。耐磨性比锰钢高5~10倍，比碳素钢高数十倍；其硬度高，莫氏硬度7~8，仅次于金刚石和刚玉。但其韧性、抗冲击性较差，切削加工困难。

Ⅲ　绝热工程

（一）单项选择题

1.【答案】B

【解析】塑料薄膜作防潮隔气层，是在保冷层外表面缠绕聚乙烯或聚氯乙烯薄膜1~2层，注意搭接缝宽度应在100mm左右，一边缠一边用热沥青玛蹄脂或专用胶粘剂粘结。这种防潮层适用于纤维质绝热层面上。

2. 【答案】C

【解析】插接缝可用自攻螺钉或抽芯铆钉连接，而搭接缝只能用抽芯铆钉连接，钉的间距为 200mm。

3. 【答案】A

【解析】金属薄板作保冷结构的金属保护层接缝宜用咬合或钢带捆扎法。

4. 【答案】A

【解析】硬质绝热制品金属保护层纵缝，在不损坏里面制品及防潮层前提下可进行咬接。软质或半硬质绝热制品的金属保护层纵缝可用插接或搭接。插接缝可用自攻螺钉或抽芯铆钉连接，而搭接缝只能用抽芯铆钉连接，钉的间距为 200mm。

5. 【答案】C

【解析】捆扎绝热层，适用于软质毡、板、管壳，硬质、半硬质板等各类绝热材料制品的施工。用于大型筒体设备及管道时，需依托固定件或支承件来捆扎、定位。

粘贴绝热层，是用各类胶粘剂将绝热材料制品直接粘贴在设备及管道表面的施工方法，常用的胶粘剂有沥青玛蹄脂、聚氨酯胶粘剂、醋酸乙烯乳胶、环氧树脂等。

钉贴绝热层，主要用于矩形风管、大直径管道和设备容器的绝热层施工中。

浇筑式绝热层，较适合异型管件、阀门、法兰的绝热层施工，以及室外地面或地下管道绝热层施工。

6. 【答案】A

【解析】钉贴绝热层，主要用于矩形风管、大直径管道和设备容器的绝热层施工中，适用于各种绝热材料加工成型的预制品件，如珍珠岩板、矿渣棉板等。它用保温钉代替胶粘剂或捆绑钢丝，把绝热预制件钉固在保温面上形成绝热层。

7. 【答案】A

【解析】钉贴绝热层，主要用于矩形风管、大直径管道和设备容器的绝热层施工中，适用于各种绝热材料加工成型的预制品件，如珍珠岩板、矿渣棉板等。它用保温钉代替胶粘剂或捆绑铁丝，把绝热预制件钉固在保温面上形成绝热层。

8. 【答案】D

【解析】设备绝热、管道绝热，工程量以"m³"为计量单位，按图示表面积加绝热层厚度及调整系数计算。

（二）多项选择题

【答案】ABD

【解析】A 选项正确，硬质绝热制品金属保护层纵缝，在不损坏里面制品及防潮层前提下可进行咬接；B 选项正确，半硬质或软质绝热制品的金属保护层纵缝可用插接或搭接，插接缝可用自攻螺钉或抽芯铆钉固定，而搭接缝只能用抽芯铆钉固定；C 选项错误，铝箔玻璃钢薄板保护层的纵缝，不得使用自攻螺钉固定。可同时用带垫片抽芯铆钉和玻璃钢打包带捆扎进行固定；D 选项正确，保冷结构的金属保护层接缝宜用咬合或钢带捆扎结构。

第三节　吊装工程

一、名师考点

参见表2-4。

表2-4   本节考点

	教材点	知识点
一	吊装机械	主要吊装机械的性能、用途与选择
二	吊装方法	主要吊装方法的性能与用途

二、真题回顾

I　吊装机械

单项选择题

1. 在起重工程设计时，计算荷载计入了动荷载和不均衡荷载的影响。当被吊重物质量为100t，吊索具质量为3t，不均衡荷载系数取下限时，其计算荷载为（　　）。（2015年）

　　A. 113.30t　　　　　　　　　　　　B. 124.63t

　　C. 135.96t　　　　　　　　　　　　D. 148.32t

2. 吊装工程中常用的吊装工具除吊钩、吊梁外，还包括（　　）。（2015年）

　　A. 钢丝绳　　　　　　　　　　　　B. 尼龙带

　　C. 滑车　　　　　　　　　　　　　D. 卡环

3. 多台起重机共同抬吊一重40t的设备，索吊具重量0.8t，不均衡荷载系数取上、下限平均值，此时计算荷载应为（　　）。（取小数点后两位）（2016年）

　　A. 46.92t　　　　　　　　　　　　B. 50.60t

　　C. 51.61t　　　　　　　　　　　　D. 53.86t

4. 某机械化吊装设备，稳定性能较好，车身短，转弯半径小，适合场地狭窄的作业场所，可以全回转作业。因其行驶速度慢，对路面要求较高，故适宜于作业地点相对固定而作业量较大的场合。这种起重机为（　　）。（2016年）

　　A. 轻型汽车起重机　　　　　　　　B. 中型汽车起重机

　　C. 重型汽车起重机　　　　　　　　D. 轮胎起重机

5. 某台起重机吊装一设备，已知吊装重物的量为Q（包括索、吊具的重量）、吊装计算荷载应为（　　）。（2017年）

　　A. Q　　　　　　　　　　　　　　B. $1.1Q$

　　C. $1.2Q$　　　　　　　　　　　　D. $1.1 \times 1.2Q$

6. 结构简单，易于制作，操作容易，移动方便，一般用于起重量不大，起重速度较慢又无电源的起重作业中，该起重设备为（ ）。（2018 年）

A. 滑车
B. 起重葫芦
C. 手动卷扬机
D. 绞磨

7. 流动式起重机的选用步骤（ ）。（2018 年）

A. 确定站车位置，确定臂长，确定额定起重量，选择起重机，校核通过性能
B. 确定站车位置，确定臂长，确定额定起重量，校核通过性能，选择起重机
C. 确定臂长，确定站车位置，确定额定起重量，选择起重机，校核通过性能
D. 确定臂长，确定站车位置，确定额定起重量，选择起重机，校核通过性能

8. 适用于某一范围内，数量多，而每一单件重量较小，作业周期长的起重机是（ ）。（2019 年）

A. 桅杆起重机
B. 塔式起重机
C. 轮胎起重机
D. 履带起重机

9. 通过起升机构的升降运动、小车运行机构和大车运行机构的水平运动，在矩形三维空间内完成对物料的搬运作业，属于（ ）。（2020 年）

A. 臂架型起重机
B. 桥架型起重机
C. 桅杆式起重机
D. 缆索起重机

10. 某起重机索吊具质量为 0.1t，需吊装设备质量 3t，动荷载系数和不均衡系数均为 1.1，该起重机吊装计算荷载应为（ ）t。（2021 年）

A. 3.100
B. 3.410
C. 3.751
D. 4.902

11. 某机械化吊装设备，具有行驶通过性能、机动性强、行驶速度高、可快速转移的特点，特别适应于流动性大、不固定的作业场所。这种起重机为（ ）。（2021 年）

A. 移动塔式起重机
B. 履带式起重机
C. 轮胎起重机
D. 汽车起重机

12. 某起重机械具有吊装速度快、台班费用低的特点，适用于某一范围内对数量多、每一件重量较小的设备及构件进行吊装，此起重机械是（ ）。（2022 年）

A. 履带式起重机
B. 桅杆式起重机
C. 塔式起重机
D. 汽车起重机

13. 被吊装设备 100t，吊索、吊具 10t，取定动荷载 1.1，不均衡荷载 1.15，求吊装荷载 Q 和计算荷载 Q_j 分别为（ ）。（2022 年）

A. $Q=100t$，$Q_j=115t$
B. $Q=100t$，$Q_j=126.5t$
C. $Q=110t$，$Q_j=121t$
D. $Q=110t$，$Q_j=139.15t$

14. 某起重机通过起升机构的升降运动、小车运行机构和大车运行机构的水平运动，在矩形三维空间内完成对物料的搬运作业。该起重机是（ ）。（2023 年）

A. 流动式起重机
B. 缆索起重机
C. 桥架型起重机
D. 塔式起重机

15. 在建筑工程施工中经常配合塔式起重机使用的非标准起重机，主要用于各种工作

层间货物上下运送的载人载货机械是（　　）。（2024年）

 A. 汽车起重机   B. 桅杆起重机

 C. 施工升降机   D. 液压升降机

16. 某起重机用途广、适用性好，具有机动性强、行驶速度高、可快速转移的特点，特别适用于流动性大、不固定的作业场所。该起重机是（　　）。（2024年）

 A. 履带式起重机   B. 汽车起重机

 C. 塔式起重机   D. 轮胎起重机

Ⅱ 吊装方法

单项选择题

1. 某工作现场要求起重机吊装能力为 3～100t，臂长 40～80m，使用地点固定、使用周期较长且较经济。一般为单机作业，也可双机抬吊。应选用的吊装方法为（　　）。（2017年）

 A. 液压提升吊装   B. 桅杆系统吊装

 C. 塔式起重机吊装   D. 桥式起重机吊装

2. 借助机、电、液一体化工作原理，使提升能力可按实际需要进行任意组合配置，解决了常规起重机不能解决的大型构件整体提升技术难题。该吊装方法是（　　）。（2020年）

 A. 缆索系统提升   B. 液压提升

 C. 汽车起重机提升   D. 桥式起重机提升

3. 用在其他吊装方法不便、不经济的情况下或重量不大且跨度、高度较大的场合。该吊装方法是（　　）。（2023年）

 A. 塔式起重机吊装   B. 缆索系统吊装

 C. 液压提升吊装   D. 桅杆系统吊装

三、真题解析

Ⅰ 吊装机械

单项选择题

1. 【答案】B

【解析】$Q_j = K_1 \cdot K_2 \cdot Q = 1.1 \times 1.1 \times (100+3) = 124.63$（t）。

2. 【答案】D

【解析】常用的吊装工具是吊钩、卡环、绳卡（夹头）和吊梁等。

3. 【答案】C

【解析】计算荷载的一般公式为：$Q_j = K_1 \cdot K_2 \cdot Q$，式中：$Q_j$ 表示计算荷载；Q 表示设备及索吊具重量。一般取动载系数 K_1 为 1.1。题中要求不均衡荷载系数取上、下限平均值，则不均衡荷载系数 $K_2 = (1.1+1.2)/2 = 1.15$，$Q_j = 1.1 \times 1.15 \times (40+0.8) \approx 51.61$（t）。

4.【答案】D

【解析】轮胎起重机是一种装在专用轮胎式行走底盘上的起重机，它行驶速度低于汽车式，高于履带式，转弯半径小，越野性能好，上坡能力达 17%～20%；一般使用支腿吊重，在平坦地面可不用支腿，可吊重慢速行驶；稳定性能较好。车身短，转弯半径小，适用于场地狭窄的作业场所，可以全回转作业，它与汽车起重机有许多相同之处，主要差别是行驶速度慢，对路面要求较高。适宜于作业地点相对固定而作业量较大的场合，广泛运用于港口、车站、工厂和建筑工地货物的装卸及安装。

5.【答案】B

【解析】本题考查吊装荷载的计算，单台起重机械计算荷载 = 1.1×吊装荷载。

6.【答案】D

【解析】绞磨是一种人力驱动的牵引机械，具有结构简单、易于制作、操作容易、移动方便等优点，一般用于起重量不大、起重速度较慢又无电源的起重作业中。使用绞磨作为牵引设备，需用较多的人力，劳动强度也大，且工作的安全性不如卷扬机。

7.【答案】A

8.【答案】B

【解析】塔式起重机的特点与适用范围：

（1）特点：吊装速度快，台班费低。但起重量一般不大，需要安装和拆卸。

（2）适用范围：适用于在某一范围内，数量多，而每一单件重量较小的设备、构件吊装，作业周期长。

9.【答案】B

【解析】桥架型起重机通过起升机构的升降运动、小车运行机构和大车运行机构的水平运动，在矩形三维空间内完成对物料的搬运作业。

臂架型起重机的工作机构除了起升机构外，通常还有旋转机构和变幅机构，通过起升机构、变幅机构、旋转机构和运行机构的组合运动，可以实现在圆形或长圆形空间的装卸作业。

桅杆式起重机，属于臂架型起重机。

10.【答案】B

【解析】吊装计算荷载 Q_j 公式为：

$$Q_j = K_1 \cdot K_2 \cdot Q$$

式中：Q_j 为计算荷载；Q 为分配到一台起重机的吊装荷载；动荷载系数 K_1 为 1.1；不均衡荷载系数 K_2 为 1.1～1.2，此题规定为 1.1。

11.【答案】D

【解析】汽车起重机是将起重机构安装在通用或专用汽车底盘上的起重机械。它具有汽车的行驶通过性能，机动性强，行驶速度高，可以快速转移，是一种用途广泛、适用性强的通用型起重机，特别适应于流动性大、不固定的作业场所。吊装时，靠支腿将起重机支撑在地面上。但不可在 360°范围内进行吊装作业，对基础要求也较高。

12.【答案】C

【解析】塔式起重机的特点与适用范围：

（1）特点：吊装速度快，台班费低。但起重量一般不大，需要安装和拆卸。

（2）适用范围：适用于在某一范围内，数量多，而每一单件重量较小的设备、构件吊装，作业周期长。

13.【答案】D

14.【答案】C

【解析】桥架型起重机的最大特点是以桥形金属结构作为主要承载构件，取物装置悬挂在可以沿主梁运行的起重小车上，通过起升机构的升降运动、小车运行机构和大车运行机构的水平运动，在矩形三维空间内完成对物料的搬运作业。

15.【答案】C

【解析】施工升降机。施工升降机是建筑中经常使用的载人、载货施工机械，主要用于高层建筑的内外装修、桥梁、烟囱等建筑的施工。

16.【答案】B

【解析】汽车起重机是将起重机构安装在通用或专用汽车底盘上的起重机械，具有汽车的行驶通过性能，机动性强，行驶速度高，可快速转移，是一种用途广泛、适用性强的通用型起重机，特别适用于流动性大、不固定的作业场所。吊装时，靠支腿将起重机支撑在地面上。但不可在360°范围内进行吊装作业，对基础要求也较高。

Ⅱ　吊装方法

单项选择题

1.【答案】C

【解析】塔式起重机吊装起重吊装能力为3～100t，臂长在40～80m，常用在使用地点固定、使用周期较长的场合，较经济。一般为单机作业，也可双机抬吊。

2.【答案】B

【解析】汽车起重机吊装，机动灵活，使用方便。可单机、双机吊装，也可多机吊装。

桥式起重机吊装，起重能力为3～1000t，跨度在3～150m，使用方便。多为仓库、厂房、车间内使用，一般为单机作业，也可双机抬吊。

缆索系统吊装，用在其他吊装方法不便或不经济的场合，或重量不大，跨度、高度较大的场合。如桥梁建造、电视塔顶设备吊装。

液压提升吊装，集群液压千斤顶整体提升（滑移）大型设备与构件技术借助机、电、液一体化工作原理，使提升能力可按实际需要进行任意组合配置，解决了在常规状态下，采用桅杆起重机、移动式起重机所不能解决的大型构件整体提升技术难题，已广泛应用于市政工程、建筑工程的相关领域以及设备安装领域。

3.【答案】B

【解析】缆索系统吊装，用在其他吊装方法不便或不经济的场合，或重量不大，跨度、高度较大的场合。如桥梁建造、电视塔顶设备吊装。

第四节　辅助项目

一、名师考点

参见表 2-5。

表 2-5　　　　　　　　　　　　　　　本节考点

	教材点	知识点
一	吹洗、脱脂、钝化和预膜	工艺要求
二	管道压力试验	试验步骤与要求
三	设备压力试验	试验步骤与要求

二、真题回顾

Ⅰ　吹洗、脱脂、钝化和预膜

（一）单项选择题

1. 对有严重锈蚀和污染的液体管道，当使用一般清洗方法未能达到要求时，可采取将管道分段进行（　　）。（2015 年）

A. 高压空气吹扫　　　　　　　　　B. 高压蒸汽吹扫

C. 高压水冲洗　　　　　　　　　　D. 酸洗

2. 某工艺管道系统，其管线长、口径大、系统容积也大，且工艺限定禁水。此管道的吹扫、清洗方法应选用（　　）。（2016 年）

A. 无油压缩空气吹扫　　　　　　　B. 空气爆破法吹扫

C. 高压氮气吹扫　　　　　　　　　D. 先蒸汽吹净后再进行油清洗

3. 某 DN100 的输送常温液体的管道，在安装完毕后应做的后续辅助工作为（　　）。（2017 年）

A. 气压试验，蒸汽吹扫　　　　　　B. 气压试验，压缩空气吹扫

C. 水压试验，水清洗　　　　　　　D. 水压试验，压缩空气吹扫

4. 公称直径为 600mm，长度为 6000m 的气体管道冲洗的方法是（　　）。（2019 年）

A. 氢气　　　　　　　　　　　　　B. 蒸汽

C. 压缩空气　　　　　　　　　　　D. 空气爆破法

5. 埋地钢管的设计压力为 0.5MPa，水压试验压力为（　　）。（2019 年）

A. 0.4MPa　　　　　　　　　　　　B. 0.5MPa

C. 0.75MPa　　　　　　　　　　　D. 1MPa

6. 忌油管道脱脂后进行脱脂质量检验，当采用间接法进行检验时，用到的是（　　）。（2020 年）

A. 白布　　　　　　　　　　　B. 白滤纸

C. 白靶板　　　　　　　　　　D. 纯樟脑

7. 大型机械设备系统试运行前，应对其润滑系统和润滑油管道进行清理，清理的最后工序为（　　）。（2021年）

A. 蒸汽吹扫　　　　　　　　　B. 压缩空气吹扫

C. 酸洗　　　　　　　　　　　D. 油清洗

8. 机械转速为6500r/min的管道油清洗后检验滤网规格为（　　）。（2022年）

A. 250目　　　　　　　　　　B. 200目

C. 150目　　　　　　　　　　D. 100目

9. 不锈钢油系统管道宜采用的清洗处理方法是（　　）。（2023年）

A. 空气吹扫后再进行预膜处理

B. 化学清洗后再进行钝化处理

C. 蒸汽吹净后再进行油清洗

D. 水冲洗后再进行油清洗

10. 对液压、润滑油管道内壁等有特殊清洁要求的，管道除锈可采用的方法是（　　）。（2024年）

A. 化学清洗法　　　　　　　　B. 压缩空气吹扫

C. 油清洗　　　　　　　　　　D. 闭式循环水冲洗

（二）多项选择题

1. 有防腐要求的脱脂件，经脱脂处理后，宜采用的封存方式为（　　）。（2019年）

A. 充氮封存　　　　　　　　　B. 充空气封存

C. 充满水封存　　　　　　　　D. 气相防锈纸封存

2. 对于DN500气体管道吹扫、清洗，正确的是（　　）。（2020年）

A. 采用压缩空气进行吹扫

B. 应将系统的仪表、阀门等管道组件与管道一起吹扫

C. 吹扫顺序为支管、主管

D. 吹扫压力不大于设计压力

3. 忌油管道脱脂后，应进行脱脂质量检验，宜采用的检验方式有（　　）。（2021年）

A. 白滤纸擦拭　　　　　　　　B. 滤网目测

C. 紫外线灯照射　　　　　　　D. 白靶板检测

4. 根据《工业金属管道工程施工规范》GB 50235—2010规定，金属管道脱脂可选用的脱脂质量检验方法有（　　）。（2022年）

A. 涂白漆的木质靶板法　　　　B. 紫外线灯照射法

C. 小于1mm的纯樟脑检测法　　D. 对脱脂合格后的脱脂液取样分析法

5. 下列关于空气吹扫的说法正确的有（　　）。（2023年）

A. 吹扫压力不得大于管道的设计压力

B. 吹扫空气流速不宜小于 10m/s

C. DN<600mm 的气体管道，宜采用压缩空气吹扫

D. 空气爆破法吹扫时，气体压力应为设计压力

Ⅱ 管道压力试验

（一）单项选择题

1. 承受内压的埋地铸铁管道进行水压试验，当设计压力为 0.50MPa 时，水压试验压力为（　）。（2016 年）

A. 0.60MPa

B. 0.75MPa

C. 1.00MPa

D. 1.50MPa

2. 某埋地敷设承受内压的铸铁管道，当设计压力为 0.4MPa 时，其液压试验的压力应为（　）。（2017 年）

A. 0.6MPa

B. 0.8MPa

C. 0.9MPa

D. 1.0MPa

3. 某输送压缩空气的钢管，设计压力为 1.0MPa，其气压试验压力应为（　）。（2021 年）

A. 1.0MPa

B. 1.15MPa

C. 1.5MPa

D. 2MPa

4. 承受内压的埋地铸铁管道进行水压试验，当设计压力为 0.4MPa 时，水压试验压力为（　）。（2022 年）

A. 0.4MPa

B. 0.5MPa

C. 0.60MPa

D. 0.8MPa

5. 某设备设计压力为 6MPa，设备元件材料试验温度下的许用应力与设计温度下的许用应力之比为 1.2，该设备的气压试验压力是（　）。（2023 年）

A. 7.2MPa

B. 9MPa

C. 8.28MPa

D. 7.5MPa

6. 根据《工业金属管道工程施工规范》GB 50235—2010，关于管道液压试验，下列说法正确的是（　）。（2024 年）

A. 管道安装完毕，应先进行液压试验，合格后再进行热处理和无损检测

B. 管道液压试验前，应在试验管道系统的最高点和管道末端安装排水阀

C. 管道液压试验前，向管内注水时应关闭排气阀

D. 管道液压试验达到规定的试验压力后，稳压 10min，经检查无泄漏无变形为合格

（二）多项选择题

1. 经酸洗后的设备和管道内壁要进行钝化，钝化时应遵循的规定有（　）。（2015 年）

A. 酸洗后的设备和管道，应在两周内钝化

B. 钝化液通常采用亚硝酸钠溶液

C. 钝化结束后，要用偏碱的水冲洗

D. 钝化时不得采用流动清洗法

2. 输送极度和高度危害介质以及可燃介质的管道，必须进行泄漏性试验。关于泄漏性试验正确描述的有（　　　）（2016年）

A. 泄漏性试验应在压力试验合格后进行

B. 泄漏性试验的介质宜采用空气

C. 泄漏性试验的压力应为设计压力的1.2倍

D. 采用涂刷中性发泡剂来检查有无泄漏

Ⅲ　设备压力试验

（一）单项选择题

设备的耐压试验应采用液压试验，若采用气压试验代替液压试验时，压力容器的对接焊缝检测要求（　　　）。（2020年）

A. 25%射线或超声波检测合格　　　　B. 50%射线或超声波检测合格

C. 75%射线或超声波检测合格　　　　D. 100%射线或超声波检测合格

（二）多项选择题

1. 设备气密性试验是用来检验连接部位的密封性能，其遵循的规定有（　　　）。（2017年）

A. 设备经液压试验合格后方可进行气密性试验

B. 气密性试验的压力应为设计压力的1.15倍

C. 缓慢升压至试验压力后，保压30min以上

D. 连接部位等应用检漏液检查

2. 设备的压力试验可分为液压试验、气压试验和气密性试验。关于各类试验，下列说法正确的有（　　　）。（2024年）

A. 设备的液压试验、气压试验统称为耐压试验

B. 液压试验介质宜采用洁净水，也可采用不会导致发生危险的其他液体

C. 气压试验时，应缓慢升压至规定试验压力的10%，且不超过0.1MPa，保压5min，对所有焊缝和连接部位进行初次泄漏检查

D. 气密性试验目的是检查连接部位的密封性能，主要用于密封性要求高的容器

三、真题解析

Ⅰ　吹洗、脱脂、钝化和预膜

（一）单项选择题

1.【答案】C

【解析】对有严重锈蚀和污染的管道，当使用一般清洗方法未能达到要求时，可采取将管道分段进行高压水冲洗。

2.【答案】B

【解析】当吹扫的系统容积大、管线长、口径大，并不宜用水冲洗时，可采取空气爆破法进行吹扫。

3.【答案】C

【解析】管道吹扫与清洗方法选用应根据管道的使用要求、工作介质、系统回路、现场条件及管道内表面的脏污程度确定，除设计文件有特殊要求的管道外，一般应符合下列规定：①DN≥600mm 的液体或气体管道，宜采用人工清理。②DN<600mm 的液体管道，宜采用水冲洗。③DN<600mm 的气体管道，宜采用压缩空气吹扫。所以选择水清洗，常温液体管道一般进行水压试验。

4.【答案】D

【解析】当吹扫的系统容积大、管线长、口径大，并不宜用水冲洗时，可采取空气爆破法进行吹扫。

5.【答案】C

【解析】承受内压的地上钢管道及有色金属管道的试验压力应为设计压力的 1.5 倍，埋地钢管道的试验压力应为设计压力的 1.5 倍，并不得低于 0.4MPa。

6.【答案】D

【解析】（1）直接法：①用清洁干燥的自滤纸擦拭管道及其附件的内壁，纸上应无油脂痕迹。②用紫外线灯照射，脱脂表面应无紫蓝荧光。

（2）间接法：①用蒸汽吹扫脱脂时，盛少量蒸汽冷凝液于器皿内，并放入颗粒度小于 1mm 的纯樟脑，以樟脑不停旋转为合格。②有机溶剂及浓硝酸脱脂时，取脱脂后的溶液或酸进行分析，其含油和有机物不应超过 0.03%。

7.【答案】D

【解析】润滑、密封及控制油管道，应在机械及管道酸洗合格后、系统试运转前进行油清洗。不锈钢管道宜用蒸汽吹净后进行油清洗。

8.【答案】B

【解析】当设计文件或制造厂无要求时，管道油清洗后应采用滤网检验，合格标准应符合下表的规定：

滤网规格及合格标准

机械转速（r/min）	滤网规格（目）	合格标准
≥6000	200	目测滤网、无硬颗粒及黏稠物
<6000	100	每平方厘米范围内杂物不多于 3 个

9.【答案】C

【解析】润滑、密封及控制油管道，应在机械及管道酸洗合格后、系统试运转前进行油清洗。不锈钢管道，宜用蒸汽吹净后再进行油清洗。

10.【答案】A

【解析】对管道内壁有特殊清洁要求的，如液压、润滑油管道的除锈可采用化学清洗法。

（二）多项选择题

1.【答案】AD

【解析】有防锈要求的脱脂件，经脱脂处理后，宜采取充氮封存或采用气相防锈纸、气相防锈塑料薄膜等措施进行密封保护。

2. 【答案】AD

【解析】管道系统安装后，在压力试验合格后，应进行吹扫与清洗。一般应符合下列规定：

（1）DN≥600mm 的液体或气体管道，宜采用人工清理。

（2）DN<600mm 的液体管道，宜采用水冲洗。

（3）DN<600mm 的气体管道，宜采用压缩空气吹扫。

（4）蒸汽管道应采用蒸汽吹扫，非热力管道不得采用蒸汽吹扫。

（5）管道吹洗前的保护措施，应将系统内的仪表、孔板、节流阀、调节阀、电磁阀、安全阀、止回阀等管道组件暂时拆除，以模拟件或临时短管替代，待管道吹洗合格后再重新复位。对以焊接形式连接的上述阀门、仪表等部件，应采取流经旁路或卸掉阀头及阀座加保护套等保护措施后再进行吹扫与清洗。

（6）吹扫与清洗的顺序应按主管、支管、疏排管依次进行。

空气吹扫宜利用生产装置的大型空压机或大型储气罐进行间断性吹扫。吹扫压力不得大于系统容器和管道的设计压力，吹扫流速不宜小于 20m/s。

3. 【答案】AC

4. 【答案】BCD

5. 【答案】AC

【解析】（1）空气吹扫应利用生产装置的大型压缩机，也可利用装置中的大型容器（储气罐）蓄气，进行间断性吹扫。吹扫压力不得超过容器和管道的设计压力，流速不宜小于 20m/s。

（2）吹扫忌油管道时，气体中不得含油。

（3）空气吹扫过程中，当目测排气无烟尘时，应在排气口设置贴白布或涂白漆的木质靶板检验，5min 内靶板上无铁锈、尘土、水分及其他杂物为合格。

（4）当吹扫的系统容积大、管线长、口径大，且不宜用水冲洗时，可采取空气爆破法进行吹扫。爆破吹扫时，向系统充注的气体压力不得超过 0.5MPa，并应采取相应的安全措施。

Ⅱ 管道压力试验

（一）单项选择题

1. 【答案】C

2. 【答案】B

3. 【答案】B

【解析】承受内压钢管及有色金属管的强度试验压力应为设计压力的 1.15 倍，真空管道的试验压力应为 0.2MPa。

4. 【答案】D

【解析】承受内压的埋地铸铁管道的试验压力，当设计压力小于或等于 0.5MPa 时，应为设计压力的 2 倍；当设计压力大于 0.5MPa 时，应为设计压力加 0.5MPa。

5. 【答案】C

【解析】

设备耐压试验和气密性试验压力（MPa）

设计压力	耐压试验压力		气密性试验压力
	液压试验	气压试验	
$p \leqslant -0.02$	$1.25p$	$1.15p$ （$1.25p$）	p
$-0.02 < p < 0.1$	$1.25p \cdot [\sigma] / [\sigma]^t$ 且不小于 0.1	$1.15p \cdot [\sigma] / [\sigma]^t$ 且不小于 0.07	$p \cdot [\sigma] / [\sigma]^t$
$0.1 < p < 100$	$1.25p \cdot [\sigma] / [\sigma]^t$	$1.15p \cdot [\sigma] / [\sigma]^t$	p

注：①表中 $[\sigma]$ 表示设备元件材料在试验温度下的许用应力（MPa）；$[\sigma]^t$ 表示设备元件材料在设计温度下的许用应力（MPa）。

②设备受压元件（圆筒、封头、接管、法兰及紧固件等）所用材料不同时，应取受压元件 $[\sigma] / [\sigma]^t$ 比值中较小者。

③括号内的数值 $1.25p$ 仅适用于钢制真空塔式容器。

6. 【答案】D

【解析】管道安装完毕、热处理和无损检测合格后，应对管道系统进行压力试验。

试压前的准备工作。安装试验用的临时注水和排水管线；在试验管道系统的最高点和管道末端安装排气阀；在管道的最低处安装排水阀；压力表应安装在最高点，试验压力以此表为准。

试验前，注入液体时应排尽空气。向管内注水时要打开排气阀，当发现管道末端的排气阀流水时，立即把排气阀关好，等全系统管道最高点的排气阀见到流水时，说明水已经注满，把最高点的排气阀关好。

（二）多项选择题

1. 【答案】BC

【解析】酸洗后的管道和设备，必须迅速进行钝化。钝化结束后，要用偏碱的水冲洗，保护钝化膜，以防管道和设备在空气中再次锈蚀。通常钝化液采用亚硝酸钠溶液。

2. 【答案】ABD

【解析】泄漏性试验是以气体为试验介质，在设计压力下，采用发泡剂、显色剂、气体分子感测仪或其他手段检查管道系统中泄漏点的试验。试验要求如下：

（1）输送极度和高度危害介质以及可燃介质的管道，必须进行泄漏性试验。

（2）泄漏性试验应在压力试验合格后进行。

（3）泄漏性试验压力为设计压力。

（4）泄漏性试验应逐级缓慢升压，当达到试验压力，并且停压 10min 后，采用涂刷中性发泡剂等方法巡回检查，泄漏试验检查重点是阀门填料函、法兰或者螺纹连接处、放空阀、排气阀、排水阀等，所有密封点以无泄漏为合格。

Ⅲ　设备压力试验

（一）单项选择题

【答案】D

【解析】设备的耐压试验应采用液压试验，若采用气压试验代替液压试验时，必须符合下列规定：

（1）压力容器的对接焊缝进行100%射线或超声波检测并合格。

（2）非压力容器的对接焊缝进行25%射线或超声波检测，射线检测为Ⅲ级合格、超声波检测为Ⅱ级合格。

（3）有单位技术总负责人批准的安全措施。

（二）多项选择题

1.【答案】 ACD

【解析】设备气密性试验应在耐压试验合格后进行。对进行气压试验的设备，气密性试验可在气压试验压力降到气密性试验压力后一并进行。

设备气密性试验方法及要求：

（1）设备经液压试验合格后方可进行气密性试验。

（2）气密性试验压力见下表。

气密性试验压力（MPa）

设计压力	耐压试验压力		气密性试验压力
	液压试验	气压试验	
$p \leqslant -0.02$	$1.25p$	$1.15p$（$1.25p$）	p
$-0.02 < p < 0.1$	$1.25p \cdot [\sigma] / [\sigma]^t$ 且不小于 0.1	$1.15p \cdot [\sigma] / [\sigma]^t$ 且不小于 0.07	$p \cdot [\sigma] / [\sigma]^t$
$0.1 < p < 100$	$1.25p \cdot [\sigma] / [\sigma]^t$	$1.15p \cdot [\sigma] / [\sigma]^t$	p

（3）气密性试验时，压力应缓慢上升，达到试验压力后，保压时间不少于30min，同时对焊缝和连接部位等用检漏液检查，无泄漏为合格。

2.【答案】 ABD

【解析】气压试验的方法和要求：

（1）气压试验时，应缓慢升压至规定试验压力的10%，且不超过0.05MPa，保压5min，对所有焊缝和连接部位进行初次泄漏检查；

（2）初次泄漏检查合格后，继续缓慢升压至规定试验压力的50%，观察有无异常现象；

（3）如无异常现象，继续按规定试验压力的10%逐级升压，直至达到试验压力为止，保压时间不少于30min，然后将压力降至规定试验压力的87%，对所有焊接接头和连接部位进行全面检查；

（4）试验过程无异响，设备无可见的变形，焊缝和连接部位等用检漏液检查，无泄漏为合格。

第三章　安装工程计量基础

一、本章概览

本章知识架构参见图 3-1。

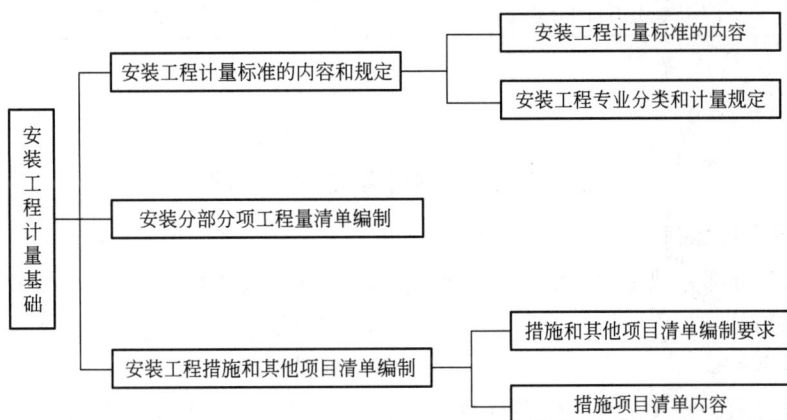

图 3-1　本章知识架构

二、考情分析

参见表 3-1。

表 3-1　　　　　　　　　　　本章考情分析

章节内容	2024			2023			2022		
	单选	多选	分值	单选	多选	分值	单选	多选	分值
第三章　安装工程计量基础	2题 2分	3题 4.5分	6.5分	2题 2分	3题 4.5分	6.5分	2题 2分	3题 4.5分	6.5分
第一节　安装工程计量标准的内容和规定	1　1	1　1.5	2.5	1　1	1　1.5	2.5	1　1	1　1.5	2.5
第二节　安装分部分项工程量清单编制	0　0	1　1.5	1.5	0　0	1　1.5	1.5	0　0	1　1.5	1.5
第三节　安装工程措施和其他项目清单编制	1　1	1　1.5	2.5	1　1	1　1.5	2.5	1　1	1　1.5	2.5

第一节 安装工程计量标准的内容和规定

一、名师考点

参见表 3-2。

表 3-2 本节考点

	教材点	知识点
一	安装工程计量标准的内容	安装工程计量标准的内容
二	安装工程专业分类和计量规定	分类与规定

二、真题回顾

Ⅰ 安装工程计量标准的内容

(一) 单项选择题

1. 下列对分部分项工程量清单项目准确报价影响最大的为 ( )。(2021 年)

A. 项目特征　　　　　　　　B. 项目编码

C. 项目名称　　　　　　　　D. 计量单位

2. 依据《通用安装工程工程量计算标准》GB/T 50856—2024，下列有关项目编码补充的说法正确的是 ( )。(2023 年)

A. 应附有项目名称、项目特征、计量单位和工程内容

B. 编码由 03 与 B 和三位阿拉伯数字组成

C. 应由十二位阿拉伯数字组成

D. 应获得当地造价管理部门的审核通过

(二) 多项选择题

1. 依据《通用安装工程工程量计算标准》GB/T 50856—2024，附录 H 工业管道工程中低压碳钢管安装的"工程内容"有安装、压力试验、吹扫，还包括 ( )。(2015 年)

A. 清洗　　　　　　　　　　B. 脱脂

C. 钝化　　　　　　　　　　D. 预膜

2. 项目特征描述是工程量清单的重要组成部分，下列关于项目特征的作用，描述正确的是 ( )。(2021 年)

A. 是合理编制综合单价的前提　　B. 应描述项目名称的实质内容

C. 项目名称命名的基础　　　　　D. 影响工程实体的自身价值

Ⅱ 安装工程专业分类和计量规定

(一) 单项选择题

1. 依据《通用安装工程工程量计算标准》GB/T 50856—2024 的规定，刷油、防腐

蚀、绝热工程的编码为（　　）。（2015 年）

　　A. 0310　　　　　　　　　　　　　　　B. 0311

　　C. 0312　　　　　　　　　　　　　　　D. 0313

　　2. 依据《通用安装工程工程量计算标准》GB/T 50856—2024 的规定，"给水排水、供暖、燃气工程"的编码为（　　）。（2016 年）

　　A. 0310　　　　　　　　　　　　　　　B. 0311

　　C. 0312　　　　　　　　　　　　　　　D. 0313

　　3. 依据《通用安装工程工程量计算标准》GB/T 50856—2024 的规定，安装工程分类编码体系中，第一、二级编码为 0308，表示（　　）。（2017 年）

　　A. 电气设备安装工程　　　　　　　　　B. 通风空调工程

　　C. 工业管道工程　　　　　　　　　　　D. 消防工程

　　4. 依据《通用安装工程工程量计算标准》GB/T 50856—2024 的规定，室外给水管道与市政管道界限划分应为（　　）。（2017 年）

　　A. 以项目区入口水表井为界

　　B. 以项目区围墙外 1.5m 为界

　　C. 以项目区围墙外第一个阀门为界

　　D. 以市政管道碰头井为界

　　5. 安装工程项目编码第二级为 06 的工程为（　　）。（2018 年）

　　A. 静置设备安装　　　　　　　　　　　B. 电气设备安装

　　C. 自动化控制仪表　　　　　　　　　　D. 工业管道

　　6. 附录 D，编码：0304 的专业工程为（　　）。（2019 年）

　　A. 电气设备安装工程　　　　　　　　　B. 建筑智能化工程

　　C. 自动化控制仪表安装工程　　　　　　D. 通风空调工程

　　7. 依据《通用安装工程工程量计算标准》GB/T 50856—2024 的规定，安装工程附录 K，编码：0310 表示的是（　　）。（2020 年）

　　A. 给水排水、供暖、燃气工程　　　　　B. 消防工程

　　C. 电气设备安装工程　　　　　　　　　D. 工业管道工程

　　8. 依据《通用安装工程工程量计算标准》GB/T 50856—2024 的规定，附录 M，编码：0312 表示的项目名称为（　　）。（2022 年）

　　A. 刷油、防腐蚀、绝热工程　　　　　　B. 建筑智能化工程

　　C. 通信设备及线路工程　　　　　　　　D. 工业管道工程

（二）多项选择题

　　1. 依据《通用安装工程工程量计算标准》GB/T 50856—2024 的规定，项目安装高度若超过基本高度时，应在项目特征中描述。各附录基本安装高度为 6m 的项目名称为（　　）。（2018 年）

　　A. 附录 G 通风空调工程　　　　　　　B. 附录 J 消防工程

　　C. 附录 K 给水排水、供暖、燃气工程　　D. 附录 M 刷油、防腐蚀、绝热工程

　　2. 安装工程中，安装工程与市政路灯工程界定正确的是（　　）。（2020 年）

A. 住宅小区的路灯　　　　　　　　B. 厂区道路的路灯

C. 庭院艺术喷泉灯　　　　　　　　D. 隧道灯

3. 根据《通用安装工程工程量计算标准》GB/T 50856—2024 的规定，安装工程各附录中基本安装高度为 5m 的有（　　）。（2022 年）

A. 电气设备安装工程　　　　　　　B. 通风空调工程

C. 消防工程　　　　　　　　　　　D. 刷油、防腐蚀、绝热工程

4. 依据《通用安装工程工程量计算标准》GB/T 50856—2024，下列关于清单工程计量的说法正确的有（　　）。（2023 年）

A. 以"t"为计量单位的，小数点后保留三位数字

B. 附录 B 为电气设备安装工程

C. 厂区、住宅小区的路灯工程不能按市政工程计算规范列项

D. 清单项目编码共计 12 位

5. 下列工程应执行《通用安装工程工程量计算标准》GB/T 50856—2024 的有（　　）。（2024 年）

A. 厂区内给水管道水表井的土方开挖及砌筑

B. 厂区内庭院灯的安装

C. 住宅小区的庭院喷灌及喷泉水设备安装

D. 市政道路的路灯安装

三、真题解析

Ⅰ　安装工程计量标准的内容

（一）单项选择题

1.【答案】A

【解析】项目特征是用来表述项目名称的实质内容，用于区分规范中同一条目下各个具体的清单项目。由于项目特征直接影响工程实体的自身价值，是履行合同义务的基础，是合理编制综合单价的前提。因此，项目特征应描述构成清单项目自身价值的本质特征。

2.【答案】B

【解析】补充项目的编码由安装工程的代码 03 与 B 和三位阿拉伯数字组成，并应从03B001 起顺序编制，同一招标工程的项目不得重码。

（二）多项选择题

1.【答案】AB

【解析】如 030801001 低压碳钢管，项目特征有：材质、规格、连接形式、焊接方法、压力试验、吹扫与清洗设计要求、脱脂设计要求等。

2.【答案】ABD

Ⅱ　安装工程专业分类和计量规定

（一）单项选择题

1.【答案】C

2.【答案】A

3.【答案】C

【解析】第二级编码表示各专业工程,采用两位数字(即第三、四位数字)表示,如安装工程的0301为"机械设备安装工程",0308为"工业管道工程"等。

4.【答案】A

【解析】安装工业管道与市政工程管网工程的界定:给水管道以厂区入口水表井为界;排水管道以厂区围墙外第一个污水井为界;热力和燃气以厂区入口第一个计量表(阀门)为界。

5.【答案】C

6.【答案】A

7.【答案】A

8.【答案】A

(二)多项选择题

1.【答案】AD

2.【答案】ABC

【解析】安装工程中的电气设备安装工程与市政工程中的路灯工程界定:厂区、住宅小区的道路路灯安装工程、庭院艺术喷泉等电气设备安装工程按通用安装工程"电气设备安装工程"相应项目执行;涉及市政道路、市政庭院等电气安装工程的项目,按市政工程中"路灯工程"的相应项目执行。

3.【答案】AC

4.【答案】ACD

【解析】A选项:工程计量时,每一项汇总的有效位数应遵守以下规定:

(1)以"m""m²""m³""kg"为单位,应保留小数点后两位数字,第三位小数四舍五入;

(2)以"t"为单位,应保留小数点后三位数字,第四位小数四舍五入;

(3)以"台""个""件""根""组""套""系统"为单位,应取整数。

B选项:附录B为热力设备安装工程(编码:0302)。

C选项:安装工程中的电气设备安装工程与市政工程中的路灯工程界定:厂区、住宅小区的道路路灯安装工程、庭院艺术喷泉等电气设备安装工程按通用安装工程"电气设备安装工程"相应项目执行;涉及市政道路、市政庭院等电气安装工程的项目,按市政工程中"路灯工程"的相应项目执行。

D选项:分部分项工程量清单、措施项目清单的项目编码均采用12位阿拉伯数字表示,以"安装工程—安装专业工程—安装分部工程—安装分项工程—具体安装分项工程"的顺序进行五级项目编码设置。

5.【答案】BC

【解析】《通用安装工程工程量计量标准》GB/T 50856—2024与《市政工程工程量计算标准》GB/T 50857—2024、《房屋建筑与装饰工程工程量计算标准》GB/T 50854—2024相关内容在执行上的划分界线如下:

（1）《通用安装工程工程量计算标准》GB/T 50856—2024 内的电气设备安装工程与市政工程路灯工程的界定：厂区、住宅小区的道路路灯、景观照明，公园、广场、公共庭院等电气设备安装工程，应按本标准内电气设备发装工程的相应项目编码列项；涉及城市道路照明系统应按《市政工程工程量计算标准》GB/T 50857—2024 的相应项目编码列项。

（2）《通用安装工程工程量计算标准》GB/T 50856—2024 内的工业管道与市政工程管网工程的界定：给水管道以厂区人口水表井为界，排水管道以厂区围墙外第一个污水井为界，热力和燃气以厂区人口第一个计量表（阀门）为界。

（3）《通用安装工程工程量计算标准》GB/T 50856—2024 内的给水排水、采暖、燃气工程（含消防管道）与市政管网工程的界定：室外给水排水、采暖、燃气管道以市政管道碰头井为界。

第二节　安装分部分项工程量清单编制

一、名师考点

略

二、真题回顾

多项选择题

1. 根据《通用安装工程工程量计算标准》GB/T 50856—2024 的规定，清单项目的五要素有（　　）。（2018 年）

A. 项目名称
B. 项目特征
C. 计量单位
D. 工程量计量规则

2. 依据《通用安装工程工程量计算标准》GB/T 50856—2024，在编制某建设项目分部分项工程量清单时，必须包括五要素内容，其中有（　　）。（2019 年）

A. 项目名称
B. 项目编码
C. 计算规则
D. 工作内容

3. 型号为 SSJL1448 的半圆球吸顶灯安装项目，除安装类型外，其项目特征还应描述（　　）。（2021 年）

A. 名称：半圆球吸顶灯
B. 型号 SSJL1448
C. 规格直径
D. 安装高度 3m

4. 根据《通用安装工程工程量计算标准》GB/T 50856—2024 的规定，下列关于项目特征和工作内容的说法，正确的是（　　）。（2022 年）

A. 若安装高度超过规定的基本安装高度时，应在其项目清单的"项目特征"中描述
B. 附录中一个分部分项工程的"计量单位"只有一个
C. 除另有规定和说明外，应视为已包括完成该项目的全部工作内容
D. 工作内容对确定综合单价有影响时，编制清单时应进行描述

5. 工程量清单的项目特征是确定一个清单项目综合单价不可缺少的重要依据，下列关于项目特征描述要求的说法正确的有（　　　）。（2023 年）

真题讲解

A. 涉及计量正确与否的内容必须描述

B. 涉及材质要求的内容可不再描述

C. 对标准图集标注明确的，可不再详细描述

D. 项目中应由施工措施解决的内容必须描述

6. 分部分项工程工程量清单的项目特征描述，以能满足确定综合单价的需要为前提。下列内容在清单的项目特征中必须详细描述的有（　　　）。（2024 年）

A. 规格型号

B. 材质

C. 安装方式

D. 标准图集标注已经能够满足要求的

三、真题解析

多项选择题

1. 【答案】ABC

【解析】在编制安装工程分部分项工程量清单时，应根据规范规定的项目编码、项目名称、项目特征、计量单位和工程量计算规则进行编制，即一个分部分项工程量清单必须包括：项目编码、项目名称、项目特征、计量单位和工程量这五个要素，缺一不可。

2. 【答案】AB

3. 【答案】ABC

【解析】当某项目超过基本安装高度时应在项目特征中予以描述。参见教材表 3.2.3。

4. 【答案】AC

【解析】选项 AC 叙述正确；计量单位可以有多个，所以 B 错误；在编制工程量清单时不需要描述工作内容，所以 D 错误。

5. 【答案】AC

【解析】安装分部分项工程量清单在进行项目特征描述时，应根据《通用安装工程工程量计算标准》GB/T 50856—2024 规定的项目特征，结合技术规范、标准图集、施工图纸，按照工程结构、使用材质及规格或安装位置等，予以详细而准确地表述和说明。进行项目特征描述时，应按拟安装工程的实际要求，以能满足确定综合单价的需要为前提。对于哪些内容需要描述、哪些内容可以不描述、怎样描述，可按下列原则执行：

（1）必须描述的内容：涉及计量正确与否的内容必须描述，涉及确定综合单价的内容必须描述，涉及规格型号要求的内容必须描述，涉及材质要求的内容必须描述，涉及安装方式的内容必须描述。

（2）可不详细描述的内容：应由投标人根据施工方案确定，应由投标人根据项目所在地、施工现场和施工要求确定及应由施工措施解决的内容可以不描述；对标准图集标注已经很明确的，可不再详细描述。如采用标准图集或施工图纸能够全部或部分满足项目特征描述要求的，项目特征描述可直接采用详见××图集或××图号的方式。

（3）当工程量计算规范规定多个计量单位时，应以选定的计量单位进行恰当的项目特征描述。如"过滤器"的项目特征描述，属于《通用安装工程工程量计算标准》GB/T

50856—2024 中附录 G.1 通风空调设备及部件制作安装过滤器（编码：030701010），有"m²"和"台"两个计量单位，项目特征包括：名称、型号、规格、类型、框架形式、材质。清单编制实务中，安装过滤器清单项目若选择"m²"为计量单位时，过滤器过滤面积可以不进行描述。

6.【答案】ABC

【解析】进行项目特征描述时应按拟安装工程的实际要求，以能满足确定综合单价的需要为前提。对于哪些内容需要描述，哪些内容可以不描述，怎样描述，可按下列原则执行：

（1）必须描述的内容：涉及计量正确与否的内容必须描述，涉及确定综合单价的内容必须描述，涉及规格型号要求的内容必须描述，涉及材质要求的内容必须描述，涉及安装方式的内容必须描述。

（2）可不详细描述的内容：应由投标人根据施工方案确定，应由投标人根据项目所在地、施工现场和施工要求确定及应由施工措施解决的内容可以不描述；对标准图集标注已经很明确的，可不再详细描述。如：采用标准图集或施工图纸能够全部或部分满足项目特征描述要求的，项目特征描述可直接采用详见××图集或××图号的方式。

第三节　安装工程措施和其他项目清单编制

一、名师考点

参见表 3-3。

表 3-3　　　　　　　　　　　　　　本节考点

	教材点	知识点
一	措施和其他项目清单编制要求	措施和其他项目清单编制要求
二	措施项目清单内容	措施项目内容

二、真题回顾

由于 2025 年版教材更新，历年真题不再具有参考价值，故删除。

第四章　通用设备工程

一、本章概览

本章知识架构参见图 4-1。

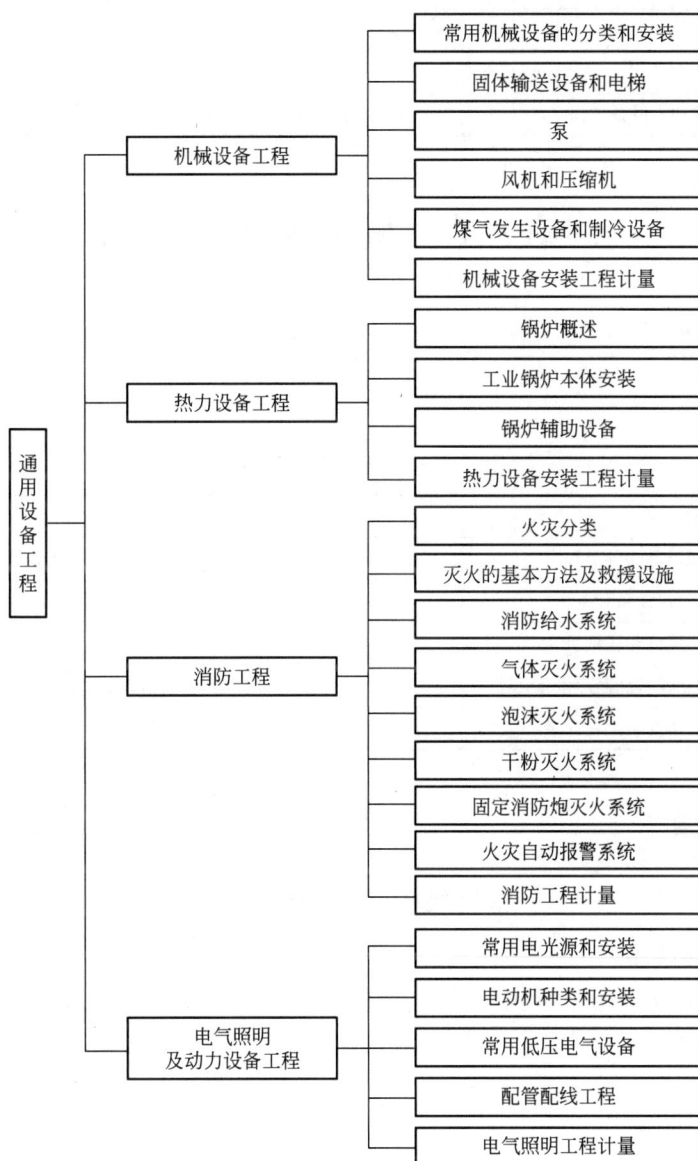

图 4-1　本章知识架构

二、考情分析

参见表 4-1。

表 4-1   **本章考情分析**

章节内容		2024			2023			2022		
		单选	多选	分值	单选	多选	分值	单选	多选	分值
第四章	通用设备工程	18题 18分	8题 12分	30分	18题 18分	8题 12分	30分	18题 18分	8题 12分	30分
第一节	机械设备工程	5 5	3 4.5	9.5	5 5	3 4.5	9.5	5 5	3 4.5	9.5
第二节	热力设备工程	4 4	1 1.5	5.5	4 4	1 1.5	5.5	4 4	1 1.5	5.5
第三节	消防工程	4 4	2 3	7	4 4	2 3	7	4 4	2 3	7
第四节	电气照明及动力设备工程	5 5	2 3	8	5 5	2 3	8	5 5	2 3	8

第一节 机械设备工程

一、名师考点

参见表 4-2。

表 4-2   **本节考点**

	教材点	知识点
一	常用机械设备的分类和安装	机械设备的分类、机械设备安装要求
二	固体输送设备和电梯	固体输送设备性能与用途，电梯构成与分类
三	泵、风机和压缩机	分类、性能与用途
四	煤气发生设备和制冷设备	分类、性能与用途
五	机械设备安装工程计量	工程计量规则

二、真题回顾

I 常用机械设备的分类和安装

（一）单项选择题

1. 适用于有强烈振动和冲击的重型设备，且是一种可拆卸的地脚螺栓。这种螺栓为（ ）。（2015 年）

    A. 短地脚螺栓   B. 长地脚螺栓

    C. 胀锚地脚螺栓   D. 粘结地脚螺栓

2. 既能够承受主要负荷又能承受设备运行时产生较强连续振动的垫铁是（ ）。（2015 年）

A. 三角形垫铁　　　　　　　　　　B. 矩形垫铁

C. 梯形垫铁　　　　　　　　　　　D. 菱形垫铁

3. 机械设备按使用范围可分为通用机械设备和专用机械设备，下列设备中，属于专用机械设备的是（　　）。（2016 年）

A. 铸造设备　　　　　　　　　　　B. 锻压设备

C. 纺织设备　　　　　　　　　　　D. 压缩机

4. 适用于有强烈振动和冲击的重型设备，在基础上固定所采用的地脚螺栓为（　　）。（2016 年）

A. 活动地脚螺栓　　　　　　　　　B. 固定地脚螺栓

C. 胀锚地脚螺栓　　　　　　　　　D. 粘结地脚螺栓

5. 垫铁安装在设备底座下起减振、支撑作用，下列说法中正确的是（　　）。（2017 年）

A. 最薄垫铁安放在垫铁组最上面　　B. 最薄垫铁安放在垫铁组最下面

C. 斜垫铁安放在垫铁组最上面　　　D. 斜垫铁安放在垫铁组最下面

6. 中小型形状复杂的装配件，清洗方法为（　　）。（2018 年）

A. 溶剂油擦洗和涮洗　　　　　　　B. 清洗液浸泡或浸、涮结合清洗

C. 溶剂油喷洗　　　　　　　　　　D. 乙醇和金属清洗剂擦洗和涮洗

7. 对表面粗糙度 Ra 为 $0.2 \sim 0.8 \mu m$ 的金属表面进行除锈，常用的除锈方法是（　　）。（2019 年）

A. 用钢丝刷刷洗除锈　　　　　　　B. 用非金属刮具沾机械油擦拭除锈

C. 用红黑油石沾机械油擦拭除锈　　D. 用粒度为240 号的砂布沾机械油擦拭除锈

8. 某地脚螺栓可拆卸，螺栓比较长，一般都是双头螺纹或一头 T 字形的形式，适用于有强烈振动和冲击的重型设备固定。该地脚螺栓为（　　）。（2019 年）

A. 固定地脚螺栓　　　　　　　　　B. 胀锚固地脚螺栓

C. 活动地脚螺栓　　　　　　　　　D. 粘结地脚螺栓

9. 下列机械中，属于粉碎及筛分机械的是（　　）。（2020 年）

A. 压缩机　　　　　　　　　　　　B. 提升机

C. 球磨机　　　　　　　　　　　　D. 扒料机

10. 与润滑油相比，润滑脂具有的特点是（　　）。（2020 年）

A. 冷却散热性能好　　　　　　　　B. 基础油爬行倾向大

C. 蒸发速度较低　　　　　　　　　D. 阻尼减振能力小

11. 某地脚螺栓比较长，或者是双头螺纹的双头式，或者是一头螺纹、另一头 T 字形头的 T 形式，适用于有强烈振动和冲击的重型设备固定。该地脚螺栓为（　　）（2021 年）

A. 固定地脚螺栓　　　　　　　　　B. 活动地脚螺栓

C. 胀锚地脚螺栓　　　　　　　　　D. 粘结地脚螺栓

12. 在冲击、振动和交变荷载作用下，螺栓连接要增加防松装置，下列选项属于机械装置螺母的是（　　）。（2022 年）

A. 对顶螺母　　　　　　　　　　　B. 自锁螺母

C. 槽形螺母　　　　　　　　　　　D. 双螺母

13. 根据金属表面粗糙度来选用不同的除锈方法，适合采用钢丝刷、砂布、喷砂的方法来除锈的金属表面粗糙度 Ra（μm）是（   ）。（2023 年）

A. 6.3~50
B. >50
C. 1.6~3.2
D. 0.2~0.8

14. 机械设备可划分为通用设备和专用设备，下列设备属于通用机械设备的是（   ）。（2023 年）

真题讲解

A. 铸造设备
B. 建材设备
C. 冶金设备
D. 纺织设备

15. 某地脚螺栓与基础浇灌在一起，为防止其旋转和拔出，底部做成开叉形、环形、钩形等形状，适用于无强烈振动和冲击设备的固定。该地脚螺栓是（   ）。（2023 年）

A. 活动地脚螺栓
B. 胀锚地脚螺栓
C. 固定地脚螺栓
D. 粘结地脚螺栓

16. 依据《机械设备安装工程施工及验收通用规范》GB 50231—2009，下列关于垫铁放置要求的说法，正确的是（   ）。（2023 年）

真题讲解

A. 承受主要负荷且在设备运行时产生较强连续振动时，垫铁组可采用斜垫铁

B. 在垫铁组中，厚垫铁放在上面，薄垫铁放在下面，最薄的安放在中间

C. 垫铁组伸入设备底座底面的长度应超过设备地脚螺栓的中心

D. 设备调平后，垫铁端面不应露出设备底面外缘

17. 在工业生产中，能对物料起到粉碎作用的机械是（   ）。（2024 年）

A. 球磨机
B. 搅拌机
C. 过速机
D. 扒料机

18. 地脚螺栓有多种形状，下列为可拆卸地脚螺栓的是（   ）。（2024 年）

A. U 形螺栓
B. T 形头螺栓
C. 爪式螺栓
D. 弯钩螺栓

（二）多项选择题

1. 在对滚动轴承、精密零件等装配件进行表面油脂清洗时，可采用的清洗方法有（   ）。（2017 年）

A. 溶剂油浸洗
B. 乙醇浸洗
C. 超声波清洗
D. 清洗剂喷洗

2. 金属装配件表面除锈及污垢清除，宜采用的清洗方法为（   ）。（2020 年）

A. 蒸汽喷洗
B. 碱性清洗液
C. 酸性清洗液
D. 乳化除油液

3. 对形状复杂、污垢黏附严重的滚动轴承，可采用的清洗方法有（   ）。（2021 年）

A. 溶剂油擦洗
B. 金属清洗剂浸洗
C. 蒸汽喷洗
D. 二氯乙烯刷洗

4. 金属表面粗糙度为 $Ra30$，常用的除锈方法是（   ）。（2022 年）

A. 钢丝刷
B. 喷射

C. 非金属刮具 　　　　　　　　　　D. 油石

5. 机械设备润滑常用润滑油和润滑脂。与润滑油相比，润滑脂的优点有（　　　）。（2023 年）

真题讲解

A. 冷却散热性能好，内摩擦阻力小

B. 适合在潮湿和多尘环境中使用

C. 具有更高的承载能力和更好的阻尼减振能力

D. 可简化设备的设计与维护

6. 垫铁是机械设备安装中不可缺少的重要部件，关于垫铁，下列说法正确的有（　　　）。（2024 年）

A. 按垫铁形状，可分为平垫铁、斜垫铁和螺栓调整垫铁

B. 斜垫铁多用于承受主要负荷的部位

C. 承受主要负荷且在设备运行时产生较强连续振动时，垫铁组不能采用斜垫铁

D. 垫铁成组使用时，厚垫铁放在下面，薄垫铁放在中间，最薄的安放在上面

Ⅱ　固体输送设备和电梯

（一）单项选择题

1. 某输送机结构简单，安装、运行、维护方便，节省能量，操作安全可靠，使用寿命长，在规定距离内每吨物料运费较其他设备低。此种输送设备为（　　　）。（2015 年）

A. 斗式输送机 　　　　　　　　　　B. 链式输送机

C. 螺旋式输送机 　　　　　　　　　D. 带式输送机

2. 具有全封闭式的机壳，被输送的物料在机壳内移动，不污染环境，能防止灰尘逸出的固体输送设备是（　　　）。（2016 年）

A. 平型带式输送机 　　　　　　　　B. 转斗式输送机

C. 鳞板输送机 　　　　　　　　　　D. 埋刮板输送机

3. 可以输送具有磨琢性、化学腐蚀性或有毒的散状固体物料，运行费用较低，但输送能力有限，不能输送黏性强、易破损的物料，不能大角度向上倾斜输送物料，此种输送机为（　　　）。（2018 年）

A. 链式输送机 　　　　　　　　　　B. 螺旋式输送机

C. 振动输送机 　　　　　　　　　　D. 带式输送机

4. 按《电梯主参数及轿厢、井道、机房的型式与尺寸 第 1 部分：Ⅰ、Ⅱ、Ⅲ、Ⅵ类电梯》GB/T 7025.1—2023 规定，电梯分为 6 类，其中Ⅲ类电梯指的是（　　　）。（2019 年）

A. 为运送病床（包括病人）及医疗设备而设计的电梯

B. 主要为运送通常由人伴随的货物而设计的电梯

C. 为适应交通流量和频繁使用而特别设计的电梯

D. 杂物电梯

5. 皮带连接的接头方法中，能够保证高的接头效率，同时也非常稳定，接头寿命也很长，容易掌握。但存在工艺麻烦、费用高、接头操作时间长等缺点，该接头方法是（　　　）。（2020 年）

A. 热硫化粘结

B. 冷硫化粘结

C. 皮带扣搭接

D. 皮带扣绑接

6. 某输送机的设计简单、造价低廉，输送块状、纤维状或黏性物料时被输送的固体物料有压结倾向，该输送设备是（　　）。（2022 年）

A. 带式输送机

B. 螺旋式输送机

C. 振动输送机

D. 链式输送机

7. 具有全封闭式机壳，被输送物料在机壳内移动，防止输送粉状物料时产生的灰尘逸出，且能输送需要吹洗的有毒或有爆炸性物料的输送设备是（　　）。（2024 年）

A. 平型带式输送机

B. 吊斗式提升输送机

C. 埋刮板输送机

D. 振动输送机

（二）多项选择题

1. 对于提升倾角大于 20°的散状固体物料，通常采用的提升输送机有（　　）。（2019 年）

A. 吊斗式提升输送机

B. 转斗式输送机

C. 螺旋式输送机

D. 槽型带式输送机

2. 斗式输送机的特点有（　　）。（2020 年）

A. 输送速度慢，输送能力低

B. 特别适合输送含有块状、没有磨琢性的物料

C. 只有在其他标准型输送机不能满足要求时才考虑使用

D. 只能在垂直范围内运输

3. 电梯的引导系统，包括轿厢引导系统和对重引导系统，这两种系统均由（　　）组成。（2021 年）

A. 导向轮

B. 导轨架

C. 导轨

D. 导靴

4. 在电梯电气部分安装要求中，说法正确的是（　　）。（2022 年）

A. 接地支线应分别接到接地干线的接线柱上，不得互相连接后再接地

B. 控制电路必须有过载保护装置

C. 三相电源应有断相、错相保护功能

D. 动力和电气安全装置的导体之间和导体对地之间的绝缘电阻不得大于 0.5MΩ

Ⅲ　泵、风机和压缩机

（一）单项选择题

1. 排出压力可高达 18MPa，主要用于流量较大、扬程较高的城市给水、矿山排水和输油管线的泵为（　　）。（2015 年）

A. 蜗壳式多级离心泵

B. 单级双吸离心泵

C. 离心式井泵

D. 分段式多级离心水泵

2. 气流速度低、损失小、效率高，从低压到超高压范围均适用，属于容积式压缩机。该压缩机为（　　）。（2015 年）

A. 离心式压缩机

B. 回转式压缩机

C. 活塞式压缩机 　　　　　　　　D. 透平式压缩机

3. 具有绝对不泄漏的优点，最适合输送和计量易燃易爆、强腐蚀、剧毒、有放射性和贵重液体的泵为（　　　）。(2016 年)

A. 隔膜计量泵 　　　　　　　　　B. 柱塞计量泵

C. 气动计量泵 　　　　　　　　　D. 齿轮计量泵

4. 风机安装完毕后需进行试运转，风机试运转时应符合的要求为（　　　）。(2016 年)

A. 以电动机带动的风机经一次启动后即可直接进入运转

B. 风机运转达到额定转速后，应将风机调理到设计负荷

C. 风机启动后，不得在临界转速附近停留

D. 风机的润滑油冷却系统中的冷却水压力应高于油压

5. 某排水工程需选用一台流量为 1000m³/h、扬程 5mH₂O 的水泵，最合适的水泵为（　　　）。(2017 年)

A. 旋涡泵 　　　　　　　　　　　B. 轴流泵

C. 螺杆泵 　　　　　　　　　　　D. 回转泵

6. 下列风机中，输送气体压力最大的风机是（　　　）。(2017 年)

A. 轴流鼓风机 　　　　　　　　　B. 高压离心通风机

C. 高压轴流通风机 　　　　　　　D. 高压混流通风机

7. 离心式通风机的型号表示由六部分组成，包括名称、型号、机号、出风口位置及（　　　）。(2017 年)

A. 气流方向、旋转方式 　　　　　B. 传动方式、旋转方式

C. 气流方向、叶轮级数 　　　　　D. 传动方式、叶轮级数

8. 通过水的高速运动，导致气体体积发生变化产生负压，主要用于抽吸空气或水，达到液固分离，也可用作压缩机，这种泵为（　　　）。(2018 年)

A. 喷射泵 　　　　　　　　　　　B. 水环泵

C. 电磁泵 　　　　　　　　　　　D. 水锤泵

9. 10kPa 的通风机应选用（　　　）。(2018 年)

A. 中压离心式通风机 　　　　　　B. 中压轴流式通风机

C. 高压离心式通风机 　　　　　　D. 高压轴流式通风机

10. 根据通风机作用原理分类，下列属于往复式风机的是（　　　）。(2019 年)

A. 滑片式风机 　　　　　　　　　B. 罗茨式风机

C. 混流式风机 　　　　　　　　　D. 隔膜式风机

11. 容积泵中，往复泵除了包括活塞泵外，还包括（　　　）。(2020 年)

A. 隔膜泵 　　　　　　　　　　　B. 螺杆泵

C. 罗茨泵 　　　　　　　　　　　D. 柱塞泵

12. 离心泵安装中需另列项的是（　　　）。(2020 年)

A. 泵拆装检查 　　　　　　　　　B. 直联式泵电机

C. 泵软管接头 　　　　　　　　　D. 泵基础二次浇灌

13. 某矿井用轴流式通风机，型号为 K70B2-11N018D，下列关于该通风机型号说法

正确的是（　　）。（2021 年）

 A. 轮毂比为 70B
     B. 机翼型扭曲叶片

 C. 叶轮直径为 180mm
    D. 采用悬臂支承联轴器传动

14. 某泵是叶片式泵的一种，泵体是水平中开式，进口管为喇叭形，适用于低扬程大流量，该泵是（　　）。（2021 年）

 A. 离心泵
       B. 水环泵

 C. 轴流泵
       D. 漩涡泵

15. 某压缩机组的运转部件多用普通合金钢制造，具有气流速度低、气流损失小、效率高等特点，但外形尺寸及重量较大，结构复杂，易损件多的是（　　）。（2021 年）

 A. 活塞式
       B. 回转式

 C. 轴流式
       D. 离心式

16. 用于锅炉系统引风，宜选用的风机类型是（　　）。（2022 年）

 A. 罗茨风机
      B. 滑片式风机

 C. 离心风机
      D. 轴流风机

17. 利用流动中的水被突然制动时所产生的能量，将低水头能转换为高水头能的高级提水装置。适合于具有微小水力资源条件的贫困用水地区的泵是（　　）。（2022 年）

 A. 喷射泵
       B. 扩散泵

 C. 罗茨泵
       D. 水锤泵

18. 用于矿山、工厂和城市输送常温清水和类似的液体，一般流量为 $5\sim720\text{m}^3/\text{h}$，扬程为 $100\sim650\text{mH}_2\text{O}$ 的离心泵是（　　）。（2023 年）

 A. 中开式多级离心泵
    B. 自吸离心泵

 C. 离心式井泵
      D. 分段式多级离心水泵

19. 将电动机和泵制成一体，浸入水中进行抽吸和输送水的一种泵，被广泛应用于农田排灌、工矿企业、城市给水排水和污水处理等，该泵是（　　）。（2024 年）

 A. 单级离心水泵
     B. 多级离心水泵

 C. 离心式井泵
      D. 潜水泵

20. 透平式风机是通过旋转叶片把机械能转变成气体的压力能和速度能，随后在固定元件中使部分速度能进一步转化为压力能的风机。下列选项属于透平式风机的是（　　）。（2024 年）

 A. 螺杆式风机
      B. 轴流式风机

 C. 活塞式风机
      D. 罗茨式风机

（二）多项选择题

1. 离心式深井潜水泵与离心式深井泵的共同特点有（　　）。（2015 年）

 A. 泵与电动机制成一体
   B. 泵的扬程高，需较长的出水管

 C. 需要较长的传动轴
    D. 均为多级离心泵

2. 风机安装完毕后应进行试运转，风机运转时，正确的操作方法有（　　）。（2015 年）

 A. 以电动机带动的风机均应经一次启动立即停止运转的试验

 B. 风机启动后应在临界转速附近停留一段时间，以检查风机的状况

C. 风机停止运转后，待轴承回油温度降到小于 45℃后，才能停止油泵工作

D. 风机润滑油冷却系统中的冷却水压力必须低于油压

3. 按照作用原理分类，泵可分为动力式泵、容积式泵及其他类型泵，下列属于动力泵的有（　　　）。（2016 年）

A. 轴流泵　　　　　　　　　　B. 转子泵

C. 旋涡泵　　　　　　　　　　D. 齿轮泵

4. 活塞式压缩机的性能特点有（　　　）。（2018 年）

A. 气流速度低，损失小

B. 小流量，超高压范围内不适用

C. 旋转零部件采用高强度合金钢

D. 外形尺寸大，重量大，结构复杂

5. 同工况下，轴流泵与混流泵、离心泵相比，其特点和性能有（　　　）。（2019 年）

A. 适用于低扬程大流量送水

B. 轴流泵的比转数高于混流泵

C. 扬程介于离心泵与混流泵之间

D. 流量小于混流泵，高于离心泵

6. 风机运转时应符合相关规范要求，下面表述正确的有（　　　）。（2019 年）

A. 风机试运转时，以电动机带动的风机均应经一次启动立即停止运转的试验

B. 风机启动后，转速不得在临界转速附近停留

C. 风机运转中轴承的进油温度应高于 40℃

D. 风机的润滑油冷却系统中的冷却压力必须低于油压

7. 与透平式压缩机相比，活塞式压缩机的特点有（　　　）。（2020 年）

A. 气流速度低、损失小

B. 超高压范围不适用

C. 外形尺寸及重量较大

D. 旋转部件常采用高强度合金钢制作

8. 与透平式压缩机相比，活塞式压缩机的性能为（　　　）。（2022 年）

A. 气流速度高，损失大

B. 适用性强，压力范围广

C. 结构复杂，易损件多

D. 排气脉动性大，气体中常混有润滑油

9. 下列关于风机试运转前的要求，说法正确的有（　　　）。（2023 年）

A. 风机的润滑油冷却系统中的冷却水的压力必须高于油压

B. 润滑油的名称、型号、主要性能和加注的数量应符合设备技术文件的规定

C. 电动机或汽轮机、燃气轮机的转向应与风机的转向相符

D. 盘动风机转子时，应无卡住和摩擦现象

10. 在相同工况下，与离心式压缩机相比，活塞式压缩机的特点有（　　　）。（2024 年）

A. 气流速度低，损失少，效率高

B. 压力范围广，适应性强

C. 外型尺寸及重量较小，结构简单

D. 易损件少，排气均匀无脉动

Ⅳ　煤气发生设备和制冷设备

单项选择题

1. 煤气热值高且稳定，操作弹性大，自动化程度高，适用性强，劳动强度低，不污染环境，节水显著，占地面积小，输送距离长，长期运行成本低的煤气发生炉为（　　）。(2018 年)

A. 单段式煤气发生炉 　　　B. 双段式煤气发生炉

C. 三段式煤气发生炉 　　　D. 干馏式煤气发生炉

2. 它是煤气发生设备的部分，用于含有少量粉尘的煤气混合气体的分离，该设备为（　　）。(2019 年)

A. 焦油分离机 　　　B. 电气滤清器

C. 煤气洗涤塔 　　　D. 旋风除尘器

Ⅴ　机械设备安装工程计量

（一）单项选择题

根据《通用安装工程工程量计算标准》GB/T 50856—2024，观光电梯安装项目特征描述中不包括的内容有（　　）。(2022 年)

A. 提升高度、速度 　　　B. 配线材质、规格

C. 层数、站数 　　　D. 载重量、荷载人数

（二）多项选择题

1. 依据《通用安装工程工程量计算标准》GB/T 50856—2024，机械设备安装工程量中以"台"为计量单位的有（　　）。(2017 年)

A. 离心式泵安装 　　　B. 刮板输送机安装

C. 交流电梯安装 　　　D. 离心式压缩机安装

2. 依据《通用安装工程工程量计算标准》GB/T 50856—2024，关于电梯安装工程计量要求，说法正确的有（　　）。(2021 年)

A. 项目特征应描述配线材质、规格、敷设方式

B. 项目特征应描述电梯运转调试要求

C. 工作内容应包括电气安装、调试

D. 电梯安装计量单位应以"座"计算

3. 依据《通用安装工程工程量计算标准》GB/T 50856—2024，下列设备属于机械设备安装工程计量主要内容的有（　　）。(2023 年)

A. 电梯安装 　　　B. 油罐设备

C. 起重机轨道 　　　D. 工业炉安装

三、真题解析

Ⅰ　常用机械设备的分类和安装

（一）单项选择题

1.【答案】B

2.【答案】B

【解析】平垫铁（又名矩形垫铁）用于承受主要负荷和较强连续振动的设备。

3.【答案】C

【解析】专用机械设备指专门用于某个领域生产的机械设备，如火力、水力发电设备，核电设备，矿业设备，纺织设备，石油化工设备，冶金设备，建材设备等。通用机械设备指在工业生产中通用性强、用途较广的机械设备，如切削设备、锻压设备、铸造设备、输送设备、风机、泵、压缩机等。这类设备一般可以按定型的系列标准，由制造厂进行批量生产。

4.【答案】A

5.【答案】C

【解析】斜垫铁（又名斜插式垫铁）多用于不承受主要负荷（主要负荷基本上由灌浆层承受）的部位。在垫铁组中，厚垫铁放在下面，薄垫铁放在上面，最薄的安放在中间，且不宜小于2mm，以免发生翘曲变形。

6.【答案】B

7.【答案】D

【解析】

金属表面的常用除锈方法

金属表面粗糙度 Ra（μm）	常用除锈方法
>50	用砂轮、钢丝刷、刮具、砂布、喷砂或酸洗除锈
6.3~50	用非金属刮具、油石或粒度150号的砂布沾机械油擦拭或进行酸洗除锈
1.6~3.2	用细油石或粒度为150~180号的砂布沾机械油擦拭或进行酸洗除锈
0.2~0.8	先用粒度为180号或240号的砂布沾机械油擦拭除锈，然后用干净的绒布沾机械油和细研磨膏的混合剂进行磨光

8.【答案】C

9.【答案】C

【解析】压缩机属于气体输送和压缩机械；提升机属于固体输送机械；粉碎及筛分机械，如破碎机、球磨机、振动筛等；扒料机属于成型和包装机械。

10.【答案】C

【解析】与润滑油相比，润滑脂具有以下优点：

（1）具有更高承载能力和更好的阻尼减振能力。

（2）润滑脂具有较低的蒸发速度，缺油润滑状态下，特别是在高温和长周期运行中，润滑脂有更好的特性。

（3）润滑脂的基础油爬行倾向小。

（4）润滑脂有利于在潮湿和多尘环境中使用。

（5）润滑脂能牢固地粘附在倾斜甚至垂直表面上。在外力作用下，它能发生形变。

（6）润滑脂可简化设备的设计与维护。

（7）润滑脂粘附性好，不易流失，停机后再启动仍可保持满意的润滑状态。

（8）润滑脂需要量少，可大大节约油品的需求量。

11.【答案】B

12.【答案】C

【解析】螺栓连接的防松装置。螺栓连接本身具有自锁性，可承受静荷载，在工作温度比较稳定的情况下是可靠的。但在冲击、振动和交变荷载的作用下，自锁性会受到破坏，因此需增加防松装置。防松装置包括摩擦力防松装置（对顶螺母、自锁螺母），机械防松装置（槽形螺母、开口销、圆螺母带翅片、止动片），冲击防松装置（棘齿、螺母开口销、双螺母锁片、U形卡）和粘结防松装置。

13.【答案】B

14.【答案】A

15.【答案】C

16.【答案】C

【解析】垫铁放置应符合以下要求：每个地脚螺栓旁边至少应放置一组垫铁，应放在靠近地脚螺栓和底座主要受力部位下方。相邻两组垫铁距离一般应保持 500~1000mm。每一组垫铁内，斜垫铁放在最上面，单块斜垫铁下面应有平垫铁。不承受主要负荷的垫铁组，只使用平垫铁和一块斜垫铁即可；承受主要负荷的垫铁组，应使用成对斜垫铁，找平后用点焊焊牢；承受主要负荷且在设备运行时产生较强连续振动时，垫铁组不能采用斜垫铁，只能采用平垫铁。每组垫铁总数一般不得超过5块，并将各垫铁焊牢。在垫铁组中，厚垫铁放在下面，薄垫铁放在上面，最薄的安放在中间，且不宜小于 2mm，以免发生翘曲变形。同一组垫铁几何尺寸要相同。设备调平后，垫铁端面应露出设备底面外缘，平垫铁宜露出 10~30mm；斜垫铁宜露出 10~50mm。垫铁组伸入设备底座底面的长度应超过设备地脚螺栓的中心。

17.【答案】A

【解析】粉碎及筛分机械，如破碎机、球磨机、振动筛等。

18.【答案】B

【解析】（1）固定地脚螺栓：又称短地脚螺栓，与基础浇灌在一起，底部做成开叉形、环形、钩形等形状，如直钩螺栓、弯钩螺栓、弯折螺栓、U形螺栓、爪式螺栓、锚板螺栓等，以防止地脚螺栓旋转和拔出。适用于没有强烈震动和冲击的设备。

（2）活动地脚螺栓：又称长地脚螺栓，是一种可拆卸的地脚螺栓，这种地脚螺栓比较长，或者是双头螺纹的双头式，或者一头是螺纹，另一头是 T 字形的形式，如 T 形头螺栓、拧入式螺栓、对拧式螺栓等。适用于有强烈震动和冲击的重型设备。

（二）多项选择题

1.【答案】ABC

2.【答案】BD

【解析】装配件表面除锈及污垢清除宜采用碱性清洗液和乳化除油液。

3.【答案】AB

4.【答案】CD

【解析】金属表面粗糙度 Ra（μm）在 6.3~50 之间，常用除锈方法为用非金属刮具、油石或粒度 150 号的砂布加上机械油擦拭或进行酸洗除锈。

5.【答案】BCD

6.【答案】AC

【解析】平垫铁（又名矩形垫铁）用于承受主要负荷和较强连续振动的设备；斜垫铁（又名斜插式垫铁）多用于不承受主要负荷（主要负荷基本上由灌浆层承受）的部位；承受负荷的垫铁组，应使用成对斜垫铁，调平后用定位焊焊接牢固。

在垫铁组中，厚垫铁放在下面，薄垫铁放在上面，最薄的安放在中间，且不宜小于 2mm，以免发生翘曲变形。

Ⅱ 固体输送设备和电梯

（一）单项选择题

1.【答案】D

2.【答案】D

【解析】埋刮板输送机的主要优点是全封闭式的机壳，被输送的物料在机壳内移动，不污染环境，能防止灰尘逸出，或者采用惰性气体保护被输送物料。

3.【答案】C

【解析】振动输送机的槽体可采用低碳钢、耐磨钢、不锈钢或其他特殊合金钢制造。槽体衬里也可采用上述材料及橡胶、塑料或陶瓷等。因此，振动输送机可以输送具有磨琢性、化学腐蚀性或有毒的散状固体物料，甚至输送高温物料。振动输送机可以在防尘、有气密要求或在有压力情况下输送物料。振动输送机结构简单，操作方便，安全可靠。振动输送机与其他连续输送机相比，其初始价格较高，维护费用较低。振动输送机输送物料时能耗较低，因此运行费用较低，但输送能力有限，且不能输送黏性强的物料、易破损的物料、含气的物料，同时不能大角度向上倾斜输送物料。

4.【答案】A

【解析】按《电梯主参数及轿厢、井道、机房的型式与尺寸 第 1 部分：Ⅰ、Ⅱ、Ⅲ、Ⅵ类电梯》GB/T 7025.1—2023 分类：

（1）Ⅰ类：为运送乘客而设计的电梯。

（2）Ⅱ类：主要为运送乘客，同时也可运送货物而设计的电梯。

（3）Ⅲ类：为运送病床（包括病人）及医疗设备而设计的电梯。

（4）Ⅳ类：主要为运送通常由人伴随的货物而设计的电梯。

（5）Ⅴ类：杂物电梯。

（6）Ⅵ类：为适应交通流量和频繁使用而特别设计的电梯。

5. 【答案】A

【解析】连接皮带常用的接头方式有热硫化粘结、冷硫化粘结与皮带扣物理固定。

热硫化粘结是最理想的一种接头方法，能够保证高的接头效率，同时也非常稳定，接头寿命也很长，容易掌握。但存在工艺麻烦、费用高、接头操作时间长等缺点。

冷硫化粘结属于冷粘的一种，这种接头办法比机械接头的效率高，也比较经济，有比较好的接头效果，但由于工艺条件比较难掌握，而且胶粘剂的质量对接头的影响非常大，所以不是很稳定。

皮带扣物理固定常用钢扣连接。这种接头方法方便快捷，比较经济，但是接头的效率低，制作的接头受力集中，使用一段时间后很容易撕裂输送带，对输送带产品的使用寿命有一定影响。只适用于较短带式输送机或输送机不方便拆卸的场合。

6. 【答案】B

【解析】螺旋式输送机设计简单、造价低廉。螺旋输送机输送块状、纤维状时被输送的固体物料有压结倾向。螺旋输送机输送长度受传动轴及连接轴允许转矩大小的限制。

7. 【答案】C

【解析】埋刮板输送机的主要特点是全封闭式的机壳，被输送的物料在机壳内移动，不污染环境，能防止灰尘逸出，还可以采用惰性气体保护被输送物料。埋刮板输送机可以输送粉状的、小块状的、片状和粒状的物料，还能输送需要吹洗的有毒或有爆炸性的物料及除尘器收集的滤灰等。

（二）多项选择题

1. 【答案】AB

2. 【答案】ABC

【解析】斗式输送机又称Ｖ形料斗输送提升机，可在垂直或者水平与垂直相结合的布置中输送物料。斗式输送机是一种特殊用途的设备，只有在其他标准型输送机不能满足要求时才考虑采用。其输送速度慢，输送能力较低，基建投资费用要比其他斗式提升机高。斗式输送机特别适合输送含有块状、没有磨琢性的物料。

3. 【答案】BCD

【解析】电梯的引导系统，包括轿厢引导系统和对重引导系统。这两种系统均由导轨、导轨架和导靴三种机件组成。

4. 【答案】AC

【解析】（1）所有电气设备及导管、线槽外露导电部分应与保护线（PE线）连接，接地支线应分别接到接地干线的接线柱上，不得互相连接后再接地。

（2）动力电路、控制电路、安全电路必须有与负荷匹配的短路保护装置，动力电路必须有过载保护装置。三相电源应有断相、错相保护功能。

（3）动力和电气安全装置的导体之间和导体对地之间的绝缘电阻不得小于 0.5MΩ，运行中的设备和线路绝缘电阻不应低于 1MΩ/kV。

Ⅲ 泵、风机和压缩机

（一）单项选择题

1.【答案】A

【解析】中开式多级离心泵主要用于流量较大、扬程较高的城市给水、矿山排水和输油管线，一般流量为 450~1500m³/h，扬程为 100~500mH₂O，排出压力可高达 18MPa。此泵相当于将几个单级蜗壳式泵装在同一根轴上串联工作，所以又叫蜗壳式多级离心泵。

2.【答案】C

【解析】

活塞式与透平式压缩机性能比较表

活塞式	透平式
1. 气流速度低、损失小、效率高。	1. 气流速度高、损失大。
2. 压力范围广，从低压到超高压范围均适用。	2. 小流量，超高压范围不适用。
3. 适用性强，排气压力在较大范围内变动时，排气量不变，同一台压缩机还可用于压缩不同的气体。	3. 流量和出口压力变化由性能曲线决定，若出口压力过高，机组则进入喘振工况而无法运行。
4. 除超高压压缩机，机组零部件多用普通金属材料。	4. 旋转零部件常用高强度合金钢。
5. 外形尺寸及重量较大，结构复杂，易损件多，排气脉动性大，气体中常混有润滑油	5. 外形尺寸及重量较小，结构简单，易损件少，排气均匀无脉动，气体中不含油

3.【答案】A

【解析】隔膜计量泵具有绝对不泄漏的优点，最适合输送和计量易燃易爆、强腐蚀、剧毒、有放射性和贵重的液体。

4.【答案】C

【解析】风机运转时，应符合以下要求：①风机运转时，以电动机带动的风机均应经一次启动立即停止运转的试验，并检查转子与机壳等确无摩擦和不正常声响后，方得继续运转；②风机启动后，不得在临界转速附近停留；③风机启动时，润滑油的温度一般不应低于25℃，运转中轴承的进油温度一般不应高于40℃；④风机启动前，应先检查循环供油是否正常，风机停止转动后，应待轴承回油温度降到45℃以下后，再停止油泵工作；⑤有启动油泵的机组，应在风机启动前开动启动油泵，待主油泵供油正常后才能停止启动油泵；风机停止运转前，应先开动启动油泵，风机停止转动后应待轴承回油温度降到45℃后再停止启动油泵；⑥风机运转达到额定转速后，应将风机调到最小负荷（罗茨、叶氏式鼓风机除外）进行机械运转至规定的时间，然后逐步调整到设计负荷下，检查原动机是否超过额定负荷，如无异常现象则继续运转至所规定的时间为止；⑦高位油箱的安装高度，以轴承中分面为基准面，距此向上不应低于5m；⑧风机的润滑油冷却系统中的冷却水压力必须低于油压。

5.【答案】B

【解析】轴流泵适用于低扬程大流量送水。卧式轴流泵的流量为1000m³/h，扬程在

8mH$_2$O 以下。泵体是水平中开式，进口管呈喇叭形，出口管通常为 60° 或 90° 的弯管。

6.【答案】A

7.【答案】B

【解析】离心式通风机的型号表示由六部分组成，包括名称、型号、机号、传动方式、旋转方式、出风口位置。

8.【答案】B

【解析】水环泵，也叫水环式真空泵。通过水的高速运动，水环密封，导致气体体积变化产生负压，获得真空度，主要用于抽吸空气或水，达到液固分离。该泵在煤矿（抽瓦斯）、化工、造纸、食品、建材、冶金等行业中得到广泛应用。水环泵也可用作压缩机，称为水环式压缩机，属于低压的压缩机。

9.【答案】C

【解析】离心式通风机按输送气体压力可分为低、中、高压三种。低压离心式通风机，输送气体压力 ≤0.98kPa（100mmH$_2$O）；中压离心式通风机，输送气体压力介于 0.98～2.94kPa（100～300mmH$_2$O）；高压离心式通风机，输送气体压力介于 2.94～14.7kPa（300～500mmH$_2$O）。

10.【答案】D

【解析】参见下图"风机构成图"。

11.【答案】A

【解析】参见下图"泵的组成图"。

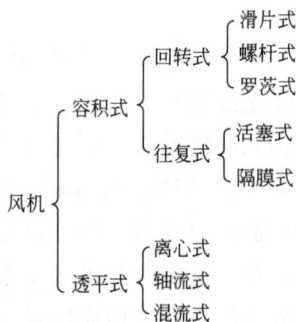

风机构成图

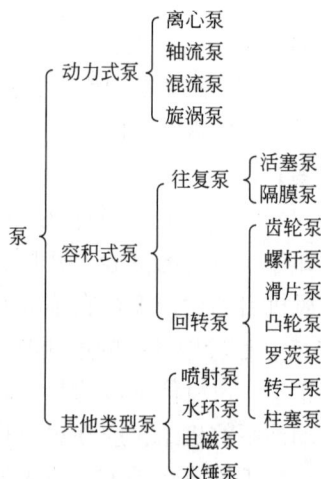

泵的组成图

12.【答案】C

【解析】直联式泵包括本体、电动机及底座的总质量。非直联式泵不包括电动机质量；深井泵的质量包括本体、电动机、底座及设备扬水管的总质量。离心式泵的工作内容包括：本体安装、泵拆装检查、电动机安装、二次灌装、单机试运转、补刷（喷）油漆。

13.【答案】D

【解析】K70B2-11N018D 表示通风机是矿井用的轴流式通风机,其轮毂比为70,通风机叶片为机翼型,第2次设计,叶轮为1级,第1次结构设计,叶轮直径为1800mm,无进、出风口位置,采用悬臂支承联轴器传动。

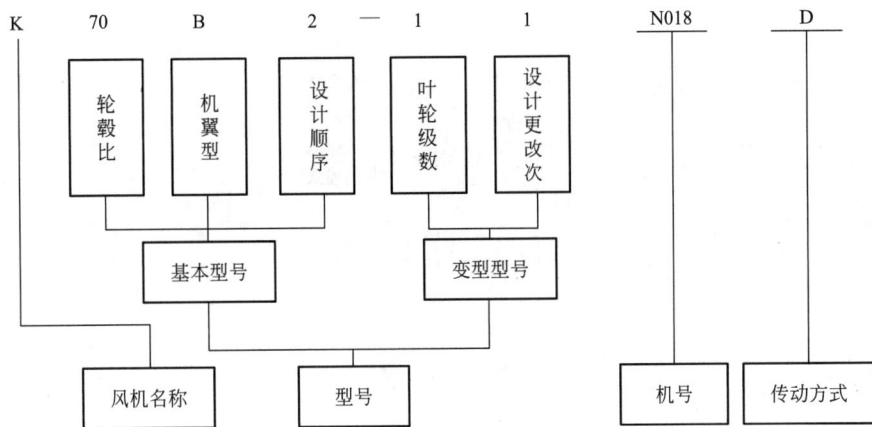

通风机型号的意义

14.**【答案】**C

【解析】轴流泵是叶片式泵的一种,它输送的液体沿泵轴方向流动。主要用于农业大面积灌溉排涝、城市排水、输送需要冷却水量很大的热电站循环水以及船坞升降水位。轴流泵适用于低扬程大流量送水。泵体是水平中开式,进口管呈喇叭形,出口管通常为60°或90°的弯管。

15.**【答案】**A

16.**【答案】**C

【解析】离心式通风机结构特点及用途。离心式通风机一般常用于小流量、高压力的场所,且几乎均选用交流电动机拖动,并根据使用要求如排尘、高温、防爆等,选用不同类型的电动机。离心式通风机按不同用途可分为一般通风离心式通风机、锅炉离心式通(引)风机、煤粉离心式通风机、排尘离心式通风机、矿井离心式通风机、防腐离心式通风机、高温离心式通风机、谷物粉末输送离心式通风机。

17.**【答案】**D

【解析】是以流水为动力,利用流动中的水被突然制动时所产生的能量,产生水锤效应,将低水头能转换为高水头能的高级提水装置。适合于具有微小水力资源条件的贫困用水地区,以解决山丘地区农村饮水和治旱问题。

18.**【答案】**D

【解析】分段式多级离心水泵,用于矿山、工厂和城市输送常温清水和类似的液体,一般流量为 $5\sim720\text{m}^3/\text{h}$,扬程为 $100\sim650\text{mH}_2\text{O}$。这种泵相当于将几个叶轮装在一根轴上串联工作。

19.**【答案】**D

【解析】潜水泵的最大特点是将电动机和泵制成一体,它是浸入水中进行抽吸和输送水的一种泵，被广泛应用于农田排灌、工矿企业、城市给水排水和污水处理等。

20.【答案】B

【解析】

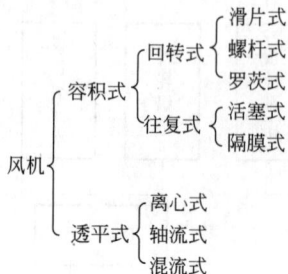

```
                              ┌ 滑片式
                    ┌ 回转式 ┤ 螺杆式
                    │        └ 罗茨式
           ┌ 容积式 ┤
           │        │        ┌ 活塞式
    风机 ┤         └ 往复式 ┤
           │                 └ 隔膜式
           │        ┌ 离心式
           └ 透平式 ┤ 轴流式
                    └ 混流式
```

通风机的分类

（二）多项选择题

1.【答案】BD

【解析】离心式深井泵，用于深井中抽水。深井的井径一般为 100~500mm，泵的流量为 8~900m³/h，扬程为 10~150mH₂O。深井泵多属于立式单吸分段式多级离心泵。

离心式深井潜水泵，主要用于从深井中抽吸输送地下水，供城镇、工矿企业给水和农田灌溉。井径一般为 100~500mm，泵的流量为 5~1200m³/h，扬程为 10~180mH₂O。泵的工作部分为立式单吸多级导流式离心泵，与电动机直接连接。可根据扬程要求选用不同级数的泵。和一般深井泵比较，潜水泵在井下水中工作，无需很长的传动轴。

2.【答案】ACD

3.【答案】AC

【解析】参见"泵的组成图"。

4.【答案】AD

【解析】参见"活塞式与透平式压缩机性能比较表"。

5.【答案】AB

【解析】轴流泵适用于低扬程大流量送水。混流泵是介于离心泵和轴流泵之间的一种泵。混流泵的比转数高于离心泵、低于轴流泵，一般在 300~500；流量比轴流泵小、比离心泵大；扬程比轴流泵高、比离心泵低。

6.【答案】ABD

7.【答案】AC

【解析】参见"活塞式与透平式压缩机性能比较表"。

8.【答案】BCD

9.【答案】BCD

10.【答案】AB

【解析】见下表。

活塞式与透平式压缩机性能比较

活塞式	透平式
1. 气流速度低、损失小、效率高。 2. 压力范围广，从低压到超高压范围均适用。 3. 适用性强，排气压力在较大范围内变动时，排气量不变。同一台压缩机还可用于压缩不同的气体。 4. 除超高压压缩机，机组零部件多用普通金属材料。 5. 外形尺寸及重量较大，结构复杂，易损件多，排气脉动性大，气体中常混有润滑油	1. 气流速度高，损失大。 2. 小流量，超高压范围不适用。 3. 流量和出口压力变化由性能曲线决定，若出口压力过高，机组则进入喘振工况而无法运行。 4. 旋转零部件常用高强度合金钢。 5. 外形尺寸及重量较小，结构简单，易损件少，排气均匀无脉动，气体中不含油

Ⅳ　煤气发生设备和制冷设备

单项选择题

1.【答案】B

【解析】双段式煤气发生炉有上下两个煤气出口，可输出不同热值的煤气，其气化效率和综合热效率均比单段炉高，煤炭经过炉内上段彻底干馏，下段煤气基本不含焦油，上段煤气含有少量轻质焦油，不易堵塞管道，两段炉煤气热值高而且稳定，操作弹性大，自动化程度高，劳动强度低。两段炉煤气站煤种适用性广，不污染环境，节水显著，占地面积小，输送距离长，长期运行成本低。

2.【答案】C

【解析】洗涤塔由塔体、塔板、再沸器、冷凝器组成。由于洗涤塔是进行粗分离的设备，所以塔板数量一般较少，通常不会超过十级。洗涤塔适用于含有少量粉尘的混合气体分离。

Ⅴ　机械设备安装工程计量

（一）单项选择题

【答案】D

【解析】观光电梯项目特征：①名称；②型号；③用途；④层数；⑤站数；⑥提升高度、速度；⑦配线材质、规格；⑧敷设方式运转调试要求。

（二）多项选择题

1.【答案】ABD

【解析】交流自动电梯及直流自动快速电梯、直流自动高速电梯、小型杂物电梯安装的工程量计算，应按电梯的不同层数和站数，分别以"部"为单位计算。

2.【答案】ABC

【解析】电梯安装根据名称、型号、用途、配线材质、规格、敷设方式、运转调试要求，按设计图示数量以"部"为计量单位。工作内容包括本体安装、电气安装、调试、单机试运转、补刷喷油漆。

3.【答案】ACD

【解析】机械设备安装工程共设 13 个分部、123 个分项工程。包括切削设备安装、锻压设备安装、铸造设备安装、起重设备安装、轨道安装、输送设备安装、电梯安装、风机安装、泵安装、压缩机安装、工业炉安装、煤气发生设备安装、其他机械安装。适用于切削设备、锻压设备、铸造设备、起重设备、起重机轨道、输送设备、电梯、风机、泵、压缩机、工业炉设备、煤气发生设备、其他机械等的设备安装工程。

第二节　热力设备工程

一、名师考点

参见表4-3。

表4-3　　　　　　　　　　　　　　　　　本节考点

	教材点	知识点
一	锅炉概述	锅炉的主要性能参数、锅炉的规格与型号
二	工业锅炉本体安装	工业锅炉本体安装要求
三	锅炉辅助设备	烟气净化设备
四	热力设备安装工程计量	热力设备安装工程量计量规则

二、真题回顾

Ⅰ　锅炉概述

（一）单项选择题

1. 容量是锅炉的主要性能指标之一，热水锅炉容量单位是（　　）。（2016年）

A. t/h

B. MW

C. $kg/(m^2 \cdot h)$

D. $kJ/(m^2 \cdot h)$

2. 反映热水锅炉工作强度的指标是（　　）。（2017年）

A. 受热面发热率

B. 受热面蒸发率

C. 额定热功率

D. 额定热水温度

3. 根据《工业锅炉技术条件》NB/T 47034—2021中有关燃料品种分类代号的规定，燃料种类代号为YM指的是（　　）。（2019年）

A. 褐煤

B. 木柴

C. 柴油

D. 油页岩

4. 能够表明锅炉经济性的指标是（　　）。（2020年）

A. 受热面蒸发率

B. 受热面发热率

C. 蒸发量

D. 锅炉热效率

5. 依据《通用安装工程工程量计算标准》GB/T 50856—2024，低压锅炉包括燃煤、燃油（气）锅炉，其蒸发量应为（　　）。（2021年）

A. 20t/h 及以下　　　　　　　　B. 25t/h 及以下

C. 30t/h 及以下　　　　　　　　D. 35t/h 及以下

6. 下列反映锅炉工作强度的指标应为（　　　）。（2021 年）

A. 额定出力　　　　　　　　　　B. 热功率

C. 受热面发热率　　　　　　　　D. 热效率

7. 根据《工业锅炉技术条件》NB/T 47034—2021 的规定，锅炉规格与型号表示中不包括（　　　）。（2022 年）

A. 额定蒸发量　　　　　　　　　B. 额定蒸汽压力

C. 出水温度　　　　　　　　　　D. 锅炉热效率

8. 锅炉按其出口工质压力可分为低压锅炉、中压锅炉、高压锅炉等，中压锅炉的出口工质压力要求是（　　　）。（2023 年）

A. 小于 1.275MPa（13at）　　　B. 小于 3.825MPa（39at）

C. 9.81MPa（100at）　　　　　D. 16.67MPa（170at）

9. 额定蒸汽压力大于或等于 3.9MPa，过热蒸汽温度大于或等于 450℃的锅炉用作（　　　）。（2024 年）

A. 机车锅炉　　　　　　　　　　B. 船用锅炉

C. 电站锅炉　　　　　　　　　　D. 供热锅炉

10. 下列性能参数中，表示锅炉热经济性的指标是（　　　）。（2024 年）

A. 锅炉热效率　　　　　　　　　B. 额定蒸发量

C. 受热面发热率　　　　　　　　D. 额定出口热水温度

（二）多项选择题

锅炉本体主要由"锅"与"炉"两大部分组成。"炉"是指锅炉中使燃料进行燃烧产生高温烟气的场所，下列选项属于"炉"的组成部分的有（　　　）。（2024 年）

A. 省煤器　　　　　　　　　　　B. 煤斗

C. 对流管束　　　　　　　　　　D. 送风装置

Ⅱ　工业锅炉本体安装

（一）单项选择题

1. 通常由支承架、带法兰的铸铁翼片管、铸铁弯头或蛇形管等组成，安装在锅炉尾部烟管中的设备是（　　　）。（2015 年）

A. 省煤器　　　　　　　　　　　B. 空气预热器

C. 过热器　　　　　　　　　　　D. 对流管束

2. 下列有关工业锅炉本体安装的说法，正确的是（　　　）。（2016 年）

A. 锅筒内部装置的安装应在水压试验合格后进行

B. 水冷壁和对流管束管道一端为焊接，另一端为胀接时，应先胀后焊

C. 铸铁省煤器整体安装完后进行水压试验

D. 对流过热器大多安装在锅炉的顶部

3. 蒸汽锅炉安全阀的安装和试验应符合的要求为（　　　）。（2017 年）

A. 安装前，应抽查 10% 的安全阀做严密性试验

B. 蒸发量大于 0.5t/h 的锅炉，至少应装设两个安全阀，且不包括省煤器的安全阀

C. 对装有过热器的锅炉，过热器上的安全阀必须按较高压力进行整定

D. 安全阀应水平安装

4. 某除尘设备适合处理烟气量大和含尘浓度高的场合，且可以单独采用，也可装在文丘里洗涤器后作脱水器用，此除尘设备为（　　）。（2017 年）

A. 静电除尘器　　　　　　　　B. 旋风除尘器

C. 旋风水膜除尘器　　　　　　D. 袋式除尘器

5. 锅筒工作压力为 0.7MPa，水压试验压力为（　　）。（2018 年）

A. 锅筒工作压力的 1.5 倍，但不小于 0.2MPa

B. 锅筒工作压力的 1.4 倍，但不小于 0.2MPa

C. 锅筒工作压力的 1.3 倍，但不小于 0.2MPa

D. 锅筒工作压力的 1.2 倍，但不小于 0.2MPa

6. 它属于锅炉汽-水系统的一部分，经软化、除氧等处理的水由给水泵加压送入该设备，水在该设备中获得升温后进入锅炉的锅内，该设备为（　　）。（2019 年）

A. 蒸汽过热器　　　　　　　　B. 省煤器

C. 空气预热器　　　　　　　　D. 水预热器

7. 锅炉安全附件安装做法中正确的是（　　）。（2020 年）

A. 测量高压的压力表严禁安装在操作岗附近

B. 取压装置端部应伸入管道内壁

C. 水位计与汽包之间的汽水连接管上不能安装阀门

D. 安全阀安装前，应抽取 20% 进行严密性试验

8. 下列关于锅炉受热面管道（对流管束）安装要求，说法正确的是（　　）。（2021 年）

A. 对流管束必须采用胀接连接

B. 硬度小于锅筒管孔壁的胀接管管端应进行退火

C. 水冷壁与对流管束管道一端为焊接，另一端为胀接时，应先焊后胀

D. 管道上的全部附件应在水压试验合格后再安装

9. 下列对火焰锅炉进行烘干要求正确的是（　　）。（2021 年）

A. 火焰应集中在炉膛四周

B. 炉膛在火焰锅炉中一直转动

C. 火焰锅炉烟气温升在过热器前或某位置测定

D. 全耐火陶瓷纤维保温的轻型炉墙，可不进行烘炉

10. 根据《锅炉安装工程施工及验收标准》GB 50273—2022 的规定，下列关于锅炉严密性试验的说法，正确的是（　　）。（2022 年）

A. 锅炉经烘炉后立即进行严密性试验

B. 锅炉压力升至 0.2~0.3MPa 时，应对锅炉进行一次严密性试验

C. 安装有省煤器的锅炉，应采用蒸汽吹洗省煤器并对省煤器进行严密性试验

D. 锅炉安装调试完成后，应带负荷连续运行 48h，运行正常为合格

11. 锅炉按结构分为火管锅炉和水管锅炉，下列关于火管锅炉和水管锅炉性能特点，说法正确的是（   ）。（2023 年）

A. 水管锅炉一般为小容量、低参数锅炉

B. 火管锅炉一般为大容量、高参数锅炉

C. 火管锅炉的热效率高，金属耗量大为降低

D. 水管锅炉的安全性能比火管锅炉有显著提高，但对水质和运行维护的要求也较高

12. 下列关于钢管省煤器水压试验的试验压力要求正确的是（   ）。（2023 年）

A. 锅筒工作压力的 1.5 倍　　　　　B. 省煤器工作压力的 1.25 倍

C. 省煤器工作压力加 0.4MPa　　　　D. 省煤器工作压力加 0.2MPa

13. 烘炉烟气温升应在过热器后或相当位置进行测定，下列关于烘炉烟气温升说法正确的是（   ）。（2023 年）

A. 砖砌轻型炉墙温升不应大于 80℃/d，后期烟温不应大于 160℃

B. 砖砌轻型炉墙温升不应大于 50℃/d，后期烟温不应大于 220℃

C. 耐火浇注料炉墙温升不应大于 20℃/h，后期烟温不应大于 160℃

D. 耐火浇注料炉墙在最高温度范围内的持续时间不应少于 48h

14. 下列锅炉本体组成中，通过设置在锅炉尾部烟道中的散热片进行热交换，起改善并强化燃烧、提高燃烧效率作用的热交换器是（   ）。（2024 年）

A. 省煤器　　　　　　　　　　　B. 空气预热器

C. 对流管束　　　　　　　　　　D. 过热器

15. 锅炉的汽、水压力系统及其附属设备安装完毕后，必须进行水压试验。关于水压试验，下列说法正确的是（   ）。（2024 年）

A. 锅炉的安全阀应与锅炉本体一起进行水压试验

B. 锅炉本体水压试验的试验压力是锅筒工作压力

C. 铸铁省煤器的试验压力是锅筒工作压力的 1.5 倍

D. 再热器的试验压力是其工作压力的 1.5 倍

（二）多项选择题

1. 液位检测表（水位计）用于指示锅炉内水位的高低，在安装时应满足设计要求。下列表述正确的是（   ）。（2019 年）

A. 蒸发量大于 0.2t/h 的锅炉，每台锅炉应安装两个彼此独立的水位计

B. 水位计与锅筒（锅壳）之间的汽水连接管长度应小于 500mm

C. 水位计距离操作地面高于 6m 时，应加装远程水位显示装置

D. 水位计不得设置放水管及放水阀门

2. 与火管锅炉相比，水管锅炉优点有（   ）。（2020 年）

A. 热效率高　　　　　　　　　　B. 金属耗量少

C. 运行维护方便　　　　　　　　D. 安全性能好

3. 下列关于水位计安装的说法正确的是（   ）。（2021 年）

A. 蒸发量大于 0.2t/h 的锅炉，每台锅炉应安装两个彼此独立的水位计

B. 水位计距离操作地面高于 6m 时，应加装远程水位显示装置

C. 水位计应有放水阀门和接到安全地点的放水管

D. 水位计与汽包之间的汽水连接管上可以安装阀门，但不得装设球阀

4. 锅炉中省煤器的作用有（　　）。（2022 年）

A. 提升锅炉热效率　　　　　　　　B. 代替造价较高的蒸发受热面

C. 延长汽包使用寿命　　　　　　　D. 强化热辐射的传导

5. 空气预热器是一种热交换器，下列关于锅炉空气预热器主要作用说法正确的有（　　）。（2023 年）

A. 节省燃料，提高锅炉热效率

B. 改善并强化燃烧

C. 强化传热

D. 减少锅炉热损失，降低排烟温度，提高锅炉热效率

Ⅲ　锅炉辅助设备

（一）单项选择题

1. 根据生产工艺要求，烟气除尘率达到 85% 左右即满足需要，可选用没有运动部件、结构简单、造价低、维护管理方便，且广泛应用的除尘设备是（　　）。（2015 年）

A. 麻石水膜除尘器　　　　　　　　B. 旋风水膜除尘器

C. 旋风除尘器　　　　　　　　　　D. 静电除尘器

2. 采用离心力原理除尘，结构简单，处理烟尘量大，造价低，管理维护方便，效率一般可达到 85% 的除尘器是（　　）。（2018 年）

A. 麻石水膜除尘器　　　　　　　　B. 旋风除尘器

C. 静电除尘器　　　　　　　　　　D. 冲激式除尘器

3. 某除尘设备在烟气量大和含尘浓度高的场合可单独采用，也可安装在文丘里洗涤器后作脱水器使用。该设备是（　　）。（2019 年）

A. 麻石水膜除尘器　　　　　　　　B. 旋风除尘器

C. 旋风水膜除尘器　　　　　　　　D. 冲激式除尘器

4. 具有结构简单、处理烟气量大、没有运动部件、造价低、维护管理方便等特点，除尘效率一般可达 85%，工业锅炉烟气净化中应用最广泛的除尘设备是（　　）。（2020 年）

A. 旋风除尘器　　　　　　　　　　B. 麻石水膜除尘器

C. 袋式除尘器　　　　　　　　　　D. 旋风水膜除尘器

5. 某除尘设备适用于处理烟气量大和含尘浓度高的场合，它可以单独采用，也可以安装在文丘里洗涤器之后作为脱水器。该除尘设备是（　　）。（2022 年）

A. 麻石水膜除尘器　　　　　　　　B. 旋风除尘器

C. 旋风水膜除尘器　　　　　　　　D. 冲击式除尘器

（二）多项选择题

锅炉燃烧中产生的烟气除烟尘外，还含有 SO_2 等污染物质。燃烧前对燃料脱硫是防止 SO_2 对大气污染的重要途径之一，主要包括（　　）。（2015 年）

A. 加入 CaO 制成型煤脱硫　　　　　B. 化学浸出法脱硫

C. 细菌法脱硫 　　　　　　　　　　D. 洗选法脱硫

Ⅳ　热力设备安装工程计量

（一）单项选择题

1. 依据《通用安装工程工程量计算标准》GB/T 50856—2024 的规定，中压锅炉本体设备安装工程量计量时，按图示数量以"套"计算的项目是（　　）。（2016 年）

A. 旋风分离器 　　　　　　　　　　B. 省煤器

C. 管式空气预热器 　　　　　　　　D. 炉排及燃烧装置

2. 计量单位为"t"的是（　　）。（2018 年）

A. 烟气换热器 　　　　　　　　　　B. 真空皮带脱水机

C. 吸收塔 　　　　　　　　　　　　D. 旋流器

3. 依据《通用安装工程工程量计算标准》GB/T 50856—2024，中压锅炉烟、风、煤管道安装应根据项目特征，按设计图示计算。其计量单位为（　　）。（2019 年）

A. t 　　　　　　　　　　　　　　　B. m

C. m^2 　　　　　　　　　　　　　D. 套

4. 依据《通用安装工程工程量计算标准》GB/T 50856—2024，按蒸发量划分，属于中压锅炉的是（　　）。（2020 年）

A. 130t/h 链条炉 　　　　　　　　 B. 75t/h 链条炉

C. 35t/h 链条炉 　　　　　　　　　 D. 20t/h 链条炉

5. 依据《通用安装工程工程量计算标准》GB/T 50856—2024，以下工作内容不包括在相应的安装项目中的是（　　）。（2022 年）

A. 设备的单体试运转 　　　　　　　B. 分系统调试试运配合

C. 炉墙砌筑脚手架 　　　　　　　　D. 设备基础二次灌浆的配合

（二）多项选择题

依据《通用安装工程工程量计算标准》GB/T 50856—2024，中压锅炉及其他辅助设备安装工程量计量时，以"只"为计量单位的项目有（　　）。（2017 年）

A. 省煤器 　　　　　　　　　　　　B. 煤粉分离器

C. 暖风器 　　　　　　　　　　　　D. 旋风分离器

三、真题解析

Ⅰ　锅炉概述

（一）单项选择题

1.【答案】B

【解析】对于热水锅炉用额定热功率来表明其容量的大小，单位是 MW。

2.【答案】A

【解析】热水锅炉每平方米受热面每小时所产生的热量称为受热面的发热率，单位是 $kg/(m^2 \cdot h)$。锅炉受热面发热率是反映锅炉工作强度的指标，其数值越大，表示传热效果越好，锅炉所耗金属量越少。

3. 【答案】D
【解析】

燃料品种分类代号

燃料种类	代号	燃料种类	代号	燃料种类	代号
Ⅰ类劣质煤	LⅠ	Ⅲ类烟煤	AⅢ	柴油	YC
Ⅱ类劣质煤	LⅡ	褐煤	H	重油	YZ
Ⅰ类无烟煤	WⅠ	贫煤	P	液化石油气	QY
Ⅱ类无烟煤	WⅡ	型煤	X	天然气	QT
Ⅲ类无烟煤	WⅢ	木柴	M	焦炉煤气	QJ
Ⅰ类烟煤	AⅠ	稻壳	D	油页岩	YM
Ⅱ类烟煤	AⅡ	甘蔗渣	G	其他燃料	T

4. 【答案】D
【解析】蒸汽锅炉用额定蒸发量表明其容量的大小，即每小时生产的额定蒸汽量称为蒸发量，单位是 t/h，也称锅炉的额定出力或铭牌蒸发量。

热水锅炉则用额定热功率来表明其容量的大小，单位是 MW。

蒸汽锅炉每平方米受热面每小时所产生的蒸汽量，称为锅炉受热面蒸发率，单位是 $kg/(m^2 \cdot h)$。

热水锅炉每平方米受热面每小时所产生的热量称为受热面的发热率，单位是 $kJ/(m^2 \cdot h)$。

锅炉受热面发热率是反映锅炉工作强度的指标，其数值越大，表示传热效果越好。

锅炉热效率是指锅炉有效利用热量与单位时间内锅炉的输入热量的百分比，也称为锅炉效率，用符号 η 表示，它是表明锅炉热经济性的指标。

为了概略地衡量蒸汽锅炉的热经济性，还常用煤汽比来表示，即锅炉在单位时间内的耗煤量和该段时间内产汽量之比。

5. 【答案】A
【解析】中压、低压锅炉的划分：蒸发量为 35t/h 的链条炉，蒸发量为 75t/h 及 130t/h 的煤粉炉和循环流化床锅炉为中压锅炉；蒸发量为 20t/h 及以下的燃煤、燃油（气）锅炉为低压锅炉。

6. 【答案】C
【解析】锅炉受热面蒸发率、发热率是反映锅炉工作强度的指标，其数值越大，表示传热效果越好。

7. 【答案】D
【解析】锅炉型号表示由六个部分组成，分别是本体形式代号、燃烧设备代号、额定蒸发量（额定热功率）、压力指标、温度指标和燃料种类代号。

8. 【答案】B

【解析】锅炉按其出口工质压力可分为：

（1）低压锅炉——压力小于 1.275MPa（13at）；

（2）中压锅炉——压力小于 3.825MPa（39at）；

（3）高压锅炉——压力为 9.81MPa（100at）；

（4）超高压锅炉——压力为 13.73MPa（140at）；

（5）亚临界压力锅炉——压力为 16.67MPa（170at）；

（6）超临界压力锅炉——压力大于 22.13MPa（225.65at）。

注：1at＝98.0665kPa。

9.【答案】C

【解析】电站锅炉是用于发电和提供动力的锅炉。电站锅炉蒸汽的温度和压力都很高，其额定蒸汽压力大于或等于 3.9MPa，过热蒸汽温度大于或等于 450℃。

10.【答案】A

【解析】锅炉热效率是指锅炉有效利用热量与单位时间内锅炉的输入热量的百分比，也称为锅炉效率，用符号"η"表示，它是表明锅炉热经济性的指标。一般工业燃煤锅炉热效率为 60%~82%。

有时为了概略地衡量蒸汽锅炉的热经济性，还常用煤汽比来表示，即锅炉在单位时间内的耗煤量和该段时间内产汽量之比。

（二）多项选择题

【答案】BD

【解析】"锅"是指容纳锅水和蒸汽的受压部件，包括锅筒（汽包）、对流管束、水冷壁、集箱（联箱）、蒸汽过热器、省煤器和管道组成的一个封闭的汽-水系统，其任务是吸收燃料燃烧释放出的热能，将水加热成规定温度和压力的热水或蒸汽。

"炉"是指锅炉中使燃料进行燃烧产生高温烟气的场所，是包括煤斗、炉排、炉膛、除渣板、送风装置等组成的燃烧设备。其任务是使燃料不断良好地燃烧，放出热量。

Ⅱ　工业锅炉本体安装

（一）单项选择题

1.【答案】A

【解析】省煤器通常由支承架、带法兰的铸铁翼片管、铸铁弯头或蛇形管等组成，安装在锅炉尾部烟管中，水进入省煤器后，经与高温烟气换热使水温提高。

2.【答案】A

【解析】选项 B，水冷壁和对流管束管道一端为焊接，另一端为胀接时，应先焊后胀，并且管子上全部附件应在水压试验之前焊接完毕。选项 C，铸铁省煤器安装前，应逐根（或组）进行水压试验，可避免锅炉水压试验时发生泄漏而拆装换管的麻烦。选项 D，对流过热器大多垂直悬挂于锅炉尾部，辐射过热器多半装于锅炉的炉顶部或包覆于炉墙内壁上。

3.【答案】B

【解析】蒸汽锅炉安全阀的安装和试验应符合下列要求：

（1）安装前，安全阀应逐个进行严密性试验。

（2）蒸发量大于 0.5t/h 的锅炉，至少应装设两个安全阀（不包括省煤器上的安全阀）。

（3）蒸汽锅炉安全阀应铅垂安装，其排气管管径应与安全阀排出口径一致，其管路应畅通，并直通至安全地点，排气管底部应装有疏水管。省煤器的安全阀应装排水管。在排水管、排气管和疏水管上不得装设阀门。

（4）省煤器安全阀整定压力调整应在蒸汽严密性试验前用水压的方法进行。

（5）蒸汽锅炉安全阀经调整检验合格后，应加锁或铅封。

4.【答案】C

【解析】旋风水膜除尘器适合处理烟气量大和含尘浓度高的场合。它可以单独采用，也可以安装在文丘里洗涤器后作为脱水器。

5.【答案】A

【解析】

锅炉本体水压试验的试验压力（MPa）

锅筒工作压力	试验压力
<0.8	锅筒工作压力的 1.5 倍，但不小于 0.2
0.8~1.6	锅筒工作压力加 0.4
>1.6	锅筒工作压力的 1.25 倍

注：试验压力应以锅筒或过热器集箱的压力表为准。

6.【答案】B

【解析】省煤器就是锅炉尾部烟道中将锅炉给水加热成汽包压力下的饱和水的受热面，由于它吸收的是温度比较低的烟气中的热量，降低了烟气的排烟温度，节省了能源，提高了效率，所以称之为省煤器。

7.【答案】C

【解析】压力测点应选在管道的直线段介质流束稳定的地方，取压装置端部不应伸入管道内壁。

测量低压的压力表或变送器的安装高度宜与取压点的高度一致；测量高压的压力表安装在操作岗位附近时，宜距地面 1.8m 以上，或在仪表正面加护罩。

水位计与汽包之间的汽水连接管上不能安装阀门，更不得装设球阀。如装有阀门，在运行时应将阀门全开，并予以铅封。

安全阀安装前应逐个进行严密性试验。

8.【答案】C

【解析】对流管束通常是由连接上、下锅筒间的管束构成。全部对流管束都布置在烟道中，受烟气的冲刷而换热，也称对流受热面。连接方式有胀接和焊接两种。

硬度大于或等于锅筒管孔壁的胀接管道的管端应进行退火，退火宜用红外线退火炉或铅浴法进行。

水冷壁和对流管束一端为焊接,另一端为胀接时,应先焊后胀。并且管道上全部附件应在水压试验之前焊接完毕。

9.【答案】D

【解析】火焰锅炉应符合下列规定:

(1)火焰应集中在炉膛中央,烘炉初期宜采用文火烘焙,初期以后的火势应均匀,然后缓慢加大。

(2)炉排在烘炉过程中应定期转动。

(3)烘炉烟气温升应在过热器后或相当位置进行测定。

(4)当炉墙特别潮湿时,应适当减慢温升速度,并应延长烘炉时间。全耐火陶瓷纤维保温的轻型炉墙,可不进行烘炉,但其胶粘剂采用热硬性粘结料时,锅炉投入运行前应按其规定进行加热。

10.【答案】D

【解析】AB 选项错误,锅炉经烘炉和煮炉后应进行严密性试验。向炉内注软水至正常水位,而后进行加热升压至 0.3~0.4MPa,对锅炉范围内的法兰、人孔、手孔和其他连接螺栓进行一次热状态下的紧固;C 选项错误,有过热器的蒸汽锅炉,应采用蒸汽吹洗过热器;D 选项正确。

11.【答案】D

【解析】锅炉按结构可分为火管锅炉和水管锅炉。火管锅炉是工业上早期应用的一种锅炉。火焰和高温烟气加热炉胆、火管、烟管,把热量传递给水。火管锅炉一般为小容量、低参数锅炉,热效率低,结构简单,水质要求低,运行、维修方便。水管锅炉是利用火焰和烟气加热水冷壁、对流管束、过热器、省煤器等,把热量传递给工质。水管锅炉比火管锅炉的热效率明显提高,金属耗量大为降低。由于将锅壳炉胆受热转变为管系受热,锅炉的安全性能也显著提高,但对水质和运行维护的要求也较高。

12.【答案】A

【解析】

锅炉部件水压试验的试验压力(MPa)

部件名称	试验压力
过热器	与本体试验压力相同
再热器	再热器工作压力的 1.5 倍
铸铁省煤器	锅筒工作压力的 1.25 倍加 0.5
钢管省煤器	锅筒工作压力的 1.5 倍

13.【答案】A

【解析】烘炉烟气温升应在过热器后或相当位置进行测定,其温升应符合下列要求:

(1)重型炉墙第一天温升不宜大于 50℃,以后温升不宜大于 20℃/d,后期烟温不应大于 220℃;

(2)砖砌轻型炉墙温升不应大于 80℃/d,后期烟温不应大于 160℃;

(3)耐火浇注料炉墙温升不应大于 10℃/h,后期烟温不应大于 160℃,在最高温度范围内的持续时间不应少于 24h。

14.【答案】B

【解析】空气预热器是一种热交换器，通过设置在锅炉尾部烟道中的散热片将进入锅炉炉膛前的空气预热到一定温度，提高燃烧效率的设备。

空气预热器的主要作用有：①改善并强化燃烧。②强化传热。③减少锅炉热损失，降低排烟温度，提高锅炉热效率。

15.【答案】D

【解析】锅炉水压试验的范围包括锅筒、联箱、对流管束、水冷壁管、过热器、锅炉本体范围内的管道及阀门等，安全阀应单独做水压试验。见下表。

锅筒本体水压试验的试验压力

锅筒工作压力（MPa）	试验压力
<0.8	锅筒工作压力的 1.5 倍，但不小于 0.2MPa
0.8~1.6	锅筒工作压力加 0.4MPa
>1.6	锅筒工作压力的 1.25 倍

注：试验压力应以锅筒或过热器集箱的压力表为准。

锅炉部件水压试验的试验压力

部件名称	试验压力
汽水分离器	其工作压力的 1.25 倍，且不低于其所对应的锅炉本体水压试验压力
再热器	再热器工作压力的 1.5 倍
铸铁省煤器	省煤器工作压力的 1.5 倍

（二）多项选择题

1.【答案】ABC

【解析】液位检测表（水位计）用于指示锅炉内水位的高低，常用的水位计有玻璃管式、平板式、双色、磁翻柱液位计以及远程水位显示装置等。水位计安装时应注意以下几点：

（1）蒸发量大于 0.2t/h 的锅炉，每台锅炉应安装两个彼此独立的水位计，以便能校核锅炉内的水位。

（2）水位计应装在便于观察的地方。水位计距离操作地面高于 6m 时，应加装远程水位显示装置。

（3）水位计和锅筒（锅壳）之间的汽水连接管，其内径不得小于 18mm，连接管的长度应小于 500mm，以保证水位计准确。

（4）水位计应有放水阀门和接到安全地点的放水管。

（5）水位计与汽包之间的汽-水连接管上不能安装阀门，更不得装设球阀。如装有阀门，在运行时应将阀门全开，并予以铅封。

2.【答案】ABD

【解析】水管锅炉相比，火管锅炉的热效率明显提高，金属耗量大为降低。由于将锅壳炉胆受热转变为管系受热，锅炉的安全性能也显著提高，但对水质和运行维护的要求也较高。

3. 【答案】ABC

【解析】选项 D 错误，水位计与汽包之间的汽水连接管上不能安装阀门，更不得装设球阀。如装有阀门，在运行时应将阀门全开，并予以铅封。选项 ABC 正确。

4. 【答案】ABC

【解析】省煤器的作用：

（1）吸收低温烟气的热量，降低排烟温度，减少排烟损失，节省燃料，提高锅炉热效率。

（2）由于给水进入汽包之前先在省煤器加热，因此减少了给水在受热面的吸热，可以用省煤器来代替部分造价较高的蒸发受热面。

（3）给水温度提高，进入汽包就会减小壁温差，热应力相应的减小，延长汽包使用寿命。

5. 【答案】BCD

【解析】空气预热器的主要作用有：

（1）改善并强化燃烧。经过预热器加热的空气进入炉内，加速了燃料的干燥、着火和燃烧过程，保证了锅炉内的稳定燃烧，提高了燃烧效率。

（2）强化传热。由于炉内燃烧得到了改善和强化，加上进入炉内的热风温度提高，炉内平均温度也有提高，从而可强化炉内辐射传热。

（3）减少锅炉热损失，降低排烟温度，提高锅炉热效率。

Ⅲ 锅炉辅助设备

（一）单项选择题

1. 【答案】C

【解析】旋风除尘结构简单、处理烟气量大、没有运动部件、造价低、维护管理方便，除尘效率一般可达 85% 左右，是工业锅炉烟气净化中应用最广泛的除尘设备。

2. 【答案】B

3. 【答案】C

4. 【答案】A

5. 【答案】C

【解析】旋风水膜除尘器适合处理烟气量大和含尘浓度高的场合。它可以单独采用，也可以安装在文丘里洗涤器之后作为脱水器。

（二）多项选择题

【答案】BCD

【解析】燃烧前燃料脱硫。由于煤中的硫化亚铁密度较大，因此，可以通过洗选法脱除部分的硫化亚铁以及其他矿物质。常规洗选法可以脱除 30%～50% 的硫化亚铁。也可采用化学浸出法、微波法、细菌法脱硫，还可以将煤进行气化或者液化，转化为清洁的二次燃料，以达到脱硫的目的。

Ⅳ　热力设备安装工程计量

（一）单项选择题

1.【答案】D

【解析】中压锅炉本体设备安装工程量计量时，炉排及燃烧装置区分结构形式、蒸汽出率（t/h），按设计图示数量以"套"计算。

2.【答案】C

【解析】参见教材"热力设备安装工程量计量规则"。

3.【答案】A

【解析】中压锅炉烟、风、煤管道安装。烟道、热风道、冷风道、制粉管道、送粉管道、原煤管道应根据项目特征（管道形状、管道断面尺寸、管壁厚度），以"t"为计量单位，按设计图示质量计算。

4.【答案】C

【解析】中压、低压锅炉的划分：蒸发量为35t/h的链条炉，蒸发量为75t/h及130t/h的煤粉炉和循环流化床锅炉为中压锅炉；蒸发量为20t/h及以下的燃煤、燃油（气）锅炉为低压锅炉。

5.【答案】C

【解析】以下工作内容包括在相应的安装项目中：汽轮机、凝汽器等大型设备的拖运、组合平台的搭拆；除炉墙砌筑脚手架外的施工脚手架和一般安全设施；设备的单体试运转和分系统调试试运配合；设备基础二次灌浆的配合。

（二）多项选择题

【答案】BC

【解析】水冷系统、过热系统、省煤器、本体管路系统、锅炉本体结构、锅炉本体平台扶梯、除渣装置等应根据项目特征［结构形式、蒸汽出率（t/h）］，以"t"为计量单位，按制造厂的设备安装图示质量计算。旋风分离器（循环流化床锅炉）应根据项目特征（结构类型、直径），以"t"为计量单位，按制造厂的设备安装图示质量计算。

第三节　消防工程

一、名师考点

参见表4-4。

表4-4　　　　　　　　　　　　　本节考点

	教材点	知识点
一	火灾分类	不同视角的火灾分类种类
二	灭火的基本方法及救援设施	灭火的基本方法、救援设施要求

续表

	教材点	知识点
三	消防给水系统	分类及相关要求
四	气体灭火系统	种类，各自特点及使用范围
五	泡沫灭火系统	特点及使用范围
六	干粉灭火系统	特点及使用范围
七	固定消防炮灭火系统	分类及适用范围
八	火灾自动报警系统	种类、特点及适用范围
九	消防工程计量	计量规则

二、真题回顾

Ⅰ　火灾分类

单项选择题

根据《火灾分类》GB/T 4968—2008，按燃烧对象的性质火灾分为 A、B、C、D、E、F 六类。下列属于 E 类火灾的是（　　）。（2024 年）

A. 镁、锂火灾

B. 木材、纸张火灾

C. 煤气、甲烷火灾

D. 变压器火灾

Ⅱ　灭火的基本方法及救援设施

（一）单项选择题

1. 具有冷却、乳化、稀释等作用，且不仅可用于灭火，还可以用来控制火势及防护冷却的灭火系统的是（　　）。（2015 年）

A. 自动喷水湿式灭火系统

B. 自动喷水干式灭火系统

C. 水喷雾灭火系统

D. 水幕灭火系统

2. 下列有关消防水泵接合器的作用，说法正确的是（　　）。（2016 年）

A. 灭火时，通过消防水泵接合器连接消防水带向室外供水灭火

B. 火灾发生时，消防车通过水泵接合器向室内管网供水灭火

C. 灭火时，通过水泵接合器给消防车供水

D. 火灾发生时，通过水泵接合器控制泵房消防水泵

3. 水压高、水量大并具有冷却、窒息、乳化、稀释作用，不仅用于灭火还可控制火势，主要用于保护火灾危险性大、扑救难度大的专用设备或设施的灭火系统为（　　）。（2016 年）

A. 水幕系统

B. 水喷雾灭火系统

C. 自动喷水雨淋系统

D. 重复启闭预作用灭火系统

4. 在自动喷水灭火系统管道安装中，下列做法正确的是（　　）。（2016 年）

A. 管道穿过楼板时加设套管，套管应高出楼面 50mm

B. 管道安装顺序为先支管，后配水管和干管

C. 管道弯头处应采用补芯

D. 管道横向安装宜设 0.001~0.002 的坡度，坡向立管

5. 下列自动喷水灭火系统中，适用于环境温度低于 4℃ 且采用闭式喷头的是（　　）。（2017 年）

A. 自动喷水雨淋系统 B. 自动喷水湿式灭火系统

C. 自动喷水干式灭火系统 D. 水幕系统

6. 下列关于喷水灭火系统的报警阀组安装，正确的说法是（　　）。（2017 年）

A. 先安装辅助管道，后进行报警阀组的安装

B. 报警阀组与配水干管的连接应使水流方向一致

C. 当设计无要求时，报警阀组安装高度宜为距室内地面 0.5m

D. 报警阀组安装完毕，应进行系统试压冲洗

7. 工作原理与雨淋系统相同，不具备直接灭火能力，一般情况下与防火卷帘或防火幕配合使用，该自动喷水灭火系统为（　　）。（2018 年）

A. 预作用 B. 水幕系统

C. 干湿两用 D. 重复启闭预作用

8. 喷头安装正确的为（　　）。（2018 年）

A. 喷头直径大于 10mm 时，配水管上宜装过滤器

B. 系统试压冲洗前安装

C. 不得对喷头拆装改动，不得附加任何装饰性涂层

D. 通风管道宽度大于 1m 时，喷头安在腹面以下部位

9. 某储存汽车轮胎仓库着火，属于（　　）。（2020 年）

A. A 类火灾 B. B 类火灾

C. C 类火灾 D. D 类火灾

10. 下列场景应设置消防水泵接合器的是（　　）。（2020 年）

A. 四层民用建筑 B. 地下二层

C. 11000m² 地下一层仓库 D. 两层生产厂房

11. 下列关于室内消火栓及其管道设置，应符合的要求为（　　）。（2021 年）

A. 室内消火栓竖管管径不应小于 DN65

B. 设备层可不设置消火栓

C. 应用 DN65 的室内消火栓

D. 消防电梯前室可不设置消火栓

12. 某灭火系统，不具备直接灭火能力，一般情况下与防火卷帘或防火幕配合使用，起到防止火灾蔓延的作用。该系统是（　　）。（2021 年）

A. 水幕系统 B. 雨淋系统

C. 水喷雾灭火系统 D. 预作用自动喷水灭火系统

13. 室内消火栓是一种具有内扣式接口的（　　）式龙头。（2022 年）

A. 节流阀 B. 球形阀

C. 闸阀 D. 蝶阀

14. 依据《建筑设计防火规范（2018 年版）》GB 50016—2014，生产的火灾危害性分为甲、乙、丙、丁、戊五类，下列物质使用或生产活动属于甲类的是（　　）。（2023 年）

A. 能与空气形成爆炸性混合物的浮游状态的粉尘、纤维、闪点不小于 60℃ 的液体雾滴

B. 利用气体、液体、固体作为燃料或将气体、液体进行燃烧作他用的各种生产

C. 闪点不小于 28℃，但小于 60℃ 的液体

D. 受撞击、摩擦或与氧化剂、有机物接触时能引起燃烧或爆炸的物质

15. 自动喷水灭火系统管网中的主管直径为 DN100，采用支管接头（机械三通）时，支管的最大允许管径是（　　）。（2023 年）

A. DN80
B. DN65
C. DN40
D. DN32

16. 下列关于消防水泵结合器设置要求的说法，正确的是（　　）。（2023 年）

A. 民用建筑不论住宅或公共建筑均应设置

B. 超过两层的地下室或半地下建筑（室）需要设置

C. 设有消防给水的住宅不用设置

D. 距室外消火栓或消防水池的距离为 10~15m

17. 室内消火栓竖管管径应根据竖管最低流量经过计算确定，但不小于（　　）。（2024 年）

A. DN100
B. DN80
C. DN65
D. DN50

18. 在自动喷水灭火系统的分类中，下列选项属于开式系统的是（　　）。（2024 年）

A. 干式自动喷水灭火系统

B. 预作用自动喷水灭火系统

C. 重复启闭预作用系统

D. 水幕系统

（二）多项选择题

1. 喷水灭火系统中，自动喷水预作用系统的特点有（　　）。（2015 年）

A. 具有湿式系统和干式系统的特点

B. 火灾发生时作用时间快、不延迟

C. 系统组成较简单，无需充气设备

D. 适用于不允许有水渍损失的场所

2. 下列自动喷水灭火系统中，采用闭式喷头的有（　　）。（2016 年）

A. 自动喷水湿式灭火系统
B. 自动喷水干湿两用灭火系统
C. 自动喷水雨淋灭火系统
D. 自动喷水预作用灭火系统

3. 下列有关消防水泵接合器设置，说法正确的有（　　）。（2017 年）

A. 高层民用建筑室内消火栓给水系统应设水泵接合器

B. 消防给水竖向分区供水时，在消防车供水压力范围内的分区，应分别设置水泵接合器

C. 超过二层或建筑面积大于 $1000m^2$ 的地下建筑应设水泵接合器

D. 高层工业建筑和超过三层的多层工业建筑应设水泵适配器

4. 水喷雾灭火系统的特点及使用范围有（　　）。（2019 年）

A. 高速水雾系统可扑灭 A 类固体火灾和 C 类电气设备火灾

B. 中速水雾系统适用于扑灭 B 类可燃性液体火灾和 C 类电气设备火灾

C. 要求的水压高于自动喷水系统，水量也较大，故使用中受到一定限制

D. 一般适用于工业领域中的石化、交通和电力部门

5. 下列关于自动喷水灭火系统的说法，正确的是（　　）。（2020 年）

A. 湿式灭火系统不适用于寒冷地区

B. 干式灭火系统的灭火效率小于湿式灭火系统，投资较大

C. 干湿两用灭火系统随季节可调整为干式或湿式，是常用的灭火系统

D. 预作用系统适用于建筑装饰要求高、不允许有水渍损失的建筑物、构筑物

6. 根据自动喷水灭火系统分类，下列属于闭式灭火系统的有（　　）。（2022 年）

A. 干式自动喷水灭火系统

B. 雨淋系统

C. 重复启闭预作用系统

D. 预作用自动喷水灭火系统

7. 自动喷水灭火系统分为闭式系统和开式系统两大类。下列自动喷水灭火系统属于闭式系统的有（　　）。（2023 年）

真题讲解

A. 预作用自动喷水灭火系统　　　　　B. 雨淋系统

C. 水幕系统　　　　　　　　　　　　D. 重复启闭预作用系统

Ⅲ　气体灭火系统

（一）单项选择题

1. 系统由火灾探测器、报警器、自控装置、灭火装置及管网、喷嘴等组成，适用于经常有人的工作场所且不会对大气层产生影响。该气体灭火系统是（　　）。（2017 年）

A. 二氧化碳灭火系统　　　　　　　　B. 卤代烷 1311 灭火系统

C. IG541 混合气体灭火系统　　　　　D. 热气溶胶预制灭火系统

2. 在大气层中自然存在，适用于经常有人工作的场所，可用于扑救电气火灾、液体火灾或可熔化的固体火灾，该气体灭火系统为（　　）。（2018 年）

A. IG541 混合气体灭火系统　　　　　B. 热气溶胶预制灭火系统

C. 二氧化碳灭火系统　　　　　　　　D. 七氟丙烷灭火系统

3. 按照气体灭火系统中储存装置的安装要求，下列选项表述正确的是（　　）。（2019 年）

A. 容器阀和集流管之间采用镀锌钢管连接

B. 储存装置的布置，应便于操作、维修，操作面距墙面距离不宜小于 1.0m，且不小于储存容器外径的 1.5 倍

C. 在储存容器上不得设置安全阀

D. 当保护对象是可燃液体时，喷头射流方向应朝向液体表面

4. 从生产到使用过程中无毒、无公害、无污染、无腐蚀、无残留，属于无管网灭火系统。该灭火系统是（　　）。（2020 年）

A. 七氟丙烷灭火系统   B. IG541 混合气体灭火系统

C. S 型气溶胶灭火系统   D. K 型气溶胶灭火

（二）多项选择题

按照工作原理划分，下列属于可燃气体探测器的有（　　）。（2021 年）

A. 半导体式气体探测器   B. 电化学式气体探测器

C. 紫红外气体探测器   D. 催化燃烧式气体探测器

Ⅳ 泡沫灭火系统

（一）单项选择题

1. 非吸气型泡沫喷头可采用的泡沫液是（　　）。（2020 年）

A. 蛋白泡沫液   B. 氟蛋白泡沫液

C. 水成膜泡沫液   D. 抗溶性泡沫液

2. 某灭火系统造价低、占地小、不冻结，适用于灭火前可切断气源气体火灾，对我国北方寒冷地区尤为适宜，但不适用于可燃固体深位火灾扑救，该灭火系统是（　　）。（2022 年）

A. 泡沫灭火系统   B. 干粉灭火系统

C. 二氧化碳灭火系统   D. 七氟丙烷灭火系统

（二）多项选择题

泡沫灭火系统按泡沫灭火剂的使用特点，分为抗溶性泡沫灭火剂及（　　）。（2019 年）

A. 水溶性泡沫灭火剂   B. 非水溶性泡沫灭火剂

C. A 类泡沫灭火剂   D. B 类泡沫灭火剂

Ⅴ 干粉灭火系统

单项选择题

干粉灭火系统由干粉灭火设备和自动控制两大部分组成，关于其特点和适用范围，下列表述正确的是（　　）。（2019 年）

A. 占地面积小，但造价高

B. 适用于硝酸纤维等化学物质的火灾

C. 适用于灭火前未切断气源的气体火灾

D. 不冻结，尤其适合无水及寒冷地区

Ⅵ 固定消防炮灭火系统

（一）单项选择题

关于消防炮系统，下列说法正确的是（　　）。（2021 年）

A. 泡沫炮灭火系统适用于活泼金属火灾

B. 干粉炮灭火系统适用于乙醇和汽油等液体火灾现场

C. 水炮灭火系统适用于一般固体可燃物火灾现场

D. 水炮灭火系统适用于扑救遇水发生化学反应物质的火灾

（二）多项选择题

1. 关于固定消防炮灭火系统的设置，下列说法正确的有（　　）。（2017 年）

A. 有爆炸危险性的场所，宜选用远控炮系统

B. 当灭火对象高度较高时，不宜设置消防炮塔

C. 室外消防炮应设置在被保护场所常年主导风向的下风方向

D. 室内消防炮的布置数量不应少于两门

2. 关于消防炮的说法中正确的是（　　）。（2020 年）

A. 水炮系统可用于图书馆火灾

B. 干粉炮系统可用于液化石油气火灾现场

C. 泡沫炮系统适用于变配电室火灾

D. 水炮系统适用于金属油罐火灾

Ⅶ　火灾自动报警系统

（一）单项选择题

某探测（传感）器结构简单、低价，广泛应用于可燃气体探测报警，但由于其选择性差和稳定性不理想，目前在民用级别使用。该探测（传感）器是（　　）。（2022 年）

A. 光离子气体探测器

B. 催化燃烧式气体探测器

C. 电化学式气体探测器

D. 半导体传感器

（二）多项选择题

按照工作原理划分，下列属于可燃气体探测器的有（　　）。（2021 年）

A. 半导体式气体探测器

B. 电化学式气体探测器

C. 紫红外气体探测器

D. 催化燃烧式气体探测器

Ⅷ　消防工程计量

（一）单项选择题

1. 按照《通用安装工程工程量计算标准》GB/T 50856—2024 的规定，气体灭火系统中的贮存装置安装项目，包括存储器、驱动气瓶、支框架、减压装置、压力指示仪等安装，但不包括（　　）。（2015 年）

A. 集流阀 　　　　　　　　　　　B. 选择阀

C. 容器阀 　　　　　　　　　　　D. 单向阀

2. 依据《通用安装工程工程量计算标准》GB/T 50856—2024，干湿两用报警装置清单项目不包括（　　）。（2019 年）

A. 压力开关表 　　　　　　　　　B. 排气阀

C. 水力警铃进水管 　　　　　　　D. 装配管

3. 依据《通用安装工程工程量计算标准》GB/T 50856—2024，水灭火系统末端试水装置工程量计量包括（　　）。(2021 年)

A. 压力表及附件安装　　　　　　　B. 控制阀及连接管安装

C. 排气管安装　　　　　　　　　　D. 给水管及管上阀门安装

4. 下列关于点型探测器安装要求的说法，正确的是（　　）。(2023 年)

A. 探测器周围 0.5m 内不应有遮挡物

B. 感温探测器的安装间距不应超过 5m

C. 感烟探测器的安装间距不应超过 10m

D. 探测区域内的每个房间至少应设置两只火灾探测器

（二）多项选择题

1. 依据《通用安装工程工程量计算标准》GB/T 50856—2024，防火控制装置调试项目中计量单位以"个"计量的有（　　）。(2015 年)

A. 电动防火门调试　　　　　　　　B. 防火卷帘门调试

C. 瓶头阀调试　　　　　　　　　　D. 正压送风阀调试

2. 依据《通用安装工程工程量计算标准》GB/T 50856—2024，消防工程工程量计量时，下列装置按"组"计算的有（　　）。(2016 年)

A. 消防水炮　　　　　　　　　　　B. 报警装置

C. 末端试水装置　　　　　　　　　D. 温感式水幕装置

3. 消防工程以"组"为单位的有（　　）。(2018 年)

A. 湿式报警阀　　　　　　　　　　B. 压力表安装

C. 末端试水装置　　　　　　　　　D. 试验管流量计安装

4. 根据《通用安装工程工程量计算标准》GB/T 50856—2024 的规定，水灭火系统工程计量正确的有（　　）。(2022 年)

A. 喷淋系统管道应扣除阀门所占的长度

B. 报警装置安装包括装配管的安装

C. 水力警铃进水管并入消防管道系统

D. 末端试水装置包含连接管和排水管

5. 依据《通用安装工程工程量计算标准》GB/T 50856—2024，下列系统属于消防工程计量主要内容的有（　　）。(2023 年)

A. 水灭火系统　　　　　　　　　　B. 泡沫灭火系统

C. 供电电源系统　　　　　　　　　D. 电气系统调试

6. 根据《通用安装工程工程量计算标准》GB/T 50856—2024，关于喷淋系统水灭火管道、消火栓管道的界限划分，下列说法正确的有（　　）。(2024 年)

A. 室内外界限应以建筑物外墙皮 1.0m 为界

B. 入口处设有阀门的应以阀门为界

C. 设在高层建筑物内的消防泵间管道应以泵间外墙皮为界

D. 与市政给水管道的界限：以与市政给水管道碰头点（井）为界

三、真题解析

Ⅰ 火灾分类

单项选择题

【答案】D

【解析】按照《火灾分类》GB/T 4968—2008 的规定，火灾分为 A、B、C、D、E、F 六类：

A 类火灾：固体物质火灾。这种物质通常具有有机物性质，一般在燃烧时能产生灼热的余烬。例如：木材、棉、毛、麻、纸张等火灾。

B 类火灾：液体或可熔化固体物质火灾。例如：汽油、煤油、原油、甲醇、乙醇、沥青、石蜡等火灾。

C 类火灾：气体火灾。例如：煤气、天然气、甲烷、乙烷、氢气、乙炔等火灾。

D 类火灾：金属火灾。例如：钾、钠、镁、钛、锆、锂等火灾。

E 类火灾：带电火灾。物体带电燃烧的火灾。例如：变压器等设备的电气火灾。

F 类火灾：烹饪器具内的烹饪物（如动物油脂或植物油脂）火灾。

Ⅱ 灭火的基本方法及救援设施

（一）单项选择题

1.【答案】C

【解析】水喷雾灭火系统是在自动喷水灭火系统的基础上发展起来的。仍属于固定式灭火系统的一种类型。它是利用水雾喷头在一定水压下将水流分解成细小水雾灭火或防护冷却的灭火系统。水喷雾灭火系统与自动喷水灭火系统相比，具有以下几方面的特点：

适用范围：该系统不仅能够扑灭 A 类固体火灾，同时由于水雾自身的电绝缘性及雾状水滴的形式，不会造成液体火飞溅，也可用于扑灭闪点大于 60℃ 的 B 类火灾和 C 类电气火灾。

保护对象：水喷雾灭火系统主要用于保护火灾危险性大、火灾扑救难度大的专用设备或设施。

用途：由于水喷雾具有冷却、窒息、乳化、稀释作用，使该系统用途广泛，不仅可用于灭火，还可用来控制火势及防护冷却等方面。水喷雾灭火系统要求的水压较自动喷水系统高，水量也较大，因此，在使用中受到一定的限制。

2.【答案】B

【解析】当发生火灾时，消防车的水泵可通过该接合器的接口与建筑物内的消防设备相连接，并加压送水，以扑灭不同楼层的火灾。接合器按其安装形式可分为地上式、地下式、墙壁式和多用式。水泵接合器处应设置永久性标志铭牌，并应标明供水系统、供水范围和额定压力。

3.【答案】B

4.【答案】A

【解析】选项 B，自动喷水灭火系统管道的安装顺序为先配水干管，后配水管和水支管。选项 C，在管道弯头处不得采用补芯。选项 D，管道横向安装宜设 0.002~0.005 的坡度，坡向排水管。

5.【答案】C

【解析】自动喷水干式灭火系统的供水系统、喷头布置等与湿式系统完全相同。所不同的是平时在报警阀（此阀设在供暖房间内）前充满水而在阀后管道内充以压缩空气。当火灾发生时，喷水头开启，先排出管路内的空气，供水才能进入管网，由喷头喷水灭火。该系统适用于环境温度低于 4℃和高于 70℃，且不宜采用湿式喷头灭火系统的地方。主要缺点是作用时间比湿式系统迟缓一些，灭火效率一般低于湿式灭火系统。另外，还要设置压缩机及附属设备，投资较大。

6.【答案】B

【解析】报警阀组安装应在供水管网试压、冲洗合格后进行。安装时应先安装水源控制阀、报警阀，然后进行报警阀辅助管道的连接，水源控制阀、报警阀与配水干管的连接应使水流方向一致。报警阀组安装的位置应符合设计要求；当设计无要求时，报警阀组应安装在便于操作的明显位置，距室内地面高度宜为 1.2m，两侧与墙的距离不应小于 0.5m，正面与墙的距离不应小于 1.2m；报警阀组凸出部位之间的距离不应小于 0.5m。安装报警阀组的室内地面应有排水设施。

7.【答案】B

【解析】水幕系统的工作原理与雨淋系统基本相同，所不同的是水幕系统喷出的水为水幕状，它是能喷出幕帘状水流的管网设备，主要由水幕头支管、自动喷淋头控制阀、手动控制阀、干支管等组成。水幕系统不具备直接灭火的能力，一般情况下与防火卷帘或防火幕配合使用，起到防止火灾蔓延的作用。

8.【答案】C

【解析】喷头安装：

（1）喷头应在系统管道试压、冲洗合格后安装，安装时应使用专用扳手，严禁利用喷头的框架施拧。喷头安装时不得对喷头进行拆装、改动，喷头上不得附加任何装饰性涂层。安装在易受机械损伤处的喷头，应加设防护罩。

（2）当喷头的公称通径小于 10mm 时，应在配水干管或配水管上安装过滤器。

（3）喷头安装时，溅水盘与吊顶、门、窗、洞口或墙面的距离应符合设计要求。当喷头溅水盘高于附近梁底或宽度小于 1.2m 的通风管道腹面时，喷头溅水盘高于梁底，通风管道腹面的最大垂直距离应符合有关规定。当通风管道宽度大于 1.2m 时，喷头应安装在其腹面以下部位。

9.【答案】A

【解析】通常将火灾划分为以下四大类：

A 类火灾：木材、布类、纸类、橡胶和塑胶等普通可燃物的火灾；

B 类火灾：可燃性液体或气体的火灾；

C 类火灾：电气设备的火灾；

D 类火灾：钾、钠、镁等可燃性金属或其他活性金属的火灾。

10.【答案】C

【解析】下列场所的消火栓给水系统应设置消防水泵接合器：

（1）高层民用建筑；

（2）设有消防给水的住宅、超过五层的其他多层民用建筑；

（3）超过二层或建筑面积大于 $10000m^2$ 的地下或半地下建筑、室内消火栓设计流量大于 10L/s 平战结合的人防工程；

（4）高层工业建筑和超过四层的多层工业建筑；

（5）城市交通隧道。

11.【答案】C

【解析】室内消火栓布置及安装应采用 DN65 的室内消火栓，并可与消防软管卷盘或轻便水龙设置在同一箱体内。设置室内消火栓的建筑，包括设备层在内的各层均应设置消火栓。消防电梯前室应设置室内消火栓，并应计入消火栓使用数量。

12.【答案】A

13.【答案】B

【解析】室内消火栓是一种具有内扣式接口的球形阀式龙头，有单出口和双出口两种类型。

14.【答案】D

【解析】

生产的火灾危险性分类

生产的火灾危险性类别	使用或产生下列物质生产的火灾危险性特征
甲	1. 闪点小于 28℃ 的液体 2. 爆炸下限小于 10% 的气体 3. 常温下能自行分解或在空气中氧化即能导致迅速自燃或爆炸的物质 4. 常温下受到水或空气中水蒸气的作用，能产生可燃气体并引起燃烧或爆炸的物质 5. 遇酸、受热、撞击、摩擦、催化，以及遇有机物或硫磺等易燃的无机物，极易引起燃烧或爆炸的强氧化剂 6. 受撞击、摩擦或与氧化剂、有机物接触时能引起燃烧或爆炸的物质 7. 在密闭设备内操作温度不小于物质本身自燃点的生产
乙	1. 闪点不小于 28℃，但小于 60℃ 的液体 2. 爆炸下限不小于 10% 的气体 3. 不属于甲类的氧化剂 4. 不属于甲类的易燃固体 5. 助燃气体 6. 能与空气形成爆炸性混合物的浮游状态的粉尘、纤维、闪点不小于 60℃ 的液体雾滴
丙	1. 闪点不小于 60℃ 的液体 2. 可燃固体
丁	1. 对不燃烧物质进行加工，并在高温或熔化状态下经常产生强辐射热、火花或火焰的生产 2. 利用气体、液体、固体作为燃料或将气体、液体进行燃烧作他用的各种生产 3. 常温下使用或加工难燃烧物质的生产
戊	常温下使用或加工不燃烧物质的生产

15. **【答案】** B

【解析】

采用支管接头时，支管的最大允许管径（mm）

主管直径	支管直径	
	机械三通	机械四通
50	25	—
65	40	32
80	40	40
100	65	50
125	80	65
150	100	80
200	125	100
250	150	100
300	200	100

注：表中机械四通指两端对称的最大支管管径。

16. **【答案】** B

【解析】 高层民用建筑、设有消防给水的住宅、超过五层的其他多层民用建筑、超过两层或建筑面积大于 $10000m^2$ 的地下或半地下建筑（室）、室内消火栓设计流量大于 10L/s 平战结合人防工程、高层工业建筑和超过四层的多层工业建筑、城市交通隧道，其室内消火栓给水系统应设水泵结合器。

17. **【答案】** A

【解析】 室内消防给水管道的直径应根据设计流量、流速和压力要求经计算确定，室内消火栓竖管管径应根据竖管最低流量经计算确定，但不应小于DN100。

18. **【答案】** D

【解析】 见下图。

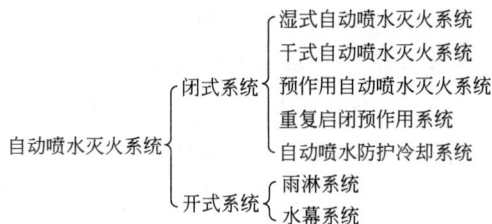

自动喷水灭火系统分类

（二）多项选择题

1. **【答案】** ABD

【解析】 自动喷水预作用系统具有湿式系统和干式系统的特点，预作用阀后的管道系统内平时无水，呈干式，充满有压或无压的气体。火灾发生初期，火灾探测器系统动作先于喷头控制自动开启或手动开启预作用阀，使消防水进入阀后管道，系统成为湿式。当火场温度达到喷头的动作温度时，闭式喷头开启，即可出水灭火。该系统由火灾探测系统、闭式喷头、预作用阀、充气设备和充以有压或无压气体的钢管等组成。该系统既克服了干式系统延迟的缺陷，又可避免湿式系统易渗水的弊病，故适用于不允许有水渍损失的建筑物、构筑物。

2. 【答案】ABD

【解析】自动喷水湿式灭火系统由闭式喷头、水流指示器、湿式自动报警阀组、控制阀及管路系统组成。自动喷水预灭火作用系统由火灾探测系统、闭式喷头、预作用阀、充气设备和充以有压或无压气体的钢管等组成。自动喷水干式灭火系统的供水喷头系统与湿式系统完全相同，因此推定喷头为闭式。自动喷水干湿两用灭火系统在冬季为自动喷水干式灭火系统，温暖季节为湿式系统，因此推断依然是闭式喷头。自动喷水雨淋灭火系统的喷头为开式。

3. 【答案】AB

4. 【答案】CD

【解析】水喷雾灭火系统要求的水压较自动喷水系统高，水量也较大，因此在使用中受到一定的限制。

这种系统一般适用于工业领域中的石化、交通和电力部门。在国外工业发达国家已得到普遍应用。近年来，我国许多行业逐步扩大了水喷雾系统的使用范围，如高层建筑内的柴油机发电机房、燃油锅炉房等。

高速水雾喷头为离心喷头，雾滴较细，主要用于灭火和控火，用于扑灭60℃以上的可燃液体。由于它喷射出的水滴是不连续的间断水滴，具有良好的电绝缘性能，可以有效扑救电气火灾，燃油锅炉房和自备发电机房设置水喷雾灭火系统应采用此类喷头。

中速水雾喷头不能保证雾状水的电绝缘性能，故不适用于扑救电气火灾，燃气锅炉房的水喷雾系统可采用该类喷头。

5. 【答案】ABD

【解析】（1）湿式灭火系统，湿式系统是指在准工作状态时管道内充满有压水的闭式系统。该系统由闭式喷头、水流指示器、湿式自动报警阀组、控制阀及管路系统组成，必要时还包括与消防水泵的联动控制和自动报警装置。该系统具有控制火势或灭火迅速的特点。主要缺点是不适于寒冷地区。使用环境温度4~70℃。

（2）干式灭火系统，它的供水系统、喷头布置等与湿式系统完全相同。所不同的是平时在报警阀前充满水而在阀后管道内充以压缩空气。当火灾发生时，喷水头开启，先排出管路内的空气，供水才能进入管网，由喷头喷水灭火。该系统适用于环境温度低于4℃和高于70℃并不宜采用湿式喷头灭火系统的地方。主要缺点是作用时间比湿式系统迟缓一些，灭火效率一般低于湿式灭火系统，另外还要设置压缩机及附属设备，投资较大。

（3）干湿两用灭火系统在设计和管理上都很复杂，很少采用。

（4）预作用系统，预作用阀后的管道系统内平时无水，呈干式，充满有压或无压的气体。火灾发生初期，火灾探测器系统动作先于喷头控制自动开启或手动开启预作用阀，使消防水进入阀后管道，系统成为湿式。当火场温度达到喷头的动作温度时，闭式喷头开启，即可出水灭火。该系统由火灾探测系统、闭式喷头、预作用阀、充气设备和钢管等组成。该系统既克服了干式系统延迟的缺陷，又可避免湿式系统易渗水的弊病，故适用于不允许有水渍损失的建筑物、构筑物。

6.【答案】ACD

【解析】

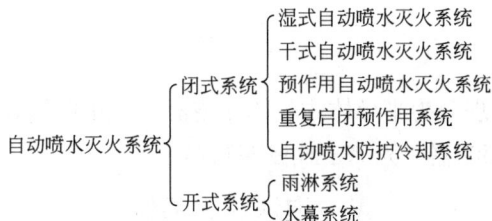

自动喷水灭火系统分类：
- 闭式系统
  - 湿式自动喷水灭火系统
  - 干式自动喷水灭火系统
  - 预作用自动喷水灭火系统
  - 重复启闭预作用系统
  - 自动喷水防护冷却系统
- 开式系统
  - 雨淋系统
  - 水幕系统

自动喷水灭火系统分类

7.【答案】AD

Ⅲ　气体灭火系统

（一）单项选择题

1.【答案】C

【解析】IG541 混合气体灭火系统主要适用于电子计算机房、通信机房、配电房、油浸变压器、自备发电机房、图书馆、档案室、博物馆及票据、文物资料库等经常有人工作的场所，可用于扑救电气火灾、液体火灾或可熔化的固体火灾，固体表面火灾及灭火前能切断气源的气体火灾，但不可用于扑救 D 类活泼金属火灾。

2.【答案】A

3.【答案】B

【解析】储存装置安装：

（1）容器阀和集流管之间应采用挠性连接。储存容器和集流管应采用支架固定。

（2）储存装置的布置，应便于操作、维修及避免阳光照射。操作面距墙面或两操作面之间的距离不宜小于 1.0m，且不应小于储存容器外径的 1.5 倍。

（3）在储存容器或容器阀上，应设安全泄压装置和压力表。组合分配系统的集流管，应设安全泄压装置。

（4）组合分配系统中的每个防护区应设置控制灭火剂流向的选择阀，选择阀的位置应靠近储存容器且便于操作。选择阀应设有标明其工作防护区的永久性铭牌。

（5）喷头的布置应满足喷放后气体灭火剂在防护区内均匀分布的要求。当保护对象属可燃液体时，喷头射流方向不应朝向液体表面。

4.【答案】C

【解析】七氟丙烷灭火剂无色、无味、不导电，无二次污染，具有清洁、低毒、电绝缘性好、灭火效率高的特点；七氟丙烷灭火系统具有效能高、速度快、环境效应好、不污染被保护对象、安全性强等特点，适用于有人工作的场所。

IG541 混合气体灭火剂由氮气、氩气和二氧化碳按一定比例混合而成。IG541 混合气体灭火系统由火灾自动探测器、自动报警控制器、自动控制装置、固定灭火装置及管网、喷嘴等组成。

S 型气溶胶灭火系统符合绿色环保要求，灭火剂是以固态常温常压储存，不存在泄漏问题，维护方便；属于无管网灭火系统，安装相对灵活，工程造价相对较低。

（二）多项选择题

【答案】 ABD

【解析】 根据工作原理分为半导体式气体探测器、催化燃烧式气体探测器、电化学式气体探测器、红外气体探测器、光离子气体探测器。

Ⅳ　泡沫灭火系统

（一）单项选择题

1. **【答案】** C

【解析】 吸气型可采用蛋白、氟蛋白或水成膜泡沫液。

非吸气型只能采用水成膜泡沫液，不能用蛋白和氟蛋白泡沫液。

2. **【答案】** B

【解析】 干粉灭火系统适用于灭火前可切断气源的气体火灾，易燃、可燃液体和可熔化固体火灾，可燃固体表面火灾。它造价低，占地小，不冻结，对于无水及寒冷的我国北方尤为适宜。不适用于燃烧产生有氧的化学物质火灾（硝酸纤）、可燃金属及其氢化物（钠、镁、钾）火灾、可燃固体深位火灾及带电设备火灾。

（二）多项选择题

【答案】 BCD

【解析】 泡沫灭火系统有多种类型。按泡沫发泡倍数分类有低、中、高倍数泡沫灭火系统；按泡沫灭火剂的使用特点可分为 A 类泡沫灭火剂、B 类泡沫灭火剂、非水溶性泡沫灭火剂、抗溶性泡沫灭火剂等；按设备安装使用方式分类有固定式、半固定式和移动式泡沫灭火系统；按泡沫喷射位置分类有液上喷射和液下喷射泡沫灭火系统。

Ⅴ　干粉灭火系统

单项选择题

【答案】 D

【解析】 干粉灭火系统适用于灭火前可切断气源的气体火灾，易燃、可燃液体和可熔化固体火灾，可燃固体表面火灾。它造价低，占地小，不冻结，对于无水及寒冷的我国北方尤为适宜。不适用于燃烧产生有氧的化学物质火灾（硝酸纤）、可燃金属及其氢化物（钠、镁、钾）火灾、可燃固体深位火灾及带电设备火灾。

Ⅵ　固定消防炮灭火系统

（一）单项选择题

【答案】 C

【解析】（1）泡沫炮灭火系统适用于甲、乙、丙类液体及固体可燃物火灾现场；

（2）干粉炮灭火系统适用于液化石油气、天然气等可燃气体火灾现场；

（3）水炮灭火系统适用于一般固体可燃物火灾现场；

（4）水炮灭火系统和泡沫炮系统不得用于扑救遇水发生化学反应而引起燃烧、爆炸等物质的火灾。

（二）多项选择题

1.【答案】AD

【解析】固定消防炮灭火系统的设置：

（1）在下列场所宜选用远控炮系统：有爆炸危险性的场所，有大量有毒气体产生的场所，燃烧猛烈、产生强烈辐射热的场所，火灾蔓延面积较大且损失严重的场所，高度超过8m且火灾危险性较大的室内场所，发生火灾时灭火人员难以及时接近或撤离固定消防炮位的场所。

（2）室内消防炮的布置数量不应少于两门；设置消防炮平台时，其结构强度应能满足消防炮喷射反力的要求。

（3）室外消防炮的布置应能使消防炮的射流完全覆盖被保护场所及被保护物，消防炮应设置在被保护场所常年主导风向的上风方向；当灭火对象高度较高、面积较大时，或在消防炮的射流受到较高大障碍物的阻挡时，应设置消防炮塔。

2.【答案】AB

Ⅶ 火灾自动报警系统

（一）单项选择题

【答案】D

【解析】半导体传感器是利用一种金属氧化物薄膜制成的阻抗器件，其电阻随着气体含量不同而变化。气体分子在薄膜表面进行还原反应以引起传感器电导率的变化实现可燃气体报警。半导体传感器因其结构简单、低价，已经广泛应用于可燃气体报警器中，但又因为它的选择性差和稳定性不理想，目前还只是在民用级别使用。

（二）多项选择题

【答案】ABD

【解析】根据工作原理分为半导体式气体探测器、催化燃烧式气体探测器、电化学式气体探测器、红外气体探测器、光离子气体探测器。

Ⅷ 消防工程计量

（一）单项选择题

1.【答案】B

【解析】贮存装置安装，包括存储器、驱动气瓶、支框架、集流阀、容器阀、单向阀、高压软管和安全阀等贮存装置和阀驱动装置、减压装置、压力指示仪等。

2.【答案】C

【解析】干湿两用报警装置包括：两用阀、蝶阀、装配管、加速器、加速器压力表、供水压力表、试验阀、泄放试验阀（湿式、干式）、挠性接头、泄放试验管、试验管流量计、排气阀、截止阀、漏斗、过滤器、延时器、水力警铃、压力开关等。

3. 【答案】A

【解析】水灭火系统末端试水装置，包括压力表、控制阀等附件安装。水灭火系统末端试水装置安装中不含连接管及排水管安装，其工程量并入消防管道。

4. 【答案】A

【解析】点型探测器安装的主要要求：

（1）主要由接线盒、底座、装饰圈、探测器组合而成。接线盒在配管时埋入，底座在穿管布线时预先安装完毕，装饰圈可安在底座上起美观的作用。

（2）探测区域内的每个房间至少应设置一只火灾探测器。

（3）在宽度小于3m的走道顶棚上设置探测器时，宜居中布置。感温探测器的安装间距不应超过10m，感烟探测器的安装间距不应超过15m。

（4）探测器周围0.5m内不应有遮挡物。

（二）多项选择题

1. 【答案】ABD

【解析】防火控制装置，包括电动防火门、防火卷帘门、正压送风阀、排烟阀、防火控制阀、消防电梯等防火控制装置；电动防火门、防火卷帘门、正压送风阀、排烟阀、防火控制阀等调试以"个"计算，消防电梯以"部"计算。气体灭火系统调试，是由七氟丙烷、IG541、二氧化碳等组成的灭火系统；按气体灭火系统装置的瓶头阀以"点"计算。

2. 【答案】BCD

【解析】消防水炮按"台"计量；报警装置、温感式水幕装置按型号、规格以"组"计算；末端试水装置按规格、组装形式以"组"计算。

3. 【答案】AC

【解析】参见教材"消防工程工程量计算规则"。

4. 【答案】BC

【解析】A选项错误，水喷淋、消火栓钢管应根据管道材质、规格、连接方式以及安装位置，按设计图示管道中心线长度，以"m"计算，不扣除阀门、管件及各种组件所占长度；BC选项正确，报警装置安装包括装配管（除水力警铃进水管）的安装，水力警铃进水管并入消防管道系统；D选项错误，末端试水装置，包括压力表、控制阀等附件安装，不含连接管及排水管安装，其工程量并入消防管道。

5. 【答案】AB

【解析】包括水灭火系统、气体灭火系统、泡沫灭火系统、火灾自动报警系统、消防系统调试。

6. 【答案】BCD

【解析】喷淋系统水灭火管道、消火栓管道：室内外界限应以建筑物外墙皮1.5m为界，入口处设阀门者应以阀门为界；设在高层建筑物内消防泵间管道应以泵间外墙皮为界。与市政给水管道的界限：以与市政给水管道碰头点（井）为界。

第四节 电气照明及动力设备工程

一、名师考点

参见表 4-5。

表 4-5 本节考点

	教材点	知识点
一	常用电光源和安装	常用电光源及特性，灯器具安装，插座和开关安装，吊扇、壁扇、换气扇安装
二	电动机种类和安装	电动机分类、电动机的型号及选择、电机的安装
三	常用低压电气设备	开关、熔断器、接触器、磁力启动器、继电器、漏电保护器
四	配管配线工程	常用导管及管径的选择、导管的加工、导管的敷设要求、导管内穿线和槽盒内敷线、塑料护套线配线、导线的连接
五	电气照明工程计量	电气照明工程计量规则

二、真题回顾

I 常用电光源和安装

（一）单项选择题

1. 某光源发光效率达 200lm/W，是电光源中光效最高的一种光源，寿命也最长，具有不炫目的特点，是太阳能路灯照明系统的最佳光源。这种电光源是（　　）。（2015 年）

 A. 高压钠灯   B. 卤钨灯

 C. 金属卤化物灯   D. 低压钠灯

2. 某光源在工作中辐射的紫外线较多，产生很强的白光，有"小太阳"的美称。这种光源是（　　）。（2016 年）

 A. 高压水银灯   B. 高压钠灯

 C. 氙灯   D. 卤钨灯

3. 下列常用光源中平均使用寿命最长的是（　　）。（2017 年）

 A. 白炽灯   B. 碘钨灯

 C. 氙灯   D. 直管形荧光灯

4. 发金白色光，发光效率高的灯具为（　　）。（2018 年）

 A. 高压水银灯   B. 卤钨灯

 C. 氙灯   D. 高压钠灯

5. 在常用的电光源中，属于气体放电发光电光源的是（　　）。（2019 年）

 A. 白炽灯   B. 荧光灯

 C. 卤钨灯   D. LED 灯

6. 关于插座接线下列说法正确的是（　　）。（2019 年）

A. 同一场所的三相插座，其接线的相序应一致

B. 保护接地导体在插座之间应串联连接

C. 相线与中性导体应利用插座本体的接线端子转接供电

D. 对于单相三孔插座，面对插座的左孔与相线连接，右孔应与中性导体连接

7. 在常用的电光源中，寿命最长的是（　　）。（2020 年）

A. 白炽灯   B. 荧光灯

C. 卤钨灯   D. 低压钠灯

8. 关于吊扇、壁扇的安装，符合要求的是（　　）。（2020 年）

A. 吊扇挂钩直径不应小于吊扇挂销直径

B. 吊扇组装可以根据现场情况改变扇叶的角度

C. 无专人管理场所的换气扇不设置定时开关

D. 壁扇底座不可采用膨胀螺栓固定

9. 某常用照明电光源点亮时可发出金白色光，具有发光效率高、耗电少、寿命长、紫外线少、不招飞虫等特点，该电光源是（　　）。（2022 年）

A. 氙灯   B. 高压水银灯

C. 高压钠灯   D. 发光二极管

10. 具有"小太阳"的美称，适用于广场、公园、大型建筑工地、机场等地方大面积照明的电光源是（　　）。（2023 年）

A. 氙灯   B. 低压钠灯

C. 光纤照明   D. 高压钠灯

真题讲解

11. 依据《建筑防火通用规范》GB 55037—2022，建筑面积大于 $100m^2$ 的地下或半地下公共活动场所应设置的照明种类是（　　）。（2023 年）

A. 备用照明   B. 警卫照明

C. 疏散照明   D. 局部照明

12. 依据现行的插座安装规定，下列关于插座安装要求的说法，正确的是（　　）。（2023 年）

A. 相同电压等级的插座安装在同一场所，应有明显的区别，不得互换

B. 同一场所的三相插座，其接线的相序应一致

C. 单相两孔插座，面对插座的右孔应与中性导体（N）连接

D. 单相三孔、三相四孔插座的保护接地导体（PE）应接在下孔

13. 根据灯具安装的相关规定，下列说法正确的是（　　）。（2024 年）

A. 灯具应安装在电梯曳引机和高低压配电设备正上方

B. 露天安装的灯具应有泄水孔，且泄水孔应设置在灯具腔体的底部

C. 标志灯表面应与地面平顺，且不应高于地面 5mm

D. 容量为 80W 的灯具，引入线应采用瓷管矿等不燃材料作隔热

（二）多项选择题

1. LED 光源的特点是（　　）。（2019 年）

A. 节能，寿命长

B. 环保，耐冲击

C. 显色性好

D. 单个功率高，但价格贵

2. 下列照明光源中，属于气体放电发光电源的有（　　）。（2021 年）

A. 白炽灯

B. 汞灯

C. 钠灯

D. 氙灯

3. 根据《建筑电气工程施工质量验收规范》GB 50303—2015 及相关规定，下列关于太阳能灯具安装的规定，正确的是（　　）。（2022 年）

A. 不宜安装在潮湿场所

B. 灯具表面应光洁，色泽均匀

C. 电池组件的输出线应裸露，且用绑扎带固定

D. 灯具与基础固定可靠，地脚螺栓有防松措施

Ⅱ 电动机种类和安装

（一）单项选择题

1. 当电动机容量较大时，为了降低启动电流，常采用减压启动。其中，采用电路中串入电阻来降低启动电流的启动方法是（　　）。（2016 年）

A. 绕线转子异步电动机启动

B. 软启动器启动

C. 星–三角启动

D. 自耦减压启动控制柜（箱）减压启动

2. Y 系列电动机型号分 6 部分，其中有（　　）。（2018 年）

A. 极数，额定功率

B. 极数，电动机容量

C. 环境代号，电机容量

D. 环境代号，极数

3. 长期不用电机的绝缘电阻不能满足相关要求时，必须进行干燥。下列选项中属于电机通电干燥法的是（　　）。（2019 年）

A. 外壳铁损干燥法

B. 灯泡照射干燥法

C. 电阻器加盐干燥法

D. 热风干燥法

4. 根据《建筑电气工程施工质量验收规范》GB 50303—2015 的规定，关于软启动器说法正确的是（　　）。（2022 年）

A. 软启动适用于小容量的电动机

B. 软启动控制柜具有自动启动和降压启动功能

C. 软启动结束，旁路接触器断开，使软启动器退出运行

D. 软启动具有避免电网受到谐波污染的功能

5. 按目前电动机常用的产品代号，"YR"表示的电动机是（　　）。（2024 年）

A. 小型三相绕线转子异步电动机

B. 小型三相交流鼠笼异步电动机

C. 变极多速三相异步电动机

D. 冶金、起重用异步电动机

6. 长期停置不用的电动机，绝缘电阻不满足要求时必须对电动机进行干燥处理。关于电动机的绝缘电阻检测，下列说法正确的有（　　　）。（2024年）

A. 1kV 以下电动机使用 2500V 摇表，绝缘电阻值低于 1MΩ/kV

B. 1kV 及以上电动机使用 2500V 摇表，定子绕组绝缘电阻低于 1MΩ/kV

C. 1kV 以下电动机使用 1000V 摇表，绝缘电阻值低于 1MΩ/kV

D. 1kV 及以上电动机使用 1000V 摇表，定子绕组绝缘低于 3MΩ/kV

（二）多项选择题

1. 当电动机容量较大时，为降低启动电流，常用的减压启动方法有（　　　）。（2015年）

A. 绕线转子同步电动机启动法

B. 绕线转子异步电动机启动法

C. 软启动器启动法

D. 感应减压启动法

2. 电机控制和保护设备安装中，应符合的要求有（　　　）。（2016年）

A. 每台电机均应安装控制和保护设备

B. 电机控制和保护设备一般设在电机附近

C. 采用熔丝的过程和短路保护装置保护整定值一般为电机额定电流的 1.1~1.25 倍

D. 采用热元件的过流和短路保护装置保护整定值一般为电机额定电流的 1.5~2.5 倍

3. 电动机减压启动中，软启动器除了完全能够满足电动机平稳启动这一基本要求外，还具备的特点有（　　　）。（2017年）

A. 参数设置复杂　　　　　　　　　B. 可靠性高

C. 故障查找较复杂　　　　　　　　D. 维护量小

4. 电动机减压启动方法有（　　　）。（2020年）

A. 变频启动

B. 软启动器启动

C. 三角形连接启动

D. 绕线转子异步电动机启动

Ⅲ　常用低压电气设备

（一）单项选择题

1. 具有断路保护功能，能起到灭弧作用，还能避免相间短路，常用于容量较大的负载上作短路保护。这种低压电气设备是（　　　）。（2015年）

A. 螺旋式熔断器　　　　　　　　　B. 瓷插式熔断器

C. 封闭式熔断器　　　　　　　　　D. 铁壳刀开关

2. 接点多、容量大，可以将一个输入信号变成一个或多个输出信号的继电器是（　　　）。（2015年）

A. 电流继电器　　　　　　　　　　B. 温度继电器

C. 中间继电器　　　　　　　　　　　D. 时间继电器

3. 具有限流作用及较高的极限分断能力，用于较大短路电流的电力系统和成套配电装置中的熔断器是（　　）。（2017 年）

　　A. 螺旋式熔断器　　　　　　　　　B. 填充料式熔断器

　　C. 无填充料式熔断器　　　　　　　D. 瓷插式熔断器

4. 被测对象是导电物体时，应选用（　　）接近开关。（2018 年）

　　A. 电容式　　　　　　　　　　　　B. 涡流式

　　C. 霍尔　　　　　　　　　　　　　D. 光电式

5. 具有限流作用及较高的极限分断能力是其主要特点，常用于要求较高的，具有较大短路电流的电力系统和成套配电装置中，此种熔断器是（　　）。（2019 年）

　　A. 自复式熔断器　　　　　　　　　B. 螺旋式熔断器

　　C. 填充料式熔断器　　　　　　　　D. 封闭式熔断器

6. 霍尔元件是一种磁敏元件，由此识别附近有磁性物体存在，进而控制开关的通或断的开关类型为（　　）。（2020 年）

　　A. 转换开关　　　　　　　　　　　B. 行程开关

　　C. 接近开关　　　　　　　　　　　D. 自动开关

7. 具有延时精确度较高，且延时时间调整范围较大，但价格较高的时间继电器为（　　）。（2020 年）

　　A. 空气阻尼式时间继电器　　　　　B. 晶体管式时间继电器

　　C. 电动式时间继电器　　　　　　　D. 电磁式时间继电器

8. 某开关利用机械运动部件的碰撞，使其触头动作来接通和分断控制设备。该开关是（　　）。（2021 年）

　　A. 转换开关　　　　　　　　　　　B. 自动开关

　　C. 行程开关　　　　　　　　　　　D. 接近开关

9. 将一个输入信号变成一个或多个输出信号的继电器，它的输入信号是通电和断电，它的输出信号是接点的接通或断开，用于控制各个电路，该继电器为（　　）。（2021 年）

　　A. 电流继电器　　　　　　　　　　B. 电压继电器

　　C. 中间继电器　　　　　　　　　　D. 电磁继电器

10. 延时精确度较高，且延时时间调整范围较大，但价格较高的时间继电器为（　　）。（2022 年）

　　A. 晶体管式时间继电器　　　　　　B. 电磁式时间继电器

　　C. 电动式时间继电器　　　　　　　D. 空气阻尼式时间继电器

11. 广泛用于电力的开断和控制电路，利用辅助接点来执行控制指令，配合继电器可以实现定时操作、连锁控制、各种定量控制和失压及欠压保护。该电器是（　　）。（2023 年）

　　A. 交流接触器　　　　　　　　　　B. 磁力启动器

　　C. 电压继电器　　　　　　　　　　D. 自动开关

（二）多项选择题

1. 继电器具有自动控制和保护系统的功能，下列继电器中主要用于电气保护的有（　　）。（2017 年）

A. 热继电器　　　　　　　　　　　B. 电压继电器

C. 中间继电器　　　　　　　　　　D. 时间继电器

2. 有保护功能的继电器有（　　）。（2018 年）

A. 时间继电器　　　　　　　　　　B. 中间继电器

C. 热继电器　　　　　　　　　　　D. 电压继电器

3. 关于电动机保护装置的过流和短路保护整定值，下列说法正确的有（　　）。（2024 年）

A. 采用热元件时，按电动机额定电流的 1.1~1.25 倍计

B. 采用熔丝（片）时，按电动机额定电流的 1.5~2.5 倍计

C. 采用热元件时，按电动机额定电流的 1.5~2.5 倍计

D. 采用熔丝（片）时，按电动机额定电流的 1.1~1.25 倍计

Ⅳ　配管配线工程

（一）单项选择题

1. 电气配管配线工程中，对潮湿、有机械外力，有轻微腐蚀气体场所的明、暗配管，应选用的管材为（　　）。（2017 年）

A. 半硬塑料管　　　　　　　　　　B. 硬塑料管

C. 焊接钢管　　　　　　　　　　　D. 电线管

2. 4 根单芯截面为 6mm² 的导线应穿钢管直径为（　　）。（2018 年）

A. 15mm　　　　　　　　　　　　B. 20mm

C. 25mm　　　　　　　　　　　　D. 32mm

3. 依据《建筑电气工程施工质量验收规范》GB 50303—2015，电气导管在无保温措施的热水管道上面平行敷设时，导管（或配线槽盒）与热水管间的最小距离应为（　　）。（2019 年）

A. 200mm　　　　　　　　　　　B. 300mm

C. 400mm　　　　　　　　　　　D. 500mm

4. 直径 15mm 的刚性塑料管，垂直敷设长度 10m 需要的管卡数量为（　　）。（2020 年）

A. 10 个　　　　　　　　　　　　B. 7 个

C. 5 个　　　　　　　　　　　　　D. 4 个

5. 以下说法正确的是（　　）。（2021 年）

A. 钢导管采用对口熔焊连接

B. 镀锌钢导管、可弯曲金属导管和金属柔性导管不得熔焊连接

C. 导管长度每大于 30m，无弯曲，中间要增加接线盒

D. 潮湿场所的导线连接应选用 IP5X 及以上的防护等级连接器

6. DN20 的焊接钢管内穿 4mm² 的单芯导线，最多可穿导线根数为 (　　)。(2022 年)

A. 6 根

B. 7 根

C. 8 根

D. 9 根

7. 根据《建筑电气工程施工质量验收规范》GB 50303—2015 的规定，关于导管敷设，下列说法正确的是 (　　) (2023 年)

A. 可弯曲金属导管可采用焊接

B. 可弯曲金属导管可保护导体的接续导体

C. 明配管的弯曲半径不应大于管外径的 6 倍

D. 明配的金属、非金属柔性导管固定点间距应均匀，不应大于 1m

8. 适用于潮湿、有机械外力、有轻微腐蚀气体场所的明、暗配的电气导管是 (　　)。(2023 年)

A. 焊接钢管

B. 硬质聚氯乙烯管

C. 可挠金属套管

D. 电线管

真题讲解

9. 关于电气导管敷设的弯曲半径，下列说法正确的是 (　　)。(2024 年)

A. 明配导管的弯曲半径不宜小于管外径的 4 倍

B. 明配导管两个接线盒间只有两个弯曲时，其弯曲半径不宜小于管外径的 4 倍

C. 埋设于混凝土内导管的弯曲半径不宜小于管外径的 6 倍

D. 直埋于地下导管的弯曲半径不宜小于管外径的 6 倍

10. 当直径为 15~20mm 的刚性塑料电气导管明敷设时，中间直线段定管卡的最大距离是 (　　)。(2024 年)

A. 0.5m

B. 1.0m

C. 1.3m

D. 2.0m

11. 4 根单芯 2.5mm² 的导线穿焊接钢管敷设，应选用焊接钢管的管径是 (　　)。(2024 年)

A. DN15

B. DN20

C. DN25

D. DN32

（二）多项选择题

1. 下列导线与设备工器具的选择符合规范要求的有 (　　)。(2019 年)

A. 截面面积 6mm² 单芯铜芯线与多芯软导线连接时，单芯铜导线宜搪锡处理

B. 当接线端子规格与电气器具规格不配套时，应采取降容的转接措施

C. 每个设备或器具的端子接线不多于 2 根导线或 2 个导线端子

D. 截面面积≤10mm² 的单股铜导线可直接与设备或器具的端子连接

2. 电气照明导线连接方式，除铰接外还包括 (　　)。(2020 年)

A. 压接

B. 螺栓连接

C. 焊接

D. 粘结

3. 依据《民用建筑电气设计标准》GB 51348—2019 和《建筑电气工程施工质量验收规范》GB 50303—2015，下列关于导管敷设，符合要求的有 (　　)。(2021 年)

A. 在有可燃物的闷顶和封闭吊顶内明设的配电线路，应采用金属导管或金属槽盒

布线

  B. 钢导管可采用对口熔焊连接，但壁厚≤2mm 时不得采用套管熔焊连接

  C. 沿建筑物表面敷设的刚性塑料导管，应按设计要求装设温度补偿装置

  D. 可弯曲金属导管和金属柔性导管不应做保护导体的接续导体

  4. 根据《建筑电气工程施工质量验收规范》GB 50303—2015 及相关规定，下列关于槽盒内敷线的说法正确的是（　　　）。(2022 年)

  A. 同一槽盒内不宜同时敷设绝缘导线和电缆

  B. 绝缘导线在槽盒内，可不按回路分段绑扎

  C. 同一回路无防干扰要求的线路，可敷设于同一槽盒内

  D. 与槽盒连接的接线盒（箱）应采用暗装接线盒

  5. 电气导管敷设时，下列关于在管路中间加装接线盒或拉线盒的说法，正确的有（　　　）。(2023 年)

  A. 导管长度每大于 30m，有 1 个弯曲

  B. 导管长度每大于 35m，无弯曲

  C. 导管长度每大于 20m，有 2 个弯曲

  D. 导管长度每大于 10m，有 3 个弯曲

  6. 套接紧定式 JDG（扣压式 KBG）钢导管是目前常用的新型电气导管，下列关于 JDG 钢导管安装特点，说法正确的有（　　　）。(2023 年)

  A. 导管连接处无须做跨接线

  B. 导管弯曲操作简易

  C. 导管无须刷油

  D. 导管的连接采用专用套管丝扣连接

V　电气照明工程计量

多项选择题

  依据《通用安装工程工程量计算标准》GB/T 50856—2024，电气照明工程中按设计图示数量以"套"为计量单位的有（　　　）。(2016 年)

  A. 荧光灯　　　　　　　　　　　　B. 接线箱

  C. 桥架　　　　　　　　　　　　　D. 高度标志（障碍）灯

三、真题解析

I　常用电光源和安装

（一）单项选择题

1.【答案】D

2.【答案】C

【解析】氙灯是采用高压氙气放电产生很强白光的光源，和太阳光相似，故显色性很好，发光效率高，功率大，有"小太阳"的美称。

3.【答案】D

【解析】白炽灯平均寿命约为1000h，受到振动容易损坏。碘钨灯管内充入惰性气体，使发光效率提高，其寿命比白炽灯高一倍多。氙灯的缺点是平均寿命短，约500～1000h，价格较高。直管形荧光灯显色性好，对色彩丰富的物品及环境有比较理想的照明效果，光衰小，寿命长，平均寿命达10000h。

4.【答案】D

【解析】高压钠灯点亮时发出金白色光，具有发光效率高、耗电少、寿命长、透雾能力强和不诱虫等优点，广泛应用于道路、高速公路、机场、码头、车站、广场、工矿企业、公园、庭院照明及植物栽培。高显色高压钠灯主要应用于体育馆、展览厅、娱乐场、百货商店和宾馆等场所照明。

5.【答案】B

【解析】常用的电光源有热致发光电光源（如白炽灯、卤钨灯等）；气体放电发光电光源（如荧光灯、汞灯、钠灯、金属卤化物灯、氙灯等）；固体发光电光源（如LED和场致发光器件等）。

6.【答案】A

【解析】插座接线应符合下列规定：

（1）对于单相两孔插座，面对插座的右孔或上孔应与相线连接，左孔或下孔应与中性导体（N）连接；对于单相三孔插座，面对插座的右孔应与相线连接，左孔应与中性导体（N）连接。

（2）单相三孔、三相四孔及三相五孔插座的保护接地导体（PE）应接在上孔；插座的保护接地导体端子不得与中性导体端子连接；同一场所的三相插座，其接线的相序应一致。

（3）保护接地导体（PE）在插座之间不得串联连接。

（4）相线与中性导体（N）不应利用插座本体的接线端子转接供电。

7.【答案】D

【解析】白炽灯结构简单，使用方便，显色性好。功率因数接近于1，发光效率低，平均寿命约为1000h，受到振动容易损坏。

直管形荧光灯目前较多采用T5和T8。T5显色性好，对色彩丰富的物品及环境有比较理想的照明效果，光衰小，寿命长，平均寿命达10000h，适用于服装、百货、超级市场、食品、水果、图片、展示窗等色彩绚丽的场合。

卤钨灯比白炽灯的寿命长。

低压钠灯在电光源中光效最高，寿命最长，具有不炫目特点。低压钠灯是太阳能路灯照明系统的最佳光源，低压钠灯视见分辨率高，对比度好，特别适合于高速公路、交通道路、市政道路、公园、庭院照明。

8.【答案】A

【解析】吊扇挂钩安装应牢固，吊扇挂钩的直径不应小于吊扇挂销直径，且不应小于8mm；挂钩销钉应有防振橡胶垫。

吊扇组装不应改变扇叶角度，扇叶的固定螺栓防松零件应齐全。

壁扇底座应采用膨胀螺栓或焊接固定，固定应牢固可靠；膨胀螺栓的数量不应小于3

个，且直径不应小于 8mm。

换气扇安装应紧贴饰面、固定可靠。无专人管理场所的换气扇宜设置定时开关。

9.【答案】C

【解析】高压钠灯点亮时发出金白色光，具有发光效率高、耗电少、寿命长、透雾能力强和不诱虫等优点，广泛应用于道路、高速公路、机场、码头、车站、广场、工矿企业、公园、庭院照明及植物栽培。高显色高压钠灯主要应用于体育馆、展览厅、娱乐场、百货商店和宾馆等场所照明。

10.【答案】A

11.【答案】C

【解析】除筒仓、散装粮食仓库和火灾发展缓慢的场所外，厂房、丙类仓库、民用建筑、平时使用的人民防空工程等建筑中的下列部位应设置疏散照明：

（1）安全出口、疏散楼梯（间）、疏散楼梯间的前室或合用前室、避难走道及其前室、避难层、避难间、消防专用通道、兼作人员疏散的天桥和连廊；

（2）观众厅、展览厅、多功能厅及其疏散口；

（3）建筑面积大于 $200m^2$ 的营业厅、餐厅、演播室、售票厅、候车（机、船）厅等人员密集的场所及其疏散口；

（4）建筑面积大于 $100m^2$ 的地下或半地下公共活动场所；

（5）地铁工程中的车站公共区，自动扶梯、自动人行道，楼梯，连接通道或换乘通道，车辆基地，地下区间内的纵向疏散平台；

（6）城市交通隧道两侧，人行横通道或人行疏散通道；

（7）城市综合管廊的人行道及人员出入口；

（8）城市地下人行通道。

12.【答案】B

【解析】插座接线应符合下列规定：

（1）对于单相两孔插座，面对插座的右孔或上孔应与相线连接，左孔或下孔应与中性导体（N）连接；对于单相三孔插座，面对插座的右孔应与相线连接，左孔应与中性导体（N）连接。

（2）单相三孔、三相四孔及三相五孔插座的保护接地导体（PE）应接在上孔；插座的保护接地导体端子不得与中性导体端子连接；同一场所的三相插座，其接线的相序应一致。

（3）保护接地导体（PE）在插座之间不得串联连接。

（4）相线与中性导体（N）不应利用插座本体的接线端子转接供电。

13.【答案】B

【解析】A 错误，高低压配电设备、裸母线及电梯曳引机的正上方不应安装灯具。

C 错误，标志灯安装在疏散走道或通道的地面时，标志灯管线的连接处应密封；标志灯表面不应与地面平顺，且不应高于地面 3mm。

D 错误，除敞开式灯具外，其他各类容量在 100W 及以上的灯具，引入线应采用瓷管、矿棉等不燃材料。

（二）多项选择题

1. 【答案】AB

2. 【答案】BCD

3. 【答案】BD

【解析】太阳能灯具安装应符合下列规定：

（1）太阳能灯具与基础固定应可靠，地脚螺栓有防松措施，灯具接线盒盖的防水密封垫应齐全、完整。

（2）灯具表面应平整光洁、色泽均匀，不应有明显的裂纹、划痕、缺损、锈蚀及变形等缺陷。

（3）太阳能灯具的电池板朝向和仰角调整应符合地区纬度，迎光面上应无遮挡物，电池板上方应无直射光源。电池组件与支架连接应牢固可靠，组件的输出线不应裸露，并应用扎带绑扎固定。

Ⅱ　电动机种类和安装

（一）单项选择题

1. 【答案】A

【解析】绕线转子异步电动机启动方法。为了减小启动电流，绕线转子异步电动机采用在转子电路中串入电阻的方法启动，这样不仅降低了启动电流，而且提高了启动转矩。启动前把电阻调到最大值，合上开关后转子开始转动，随着转速的增加，逐渐减少电阻，待电动机转速稳定后，把启动电阻短路，即切除全部启动电阻。

2. 【答案】D

【解析】目前，电动机更新换代产品（Y系列）已然取代了老产品（J2、JO2、JR、JRO2等），新产品的特点是电动机效率比较高、节能、噪声低、振动小、温升低、重量轻等。Y系列电动机型号如下图所示。

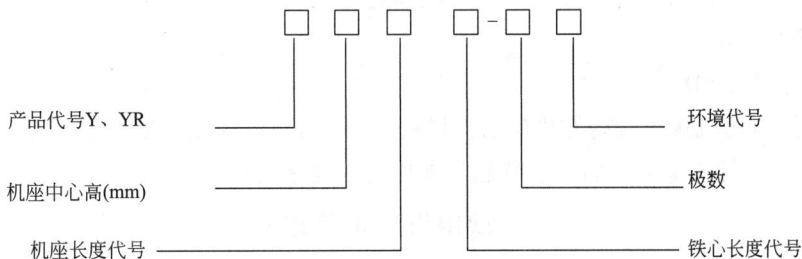

Y系列电动机型号

3. 【答案】A

【解析】干燥方法为：外部干燥法（热风干燥法、电阻器加盐干燥法、灯泡照射干燥法），通电干燥法（磁铁感应干燥法、直流电干燥法、外壳铁损干燥法、交流电干燥法）。

4. 【答案】D

【解析】AB 选项错误，三相鼠笼式异步电动机的启动接线要采用相应的启动方法，如直接启动和降压启动两种。直接启动一般用于小容量电动机；C 选项错误，D 选项正确，软启动结束，旁路接触器闭合，使软启动器退出运行，直至停车时，再次投入，这样既延长了软启动器的寿命，又使电网避免了谐波污染，还可减少软启动器中的晶闸管发热损耗。

5.【答案】A

【解析】YR：小型三相绕线转子异步电动机（取代 JR、JR2、JR02 系列），用于电流容量较小，不足以启动笼型电动机，或要求较大启动转矩及小范围调速的场合。

6.【答案】BC

【解析】长期停置不用的电动机，其绝缘电阻不能满足下列要求时，必须进行干燥：

（1）1kV 以下电动机使用 1000V 摇表，绝缘电阻值低于 1MΩ/kV；

（2）1kV 及以上电动机使用 2500V 摇表，定子绕组绝缘电阻低于 1MΩ/kV，转子绕组绝缘电阻不应低于 0.5MΩ/kV，并做吸收比（ROO/R15）试验，吸收比不小于 1.3。

（二）多项选择题

1.【答案】BC

【解析】当电动机容量较大时，为了降低启动电流，常采用以下减压启动：

（1）星-三角启动法。

（2）自耦减压启动控制柜（箱）减压启动法。

（3）绕线转子异步电动机启动法。

（4）软启动器启动法。

（5）变频启动法。

2.【答案】AB

【解析】装设过流和短路保护装置保护整定值一般为：采用热元件时，按电机额定电流的 1.1~1.25 倍；采用熔丝（片）时，按额定电流的 1.5~2.5 倍。

3.【答案】BD

4.【答案】ABD

【解析】电动机减压启动方法包括：星-三角启动、自耦减压启动控制柜（箱）减压启动、绕线转子异步电动机启动、软启动器启动、变频启动。

Ⅲ　常用低压电气设备

（一）单项选择题

1.【答案】C

【解析】封闭式熔断器：采用耐高温的密封保护管，内装熔丝或熔片。当熔丝熔化时，管内气压很高，能起到灭弧的作用，还能避免相间短路。这种熔断器常用在容量较大的负载上作短路保护，大容量的能达到 1kA。

2.【答案】C

【解析】中间继电器是将一个输入信号变成一个或多个输出信号的继电器，它的输入信号是通电和断电，它的输出信号是接点的接通或断开，用以控制各个电路。

中间继电器较电流继电器增加了接点的数量，同时接点的容量也增大。根据控制要求，可选择不同接点数量和形式的中间继电器，满足控制需求。

3.【答案】B

【解析】填充料式熔断器的主要特点是具有限流作用及较高的极限分断能力。所以，这种熔断器用于具有较大短路电流的电力系统和成套配电的装置中。

4.【答案】B

【解析】在一般的工业生产场所，通常都选用涡流式接近开关和电容式接近开关。因为这两种接近开关对环境的要求条件较低。

（1）当被测对象是导电物体或可以固定在一块金属物上的物体时，一般都选用涡流式接近开关，因为它的响应频率高、抗环境干扰性能好、应用范围广、价格较低。

（2）若所测对象是非金属（或金属）、液位高度、粉状物高度、塑料、烟草等，则应选用电容式接近开关，这种开关的响应频率低，但稳定性好。

（3）若被测物为导磁材料或者为了区别和它在一同运动的物体而把磁钢埋在被测物体内时，应选用霍尔接近开关，它的价格最低。

（4）在环境条件比较好、无粉尘污染的场合，可采用光电接近开关。光电接近开关工作时，对被测对象几乎无任何影响。因此，在要求较高的传真机上，在烟草机械上都被广泛地使用。

（5）在防盗系统中，自动门通常使用热释电接近开关、超声波接近开关、微波接近开关。有时为了提高识别的可靠性，上述几种接近开关往往被复合使用。

5.【答案】C

【解析】填充料式熔断器的主要特点是具有限流作用及较高的极限分断能力。所以，这种熔断器用于具有较大短路电流的电力系统和成套配电的装置中。

6.【答案】C

【解析】霍尔元件是一种磁敏元件。利用霍尔元件做成的开关，叫作霍尔开关。当磁性物件接近霍尔开关时，开关检测面上的霍尔元件因产生霍尔效应而使开关内部电路状态发生变化，由此识别附近有磁性物体存在，进而控制开关的通或断。这种接近开关的检测对象必须是磁性物体。

7.【答案】C

【解析】时间继电器种类繁多，有电磁式、电动式、空气阻尼式、晶体管式等。其中电动式时间继电器的延时精确度较高，且延时时间调整范围较大，但价格较高；电磁式时间继电器的结构简单，价格较低，但延时较短，体积和重量较大。

8.【答案】C

【解析】行程开关（又称限位开关），是位置开关的一种，是一种常用的小电流主令电器。这类开关通常被用来限制机械运动的位置或行程，使运动机械按一定位置或行程自动停止、反向运动、变速运动或自动往返运动等。它主要是起连锁保护的作用，将机械位移转变成电信号，使电动机的运行状态得以改变，从而控制机械动作或用作程序控制。

9.【答案】C

10.【答案】C

【解析】电动式时间继电器的延时精确度较高，且延时时间调整范围较大，但价格较高；电磁式时间继电器的结构简单，价格较低，但延时较短，体积和重量较大。

11.【答案】A

【解析】接触器是一种自动化的控制电器。接触器主要用于频繁接通、分断交、直流电路，控制容量大，可远距离操作，配合继电器可以实现定时操作，连锁控制、各种定量控制和失压及欠压保护，广泛应用于自动控制电路。其主要控制对象是电动机，也可用于控制其他电力负载，如电加热器、照明、电焊机、电容器组等。交流接触器广泛用于电力的开断和控制电路。它利用主接点来开闭电路，用辅助接点来执行控制指令。主接点一般只有常开接点，而辅助接点常有两对具有常开和常闭功能的接点，小型的接触器也经常作为中间继电器配合主电路使用。

（二）多项选择题

1.【答案】AB

【解析】热继电器主要用于电动机和电气设备的过负荷保护。电压继电器广泛应用于失压（电压为零）和欠压（电压小）的保护。中间继电器是将一个输入信号变成一个或多个输出信号的继电器，它的输入信号是通电和断电，它的输出信号是接点的接通或断开，用以控制各个电路。时间继电器是用在电路中控制动作时间的继电器，它利用电磁原理或机械动作原理来延时触点的闭合或断开。

2.【答案】CD

3.【答案】AB

【解析】装设过流和短路保护装置（或需装设断相和保护装置），保护整定值一般为：采用热元件时，按电动机额定电流的 1.1~1.25 倍；采用熔丝（片）时，按电动机额定电流的 1.5~2.5 倍。

Ⅳ　配管配线工程

（一）单项选择题

1.【答案】C

【解析】管子的选择应符合下列要求：

（1）电线管：管壁较薄，适用于干燥场所的明、暗配管。

（2）焊接钢管：管壁较厚，适用于潮湿、有机械外力，有轻微腐蚀气体场所的明、暗配管。

（3）硬塑料管：耐腐蚀性较好，易变形老化，机械强度比钢管差，适用腐蚀性较大的场所的明、暗配管。

（4）半硬塑料管：刚柔结合、易于施工，劳动强度较低，质轻，运输较为方便，已被广泛应用于民用建筑暗配管。

2.【答案】B

【解析】单芯导线穿管时，管道外径尺寸如下表所示。

单芯导线管选择表

线芯截面(mm²)	焊接钢管（管内导线根数）									电线管（管内导线根数）									线芯截面(mm²)
	2	3	4	5	6	7	8	9	10	10	9	8	7	6	5	4	3	2	
1.5	15	15	20	20	25	25	25	25	25	32	32	32	32	32	25	25	20	20	1.5
2.5	15	15	20	20	20	25	25	25	25	32	32	32	32	25	25	25	20	20	2.5
4	15	20	20	20	25	25	32	32	32	32	32	32	32	32	25	25	25	20	4
6	20	20	25	25	32	32	32	32	32	40	40	40	32	32	25	25	20	20	6
10	20	25	25	32	32	40	40	50	50			40	40	32	32	25	25	20	10
16	25	25	32	32	40	40	50	50	50							40	40	32	16
25	32	32	40	40	50	50	70	70	70							40	32	32	25
35	32	40	40	50	50	50	80	80	80								40	40	35
50	40	50	50	70	70	70	80	80	80										50
70	50	50	70	70	80	80	80												70
95	50	70	70	80	80	80													95
120	70	70	80	80															120
150	70	70	80	80															150
185	70	80																	185

3.【答案】 B

【解析】 导管（或配线槽盒）与热水管、蒸汽管平行敷设时，宜敷设在热水管、蒸汽管的下面，当有困难时，可敷设在其上面；相互间的最小距离宜符合下表规定。

导管（或配线槽盒）与热水管、蒸汽管间的最小距离

导管（或配线槽盒）的敷设位置	管道种类（mm）	
	热水	蒸汽
在热水、蒸汽管道上面平行敷设	300	1000
在热水、蒸汽管道下面或水平平行敷设	200	500
与热水、蒸汽管道交叉敷设	不小于其平行的净距	

4.【答案】 A

【解析】 中间直线段固定管卡间的最大距离应符合下表的规定。

管卡间的最大距离

敷设方式	导管种类	导管直径（mm）			
		15~20	25~32	40~50	65以上
		管卡间最大距离（m）			
支架或沿墙明敷	壁厚>2mm 刚性钢导管	1.5	2.0	2.5	3.5
	壁厚≤2mm 刚性钢导管	1.0	1.5	2.0	—
	刚性塑料导管	1.0	1.5	2.0	2.0

5. 【答案】B

【解析】钢导管不得采用对口熔焊连接；镀锌钢导管或壁厚小于或等于 2mm 的钢导管，不得采用套管熔焊连接。

当导管遇到下列情况，中间宜增设接线盒或拉线盒：导管长度每大于 40m，无弯曲；导管长度每大于 30m，有 1 个弯曲；导管长度每大于 20m，有 2 个弯曲；导管长度每大于 10m，有 3 个弯曲。

多尘场所的导线连接应选用 IP5X 及以上的防护等级连接器；潮湿场所的导线连接应选用 IPX5 及以上的防护等级连接器。

6. 【答案】A

【解析】DN20 的焊接钢管内穿 $4mm^2$ 的单芯导线，最多可穿导线根数为 6 根。

7. 【答案】D

【解析】A 选项错误，钢导管不得采用对口熔焊连接；镀锌钢导管或壁厚小于或等于 2mm 的钢导管，不得采用套管熔焊连接；B 选项错误，可弯曲金属导管和金属柔性导管不应做保护导体的接续导体；C 选项错误，明配导管的弯曲半径不宜小于管外径的 6 倍；D 选项正确。

8. 【答案】A

9. 【答案】C

【解析】弯曲半径应符合下列规定：明设管不宜小于管外径的 6 倍，当两个接线盒间只有一个弯曲时，其弯曲半径不宜小于管外径的 4 倍。暗配管当埋设于混凝土内时，其弯曲半径不应小于管外径的 6 倍；当埋设于地下时，其弯曲半径不应小于外径的 10 倍。穿电缆管的弯曲半径应满足电缆弯曲半径的要求（电缆弯曲半径为电缆外径的 10 倍、15 倍、20 倍等）。

10. 【答案】B

【解析】见下表。

管卡间的最大距离

敷设方式	导管种类	导管直径（mm）			
		15~20	25~32	40~50	65 以上
		管卡间最大距离（m）			
支架或沿墙明敷	壁厚>2mm 刚性钢导管	1.5	2.0	2.5	3.5
	壁厚≤2mm 刚性钢导管	1.0	1.5	2.0	—
	刚性塑料导管	1.0	1.5	2.0	2.0

11. 【答案】B

【解析】见下表。

单芯导线管选择表

线芯截面（mm²）	焊接钢管（管内导线根数）									电线管（管内导线根数）									线芯截面（mm²）
	2	3	4	5	6	7	8	9	10	10	9	8	7	6	5	4	3	2	
1.5	15			20		25				32				25		20			1.5
2.5	15		20			25				32				25		20			2.5
4	15	20				25		32		32				25		20			4
6	20			25		32				40			32		25		20		6
10	20	25		32		40		50				40		32		25			10
16	25		32		40		50					40			32				16
25	32		40		50		70						40		32				25
35	32	40		50		70		80					40						35
50	40		50		70		80												50
70	50		70		80														70
95	50		70		80														95
120	70		80																120
150	70		80																150
185	70	80																	185

（二）多项选择题

1. 【答案】CD

2. 【答案】ABC

【解析】导线连接有铰接、焊接、压接和螺栓连接等。

3. 【答案】ACD

【解析】钢导管不得采用对口熔焊连接；镀锌钢导管或壁厚小于或等于2mm的钢导管，不得采用套管熔焊连接。

4. 【答案】AC

【解析】A选项正确，同一槽盒内不宜同时敷设绝缘导线和电缆；B选项错误，绝缘导线在槽盒内应留有一定余量，并应按回路分段绑扎；C选项正确，同一回路无防干扰要求的线路，可敷设于同一槽盒内；D选项错误，与槽盒连接的接线盒（箱）应选用明装盒（箱）；配线工程完成后，盒（箱）盖板应齐全、完好。

5. 【答案】ACD

【解析】当导管敷设遇下列情况时，中间宜增设接线盒或拉线盒，且盒子的位置应便于穿线。

（1）导管长度每大于40m，无弯曲。

（2）导管长度每大于30m，有1个弯曲。

（3）导管长度每大于20m，有2个弯曲。

（4）导管长度每大于10m，有3个弯曲。

6.【答案】ABC

【解析】套接紧定式JDG（扣压式KBG）钢导管：电气线路新型保护用导管，连接套管及其金属附件采用专用接头螺栓紧定（接头扣压紧定）连接技术组成的电线管路，该管最大特点是：连接、弯曲操作简易、不用套丝、无须做跨接线、无须刷油、效率较高。KBG管的管壁稍薄一些。

V   电气照明工程计量

多项选择题

【答案】AD

【解析】普通灯具、工厂灯、高度标志（障碍）灯、装饰灯、荧光灯、医疗专用灯、一般路灯、中杆灯、高杆灯、桥栏杆灯、地道涵洞灯，按设计图示数量以"套"计算。

第五章　管道和设备工程

一、本章概览

本章知识架构参见图 5-1。

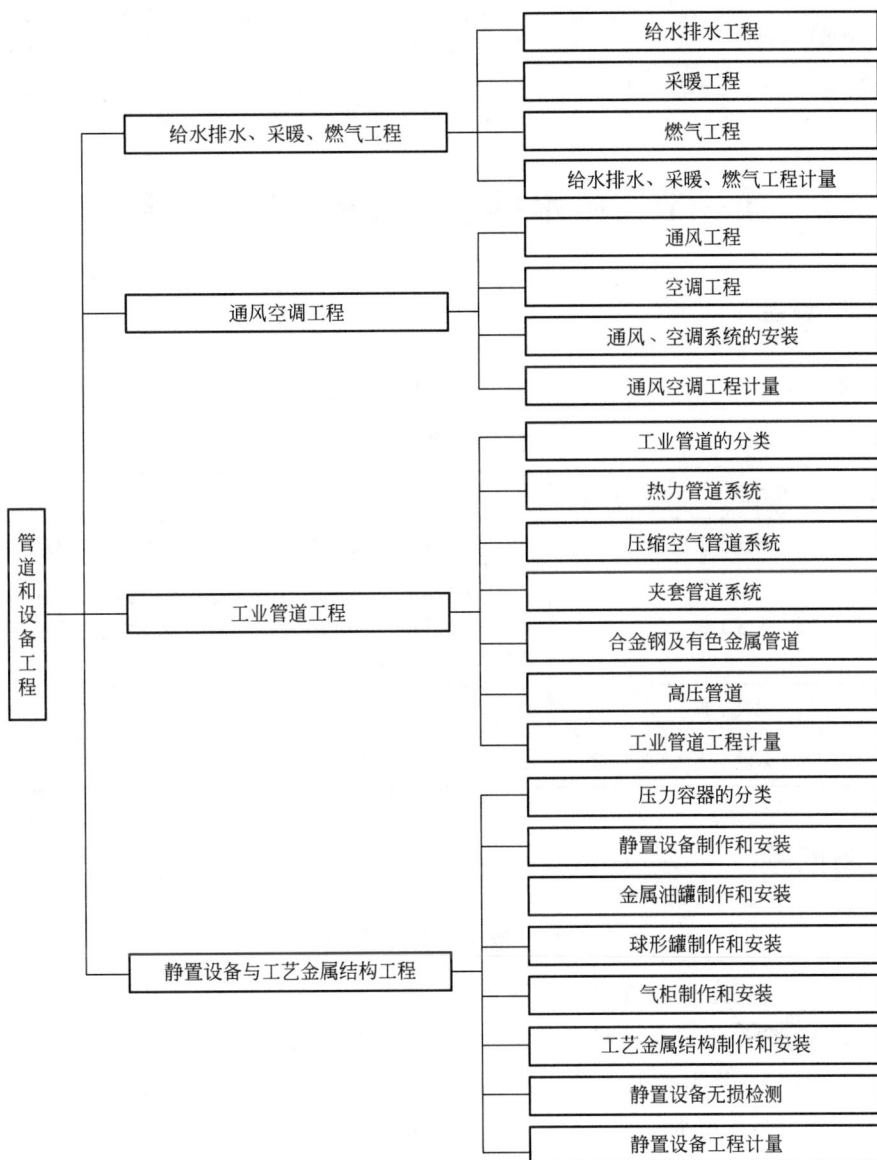

```
                                    ┌─────────────────────────────┐
                                    │        给水排水工程          │
                                    ├─────────────────────────────┤
                                    │         采暖工程            │
                    ┌──────────────┤├─────────────────────────────┤
                    │给水排水、采暖、│         燃气工程            │
                    │  燃气工程     │├─────────────────────────────┤
                    └──────────────┤│给水排水、采暖、燃气工程计量  │
                                    └─────────────────────────────┘
                                    ┌─────────────────────────────┐
                                    │        通风工程             │
                                    ├─────────────────────────────┤
                                    │        空调工程             │
                    ┌──────────────┤├─────────────────────────────┤
                    │  通风空调工程  │   通风、空调系统的安装       │
                    └──────────────┤├─────────────────────────────┤
                                    │      通风空调工程计量        │
                                    └─────────────────────────────┘
```

图 5-1 中各级框架内容如下：

- 给水排水、采暖、燃气工程
  - 给水排水工程
  - 采暖工程
  - 燃气工程
  - 给水排水、采暖、燃气工程计量
- 通风空调工程
  - 通风工程
  - 空调工程
  - 通风、空调系统的安装
  - 通风空调工程计量
- 工业管道工程
  - 工业管道的分类
  - 热力管道系统
  - 压缩空气管道系统
  - 夹套管道系统
  - 合金钢及有色金属管道
  - 高压管道
  - 工业管道工程计量
- 静置设备与工艺金属结构工程
  - 压力容器的分类
  - 静置设备制作和安装
  - 金属油罐制作和安装
  - 球形罐制作和安装
  - 气柜制作和安装
  - 工艺金属结构制作和安装
  - 静置设备无损检测
  - 静置设备工程计量

（管道和设备工程）

图 5-1 本章知识架构

二、考情分析

参见表 5-1。

表 5-1　　　　　　　　　　　　　　　本章考情分析

章节内容		2024		2023		2022	
		混选	分值	混选	分值	混选	分值
第五章	管道和设备工程	20 题	30 分	20 题	30 分	20 题	30 分
第一节	给水排水、采暖、燃气工程	6	9	6	9	6	9
第二节	通风空调工程	6	9	6	9	6	9
第三节	工业管道工程	4	6	4	6	4	6
第四节	静置设备与工艺金属结构工程	4	6	4	6	4	6

第一节　给水排水、采暖、燃气工程

一、名师考点

参见表 5-2。

表 5-2　　　　　　　　　　　　　　　本节考点

	教材点	知识点
一	给水排水工程	给水系统、排水系统、热水供应系统、卫生器具及附属配件
二	采暖工程	热源、热网的组成和分类，室内供暖系统的组成和分类，常见供暖系统形式和特点，供暖系统的主要设备和部件，供暖入口装置，供暖管道和散热设备的安装
三	燃气工程	燃气供应系统、用户燃气系统
四	给水排水、采暖、燃气工程计量	给水排水、供暖、燃气管道工程量计算规则

二、真题回顾

I　给水排水工程

混合选择题（每题有 1~3 个正确答案）

1. 给水系统分区设置水箱和水泵，水泵分散布置，总管线较短，投资较省，能量消耗较小，但供水独立性差，上区受下区限制的给水方式是（　　）。（2015 年）

A. 分区水箱减压给水　　　　　　　B. 分区串联给水

C. 分区并联给水　　　　　　　　　D. 高位水箱减压阀给水

2. 适用于系统工作压力小于等于 0.6MPa，工作温度小于等于 70℃ 的室内给水系统。

采用热熔承插连接，与金属管配件用螺纹连接的给水管材是（　　）。（2015 年）

　　A. 聚丙烯管　　　　　　　　　　　B. 聚乙烯管

　　C. 工程塑料管　　　　　　　　　　D. 硬聚氯乙烯管

　　3. 近年来，在大型的高层民用建筑中，室内给水系统的总立管采用的管道为（　　）。（2016 年）

　　A. 球墨铸铁管　　　　　　　　　　B. 无缝钢管

　　C. 硬聚氯乙烯管　　　　　　　　　D. 聚丙烯管

　　4. 室内给水管与冷水管、热水管共架或同沟水平敷设时，给水管应敷设在（　　）。（2016 年）

　　A. 冷水管下面、热水管上面　　　　B. 冷水管上面、热水管下面

　　C. 几种管道的最下面　　　　　　　D. 几种管道的最上面

　　5. 在消防系统的室内给水管网上，止回阀应装设在（　　）。（2016 年）

　　A. 消防水箱的进水管

　　B. 消防水泵接合器的引入管

　　C. 水泵出水管和升压给水方式的水泵旁通管

　　D. 生产设备可能产生的水压高于市内给水管网水压的配水支管

　　6. 室内给水系统管网布置中，下列叙述正确的有（　　）。（2017 年）

　　A. 下行上给式管网，最高层配水点流出水头较高

　　B. 上行下给式管网，水平配水干管敷设在底层

　　C. 上行下给式常用在要求不间断供水的工业建筑中

　　D. 环状式管网水流畅通，水头损失小

　　7. 室内排水管道系统中，可双向清通的设备是（　　）。（2017 年）

　　A. 清扫口　　　　　　　　　　　　B. 检查口

　　C. 地漏　　　　　　　　　　　　　D. 通气帽

　　8. 利用水箱减压，适用于允许分区设备水箱，电力供应充足，电价较低的各类高层建筑，水泵数目少，维护管理方便，分区水箱容积小，少占建筑面积，下区供水受上区限制，屋顶水箱容积大，这种供水方式为（　　）。（2017 年）

　　A. 分区并联给水　　　　　　　　　B. 分区串联给水

　　C. 分区水箱减压给水　　　　　　　D. 分区减压阀减压给水

　　9. 室内给水管网上阀门设置正确的是（　　）。（2017 年）

　　A. DN≤50mm，使用闸阀和蝶阀

　　B. DN≤50mm，使用闸阀和球阀

　　C. DN>50mm，使用闸阀和球阀

　　D. DN>50mm，使用球阀和蝶阀

　　10. 敷设在高层建筑室内的塑料排水管道管径大于或等于 110mm 时，应设置阻火圈的位置有（　　）。（2017 年）

　　A. 暗敷立管穿越楼层的贯穿部位

　　B. 明敷立管穿越楼层的贯穿部位

C. 横管穿越防火分区的隔墙和防火墙的两侧

D. 横管穿越管道井井壁或管窿围护墙体的贯穿部位外侧

11. 高级民用建筑室内给水，$De \leqslant 63mm$ 时，热水管选用（　　）。（2017 年）

A. 给水聚丙烯

B. 给水聚氯乙烯

C. 给水聚乙烯

D. 给水衬塑铝合金

12. 为给要求供水可靠性高且不允许供水中断的用户供水，宜选用的供水方式为（　　）。（2019 年）

A. 环状网供水

B. 树状网供水

C. 间接供水

D. 直接供水

13. DN100mm 室外给水管道，采用地上架空方式敷设，宜选用的管材为（　　）。（2019 年）

A. 给水铸铁管

B. 给水硬聚氯乙烯管

C. 镀锌无缝钢管

D. 低压流体输送用镀锌焊接钢管

14. 硬聚氯乙烯给水管应用较广泛，下列关于此管表述正确的为（　　）。（2019 年）

A. 当管外径 $\geqslant 63mm$ 时，宜采用承插式粘结

B. 适用于给水温度 $\leqslant 70℃$，工作压力不大于 0.6MPa 的生活给水系统

C. 公共建筑、车间内管道可不设伸缩节

D. 不宜用于高层建筑的加压泵房内

15. 下列关于比例式减压阀的说法正确的是（　　）。（2020 年）

A. 减压阀宜设置两组，一备一用

B. 减压阀前不应安装过滤器

C. 消防给水减压阀后应装设泄水龙头，定期排水

D. 不得绕过减压阀设旁通管

16. 成品卫生器具安装中包括排水配件安装，排水配件包括（　　）。（2020 年）

A. 存水弯

B. 排水栓

C. 地漏

D. 地坪扫除口

17. 优点是管线较短，无需高压水泵，投资较省，运行费用经济，缺点是不宜管理维护，上区供水受下区限制，占用建筑面积大。该供水方式为（　　）。（2020 年）

A. 高位水箱串联供水

B. 高位水箱并联供水

C. 减压水箱供水

D. 气压水箱供水

18. 排水管道安装完毕后应做灌水试验和通球试验，关于灌水试验和通球试验下列说法正确的是（　　）。（2021 年）

A. 埋地管道隐蔽前应做灌水试验

B. 灌水试验应在底层卫生器具上边缘或地面以上

C. 排水立、干、支管应做通球试验

D. 通球试验应大于排水管径 2/3，通过率大于 90%

19. 当任何管网发生事故时，可用阀门关闭事故段而不中断供水，但管网造价高，这种供水布置方式是（　　）。（2021 年）

A. 上行下给　　　　　　　　　　B. 下行上给

C. 树状网　　　　　　　　　　　D. 环状网

20. 高层建筑不宜采用的给水管是（　　　）。（2021年）

A. 聚丙烯管　　　　　　　　　　B. 给水硬聚氯乙烯管

C. 镀锌钢管　　　　　　　　　　D. 铝塑管

21. 热水供应系统中，用于补偿系统水温度变化引起的水体积变化的装置为（　　　）。（2021年）

A. 膨胀水罐　　　　　　　　　　B. 疏水器

C. 贮水罐　　　　　　　　　　　D. 分水缸

22. 某供水方式适用于电力供应充足，允许分区设置水箱的高层建筑，其优点为需要的水泵数量少、设备维护管理方便，则此类供水方式为（　　　）。（2022年）

A. 水泵水箱联合供水　　　　　　B. 减压水箱供水

C. 高位水箱并联供水　　　　　　D. 单设水箱供水

23. 对于运行费用较高、水压变化幅度大，且不宜设置高位水箱的高层建筑，下列供水方式正确的有（　　　）。（2023年）

A. 单设水箱供水　　　　　　　　B. 水泵、水箱联合供水

C. 气压水箱供水　　　　　　　　D. 减压阀供水

24. 适用于高层建筑、大型公共建筑和工艺要求不间断供水的工业建筑，任何管段发生事故时，可用阀门关断事故管段而不中断供水的给水管网布置方式有（　　　）（2023年）。

A. 上行下给式　　　　　　　　　B. 下行上给式

C. 环状供水式　　　　　　　　　D. 直接供水式

25. 下列符合直线管段检查井最大间距为30m要求的管道有（　　　）。（2023年）

A. 管径为250mm的污水管道

B. 管径为400mm的污水管道

C. 管径为250mm的雨水管道

D. 管径为400mm的雨水管道

26. 下列关于室内给水管道安装的说法正确的有（　　　）。（2023年）

A. 引入管的坡度≥3%，且坡向室外给水管网

B. 给水横干管宜设2%~5%坡度，坡向泄水装置

C. 当铺在排水管的下面时，应加设套管，其长度不小于给水管径的2倍

D. 当与排水管道平行敷设时，两管间的最小水平净距≥0.5m

27. 室外给水管道在无冰冻地区埋地敷设时，管顶的覆土厚度应（　　　）。（2024年）

A. >200mm　　　　　　　　　　B. >300mm

C. >400mm　　　　　　　　　　D. >500mm

28. 适用于室外管网水压经常不足、建筑物不易设置水箱的单层或多层建筑的给水方式有（　　　）。（2024年）

A. 直接供水　　　　　　　　　　B. 贮水池加水泵供水

C. 气压罐供水　　　　　　　　　D. 减压阀供水

29. 室外管径 200~300mm 的污水直线管段，设置检查井的最大间距应为（　　）。（2024 年）

A. 60m
B. 50m
C. 40m
D. 30m

30. 关于给水管道引入管的安装，下列说法正确的有（　　）。（2024 年）

A. 引入管应有不小于 3% 的坡度，坡向室外给水管网
B. 引入管应有不小于 2% 的坡度，坡向室内
C. 每条引入管上应装设阀门和水表、止回阀
D. 枝状管网引入管应为 1 条

31. 关于采暖设备中膨胀水箱安装，下列说法正确的有（　　）。（2024 年）

A. 补水管的补水只能采用手动方式
B. 信号管一般应接至人员容易观察的地方
C. 膨胀管、循环管、溢流管上严禁安装阀门
D. 排水管用于清洗水箱及放空用，一般可接至附近下水道

Ⅱ　采暖工程

混合选择题（每题有 1~3 个正确答案）

1. 与铸铁散热器相比，钢制散热器的特点是（　　）。（2015 年）

A. 结构简单，热稳定性好
B. 防腐蚀性好
C. 耐压强度高
D. 占地小，使用寿命长

2. 一般设在热力管网的回水干管上，其扬程不应小于设计流量条件下热源、热网、最不利用户环路压力损失之和。此水泵为（　　）。（2015 年）

A. 补水泵
B. 混水泵
C. 凝结水泵
D. 循环水泵

3. 为保证地板表面温度均匀，地板辐射供暖系统的加热管布置应采用的形式有（　　）。（2015 年）

A. 平行排管
B. 枝形排管
C. 蛇形排管
D. 蛇形盘管

4. 供暖工程中，分户热计量分室温度控制系统装置包括（　　）。（2016 年）

A. 锁闭阀
B. 平衡网
C. 散热器温控阀
D. 热量分配表

5. 散热器的选用应考虑水质的影响，水的 pH 值在 5~8.5 时宜选用（　　）。（2017 年）

A. 钢制散热器
B. 铜制散热器
C. 铝制散热器
D. 铸铁散热器

6. 下列有关供暖管道安装说法正确的是（　　）。（2017 年）

A. 室内供暖管管径 DN>32mm 宜采用焊接或法兰连接
B. 管径 DN≤32mm 不保温供暖双立管中心间距应为 50mm
C. 管道穿过墙或楼板，应设伸缩节

D. 一对共用立管每层连接的户数不宜大于四户

7. 热源和散热设备分开设置，由管网将它们连接，以锅炉房为热源，作用于一栋或几栋建筑物的供暖系统类型为（　　）。（2018 年）

A. 局部供暖系统 　　　　　　　　B. 分散供暖系统

C. 集中供暖系统 　　　　　　　　D. 区域供暖系统

8. 采用无缝钢管焊接成型，构造简单，制作方便，使用年限长，散热面积大，适用范围广，易于清洁，较笨重，耗钢材，占地面积大的散热器类型为（　　）。（2018年）

A. 扁管型 　　　　　　　　　　　B. 光排管

C. 翼型 　　　　　　　　　　　　D. 钢制翅片管

9. 关于热水供暖系统，说法正确的为（　　）。（2018 年）

A. 重力循环单管上供下回式升温慢，压力易平衡

B. 重力循环双管上供下回散热器并联，可单独调节

C. 机械循环水平单管串联型构造简单，环路少，经济性好

D. 机械循环双管中供式排气方便，对楼层扩建有利

10. 供暖散热器和膨胀水箱的说法正确的是（　　）。（2020 年）

A. 车库散热器应高位安装

B. 楼梯间散热器不应安装在底层

C. 膨胀水箱的膨胀管上严禁安装阀门

D. 膨胀水箱的循环管上严禁安装阀门

11. 对不散发粉尘或散发非燃烧性非爆炸性粉尘的生产车间，采暖系统适宜的热媒是（　　）。（2022 年）

A. 低压蒸汽 　　　　　　　　　　B. 不超过 90 度的热水

C. 热风 　　　　　　　　　　　　D. 高压蒸汽

12. 下列关于采暖管道及设备安装要求说法正确的有（　　）。（2022 年）

A. 气、水同向流动的热水采暖管道坡度一般为 5‰

B. 当散热器支管长度超过 1m 时，应在支管上安装管卡

C. 有外窗的房间，散热器宜布置在窗下

D. 铸铁柱形散热器每组片数不宜超过 25 片

13. 适用于高层建筑的高温水供暖系统，水质 pH＝12、水压 0.9MPa 的散热器有（　　）。（2023 年）

A. 钢制散热器 　　　　　　　　　B. 铸铁散热器

C. 铜制散热器 　　　　　　　　　D. 铝制散热器　　　真题讲解

14. 关于采暖系统热媒的选择，下列说法正确的有（　　）。（2024 年）

A. 幼儿园宜采用不超过 95℃的热水

B. 办公楼宜采用不超过 95℃的热水或低压蒸汽

C. 商业建筑宜采用不超过 110℃的热水或低压蒸汽

D. 影剧院允许采用超过 130℃的热水

Ⅲ　燃气工程

混合选择题（每题有1~3个正确答案）

1. 城市燃气供应系统中，目前在中、低压两级系统中使用的燃气压送设备有罗茨式鼓风机和（　　）。（2016年）

A. 离心式鼓风机
B. 往复式压送机
C. 螺杆式压送机
D. 滑片式压送机

2. 某输送燃气管道，其塑性好，切断、钻孔方便，抗腐蚀性好，使用寿命长，但其重量大，金属消耗多，易断裂，接口形式常采用柔性接口和法兰接口，此管材为（　　）。（2017年）

A. 球墨铸铁管
B. 耐腐蚀铸铁管
C. 耐磨铸铁管
D. 双面螺旋缝焊钢管

3. 中压燃气管道 A 级的设计压力为（　　）。（2020年）

A. $0.01MPa<P\leqslant0.2MPa$
B. $0.2MPa<P\leqslant0.4MPa$
C. $0.4MPa<P\leqslant0.8MPa$
D. $0.8MPa<P\leqslant1.6MPa$

4. 供应室内低压燃气，管径 25mm 的镀锌钢管需要连接，需要采用的连接方式为（　　）。（2021年）

A. 螺纹连接
B. 焊接连接
C. 法兰连接
D. 卡套连接

5. 既适合室内输送水温不超 40℃ 给水系统，又适合输送燃气塑料管的是（　　）。（2022年）

A. 交联聚乙烯
B. 聚丙烯
C. 聚乙烯
D. 聚丁烯

6. 在燃气管道工程中，管道系统补偿器的形式有（　　）。（2022年）

A. 方形管补偿器
B. 套筒式补偿器
C. 自然补偿器
D. 波形管补偿器

7. 下列关于燃气调压装置设置的说法正确的有（　　）。（2023年）

A. 设置在地上单独的调压箱（悬挂式）内时，工业用户燃气进口压力不应大于0.8MPa

B. 设置在地上单独的调压箱（悬挂式）内时，商业用户燃气进口压力不应大于0.4MPa

C. 设置在地上单独的调压柜（落地式）内时，商业用户燃气进口压力不应大于0.4MPa

D. 设置在地上单独的调压柜（落地式）内时，工业用户燃气进口压力不应大于0.8MPa

Ⅳ　给水排水、采暖、燃气工程计量

混合选择题（每题有1~3个正确答案）

1. 依据《通用安装工程工程量计算标准》GB/T 50856—2024，给水排水和供暖管道

附件以"组"为单位计量的有（　　）。(2015 年)

 A. 浮标液面计   B. 水表

 C. 浮漂水位标尺   D. 热量表

2. 依据《通用安装工程工程量计算标准》GB/T 50856—2024，系列给水排水、供暖、燃气工程管道附加件中按设计图示数量以"个"计算的是（　　）。(2016 年)

 A. 倒流防止器   B. 除污器

 C. 补偿器   D. 疏水器

3. 依据《通用安装工程工程量计算标准》GB/T 50856—2024，燃气管道工程量计算时，管道室内外界限划分为（　　）。(2016 年)

 A. 地上引入管以建筑物外墙皮 1.5m 为界

 B. 地下引入管以进户前阀门井为界

 C. 地上引入管以墙外三通为界

 D. 地下引入管以室内第一个阀门为界

4. 根据《通用安装工程工程量计算标准》GB/T 50856—2024，给水排水、供暖管道室内外界限划分正确的有（　　）。(2017 年)

 A. 给水管以建筑物外墙皮 1.5m 为界，入口处设阀门者以阀门为界

 B. 排水管以建筑物外墙皮 3m 为界，有化粪池时以化粪池为界

 C. 供暖管地下引入室内以室内第一个阀门为界，地上引入室内以墙外三通为界

 D. 供暖管以建筑物外墙皮 1.5m 为界，入口处设阀门者以阀门为界

5. 给水排水、供暖、燃气工程管道工程量计量的说法中正确的是（　　）。(2020 年)

 A. 直埋保温管包括直埋保温管件安装，接口保温另计

 B. 排水管道包括立管检查口安装

 C. 塑料排水管阻火圈，应另计工程量

 D. 室外管道碰头包括管沟局部拆除及恢复，但挖工作坑、土方回填应单独列项

6. 依据《通用安装工程工程量计算标准》GB/T 50856—2024，应在热水采暖的镀锌钢管项目中进行项目特征描述的有（　　）。(2021 年)

 A. 阻火圈的设计要求

 B. 输送介质

 C. 警示带的形式

 D. 管道支架的制作、安装

三、真题解析

Ⅰ 给水排水工程

混合选择题（每题有 1~3 个正确答案）

1.【答案】B

【解析】

室内给水系统供水方式一览表

给水方式		特点	优点	缺点	适用范围
单层或多层建筑	直接供水	室外管网供水直接供给用户，内部无需贮水设备	系统简单、投资省、安装维护方便、节能	外网停水内部便断水	适用于外网水压、水量能满足用水要求，室内给水无特殊要求的建筑
	单设水箱供水	室内管网与外网直接连接，利用外网压力供水，同时设置高位水箱调节流量和压力	供水较可靠，系统较简单，投资较省，安装、维护较简单，可充分利用外网水压，节省能量	设置高位水箱，增加结构荷载，若水箱容积不足，可能造成停水	适用于外网水压周期性不足，室内要求水压稳定，允许设置高位水箱的建筑
	贮水池加水泵供水	室外管网供水至贮水池，水泵将水抽升至各用水点。当室内一天用水量均匀时，可以选择恒速水泵；当用水量不均匀时，宜采用变频调速泵	供水方式安全可靠，不设高位水箱，不增加建筑结构荷载	外网水压没有充分被利用	适用于外网的水量满足室内的要求，而水压大部分时间不足的建筑
	水泵、水箱联合供水	水泵自贮水池抽水加压，利用高位水箱调节流量，在外网水压高时也可以直接供水	可以延时供水，供水可靠，充分利用外网水压，节省能量	安装、维护较麻烦，投资较大；有水泵振动和噪声干扰；需设高位水箱，增加结构荷载	适用于外网水压经常或间断不足，允许设置高位水箱的建筑
	气压罐供水	水泵自贮水池或外网抽水加压送至气压罐内，由气压罐向用户供水。并由气压罐调节、贮存水量及控制水泵运行	设备可设在建筑物任何高度上，安装方便，水质不易受污染，投资省，建设周期短，便于实现自动化	管理运行成本高，由于给水压力波动较大，供水安全性较差	适用于室外管网水压经常不足，建筑物不宜设置水箱的情况
高层建筑	低区直供，高区设贮水池、水泵、水箱供水	低区由外网直接供水，高区由水泵、水箱供水；高低区管道连通，设阀门隔断；外网水压不足时，打开阀门由水箱供低区用水	可利用部分外网水压，能量消耗较少。供水可靠，外网水压不足时不影响低区用水；停水、停电时高区可以延时供水	安装维护较麻烦，投资较大，有水泵振动、噪声干扰	适用于外网水压经常不足且不允许直接抽水，允许设置高位水箱的建筑
	高位水箱并联供水	分区设置水箱、水泵，水泵集中设置在底层或地下室，分别向各区供水	各区独立运行互不干扰，供水可靠；水泵集中管理，维护方便，运行费用经济	管线长，水泵较多，设备投资较高；水箱占用建筑物使用面积	适用于允许分区设置水箱的建筑

续表

给水方式		特点	优点	缺点	适用范围
高层建筑	高位水箱串联供水	分区设置水箱、水泵，水泵分散布置，自下区水箱抽水供上区使用	管线较短，无需高压水泵，投资较省，运行费用经济	供水独立性较差，上区受下区限制；水泵分散设置不易管理维护；水泵设在楼层，振动隔声要求高；水泵、水箱均设在楼层，占用建筑面积大	适用于允许分区设置水箱、水泵的建筑，尤其是高层工业建筑
	减压水箱供水	全部用水量由底层水泵提升至屋顶总水箱，再分送至各分区水箱，分区水箱起减压作用	水泵数目少、设备费用低，维护管理方便；各分区水箱容积小，少占建筑面积	水泵运行费用高，屋顶水箱容积大，对结构和抗震不利	适用于允许分区设置水箱，电力供应充足，电价较低的建筑
	减压阀供水	工作原理同减压水箱供水。区别是以减压阀替代减压水箱	不占楼层面积，减轻结构基础负荷，避免引起水箱二次污染	水泵运行费用较高	适用于电力供应充足，电价较低的建筑
	气压水箱供水	气压水箱即气压罐，供水方式有气压水箱并列供水、气压水箱减压阀供水	无须设置高位水箱，不占用建筑物使用面积	运行费用较高，气压水箱贮水量小，水泵启闭频繁，水压变化幅度大	适用于不适宜设置高位水箱的建筑

2.【答案】A

【解析】聚丙烯管（PP）：适用于工作温度小于等于70℃、系统工作压力小于等于0.6MPa的给水系统。特点是不锈蚀，可承受pH值1~14范围内高浓度的酸和碱的腐蚀；耐磨损、不结垢，内壁均匀光滑，流动阻力小；可显著减少由液体流动引起的振动和噪声；防冻裂，PP材料弹性优良，管道截面可随冻胀的液体一起膨胀而不会胀裂；PP材料属于不良导热体，可减少结露现象并减少热损失；重量轻、安装简单；使用寿命长，在规定使用条件下可使用50年。PP管材及配件之间采用热熔连接。PP管与金属管件连接时，采用带金属嵌件的聚丙烯管件作为过渡，该管件与PP管采用热熔连接，与金属管采用丝扣连接。

3.【答案】A

【解析】近年来，在大型的高层民用建筑中，将球墨铸铁管设计为总立管，应用于室内给水系统。球墨铸铁管较普通铸铁管壁薄、强度高。球墨铸铁管采用橡胶圈机械式接口或承插接口，也可以采用螺纹法兰连接的方式。

4.【答案】B

【解析】给水管与其他管道共架或同沟水平敷设时，给水管应敷设在排水管、冷冻水管上面或热水管、蒸汽管下面。如果给水管必须铺在排水管的下面时，应加设套管，其长度不小于排水管径的3倍。给水管道穿过地下室外墙或构筑物墙壁时，应采用防水套管。

5.【答案】BC

【解析】止回阀应装设在：相互连通的两条或两条以上的和室内连通的每条引入管；

利用室外管网压力进水的水箱,其进水管和出水管合并为一条的出水管道;消防水泵接合器的引入管和水箱消防出水管;生产设备可能产生的水压高于室内给水管网水压的配水支管;水泵出水管和升压给水方式的水泵旁通管。

6.【答案】D

【解析】下行上给式最高层配水的流出水头较低,埋地管道检修不便,A 选项错误。

上行下给式管网,水平配水干管敷设在顶层吊顶下或吊顶内,对于非冰冻地区,也有敷设在屋顶上的,对于高层建筑也可以设在技术夹层内,B 选项错误。

环状式管网常用在高层建筑、大型公共建筑和工艺要求不间断供水的工业建筑,消防管网有时也要求环状式,C 选项错误。

7.【答案】B

【解析】检查口为可双向清通的管道维修口,清扫口仅可单向清通。

8.【答案】C

9.【答案】B

【解析】公称直径 DN≤50mm 时,宜采用闸阀或球阀;DN>50mm 时,宜采用闸阀或蝶阀;在双向流动和经常启闭管段上,宜采用闸阀或蝶阀,不经常启闭而又需快速启闭的阀门,应采用快开阀。

10.【答案】BCD

【解析】敷设在高层建筑室内的塑料排水管道管径大于或等于 110mm 时,应在下列位置设置阻火圈:

(1)明敷立管穿越楼层的贯穿部位;

(2)横管穿越防火分区的隔墙和防火墙的两侧;

(3)横管穿越管道井井壁或管窿围护墙体的贯穿部位外侧。

11.【答案】AD

【解析】

给水管道管材选用表

管道类别		条件	适用管材	建筑物性质
室内	冷水管	DN≤150mm	低压流体输送用镀锌焊接钢管	一般民用建筑
		DN≥150mm	镀锌无缝钢管	
		De≤160mm	给水硬聚氯乙烯管	
		De≤63mm	给水聚丙烯管、衬塑铝合金管	一般或高级民用建筑
		DN≤150mm	薄壁铜管	高级、高层民用建筑
		DN≥150mm	球墨铸铁管(总立管)	
室内	热水管	DN≤150mm	低压流体输送用镀锌焊接钢管	一般民用建筑
			薄壁铜管	高级民用建筑
		De≤63mm	给水聚丙烯管、衬塑铝合金管	
	饮用水	DN≤150mm	薄壁铜管、不锈钢管	
		De≤63mm	给水聚丙烯管、衬塑铝合金管	

续表

管道类别		条件	适用管材	建筑物性质
室外	冷水管	DN≤150mm	低压流体输送用镀锌焊接钢管	地上
		DN≤65mm	低压流体输送用镀锌焊接钢管	地下
		DN≥80mm	给水铸铁管或球墨铸铁管	
		$De=20\sim630$mm	给水硬聚氯乙烯管	

12.【答案】A

【解析】给水管网有树状网和环状网两种形式。树状网是从水厂泵站或水塔到用户的管线布置成树枝状，只是一个方向供水，供水可靠性较差，投资省。环状网中的干管前后贯通，连接成环状，供水可靠性好，适用于供水不允许中断的地区。

13.【答案】D

14.【答案】D

【解析】硬聚氯乙烯给水管：适用于给水温度不大于45℃、给水系统工作压力不大于0.6MPa的生活给水系统。高层建筑的加压泵房内不宜采用PVC-U给水管；水箱的进出水管、排污管、自水箱至阀门间的管道不得采用塑料管；公共建筑、车间内塑料管长度大于20m时，应设伸缩节。PVC-U给水管宜采用承插式粘结、承插式弹性橡胶密封圈柔性连接和过渡性连接。管外径$De<63$mm时，宜采用承插式粘结连接；管外径$De≥63$mm时，宜采用承插式弹性橡胶密封圈柔性连接；与其他金属管材、阀门、器具配件等连接时，采用过渡性连接，包括螺纹或法兰连接。

15.【答案】ACD

【解析】比例式减压阀的设置应符合以下要求：减压阀宜设置两组，一备一用；减压阀前后装设阀门和压力表；阀前应装设过滤器；消防给水减压阀后应装设泄水龙头，定期排水；不得绕过减压阀设旁通管；阀前、后宜装设可曲挠橡胶接头。

16.【答案】AB

【解析】成品卫生器具项目中的附件安装，主要指给水附件，包括水嘴、阀门、喷头等，排水配件包括存水弯、排水栓、下水口等以及配备的连接管。

17.【答案】A

【解析】参见"室内给水系统供水方式一览表"。

18.【答案】AB

【解析】排水管道敷设为隐蔽或埋地的排水管道，在隐蔽前必须做灌水试验，其灌水高度不应低于底层卫生器具的上边缘或底层地面的高度。

排水主立管及水平干管管道均应做通球试验，通球球径不小于排水管道管径的2/3，通球率必须达到100%。

19.【答案】D

【解析】给水管网有树状网和环状网两种形式。树状网是从水厂泵站或水塔到用户的管线布置成树枝状，只是一个方向供水。供水可靠性较差，投资省。环状网中的干管前后贯通，连接成环状，供水可靠性好，适用于供水不允许中断的地区。

20. 【答案】B

【解析】参见"给水管道管材选用表"。

21. 【答案】A

【解析】在闭式集中热水供应系统中设膨胀水罐、膨胀管，用于补偿贮热设备及管网中水温升高后水体积的膨胀量。

22. 【答案】B

23. 【答案】C

【解析】气压水箱即气压罐，供水方式有气压水箱并列供水、气压水箱减压阀供水；优点为无须设置高位水箱，不占用建筑物使用面积；缺点为运行费用较高，气压水箱贮水量小，水泵启闭频繁，水压变化幅度大；适用于不适宜设置高位水箱的建筑。

24. 【答案】C

【解析】给水系统按给水管网的敷设方式不同，可以布置成下行上给式、上行下给式和环状供水式三种管网方式。

管网布置方式

名称	特征及使用范围	优缺点
下行上给式	水平配水干管敷设在底层（明装、埋设或沟敷）或地下室天花板下。 居住建筑、公共建筑和工业建筑，在利用外网水压直接供水时多采用这种方式	图式简单，明装时便于安装维修，最高层配水的流出水头较低，埋地管道检修不便
上行下给式	水平配水干管敷设在顶层天花板下或吊顶内，对于非冰冻地区，也有敷设在屋顶上的，对于高层建筑也可以设在技术夹层内。 设有高位水箱的居住建筑、公共建筑、机械设备或地下管线较多的工业厂房多采用这种方式	最高层配水点流出水头较高，安装在吊顶内的配水干管可能因漏水、结露损坏吊顶和墙面，要求外网水压稍高一些
环状供水式	水平配水干管或配水立管互相连接成环，组成水平干管环状或立管环状，在有两个引入管时，也可将两个引入管通过配水立管和水平配水干管相连通，组成贯穿环状。高层建筑、大型公共建筑和工艺要求不间断供水的工业建筑常采用这种方式，消防管网有时也要求环状供水式	任何管段发生事故时，可用阀门关断事故管段而不中断供水，水流畅通，水头损失小，水质不易因滞流变质。 管网造价较高

25. 【答案】ABC

【解析】

直线管段检查井最大距离

管径（mm）	最大间距（m）	
	污水管道	雨水管和合流管道
150	20	—
200~300	30	30
400	30	40
≥500	—	50

26. 【答案】ABD

【解析】引入管的敷设。室内给水管网供水应根据建筑物的供水安全要求设计成环状管网、枝状管网或贯通枝状管网。环状管网和枝状管网应有两条或两条以上引入管，或采用贮水池或增设第二水源。引入管应有不小于 3% 的坡度，坡向室外给水管网。每条引入管上应装设阀门和水表、止回阀。当生活和消防共用给水系统，且只有一条引入管时，应绕水表旁设旁通管，旁通管上设阀门。

干管安装。给水横干管宜敷设在地下室、技术层、吊顶内，宜设 2% ~ 5% 的坡度，坡向泄水装置。给水管与其他管道共架或同沟敷设时，给水管应敷设在排水管、冷冻水管上面或热水管、蒸汽管下面。给水引入管与排水排出管的水平净距不得小于 1m。室内给水与排水管道平行敷设时，两管间的最小水平净距不得小于 0.5m；交叉敷设时，垂直净距不得小于 0.15m；若给水管必须铺在排水管的下面时，给水管应加设套管，其长度不得小于排水管径的 3 倍。给水管道穿过地下室外墙或构筑物墙壁时，应采用防水套管。

27. 【答案】D

【解析】给水管道一般采用埋地敷设，应在当地的冰冻线以下，如必须在冰冻线以上敷设时，应做可靠的保温防潮措施。在无冰冻地区，埋地敷设时管顶的覆土厚度不得小于 500mm，穿越道路部位的埋深不得小于 700mm。通常沿道路或平行于建筑物敷设，给水管网上设置阀门和阀门井。

28. 【答案】C

【解析】气压罐供水。水泵自贮水池或外网抽水加压送至气压罐内，由气压罐向用户供水，并由气压罐调节、贮存水量及控制水泵运行。设备可设在建筑物任何高度上，安装方便，水质不易受污染，投资省，建设周期短，便于实现自动化。适用于室外管网水压经常不足，建筑物不易设置水箱的情况。

29. 【答案】D

【解析】见下表。

直线管段检查井最大距离

管径（mm）	最大间距（m）	
	污水管道	雨水管和合流管道
150	20	—
200 ~ 300	30	30
400	30	40
≥500	—	50

30. 【答案】AC

【解析】选项 A 正确，引入管应有不小于 3% 的坡度，坡向室外给水管网，选项 B 错误。

选项 C 正确，每条引入管上应装设阀门和水表、止回阀。选项 D 错误，环状管网和枝状管网应有 2 条或 2 条以上引入管，或采用贮水池或增设第二水源。

31. 【答案】BCD

【解析】膨胀水箱安装：

1）膨胀水箱内外要求刷防锈漆，并进行满水试漏。膨胀水箱如安装在非采暖房间里，膨胀水箱要保温。

2）膨胀管、循环管、溢流管上严禁安装阀门。

3）信号管一般应接至人员容易观察的地方。

4）溢流管一般可接至附近下水道，但不允许直接与下水道相接。

5）排水管用于清洗水箱及放空用，一般可接至附近下水道。

6）补水管的补水可用手动或浮球阀自动控制。

Ⅱ 采暖工程

混合选择题（每题有 1~3 个正确答案）

1.【答案】C

2.【答案】D

【解析】循环水泵提供的扬程应等于水从热源经管路送到末端设备再回到热源一个闭合环路的阻力损失，即扬程不应小于设计流量条件下热源、热网、最不利用户环路压力损失之和。一般将循环水泵设在回水干管上，这样回水温度低，泵的工作条件好，有利于延长其使用寿命。

3.【答案】ACD

【解析】

地板辐射供暖系统

低温热水地板辐射供暖系统	供暖管辐射形式：平行排管、蛇形排管、蛇形盘管	具有节能、舒适性强、能实现"按户计量、分室调温"、不占用室内空间等特点

4.【答案】ACD

【解析】分户热计量分室温度控制系统装置包括：锁闭阀、散热器温控阀、热计量装置（热量表、热量分配表）。

5.【答案】C

【解析】当选用钢制、铝制、铜制散热器时，为降低内腐蚀，应对水质提出要求，一般钢制 pH = 10~12，铝制 pH = 5~8.5，铜制 pH = 7.5~10 为适用值。

6.【答案】A

【解析】管道安装要求：

（1）供暖管道的安装，管径 DN>32mm 宜采用焊接或法兰连接。

（2）在同一房间内，安装同类型的供暖设备及管道配件，除特殊要求外，应安装在同一高度上。

（3）安装管道时，其坡度要求：热水供暖和汽水同向流动的蒸汽和凝结水管道，坡度一般为 0.003，但不得小于 0.002；汽水逆向流动的蒸汽管道，坡度不得小于 0.005。

（4）管道从门窗或其他洞口、梁柱、墙垛等部位绕过，转角处如果高于或低于管道水平走向，在其最高点或最低点应分别安装排气或泄水装置。

（5）管道穿过墙或楼板，应设置填料套管。安装在内墙壁和楼板的套管，套管直径比管道大两号为宜；管道穿外墙或基础时，应加设防水套管，套管直径比管道直径大两号为宜；管道穿过厨房、厕所、卫生间等容易积水的房间楼板，应加设填料套管。

（6）共用立管：

1）供回水干管，共用立管宜采用热镀锌钢管，螺纹连接。

2）共用立管及各分户系统入口装置均安装在管道井内，并具备查验及检修条件。

3）一对共用立管负担的户内系统数不宜过多，一般每层连接的户数不宜大于三户。

7.【答案】C

【解析】本题考查的是供暖工程。集中供暖系统：热源和散热设备分开设置，由管网将它们之间连接。以锅炉房为热源，作用于一栋或几栋建筑物的供暖系统。

8.【答案】B

【解析】光排管散热器，采用优质焊接钢管或无缝钢管焊接成型。单管形散热器、U形管散热器多用于民用住宅建筑的卫生间、厨房等处；A 型蒸汽排管散热器用于蒸汽系统，具有节能特性，下班时停用余热能确保机器设备不被冻坏，上班后再开启；B 型热水排管散热器有地腿，可立于地面安装，也可安装于墙壁。光排管散热器构造简单、制作方便、使用年限长、散热快、散热面积大、适用范围广、易于清洁、无需维护保养是其显著特点；是自行供热的车间厂房首选的散热设备，也适用于灰尘较大的车间。缺点是较笨重、耗钢材、占地面积大。

9.【答案】ABC

10.【答案】CD

【解析】车库散热器不宜高位安装；散热器落地安装时宜设置防冻设施；楼梯间散热器应尽量布置在底层；膨胀管上严禁安装阀门；循环管严禁安装阀门。

11.【答案】ACD

【解析】

不同粉尘的生产车间采暖系统

建筑种类		适宜采用	允许采用
工业建筑	不散发粉尘或散发非燃烧性和非爆炸粉尘的生产车间	低压蒸汽或高压蒸汽；不超过 110℃ 的热水；热风	不超过 130℃ 的热水
	散发非燃烧和非爆炸性有机无毒升华粉尘的生产车间	低压蒸汽；不超过 110℃ 的热水；热风	不超过 130℃ 的热水
	散发非燃烧性和非爆炸性的易升华有毒粉尘、气体及蒸汽的生产车间	按相关管理部门规定执行	—
	散发燃烧性或爆炸性有毒气体、蒸汽及粉尘的生产车间	按相关管理部门规定执行	—
	任何容积的辅助建筑	服从主体建筑的热源	—
	厂区内设在单独建筑中的门诊所、药房、托儿所及保健站等	不超过 95℃ 的热水	—

12. 【答案】CD

【解析】A 选项错误，气、水同向流动的热水采暖管道，气、水同向流动的蒸汽管道和凝结水管道，坡度一般为 3‰，不得小于 2‰；气、水逆向流动的热水采暖管道，气、水逆向流动的蒸汽管道，坡度不得小于 5‰；B 选项错误，为防止支管中部下沉，影响空气或凝结水的顺利排出，当散热器支管长度超过 1.5m 时，应在支管上安装管卡；CD 选项正确，散热器一般应明装。暗装时应留有足够的空气流通通道，并方便维修；片式组对散热器每组散热片数不宜过多。铸铁柱形散热器每组片数不宜超过 25 片，组装长度不宜超过 1500mm。散热器组对后和整组出厂的散热器在安装前应做水压试验。有外窗的房间，散热器宜布置在窗下。

13. 【答案】A

【解析】当选用钢制、铝制、铜制散热器时，为降低内腐蚀，应对水质提出要求，一般钢制 pH=10~12；铝制 pH=5~8.5；铜制 pH=7.5~10 为适用值。

14. 【答案】AB

【解析】见下表。

采暖系统热媒的选择

	建筑种类	适宜采用	允许采用
民用及公共建筑	住宅、医院、幼儿园	不超过 95℃ 的热水	—
	办公楼、学校、展览馆等	1. 不超过 95℃ 的热水； 2. 低压蒸汽	—
	车站、食堂、商业建筑等	不超过 110℃ 的热水	低压蒸汽
	一般俱乐部、影剧院等	1. 不超过 110℃ 的热水； 2. 低压蒸汽	不超过 130℃ 的热水

Ⅲ 燃气工程

混合选择题（每题有 1~3 个正确答案）

1. 【答案】B

【解析】目前，在中、低压两级系统中使用的燃气压送设备有罗茨式鼓风机和往复式压送机。

2. 【答案】A

【解析】燃气用球墨铸铁管适用于输送设计压力为中压 A 级及以下级的燃气（如人工煤气、天然气、液化石油气等）。其塑性好，切断、钻孔方便，抗腐蚀性好，使用寿命长。与钢管相比金属消耗多，重量大，质脆，易断裂。接口形式常采用机械柔性接口和法兰接口。

3. 【答案】B

【解析】我国城镇燃气管道按燃气设计压力 P（MPa）分为七级。

（1）高压燃气管道 A 级：压力为 $2.5MPa < P \leq 4.0MPa$；

（2）高压燃气管道 B 级：压力为 $1.6MPa < P \leq 2.5MPa$；

（3）次高压燃气管道 A 级：压力为 $0.8\text{MPa}<P\leq1.6\text{MPa}$；

（4）次高压燃气管道 B 级：压力为 $0.4\text{MPa}<P\leq0.8\text{MPa}$；

（5）中压燃气管道 A 级：压力为 $0.2\text{MPa}<P\leq0.4\text{MPa}$；

（6）中压燃气管道 B 级：压力为 $0.01\text{MPa}<P\leq0.2\text{MPa}$；

（7）低压燃气管道：压力为 $P<0.01\text{MPa}$。

4.【答案】A

5.【答案】C

【解析】交联聚乙烯、聚丙烯、聚丁烯均可输送热水。

6.【答案】BD

【解析】补偿器常用在架空管、桥管上，用以调节因环境温度变化而引起的管道膨胀与收缩。燃气管道常用补偿器形式有套筒式补偿器和波形管补偿器，埋地铺设的聚乙烯管道长管段上通常设置套筒式补偿器。

7.【答案】AB

【解析】设置在地上单独的调压箱（悬挂式）内时，对居民和商业用户燃气进口压力不应大于 0.4MPa；对工业用户（包括锅炉房）燃气进口压力不应大于 0.8MPa；设置在地上单独的调压柜（落地式）内时，对居民、商业用户和工业用户（包括锅炉房）燃气进口压力不宜大于 1.6MPa。

Ⅳ　给水排水、采暖、燃气工程计量

混合选择题（每题有 1~3 个正确答案）

1.【答案】AB

【解析】补偿器、软接头（软管）、塑料排水管消声器、各式阀门的计量单位均为"个"；减压器、疏水器、除污器（过滤器）、浮标液面计的计量单位均为"组"；水表的计量单位为"个"或"组"；法兰的计量单位为"副"或"片"；倒流防止器、浮漂水位标尺以"套"为计量单位；热量表的计量单位为"块"。

2.【答案】C

【解析】选项 A 以"套"为计量单位；选项 BD 以"组"为计量单位。

3.【答案】CD

4.【答案】AD

5.【答案】B

【解析】直埋保温管包括直埋保温管件安装及接口保温。

排水管道安装包括立管检查口、透气帽。

塑料管安装工作内容包括安装阻火圈；项目特征应描述对阻火圈设置的设计要求。

室外管道碰头包括挖工作坑、土方回填或暖气沟局部拆除及修复。

6.【答案】B

【解析】输送介质包括给水、排水、中水、雨水、热媒体、燃气、空调水等。若管道室外埋设时，项目特征应按设计要求描述是否采用警示带。塑料管安装工作内容包括安装阻火圈；项目特征应描述对阻火圈设置的设计要求。

第二节　通风空调工程

一、名师考点

参见表 5-3。

表 5-3　　　　　　　　　　　　　　　　　　本节考点

	教材点	知识点
一	通风工程	通风方式、空气幕系统、通风（空调）主要设备和附件
二	空调工程	空调系统的组成、空调系统的分类、典型空调系统的介绍、空调系统主要设备及部件、空调水系统、空调系统的冷热源
三	通风、空调系统的安装	通风系统的安装、空调系统的安装
四	通风空调工程计量	通风空调工程量计量规则

二、真题回顾

Ⅰ　通风工程

混合选择题（每题有 1~3 个正确答案）

1. 机械排风系统中，风口宜设置在（　　）。（2015 年）

A. 污染物浓度较大的地方　　　　　　B. 污染物浓度中等的地方

C. 污染物浓度较小的地方　　　　　　D. 没有污染物的地方

2. 在通风排气时，净化低浓度有害气体的较好方法是（　　）。（2015 年）

A. 燃烧法　　　　　　　　　　　　　B. 吸收法

C. 吸附法　　　　　　　　　　　　　D. 冷凝法

3. 对建筑高度低于 100m 的居民建筑，靠外墙的防烟楼梯间及其前室、消防电梯间前室和合用前室，宜采用的排烟方式为（　　）。（2016 年）

A. 自然排烟　　　　　　　　　　　　B. 机械排烟

C. 加压排烟　　　　　　　　　　　　D. 抽吸排烟

4. 某种通风机具有可逆转特性，在重量或功率相同的情况下，能提供较大的通风量和较高的风压，可用于铁路、公路隧道的通风换气。该风机为（　　）。（2016 年）

A. 离心式通风机　　　　　　　　　　B. 普通轴流式通风机

C. 贯流式通风机　　　　　　　　　　D. 射流式通风机

5. 它利用声波通道截面的突变，使沿管道传递的某些特定频段的声波反射回声源，从而达到消声的目的。这种消声器是（　　）。（2016 年）

A. 阻性消声器　　　　　　　　　　　B. 抗性消声器

C. 扩散消声器　　　　　　　　　　　D. 缓冲式消声器

6. 通风工程中，当排出的风是潮湿空气时，风管制作材料宜采用（　　）。（2016 年）

A. 钢板　　　　　　　　　　　　　B. 玻璃钢板

C. 铝板　　　　　　　　　　　　　D. 聚氯乙烯板

7. 在供暖地区为防止风机停止时倒风，或洁净车间防止风机停止时含尘空气进入，常在机械排风系统风机出口管上安装与风机联动的装置是（　　　）。（2017年）

A. 电动止回阀　　　　　　　　　　B. 电动减开阀

C. 电动密闭阀　　　　　　　　　　D. 电动隔离阀

8. 它能广泛应用于无机气体，如硫氧化物、氮氢化物、硫化氢、氯化氢等有害气体的净化，同时能进行除尘，适用于处理气体量大的场合。与其他净化方法相比，费用较低。这种有害气体净化方法为（　　　）。（2017年）

A. 吸收法　　　　　　　　　　　　B. 吸附法

C. 冷凝法　　　　　　　　　　　　D. 燃烧法

9. 防爆等级高的防爆通风机，叶轮和机壳的制作材料为（　　　）。（2017年）

A. 叶轮和机壳均用钢板　　　　　　B. 叶轮和机壳均用铝板

C. 叶轮用钢板、机壳用铝板　　　　D. 叶轮用铝板、机壳用钢板

10. 混合式气力输送系统的特点有（　　　）。（2017年）

A. 可多点吸料　　　　　　　　　　B. 可多点卸料

C. 输送距离长　　　　　　　　　　D. 风机工作条件好

11. 风阀是空气输配管网的控制、调节机构，只具有控制功能的风阀为（　　　）。（2017年）

A. 插板阀　　　　　　　　　　　　B. 止回阀

C. 防火阀　　　　　　　　　　　　D. 排烟阀

12. 通过有组织的气流流动，控制有害物的扩散和转移，保证操作人员呼吸区内的空气达到卫生标准，具有通风量小、控制效果好的优点的通风方式是（　　　）。（2018年）

A. 稀释通风　　　　　　　　　　　B. 单向流通风

C. 均匀通风　　　　　　　　　　　D. 置换通风

13. 室外排风口的位置应设在（　　　）。（2018年）

A. 有害气体散发量最大处

B. 建筑物外墙靠近事故处

C. 高出20m范围内最高建筑物的屋面3m以上

D. 人员经常通行处

14. 塔内设有开孔率较大的筛板，筛板上放置一定数量的轻质小球，相互碰撞，吸收剂自上向下喷淋，加湿小球表面，进行吸收，该设备是（　　　）。（2018年）

A. 筛板塔　　　　　　　　　　　　B. 喷淋塔

C. 填料塔　　　　　　　　　　　　D. 湍流塔

15. 通风机按用途可分为（　　　）。（2018年）

A. 高温通风机　　　　　　　　　　B. 排气通风机

C. 贯流通风机　　　　　　　　　　D. 防腐通风机

16. 可用于大断面风管的风阀有（　　　）。（2018年）

A. 蝶式调节阀　　　　　　　　　　　B. 菱形单叶调节阀

C. 菱形多叶调节阀　　　　　　　　　D. 平行式多叶调节阀

17. 用松散多孔的固体物质，如活性炭、硅胶、活性氯化铝等，应用于低浓度有害气体的净化，特别是有机溶剂等的有害气体净化方法是（　　）。（2019 年）

A. 吸收法　　　　　　　　　　　　　B. 吸附法

C. 燃烧法　　　　　　　　　　　　　D. 冷凝法

18. 利用敷设在气流通道内的多孔吸声材料来吸收声能，具有良好的中、高频消声性能，其形式有（　　）。（2019 年）

A. 矿棉管式　　　　　　　　　　　　B. 聚酯泡沫式

C. 微穿孔板　　　　　　　　　　　　D. 卡普隆纤维管式

19. 风机具有可逆转特性，可用于铁路、公路隧道通风换气的是（　　）。（2020 年）

A. 排尘通风机　　　　　　　　　　　B. 防爆通风机

C. 防、排烟通风机　　　　　　　　　D. 射流通风机

20. 阻性消声器是利用敷设在气流通道内的多孔吸声材料来吸收声能，属于阻性消声器的有（　　）。（2020 年）

A. 微穿孔板　　　　　　　　　　　　B. 管式

C. 蜂窝式　　　　　　　　　　　　　D. 多节式

21. 广泛用于低浓度有害气体的净化，特别适用于有机溶剂蒸气，净化率达 100% 的方法有（　　）。（2021 年）

A. 洗涤法　　　　　　　　　　　　　B. 吸收法

C. 吸附法　　　　　　　　　　　　　D. 冷凝法

22. 下列关于风口的说法正确的是（　　）。（2021 年）

A. 室外空气入口又称新风口，新风口设有百叶窗，以遮挡雨、雪、昆虫等

B. 通风（空调）工程中使用最广泛的是铝合金风口

C. 污染物密度比空气大时，风口宜设在上方

D. 洁净车间防止风机停止时含尘空气进入房间，常在风机出口管上装电动密闭阀

23. 在通风工程气力输送系统中，用于集中式输送，即多点向一点输送、输送距离短的是（　　）。（2022 年）

A. 吸送式　　　　　　　　　　　　　B. 压送式

C. 混合式　　　　　　　　　　　　　D. 循环式

24. 耐火等级为一级的高层民用建筑防火分区的最大允许建筑面积为（　　）。（2022 年）

A. 2500m²　　　　　　　　　　　　　B. 1500m²

C. 1200m²　　　　　　　　　　　　　D. 1000m²

25. 下列关于通风设备中消声器安装的说法，正确的有（　　）。（2022 年）

A. 消声器在运输和安装过程中，应避免外界冲击和过大振动

B. 消声弯管不用单独设置支架，可由风管来支撑

C. 阻抗复合式消声器安装，应把阻性消声器部分放后面

D. 消声器必须安装在机房内时，应对消声器采取隔声处理

26. 在有害气体净化方法中，燃烧法广泛应用于有机溶剂蒸气和碳氢化合物的净化处理，下列关于燃烧法特点说法正确的有（　　）。（2023 年）

A. 催化燃烧反应温度一般在 600~800℃

B. 热力燃烧反应温度一般在 600~800℃

C. 净化沥青烟、炼油厂尾气等常采用催化燃烧法

D. 轻工行业产生的苯、酚类等有机蒸气常采用直接燃烧法

27. 用过氯乙烯、酚醛树脂、聚氯乙烯和聚乙烯等有机材料制作的通风机，具有重量轻、强度大、刚度差、易开裂的特点。下列通风机中满足上述特点的有（　　）。（2023 年）

A. 高温通风机　　　　　　　　　B. 防爆通风机

C. 排尘通风机　　　　　　　　　D. 防腐通风机

28. 根据《建筑设计防火规范（2018 年版）》GB 50016—2014，耐火等级为一、二级的高层民用建筑，其防火分区的允许建筑面积为（　　）。（2024 年）

A. ≤600m^2　　　　　　　　　B. ≤1200m^2

C. ≤2500m^2　　　　　　　　　D. ≤1500m^2

29. 通风（空调）系统联合试运转时，风口风量的实测值与设计风量偏差不应大于（　　）。（2024 年）

A. 15%　　　　　　　　　　　　B. 10%

C. 5%　　　　　　　　　　　　　D. 3%

Ⅱ　空调工程

混合选择题（每题有 1~3 个正确答案）

1. 按空气处理设备的设置情况分类，属于半集中式空调系统的是（　　）。（2015 年）

A. 整体式空调机组　　　　　　　B. 分体式空调机组

C. 风机盘管系统　　　　　　　　D. 双风管系统

2. 具有质量轻、制冷系数较高、容量调节方便等优点，但用于小制冷量时能效下降大，负荷太低时有喘振现象。广泛使用在大中型商业建筑空调系统中，该制冷装置为（　　）。（2015 年）

A. 活塞式冷水机组　　　　　　　B. 螺杆式冷水机组

C. 离心式冷水机组　　　　　　　D. 冷风机组

3. 空调系统的冷凝水管道宜采用的材料为（　　）。（2015 年）

A. 焊接钢管　　　　　　　　　　B. 热镀锌钢管

C. 聚氯乙烯塑料管　　　　　　　D. 卷焊钢管

4. 它具有质量轻、制冷系数高、运行平稳、容量调节方便和噪声较低等优点，但小制冷量时机组能效比明显下降，负荷太低时可能发生喘振现象。目前广泛使用在大中型商业建筑空调系统中，该冷水机组为（　　）。（2017 年）

A. 活塞式冷水机组　　　　　　　B. 离心式冷水机组

C. 螺杆式冷水机组　　　　　　　D. 射流式冷水机组

5. 高层建筑的垂直立管通常采用（ ），各并联环路的管路总长度基本相等，各用户盘管的水阻力大致相等，系统的水力稳定性好，流量分布均匀。（2018 年）

A. 同程式　　　　B. 异程式　　　　C. 闭式　　　　D. 定流量

6. 空调冷凝水管宜采用（ ）。（2018 年）

A. 聚氯乙烯塑料管　　　　　　　B. 橡胶管

C. 热镀锌钢管　　　　　　　　　D. 焊接钢管

7. 具有质量轻、制冷系数较高、运行平稳、维修及运行管理方便等优点，主要缺点是小制冷量时机组能效比明显下降，负荷太低时可能发生喘振现象，使机组运行工况恶化的冷水机组是（ ）。（2019 年）

A. 活塞式冷水机组　　　　　　　B. 离心式冷水机组

C. 螺杆式冷水机组　　　　　　　D. 吸收式冷水机组

8. 空调系统按承担室内负荷的输送介质分类，属于全水系统的是（ ）。（2019 年）

A. 带盘管的诱导系统　　　　　　B. 风机盘管系统

C. 辐射板系统　　　　　　　　　D. 风机盘管加新风系统

9. 带有四通转换阀，可以在机组内实现冷凝器和蒸发器的转换，完成制冷热工况的转换，可以实现夏季供冷、冬季供热的机组为（ ）。（2020 年）

A. 离心冷水机组　　　　　　　　B. 活塞式冷风机组

C. 吸收式冷水机组　　　　　　　D. 地源热泵

10. 空调系统中用于管网分流、合流或旁通处的各支路风量调节的风阀有（ ）。（2022 年）

A. 平行式多叶调节阀　　　　　　B. 对开式多叶调节阀

C. 菱形多叶调节阀　　　　　　　D. 复式多叶调节阀

11. 关于空调水系统，下列说法正确的是（ ）。（2022 年）

A. 双管制系统是指冷冻水和热水用的两套管路系统

B. 四管制系统具有冷热两套独立管路系统

C. 当冷源采用蓄冷水池时，宜采用闭式系统

D. 大部分空调系统冷冻水都采用开式系统

12. 某类空气过滤器的滤材采用超细玻璃纤维滤纸，可以去除 0.1μm 以上的灰尘粒子，其可作为 10 级或更高级别净化空调系统的末端过滤器。下列过滤器中满足上述要求的有（ ）。（2023 年）

A. 中效过滤器　　　　　　　　　B. 高中效过滤器

C. 亚高效过滤器　　　　　　　　D. 超低透过率过滤器

13. 具有结构简单、体积小、重量轻的特点，可以在 15%~100% 的范围内对制冷量进行无级调节的冷水机组有（ ）。（2023 年）

A. 螺杆式冷水机组　　　　　　　B. 离心式冷水机组

C. 活塞式冷水机组　　　　　　　D. 转子式冷水机组

真题讲解

14. 在空调系统空气过滤器中，能较好地去除 1.0μm 以上的灰尘粒子，

可净化空调系统的中间过滤器和一般送风系统的末端过滤器的有（　　）。（2024年）

    A. 中效过滤器　　　　　　　　　　B. 粗效过滤器

    C. 亚高效过滤器　　　　　　　　　D. 高中效过滤器

Ⅲ　通风、空调系统的安装

混合选择题（每题有1~3个正确答案）

1. 通风管道按断面形状分，有圆形、矩形两种。在同样的断面下，圆形风管与矩形风管相比，具有的特点是（　　）。（2017年）

    A. 占有效空间较小，易于布置　　　B. 强度小

    C. 管道周长最短，耗钢量小　　　　D. 压力损失大

2. 用于制作风管的材质较多，适合制作高压风管的板材有（　　）。（2020年）

    A. 不锈钢板　　　　　　　　　　　B. 玻璃钢板

    C. 钢板　　　　　　　　　　　　　D. 铝板

3. 通风管道安装中，主要用于风管与风管，或风管与部件、配件间的连接，拆卸方便并能加强风管作用的连接方式是（　　）。（2021年）

    A. 铆钉连接　　　　　　　　　　　B. 焊接连接

    C. 承插连接　　　　　　　　　　　D. 法兰连接

4. 空调联合试运转内容包括（　　）。（2021年）

    A. 通风自试运转

    B. 制冷机试运转

    C. 通风机风量、风压及转速测定

    D. 通风机、制冷机、空调器噪声的测定

5. 下列关于风管的制作安装的说法正确的有（　　）。（2023年）

    A. 当管径大于800mm，且管段较长时，每隔1.2m，可用扁钢平加固

    B. 当中、高压风管的管段长大于1.2m时，应采用加固框的形式加固

    C. 低压风管试验压力应为1.5倍的工作压力

    D. 中压风管的试验压力应为1.5倍的工作压力，且不低于750Pa

6. 下列关于通风（空调）系统联合试运转的说法正确的有（　　）。（2023年）

    A. 系统与风口的实测风量与设计风量的偏差不应大于15%

    B. 大于或等于100级的洁净室，需测定封闭状态下的含尘浓度

    C. 空调系统带冷、热源的正常联合试运转应大于8h

    D. 通风、除尘系统的连续试运转应大于2h

7. 通风、除尘系统综合效能试验，包括的内容有（　　）。（2024年）

    A. 室内噪声测定　　　　　　　　　B. 室内空气中含尘浓度的测定

    C. 吸气罩罩口气流特性的测定　　　D. 送、回风口空气状态参数的测定

8. 空调系统的热交换器安装时缺少合格证明，应做水压试验。该试验压力应为（　　）。（2024年）

    A. 系统最高工作压力的1.1倍，且不小于0.3MPa

B. 系统最高工作压力的 1.5 倍，且不小于 0.4MPa

C. 系统最高工作压力的 1.2 倍，且不小于 0.4MPa

D. 系统最高工作压力的 1.2 倍，且不小于 0.3MPa

Ⅳ 通风空调工程计量

混合选择题（每题有 1~3 个正确答案）

1. 依据《通用安装工程工程量计算标准》GB/T 50856—2024 的规定，风管工程计量中风管长度一律以设计图示中心线长度为准。风管长度中包括（   ）。（2015 年）

A. 弯头长度　　　　　　　　　　B. 三通长度

C. 天圆地方长度　　　　　　　　D. 部件长度

2. 依据《通用安装工程工程量计算标准》GB/T 50856—2024 的规定，工程量按设计图示外径尺寸以展开面积计算的通风管道是（   ）。（2016 年）

A. 碳钢通风管道　　　　　　　　B. 铝板通风管道

C. 玻璃钢通风管道　　　　　　　D. 塑料通风管道

3. 依据《通用安装工程工程量计算标准》GB/T 50856—2024 的规定，通风空调工程中过滤器的计量方式有（   ）。（2017 年）

A. 以"台"计量，按设计图示数量计算

B. 以"个"计量，按设计图示数量计算

C. 以"面积"计量，按设计图示尺寸的过滤面积计算

D. 以"面积"计量，按设计图示尺寸计算

4. 关于风管计算规则正确的是（   ）。（2020 年）

A. 不锈钢、碳钢风管按外径计算

B. 玻璃钢和复合风管按内径计算

C. 柔性通风管按展开面积以"m^2"计算

D. 风管展开面积，不扣除检查孔、测定孔、送风口、吸风口等所占面积

5. 根据《通用安装工程工程量计算规范》GB/T 50856—2024，关于通风空调工程计量，下列说法正确的有（   ）。（2024 年）

A. 冷冻机组站内的管道安装，应按工业管道工程相关项目编码列项

B. 冷冻站外墙皮以外通往通风空调设备的供热、供冷、供水等管道，应按给水排水、采暖、燃气工程相关项目编码列项

C. 人防过滤吸收器按设计图示尺寸以"m^2"计算

D. 镀锌钢板侧吸罩制作安装执行碳钢罩类项目

三、真题解析

Ⅰ 通风工程

混合选择题（每题有 1~3 个正确答案）

1. **【答案】** A

【解析】 风口是收集室内空气的地方，为提高全面通风的稀释效果，风口宜设在污染

物浓度较大的地方。污染物密度比空气小时，风口宜设在上方，而密度较大时，宜设在下方。

2.【答案】BC

【解析】低浓度气体的净化通常采用吸收法和吸附法，它们是通风排气中有害气体的主要净化方法。

3.【答案】A

【解析】除建筑高度超过50m的一类公共建筑和建筑高度超过100m的居住建筑外，靠外墙的防烟楼梯间及其前室、消防电梯间前室和合用前室宜采用自然排烟方式。不靠外墙的防烟楼梯间前室、消防电梯前室和合用前室或虽靠外墙但不能开窗者，可采用排烟竖井自然排烟。

4.【答案】D

【解析】射流式通风机与普通轴流式通风机相比，在相同通风机重量或相同功率的情况下，能提供较大的通风量和较高的风压。一般认为通风量可增加30%～35%，风压增高约2倍。此种风机具有可逆转特性，反转后风机特性只降低5%。可用于铁路、公路隧道的通风换气。

5.【答案】B

【解析】膨胀型消声器是典型的抗性消声器，它利用声波通道截面的突变（扩张或膨胀），使沿管道传递的某些特定频段的声波反射回声源，从而达到消声的目的。抗性消声器具有良好的低频或低中频消声性能，宜于在高温、高湿、高速及脉动气流环境下工作。

6.【答案】BD

【解析】风口是收集室内空气的地方，为提高全面通风的稀释效果，风口宜设在污染物浓度较大的地方。污染物密度比空气小时，风口宜设在上方，而密度较大时，宜设在下方。排风口在屋顶上用风帽，在墙上用百叶窗。风管为空气的输送通道，当排风是潮湿空气时，宜采用玻璃钢板或聚氯乙烯板制作，一般排风系统可用钢板制作。阀门用于调节风量，或用于关闭系统。在供暖地区为防止风机停止时倒风，或洁净车间防止风机停止时含尘空气进入房间，常在风机出口管上装电动密闭阀，与风机联动。

7.【答案】C

【解析】风口是收集室内空气的地方，为提高全面通风的稀释效果，风口宜设在污染物浓度较大的地方。污染物密度比空气小时，风口宜设在上方，而密度较大时，宜设在下方。排风口在屋顶上用风帽，在墙上用百叶窗。风管为空气的输送通道，当排风是潮湿空气时，宜采用玻璃钢或聚氯乙烯板制作，一般排风系统可用钢板制作。阀门用于调节风量，或用于关闭系统。在供暖地区为防止风机停止时倒风，或洁净车间防止风机停止时含尘空气进入房间，常在风机出口管上装电动密闭阀，与风机联动。

8.【答案】A

【解析】吸收法，广泛应用于无机气体，如硫氧化物、氮氢化物、硫化氢、氯化氢等有害气体的净化。它能同时进行除尘，适用于处理气体量大的场合。与其他净化方法相比，吸收法的费用较低。吸收法的缺点是还要对排水进行处理，净化效率难以达到100%。

9.【答案】B

【解析】防爆通风机，选用与砂粒、铁屑等物料碰撞时不发生火花的材料制作。对于防爆等级低的通风机，叶轮用铝板制作，机壳用钢板制作，对于防爆等级高的通风机，叶轮、机壳则均用铝板制作，并在机壳和轴之间增设密封装置。

10.【答案】ABC

【解析】混合式气力输送系统，在吸送部分通过吸嘴将物料与空气的混合物吸入输料管，然后经分离器使物料与气流分离。物料再经分离器下部的卸料器（兼作压送部分的供料器）卸出，并送入压送部分的输料管。而从除尘器出来的空气，经风机压入压送部分的输料管，再与物料混合，以压送的方式输送物料。该系统吸料方便，输送距离长；可多点吸料，并压送至若干卸料点；缺点是结构复杂，带尘的空气要经过风机，故风机的工作条件较差。

11.【答案】BCD

【解析】只具有控制功能的风阀有：止回阀、防火阀、排烟阀等。止回阀控制气流的流动方向，阻止气流逆向流动；防火阀平常全开，火灾时关闭并切断气流，防止火灾通过风管蔓延，70℃关闭；排烟阀平常关闭，排烟时全开，排除室内烟气，80℃开启。

12.【答案】B

【解析】单向流通风，通过有组织的气流流动，控制有害物的扩散和转移，保证操作人员呼吸区内的空气达到卫生标准要求。这种方法具有通风量小、控制效果好等优点。

13.【答案】C

【解析】事故排风的室内排风口应设在有害气体或爆炸危险物质散发量可能最大的地点。事故排风不设置进风系统补偿，一般不进行净化。事故排风的室外排风口不应布置在人员经常停留或经常通行的地点，而且高出 20m 范围内最高建筑物的屋面 3m 以上。当其与机械送风系统进风口的水平距离小于 20m 时，应高于进风口 6m 以上。

14.【答案】D

【解析】湍流塔，塔内设有开孔率较大的筛板，筛板上放置一定数量的轻质小球，相互碰撞，吸收剂自上向下喷淋，加湿小球表面，进行吸收。由于气、液、固三相接触，小球表面液膜不断更新，增大吸收推动力，提高吸收效率。

15.【答案】AD

【解析】通风机按其用途可分为：

（1）一般用途通风机：只适宜输送温度低于 80℃，含尘浓度小于 150mg/m³ 的清洁空气。

（2）排尘通风机：适用于输送含尘气体。为了防止磨损，可在叶片表面渗碳、喷镀三氧化二铝、硬质合金钢等，或焊上一层耐磨焊层，如碳化钨等。

（3）高温通风机：锅炉引风机输送的烟气温度一般在 200～250℃，在该温度下碳素钢材的物理性能与常温下相差不大，所以一般锅炉引风机的材料与一般用途通风机相同。若输送气体温度在 300℃ 以上时，则应用耐热材料制作，滚动轴承采用空心轴水冷结构。

（4）防爆通风机：选用与砂粒、铁屑等物料碰撞时不发生火花的材料制作。对于防爆等级低的通风机，叶轮用铝板制作，机壳用钢板制作，对于防爆等级高的通风机，叶轮、机壳则均用铝板制作，并在机壳和轴之间增设密封装置。

（5）防腐通风机：在通风机叶轮、机壳或其他与腐蚀性气体接触的零部件表面喷镀一层塑料，或涂一层橡胶，或刷多遍防腐漆，以达到防腐目的。用过氯乙烯、酚醛树脂、聚氯乙烯和聚乙烯等有机材料制作的通风机（即塑料通风机、玻璃钢通风机），质量轻，强度大，防腐性能好，已广泛应用。但这类通风机刚度差，易开裂。

（6）防、排烟通风机：可采用普通钢制离心通风机，也可采用消防排烟专用轴流风机。具有耐高温的显著特点。一般在温度高于300℃的情况下可连续运行40min以上。排烟风机一般装于室外，如装在室内应将冷却风管接到室外。

（7）屋顶通风机：直接安装于建筑物的屋顶上。其材料可用钢制或玻璃钢制。又有离心式和轴流式两种。这类通风机常用于各类建筑物的室内换气，施工安装极为方便。

（8）射流通风机：与普通轴流通风机相比，在相同通风机重量或相同功率的情况下，能提供较大的通风量和较高的风压。一般认为通风量可增加30%~35%，风压增高约2倍。此种风机具有可逆转特性，反转后风机特性只降低5%。可用于铁路、公路隧道的通风换气。

16.【答案】CD

【解析】蝶式调节阀、菱形单叶调节阀和插板阀主要用于小断面风管；平行式多叶调节阀、对开式多叶调节阀和菱形多叶调节阀主要用于大断面风管；复式多叶调节阀和三通调节阀用于管网分流或合流或旁通处的各支路风量调节。

17.【答案】B

【解析】吸附法，广泛应用于低浓度有害气体的净化，特别是各种有机溶剂蒸气。吸附法的净化效率能达到100%。常用的吸附剂有活性炭、硅胶、活性氯化铝等。

18.【答案】ABD

19.【答案】D

【解析】防、排烟通风机可采用普通钢制离心通风机，也可采用消防排烟专用轴流风机，具有耐高温的显著特点。一般在温度高于300℃的情况下可连续运行40min以上。排烟风机一般装于室外，如装在室内应将冷却风管接到室外。

射流通风机，与普通轴流通风机相比，能提供较大的通风量和较高的风压。风机具有可逆转特性，可用于铁路、公路隧道的通风换气。

20.【答案】BC

21.【答案】C

【解析】吸附法是利用某种松散、多孔的固体物质（吸附剂）对气体的吸附能力除去其中某些有害成分（吸附剂）的净化方法。这种方法广泛应用于低浓度有害气体的净化，特别是各种有机溶剂蒸气。吸附法的净化效率能达到100%。常用的吸附剂有活性炭、硅胶、活性氯化铝等。吸附法分为物理吸附和化学吸附。

22.【答案】ABD

【解析】室外空气入口又称新风口，新风口设有百叶窗，以遮挡雨、雪、昆虫等。风口是收集室内空气的地方，为提高全面通风的稀释效果，风口宜设在污染物浓度较大的地方。污染物密度比空气小时，风口宜设在上方，而密度较大时，宜设在下方。在采暖地区为防止风机停止时倒风，或洁净车间防止风机停止时含尘空气进入房间，常在风机出口管上装电动密闭阀，与风机联动。

23.【答案】A

【解析】在负压吸送式系统中，物料和空气一起被吸入喉管（受料器），物料经喉管起动、加速后沿输料管送至分离器（设在卸料目的地），分离器分离下来的物料存入料仓，含尘空气则经除尘器净化后再通过风机排入大气。负压输送的优点在于能有效地收集物料，物料不会进入大气。负压吸送系统多用于集中式输送，即多点向一点输送，由于真空度的影响，其输送距离受到一定限制。

24.【答案】B

【解析】每个防火分区允许最大建筑面积见下表。

每个防火分区允许最大建筑面积

名称	耐火等级	防火分区的最大允许建筑面积	备注
高层民用建筑	一、二级	1500m²	对于体育馆、剧场的观众厅，防火分区的最大允许建筑面积可适当增加
单、多层民用建筑	一、二级	2500m²	—
	三级	1200m²	
	四级	600m²	
地下或半地下建筑（室）	一级	500m²	设备用房的防火分区最大允许建筑面积不应大于1000m²

25.【答案】ACD

【解析】运输消声设备时，应避免外界冲击和过大振动，以防消声器出现变形。消声弯管应单独设置支架，不得由风管来支撑。安装阻抗复合式消声器，一定要注意把抗性消声器部分放在前面（即气流的入口端），把阻性消声器部分放在后面，消声器在运输和吊装过程中，应避免振动，特别是对于填充消声器多孔材料的阻、抗式消声器，应防止由于振动而改变填充材料的均布而降低消声效果。消声器在系统中应尽量安装在靠近使用房间的部位，如必须安装在机房内，应对消声器外壳及消声器之后位于机房内的部分风管采取隔声处理。

26.【答案】BC

【解析】燃烧法广泛应用于有机溶剂蒸气和碳氢化合物的净化处理，也可用于除臭。燃烧法主要有两种：热力燃烧和催化燃烧。热力燃烧是在明火下的火焰燃烧，反应温度一般在600~800℃。催化燃烧是在催化剂作用下，使化合物在较低的温度下氧化分解，反应温度一般在200~400℃，反应过程不产生明火，能耗较低，但催化剂的价格较贵。燃烧法适用于有害气体中含有可燃成分的条件，其中直接燃烧法是在一般方法难以处理，且危害性极大，必须采取燃烧处理时采用，如净化沥青烟、炼油厂尾气等。催化燃烧法主要用于净化机电、轻工行业产生的苯、醇、酯、醚、醛、酮、烷和酚类等有机蒸气。

27.【答案】D

【解析】防腐通风机。在通风机叶轮、机壳或其他与腐蚀性气体接触的零部件表面喷镀一层塑料，或涂一层橡胶，或刷多遍防腐漆，以达到防腐目的。用过氯乙烯、酚醛树脂、聚氯乙烯和聚乙烯等有机材料制作的通风机（塑料通风机、玻璃钢通风机），质量轻，强度大，防腐性能好，已有广泛应用。但这类通风机刚度差，易开裂。

28.【答案】D

【解析】见下表。

每个防火分区允许最大建筑面积

名称	耐火等级	防火分区的最大允许建筑面积（m²）	备注
高层民用建筑	一、二级	1500	对于体育馆、剧场的观众厅，防火分区的最大允许建筑面积可适当增加
单、多层民用建筑	一、二级	2500	—
	三级	1200	
	四级	600	
地下或半地下建筑（室）	一级	500	设备用房的防火分区最大允许建筑面积不应大于1000m²

29.【答案】B

【解析】系统与风口的风量测定与调整。实测与设计风量偏差不应大于10%。

Ⅱ　空调工程

混合选择题（每题有 1~3 个正确答案）

1.【答案】C

【解析】集中处理部分或全部风量，然后送往各房间（或各区），在各房间（或各区）再进行处理的系统，如风机盘管加新风系统为典型的半集中式系统。

2.【答案】C

【解析】离心式冷水机组中的离心压缩机包括高速旋转的叶轮、扩压器、进口导叶、传动轴和微电脑控制等部分。离心式冷水机组是目前大中型商业建筑空调系统中使用最广泛的一种机组，具有质量轻、制冷系数较高、运行平稳、容量调节方便、噪声较低、维修及运行管理方便等优点，主要缺点是小制冷量时机组能效比明显下降，负荷太低时可能发生喘振现象，使机组运行工况恶化。

3.【答案】BC

【解析】冷凝水管道宜采用聚氯乙烯塑料管或热镀锌钢管，不宜采用焊接钢管。采用聚氯乙烯塑料管时，一般可以不加防二次结露的保温层，采用热镀锌钢管时，应设置保温层。冷凝水立管的顶部，应有通向大气的透气管。

4.【答案】B

【解析】离心式冷水机组中的离心压缩机包括高速旋转的叶轮、扩压器、进口导叶、传动轴和微电脑控制等部分。离心式冷水机组是目前大中型商业建筑空调系统中使用最广泛的一种机组，具有质量轻、制冷系数较高、运行平稳、容量调节方便、噪声较低、维修及运行管理方便等优点，主要缺点是小制冷量时机组能效比明显下降，负荷太低时可能发生喘振现象，使机组运行工况恶化。

5. 【答案】A

【解析】同程式系统各并联环路的管路总长度基本相等，各用户盘管的水阻力大致相等，所以系统的水力稳定性好，流量分配均匀。高层建筑的垂直立管通常采用同程式，水平管路系统范围大时，亦应尽量采用同程式。

6. 【答案】AC

【解析】冷凝水管道宜采用聚氯乙烯塑料管或热镀锌钢管，不宜采用焊接钢管。采用聚氯乙烯塑料管时，一般可以不加防二次结露的保温层，采用热镀锌钢管时，应设置保温层。冷凝水立管的顶部，应有通向大气的透气管。

7. 【答案】B

8. 【答案】BC

【解析】全水系统，房间负荷全部由集中供应的冷、热水负担，如风机盘管系统、辐射板系统等。

9. 【答案】D

【解析】热泵机组的制冷机与常规制冷机的主要区别是带有四通转换阀，可以在机组内实现冷凝器和蒸发器的转换，完成制冷热工况的转换，可以实现夏季供冷、冬季供热。根据低温热源的特点，通常把热泵分为空气源热泵和地源热泵。

10. 【答案】D

【解析】蝶式调节阀、菱形单叶调节阀和插板阀主要用于小断面风管；平行式多叶调节阀、对开式多叶调节阀和菱形多叶调节阀主要用于大断面风管；复式多叶调节阀和三通调节阀用于管网分流、合流或旁通处的各支路风量调节。

11. 【答案】B

【解析】双管制系统夏季供应冷冻水、冬季供应热水均在相同管路中进行，除了需要同时供冷供热的空调建筑外，在大部分空调建筑中通常冷冻水系统和热水系统用同一管路系统，优点是系统简单、投资少。四管制系统供冷、供热分别由供、回水管分开设置，具有冷、热两套独立的系统，独立热水系统的系统形式、管路布置方式、分区方法等都与冷冻水系统类似。四管制优点是能同时满足供冷、供热的要求，没有冷、热混合损失。缺点是初投资高，管路系统复杂，且占有一定的空间。

开式系统的冷冻水与大气相通。开式系统的特点是系统中有水容量较大的水箱，温度比较稳定，蓄冷能力大。但系统易腐蚀，当设备高差大时，循环水泵需消耗能量大。当冷源采用蓄冷水池蓄冷时宜采用开式系统。闭式系统的水除膨胀水箱外不与大气相通，对管路、设备腐蚀性较小，水容量比开式系统小，系统中水泵只需克服水流动阻力。大部分空调建筑中的冷冻水系统采用闭式系统。

12. 【答案】D

【解析】高效过滤器（HEPA）和超低透过率过滤器（ULPA）。高效过滤器（HEPA）是净化空调系统的终端过滤设备和净化设备的核心。超低透过率过滤器（ULPA）是 $0.1\mu m$ 10级或更高级别净化空调系统的末端过滤器。HEPA 和 ULPA 的滤材都是超细玻璃纤维滤纸，边框由木质、镀锌钢板、不锈钢板、铝合金型材等材料制造，分为无分隔板和有分隔板。

13.【答案】A

【解析】螺杆式制冷压缩机是一种容积型回转式压缩机，它兼有活塞式制冷压缩机和离心式制冷压缩机二者的优点。它的主要优点是结构简单、体积小、重量轻，可以在15%～100%的范围内对制冷量进行无级调节，且在低负荷时的能效比较高。此外，螺杆式冷水机组运行比较平稳，易损件少，单级压缩比大，管理方便。缺点：整机的制造、加工工艺和装配精度要求严格；润滑系统较复杂，耗油量比活塞式大；单机量比离心式小，转速比离心式低；大量机组噪声比离心式高；初投资费用比活塞式高。

14.【答案】D

【解析】高中效过滤器能较好地去除 $1.0\mu m$ 以上的灰尘粒子，可作净化空气系统的中间过滤器和一般送风系统的末端过滤器。其滤料为无纺布或丙纶滤布，结构形式多为袋式，滤料多为一次性使用。

Ⅲ　通风、空调系统的安装

混合选择题（每题有 1~3 个正确答案）

1.【答案】C

【解析】通风管道的断面形状有圆形和矩形两种。在同样断面下，圆形管道耗钢量小，强度大，但占有效空间大，其弯管与三通需较长距离。矩形管道四角存在局部涡流，在同样风量下，矩形管道的压力损失要比圆形管道大，矩形管道占有效空间较小，易于布置，明装较美观。在一般情况下，通风风管（特别是除尘风管）都采用圆形管道，有时为了便于和建筑配合才采用矩形断面，空调风管多采用矩形风管，高速风管宜采用圆形螺旋风管。

2.【答案】BC

【解析】钢板、玻璃钢板适合高、中、低压系统；不锈钢板、铝板、硬聚氯乙烯等风管适用于中、低压系统；聚氨酯、酚醛复合风管适用于工作压力≤2000Pa 的空调系统，玻璃纤维复合风管适用于工作压力≤1000Pa 的空调系统。

3.【答案】D

【解析】法兰连接，主要用于风管与风管，或风管与部件、配件间的连接。法兰拆卸方便并对风管起加强作用。

4.【答案】CD

【解析】空调联合试运转，主要内容包括：

（1）通风机风量、风压及转速测定。通风（空调）设备风量、余压与风机转速测定。

（2）系统与风口的风量测定与调整。实测与设计风量偏差不应大于10%。

（3）通风机、制冷机、空调器噪声的测定。

（4）制冷系统运行的压力、温度、流量等各项技术数据应符合有关技术文件的规定。

（5）防排烟系统正压送风前室静压的检测。

（6）空气净化系统，应进行高效过滤器的检漏和室内洁净度级别的测定。对大于或等于100级的洁净室，还需增加在门开启状态下，指定点含尘浓度的测定。

5.【答案】BC

【解析】管径较大的风管，为保证断面不变形且减少由管壁振动而产生的噪声，需要加固。圆形风管本身强度较好，一般不需要加固。当管径大于700mm，且管段较长时，每隔1.2m，可用扁钢平加固。矩形风管当边长大于或等于630mm，管段大于1.2m时，均应采取加固措施。边长小于或等于800mm的风管，宜采用棱筋、棱线的方法加固。当中、高压风管的管段长大于1.2m时，应采用加固框的形式加固。高压风管的单咬口缝应有加固、补强措施。复合风管一般采用内支撑加固，玻璃纤维复合风管的尺寸及工作压力超过一定数额时，应增设金属槽形框外加固，并用内支撑固定牢固。

试验压力应符合下列要求：低压风管应为1.5倍的工作压力；中压风管应为1.2倍的工作压力，且不低于750Pa；高压风管应为1.2倍的工作压力。

6. 【答案】CD

【解析】联合试运转，包括内容：①通风机风量、风压及转速测定。通风（空调）设备风量、余压与风机转速测定。②系统与风口的风量测定与调整。实测与设计风量偏差不应大于10%。③通风机、制冷机、空调器噪声的测定。④制冷系统运行的压力、温度、流量等各项技术数据应符合有关技术文件的规定。⑤防排烟系统正压送风前室静压的检测。⑥空气净化系统，应进行高效过滤器的检漏和室内洁净度级别的测定。对于大于或等于100级的洁净室，还需增加在门开启状态下，指定点含尘浓度的测定。⑦空调系统带冷、热源的正常联合试运转应大于8h，当竣工季节条件与设计条件相差较大时，仅做不带冷、热源的试运转。通风、除尘系统的连续试运转应大于2h。

7. 【答案】BC

【解析】通风、除尘系统综合效能试验：

① 室内空气中含尘浓度或有害气体浓度与排放浓度的测定。

② 吸气罩罩口气流特性的测定。

③ 除尘器阻力和除尘效率的测定。

④ 空气油烟、酸雾过滤装置净化效率的测定。

8. 【答案】B

【解析】热交换器安装时如缺少合格证明，应做水压试验。试验压力等于系统最高工作压力的1.5倍，且不小于0.4MPa，水压试验的观测时间为2~3min，压力不得下降。

Ⅳ　通风空调工程计量

混合选择题（每题有1~3个正确答案）

1. 【答案】ABC

【解析】风管长度一律以设计图示中心线长度为准（主管与支管以其中心线交点划分），包括弯头、三通、变径管、天圆地方等管件的长度，但不包括部件所占的长度。

2. 【答案】C

【解析】由于通风管道材质的不同，各种通风管道的计量也稍有区别。碳钢通风管道、净化通风管道、不锈钢板通风管道、铝板通风管道、塑料通风管道五个分项工程在进行计量时，按设计图示内径尺寸以展开面积计算，计量单位为"m²"；玻璃钢通风管道、复合型风管也是以"m²"为计量单位，但其工程量是按设计图示外径尺寸以展开面积计算。

3.【答案】AC

【解析】过滤器的计量有两种方式，以"台"计量，按设计图示数量计算；以"面积"计量，按设计图示尺寸以过滤面积计算。

4.【答案】D

【解析】碳钢通风管道、净化通风管道、不锈钢板通风管道、铝板通风管道、塑料通风管道五个分项工程在进行计量时，按设计图示内径尺寸以展开面积计算，计量单位为"m^2"；玻璃钢通风管道、复合型风管也是以"m^2"为计量单位，但其工程量是按设计图示外径尺寸以展开面积计算。

柔性通风管的计量有两种方式，以"m"计量，按设计图示中心线以长度计算；以"节"计量，按设计图示数量计算。

风管展开面积，不扣除检查孔、测定孔、送风口、吸风口等所占面积。

5.【答案】ABD

【解析】空气加热器（冷却器）、除尘设备、空调器、风机盘管、表冷器、净化工作台、风淋室、洁净室、除湿机、人防过滤吸收器、油烟净化装置、变风量末端装置等分项工程，按设计图示数量以"台"计算。

第三节　工业管道工程

一、名师考点

参见表5-4。

表5-4　　　　　　　　　　　　　　　　本节考点

	教材点	知识点
一	工业管道的分类	工业管道的分类
二	热力管道系统	热力管道敷设形式、热力管道的安装
三	压缩空气管道系统	压缩空气站的组成、压缩空气管道的安装
四	夹套管道系统	夹套管的组成、夹套管安装
五	合金钢及有色金属管道	合金钢管道安装、不锈钢管道安装、钛及钛合金管道安装、铝及铝合金管道安装、铜及铜合金管道安装、铸铁管道安装、塑料管道安装、衬胶管道安装
六	高压管道	高压管道的分级及要求、高压管道加工、高压管道弯管加工、高压管道安装
七	工业管道工程计量	相关工程量计算规则

二、真题回顾

Ⅰ　工业管道的分类

混合选择题（每题有1~3个正确答案）

1. 按照国家现行标准《压力管道安全技术监察规程-工业管道》TSG D0001—2009 的规

定，工业管道划分为 GC1、GC2、GC3 三个级别。该分级依据的指标有（　　）。(2016 年)

　　A. 设计压力　　　　　　　　　　B. 设计温度

　　C. 设计管径　　　　　　　　　　D. 设计材质

2. 工业管道按照设计压力进行等级分类，工作温度≥500℃，$P>9MPa$ 的蒸汽管道属于（　　）。(2021 年)

　　A. 真空管道　　　　　　　　　　B. 低压管道

　　C. 中压管道　　　　　　　　　　D. 高压管道

3. 根据《特种设备生产和充装单位许可规则》TSG 07 规定，可用于城镇热力输送的管道是（　　）。(2022 年)

　　A. GD1　　　　　　　　　　　　B. GD2

　　C. GB2　　　　　　　　　　　　D. GB1

Ⅱ　热力管道系统

混合选择题（每题有 1~3 个正确答案）

1. 对于不允许中断供汽的热力管道敷设形式可采用（　　）。(2015 年)

　　A. 枝状管网　　　　　　　　　　B. 复线枝状管网

　　C. 放射状管网　　　　　　　　　D. 环状管网

2. 热力管道的安装，水平管道变径时应采用偏心异径管连接。当输送介质为蒸汽时，其安装要求为（　　）。(2016 年)

　　A. 管顶取平　　　　　　　　　　B. 管底取平

　　C. 管左侧取平　　　　　　　　　D. 管右侧取平

3. 从技术和经济角度考虑，在人行频繁、非机动车辆通行的地方敷设热力管道，宜采用的敷设方式为（　　）。(2017 年)

　　A. 地面敷设　　　　　　　　　　B. 低支架敷设

　　C. 中支架敷设　　　　　　　　　D. 高支架敷设

4. 热力管道数量少、管径较小、单排、维修量不大，宜采用的敷设方式为（　　）。(2018 年)

　　A. 通行地沟　　　　　　　　　　B. 半通行地沟

　　C. 不通行地沟　　　　　　　　　D. 直接埋地

5. 热力管道安装要求正确的有（　　）。(2020 年)

　　A. 热力管道安装设有坡度　　　　B. 蒸汽支管应从主管下方或侧面接出

　　C. 穿过外墙时应加设套管　　　　D. 减压阀应垂直安装在水平管道上

6. 热力管道有多种形式，下列有关敷设方式特点说法正确的是（　　）。(2021 年)

　　A. 架空敷设方便施工操作检修，但占地面积大，管道热损失大

　　B. 埋地敷设可充分利用地下空间，方便检查维修，但费用高，需设排水管

　　C. 为节省空间，地沟内可合理敷设易燃易爆、易挥发、有毒气体管道

　　D. 直接埋地敷设可利用地下空间，但管道易被腐蚀，检查和维修困难

7. 当热力管道在地沟内敷设时，下列关于管道保温层外壳与沟壁的净距要求，正确

的有（　　）。（2023 年）

 A. 200~300mm   B. 150~200mm

 C. 100~200mm   D. 50~100mm

8. 下列关于热力管道补偿器安装的说法，正确的有（　　）。（2023 年）

 A. 方形补偿器在距补偿器弯头起弯点 0.5~1.0m 处设置固定支架

 B. 方形补偿器实际拉伸量与规定的偏差应不大于 ±10mm

 C. 拼装方形补偿器悬臂的长度偏差不应大于 ±10mm

 D. 输送介质温度为 250~400℃时，方形补偿器拉伸量为计算伸长量的 50%

9. 热力管道的地沟按其功用和结构尺计分为通行地沟、半通行地沟和不通行地沟。关于通行地沟和热力管道敷设，下列说法正确的有（　　）。（2024 年）

 A. 当热力管道通过不允许开挖的路段时采用

 B. 热力管道数量多或管径较大时采用

 C. 通行地沟要求净高不低于 1.4m，宽度不小于 0.5m

 D. 沟内任一侧管道垂直排列宽度可超过 1.5m

Ⅲ　压缩空气管道系统

混合选择题（每题有 1~3 个正确答案）

1. 能够减弱压缩机排气的周期性脉动，稳定管网压力，同时可进一步分离空气中的油和水分，此压缩空气站设备是（　　）。（2015 年）

 A. 后冷却器   B. 减荷阀

 C. 贮气罐   D. 油水分离器

2. 在一般的压缩空气站中，最广泛采用的空气压缩机形式为（　　）。（2016 年）

 A. 活塞式   B. 回转式

 C. 离心式   D. 轴流式

3. 压缩空气站设备组成中，除空气压缩机、贮气罐外，还有（　　）。（2017 年）

 A. 空气过滤器   B. 空气预热器

 C. 后冷却器   D. 油水分离器

4. 油水分离器的类型有（　　）。（2018 年）

 A. 环形回转式   B. 撞击折回式

 C. 离心旋转式   D. 重力分离式

5. 压缩空气系统管道进行强度及严密性试验的介质为（　　）。（2020 年）

 A. 蒸汽   B. 水

 C. 压缩空气   D. 无油空气

6. 减弱压缩机排气的周期性脉动，稳定管网压力，又能进一步分离空气中的油和水分，该设备是（　　）。（2021 年）

 A. 贮气罐   B. 空气过滤器

 C. 后冷却器   D. 空气燃烧器

7. 输送低压压缩空气管道常用焊接镀锌钢管和无缝钢管。关于这些管道安装，下列

说法正确的有 （　　　）。（2024 年）

    A. 公称直径小于 50mm，可采用螺纹连接

    B. 管路弯头不得采用煨弯

    C. 强度和严密性试验，试验介质应为压缩空气

    D. 强度和严密性试验均合格，可不进行气密性试验

Ⅳ　夹套管道系统

混合选择题（每题有 1~3 个正确答案）

1. 夹套管在石油化工、化纤等装置中应用较为广泛，其材质一般采用（　　　）。（2015 年）

    A. 球墨铸铁 　　　　　　　　　　　B. 耐热铸铁

    C. 碳钢 　　　　　　　　　　　　　D. 不锈钢

2. 蒸汽夹套管系统安装完毕后，应用低压蒸汽吹扫，正确的吹扫顺序应为（　　　）。（2017 年）

    A. 主管-支管-夹套管环隙 　　　　　B. 支管-主管-夹套管环隙

    C. 主管-夹套管环隙-支管 　　　　　D. 支管-夹套管环隙-主管

3. 夹套管由内管和外管组成，在石油化工、化纤等装置中应用广泛。关于夹套管制作，下列说法正确的有（　　　）。（2024 年）

    A. 内管外壁上的定位板与外管内壁的间隙宜小于 1.5mm

    B. 一般工艺夹套管多采用内管焊缝隐蔽型

    C. 外管制作时，其长度应比内管段短 50~100mm

    D. 夹套管内管预制时，高压管允许有焊缝

Ⅴ　合金钢及有色金属管道

混合选择题（每题有 1~3 个正确答案）

1. 为保证薄壁不锈钢管内壁焊接成型平整光滑，应采用的焊接方式为（　　　）。（2015 年）

    A. 激光焊 　　　　　　　　　　　　B. 氧-乙炔焊

    C. 二氧化碳气体保护焊 　　　　　　D. 钨极惰性气体保护焊

2. 在小于 -150℃ 低温深冷工程的管道中，较多采用的管材为（　　　）。（2015 年）

    A. 钛合金管 　　　　　　　　　　　B. 铝合金管

    C. 铸铁管 　　　　　　　　　　　　D. 不锈钢管

3. 塑料管接口一般采用承插口形式，其连接方法可采用（　　　）。（2015 年）

    A. 粘结 　　　　　　　　　　　　　B. 螺纹连接

    C. 法兰连接 　　　　　　　　　　　D. 焊接

4. 不锈钢管道的切割宜采用的方式是（　　　）。（2016 年）

    A. 氧-乙烷焰切割 　　　　　　　　　B. 氧-氢焰切割

    C. 碳氢气割 　　　　　　　　　　　D. 等离子切割

5. 具有抗腐蚀性能好，可伸缩，可冷弯，内壁光滑并耐较高温度，适用于输送热水，

但紫外线照射会导致老化，易受有机溶剂侵蚀，此塑料管为（　　）。（2016 年）

A. 聚乙烯管　　　　　　　　　　B. 聚丙烯管

C. 聚丁烯管　　　　　　　　　　D. 工程塑料管

6. 合金钢管道焊接时，底层应采用的焊接方式为（　　）。（2017 年）

A. 焊条电弧焊　　　　　　　　　B. 埋弧焊

C. CO_2 电弧焊　　　　　　　　　D. 氩弧焊

7. 硬 PVC 管、ABS 管广泛应用于排水系统中，其常用的连接方式为（　　）。（2017 年）

A. 焊接　　　　　　　　　　　　B. 粘结

C. 螺纹连接　　　　　　　　　　D. 法兰连接

8. 钛及钛合金管切割时，宜采用的切割方法是（　　）。（2017 年）

A. 弓锯床切割　　　　　　　　　B. 砂轮切割

C. 氧-乙炔火焰切割　　　　　　　D. 氧-丙烷火焰切割

9. 钛管与其他金属管道连接方式为（　　）。（2018 年）

A. 焊接　　　　　　　　　　　　B. 焊接法兰

C. 活套法兰　　　　　　　　　　D. 卡套

10. 衬胶所用橡胶材料为（　　）。（2018 年）

A. 软橡胶　　　　　　　　　　　B. 半硬橡胶

C. 硬橡胶　　　　　　　　　　　D. 硬橡胶与软橡胶复合

11. 不锈钢管壁厚大于 3mm 时，采用的焊接方法是（　　）。（2019 年）

A. 手工电弧焊　　　　　　　　　B. 氩电联焊

C. 氩弧焊　　　　　　　　　　　D. 惰性气体保护焊

12. 在海水及大气中具有良好的腐蚀性，但不耐浓盐酸、浓硫酸的是（　　）。（2020 年）

A. 不锈钢管　　　　　　　　　　B. 铜及铜合金管

C. 铝及铝合金管　　　　　　　　D. 钛及钛合金管

13. 塑料管的连接方法中，正确的为（　　）。（2020 年）

A. 粘结法主要用于硬 PVC 管、ABS 管

B. 电熔合连接应用于 PP-R 管、PB 管

C. DN15 以上管道可以用法兰连接

D. 螺纹连接适用于 DN50 以上管道

14. 通常应用在深冷工程和化工管道上，用作仪表测压管线或传送有压液体管线，当温度大于 250℃时，不宜在有压力的情况下使用的管道是（　　）。（2021 年）

A. 不锈钢管　　　　　　　　　　B. 钛及钛合金管

C. 铝及铝合金管　　　　　　　　D. 铜及铜合金管

15. 钛及钛合金管应采用的焊接方法有（　　）。（2022 年）

A. 氧-乙炔焊　　　　　　　　　B. 二氧化碳气体保护焊

C. 真空焊　　　　　　　　　　　D. 手工电弧焊

16. 下列关于衬胶管的特点及施工要求说法正确的是（　　）。（2022 年）

A. 可以用硬橡胶与软橡胶复合衬里

B. 硬橡胶衬里长期使用温度为 0~80℃

C. 衬胶管安装前，应目测橡胶完整情况

D. 衬胶管安装时，不得再进行施焊、局部加热、扭曲、敲打

17. 可用于输送多种无机酸、有机酸以及一些盐，但不能来输送卤素酸和强碱的管材有（　　）。（2023 年）

A. 耐磨铸铁管

B. 球墨铸铁管

C. 高硅铁管

D. 灰口铸铁管

18. 下列关于衬胶管的说法，正确的有（　　）。（2023 年）

A. 硬橡胶衬里的长期使用温度为 0~80℃

B. 衬胶管的使用压力一般低于 0.6MPa

C. 硬橡胶衬里短时间加热允许至 100℃

D. 半硬橡胶、软橡胶及硬橡胶复合衬里的使用温度为 0~100℃

真题讲解

19. 关于不锈钢管道安装，下列说法正确的有（　　）。（2024 年）

A. 不锈钢管组对时，应将碳素钢卡具焊接在管口上用来对口

B. 不锈钢管宜采用机械或等离子切割机切割

C. 壁厚大于 3mm 时，应采用氩电联焊焊接

D. 奥氏体不锈钢焊缝进行钝化处理后，不得用水冲洗

20. 关于高压管螺纹及阀门检验，下列说法正确的有（　　）。（2024 年）

A. 高压阀门应逐个进行强度和严密性试验

B. 高压阀门应每批取 5%进行解体检查

C. 断面不完整的螺纹，全长累计不应大于 1/2 圈

D. 管端螺纹应用螺纹量规检查，不得采用徒手拧入检查

Ⅵ　高压管道

混合选择题（每题有 1~3 个正确答案）

1. 高压管道阀门安装前应逐个进行强度和严密性试验，对其进行严密性试验时的压力要求为（　　）。（2015 年）

A. 等于该阀门公称压力

B. 等于该阀门公称压力 1.2 倍

C. 等于该阀门公称压力 1.5 倍

D. 等于该阀门公称压力 2.0 倍

2. 公称直径大于 6mm 的磁性高压钢管，采用（　　）。（2018 年）

A. 磁力法　　　　　　　　　　B. 荧光法

C. 着色法　　　　　　　　　　D. 超声波探伤

3. 高压管道施工方法中正确的为（　　　）。（2020 年）

A. 不锈钢管应使用碳弧切割

B. 高压管道热弯的时候可以使用煤做燃料

C. 高压管在焊接前一般应进行预热，焊后应进行热处理

D. 焊缝采用超声波探伤，20% 检查

4. 下列关于高压管道安装的说法，正确的有（　　　）。（2023 年）

A. 高压管焊接宜采用转动平焊

B. 壁厚小于 16mm 时，应采用 U 形坡口

C. 焊缝采用超声波探伤时，需抽查 20%

D. 合金钢管焊接采用手工氩弧焊打底，手工电弧焊盖面成型

Ⅶ　工业管道工程计量

混合选择题（每题有 1~3 个正确答案）

依据《通用安装工程工程量计算标准》GB/T 50856—2024 的规定，执行"工业管道工程"相关项目的有（　　　）。（2016 年）

A. 厂区范围内的各种生产用介质输送管道安装

B. 厂区范围内的各种生活介质输送管道安装

C. 厂区范围内生产、生活共用介质输送管理安装

D. 厂区范围内的管道除锈、刷油及保温工程

三、真题解析

Ⅰ　工业管道的分类

混合选择题（每题有 1~3 个正确答案）

1. 【答案】AB

【解析】工业管道按设计压力、设计温度、介质的毒性危害程度和火灾危险性划分为：GC1、GC2、GC3 三个级别。

2. 【答案】D

【解析】按照管道设计压力 P 划分为真空、低压、中压、高压和超高压管道。工业管道以设计压力为主要参数进行分级。

（1）低压管道：$0<P\leqslant1.6MPa$；

（2）中压管道：$1.6<P\leqslant10MPa$；

（3）高压管道：$10<P<42MPa$；或蒸汽管道：$P>9MPa$，工作温度 $\geqslant500℃$。

3. 【答案】C

【解析】GB 类（公用管道）。公用管道是指城市或乡镇范围内的用于公用事业或民用的燃气管道和热力管道，划分为 GB1 级和 GB2 级。

（1）GB1 级：城镇燃气管道；

（2）GB2 级：城镇热力管道。

GC 类（工业管道）。工业管道是指企业、事业单位所属的用于输送工艺介质的工艺

管道、公用工程管道及其他辅助管道，划分为 GC1 级、GC2 级、GC3 级。

GD 类（动力管道）。火力发电厂用于输送蒸汽、汽水两相介质的管道，划分为 GD1 级、GD2 级。

（1）GD1 级为设计压力 $P \geqslant 6.3MPa$，或者设计温度大于或者等于 400℃ 的管道；

（2）GD2 级为设计压力 $P < 6.3MPa$，或者设计温度小于 400℃ 的管道。

Ⅱ 热力管道系统

混合选择题（每题有 1~3 个正确答案）

1.【答案】BD

【解析】环状管网（主干线呈环状）的主要优点是具有供热的后备性能，但它的投资和钢材耗量比枝状管网大得多。

对于不允许中断供汽的企业，也可采用复线的枝状管网，即用两根蒸汽管道作为主干线，每根供汽量按最大用汽量的 50%~75% 来设计。

2.【答案】B

【解析】水平管道变径时应采用偏心异径管连接。当输送介质为蒸汽时，取管底平，以利排水；输送介质为热水时，取管顶平，以利排气。

3.【答案】C

【解析】中支架敷设：在人行频繁、非机动车辆通行的地方敷设热力管道。中支架敷设的管道保温结构底部距地面的净高为 2.5~4.0m，支架一般采用钢筋混凝土浇筑（或）预制或钢结构。

4.【答案】C

【解析】热力管道数量少、管径较小、距离较短，以及维修工作量不大时，宜采用不通行地沟敷设。不通行地沟内管道一般采用单排水平敷设。

5.【答案】ACD

【解析】热力管道安装应设有坡度，汽、水同向流动的蒸汽管道坡度一般为 3‰；汽、水逆向流动时坡度不得小于 5‰。热水管道应有不小于 2‰ 的坡度，坡向放水装置。

蒸汽支管应从主管上方或侧面接出，热水管应从主管下部或侧面接出。

热力管道穿过外墙时应加设套管。

减压阀应垂直安装在水平管道上，安装完毕后应根据使用压力调试。

6.【答案】AD

【解析】在热力管沟内严禁敷设易燃易爆、易挥发、有毒、腐蚀性的液体或气体管道。如必须穿越地沟，应加装防护套管。地沟敷设可充分利用地下空间，方便检查维修，但费用高，需设排水点，污物清理困难，地沟中易积聚可燃气体，增加不安全因素等。直接埋地敷设可利用地下的空间，使地面以上空间较为简洁，并且不需支承措施；其缺点是管道易被腐蚀，检查和维修困难，在车行道处有时需特别处理以承受大的荷载，带隔热层的管道很难保持良好的隔热功能等。

7.【答案】B

【解析】地沟内管道敷设时，管道保温层外壳与沟壁的净距宜为 150~200mm，与沟底的净距宜为 100～200mm，与沟顶的净距：不通行地沟为 50～100mm，半通行和通行地沟为 200～300mm。地沟内管道之间的净距应有利于安装和维修。

8.【答案】BC

【解析】（1）拼装方形补偿器应在平地上进行，4 个弯头应在同一平面内，平面歪扭偏差不得大于 3mm/m，全长不得大于 10mm。补偿器悬臂的长度偏差不应大于±10mm。

（2）方形补偿器安装时需预拉伸，对于输送介质温度低于 250℃的管道，拉伸量为计算伸长量的 50%；输送介质温度为 250～400℃时，拉伸量为计算伸长量的 70%。实际拉伸量与规定的偏差应不大于±10mm。

（3）水平安装的方形补偿器应与管道保持同一坡度，垂直臂应呈水平。垂直安装时，应有排水、疏水装置。

（4）方形补偿器两侧的第一个支架宜设置在距补偿器弯头起弯点 0.5～1.0m 处，支架为滑动支架。导向支架只宜设在离弯头 DN40 的管道直径以外处。

（5）填料式补偿器活动侧管道的支架应为导向支架，使管道不致偏离中心线，并保证能自由伸缩。单向填料式补偿器应装在固定支架附近，外壳一端连接固定支架处管道，内套管一端连接热膨胀管道。双向填料式补偿器安装在固定支架中间，补偿器外壳应固定。

9.【答案】ABD

【解析】当热力管道通过不允许开挖的路段时，热力管道数量多或管径较大；地沟内任一侧管道垂直排列宽度超过 1.5m 时，采用通行地沟敷设。通行地沟净高不应低于 1.8m，通道宽度不应小于 0.7m。

Ⅲ　压缩空气管道系统

混合选择题（每题有 1～3 个正确答案）

1.【答案】C

【解析】活塞式压缩机都配备有贮气罐，目的是减弱压缩机排气的周期性脉动，稳定管网压力，同时可进一步分离空气中的油和水分。

2.【答案】A

【解析】在一般的压缩空气站中，最广泛采用的是活塞式空气压缩机。在大型压缩空气站中，较多采用离心式或轴流式空气压缩机。

3.【答案】ACD

【解析】压缩空气站设备包括：空气压缩机、空气过滤器、后冷却器、贮气罐、油水分离器、空气干燥器。

4.【答案】ABC

【解析】油水分离器的作用是分离压缩空气中的油和水分，使压缩空气得到初步净化。油水分离器常用的有环形回转式、撞击折回式和离心旋转式三种结构形式。

5.【答案】B

【解析】压缩空气管道安装完毕后，应进行强度和严密性试验，试验介质一般为水。强度及严密性试验合格后进行气密性试验，试验介质为压缩空气或无油压缩空气。

6.【答案】A

【解析】 活塞式压缩机都配备有贮气罐，目的是减弱压缩机排气的周期性脉动，稳定管网压力，同时可进一步分离空气中的油和水分。

7.【答案】A

【解析】 选项 A，公称通径小于 50mm，也可采用螺纹连接，以白漆麻丝或聚四氟乙烯生料带作填料；公称通径大于 50mm，宜采用焊接方式连接。

选项 B，管路弯头应尽量采用煨弯，其弯曲半径一般为 4D，不应小于 3D。

选项 C，压缩空气管道安装完毕后，应进行强度和严密性试验，试验介质一般为水。

选项 D，强度及严密性试验合格后进行气密性试验，试验介质为压缩空气或无油压缩空气。

Ⅳ 夹套管道系统

混合选择题（每题有 1~3 个正确答案）

1.【答案】CD

【解析】 夹套管在石油化工、化纤等装置中应用较为广泛，它由内管（主管）和外管组成。一般工作压力小于或等于 25MPa、工作温度为 -20~350℃ 时，通常采用碳钢或不锈钢无缝钢管。内管输送的介质为工艺物料，外管的介质为蒸汽、热水、冷媒或联苯热载体等。

2.【答案】A

【解析】 蒸汽夹套系统用低压蒸汽吹扫，吹扫顺序为先主管、后支管，最后进入夹套管的环隙。

3.【答案】AC

【解析】 一般工艺夹套管多采用内管焊缝外露型。

夹套管内管预制时，应注意高压管不得有焊缝；中压、低压管不宜有焊缝。

Ⅴ 合金钢及有色金属管道

混合选择题（每题有 1~3 个正确答案）

1.【答案】D

【解析】 不锈钢管焊接一般可采用手工电弧焊及氩弧焊。为确保内壁焊接成型平整光滑，薄壁管可采用钨极惰性气体保护焊，壁厚大于 3mm 时，应采用氩电联焊；焊接材料应与母材化学成分相近，且应保证焊缝金属性能和晶间腐蚀性能不低于母材。

2.【答案】B

【解析】 铝在多种腐蚀介质中具有较高的稳定性，铝的纯度越高，其耐腐蚀性越强。在铝中加入少量铜、镁、锰、锌等元素，就构成铝合金，其强度增加，但耐腐蚀性能降低。由于铝的力学强度低，且随着温度升高力学强度明显降低，铝管的最高使用温度不得超过 200℃；对于有压力的管道，使用温度不得超过 160℃。在低温深冷工程的管道中较多采用铝及铝合金管。

3.【答案】ACD

【解析】 塑料管的连接方法有粘结、焊接、电熔合连接、法兰连接和螺纹连接等。

4.【答案】D

【解析】 不锈钢宜采用机械和等离子切割机等进行切割。

5.【答案】C

【解析】工程塑料管抗腐蚀性能好，有伸缩性，可冷弯、轻便，使用安装维修方便、内壁光滑、能耐较高温度、适于输送热水。但紫外线照射会导致老化，易受有机溶剂侵蚀。聚丁烯管可采用热熔连接。小口径也可以采用螺纹连接。

6.【答案】D

【解析】合金钢管道的焊接时，底层应采用手工氩弧焊，以确保焊口管道内壁焊肉饱满、光滑、平整，其上各层可用手工电弧焊接成型。

7.【答案】B

【解析】粘结法主要用于硬 PVC 管、ABS 管的连接，被广泛应用于排水系统。

8.【答案】AB

【解析】钛及钛合金管的切割应采用机械方法，切割速度应以低速为宜，以免因高速切割产生的高温使管材表面产生硬化；钛管用砂轮切割或修磨时，应使用专用砂轮片；不得使用火焰切割。

9.【答案】C

【解析】钛及钛合金管焊接应采用惰性气体保护焊或真空焊，不能采用氧-乙炔焊或二氧化碳气体保护焊，也不得采用普通手工电弧焊。焊丝的化学成分和力学性能应与母材相当；若焊件要求有较高塑性时，应采用纯度比母材高的焊丝。焊接设备应采用使用性能稳定的直流氩弧焊机，正接法。外表面温度高于 400℃ 的区域均应采用氩气保护。

10.【答案】BCD

【解析】衬胶按含硫量的多少可分为硬橡胶、软橡胶和半硬橡胶。衬里用橡胶一般不单独采用软橡胶，通常采用硬橡胶或半硬橡胶，或采用硬橡胶（半硬橡胶）与软橡胶复合衬里。

11.【答案】B

【解析】不锈钢管焊接一般可采用手工电弧焊及氩弧焊。为确保内壁焊接成型、平整光滑，薄壁管可采用钨极惰性气体保护焊，壁厚大于 3mm 时，应采用氩电联焊；焊接材料应与母材化学成分相近，且应保证焊缝金属性能和晶间腐蚀性能不低于母材。

12.【答案】D

【解析】钛在海水及大气中具有良好的耐腐蚀性，对常温下浓度较稀的盐酸、硫酸、磷酸、过氧化氢及常温下的硫酸钠、硫酸锌、硫酸铵、硝酸、王水、铬酸、苛性钠、氨水、氢氧化钠等耐腐蚀性良好，但对浓盐酸、浓硫酸、氢氟酸等耐腐蚀性不良。

13.【答案】ABC

【解析】（1）塑料管粘结必须采用承插口形式；聚氯乙烯管道采用过氯乙烯清漆或聚氯乙烯胶作为胶粘剂。粘结法主要用于硬 PVC 管、ABS 管的连接，广泛应用于排水系统。

（2）塑料管焊接，管径小于 200mm 一般应采用承插口焊接。管径大于 200mm 的管子可采用直接对焊。焊接一般采用热风焊。焊接主要用于聚烯烃管，如低密度聚乙烯管，高密度聚乙烯管及聚丙烯管。

（3）电熔合连接，应用于 PP-R 管、PB 管、PE-RT 管、金属复合管等新型管材与管件连接，是目前家装给水系统应用最广的连接方式。

（4）DN15～DN2000 甚至以上的工业管道、城市热力管道等都可以用法兰连接。

（5）螺纹连接，主要用于 DN50 及以下管道的连接，或者仪表的表头与表座之间的连接、仪表布线所走的穿线管等压力等级不高的场合。

14.【答案】D

【解析】铜及铜合金管通常应用在深冷工程和化工管道上，用作仪表测压管线或传送有压液体管线，当温度大于 250℃ 时，不宜在有压力的情况下使用。

15.【答案】C

【解析】钛及钛合金管焊接应采用惰性气体保护焊或真空焊，不能采用氧-乙炔焊或二氧化碳气体保护焊，也不得采用普通手工电弧焊。焊丝的化学成分和力学性能应与母材相当；若焊件要求有较高塑性时，应采用纯度比母材高的焊丝。焊接设备应采用使用性能稳定的直流氩弧焊机，正接法。外表面温度高于 400℃ 的区域均应采用氩气保护。

16.【答案】ACD

【解析】硬橡胶衬里的长期使用温度为 0～65℃，短时间加热允许至 80℃；半硬橡胶、软橡胶及硬橡胶复合衬里的使用温度为 -25～75℃，软橡胶衬里短时间加热允许至 100℃。

17.【答案】C

【解析】高硅铁管是用含碳量在 0.5%～1.2%、含硅量在 10%～17% 的铁硅合金制成的，常用的高硅铁管含硅量为 14.50%。它具有很高的耐腐蚀性能，随着硅含量的增加，耐腐蚀性能也随之增加，但脆性变大。高硅铁管可用于输送多种无机酸、有机酸以及一些盐；但不能用来输送卤素酸以及强碱。

18.【答案】B

【解析】衬胶管的使用压力一般低于 0.6MPa，真空度不大于 0.08MPa（600mmHg）。硬橡胶衬里的长期使用温度为 0～65℃，短时间加热允许至 80℃；半硬橡胶、软橡胶及硬橡胶复合衬里的使用温度为 -25～75℃，软橡胶衬里短时间加热允许至 100℃。

19.【答案】BC

【解析】选项 A，不锈钢管组对时，管口组对卡具应采用硬度低于管材的不锈钢材料制作，最好采用螺栓连接形式。严禁将碳素钢卡具焊接在不锈钢管口上用来对口。

选项 B，不锈钢具有较高的韧性及耐磨性，宜采用机械和等离子切割机等进行切割。

选项 C，为确保内壁焊接成型，平整光滑，薄壁管可采用钨极惰性气体保护焊，壁厚大于 3mm 时，应采用氩电联焊。

选项 D，奥氏体不锈钢焊缝要求进行酸洗、钝化处理时，酸洗后的不锈钢表面不得有残留酸洗液和颜色不均匀的斑痕。钝化后应用水冲洗，呈中性后应擦干水迹。

20.【答案】A

【解析】选项 B，高压阀门应每批取 10% 且不少于一个进行解体检查，如有不合格则需逐个检查。

选项 C，有轻微机械损伤或断面不完整的螺纹，全长累计不应大于 1/3 圈。

选项 D，管端螺纹的加工质量应用螺纹量规检查，也允许用合格的法兰单配，徒手拧入不应松动，螺纹部分涂以二硫化钼（有脱脂要求除外）。

Ⅵ　高压管道

混合选择题（每题有 1~3 个正确答案）

1.【答案】A

【解析】高压阀门应逐个进行强度和严密性试验。强度试验压力等于阀门公称压力 1.5 倍，严密性试验压力等于公称压力。阀门在强度试验压力下稳压 5min，然后在公称压力下检查阀门的严密性，无泄漏为合格。阀门试压后应将水放净，涂油防锈，关闭阀门，封闭出入口，填写试压记录。

2.【答案】A

【解析】高压钢管外表面按下列方法探伤：

（1）公称直径大于 6mm 的磁性高压钢管采用磁力法。

（2）非磁性高压钢管，一般采用荧光法或着色法。

经过磁力、荧光、着色等方法探伤的公称直径大于 6mm 的高压钢管，还应按相关标准的要求，进行内部及内表面的探伤。

3.【答案】C

【解析】不锈钢管不应使用碳弧切割，防止渗碳。

高压管道热弯时，不得用煤或焦炭做燃料，应当用木炭做燃料，以免渗碳。

为了保证焊缝质量，高压管在焊接前一般应进行预热，焊后应进行热处理。

高压管的焊缝须经外观检查、X 射线透视或超声波探伤。透视和探伤的焊口数量应符合以下要求：①若采用 X 射线透视，转动平焊抽查 20%，固定焊 100% 透视。②若采用超声波探伤，100% 检查。③经外观检查、X 射线透视或超声波探伤不合格的焊缝允许返修，每道焊缝的返修次数不得超过一次。

4.【答案】AD

【解析】高压管道的焊缝坡口应采用机械方法，坡口形式根据壁厚及焊接方法选择 V 形或 U 形，当壁厚小于 16mm 时，采用 V 形坡口；壁厚为 7~34mm 时，可采用 V 形坡口或 U 形坡口。碳素钢管、合金钢管焊接，为确保底层焊接表面成型光滑平整、焊接质量好，均采用手工氩弧打底，手工电弧焊成型，不锈钢管、钛管采用氩弧焊时，应充氩气保护，以防产生氧化。高压管焊接宜采用转动平焊。为了保证焊缝质量，高压管道在焊接前一般应进行预热，焊后应进行热处理。

Ⅶ　工业管道工程计量

混合选择题（每题有 1~3 个正确答案）

【答案】A

【解析】"工业管道工程"适用于厂区范围内的车间、装置、站罐区及相互之间各种生产用介质输送管道和厂区第一个连接点以内生产、生活共用的输送给水、排水、蒸汽、燃气的管道安装工程。

第四节　静置设备与工艺金属结构工程

一、名师考点

参见表 5-5。

表 5-5　　　　　　　　　　　　　　　　　本节考点

	教材点	知识点
一	压力容器的分类	按设备的设计压力（P）分类、按设备在生产工艺过程中的作用原理分类、按结构材料分类
二	静置设备制作和安装	塔器、换热设备
三	金属油罐制作和安装	油罐分类、金属油罐的制作安装
四	球形罐制作和安装	球罐的构造与分类、球罐的安装施工
五	气柜制作和安装	湿式气柜制作和安装方法
六	工艺金属结构制作和安装	工艺金属结构件的种类、工艺金属结构的制作安装
七	静置设备无损检测	无损检测方法
八	静置设备工程计量	工程量计算规则

二、真题回顾

I　压力容器的分类

混合选择题（每题有 1~3 个正确答案）

1. 依据《固定式压力容器安全技术监察规程》TSG 21—2016，高压容器是指（　　）。（2017 年）

A. 设计压力大于或等于 0.1MPa，且小于 1.6MPa 的压力容器

B. 设计压力大于或等于 1.6MPa，且小于 10MPa 的压力容器

C. 设计压力大于或等于 10MPa，且小于 100MPa 的压力容器

D. 设计压力大于或等于 100MPa 的压力容器

2. 主要用于完成介质的物理、化学反应的压力容器有（　　）。（2019 年）

A. 合成塔　　　　　　　　　　　B. 冷凝器

C. 蒸发器　　　　　　　　　　　D. 过滤器

3. 关于压力容器选材，下列说法中正确的是（　　）。（2020 年）

A. 在腐蚀严重或产品纯度要求高的场合使用不锈钢

B. 在深冷操作中可以使用铜和铜合金

C. 化工陶瓷可以作为容器衬里

D. 橡胶可以作为高温容器衬里

4. 在生产中，主要用于完成介质间热量交换的压力容器有（　　）。（2021 年）

A. 合成塔　　　　　　　　　　　B. 冷凝塔

C. 干燥塔　　　　　　　　　　　　　D. 储存罐

Ⅱ　静置设备制作和安装

混合选择题（每题有 1~3 个正确答案）

1. 传热面积大、传热效率好，且结构简单，操作弹性较大，在高温、高压的大型装置上使用的换热器是（　　）。（2015 年）

　　A. 套管式换热器　　　　　　　　　B. 蛇管式换热器

　　C. 板片式换热器　　　　　　　　　D. 列管式换热器

2. 填料是填料塔的核心，填料塔操作性能的好坏与所用的填料有直接关系。下列有关填料的要求，正确的是（　　）。（2016 年）

　　A. 填料不可采用铜、铝等金属材质制作

　　B. 填料对于气、液两相介质都有良好的化学稳定性

　　C. 填料应有较大密度

　　D. 填料应有较小的比表面积

3. 传热面积大，传热效果好，结构简单，制造的材料范围广，在高温、高压的大型装置上采用较多的换热器为（　　）。（2018 年）

　　A. 夹套式　　　　　　　　　　　　B. 列管式

　　C. 套管式　　　　　　　　　　　　D. 蛇管式

4. 能提供气、液两相接触传热，使传质、传热过程能够迅速有效地进行，完成传质、传热后气、液两相及时分开，互不夹带该设备的是（　　）。（2020 年）

　　A. 容器　　　　　　　　　　　　　B. 塔器

　　C. 搅拌器　　　　　　　　　　　　D. 换热器

5. 利用气体或液体通过颗粒状固体层而使固体颗粒处于悬浮运动状态，并进行气固相反应过程或液固相反应过程的反应器是（　　）。（2021 年）

　　A. 流化床反应器　　　　　　　　　B. 固定床反应器

　　C. 釜式反应器　　　　　　　　　　D. 管式反应器

6. 静置设备中，装填有固体催化剂或固体反应物，可以实现多相反应过程的反应器是（　　）。（2022 年）

　　A. 釜式反应器　　　　　　　　　　B. 管式反应器

　　C. 固定床反应器　　　　　　　　　D. 流化床反应器

7. 根据《固定式压力容器安全技术监察规程》TSG 21—2016，主要用于完成介质的流体压力平衡缓冲和气体净化分离的压力容器有（　　）。（2024 年）

　　A. 吸收塔　　　　　　　　　　　　B. 分解锅

　　C. 蒸发器　　　　　　　　　　　　D. 合成塔

Ⅲ　金属油罐制作和安装

混合选择题（每题有 1~3 个正确答案）

1. 根据油罐结构的不同，可选用充气顶升法安装的金属油罐类型有（　　）。（2015 年）

A. 卧式油罐 　　　　　　　　　　B. 内浮顶油罐

C. 拱顶油罐 　　　　　　　　　　D. 无力矩顶油罐

2. 能有效地防止风、砂、雨、雪或灰尘的浸入, 使液体无蒸汽空间, 可减少蒸发损失, 减少空气污染的贮罐为 (　　　　)。(2018 年)

A. 浮顶 　　　　　　　　　　B. 固定顶

C. 无力矩顶 　　　　　　　　　　D. 内浮顶

3. 抱杆施工法适合于 (　　　　)。(2018 年)

A. 拱顶 600m^3 　　　　　　　　　　B. 无力矩顶 700m^3

C. 内浮顶 1000m^3 　　　　　　　　　　D. 浮顶 3500m^3

4. 金属油罐焊缝严密性试验一般采用的方法有 (　　　　)。(2022 年)

A. 煤油试验法 　　　　　　　　　　B. 充水试验法

C. 化学试验法 　　　　　　　　　　D. 真空箱试验法

5. 下列关于油罐充水试验对水温及水质的要求, 正确的有 (　　　　)。(2023 年)

A. 罐壁采用低合金钢时, 水温可为 18℃

B. 罐壁采用 16MnR 钢板时, 水温可为 2℃

C. 充水试验不宜采用淡水

D. 罐壁采用普通碳素钢时, 水温可低于 3℃

6. 容积为 3000m^3 的内浮顶油罐, 宜选用的施工方法有 (　　　　)。(2024 年)

A. 水浮正装法 　　　　　　　　　　B. 充气顶升法

C. 抱杆倒装法 　　　　　　　　　　D. 整体卷装法

7. 油罐安装完成后, 应进行充水试验。关于油罐充水试验要求, 下列说法正确的有 (　　　　)。(2024 年)

A. 试验前所有附件及其他与罐体焊接部位应全部焊接完毕

B. 充水试验应采用淡水

C. 充水到设计最高液位并保持 24h, 后壁无渗漏为合格

D. 罐壁采用普通碳素钢或 16MnR 钢板时, 水温不能低于 5℃

Ⅳ　球形罐制作和安装

混合选择题 (每题有 1~3 个正确答案)

1. 组装速度快, 组装应力小, 不需要很大的吊装机械和太大的施工场地, 适用任意大小球罐拼装, 但高空作业量大。该组装方法是 (　　　　)。(2015 年)

A. 分片组装法 　　　　　　　　　　B. 拼大片组装法

C. 环带组装法 　　　　　　　　　　D. 分带分片混合组装法

2. 在相同容积下, 表面积最小、承压能力最好的容器是 (　　　　)。(2016 年)

A. 矩形容器 　　　　　　　　　　B. 圆筒形容器

C. 球形容器 　　　　　　　　　　D. 管式容器

3. 球罐对接焊缝的内外表面应在耐压试验前进行无损探伤, 选用的方法有 (　　　　)。(2021 年)

A. 超声波探伤   B. 磁粉探伤

C. 涡流探伤   D. 射线探伤

4. 下列关于球罐焊接热处理的说法正确的有（   ）。（2023年）

A. 焊前预热范围为焊接中心两侧各3倍板厚以上，且不少于100mm的范围内

B. 焊后热处理的温度为200~300℃，时间应为1.5~2h

C. 厚度大于32mm的高强度钢焊后须立即进行焊后热处理

D. 对壁厚大于32mm的各种材质球罐须采用整体热处理

Ⅴ 工艺金属结构制作和安装

混合选择题（每题有1~3个正确答案）

火炬及排气筒是石油化工装置中的大型钢结构设备，下列说法错误的是（   ）。（2022年）

A. 尾气燃烧后成为无害气体，从排气筒排出

B. 气液分离后，再排向火炬

C. 火炬点火嘴不得在地面点燃

D. 火炬和火炬及排气筒塔架均为碳钢材料

Ⅵ 静置设备无损检测

混合选择题（每题有1~3个正确答案）

1. 某静置设备由奥氏体型不锈钢板衬制成，对其进行无损检测时，可采用的检测方法有（   ）。（2017年）

A. 超声波检测   B. 磁粉检测

C. 射线检测   D. 渗透检测

2. 静置设备可检查开口于表面的缺陷，用于金属和非金属的探伤方法为（   ）。（2020年）

A. 超声波检测   B. 磁粉检测

C. 渗透检测   D. 涡流检测

3. 采用超声直（斜）射法检测内部缺陷时，不同检测对象相应的超声厚度检测范围不同。下列检测对象能够采用超声检测的有（   ）。（2023年）

A. 厚度为300mm碳素钢板材

B. 壁厚为3mm，外径为300mm的低合金钢无缝钢管

C. 壁厚为50mm，外径为700mm的奥氏体型不锈钢无缝钢管

D. 母材厚度为80mm的奥氏体型不锈钢对接焊接接头

Ⅶ 静置设备工程计量

混合选择题（每题有1~3个正确答案）

1. 依据《通用安装工程工程量计算标准》GB/T 50856—2024，静置设备安装中的整体容器安装项目，根据项目特征描述范围，其他工作内容包括容器安装、吊耳制作、安装外，还包括（   ）。（2016年）

A. 设备填充   B. 压力试验

C. 清洗、脱脂、钝化   D. 灌浆

2. 依据《通用安装工程工程量计算标准》GB/T 50856—2024，静置设备安装工程量计量时，根据项目特征以"座"为计量单位的是（　　）。(2017 年)

A. 金属油罐中拱顶罐制作安装   B. 球形罐组对安装

C. 热交换器设备安装   D. 火炬及排气筒制作安装

三、真题解析

Ⅰ　压力容器的分类

混合选择题（每题有 1~3 个正确答案）

1.【答案】C

【解析】按设备的设计压力（P）分类：

（1）超高压容器（代号 U）：设计压力大于或等于 100MPa 的压力容器。

（2）高压容器（代号 H）：设计压力大于或等于 10MPa，且小于 100MPa 的压力容器。

（3）中压容器（代号 M）：设计压力大于或等于 1.6MPa，且小于 10MPa 的压力容器。

（4）低压容器（代号 L）：设计压力大于或等于 0.1MPa，且小于 1.6MPa 的压力容器。

注：$P<0$ 时，为真空设备。

2.【答案】A

【解析】按设备在生产工艺过程中的作用原理分类，参照《固定式压力容器安全技术监察规程》TSG 21，按照在生产工艺过程中的作用原理，压力容器划分为：

（1）反应压力容器（代号 R）：主要用于完成介质的物理、化学反应的压力容器，如反应器、反应釜、分解锅、聚合釜、合成塔、变换炉、煤气发生炉等。

（2）换热压力容器（代号 E）：主要用于完成介质间热量交换的压力容器，如各种热交换器、冷却器、冷凝器、蒸发器等。

（3）分离压力容器（代号 S）：主要用于完成介质的流体压力平衡缓冲和气体净化分离等的压力容器，如各种分离器、过滤器、集油器、洗涤器、吸收塔、铜洗塔、干燥塔、气提塔、分气缸、除氧器等。

（4）储存压力容器（代号 C，其中球罐代号 B）：主要用于储存或者盛装气体、液体、液化气等介质的压力容器，如各种形式的储罐等。

3.【答案】ABC

【解析】制造设备所用的材料有金属和非金属两大类：

（1）金属设备，目前应用最多的是低碳钢和普通低合金钢材料。在腐蚀严重或产品纯度要求高的场合，使用不锈钢、不锈复合钢板或铝制造设备；在深冷操作中可以使用铜和铜合金；不承压的塔节或容器可采用铸铁。

（2）非金属材料可用做设备的衬里，也可作独立构件。常用的有硬聚氯乙烯、玻璃钢、不透性石墨、化工搪瓷、化工陶瓷以及砖、板、橡胶衬里等。

橡胶属于高分子材料，耐热性低。

4.【答案】B

【解析】换热压力容器（代号E）：主要用于完成介质间热量交换的压力容器，如各种热交换器、冷却器、冷凝器、蒸发器等。合成塔属于反应压力容器，干燥塔属于分离压力容器，储存罐属于储存压力容器。

Ⅱ 静置设备制作和安装

混合选择题（每题有1~3个正确答案）

1.【答案】D

【解析】列管式换热器是目前生产中应用最广泛的换热设备。与前述的各种换热管相比，主要优点是单位体积所具有的传热面积大以及传热效果好，且结构简单、制造的材料范围广、操作弹性较大。因此，在高温、高压的大型装置上多采用列管式换热器。

2.【答案】B

【解析】选项A，新型波纹填料可采用不锈钢、铜、铝、纯钛、钼钛等材质制作。选项C，从经济、实用及可靠的角度出发，要求单位体积填料的重量轻（密度较小）、造价低，坚固耐用，不易堵塞，有足够的力学强度，对于气、液两相介质都有良好的化学稳定性等。选项D，填料应有较大的比表面积。

3.【答案】B

【解析】列管式换热器是目前生产中应用最广泛的换热设备。与前述的各种换热管相比，主要优点是单位体积所具有的传热面积大以及传热效果好，且结构简单、制造的材料范围广、操作弹性较大。因此，在高温、高压的大型装置上多采用列管式换热器。

4.【答案】B

【解析】塔设备的基本功能是提供气、液两相充分接触的机会，使传质、传热过程能够迅速有效地进行，还要求完成传质、传热过程之后的气、液两相能及时分开，互不夹带。

5.【答案】A

【解析】流化床反应器是一种利用气体或液体通过颗粒状固体层而使固体颗粒处于悬浮运动状态，并进行气固相反应过程或液固相反应过程的反应器。在用于气固系统时，又称沸腾床反应器。目前，流化床反应器已在化工、石油、冶金、核工业等部门得到广泛应用。

6.【答案】C

【解析】固定床反应器装填有固体催化剂或固体反应物，用于实现多相反应过程的一种反应器。固体物通常呈颗粒状，粒径2~15mm，堆积成一定高度（或厚度）的床层。床层静止不动，流体通过床层进行反应。

7. 【答案】A

【解析】分离压力容器（代号 S）是指主要用于完成介质的流体压力平衡缓冲和气体净化分离等的压力容器，如各种分离器、过滤器、集油器、洗涤器、吸收塔、铜洗塔、干燥塔、汽提塔、分汽缸、除氧器等。

Ⅲ 金属油罐制作和安装

混合选择题（每题有 1~3 个正确答案）

1. 【答案】BCD

【解析】

各类油罐的施工方法选定

油罐类型	施工方法			
	水浮正装法	抱杆倒装法	充气顶升法	整体卷装法
拱顶油罐（m³）	—	100~700	1000~20000	—
无力矩顶油罐（m³）	—	100~700	1000~5000	—
浮顶油罐（m³）	3000~50000	—	—	—
内浮顶油罐（m³）	—	100~700	1000~5000	—
卧式油罐（m³）	—	—	—	各种容量

2. 【答案】D

【解析】内浮顶储罐是带有固定罐顶的浮顶罐，也是拱顶罐和浮顶罐相结合的新型储罐。内浮顶储罐具有独特优点：一是与浮顶罐比较，因为有固定顶，能有效地防止风、砂、雨、雪或灰尘的侵入，绝对保证储液的质量。同时，内浮盘漂浮在液面上，使液体无蒸汽空间，可减少蒸发损失 85%~96%；减少空气污染，降低着火爆炸危险，特别适合于储存高级汽油和喷气燃料及有毒的石油化工产品；由于液面上没有气体空间，还可减少罐壁罐顶的腐蚀，延长储罐的使用寿命。二是在密封相同情况下，与浮顶相比可以进一步降低蒸发损耗。

3. 【答案】AB

4. 【答案】ACD

【解析】油罐严密性试验的目的是检验其本身结构强度及焊缝严密性，试验方法包括真空箱试验法、煤油试验法、化学试验法、压缩空气试验法。

5. 【答案】A

【解析】充水试验要求：充水试验前，所有附件及其他与罐体焊接部位应全部焊接完毕；充水试验采用淡水，罐壁采用普通碳素钢或 16MnR 钢板时，水温不能低于 5℃；采用其他低合金钢时，水温不能低于 15℃。

6. 【答案】B

【解析】见下表。

各类油罐的施工方法选定

油罐类型	施工方法			
	水浮正装法	抱杆倒装法	充气顶升法	整体卷装法
拱顶油罐（m³）	—	100~700	1000~20000	—
无力矩顶油罐（m³）	—	100~700	1000~5000	—
浮顶油罐（m³）	3000~50000	—	—	—
内浮顶油罐（m³）	—	100~700	1000~5000	—
卧式油罐（m³）	—	—	—	各种容量

7. 【答案】ABD

【解析】充水试验要求：充水试验前所有附件及其他与罐体焊接部位应全部焊接完毕；充水试验采用淡水，罐壁采用普通碳素钢或16MnR钢板时，水温不能低于5℃；采用其他低合金钢时，水温不能低于15℃。

罐壁的强度及严密性应以充水到设计最高液位并保持48h后罐壁无渗漏、无异常变形为合格。

Ⅳ 球形罐制作和安装

混合选择题（每题有1~3个正确答案）

1. 【答案】A

【解析】采用分片组装法的优点是：施工准备工作量少，组装速度快，组装应力小，而且组装精度易于掌握，不需要很大的吊装机械，也不需要太大的施工场地；缺点是高空作业量大，需要相当数量的夹具，全位置焊接技术要求高，而且焊工施焊条件差，劳动强度大。分片组装法适用于任意大小球罐的安装。

2. 【答案】C

【解析】球罐与立式圆筒形储罐相比，在相同容积和相同压力下，球罐的表面积最小；在相同直径情况下，球罐壁内应力最小，而且均匀，其承载能力比圆筒形容器大1倍。矩形容器由平板焊接而成，制造方便，但承压能力差，只用作小型常压储槽。

3. 【答案】B

【解析】球罐对接焊缝的内外表面（包括人孔及公称直径不小于250mm接管的对接焊缝和法兰，锻制加强圈的外接焊缝、支柱角焊缝等）应在耐压试验前进行100%焊缝长度的磁粉探伤或渗透探伤，如果球罐需焊后热处理，则应在热处理前进行探伤。

4. 【答案】AC

【解析】预热时要求对焊接部位均匀加热，使其达到焊接工艺规定的温度，预热范围为焊接接头中心两侧各3倍板厚以上，且不少于100mm的范围内。

球罐的焊接后消氢处理应由焊接工艺评定结果确定，焊后热处理温度一般要求应与预热温度相同（200~350℃），保温时间应为0.5~1h。遇有下列情况的焊缝，均应在焊后立即进行焊后热消氢处理：①厚度大于32mm的高强度钢；②厚度大于38mm的其他低合金钢；③锻制凸缘与球壳板的对接焊缝。

目前，我国对壁厚大于34mm的各种材质的球罐都采用整体热处理，热处理温度应按设计要求。

V 工艺金属结构制作和安装

混合选择题（每题有1~3个正确答案）

【答案】C

【解析】A选项正确，火炬及排气筒用于将连续或间断地排放的尾气（可燃气体）燃烧后成为无害气体，排放到大气中；B选项正确，送往火炬系统的排放气，先由装置区的管路进入气液分离罐进行气液分离，分离出来的凝液，用泵送往不合格油储罐，排出气则送往火炬；C选项错误，点火烧嘴上设有点火设施，从地面上就可以点燃火嘴；D选项正确，火炬及排气筒塔架是用型钢或钢管组焊制成的一定高度的塔架，均为碳钢材料。

VI 静置设备无损检测

混合选择题（每题有1~3个正确答案）

1.【答案】A

【解析】超声波检测适用于板材、复合板材、碳钢和低合金钢锻件、管材、棒材、奥氏体型不锈钢锻件等承压设备原材料和零部件的检测，也适用于承压设备对接焊接接头、T形焊接接头、角焊缝以及堆焊层等的检测。

2.【答案】C

【解析】渗透检测通常能确定表面开口缺陷的位置、尺寸和形状。渗透检测适用于金属材料和非金属材料板材、复合板材、锻件、管材和焊接接头表面开口缺陷的检测。渗透检测不适用多孔性材料的检测。

3.【答案】B

【解析】

不同检测对象相应的超声厚度检测范围

超声检测对象	适用的厚度范围（mm）
碳素钢、低合金钢、镍及镍合金板材	母材为6~250
铝及铝合金和钛及钛合金板材	厚度>6
碳钢、低合金钢锻件	厚度≤1000
不锈钢、钛及钛合金、铝及铝合金、镍及镍合金复合板	基板厚度≥6
碳钢、低合金钢无缝钢管	外径为12~660、壁厚≥2
奥氏体型不锈钢无缝钢管	外径为12~400、壁厚为2~35
碳钢、低合金钢螺栓件	直径>36
全熔化焊钢对接焊接接头	母材厚度为6~400
铝及铝合金制压力容器对接焊接接头	母材厚度≥8
钛及钛合金制压力容器对接焊接接头	母材厚度≥8

续表

超声检测对象	适用的厚度范围（mm）
碳钢、低合金钢压力管道环焊缝	壁厚≥4.0，外径为 32~159 或壁厚为 4.0~6，外径≥159
铝及铝合金接管环焊缝	壁厚≥5.0，外径为 80~159 或壁厚为 5.0~8，外径≥159
奥氏体型不锈钢对接焊接接头	母材厚度为 10~50

Ⅶ　静置设备工程计量

混合选择题（每题有 1~3 个正确答案）

1.【答案】BCD

【解析】静置设备安装—整体容器安装其工作内容包括：（1）塔器安装；（2）吊耳制作、安装；（3）压力试验；（4）清洗、脱脂、纯化；（5）灌浆。选项 A 是塔器的安装内容。

2.【答案】D

【解析】火炬及排气筒制作安装应根据项目特征（名称、构造形式、材质、质量、筒体直径、高度、灌浆配合比），以"座"为计量单位，按设计图示数量计算。

第六章　电气和自动化控制工程

一、本章概览

本章知识架构参见图6-1。

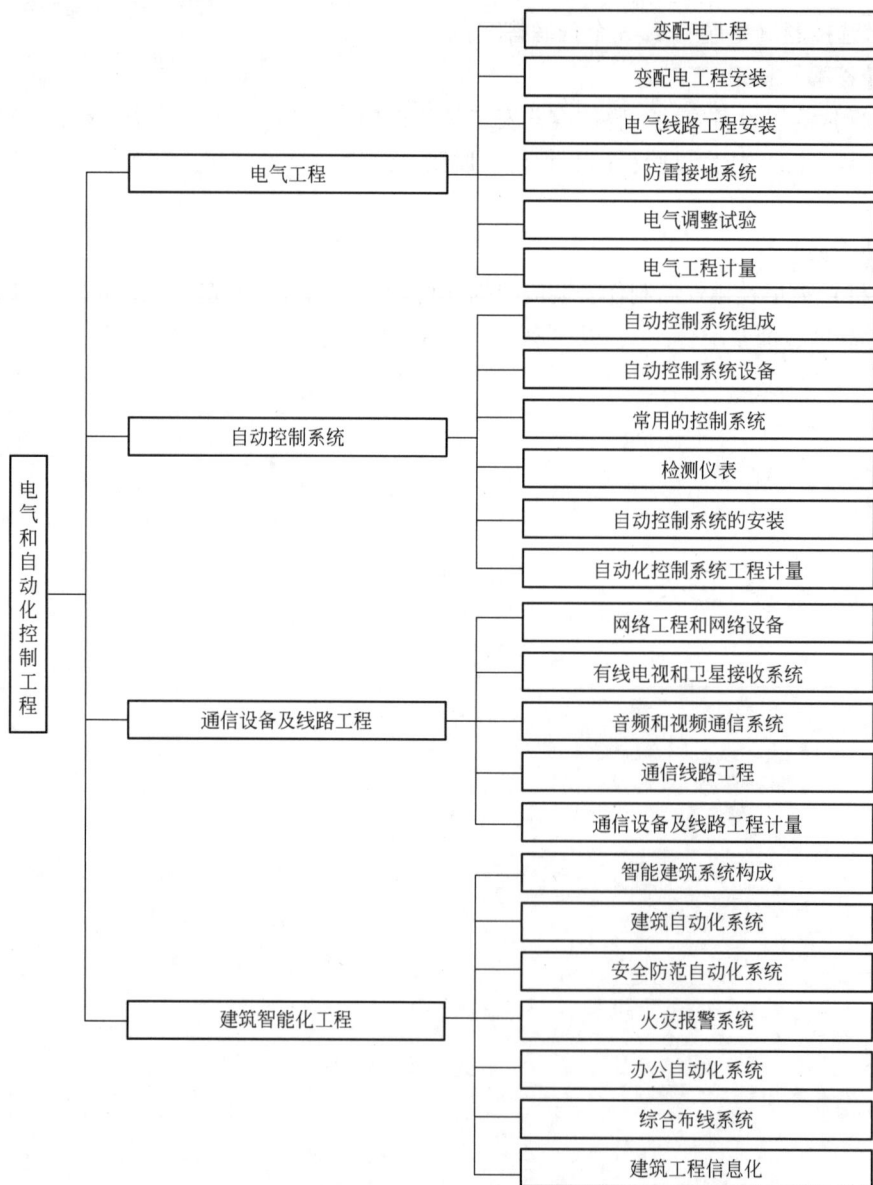

```
电气和自动化控制工程
├── 电气工程
│   ├── 变配电工程
│   ├── 变配电工程安装
│   ├── 电气线路工程安装
│   ├── 防雷接地系统
│   ├── 电气调整试验
│   └── 电气工程计量
├── 自动控制系统
│   ├── 自动控制系统组成
│   ├── 自动控制系统设备
│   ├── 常用的控制系统
│   ├── 检测仪表
│   ├── 自动控制系统的安装
│   └── 自动化控制系统工程计量
├── 通信设备及线路工程
│   ├── 网络工程和网络设备
│   ├── 有线电视和卫星接收系统
│   ├── 音频和视频通信系统
│   ├── 通信线路工程
│   └── 通信设备及线路工程计量
└── 建筑智能化工程
    ├── 智能建筑系统构成
    ├── 建筑自动化系统
    ├── 安全防范自动化系统
    ├── 火灾报警系统
    ├── 办公自动化系统
    ├── 综合布线系统
    └── 建筑工程信息化
```

图6-1　本章知识架构

二、考情分析

参见表 6-1。

表 6-1　　　　　　　　　　　　　　本章考情分析

章节内容		2024		2023		2022	
		混选	分值	混选	分值	混选	分值
第六章	电气和自动化控制工程	20	30	20	30	20	30
第一节	电气工程	6	9	6	9	6	9
第二节	自动控制系统	5	7.5	5	7.5	5	7.5
第三节	通信设备及线路工程	4	6	4	6	4	6
第四节	建筑智能化工程	5	7.5	5	7.5	5	7.5

第一节　电气工程

一、名师考点

参见表 6-2。

表 6-2　　　　　　　　　　　　　　本节考点

	教材点	知识点
一	变配电工程	变电所的类别、高压变配电设备、低压变配电设备
二	变配电工程安装	变压器的检查和安装、母线安装
三	电气线路工程安装	架空线路、电缆安装
四	防雷接地系统	建筑物的防雷分类、防雷系统安装方法及要求、接地系统安装方法及要求
五	电气调整试验	电气设备试验
六	电气工程计量	电气工程量清单计算规则

二、真题回顾

I　变配电工程

混合选择题（每题有 1~3 个正确答案）

1. 六氟化硫断路器具有的优点是（　　）。（2015 年）

A. 150℃以下时，化学性能相当稳定

B. 不存在触头氧化问题

C. 腐蚀性和毒性小，且不受温度影响

D. 具有优良的电绝缘性能

2. 变配电工程中，高压配电室的主要作用是（　　）。（2015 年）

A. 接受电力　　　　　　　　　　B. 分配电力

C. 提高功率因数　　　　　　　　D. 高压电转换成低压电

3. 具有良好的非线性、动作迅速、残压低、通流容量大、无续流、耐污能力强等优点，是传统避雷器的更新换代产品，在电站及变电所中得到了广泛应用。该避雷器是（　　）。（2015 年）

A. 管型避雷器　　　　　　　　　B. 阀型避雷器

C. 氧化锌避雷器　　　　　　　　D. 保护间隙避雷器

4. 民用建筑中的变配电所，从防火安全角度考虑，一般应采用断路器的形式有（　　）。（2016 年）

A. 少油断路器　　　　　　　　　B. 多油断路器

C. 真空断路器　　　　　　　　　D. 六氟化硫断路器

5. 10kV 及以下变配电室经常设有高压负荷开关，其特点为（　　）。（2016 年）

A. 能够断开短路电流　　　　　　B. 能够切断工作电流

C. 没有明显的断开间隙　　　　　D. 没有灭弧装置

6. 建筑物及高层建筑物变电所，宜采用的变压器形式有（　　）。（2017 年）

A. 浇注式　　　　　　　　　　　B. 油浸自冷式

C. 油浸风冷式　　　　　　　　　D. 充气式

7. 需用于频繁操作及有易燃易爆危险的场所，要求加工精度高，对其密封性能要求严的高压断路器，应选用（　　）。（2017 年）

A. 多油断路器　　　　　　　　　B. 少油断路器

C. 六氟化硫断路器　　　　　　　D. 空气断路器

8. 具有良好的非线性、动作迅速、残压低、通流容量大、无续流、结构简单、可靠性高、耐污能力强等优点，在电站及变电所中得到广泛应用的避雷器是（　　）。（2017 年）

A. 碳化硅阀型避雷器　　　　　　B. 氧化锌避雷器

C. 保护间隙避雷器　　　　　　　D. 管型避雷器

9. 控制室的主要作用是（　　）。（2018 年）

A. 接受电力　　　　　　　　　　B. 分配电力

C. 预告信号　　　　　　　　　　D. 提高功率因数

10. 具有明显的断开间隙、简单的灭弧装置，能通断一定的负荷电流和过负荷电流，但不能断开短路电流的为（　　）。（2018 年）

A. 高压断路器　　　　　　　　　B. 高压负荷开关

C. 隔离开关　　　　　　　　　　D. 避雷器

11. 作用是通断正常负荷电流，并在电路出现短路故障时自动切断故障电流，保护高压电线和高压电气设备的安全高压变配电设备的是（　　）。（2019 年）

A. 高压断路器   B. 高压隔离开关

C. 高压负荷开关   D. 高压熔断器

12. 关于变配电工程，以下说法正确的为（   ）。（2020 年）

A. 高压配电室的作用是把高压电转换成低压电

B. 控制室的作用是提高功率因数

C. 露天变电所要求低压配电室远离变压器

D. 高层建筑物变压器一律采用干式变压器

13. 能通断正常负荷电流，并在电路出现短路故障时自动切断故障电流，保护高压电线和高压电气设备的安全，该设备是（   ）。（2021 年）

A. 高压断路器   B. 高压隔离开关

C. 高压负荷开关   D. 熔断器

14. 某高压配电设备能通断正常负荷电流，并在电路上出现短路故障时自动切断电流，保护高压电路线和高压电气设备的安全，该设备为（   ）。（2022 年）

A. 高压负荷开关   B. 高压熔断器

C. 高压隔离开关   D. 高压断路器

15. 下列变压器适用于民用建筑变电所使用的类型有（   ）。（2023 年）

A. 油浸水冷式变压器   B. 油浸自冷式双绕组变压器

C. 干式变压器   D. 强迫油循环冷却式变压器

真题讲解

16. 下列关于电压互感器的说法，正确的有（   ）。（2023 年）

A. 电压互感器在工作时，二次绕组近似于开路状态

B. 三次绕组的额定电压一般为 220V

C. 一次绕组匝数较少，二次绕组匝数较多

D. 一次绕组侧有一端必须接地

17. 关于变配电工程中各电气室及电力变压器的作用，下列说法正确的有（   ）。（2024 年）

A. 电力变压器的作用是把高电压转换成低电压

B. 低压配电室的作用是接受电力

C. 电容器室的作用是提高功率因数

D. 控制室的作用是预告信号

18. 某类避雷器具有较高熄弧能力的保护间隙，灭弧能力与工频续流的大小有关，面积小，泄漏电流较大，大多用在供电线路上和变电站中低压进线端作避雷保护。此类避雷器为（   ）。（2024 年）

A. 针式避雷器   B. 管型避雷器

C. 阀型避雷器   D. 氧化锌避雷器

19. 既能带负荷通断低压电路，又能在短路、过负荷、欠压或失压情况下自动跳闸。下列选项符合该要求的有（   ）。（2024 年）

A. 低压熔断器   B. 低压保险器

C. 低压保安器   D. 低压断路器

Ⅱ 变配电工程安装

混合选择题（每题有 1~3 个正确答案）

1. 母线的作用是汇集、分配和传输电能。母线按材质划分有（   ）。（2015 年）

A. 镍合金母线
B. 钢母线
C. 铜母线
D. 铝母线

2. 变配电工程中，母线的连接方式应为（   ）。（2016 年）

A. 扭纹连接
B. 咬口连接
C. 螺栓连接
D. 铆接连接

3. 变压器室外安装时，安装在室外部分的有（   ）。（2017 年）

A. 电压互感器
B. 隔离开关
C. 测量系统
D. 保护系统开关柜

4. 关于母线安装，以下说法正确的为（   ）。（2020 年）

A. 字母代表的颜色分别：A 黄色；B 绿色；C 红色；N 黑色
B. 垂直布置上、中、下、最下的顺序是 N、C、B、A
C. 水平布置内、中、外、最外的顺序是 N、C、B、A
D. 引下线布置左、中、右、最右的顺序是 N、C、B、A

5. 封闭母线安装要求正确的是（   ）。（2021 年）

A. 母线安装时，必须按分段图、相序、编号、方向和标志放置，不得随意互换
B. 支持点的间距，水平或垂直敷设时，均不应大于 1.5m
C. 两相邻段母线及外壳应对准，连接后不得使母线受到额外的附加应力
D. 封闭式母线的终端，当无引出线时，端部应有专用的封板进行封闭

6. 漏电保护器安装时，正确的做法有（   ）。（2022 年）

A. 电源进线必须接下方，出线接上方
B. 照明线包括中性线，均须通过漏电保护器
C. 应安装在进户线小配电盘上或照明配电箱内
D. 安装漏电保护器后，不得拆除单相闸刀开关或瓷插、熔丝盒

7. 下列关于低压封闭式插接母线安装的说法，正确的有（   ）。（2023 年）

A. 母线一般可用钢丝绳起吊
B. 母线直线段距离超过 80m 时，每 50~60m 设置膨胀节
C. 母线可以在穿过楼板或墙壁处进行连接
D. 母线直线段的安装应平直，水平度与垂直度偏差不宜大于 1.5‰

8. 关于架空线路敷设要求，下列说法正确的有（   ）。（2024 年）

A. 架空导线间距不小于 200mm
B. 郊区 0.4kV 室外架空线路应采用多芯铝绞绝缘导线
C. 低压电杆杆距宜为 30~45m
D. 横担应架设在电杆的靠负载一侧

Ⅲ　电气线路工程安装

混合选择题（每题有 1~3 个正确答案）

1. 电缆在室外可以直接埋地敷设，经过农田的电缆埋设深度不应小于（　　）。（2015 年）

A. 0.4m

B. 0.5m

C. 0.8m

D. 1.0m

2. 电气线路工程中，电缆安装前进行检查实验，合格后进行敷设，对以上电缆应做的实验为（　　）。（2016 年）

A. 直流耐压实验

B. 交流耐压实验

C. 局部放电实验

D. 500V 摇表检测

3. 电气线路工程中，电缆穿钢管敷设正确的做法为（　　）。（2016 年）

A. 每根管内只允许穿一根电缆

B. 要求管道的内径为电缆外径的 1.2~1.5 倍

C. 单芯电缆不允许穿入钢管内

D. 敷设电缆管时应有 0.1% 的排水坡度

4. 郊区 0.4kV 室外架空线路应采用的导线为（　　）。（2018 年）

A. 钢芯铝绞线

B. 铜芯铝绞线

C. 多芯铝绞绝缘线

D. 多芯钢绞绝缘线

5. 关于架空线敷设，以下说法正确的为（　　）。（2020 年）

A. 主要用绝缘导线或裸导线

B. 广播线、通信电缆与电力同杆架设时应在电力线下方，二者垂直距离不小于 1.5m

C. 与引入线处重复接地点的距离小于 1.0m 时，可以不做重复接地

D. 三相四线制低压架空线路，在终端杆处应将保护线重复接地，接地电阻不大于 10Ω

6. 下列符合电缆安装技术要求的有（　　）。（2021 年）

A. 电缆安装前，1kV 以上的电缆要做直流耐压试验

B. 三相四线制系统，可采用三芯电缆另加一根单芯电缆作中性线进行安装

C. 并联运行的电力电缆应采用相同型号、规格及长度的电缆

D. 电缆在室外直接埋地敷设时，除设计另有规定外，埋设深度不应小于 0.5m

7. 关于电缆敷设，符合要求的有（　　）。（2022 年）

A. 三相四线制电缆必须采用四芯电力电缆

B. 电缆安装前要进行检查，1kV 以上的电缆要用 500V 摇表测绝缘

C. 电缆穿管敷设时，交流单芯电缆不得单独穿入钢管内

D. 并联运行的电力电缆应采用相同型号、规格及长度的电缆

8. 电力电缆沿电缆沟内单侧支架敷设时，其电缆间的水平净距除不得小于电缆外径尺寸外，下列关于电缆间水平净距尺寸正确的有（　　）。（2023 年）

A. 35mm

B. 50mm

C. 60mm

D. 85mm

9. 按照电缆敷设的一般技术要求，下列说法正确的有（　　）。（2024 年）

A. 三相四线制系统必须采用四芯电力电缆

B. 电缆的弯曲半径不应大于现行国家标准的规定

C. 电缆敷设时，直埋电缆只在电缆终端头处留少量裕度

D. 并联运行的电力电缆不能采用相同型号、规格及长度的电缆

Ⅳ　防雷接地系统

混合选择题（每题有 1~3 个正确答案）

1. 防雷接地系统安装时，在土壤条件极差的山石地区应采用接地极水平敷设。要求接地装置所用材料全部采用（　　）。（2015 年）

A. 镀锌圆钢　　　　　　　　　B. 镀锌方钢

C. 镀锌角钢　　　　　　　　　D. 镀锌扁钢

2. 防雷接地系统户外接地母线大部分采用扁钢埋地敷设，其连接应采用的焊接方式为（　　）。（2016 年）

A. 端接焊　　　　　　　　　　B. 对接焊

C. 角接焊　　　　　　　　　　D. 搭接焊

3. 防雷接地系统避雷针与引下线之间的连接方式应采用（　　）。（2017 年）

A. 焊接连接　　　　　　　　　B. 咬口连接

C. 螺栓连接　　　　　　　　　D. 铆接连接

4. 在高层建筑中，环绕建筑周边设置的，具有防止侧向雷击作用的水平避雷装置是（　　）。（2019 年）

A. 避雷网　　　　　　　　　　B. 避雷针

C. 引下线　　　　　　　　　　D. 均压环

5. 关于防雷接地，以下说法正确的为（　　）。（2020 年）

A. 接地极只能垂直敷设不能水平敷设

B. 所有防雷装置的各种金属件必须镀锌

C. 避雷针与引下线的连接不可以焊接

D. 引下线不可以利用建筑物内的金属体，必须单独设置

6. 高层建筑中，为防止侧击雷需要设计的环绕建筑物周边的水平避雷设施为（　　）。（2021 年）

A. 避雷网　　　　　　　　　　B. 避雷针

C. 引下线　　　　　　　　　　D. 均压环

7. 下列关于均压环安装的说法，正确的有（　　）。（2023 年）

A. 建筑物的均压环从哪一层开始设置、间隔距离、是否利用建筑物圈梁主钢筋等应由设计确定

B. 如果设计不明确，当建筑物高度超过 20m 时，应在建筑物 20m 以上设置均压环

C. 建筑物层高≤3m 时，每两层设置一圈均压环

D. 建筑物层高≤5m 时，每两层设置一圈均压环

V　电气调整试验

混合选择题（每题有 1~3 个正确答案）

1. 电气设备试验中，能有效发现设备较危险的集中性缺陷，鉴定设备绝缘强度最直接的方法为（　　　）。（2021 年）

A. 直流耐压试验　　　　　　　　B. 交流耐压试验

C. 电容比的测量　　　　　　　　D. 冲击波试验

2. 下列能检验电气设备承受雷电压和操作电压的绝缘性能和保护性能的试验有（　　　）。（2022 年）

A. 冲击波试验　　　　　　　　　B. 局部放电试验

C. 接地电阻测试　　　　　　　　D. 泄漏电流测试

VI　电气工程计量

混合选择题（每题有 1~3 个正确答案）

1. 依据《通用安装工程工程量计算标准》GB/T 50856—2024 的规定，利用基础钢筋作接地极，应执行的清单项目是（　　　）。（2017 年）

A. 接地极项目　　　　　　　　　B. 接地母线项目

C. 基础钢筋项目　　　　　　　　D. 均压环项目

2. 配线进入箱、柜、板的预留长度为（　　　）。（2018 年）

A. 高+宽　　　　　　　　　　　B. 高

C. 宽　　　　　　　　　　　　　D. 0.3m

3. 100m 长的避雷引下线的工程量是（　　　）。（2019 年）

A. 100m　　　　　　　　　　　B. 102.5m

C. 103.9m　　　　　　　　　　D. 105m

4. 依据《通用安装工程工程量计算标准》GB/T 50856—2024 规定，下列说法正确的是（　　　）。（2020 年）

A. 电缆进控制、保护屏及配电箱等的预留长度计入工程量

B. 配管安装要扣除中间的接线盒、开关盒所占长度

C. 母线的附加长度不计入工程量

D. 架空导线进户线预留长度不小于 1.5m/根

5. 以下可以作为"电气设备安装工程"列项的为（　　　）。（2020 年）

A. 电气设备地脚螺栓浇注　　　　B. 过梁、墙、板套管安装

C. 车间动力电气设备及电气照明　D. 防雷及接地装置安装

6. 依据《通用安装工程工程量计算标准》GB/T 50856—2024，电气配线配管计算说法正确的是（　　　）。（2021 年）

A. 配管配线安装扣除管路中间接线箱（盒）、开关盒所占长度

B. 导管长度每大于 30m 无弯曲，需增设接线盒

C. 配管安装中不包含凿槽、刨沟

D. 配线进入箱、柜预留长度为开关箱（柜）面尺寸的长+宽+高

7. 依据《通用安装工程工程量计算标准》GB/T 50856—2024 规定，下列关于电气工程量计算规则正确的是（　　）。（2022 年）

A. 架空线路转角预留 2.0m
B. 防雷接地附加为 3.9%
C. 电缆至电动机预留 1.0m
D. 配线出户线预留 2.0m

8. 依据《通用安装工程工程量计算标准》GB/T 50856—2024，下列关于带形母线与设备连接时的预留长度要求正确的有（　　）。（2023 年）

A. 0.2m/根
B. 0.3m/根
C. 0.4m/根
D. 0.5m/根

9. 某室内接地母线采用镀锌扁钢，长度为 150.00m，镀锌扁钢损耗率为 2%。依据《通用安装工程工程量计算标准》GB/T 50856—2024 计量规则，该接地母线的清单工程量为（　　）。（2024 年）

A. 150.00m
B. 153.00m
C. 155.85m
D. 158.97m

三、真题解析

Ⅰ　变配电工程

混合选择题（每题有 1~3 个正确答案）

1. 【答案】ABD

【解析】六氟化硫（SF_6）断路器是利用 SF_6 气体作灭弧和绝缘介质的断路器。SF_6 优缺点如下：

（1）无色、无味、无毒且不易燃烧，在 150℃ 以下时，其化学性能相当稳定。

（2）不含碳（C）元素，对于灭弧和绝缘介质来说，具有极为优越的特性。

（3）不含氧（O）元素，不存在触头氧化问题。

（4）具有优良的电绝缘性能，在电流过零时，电弧暂时熄灭后，SF_6 能迅速恢复绝缘强度，从而使电弧很快熄灭。

（5）在电弧的高温作用下，SF_6 会分解出氟（F_2），具有较强的腐蚀性和毒性。

（6）能与触头的金属蒸汽化合为一种具有绝缘性能的白色粉末状的氟化物。

2. 【答案】A

【解析】变电所工程包括高压配电室、低压配电室、控制室、变压器室、电容器室五部分的电气设备安装工程。配电所与变电所的区别就是配电所内部没有装设电力变压器，高压配电室的作用是接受电力，变压器室的作用是把高压电转换成低压电，低压配电室的作用是分配电力，电容器室的作用是提高功率因数，控制室的作用是预告信号。

3. 【答案】C

4. 【答案】CD

5. 【答案】B

【解析】高压负荷开关与隔离开关一样，具有明显可见的断开间隙、简单的灭弧装置，能通断一定的负荷电流和过负荷电流，但不能断开短路电流。

断路器可以切断工作电流和事故电流，负荷开关能切断工作电流，但不能切断事故电流，隔离开关只能在没电流时分合闸。送电时先合隔离开关，再合负荷开关；停电时先分负荷开关，再分隔离开关。

6.【答案】AD

【解析】建筑物及高层建筑物变电所，是民用建筑中经常采用的变电所形式，变压器一律采用干式变压器，高压开关一般采用真空断路器，也可采用六氟化硫断路器，但通风条件要好，从防火安全角度考虑，一般不采用少油断路器。干式变压器有浇注式、开启式、充气式等。

7.【答案】C

【解析】六氟化硫断路器适用于需频繁操作及有易燃易爆危险的场所，要求加工精度高，对其密封性能要求更严。

8.【答案】B

9.【答案】C

10.【答案】B

【解析】高压负荷开关与隔离开关一样，具有明显可见的断开间隙、简单的灭弧装置，能通断一定的负荷电流和过负荷电流，但不能断开短路电流。

断路器可以切断工作电流和事故电流，负荷开关能切断工作电流，但不能切断事故电流，隔离开关只能在没电流时分合闸。送电时先合隔离开关，再合负荷开关；停电时先分负荷开关，再分隔离开关。

11.【答案】A

12.【答案】D

【解析】高压配电室的作用是接受电力；变压器室的作用是把高压电转换成低压电；低压配电室的作用是分配电力；电容器室的作用是提高功率因数；控制室的作用是预告信号。这五个部分作用不同，需要安装在不同的房间。其中低压配电室则要求尽量靠近变压器室。露天变电所也要求将低压配电室靠近变压器。

建筑物及高层建筑物变电所，这是民用建筑中经常采用的变电所形式，变压器一律采用干式变压器，高压开关一般采用真空断路器，也可采用六氟化硫断路器，但通风条件要好，从防火安全角度考虑，一般不采用少油断路器。

13.【答案】A

14.【答案】D

【解析】高压断路器的作用是通断正常负荷电流，并在电路出现短路故障时自动切断故障电流，保护高压电线和高压电气设备的安全。

15.【答案】C

【解析】建筑物及高层建筑物变电所是民用建筑中经常采用的变电所形式，变压器一律采用干式变压器，高压开关一般采用真空断路器，也可采用六氟化硫断路器，但通风条件要好，从防火安全角度考虑，一般不采用少油断路器。按冷却方式和绕组绝缘分为油浸式、干式两大类。其中，油浸式变压器又有油浸自冷式、油浸风冷式、油浸水冷式和强迫油循环冷却式等，而干式变压器又有浇注式、开启式、充气式（SF_6）等。

16. 【答案】A

【解析】电压互感器简称 PT，是变换电压的设备。它由一次绕组、二次绕组、铁芯组成。一次绕组并联在线路上，一次绕组匝数较多，二次绕组的匝数较少，相当于降低变压器。二次绕组的额定电压一般为 100V。二次回路中，仪表、继电器的电压线圈与二次绕组并联，这些线圈的阻抗很大，工作时二次绕组近似于开路状态。

电压互感器使用注意事项：①电压互感器在工作时，其一、二次绕组侧不得短路；②电压互感器二次绕组侧有一端必须接地；③电压互感器在接线时，必须注意其端子的极性。

17. 【答案】ACD

【解析】高压配电室的作用是接受电力；电力变压器放置在变压器室，其作用是把高压电转换成低压电，低压配电室的作用是分配电力，控制室的作用是预告信号，电容器室的作用是提高功率因数。

18. 【答案】B

【解析】管型避雷器具有较高熄弧能力的保护间隙，由两个串联间隙组成，一个间隙在大气中称为外间隙，任务是隔离工作电压，避免产气管被流经管子的工频泄漏电流烧坏。另一个装设在气管内，称为内间隙或者灭弧间隙。管型避雷器的灭弧能力与工频续流的大小有关，是一种保护间隙型避雷器，体积小、泄漏电流较大，大多用在供电线路上和变电站中低压进线端作避雷保护。

19. 【答案】D

【解析】低压断路器是能带负荷通断电路，又能在短路、过负荷、欠压或失压的情况下自动跳闸的一种开关设备。它由触头、灭弧装置、转动机构和脱扣器等部分组成。

Ⅱ　变配电工程安装

混合选择题（每题有 1~3 个正确答案）

1. 【答案】BCD

【解析】裸母线分硬母线和软母线两种。硬母线又称汇流排，软母线包括组合软母线。按材质母线可分为铝母线、铜母线和钢母线三种；按形状可分为带形、槽形、管形和组合软母线四种；按安装方式，带形母线有每相 1 片、2 片、3 片和 4 片，组合软母线有 2 根、3 根、10 根、14 根、18 根和 36 根等。

2. 【答案】C

【解析】母线的连接有焊接和螺栓连接两种。

3. 【答案】AB

【解析】变压器安装分室外、柱上、室内三种场所。变压器、电压互感器、电流互感器、避雷器、隔离开关、断路器一般都装在室外，只有测量系统及保护系统开关柜、盘、屏等安装在室内。

4. 【答案】A

5. 【答案】ACD

【解析】支持点的间距，水平或垂直敷设时，均不应大于 2m；距拐弯 0.5m 处应设置支架；做垂直敷设时，应在通过楼板处采用专用附件支承。当进线盒及末端悬空时，应采用支架固定。

6.【答案】BCD

【解析】A 选项错误，电源进线必须接在漏电保护器的正上方，即外壳上标有"电源"或"进线"端；出线均接在下方，即标有"负载"或"出线"端。倘若把进线、出线接反，将会导致保护器动作后烧毁线圈或影响保护器的接通、分断能力。BCD 选项正确。

7.【答案】B

【解析】母线与外壳间必须同心，其误差不得超过 5mm。母线直线段安装应平直，水平度与垂直度偏差不宜大于 1.5‰，全长最大偏差不宜大于 20mm。母线段与段连接以及与支架、吊架等的固定不应强行组装，两相邻段母线及外壳应对准，连接后不得使母线受到额外的附加应力。

封闭式母线不得用钢丝绳起吊和绑扎，母线不得任意堆物，不得在地面上拖拉，不得在外壳上进行其他任何作业，外壳内不得有遗留物，外壳内及绝缘子必须擦拭干净。因为封闭式母线的外壳是由铝板焊接而成的，在运行中有电流通过，因此决不允许将外壳损伤或变形。

封闭式母线，直线段距离超过 80m 时，每 50~60m 应设置膨胀节。当制造厂有特殊要求时，应按产品技术文件的要求执行。当它水平跨越建筑物的伸缩缝或沉降缝时，应有措施。橡胶伸缩套的连接头、穿墙处的连接法兰、外壳与底座之间、外壳各连接部位的螺栓应采用力矩扳手紧固，各接合面应密封良好。

封闭式母线的插接分支点应设在安全及安装维护方便的地方。封闭式母线的连接，不应在穿过楼板或墙壁处进行。当其穿越防火墙及防火楼板时，应采取防火隔离措施。

8.【答案】BCD

【解析】架空导线间距不小于 300mm。

Ⅲ 电气线路工程安装

混合选择题（每题有 1~3 个正确答案）

1.【答案】D

【解析】电缆在室外可以直接埋地敷设。埋设深度一般为 0.8m（设计有规定者按设计规定深度埋设），经过农田的电缆埋设深度不应小于 1.0m，埋地敷设的电缆必须是铠装并且有防腐保护层，裸钢带铠装电缆不允许埋地敷设。

2.【答案】AD

3.【答案】CD

4.【答案】C

【解析】架空线主要用绝缘线或裸线。市区或居民区尽量用绝缘线。郊区 0.4kV 室外架空线路应采用多芯铝绞绝缘线，导线截面统一选用 35mm²、70mm²、95mm²、120mm² 四种规格。架空线截面为 120mm² 及以上时，终端杆、支线杆、转角杆应使用大于 190mm 以上的混凝土电杆。

5.【答案】ABD

【解析】架空线主要用绝缘导线或裸导线。广播线、通信电缆与电力同杆架设时应在电力线下方，二者垂直距离不小于1.5m。低压电杆杆距宜在30~45m。三相四线制低压架空线路，在终端杆处应将保护线重复接地，接地电阻不大于10Ω。当与引入线处重复接地点的距离小于500mm时，可以不做重复接地。

6.【答案】AC

【解析】电缆安装前要进行检查。1kV以上的电缆要做直流耐压试验，1kV以下的电缆用500V摇表测绝缘，检查合格后方可敷设。

在三相四线制系统，必须采用四芯电力电缆，不应采用三芯电缆另加一根单芯电缆或以导线、电缆金属护套作中性线的方式。在三相系统中，不得将三芯电缆中的一芯接地运行。

并联运行的电力电缆应采用相同型号、规格及长度的电缆，以防负荷分配不按比例，从而影响运行。

电缆在室外直接埋地敷设时，埋设深度不应小于0.7m（设计有规定者按设计规定深度埋设），经过农田的电缆埋设深度不应小于1m，埋地敷设的电缆必须是铠装，并且有防腐保护层，裸钢带铠装电缆不允许埋地敷设。

7.【答案】ACD

8.【答案】A

【解析】单侧角钢支架，电缆沟内电力电缆间水平净距为35mm，但不得小于电缆外径尺寸。控制电缆间不作规定，当沟底敷设电缆时，1kV的电力电缆与控制电缆间距不应小于100mm。装配式支架为成品支架，须在现场组装，然后运到电缆沟内进行安装。

9.【答案】A

【解析】电缆的弯曲半径不应小于国家现行标准的规定。

电缆敷设时，在电缆终端头与电源接头附近均应留有备用长度，以便在故障时提供检修。直埋电缆尚应在全长上留少量裕度，并做波浪形敷设，以补偿运行时因热胀冷缩而引起的长度变化。

并联运行的电力电缆应采用相同型号、规格及长度的电缆，以防负荷分配不按比例，从而影响运行。

Ⅳ　防雷接地系统

混合选择题（每题有1~3个正确答案）

1.【答案】D

【解析】接地极水平敷设。在土壤条件极差的山石地区应采用接地极水平敷设。首先在山石地段开挖接地沟（采用爆破方法），一般沟长为15m，宽为0.8m，深为1.5m，沟内全部回填黄黏土并分别夯实。从底部分层夯实至0.5m标高时，将接地扁钢按图纸的要求水平排列3根，间距为160mm，长度为1.5m，再用40mm×4mm×700mm的扁钢，在垂直方向与上述3根水平排列的扁钢用焊接连接起来，每隔1.5m的间距焊接一根，要求接地装置全部采用镀锌扁钢，所有焊接点处均刷沥青。接地电阻应小于4Ω，超过时，应补增接地装置的长度。

2.【答案】D

【解析】户外接地母线大部分采用扁钢埋地敷设，其接地线的连接采用搭接焊。

3.【答案】A

【解析】避雷针安装：

（1）在烟囱上安装，根据烟囱的不同高度，一般安装1~3根避雷针，要求在引下线离地面1.8m处加断接卡，并用角钢加以保护，避雷针应热镀锌。

（2）在建筑物上安装，避雷针在屋顶上及侧墙上安装应参照有关标准进行施工。避雷针安装应包括底板、肋板、螺栓等。避雷针由安装施工单位根据图纸自行制作。

（3）在金属容器上安装，避雷针在金属容器顶上安装应按有关标准要求进行。

（4）避雷针（带）与引下线之间的连接应采用焊接或热剂焊（放热焊接）。

（5）避雷针（带）的引下线及接地装置使用的紧固件均应使用镀锌制品。当采用没有镀锌的地脚螺栓时应采取防腐措施。

（6）装有避雷针的金属筒体，当其厚度不小于4mm时，可作避雷针的引下线。筒体底部应至少有2处与接地体对称连接。

（7）建筑物上的避雷针或防雷金属网应和建筑物顶部的其他金属物体连接成一个整体。

（8）避雷针（网、带）及其接地装置，应采取自下而上的施工程序。首先安装集中接地装置，后安装引下线，最后安装接闪器。

4.【答案】D

【解析】均压环是高层建筑为防止侧击雷而设计的环绕建筑物周边的水平避雷带。

5.【答案】B

【解析】接地极垂直敷设，一般接地极长为2.5m，垂直接地极的间距不宜小于其长度的2倍，通常为5m。

接地极水平敷设，在土壤条件极差的山石地区采用接地极水平敷设。

避雷网安装时，所有防雷装置的各种金属件必须镀锌。避雷针（带）的引下线及接地装置使用的紧固件均应使用镀锌制品。当采用没有镀锌的地脚螺栓时应采取防腐措施。

避雷针（带）与引下线之间的连接应采用焊接或热剂焊（放热焊接）。引下线可采用扁钢和圆钢敷设，也可利用建筑物内的金属体。

6.【答案】D

【解析】均压环是高层建筑为防止侧击雷而设计的环绕建筑物周边的水平避雷带。

7.【答案】AC

【解析】建筑物的均压环从哪一层开始设置、间隔距离、是否利用建筑物圈梁主钢筋等应由设计确定。如果设计不明确，当建筑物高度超过30m时，应在建筑物30m以上设置均压环。建筑物层高≤3m时，每两层设置一圈均压环；层高>3m时，每层设置一圈均压环。

V   电气调整试验

混合选择题（每题有1~3个正确答案）

1.【答案】B

【解析】交流耐压试验能有效发现设备较危险的集中性缺陷。它是鉴定设备绝缘强度最直接的方法，是保证设备绝缘水平、避免发生绝缘事故的重要手段。

2.【答案】A

【解析】电气设备在运行中可能遇到雷电压及操作电压的冲击作用，故冲击波试验能检验电气设备承受雷电压和操作电压的绝缘性能和保护性能。

VI   电气工程计量

混合选择题（每题有1~3个正确答案）

1.【答案】D

【解析】同上题解析。

2.【答案】A

3.【答案】C

【解析】

接地母线、引下线、避雷网附加长度

项目	附加长度	说明
接地母线、引下线、避雷网附加长度	3.9%	按接地母线、引下线、避雷网全长计算

4.【答案】A

【解析】电缆进控制、保护屏及配电箱等按盘面尺寸的高加宽预留，预留长度计入工程量。

配管、线槽安装不扣除管路中间接线盒、灯头盒、开关盒所占长度。

母线的预留长度计入工程量。

架空导线进户线预留长度为2.5m/根。

5.【答案】CD

【解析】"电气设备安装工程"适用于10kV以下变配电设备及线路的安装工程、车间动力电气设备及电气照明、防雷及接地装置安装、配管配线、电气调试等。

设备安装未包括地脚螺栓浇注，如需要则按《房屋建筑与装饰工程工程量计算规范》GB 50854列项。

6.【答案】C

【解析】配管、线槽安装不扣除管路中间的接线箱（盒）、灯头盒、开关盒所占长度。

配线保护管遇到下列情况之一时，应增设管路接线盒和拉线盒：①导管长度每大于40m，无弯曲；②导管长度每大于30m，有1个弯曲；③导管长度每大于20m，有2个弯曲；④导管长度每大于10m，有3个弯曲。配管安装中不包括凿槽、刨沟，应按相关项目编码列项。

配线进入箱、柜预留长度为开关箱（柜）面尺寸的宽+高。

7.【答案】B

【解析】A 选项错误，架空线路转角预留 2.5m；C 选项错误，电缆至电动机预留 0.5mm；D 选项错误，配线出户线预留 1.5m。

8.【答案】D

【解析】

硬母线配置安装预留长度（m/根）

序号	项目	预留长度	说明
1	带形、槽形母线终端	0.3	从最后一个支持点算起
2	带形、槽形母线与分支线连接	0.5	分支线预留
3	带形母线与设备连接	0.5	从设备端子接口算起
4	多片重形母线与设备连接	1.0	从设备端子接口算起
5	槽形母线与设备连接	0.5	从设备端子接口算起

9.【答案】C

【解析】150×3.9%+150＝155.85（m）

第二节　自动控制系统

一、名师考点

参见表 6-3。

表 6-3　　　　　　　　　　　本节考点

	教材点	知识点
一	自动控制系统组成	自动控制系统的组成、自动控制系统的常用术语
二	自动控制系统设备	传感器
三	常用的控制系统	现场总线控制系统
四	检测仪表	温度检测仪表、压力检测仪表、流量仪表、物位检测仪表
五	自动控制系统的安装	电动调节阀安装
六	自动化控制系统工程计量	自动化控制仪表安装工程计量规则

二、真题回顾

Ⅰ　自动控制系统组成

混合选择题（每题有1~3个正确答案）

1. 在自动控制系统组成中，为改善系统动态和静态特性而附加的装置是（　　）。

（2015 年）

  A. 控制器   B. 放大变换环节

  C. 校正装置   D. 反馈环节

  2. 在自动控制系统中，控制输入信号与主反馈信号之差，称为（ ）。（2016 年）

  A. 反馈信号   B. 偏差信号

  C. 误差信号   D. 扰动信号

  3. 自动控制系统中，将接收变换和放大后的偏差信号，转换为被控对象进行操作的控制信号，该装置为（ ）。（2017 年）

  A. 转换器   B. 控制器

  C. 接收器   D. 执行器

  4. 自动控制系统中，对系统输出有影响的信号为（ ）。（2018 年）

  A. 反馈信号   B. 偏差信号

  C. 误差信号   D. 扰动信号

  5. 在自动控制系统中，将输出信号转变、处理，传送到系统输入信号的是（ ）。（2019 年）

  A. 反馈信号   B. 偏差信号

  C. 输入信号   D. 扰动信号

  6. 自动控制系统中，用来测量被控量的实际值，并经过信号处理，转换为与被控量有一定函数关系，且与输入信号同一物理量的信号的是（ ）。（2020 年）

  A. 控制器   B. 放大变换环节

  C. 反馈环节   D. 给定环节

  7. 自动控制系统中，能够将温度、湿度等非电量的物理量参数转变成电量参数的装置为（ ）。（2021 年）

  A. 传感器   B. 调节装置

  C. 执行机构   D. 控制器

  8. 当被调参数与给定值发生偏差时，调节器输出使调节机构动作，一直到被调参数与给定值之间偏差消失为止的调节装置是（ ）。（2021 年）

  A. 积分调节   B. 比例调节

  C. 位置调节   D. 比例积分调节

  9. 用两块弹性、强度性能好的金属平板，作为两个活动电极，被测压力分别置于两块金属平板两侧，在压力的作用下产生相应位移，将位移变化由变送器转成电信号来测量压力。符合该条件的压力传感器有（ ）。（2024 年）

  A. 电阻式压差传感器   B. 电容式压差传感器

  C. 霍尔压力传感器   D. 压电陶瓷传感器

  10. 测量液位的仪表种类很多，下列能定点进行连续液位测量的仪表有（ ）。（2024 年）

  A. 旋翼式仪表   B. 差压式仪表

  C. 电容式仪表   D. 电阻式仪表

Ⅱ　自动控制系统设备

混合选择题（每题有1~3个正确答案）

1. 在高精度、高稳定性的温度测量回路中，常采用的热电阻传感器为（　　　）。（2017年）

A. 铜热电阻传感器　　　　　　　B. 锰热电阻传感器

C. 镍热电阻传感器　　　　　　　D. 铂热电阻传感器

2. 传感器中能将压力变化转换为电压或电流变化的传感器有（　　　）。（2019年）

A. 热电阻型传感器　　　　　　　B. 电阻式压差传感器

C. 电阻式液位传感器　　　　　　D. 霍尔式压力传感器

3. 自动控制系统中，将系统（环节）的输出信号经过变换、处理送到系统（环节）的输入端的信号是（　　　）。（2022年）

A. 扰动信号　　　　　　　　　　B. 反馈信号

C. 偏差信号　　　　　　　　　　D. 误差信号

4. 下列传感器能测量流体流量的有（　　　）。（2022年）

A. 压电传感器　　　　　　　　　B. 电磁流量传感器

C. 光纤涡轮流量传感器　　　　　D. 电阻液位传感器

Ⅲ　常用的控制系统

混合选择题（每题有1~3个正确答案）

1. 集散控制系统中，被控设备现场的计算机控制器完成的任务包括（　　　）。（2017年）

A. 对被控设备的监视　　　　　　B. 对被控设备的测量

C. 对相关数据的打印　　　　　　D. 对被控设备的控制

2. 控制系统中，和集散控制系统相比，总线控制系统具有的特点是（　　　）。（2020年）

A. 以分布在被控设备现场的计算机控制器完成对被控设备的监视、测量与控制。中央计算机完成集中管理、显示、报警、打印等功能

B. 把单个分散的测量控制设备变成网络节点，以现场总线为纽带，组成一个集散型的控制系统

C. 控制系统由集中管理部分、分散控制部分和通信部分组成

D. 把传感测量、控制等功能分散到现场设备中完成，体现了现场设备功能的独立性

3. 现场总线控制系统FCS与集散式计算机控制系统DCS相比，现场总线控制系统的特点有（　　　）。（2022年）

A. 系统中通信线一直连接到现场设备，把单个分散的测量控制设备变成网络节点

B. 具有开放性，能与同类网络互联，也能与不同类型网络互联

C. 系统既有集中管理部分，又有分散控制部分

D. 系统中取消现场控制器DDC，将其功能分散到现场仪表

4. 以现场总线技术为基础的现场总线控制系统（FCS）是以网络为基础的开放型控

制系统。其主要特点有（　　　）。(2023 年)

A. 系统的开放性　　　　　　　　　B. 由中央管理计算机实现控制

C. 互操作性　　　　　　　　　　　D. 分散的系统结构

5. 某控制局域网络的现场总线，在离散控制领域应用广泛，常用于汽车内部测量与执行机构之间的数据通信。该总线为（　　　）。(2024 年)

A. Lonworks总线　　　　　　　　　B. CAN总线

C. FF总线　　　　　　　　　　　　D. PROFIBUS总线

Ⅳ　检测仪表

混合选择题（每题有1~3个正确答案）

1. 特别适合于重油、聚乙烯醇、树脂等黏度较高介质流量的测量，用于精密、连续或间断地测量管道流体的流量或瞬时流量，属容积式流量计。该流量计是（　　　）。(2015 年)

A. 涡轮流量计　　　　　　　　　　B. 椭圆齿轮流量计

C. 电磁流量计　　　　　　　　　　D. 均速管流量计

2. 能够对空气、氮气、水及与水相似的其他安全流体进行小流量测量，其结构简单、维修方便、价格较便宜、测量精度低。该流量测量仪表为（　　　）。(2016 年)

A. 涡轮流量计　　　　　　　　　　B. 椭圆齿轮流量计

C. 玻璃管转子流量计　　　　　　　D. 电磁流量计

3. 在各种自动控制系统温度测量仪表中，能够进行高温测量的温度检测仪表有（　　　）。(2016 年)

A. 外标式玻璃温度计　　　　　　　B. 薄膜型热电偶温度计

C. 半导体热敏电阻温度计　　　　　D. 辐射温度计

4. 用于测量低压、负压的压力表，被广泛用于实验室压力测量或现场锅炉烟、风通道各段压力及通风空调系统各段压力的测量。它结构简单，使用、维修方便，但信号不能远传，该压力检测仪表为（　　　）。(2017 年)

A. 液柱式压力计　　　　　　　　　B. 活塞式压力计

C. 弹性式压力计　　　　　　　　　D. 电动式压力计

5. 属于差压式流量检测仪表的有（　　　）。(2017 年)

A. 玻璃管转子流量计　　　　　　　B. 涡轮流量计

C. 节流装置流量计　　　　　　　　D. 均速管流量计

6. 适用于炼钢炉、炼焦炉等高温地区，也可测量液态氢、液态氮等低温物体的温度检测仪表是（　　　）。(2019 年)

A. 玻璃液位温度计　　　　　　　　B. 热电阻温度计

C. 热电偶温度计　　　　　　　　　D. 辐射温度计

7. 适用于大口径大流量的各种液体流量测量的流量仪表是（　　　）。(2019 年)

A. 玻璃管转子流量计　　　　　　　B. 均速管流量计

C. 节流装置（差压式）流量计　　　D. 电磁流量计

8. 可将被测压力转换成电量进行测量，多用于压力信号的远传、发信或集中控制的压力检测仪表是（　　）。（2020 年）

A. 活塞式压力计　　　　　　　　B. 电气式压力计

C. 电接点压力表　　　　　　　　D. 液柱式压力计

9. 某温度计，测量时不干扰被测温场，不影响温场分布，从而具有较高的测量准确度。具有在理论上无测量上限的特点，该温度计是（　　）。（2020 年）

A. 辐射温度计　　　　　　　　　B. 热电偶温度计

C. 热电阻温度计　　　　　　　　D. 双金属温度计

10. 由一个弹簧管压力表和一个滑线电阻传送器构成，适用于测量对钢及铜合金不起腐蚀作用的液体、蒸汽和气体等介质的压力的是（　　）。（2021 年）

A. 液柱式压力计　　　　　　　　B. 电气式压力计

C. 远传压力表　　　　　　　　　D. 电接点压力表

11. 物位测量仪表种类很多，下列仪表既可测量液位也可测量界位的有（　　）。（2021 年）

A. 玻璃管式仪表　　　　　　　　B. 差压式仪表

C. 浮力式仪表　　　　　　　　　D. 电感式仪表

12. 某流量计具有精度高、重复性好、结构简单、运动部件少、耐高压、测量范围宽、体积小、重量轻、压力损失小、维修方便等优点，用于封闭管道中测量低黏度气体的体积流量。在石油、化工、冶金、城市燃气管网等行业中具有广泛的使用价值，该流量计为（　　）。（2022 年）

A. 玻璃管转子流量计　　　　　　B. 均速管流量计

C. 涡轮流量计　　　　　　　　　D. 电磁流量计

13. 下列传感器能测量流体流量的有（　　）。（2022 年）

A. 压电传感器　　　　　　　　　B. 电磁流量传感器

C. 光纤涡轮流量传感器　　　　　D. 电阻液位传感器

14. 广泛应用于石油、化工等行业测量无爆炸危险的各种流体介质压力，经与相应的电气器件配套使用，即可实现对被测系统的自动控制和发信的仪表有（　　）。（2023 年）

A. 隔膜/膜片式压力表　　　　　　B. 电接点压力表

C. 远传压力表　　　　　　　　　D. 一般压力表

15. 工业生产过程中，下列仪表用于测量料位的有（　　）。（2023 年）

A. 浮力式仪表　　　　　　　　　B. 放射性式仪表

C. 差压式仪表　　　　　　　　　D. 称重式仪表

Ⅴ　自动控制系统的安装

混合选择题（每题有 1~3 个正确答案）

1. 电动阀的安装，符合要求的是（　　）。（2019 年）

A. 管道防腐试压后安装

B. 垂直安装在水平管道上

C. 一般安装在供水管上

D. 阀旁应装有旁通阀和旁通管路

2. 温度传感器安装正确的为（　　）。（2020 年）

A. 避免安装在阳光直射的地方

B. 安装在水管阀门附近

C. 远离冷、热源 2m 以上的地方

D. 应在风管保温层完成后安装

3. 下列关于电动调节阀安装，符合要求的是（　　）。（2021 年）

A. 应垂直安装于水平管上，大口径电动阀不能倾斜

B. 阀体水流方向应与实际水流方向一致，一般安装在进水管

C. 阀旁应安装有旁通阀和旁通管路，阀位指示装置安装在便于观察的位置

D. 与工艺管道同时安装，在管道防腐和试压前进行

4. 下列关于风管温度传感器安装的说法正确的有（　　）。（2023 年）

A. 应在风速波动不稳处安装

B. 应在风管保温前进行安装

C. 对于 1kΩ 铂温度传感器的接线总电阻应小于 3Ω

D. 对于 NTC 非线性热敏电阻传感器的接线总电阻应小于 3Ω

5. 关于自动化控制系统中集散系统调试包括的主要内容有（　　）。（2023 年）

A. 系统调试前的常规检查　　　　B. 系统调试

C. 网络调试　　　　　　　　　　D. 回路联调

6. 自控仪表调试工作分为单体调试、系统调试和集散系统调试。关于集散系统调试前的常规检查，下列说法正确的有（　　）。（2024 年）

A. 检查仪表是否符合各性能指标

B. 检查自控仪表回路各环节是否可靠

C. 检查温度、湿度和照明等，应达到集散系统使用环境条件

D. 检查安全接地、系统工作接地、安全保护接地

Ⅵ　自动化控制系统工程计量

混合选择题（每题有 1~3 个正确答案）

根据《通用安装工程工程量计算标准》GB/T 50856—2024，过程检测温度仪表的计量单位有（　　）。（2024 年）

A. 支　　　　　　　　　　　　B. 个

C. 台　　　　　　　　　　　　D. 套

三、真题解析

Ⅰ　自动控制系统组成

混合选择题（每题有 1~3 个正确答案）

1.【答案】C

【解析】自动控制系统的组成：

（1）被控对象：是控制系统所控制和操纵的对象，它接受控制量并输出被控量。

（2）控制器：接收变换和放大后的偏差信号，转换为被控对象进行操作的控制信号。

（3）放大变换环节：将偏差信号变换为适合控制器执行的信号，它根据控制的形式、幅值及功率来放大变换。

（4）校正装置：为改善系统动态和静态特性而附加的装置。如果校正装置串联在系统的前向通道中，称为串联校正装置；如果校正装置接成反馈形式，称为并联校正装置，又称局部反馈校正。

（5）反馈环节：用来测量被控量的实际值，并经过信号处理，转换为与被控量有一定函数关系，且与输入信号同一物理量的信号。反馈环节一般也称为测量变送环节。

（6）给定环节：产生输入控制信号的装置。

2. 【答案】B

3. 【答案】B

4. 【答案】D

5. 【答案】A

6. 【答案】C

7. 【答案】A

【解析】测量某一非电的物理量，如温度、湿度、压力等常用的物理量时，首先要把该非电量的参数转变为一电量参数，这种将非电量参数转变成电量参数的装置称为传感器。

8. 【答案】A

【解析】积分调节是当被调参数与给定值发生偏差时，调节器输出使调节机构动作，一直到被调参数与给定值之间偏差消失为止。

9. 【答案】B

【解析】电容式压差传感器是最常见的一种压力传感器。它是用两块弹性、强度性能好的金属平板，作为差动可变电容器的两个活动电极，被测压力分别置于两块金属平板两侧，在压力的作用下，能产生相应位移。

10. 【答案】CD

【解析】见下表。

测量液位的仪表

电测式	电阻式	液位、料位	定点、连续	适用导电介质的液位	侧面、顶置	利用测量元件把物位变化转换成电量进行测量的仪表
	电感式	液位	连续	介质介电常数变化影响不大	顶置	
	电容式	液位、料位	定点、连续	应用范围广	侧面、顶置	

续表

其他	超声波式	液位、料位	定点、连续	不接触介质	顶置、侧面、底置	由电子装置产生的超声波，当液位变化时，接收探头接收的声波含量信号发生变化，使放大器的振荡改变，发出控制信号

Ⅱ　自动控制系统设备

混合选择题（每题有 1~3 个正确答案）

1. 【答案】D

【解析】铂金属精度高，稳定性好，性能可靠，但铂属于贵金属，价格高。铜金属制成热电阻，缺点是电阻率低，所以做成一样的热电阻，铜电阻要更细更长，机械强度差，体积也大。另外铜易氧化，只能在低温及没有侵蚀性介质中工作。用镍制成的热电阻，正好能弥补铜电阻缺陷，价格又比铂低。所以在高精度、高稳定性的测量回路中通常用铂热电阻材料的传感器。要求一般、具有较稳定性能的测量回路可用镍电阻传感器。档次低、只有一般要求时，可选用铜电阻传感器。

2. 【答案】BD

【解析】压力传感器是将压力转换成电流或电压的器件，可用于测量压力和物体的位移。

利用金属弹性制成的压力传感器，最常用的弹性测量元件有弹簧、弹簧管、波纹管和弹性膜片。这些测压元件是先将压力变化转换成位移的变化，再将位移的变化通过磁电或其他电学的方法，转成能方便检测、处理、显示的电学量。

（1）电阻式压差传感器。

（2）电容式压差传感器。

（3）霍尔式压力传感器。

3. 【答案】B

【解析】将系统（环节）的输出信号经过变换、处理送到系统（环节）的输入端的信号称为反馈信号。若此信号是从系统输出端取出送入系统输入端，这种反馈信号称为主反馈信号，而其他称为局部反馈信号。

4. 【答案】BC

【解析】从名称上可以看出它们的功能，A 是测压力的，D 是测液位的。

Ⅲ　常用的控制系统

混合选择题（每题有 1~3 个正确答案）

1. 【答案】ABD

【解析】集散型计算机控制系统又名分布式计算机控制系统（DCS），简称集散控制系统。它的特点是以分布在被控设备现场的计算机控制器完成对被控设备的监视、测量与控制。

2.【答案】BD

【解析】总线控制系统把单个分散的测量控制设备变成网络节点，以现场总线为纽带，组成一个集散型的控制系统。

现场总线系统把集散性的控制系统中的现场控制功能分散到现场仪表，取消了 DCS 中的 DDC，它把传感测量、补偿、运算、执行、控制等功能分散到现场设备中完成，体现了现场设备功能的独立性。

3.【答案】ABD

【解析】C 选项错误，集散控制系统由集中管理部分、分散控制部分和通信部分组成。

4.【答案】ACD

【解析】现场总线系统的特点：①系统的开放性；②互操作性；③分散的系统结构；④现场总线控制系统的优点，智能现场控制器（DDC）直接进行数据通信；总线取代传感器与 DDC 间的单独布线；现场仪表的功能与精度大为提高；多功能仪表大量出现；设备的选择范围大大扩展。

5.【答案】B

【解析】CAN总线是控制局域网络，用于汽车内部测量与执行机构之间的数据通信。广泛应用于离散控制领域。

Ⅳ　检测仪表

混合选择题（每题有 1~3 个正确答案）

1.【答案】B

2.【答案】C

【解析】

各类流量计特征

名称	测量范围	精度	适用场合	相对价格	特点
玻璃管转子流量计	16~1000000L/h（气）1~40000L/h（液）	2.5	空气、氮气、水及与水相似的其他安全流体小流量测量	较便宜	①结构简单、维修方便；②精度低；③不适用于有毒性介质及不透明介质；④属面积式流量计
涡轮流量计	$0.045 \sim 2800 \text{m}^3/\text{h}$	2	适用于黏度较小的洁净流在宽测量范围的高精度测量	较贵	①精度较高，适于计量；②耐温耐压范围较广；③变送器体积小，维护容易；④轴承易磨损，连续使用周期短
电磁流量计	$2 \sim 5000 \text{m}^3/\text{h}$	1	适用于电导率 $> 10^{-4} \text{s/cm}$ 的导电液体的流量测量	贵	①只能测导电液体；②测量精度不受介质黏度、密度、温度、导电率变化的影响；③几乎没有压损，属流量式流量计；④不适合测量电磁性物质

续表

名称	测量范围	精度	适用场合	相对价格	特点
椭圆齿轮流量计	$0.05 \sim 120 m^3/h$	0.2 ~ 0.5	适用于高黏度介质流量的测量	较贵	①精度较高； ②计量稳定； ③不适用于含有固体颗粒的液体； ④属容积式流量计
节流装置（差压式）流量计	$60 \sim 2500 mmH_2O$	1	非强腐蚀的单向流体流量测量，允许一定的压力损失	较便宜	①使用广泛； ②结构简单； ③对标准节流装置不必个别标定即可使用； ④属差压计（流量计）

3. 【答案】BD

【解析】外标式玻璃温度计多用来测量室温；热电偶温度计分普通型、铠装型和薄膜型等，适用于炼钢炉、炼焦炉等高温地区，也可测量液态氢、液态氮等低温物体；热电阻温度计是一种较为理想的高温测量仪表，热电阻分为金属热电阻和半导体热敏电阻两类，热电阻是中低温区最常用的一种温度检测器。它的主要特点是测量精度高，性能稳定。其中铂热电阻的测量精确度是最高的，它不仅广泛应用于工业测温，而且被制成标准的基准仪；辐射温度计的测量不干扰被测温场，不影响温场分布，从而具有较高的测量准确度。辐射测温的另一个特点是在理论上无测量上限，所以它可以测到相当高的温度。此外，其探测器的响应时间短，易于快速与动态测量。在一些特定的条件下，例如核子辐射场、辐射测温场可以进行准确而可靠的测量。

4. 【答案】A

【解析】液柱式压力计，一般用水银或水作为工作液，用于测量低压、负压的压力表。被广泛用于实验室压力测量或现场锅炉烟、风通道各段压力及通风空调系统各段压力的测量。液柱式压力计结构简单，使用、维修方便，但信号不能远传。

5. 【答案】CD

6. 【答案】C

【解析】热电偶温度计用于测量各种温度物体，测量范围极大，远远大于酒精、水银温度计。它适用于炼钢炉、炼焦炉等高温地区，也可测量液态氢、液态氮等低温物体。

7. 【答案】B

8. 【答案】B

【解析】（1）一般压力表：适用于测量无爆炸危险、不结晶、不凝固及对钢及铜合金不起腐蚀作用的液体、蒸汽和气体等介质的压力。

1）液柱式压力计：用于测量低压、负压的压力表。被广泛用于实验室压力测量或现场锅炉烟、风通道各段压力及通风空调系统各段压力的测量。液柱式压力计结构简单，使用、维修方便，但信号不能远传。

2）活塞式压力计：测量精度很高，可达 0.02%～0.05%，用来检测低一级的活塞式压力计或检验精密压力表，是一种主要的压力标准计量仪器。

3）弹性式压力计：构造简单、牢固可靠、测压范围广、使用方便、造价低廉、有足够的精度，可与电测信号配套制成遥测遥控的自动记录仪表与控制仪表。

4）电气式压力计：可将被测压力转换成电量进行测量，多用于压力信号的远传、发信或集中控制，和显示、调节、记录仪表联用，则可组成自动控制系统。

（2）电接点压力表：利用被测介质压力对弹簧管产生位移来测值。广泛应用于石油、化工、冶金、电力、机械等工业部门或机电设备配套中测量无爆炸危险的各种流体介质压力。

9. 【答案】A

【解析】双金属温度计，该温度计从设计原理及结构上具有防水、防腐蚀、隔爆、耐振动、直观、易读数、无汞害、坚固耐用等特点。

热电偶温度计用于测量各种温度物体，测量范围极大。

热电阻温度计是中低温区最常用的一种温度检测器。它的主要特点是测量精度高，性能稳定。其中铂热电阻的测量精确度是最高的，它不仅广泛应用于工业测温，而且被制成标准的基准仪。

辐射温度计的测量不干扰被测温场，不影响温场分布，从而具有较高的测量准确度。理论上无测量上限，可以测到相当高的温度。此外，其探测器的响应时间短，易于快速与动态测量。在一些特定的条件下，例如核辐射场、辐射测温场可以进行准确而可靠的测量。

10. 【答案】C

【解析】远传压力表由一个弹簧管压力表和一个滑线电阻传送器构成。电阻远传压力表适用于测量对钢及铜合金不起腐蚀作用的液体、蒸汽和气体等介质的压力。因为在电阻远传压力表内部设置一滑线电阻式传送器，可把被测值以电量传至远离测量的二次仪表上，以实现集中检测和远距离控制。此外，本压力表也能就地指示压力以便于现场工作检查。

11. 【答案】BC

【解析】物位测量仪表的种类很多，如果按液位、料位、界面可分为：

（1）测量液位的仪表：玻璃管（板）式、称重式、浮力式（浮筒、浮球、浮标）、静压式（压力式、差压式）、电容式、电阻式、超声波式、放射性式、激光式及微波式等。

（2）测量界面的仪表：浮力式、差压式、电极式和超声波式等。

（3）测量料位的仪表：重锤探测式、音叉式、超声波式、激光式、放射性式等。

12. 【答案】C

【解析】涡轮流量计具有精度高、重复性好、结构简单、运动部件少、耐高压、测量范围宽、体积小、重量轻、压力损失小、维修方便等优点，用于封闭管道中测量低黏度气体的体积流量。在石油、化工、冶金、城市燃气管网等行业中具有广泛的使用价值。

13.【答案】BC

【解析】从名称上可以看出它们的功能，A 是测压力的，D 是测液位的。

14.【答案】B

【解析】电接点压力表广泛应用于石油、化工、冶金、电力、机械等工业部门或机电设备配套中测量无爆炸危险的各种流体介质压力。仪表经与相应的电气器件（如继电器及变频器等）配套使用，即可对被测（控）压力系统实现自动控制和发信（报警）的目的。

15.【答案】B

【解析】物位测量仪表的种类很多，如果按液位、料位、界面可分为：

（1）测量液位的仪表：玻璃管（板）式、称重式、浮力式（浮筒、浮球、浮标）、静压式（压力式、差压式）、电容式、电阻式、超声波式、放射性式、激光式及微波式等。

（2）测量界面的仪表：浮力式、差压式、电极式和超声波式等。

（3）测量料位的仪表：重锤探测式、音叉式、超声波式、激光式、放射性式等。

V　自动控制系统的安装

混合选择题（每题有 1~3 个正确答案）

1.【答案】BD

【解析】电动调节阀和工艺管道同时安装，在管道防腐和试压前应进行：

（1）应垂直安装于水平管道上，尤其对大口径电动阀不能有倾斜。

（2）阀体上的水流方向应与实际水流方向一致，一般安装在回水管上。

（3）阀旁应装有旁通阀和旁通管路，阀位指示装置安装在便于观察的位置，手动操作机构应安装在便于操作的位置。

（4）电动调节阀的行程、阀前/后压力必须满足设计和产品说明书的要求。

2.【答案】ACD

【解析】室内温度传感器不应安装在阳光直射的地方，应远离室内冷、热源，如暖气片、空调机出风口；远离窗、门直接通风的位置；如无法避开则与之距离不应小于 2m。

室外温度传感器安装应有遮阳罩，避免阳光直射，应有防风雨防护罩，远离风口、过道。避免过高的风速对室外温度检测的影响。

水管温度传感器安装不宜选择在阀门等阻力件附近和水流流束死角和振动较大的位置。

风管温度传感器安装应在风管保温层完成后，安装在风管直管段或避开风管死角的位置。

3.【答案】ACD

【解析】电动调节阀和工艺管道同时安装，在管道防腐和试压前应进行：

（1）应垂直安装于水平管道上，尤其对大口径电动阀不能有倾斜。

（2）阀体上的水流方向应与实际水流方向一致，一般安装在回水管上。

（3）阀旁应装有旁通阀和旁通管路，阀位指示装置安装在便于观察的位置，手动操作机构应安装在便于操作的位置。

（4）电动调节阀的行程、阀前/后压力必须满足设计和产品说明书的要求。

4. 【答案】D

【解析】风管温度传感器：

（1）应安装在风速平稳，能反映风温的位置。

（2）安装应在风管保温层完成后，安装在风管直管段或避开风管死角的位置。

（3）应安装在便于调试、维修的地方。

（4）温度传感器至 DDC 之间应尽量减少因接线电阻引起的误差，对于 1kΩ 铂温度传感器的接线总电阻应小于 1Ω。对于 NTC 非线性热敏电阻传感器的接线总电阻应小于 3Ω。

5. 【答案】ABD

【解析】集散系统调试分三个步骤进行：系统调试前的常规检查、系统调试、回路联调。系统调试指的是集散系统调试，而回路联调指的是集散系统和现场在线仪表连接调试。

6. 【答案】CD

【解析】系统调试前的常规检查：

（1）环境检查：空调系统、照明系统、温度、湿度和照明应达到集散系统使用环境条件。

（2）系统接线检查：集散系统硬件设备柜和硬件设备之间查线、现场仪表至控制室查线。

（3）系统接地电阻检查：检查安全接地、系统工作接地、安全保护接地。

（4）绝缘电阻检查：信号线路 2MΩ、补偿导线 0.5MΩ、电源带电部分与外壳 5MΩ。

（5）安全线路中绝缘强度检查、供电单元检查、系统预热检查等。

Ⅵ 自动化控制系统工程计量

混合选择题（每题有 1~3 个正确答案）

【答案】A

【解析】温度仪表、压力仪表、变送单元仪表、流量仪表、物位检测仪表，根据名称、型号规格、类型等，按设计图示数量计算，其中只有温度仪表是以"支"计算，其他的均以"台"计算。

第三节 通信设备及线路工程

一、名师考点

参见表 6-4。

	表 6-4	本节考点
	教材点	知识点
一	网络工程和网络设备	网络传输介质和网络设备
二	有线电视和卫星接收系统	有线电视系统、卫星电视接收系统
三	音频和视频通信系统	电话通信系统、视频会议系统
四	通信线路工程	通信线路位置的确定、光电缆敷设、光电缆接续及测试
五	通信设备及线路工程计量	通信工程计量规则

二、真题回顾

Ⅰ　网络工程和网络设备

混合选择题（每题有 1~3 个正确答案）

1. 一般用于星型网的布线连接，两端安装有 RJ-45 头，连接网卡与集线器，最大网线长度为 100m 的网络传输介质为（　　　）。（2015 年）

A. 粗缆 　　　　　　　　　　　　B. 细缆

C. 双绞线 　　　　　　　　　　　D. 光纤

2. 它是连接因特网中各局域网、广域网的设备，具有判断网络地址和选择 IP 路径功能，属网络层的一种互联设备。该网络设备是（　　　）。（2015 年）

A. 网卡 　　　　　　　　　　　　B. 集线器

C. 交换机 　　　　　　　　　　　D. 路由器

3. 集线器是对网络进行集中管理的重要工具，是各分支的汇集点。集线器选用时要注意接口类型，与双绞线连接时需要具有的接口类型为（　　　）。（2016 年）

A. BNC 接口 　　　　　　　　　　B. AUI 接口

C. USB 接口 　　　　　　　　　　D. RJ-45 接口

4. 防火墙是在内部网和外部网之间、专用网与公共网之间界面上构造的保护屏障。常用的防火墙有（　　　）。（2016 年）

A. 网卡 　　　　　　　　　　　　B. 包过滤路由器

C. 交换机 　　　　　　　　　　　D. 代理服务器

5. 它是网络节点上话务承载装置、交换级、控制和信令设备以及其他功能单元的集合体，该网络设备为（　　　）。（2017 年）

A. 网卡 　　　　　　　　　　　　B. 集线器

C. 交换机 　　　　　　　　　　　D. 路由器

6. 广泛用于各种骨干网络内部连接，骨干网间互联和骨干网与互联网互联互通业务，能在多网络环境中建立灵活的连接，可用完全不同的数据分组和介质访问方法连接各种子网，该网络设备为（　　　）。（2018 年）

A. 集线器 　　　　　　　　　　　B. 交换线

C. 路由器 　　　　　　　　　　　D. 网卡

7. 能把用户线路、电信电路和（或）其他要互连的功能单元根据单个用户的请求连接起来的网络设备是（　　）。（2019 年）

A. 网卡
B. 集线器
C. 交换机
D. 路由器

8. 具有电磁绝缘性能好、信号衰小、频带宽、传输速度快、传输距离大。主要用于要求传输距离较长、布线条件特殊的主干网连接。该网络传输介质是（　　）。（2020 年）

A. 双绞线
B. 粗缆
C. 细缆
D. 光缆

9. 某设备是主机和网络的接口，用于提供与网络之间的物理连接。该设备是（　　）。（2021 年）

A. 集线器
B. 交换机
C. 服务器
D. 网卡

10. 连接因特网中各局域网、广域网的设备，它根据信道的情况自动选择和设定路由，以最佳路径，按前后顺序发送信号的网络设备是（　　）。（2022 年）

A. 网卡
B. 集线器
C. 路由器
D. 服务器

11. 广泛应用于长距离的电话或电报传输、有线电视、局部网络和短距离系统连接的通信线路等的网络传输介质有（　　）。（2023 年）

A. 光纤
B. 双绞线
C. 同轴电缆
D. 电话电缆

12. 处于网络的一个星型结点，对结点相连的工作站进行集中管理，避免出问题的工作站影响到整个网络的正常运行的设备有（　　）。（2023 年）

A. 网卡
B. 路由器
C. 服务器
D. 集线器

真题讲解

13. VSAT 系统不受地形、距离和地面通信条件限制，可提供电话、传真、计算机信息等多种通信业务。其特点有（　　）。（2024 年）

A. 设备简单、体积小、重量轻、耗电省、造价低、安装维护和操作简便

B. 组网灵活，接续方便，网络部件模块化易于扩展和调整

C. 通信效率高，特别适用于传输数据

D. 适合于用户集中、业务量偏大的通用或公用通信网

14. 防火墙是位于计算机和所连接网络之间的软件或硬件，下列选项属于防火墙从结构划分类型的有（　　）。（2024 年）

A. 应用级网关
B. 数据包过滤型
C. 代理主机结构
D. 路由器+过滤器结构

Ⅱ　有线电视和卫星接收系统

混合选择题（每题有 1～3 个正确答案）

1. 卫星电视接收系统中，它是灵敏度极高的频率放大变频电路。作用是将卫星天线

收到的微弱信号进行放大，并且变频后输出。此设备是（　　）。（2015 年）

    A. 放大器　　　　　　　　　　B. 功分器

    C. 高频头　　　　　　　　　　D. 调制器

2. 有线电视传输系统中，干线传输分配部分除电缆、干线放大器外，属于该部分的设备还有（　　）。（2017 年）

    A. 混合器　　　　　　　　　　B. 均衡器

    C. 分支器　　　　　　　　　　D. 分配器

3. 将卫星天线收到的微弱信号进行放大的设备为（　　）。（2018 年）

    A. 功分器　　　　　　　　　　B. 分配器

    C. 高频头　　　　　　　　　　D. 分支器

4. 一种可以分别调节各种频率成分电信号放大量的电子设备，通过对各种不同频率的电信号的调节来补偿扬声器和声场缺陷的是（　　）。（2019 年）

    A. 干线放大器　　　　　　　　B. 均衡器

    C. 分支器　　　　　　　　　　D. 分配器

5. 把经过线性放大器放大后的第一中频信号均等地分成若干路，以供多台卫星接收机接收多套电视节目的是（　　）。（2020 年）

    A. 高频头　　　　　　　　　　B. 功分器

    C. 调制器　　　　　　　　　　D. 混合器

6. 有线电视系统安装符合规定的是（　　）。（2021 年）

    A. 电缆在室内敷设，可以将电缆与电力线同线槽、同出线盒、同连接箱安装

    B. 分配器、分支器安装在室外时应采取防雨措施，距地面不应小于 2m

    C. 系统中所有部件应具备防止电磁波辐射和电磁波侵入的屏蔽功能

    D. 应避免将部件安装在高温、潮湿或易受损伤的场所

7. 可以分别调节各种频率成分电信号放大量，通过对各种不同频率的电信号的调节来补偿扬声器和声场的缺陷，补偿和修饰各种声源的设备的是（　　）。（2022 年）

    A. 处理器　　　　　　　　　　B. 均衡器

    C. 调制器　　　　　　　　　　D. 解码器

8. 下列主要用于远离城市偏远地区的集体接收，可作为有线电视的一种补充手段的无线传输系统的有（　　）。（2023 年）

    A. 光缆传输

    B. 多频道微波分配系统（MMDS）

    C. 调幅微波链路（AMU）系统

    D. 卫星电视接收系统

9. 可以分别调节各种频率成分电信号放大量，通过对各种不同频率电信号调节来补偿扬声器和声场的缺陷，补偿和修饰各种声源及其他特殊作用，具有这些功能的电子设备有（　　）。（2024 年）

    A. 干线放大器　　　　　　　　B. 均衡器

    C. 分支器　　　　　　　　　　D. 分配器

Ⅲ 音频和视频通信系统

混合选择题（每题有 1~3 个正确答案）

1. 建筑物内通信配线的分线箱（组线箱）内接线模块宜采用（　　）。（2015 年）

A. 普通卡接式接线模块　　　　　　B. 旋转卡接式接线模块

C. 扣式接线子　　　　　　　　　　D. RJ45 快接式接线模块

2. 现阶段电话通信系统安装时，用户交换机至市电信局连接的中继线一般较多选用的线缆类型为（　　）。（2016 年）

A. 光缆　　　　　　　　　　　　　B. 粗缆

C. 细缆　　　　　　　　　　　　　D. 双绞线

3. 建筑物内普通市话电缆芯线接续应采用的接续方法为（　　）。（2017 年）

A. 扭绞接续　　　　　　　　　　　B. 旋转卡接式

C. 普通卡接式　　　　　　　　　　D. 扣式接线子

4. 建筑物内普通用户线宜采用（　　）。（2018 年）

A. 铜芯 0.5mm 线径的对绞用户线　　B. 铜芯 0.5mm 线径的平行用户线

C. 光纤　　　　　　　　　　　　　D. 综合布线大对数铜芯对绞电缆

5. 在通信系统线缆安装中，建筑物内通信线缆宜采用（　　）。（2019 年）

A. KVV 控制电缆　　　　　　　　　B. 同轴电缆

C. BV 铜芯电线　　　　　　　　　　D. 大对数铜芯对绞电缆

6. 视频会议系统是一种互动式的多媒体通信，它的终端包括（　　）。（2020 年）

A. 摄像机　　　　　　　　　　　　B. 监视器

C. 话筒　　　　　　　　　　　　　D. 电话交换机

7. 建筑物内普通市话电缆芯线接续应采用（　　）。（2021 年）

A. 扭绞接续　　　　　　　　　　　B. 扣式接线子

C. RJ-45 快接式　　　　　　　　　 D. 旋转卡接式

8. 关于视频会议 VCT 的音频和视频的输入、输出接口数量说法正确的是（　　）。（2022 年）

A. 1~2 个视频输入接口　　　　　　B. 1~2 个音频输入接口

C. 3~5 个音频输入接口　　　　　　D. 3~5 个视频输出接口

9. 闭路监控系统的现场设备一般包括（　　）。（2022 年）

A. 云台　　　　　　　　　　　　　B. 解码器

C. 硬盘录像机　　　　　　　　　　D. 监视器

Ⅳ 通信线路工程

混合选择题（每题有 1~3 个正确答案）

1. 光缆穿管道敷设时，若施工环境较好，一次敷设光缆的长度不超过 1000m，一般采用的敷设方法为（　　）。（2016 年）

A. 人工牵引法敷设　　　　　　　　B. 机械牵引法敷设

C. 气吹法敷设　　　　　　　　　　D. 顶管法敷设

2. 光缆线路工程中，热缩管的作用为（　　）。(2017年)

A. 保护光纤纤芯
B. 保护光纤熔接头

C. 保护束管
D. 保护光纤

3. 通信线路工程中，通信线路位置的确定应符合的规定有（　　）。(2021年)

A. 宜建在快车道下

B. 通信线路中心线应平行于道路中心线或建筑红线

C. 通信线路宜与燃气线路、高压电力电缆在道路同侧敷设

D. 高等级公路的通信线路敷设位置选择依次是：路肩、防护网内、隔离带下

4. 关于通信线路及光缆敷设说法正确的有（　　）。(2022年)

A. 通信线路位置应敷设在人行道下

B. 通信线路位置不宜敷设在埋深较大的其他管线附近

C. 布放光缆的瞬间张力不允许超过80%

D. 采用机械牵引光缆一次最大长度不能超过500m

5. 在通信线路施工中，下列关于光缆敷设要求的说法，正确的有（　　）。(2023年)

A. 布放光缆的牵引力应不超过光缆允许张力的80%

B. 一次机械牵引敷设光缆的长度一般不超过1200m

C. 在施工环境较好的情况下，一般采用机械牵引方法

D. 管道内缆线复杂，一般采用人工牵引方法

V　通信设备及线路工程计量

混合选择题（每题有1~3个正确答案）

根据《通用安装工程工程量计算标准》GB/T 50856—2024，通信设备微波抛物面天线项目的计量单位有（　　）。(2024年)

A. 条
B. m

C. 节
D. 副

三、真题解析

I　网络工程和网络设备

混合选择题（每题有1~3个正确答案）

1.【答案】C

【解析】双绞线一般用于星型网的布线连接，两端安装有RJ-45头，连接网卡与集线器，最大网线长度为100m，如果要加大网络的范围，在两段双绞线之间可安装中继器，最多可安装4个中继器。

2.【答案】D

3.【答案】D

4.【答案】BD

【解析】防火墙可以是一种硬件、固件或者软件，如专用防火墙设备是硬件形式的防火墙，包过滤路由器是嵌有防火墙固件的路由器，而代理服务器等软件就是软件形式的

防火墙。

5.【答案】C

【解析】交换机是网络节点上话务承载装置、交换级、控制和信令设备以及其他功能单元的集合体。交换机能把用户线路、电信电路和（或）其他要互连的功能单元根据单个用户的请求连接起来。根据工作位置的不同，可以分为广域网交换机和局域网交换机。

6.【答案】C

7.【答案】C

8.【答案】D

【解析】非屏蔽双绞线适用于网络流量不大的场合。

屏蔽式双绞线适用于网络流量较大的高速网络协议应用。

同轴电缆的粗缆传输距离长，性能好，但成本高，网络安装、维护困难，一般用于大型局域网的干线，连接时两端需终接器。

同轴电缆的细缆安装较容易，造价较低，但日常维护不方便，一旦一个用户出故障，便会影响其他用户的正常工作。

光纤的电磁绝缘性能好、信号衰小、频带宽、传输速度快、传输距离大。主要用于要求传输距离较长、布线条件特殊的主干网连接。

9.【答案】D

【解析】网卡是主机和网络的接口，用于提供与网络之间的物理连接。一般根据接口总线与传输速率等条件来选择。

10.【答案】C

【解析】路由器是连接因特网中各局域网、广域网的设备。它根据信道的情况自动选择和设定路由，以最佳路径，按前后顺序发送信号的网络设备，广泛用于各种骨干网内部连接、骨干网间互联和骨干网与互联网互联互通业务。路由器具有判断网络地址和选择 IP 路径的功能，能在多网络互联环境中建立灵活的连接，可用完全不同的数据分组和介质访问方法连接各种子网。

11.【答案】C

【解析】同轴电缆广泛应用于长距离的电话或电报传输、有线电视（电缆电视）、局部网络和短距离系统连接的通信线路等。

12.【答案】D

13.【答案】ABC

【解析】VSAT 的特点：

① 设备简单、体积小、重量轻、耗电省、造价低、安装维护和操作简便。

② 组网灵活，接续方便，网络部件模块化易于扩展和调整。

③ 通信效率高，特别适用于传输数据。

④ 可以直接面对用户，适合于用户分散、业务量不大的专用或公用通信网。

14.【答案】CD

【解析】从结构上来分，防火墙有两种：代理主机结构和路由器+过滤器结构。

Ⅱ　有线电视和卫星接收系统

混合选择题（每题有1~3个正确答案）

1. 【答案】C

【解析】高频头是灵敏度极高的高频放大变频电路。高频头的作用是将卫星天线收到的微弱信号进行放大，并且变频到950~1450MHz频段后放大输出。

2. 【答案】BCD

【解析】干线传输系统，其作用是把前端设备输出的宽带复合信号进行传输，并分配到用户终端。在传输过程中根据信号电平的衰减情况合理设置电缆补偿放大器，以弥补线路中无源器件对信号电平的衰减，干线传输分配部分除电缆以外，还有干线放大器、均衡器、分支器、分配器等设备。

3. 【答案】C

4. 【答案】B

【解析】均衡器是一种可以分别调节各种频率成分电信号放大量的电子设备，通过对各种不同频率的电信号的调节来补偿扬声器和声场的缺陷，补偿和修饰各种声源及其他特殊作用。

5. 【答案】B

【解析】功分器的作用是把经过线性放大器放大后的第一中频信号均等地分成若干路，以供多台卫星接收机接收多套电视节目，实现一个卫星天线能够同时接收几个电视节目或供多个用户使用。

6. 【答案】BCD

【解析】电缆在室内敷设，宜符合下列规定：

（1）在新建或有内装修要求的已建建筑物内，可采用暗管敷设方式。对无内装修要求的已建建筑物可采用线卡明敷方式。

（2）不得将电缆与电力线同线槽、同出线盒、同连接箱安装。

（3）明敷的电缆与明敷的电力线的间距不应小于0.3m。

分配放大器、分支器、分配器可安装在楼内的墙壁和吊顶上。当需要安装在室外时，应采取防雨措施，距地面不应小于2m。

系统中所用部件应具备防止电磁波辐射和电磁波侵入的屏蔽性能。室外使用的部件还应有良好的防潮、防雨和防霉措施。在有盐雾、硫化物等污染区使用的部件，应具有抗腐蚀能力。部件安装应避免将部件安装在厨房、厕所、浴室、锅炉房等高温、潮湿或易受损伤的场所。

7. 【答案】B

【解析】均衡器是一种可以分别调节各种频率成分电信号放大量的电子设备，通过对各种不同频率的电信号的调节来补偿扬声器和声场的缺陷，补偿和修饰各种声源及其他特殊作用。

8. 【答案】B

【解析】MMDS是一种无线传输系统，用于远离城市的偏远地区，主要用于集体接收，可以作为有线电视的一种补充手段。

9.【答案】B

【解析】均衡器是一种可以分别调节各种频率成分电信号放大量的电子设备，通过对各种不同频率的电信号的调节来补偿扬声器和声场的缺陷，补偿和修饰各种声源及其他特殊作用。

Ⅲ　音频和视频通信系统

混合选择题（每题有 1~3 个正确答案）

1.【答案】AB

【解析】建筑物内通信配线的分线箱（组线箱）内接线模块（或接线条）宜采用普通卡接式或旋转卡接式接线模块。当采用综合布线时，分线箱（组线箱）内接线模块宜采用卡接式或 RJ45 快接式接线模块。

2.【答案】A

【解析】目前，用户交换机与市电信局连接的中继线一般均用光缆，建筑内的传输线用性能优良的双绞线电缆。

3.【答案】D

【解析】建筑物内普通市话电缆芯线接续应采用扣式接线子，不得使用扭绞接续。电缆的外护套分接处接头封合宜冷包为主，亦可采用热可缩套管。

4.【答案】AB

【解析】本题考查的是音频和视频通信系统。建筑物内普通用户线宜采用铜芯 0.5mm 或 0.6mm 线径的对绞用户线，亦可采用铜芯 0.5mm 线径的平行用户线。

5.【答案】D

【解析】建筑物内通信配线电缆应采用非填充型铜芯铝塑护套市内通信电缆（HYA），或采用综合布线大对数铜芯对绞电缆。

6.【答案】ABC

【解析】终端设备主要完成会议电视的发送和接收任务。一般情况下，视频会议终端（VCT）具有：

（1）3~5 个视频输入接口，接入的视频输入设备，包括摄像机、副摄像机、图文摄像机、电脑、电子白板、录像机等。

（2）2~4 个音频输入接口，接入的音频输入设备，包括话筒、CD、卡座等。

（3）3~5 个视频输出接口，接入的视频输出设备，包括监视器、大屏幕投影仪等。

（4）1~2 个音频输出接口，接入的音频输出设备，包括耳机、扬声器等。

7.【答案】B

【解析】建筑物内普通市话电缆芯线接续应采用扣式接线子，不得使用扭绞接续。电缆的外护套分接处接头封合宜冷包为主，也可采用热可缩套管。

8.【答案】D

【解析】终端设备主要完成会议电视的发送和接收任务。一般情况下，视频会议终端（VCT）具有：

（1）3~5个视频输入接口，接入的视频输入设备包括摄像机、副摄像机、图文摄像机、计算机、电子白板、录像机等。

（2）2~4个音频输入接口，接入的音频输入设备，包括话筒、CD、卡座等。

（3）3~5个视频输出接口，接入的视频输出设备，包括监视器、大屏幕投影仪等。

（4）1~2个音频输出接口，接入的音频输出设备，包括耳机、扬声器等。

9.【答案】AB

【解析】闭路监控系统的现场设备包括摄像机、云台和防护罩、解码器。

Ⅳ 通信线路工程

混合选择题（每题有1~3个正确答案）

1.【答案】B

【解析】在施工环境较好的情况下，一般采用机械牵引法敷设光缆。一次机械牵引敷设光缆的长度一般不超过1000m，条件许可时中间应增加辅助牵引。

2.【答案】B

【解析】将不同束管、不同颜色的光纤分开，穿过热缩管。剥去涂覆层的光纤很脆弱，使用热缩管可以保护光纤熔接头。

3.【答案】B

【解析】通信线路位置的确定：

（1）宜敷设在人行道下，如不允许，可建在慢车道下，不宜建在快车道下。

（2）高等级公路的通信线路敷设位置选择依次是：隔离带下、路肩和防护网以内。

（3）为便于电缆引上，线路位置宜与杆路同侧。

（4）通信线路中心线应平行于道路中心线或建筑红线。

（5）通信线路位置不宜敷设在埋深较大的其他管线附近。

（6）通信线路应尽量避免与燃气线路、高压电力电缆在道路同侧敷设，不可避免的通信线路、通道与其他地下管线及建筑物间的最小净距（指线路外壁之间的距离）应符合相应的规定。

（7）通信线路与铁道及有轨电车道的交越角不宜小于60°，交越时，与道岔及回归线的距离不应小于3m。与有轨电车道或电气铁道交越处如采用钢管，应有安全措施，至少应伸出轨道边线2m。

（8）人孔内不得有其他管线穿越。

4.【答案】AB

【解析】A选项正确，通信线路位置应敷设在人行道下；B选项正确，通信线路位置不宜敷设在埋深较大的其他管线附近；C选项错误，布放光缆的牵引力应不超过光缆允许张力的80%。瞬间最大牵引力不得超过光缆允许张力的100%；D选项错误，一次机械牵引敷设光缆的长度一般不超过1000m。

5.【答案】ACD

【解析】（1）光电缆敷设的一般规定：

1）光缆的弯曲半径应不小于光缆外径的15倍，施工过程中应不小于20倍。

2）布放光缆的牵引力应不超过光缆允许张力的80%。瞬间最大牵引力不得超过光缆允许张力的100%，主要牵引力应加在光缆的加强芯上，牵引端头与牵引索之间应加入转环。光缆布放完毕，应检查光纤是否良好，光缆端头应做密封防潮处理。

（2）管道光电缆敷设：

准备材料、工具和设备→检查和安装人孔硬件→选择管道的管孔→通管道→穿放子管→确定牵引方案→牵引机具的装设→牵引光缆→挂光缆标牌及保护→人孔及端站光缆的安装→完成。

1）机械牵引敷设光缆：

① 在施工环境较好的情况下，一般采用机械牵引方法敷设光缆。

② 一次机械牵引敷设光缆的长度一般不超过1000m，条件许可时中间应增加辅助牵引。

③ 受牵引的每个人孔、手孔处应安排人员值守，光缆入孔处、出孔处、转弯处等容易损伤光缆的受力点，应采用防护措施。

2）人工敷设光缆：

① 管道内缆线复杂，一般采用人工牵引方法敷设光缆。

② 在每个人孔内安排2~3人进行人工牵引，中间人孔不得发生光缆扭曲现象。

V　通信设备及线路工程计量

混合选择题（每题有1~3个正确答案）

【答案】D

【解析】全向天线、定向天线、室内天线、卫星全球定位系统天线（GPS），根据规格、型号、塔高、部位，按设计图示数量以"副"计算。

第四节　建筑智能化工程

一、名师考点

参见表6-5。

表6-5　　　　　　　　　　　　　　　　本节考点

	教材点	知识点
一	智能建筑系统构成	智能建筑系统构成
二	建筑自动化系统	建筑自动化系统
三	安全防范自动化系统	防盗报警系统、电视监控系统、出入口控制系统
四	火灾报警系统	—
五	办公自动化系统	办公自动化的层次结构、办公自动化系统的特点
六	综合布线系统	综合布线系统的划分、综合布线系统的部件、综合布线系统设计
七	建筑工程信息化	—

二、真题回顾

Ⅰ 智能建筑系统构成

混合选择题（每题有1~3个正确答案）

1. 保安监控系统又称 SAS，它包含的内容有（　　）。（2017 年）

　　A. 火灾报警控制系统　　　　　　B. 出入口控制系统

　　C. 防盗报警系统　　　　　　　　D. 电梯控制系统

2. 建筑物内，能实现对供电、给水排水、空调自动化系统等监控的系统为（　　）。（2020 年）

　　A. 建筑自动化系统（BAS）　　　B. 通信自动化系统（CAS）

　　C. 办公自动化系统（OAS）　　　D. 综合布线系统（PDS）

3. 智能建筑提供安全功能、舒适功能和便利高效功能，下列系统能提供安全功能的有（　　）。（2021 年）

　　A. 空调监控系统　　　　　　　　B. 闭路电视监控

　　C. 物业管理　　　　　　　　　　D. 火灾自动报警

4. 在建筑智能化工程中，能使建筑物或建筑群内部的电话、电视、计算机、办公自动化设备等设备之间彼此相连，并能接入外部公共通信网络系统的有（　　）。（2024 年）

　　A. 楼宇自动化系统　　　　　　　B. 通信自动化系统

　　C. 办公自动化系统　　　　　　　D. 综合布线系统

Ⅱ 建筑自动化系统

混合选择题（每题有1~3个正确答案）

根据相关规定，属于建筑自动化系统（BAS）的有（　　）。（2019 年）

　　A. 给水排水自动监控系统　　　　B. 电梯监控系统

　　C. 计算机网络系统　　　　　　　D. 通信系统

Ⅲ 安全防范自动化系统

混合选择题（每题有1~3个正确答案）

1. 出入口控制系统中的门禁控制系统是一种典型的（　　）。（2015 年）

　　A. 可编程控制系统　　　　　　　B. 集散型控制系统

　　C. 数字直接控制系统　　　　　　D. 设定点控制系统

2. 属于直线型报警探测器类型的是（　　）。（2015 年）

　　A. 开关入侵探测器　　　　　　　B. 红外入侵探测器

　　C. 激光入侵探测器　　　　　　　D. 超声波入侵探测器

3. 不需要调制、解调，设备花费少，传输距离一般不超过 2km 的电视监控系统信号传输方式的是（　　）。（2016 年）

　　A. 微波传输　　　　　　　　　　B. 射频传输

C. 基带传输   D. 宽带传输

4. 按入侵探测器防范的范围划分，属于点型入侵探测器的是（　　）。（2016 年）

A. 开关入侵探测器   B. 振动入侵探测器

C. 声入侵探测器   D. 激光入侵探测器

5. 门禁系统一般由管理中心设备和前端设备两大部分组成，属于出入口门禁控制系统管理中心设备的是（　　）。（2016 年）

A. 主控模块   B. 门禁读卡模块

C. 进/出门读卡器   D. 协议转换器

6. 能够封锁一个场地的四周或封锁探测几个主要通道，还能远距离进行线控报警，应选用的入侵探测器为（　　）。（2017 年）

A. 激光入侵探测器   B. 红外入侵探测器

C. 电磁感应探测器   D. 超声波探测器

7. 传输信号质量高、容量大、抗干扰性强、安全性好，且可进行远距离传输。此信号传输介质应选用（　　）。（2017 年）

A. 射频线   B. 双绞线

C. 同轴电缆   D. 光纤

8. 智能 IC 卡种类较多，根据 IC 卡芯片功能的差别可以将其分为（　　）。（2017 年）

A. CPU 型   B. 存储型

C. 逻辑加密型   D. 切换型

9. 属于面型探测器的有（　　）。（2018 年）

A. 声控探测器   B. 平行线电场畸变探测器

C. 超声波探测器   D. 微波入侵探测器

10. 它是系统中央处理单元，连接各功能模块和控制装置，具有集中监视、管理、系统生成及诊断功能，它是（　　）。（2018 年）

A. 主控模块   B. 网络隔离器

C. 门禁读卡模块   D. 门禁读卡器

11. 闭路监控系统中信号传输距离较远时，应采用的传输方式为（　　）。（2018 年）

A. 基带传输   B. 射频传输

C. 微波传输   D. 光纤传输

12. 红外线入侵探测器体积小、重量轻，应用广泛，属于（　　）。（2019 年）

A. 点型入侵探测器   B. 直线型入侵探测器

C. 面型入侵探测器   D. 空间入侵探测器

13. 超声波探测器是利用多普勒效应，当目标在防范区域空间移动时，反射的超声波引起探测器报警。该探测器属于（　　）。（2020 年）

A. 点型入侵探测器   B. 线型入侵探测器

C. 面型入侵探测器   D. 空间入侵探测器

14. 闭路监控系统中，可近距离传递数字信号，不需要调制、解调，设备花费少的传输方式是（　　）。（2020 年）

A. 光纤传输　　　　　　　　　　B. 射频传输

C. 基带传输　　　　　　　　　　D. 宽带传输

15. 入侵探测器按防范的范围可分为点型、线型、面型和空间型。下列警戒范围仅是一个点的探测器的是（　　　）。(2021 年)

A. 开关入侵探测器　　　　　　　B. 激光入侵探测器

C. 声控入侵探测器　　　　　　　D. 视频运动入侵探测器

16. 根据人体生理特征进行识别的有（　　　）。(2021 年)

A. 指纹识别　　　　　　　　　　B. 磁卡识别

C. 人脸识别　　　　　　　　　　D. 身份证号码识别

17. 为了节省监视器和图像记录设备，往往使多路图像同时显示在一台监视器上，并用一台图像记录设备进行记录，该设备为（　　　）。(2022 年)

A. 视频信号分配器　　　　　　　B. 视频切换器

C. 视频矩阵主机　　　　　　　　D. 多画面处理器

18. 在电视监控系统控制中心，可通过主机发出控制数据代码控制云台、摄像机镜头等现场仪器的设备有（　　　）。(2023 年)

A. 视频信号分配器　　　　　　　B. 视频切换器

C. 视频矩阵主机　　　　　　　　D. 多画面处理器

19. 下列选项属于闭路监控系统传输部分构成的有（　　　）。(2024 年)

A. 视频电缆补偿器　　　　　　　B. 视频切换器

C. 视频放大器　　　　　　　　　D. 馈线

Ⅳ　办公自动化系统

混合选择题（每题有 1~3 个正确答案）

1. 办公自动化系统按处理信息的功能划分为三个层次，以下选项属于第二层次的是（　　　）。(2015 年)

A. 事务型办公系统　　　　　　　B. 综合型办公系统

C. 决策型办公系统　　　　　　　D. 管理型办公系统

2. 下列关于办公自动化系统功能的说法，正确的有（　　　）。(2022 年)

A. 具有收发文管理功能　　　　　B. 具有会议管理功能

C. 具有档案管理功能　　　　　　D. 具有保安监控功能

3. 按处理信息的功能划分，办公自动化的层次结构有（　　　）。(2024 年)

A. 电子数据交换系统　　　　　　B. 决策支持型办公系统

C. 信息管理型办公系统　　　　　D. 事务型办公系统

Ⅴ　综合布线系统

混合选择题（每题有 1~3 个正确答案）

1. 综合布线系统中，使不同尺寸或不同类型的插头与信息插座相匹配，提供引线的重新排列，把电缆连接到应用系统的设备接口的器件是（　　　）。(2015 年)

A. 适配器　　　　　　　　　　　B. 接线器

C. 连接模块   D. 转接器

2. 信息插座在综合布线系统中起着重要作用，为所有综合布线推荐的标准信息插座是（　　）。（2016 年）

A. 6 针模块化信息插座   B. 8 针模块化信息插座

C. 10 针模块化信息插座   D. 12 针模块化信息插座

3. 传输速率超过 100Mbps 的高速应用系统，布线距离不超过 90m，宜采用的综合布线介质为（　　）。（2017 年）

A. 三类双级电缆   B. 五类双级电缆

C. 单模光缆   D. 多模光缆

4. 综合布线由若干子系统组成，关于建筑物干线子系统布线，说法正确的有（　　）。（2020 年）

A. 从建筑物的配线桥架到各楼层配线架之间的布线属于建筑物干线子系统

B. 建筑物干线电缆应直接端接到有关楼层配线架，中间不应有转接点或接头

C. 从建筑群配线架到各建筑物的配线架之间的布线属于该子系统

D. 该系统包括水平电缆、水平光缆及其所在楼层配线架上的机械终端和跳接线

5. 楼层配线架和建筑物楼层网络设备连接的系统是（　　）。（2021 年）

A. 建筑群干线子系统   B. 建筑物干线子系统

C. 水平子系统   D. 工作区

6. 下列关于综合布线系统传输媒介说法正确的有（　　）。（2022 年）

A. 双绞线扭绞为了增加强度

B. 屏蔽缆线降低对外来电磁辐射和外部的电磁干扰

C. 光纤跳线是用在设备与光纤布线路的跳接线

D. 不可用于光纤跳线光端机和终端盒之间的连接

7. 综合布线系统采用模块化结构设计，下列关于每个模块按功能通常划分的部分数正确的有（　　）。（2023 年）

A. 6 个部分   B. 5 个部分

C. 3 个部分   D. 4 个部分

8. 下列关于增强型综合布线配置要求的说法正确的有（　　）。（2023 年）

A. 每个工作区有两个或两个以上信息插座

B. 每个工作区的干线电缆至少有 3 对双绞线

C. 每个工作区的配线电缆为 2 条 4 对双绞电缆

D. 每个工作区的配线电缆至少有 2 对双绞电缆

9. 综合布线系统设计中，下列关于设备间的位置选定说法正确的有（　　）。（2023 年）

A. 设置在建筑物或建筑群的地下室

B. 设置在建筑物或建筑群的高层部位

C. 设置在建筑物或建筑群的中部

D. 与消防、安防监控室设置在一起

10. 综合布线系统含有多个子系统，包括楼层配线架（FD）和建筑物楼层网络设备子系统的是（　　）。（2024 年）

A. 水平布线子系统　　　　　　B. 设备间子系统

C. 管理子系统　　　　　　　　D. 工作区子系统

11. 综合布线系统中，在楼层配线架与信息插座之间设置转接点，最多设置转接点数为（　　）。（2024 年）

A. 0 次　　　　　　　　　　　B. 1 次

C. 2 次　　　　　　　　　　　D. 3 次

Ⅵ　建筑工程信息化

混合选择题（每题有 1~3 个正确答案）

1. 关于 BIM 的作用，不正确的是（　　）。（2021 年）

A. 反映三维几何形状信息

B. 反映成本、进度等非几何形状信息

C. 建筑信息模型可在建筑物建造前期对各专业的碰撞问题进行协调，生成协调数据，并提供出来

D. 模型三维的立体实物图可视，项目设计、建造过程可视，运营过程中的沟通不可视

2. BIM 技术在项目决策阶段的应用有（　　）。（2023 年）

A. 可视化

B. 环境分析

C. 能耗模拟

D. 系统协调

真题讲解

三、真题解析

Ⅰ　智能建筑系统构成

混合选择题（每题有 1~3 个正确答案）

1.【答案】BC

【解析】保安监控系统又称 SAS，它一般有如下内容：出入口控制系统、防盗报警系统、闭路电视监视系统、保安人员巡逻管理系统。

2.【答案】A

【解析】参见"智能楼宇系统组成和功能示意图"。

3.【答案】BD

4.【答案】D

【解析】综合布线系统（PDS）是建筑物或建筑群内部之间的传输网络。它能使建筑物或建筑群内部的电话、电视、计算机、办公自动化设备、通信网络设备、各种测控设备以及信息家电等设备之间彼此相连，并能接入外部公共通信网络系统。

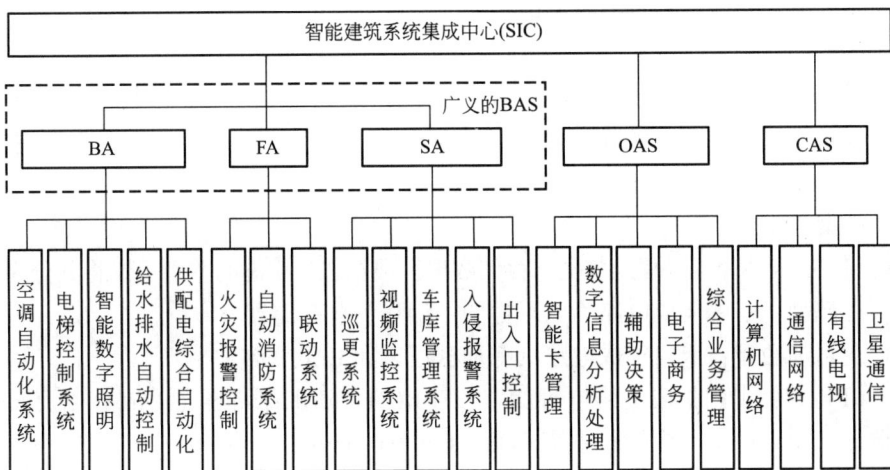

智能楼宇系统组成和功能示意图

Ⅱ　建筑自动化系统

混合选择题（每题有 1~3 个正确答案）

【答案】AB

【解析】建筑自动化系统（BAS）包括供配电、给水排水、暖通空调、照明、电梯、消防、安全防范、车库管理等监控子系统。

计算机网络系统和通信系统属于通信自动化系统。

Ⅲ　安全防范自动化系统

混合选择题（每题有 1~3 个正确答案）

1.【答案】B

【解析】门禁控制系统是一种典型的集散型控制系统。

2.【答案】BC

【解析】直线型入侵探测器常见的直线型报警探测器为主动红外入侵探测器、激光入侵探测器。

3.【答案】C

【解析】基带传输不需要调制、解调，设备花费少，传输距离一般不超过 2km。

4.【答案】AB

【解析】点型入侵探测器包括开关入侵探测器和振动入侵探测器。选项 C 属于空间入侵探测器；选项 D 属于直线型入侵探测器。

5.【答案】AD

6.【答案】A

【解析】激光与一般光源相比较，特点有：①方向性好，亮度高；②激光的单色性和相干性好；③激光具有高亮度、高方向性。所以，激光探测器十分适合远距离的线控报警装置。由于能量集中，可以在光路上加反射镜反射激光，围成光墙。从而用一套激光探测器可以封锁一个场地的四周或封锁几个主要通道路口。

7.【答案】D

【解析】光纤传输是将摄像机输出的图像信号和对摄像机、云台的控制信号转换成光信号，通过光纤进行传输，光纤传输的高质量、大容量、强抗干扰性、安全性是其他传输方式不可比拟的。

8.【答案】ABC

【解析】IC卡芯片可以写入数据与存储数据，根据芯片功能的差别可以将其分为三类：

（1）存储型：卡内集成电路为电可擦的可编程只读存储器。

（2）逻辑加密型：卡内集成电路具有加密逻辑和 EEPROM。

（3）CPU型：卡内集成电路包括 CPU、EPROM、随机存储器（RAM）以及固化在只读存储器（ROM）中的卡内操作系统 COS（Chip Operating System）。

9.【答案】B

【解析】面型报警探测器警戒范围为一个面，当警戒面上出现危害时，即能发生报警信号。电磁感应探测器更多地被用作面报警探测器。如电场畸变探测器，当被探测的目标（人或车辆）侵入所防范的区域时，引起传感器线路周围电磁场分布的变化，把能响应畸变并进入报警状态的装置称为电场畸变探测器。这种探测器常用的有平行线电场畸变探测器、带孔同轴电缆电场畸变探测器。

10.【答案】A

【解析】主控模块是系统中央处理单元，连接各功能模块和控制装置，具有集中监视、管理、系统生成以及诊断等功能。

11.【答案】BCD

【解析】本题考查的是安全防范自动化系统。闭路监控系统中信号传输的方式由信号传输距离、控制信号的数量等确定。当传输距离较近时，采用信号直接传输（基带传输），当传输距离较远时，采用射频、微波或光纤传输等，现在越来越多地采用计算机局域网实现闭路监控信号的远程传输。

12.【答案】B

13.【答案】D

【解析】（1）点型入侵探测器：如开关入侵探测器、振动入侵探测器。

（2）直线型入侵探测器：如红外入侵探测器、激光入侵探测器。

（3）面型入侵探测器：常用的有平行线电场畸变探测器、带孔同轴电缆电场畸变探测器。

（4）空间入侵探测器：如声入侵探测器、次声探测器、超声波探测器、微波入侵探测器、视频运动探测器。

14.【答案】C

【解析】闭路监控电视系统一般由摄像、传输、控制、图像处理和显示组成。基带传输不需要调制、解调，设备花费少，传输距离一般不超过 2km。频带传输经过调制、解调，克服了许多长途电话线路不能直接传输基带信号的缺点，能实现多路复用的目的，提高了通信线路的利用率。

闭路监控系统中，当传输距离较近时采用信号直接传输，当传输距离较远时采用射频、微波或光纤传输，现在越来越多地采用计算机局域网实现闭路监控信号的远程传输。

（1）基带传输：控制信号直接传输常用多芯控制电缆对云台、摄像机进行多线制控制，也有通过双绞线采用编码方式进行控制的。

（2）射频传输：常用在同时传输多路图像信号而布线相对容易的场所。

（3）光纤传输的高质量、大容量、强抗干扰性、安全性是其他传输方式不可比拟的。

15.【答案】A

【解析】点型入侵探测器包括开关入侵探测器、振动入侵探测器。激光入侵探测器属于线型入侵探测器；声控入侵探测器、视频运动入侵探测器属于空间型入侵探测器。

16.【答案】AC

【解析】人体生理特性识别为用人体特有的生物特性，如人脸、掌静脉、指纹、掌纹、视网膜进行识别。

17.【答案】D

【解析】在多台摄像机的电视监控系统中，为了节省监视器和图像记录设备，往往采用多画面处理设备，使多路图像同时显示在一台监视器上，并用一台图像记录设备进行记录。

18.【答案】C

【解析】视频矩阵主机的主要作用有：任意显示多个摄像机摄取的图像信号；单个摄像机摄取的图像可同时送到多台监视器上显示；可通过主机发出的控制数据代码控制云台、摄像机镜头等现场设备。有的视频矩阵主机可以接收报警探测器发出的报警信号，并通过报警输出接口去控制相关设备，可同时处理多路控制指令，供多个使用者同时使用系统。

19.【答案】ACD

【解析】传输部分构成主要如下：

（1）馈线：传输馈线有同轴电缆（以及多芯电缆）、平衡式电缆、光缆。

（2）视频电缆补偿器：在长距离传输中，对长距离传输造成的视频信号损耗进行补偿放大，以保证信号的长距离传输而不影响图像质量。

（3）视频放大器：远距离传输时对视频信号进行放大，以补偿传输过程中的信号衰减。具有双向传输功能的系统，必须采用双向放大器。

Ⅳ　办公自动化系统

混合选择题（每题有1~3个正确答案）

1.【答案】D

【解析】办公自动化系统按处理信息的功能划分为三个层次：事务型办公系统、管理型办公系统、决策型办公系统即综合型办公系统。

2.【答案】ABC

【解析】办公自动化系统具有收发文管理、外出人员管理、会议管理、领导活动安排、论坛管理、个人用户工作台、电子邮件、远程办公、档案管理、综合信息、简报期刊等功能。

3. 【答案】BCD

【解析】办公自动化系统按处理信息的功能划分为三个层次：事务型办公系统；信息管理型办公系统；决策支持型办公系统即综合型办公系统。

V 综合布线系统

混合选择题（每题有1~3个正确答案）

1. 【答案】A

【解析】适配器是一种使不同尺寸或不同类型的插头与信息插座相匹配，提供引线的重新排列，把电缆连接到应用系统的设备接口的器件。

2. 【答案】B

【解析】8针模块化信息插座是为所有的综合布线推荐的标准信息插座。

3. 【答案】B

【解析】采用五类双级电缆时，传输速率超过100Mbps的高速应用系统，布线距离不宜超过90m，否则宜选用单模或多模光缆。传输率在1Mbps以下时，采用五类双级电缆时，布线距离可达2km以上。采用62.5/125μm多模光纤，信息传输速率为100Mbps时，传输距离为2km。采用单模光缆时，传输最大距离可以延伸到3000m。

4. 【答案】ABD

【解析】

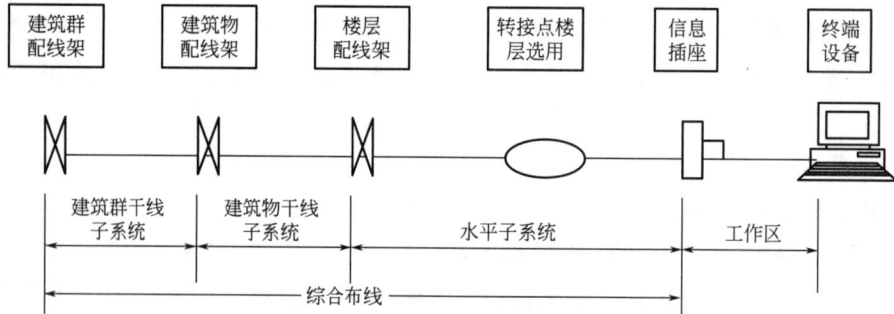

综合布线系统原理图

从建筑群的配线桥架到各建筑物配线架属于建筑群干线布线子系统。

从建筑物配线架到各楼层配线架属于建筑物干线布线子系统（有时也称垂直干线子系统）。该子系统包括建筑物干线电缆、建筑物干线光缆及其在建筑物配线架和楼层配线架上的机械终端与建筑物配线架上的接插软线和跳接线。建筑物干线电缆、建筑物干线光缆应直接端接到有关的楼层配线架，中间不应有转接点或接头。

5. 【答案】C

【解析】参见"综合布线系统原理图"。

6. 【答案】BC

【解析】A选项错误，双绞线扭绞的目的是使对外的电磁辐射和遭受外部的电磁干扰减少到最小；B选项正确，屏蔽缆线具有防止外来电磁干扰和防止向外辐射的特性；C选项正确，D 选项错误，光纤跳线用来做从设备到光纤布线链路的跳接线，有较厚的保护层，一般用在光端机和终端盒之间的连接。

7.【答案】A

【解析】综合布线系统采用模块化结构，按每个模块功能通常分为 6 个部分：3 个布线子系统，水平、垂直和建筑群干线布线子系统；2 个管理区，设备间和楼层管理区；1 个工作区。

8.【答案】ABC

【解析】增强型综合布线配置如下：

（1）每个工作区有两个或两个以上信息插座（每 $10m^2$ 设两个信息插座）；

（2）每个工作区的配线电缆为 2 条 4 对双绞电缆；

（3）采用夹接式或插接交接硬件；

（4）每个工作区的干线电缆至少有 3 对双绞线。

9.【答案】C

【解析】设备间应尽可能设置在建筑物或建筑群的中部，尽量靠近弱电井，以便于布线，缩短最远端用户的距离。

10.【答案】C

【解析】根据通信线路和接续设备的分离，建筑群配线架（CD）、建筑物配线架（BD）和建筑物的网络设备属于设备间子系统，楼层配线架（FD）和建筑物楼层网络设备属于管理子系统。信息插座与终端设备之间的连线或信息插座通过适配器与终端设备之间的连线属于工作区子系统。

11.【答案】B

【解析】水平电缆、水平光缆一般直接连接到信息插座。必要时，楼层配线架和每个信息插座之间允许有一个转接点。进入与接出转接点的电缆线对或光纤应按 1∶1 连接以保持对应关系。转接点处只包括无源连接硬件，应用设备不应在这里连接。

Ⅵ 建筑工程信息化

混合选择题（每题有 1~3 个正确答案）

1.【答案】D

【解析】建筑信息模型（BIM）就是通过数字化技术仿真模拟建筑物所具有的真实信息，其作用如下：

（1）反映三维几何形状信息；

（2）反映非几何形状信息，如建筑构件的材料、重量、价格、进度和施工等；

（3）将建筑工程项目的各种相关信息的工程数据进行集成；

（4）为设计师、建筑师、水电暖铺设工程师、开发商乃至最终用户等各环节人员提供"模拟和分析"。

2.【答案】AB

【解析】在项目决策阶段，BIM 应用可分为：可视化、环境分析（包括景观分析、日照分析、风环境分析、噪声分析）、温度分析、声学计算等。

丛书主编　柯　洪

全国一级造价工程师职业资格考试十年真题·九套模拟

建设工程技术与计量

（安装工程）

下册　九套模拟

主编　赵　斌

中国建筑工业出版社

中国城市出版社

目　录

上册　十年真题

下册　九套模拟

模拟题一

一、单项选择题（共 **40** 题，每题 **1** 分。每题的备选项中，只有 **1** 个最符合题意）

1. 依据《钢铁产品牌号表示方法》GB/T 221—2008，16Mn 属于（　　）。
   A. 优质低合金钢
   B. 特殊质量低合金钢
   C. 优质合金钢
   D. 特殊质量合金钢

2. 以下属于无机耐腐蚀（酸）非金属材料的是（　　）。
   A. 玻璃纤维
   B. 玻璃
   C. 耐酸陶瓷
   D. 硅藻土

3. 钢材的成分一定时，对钢材金相组织影响最大的热处理方式是（　　）。
   A. 退火
   B. 正火
   C. 淬火
   D. 淬火加回火

4. 具有较高的韧性、良好的焊接性能、冷热压加工性能和耐腐蚀性，部分钢种还具有较低的脆性转变温度，用于制造各种容器、螺旋焊管、建筑结构的是（　　）。
   A. 普通碳素结构钢
   B. 优质碳素结构钢
   C. 普通低合金钢
   D. 优质低合金钢

5. 强度和硬度较高，塑性和韧性较低，切削性能良好，但焊接性能较差，冷热变形能力良好，主要用于制造荷载较大的机械零件的优质碳素钢是（　　）。
   A. 低碳钢
   B. 中碳钢
   C. 高碳钢
   D. 碳素工具钢

6. 具有综合力学性能、耐低温冲击韧性、焊接性能和冷热压加工性能良好的特性，可用于建筑结构、化工容器和管道、起重机械和鼓风机的是（　　）。
   A. Q215
   B. Q235
   C. Q275
   D. Q345

7. 具有高的爆破强度和内表面清洁度，有良好的耐疲劳抗震性能。适于汽车和冷冻设备、电热电器工业中的刹车管、燃料管、润滑油管、加热或冷却器的是（　　）。
   A. 无缝钢管
   B. 合金钢管
   C. 螺旋缝钢管
   D. 双层卷焊钢管

8. 某钢管外径为 32mm，壁厚为 2mm，长度为 2m，该钢管的质量应为（　　）。
   A. 1.48kg
   B. 2.82kg
   C. 2.96kg
   D. 3.11kg

9. 主要用于工况比较苛刻的场合或应力变化反复的场合，以及压力、温度大幅度波动的管道和高温、高压及零下低温的管道上的是（　　）。
   A. 平焊法兰
   B. 对焊法兰

C. 松套法兰

D. 螺纹法兰

10. 安装时易对中，垫片很少受介质的冲刷和腐蚀。适用于易燃、易爆、有毒介质及压力较高的重要密封场合的法兰是（　　）。

A. 凹凸面型法兰

B. 榫槽面型法兰

C. O 形圈面型法兰

D. 环连接面型法兰

11. 电缆型号 ZR-YJ（L）V_{22}-3×120-10-300 表示（　　）。

A. 铜（铝）芯交联聚乙烯绝缘、聚氯乙烯护套、双钢带铠装、三芯、120mm^2、电压 10kV、长度为 300m 的阻燃电力电缆

B. 铜（铝）芯交联聚乙烯绝缘、聚氯乙烯护套、细圆钢丝铠装、三芯、120mm^2、电压 10kV、长度为 300m 的隔氧层阻燃电力电缆

C. 铜（铝）芯交联聚乙烯绝缘、聚乙烯护套、双钢带铠装、三芯、120mm^2、电压 10kV、长度为 300m 的隔氧层低卤电力电缆

D. 铜（铝）芯交联聚乙烯绝缘、聚氯乙烯护套、三芯、120mm^2、电压 10kV、长度为 300m 的电话通信电缆

12. 火灾发生时能维持一段时间的正常供电，主要使用在火灾报警设备、通风排烟设备、疏散指示灯、紧急用电梯等高层及安全性能要求较高的供电回路电缆是（　　）。

A. 阻燃电缆

B. 耐火电缆

C. 低烟低卤电缆

D. 隔氧层耐火电力电缆

13. 以下对于钨极惰性气体保护焊（TIG 焊接法）的特点描述正确的是（　　）。

A. 不可焊接化学活泼性强的有色金属

B. 生产率高

C. 焊缝质量高

D. 不适用于厚壁压力容器及管道焊接

14. 与钨极惰性气体保护焊（TIG 焊接法）相比，熔化极气体保护焊（MIG 焊接法）具有的特点是（　　）。

A. 生产率高

B. 不采用直流反接

C. 不适合焊接有色金属和不锈钢

D. 成本高

15. CO_2 气体保护焊具有的特点是（　　）。

A. 焊接生产效率高

B. 焊接变形大但焊缝抗裂性好

C. 焊缝表面成形较好

D. 适合焊容易氧化的有色金属

16. 工效高、成本低，适用于现浇钢筋混凝土结构中竖向或斜向钢筋的连接，在一些高层建筑的柱、墙钢筋施工中经常采用的焊接方法是（　　）。

A. 点焊

B. 缝焊

C. 对焊

D. 电渣压力焊

17. 除锈效率高、质量好、设备简单，多用于施工现场设备及管道涂覆前的表面处理，是目前最广泛采用的除锈方法，该方法是（　　）。

A. 喷射除锈法

B. 抛射除锈法

C. 化学方法

D. 火焰除锈法

18. 经喷射或抛射除锈，钢材表面无可见的油脂、污垢、氧化皮、铁锈和油漆涂层等附着物，任何残留的痕迹仅是点状或条纹状的轻微色斑。此除锈质量等级为（   ）。

A. Sa_1 级

B. Sa_2 级

C. $Sa_{2.5}$ 级

D. Sa_3 级

19. 广泛用于设备吊装中，具有牵引力大、速度快、结构紧凑、操作方便和安全可靠等特点的是（   ）。

A. 千斤顶

B. 滑车

C. 电动卷扬机

D. 绞磨

20. 对于重级以上工作类型的起重机，滑轮采用（   ）制造。

A. 灰铸铁

B. 球墨铸铁

C. 铸钢 ZG25

D. 碳钢 Q235-A

21. 对于管道的空气吹扫，说法正确的是（   ）。

A. 宜采用连续性吹扫

B. 吹扫流速不宜大于 20m/s

C. 空气吹扫合格后进行压力试验

D. "空气爆破法"进行吹扫的气体压力不得超过 0.5MPa

22. 适用于城市供热管网、供水管网，省水、省电、省时、节能环保，适用范围广，经济效益显著的吹扫清洗方法是（   ）。

A. 空气吹扫

B. 油清洗

C. 闭式循环冲洗

D. 水清洗

23. 以下对于工程量清单描述正确的是（   ）。

A. 工程量清单是指分部分项工程和单价措施项目清单

B. 同一份单位工程量清单中所列的分部分项工程量清单项目的编码设置不得有重码

C. 同一个标段中多个单位工程包含同一项目特征的分项内容时项目编码应一致

D. 工程量清单的项目名称应严格按照工程量计量规范附录中的项目名称确定

24. 我国建设工程工程量清单第一级编码 03 表示的工程类别是（   ）。

A. 通用安装工程

B. 市政工程

C. 园林绿化工程

D. 仿古建筑工程

25. 适用于有强烈振动和冲击的重型设备的可拆卸地脚螺栓是（   ）。

A. 短地脚螺栓

B. 长地脚螺栓

C. 胀锚固地脚螺栓

D. 粘结地脚螺栓

26. 对于机械设备安装时垫铁的放置，说法正确的是（   ）。

A. 斜垫铁用于承受主要负荷和较强连续振动

B. 垫铁组伸入设备底座的长度不得超过地脚螺栓的中心

C. 每组垫铁总数一般不得超过 3 块

D. 同一组垫铁几何尺寸要相同

27. 对于国产泵 D280-100×6，说法正确的是（　　　）。

A. 泵的流量为 100m³/h

B. 扬程为 280mH₂O

C. 6 级分段式多级离心水泵

D. 泵吸入口直径为 280mm

28. 结构简单，运行、安装、维修方便，操作安全可靠，使用寿命长，经济性好的设备是（　　　）。

A. 带式输送机

B. 斗式提升输送机

C. 鳞板输送机

D. 螺旋输送机

29. 对形状复杂、污垢粘附严重、清洗要求高的装配件，宜采用溶剂油、清洗汽油、轻柴油、金属清洗剂、三氯乙烯和碱液进行（　　　）。

A. 擦洗和涮洗

B. 浸洗

C. 喷洗

D. 浸-喷联合清洗

30. 对于炉排安装，说法正确的是（　　　）。

A. 安装前要进行炉外冷态试运转

B. 链条炉排试运转时间不应少于 4h

C. 试运转速度不少于一级

D. 炉排一般是由上而下的顺序安装

31. 锅炉压力表安装时，做法正确的是（　　　）。

A. 压力测点应选在管道流速变动最大的地方

B. 取压装置端部应伸入管道内壁

C. 测量低压的压力表的安装高度宜与取压点的高度一致

D. 压力表的安装应避开吹扫的位置

32. 锅炉水位计安装时，做法正确的是（　　　）。

A. 每台锅炉均应安装一个水位计

B. 水位计和锅筒之间的汽-水连接管的内径小于 18mm

C. 水位计和锅筒之间连接管长度大于 500mm

D. 水位计与汽包之间的汽-水连接管上不得装设球阀

33. 当建筑物的高度超过 50m 或消火栓处静水压力超过 0.8MPa 时，应当设置（　　　）的室内消火栓给水系统。

A. 仅设水箱

B. 设消防水泵和水箱

C. 分区供水

D. 临时高压

34. 适用于扑救大空间内具体保护对象火灾的细水雾灭火系统的是（　　　）。

A. 全淹没应用方式

B. 局部应用方式

C. 开式系统

D. 闭式系统

35. 对于墙壁消防水泵接合器的设置，符合要求的是（　　　）。

A. 安装高度距地面宜为 1.0m

B. 与墙面上的门、窗的净距离不应小于 2.0m

C. 应安装在玻璃幕墙下方

D. 与墙面上的孔、洞的净距离不应小于 0.7m

36. 室内消火栓管道布置符合要求的是（　　　）。

A. 管网应布置成枝状

B. 每根竖管与供水横干管相接处设置阀门

C. 高层建筑消防给水与生活、生产给水为同一系统

D. 室内消火栓给水与自动喷水灭火系统为同一管网

37. 喷水灭火系统组成中有火灾探测器、闭式喷头，适用于不允许有水渍损失的建筑物的是（　　）。

A. 干式灭火系统　　　　　　　　　B. 水幕系统

C. 预作用系统　　　　　　　　　　D. 开式喷水灭火系统

38. 色光、亮度、节能、寿命都较佳，适合宾馆、办公室、医院、图书馆及家庭等色彩朴素但要求亮度高的场合使用的直管形荧光灯管径是（　　）。

A. T5　　　　　　　　　　　　　　B. T8

C. T10　　　　　　　　　　　　　 D. T12

39. 电光源中光效最高，寿命最长，具有不炫目的特点，是太阳能路灯照明系统的最佳光源的是（　　）。

A. 高压钠灯　　　　　　　　　　　B. 金属卤化物灯

C. 氙灯　　　　　　　　　　　　　D. 低压钠灯

40. 插座接线符合要求的是（　　）。

A. 交流、直流插座安装在同一场所时规格须一致

B. 相线与中性线需利用插座本体的接线端子转接供电

C. 插座的保护接地端子应与中性线端子连接

D. 保护接地线（PE）在插座间不得串联连接

二、多项选择题（共 20 题，每题 1.5 分。每题的备选项中，有 2 个或 2 个以上符合题意，至少有 1 个错项。错选，本题不得分；少选，所选的每个选项得 0.5 分）

41. 以下对于聚四氟乙烯性能描述正确的是（　　）。

A. 优良的耐高、低温性能　　　　　B. 耐腐蚀性极强

C. 强度高　　　　　　　　　　　　D. 冷流性强

42. 工程型热塑性树脂一般具有优良的机械性能、耐磨性能、尺寸稳定性、耐热性能和耐腐蚀性能。主要品种有（　　）。

A. 聚甲醛　　　　　　　　　　　　B. 聚苯乙烯

C. 聚酰胺　　　　　　　　　　　　D. 聚苯醚

43. 空调、超净等防尘要求较高的通风系统，一般采用（　　）。

A. 冷轧取向硅钢片　　　　　　　　B. 镀锌钢板

C. 塑料复合钢板　　　　　　　　　D. 铝合金板

44. 与截止阀相比，闸阀具有的特点是（　　）。

A. 流体阻力大　　　　　　　　　　B. 结构简单

C. 严密性较差　　　　　　　　　　D. 主要用在大口径管道上

45. 与多模光纤相比，单模光纤的主要传输特点有（　　）。

A. 耦合光能量大　　　　　　　　　B. 光纤与光纤接口难

C. 传输频带宽　　　　　　　　　　D. 与发光二极管（LED）配合使用

46. 实际生产中，应用最广的火焰切割是（   ）。

A. 氧-乙炔火焰切割   B. 氧-丙烷火焰切割

C. 氧-天然气火焰切割   D. 氧-氢火焰切割

47. 对于设备及管道表面金属涂层热喷涂法施工，描述正确的是（   ）。

A. 热喷涂热源可采用燃烧法或电加热法

B. 热喷涂工艺流程为精加工→热喷涂→后处理

C. 热喷涂设备不包括冷却系统

D. 热喷涂用材可采用锌、锌铝合金、铝和铝镁合金

48. 在已知被吊装设备或构件的就位位置、就位高度、设备尺寸、吊索高度和站车位置、起升高度特性曲线的情况下，可以确定起重机的（   ）。

A. 工作幅度   B. 臂长

C. 额定起重量   D. 起升高度

49. 符合管道水压试验方法和要求的是（   ）。

A. 管道系统的最高点和管道末端安装排气阀

B. 管道的最低处安装排水阀

C. 压力表应安装在最低点

D. 试验时环境温度不宜低于5℃

50. 根据《通用安装工程工程量计算标准》GB/T 50856—2024，属于安装与生产同时进行施工增加所包含的范围是（   ）。

A. 噪声防护   B. 地震防护

C. 火灾防护   D. 高浓度氧气防护

51. 除合同另有约定外，可采用计日工计量计价的有（   ）。

A. 工作条件引起的非正常操作

B. 不能依据施工图纸、工程变更及合同约定计量规则进行计量的增加工程或替代工程

C. 按发包人要求增加的短工期、零星、有限工程范围、少量工程数量的工程项目

D. 修复其他承包人完成工作后周边受影响工程的费用

52. 工程计量时，应保留小数点后两位数字的计量单位有（   ）。

A. t   B. m

C. km   D. kg

53. 钢筋混凝土结构的电梯井道，稳固导轨架的方式是（   ）。

A. 埋入式   B. 焊接式

C. 预埋螺栓固定式   D. 对穿螺栓固定式

54. 关于消防车道设置要求，叙述正确的是（   ）。

A. 车道的净宽度和净空高度均不应小于4.0m

B. 消防车道靠建筑外墙一侧的边缘距离建筑外墙不宜小于5m

C. 消防车道的坡度不宜大于5%

D. 环形消防车道至少应有两处与其他车道连通

55. 属于锅炉本体中"锅"的部分的是（   ）。

A. 蒸汽过热器
B. 省煤器
C. 送风装置
D. 水–汽系统

56. IG541 混合气体灭火系统应用的场所有（   ）。

A. 电子计算机房
B. 油浸变压器室
C. 图书馆
D. D 类活泼金属火灾

57. 下述气体灭火系统储存装置的安装，说法正确的是（   ）。

A. 容器阀和集流管之间应采用刚性连接
B. 容器阀上应设安全泄压装置和压力表
C. 灭火系统主管道上应设压力信号器或流量信号器
D. 选择阀的位置应远离储存容器

58. 负压类的泡沫比例混合器有（   ）。

A. 环泵式比例混合器
B. 管线式泡沫比例混合器
C. 压力式泡沫比例混合器
D. 平衡压力式泡沫比例混合器

59. 电线管路水平敷设时，当管子长度（   ）时，中间应加接线盒。

A. 超过 30m、无弯曲
B. 超过 18m、有 1 个弯曲
C. 超过 15m、有 2 个弯曲
D. 超过 8m、有 3 个弯曲

60. 符合导线连接要求的是（   ）。

A. 截面面积在 2.5mm² 及以下的多芯铜芯线应直接与设备或器具的端子连接
B. 每个设备的端子接线不多于 3 根导线
C. 截面面积在 6mm² 及以下铜芯导线在多尘场所的导线连接应选用 IP5X 及以上的防护等级连接器
D. 绝缘导线不得采用开口端子

选做部分

共 40 题，分为两个专业组，考生可在两个专业组的 40 个试题中任选 20 题作答，按所答的前 20 题计分，每题 1.5 分。试题由单选和多选组成。错选，本题不得分；少选，所选的每个选项得 0.5 分。

一、（61~80 题）管道和设备工程

61. 各区独立运行互不干扰，供水可靠，水泵集中管理，运行费用经济。管线长，水泵较多，设备投资较高，适用于允许分区设置水箱的是（   ）。

A. 高位水箱串联供水
B. 高位水箱并联供水
C. 气压罐供水
D. 减压水箱供水

62. 设计为室内给水系统总立管的球墨铸铁管可采用（   ）。

A. 橡胶圈机械式接口
B. 承插接口
C. 螺纹法兰连接
D. 青铅接口

63. 用于一般民用建筑的 DN100mm 室内给水冷水管道，宜选用的管材为（   ）。

A. 给水聚丙烯管
B. 球墨铸铁管

C. 镀锌无缝钢管   D. 低压流体输送用镀锌焊接钢管

64. 铸铁排水管材宜采用 A 形柔性法兰接口的是（ ）。

A. 排水支管   B. 排水立管

C. 排水横干管   D. 首层出户管

65. 有关排出管安装，说法正确的是（ ）。

A. 排出管与室外排水管连接处设置检查口

B. 检查井中心至建筑物外墙的距离小于 3m

C. 排出管在隐蔽前必须做通球试验

D. 排出管穿地下构筑物的墙壁时应设防水套管

66. 对室内热水供应管道长度超过（ ）m 时，一般应设补偿器来补偿管道的温度变形。

A. 20   B. 30

C. 40   D. 50

67. 要求送风的空气分布器能将低温的新风以较小的风速均匀送出，低速、低温送风与室内分区流态是置换通风的重要特点，该通风方式为（ ）。

A. 稀释通风   B. 单向流通风

C. 均匀通风   D. 置换通风

68. 广泛应用于无机气体等有害气体的净化。同时可进行除尘，适用于处理气体量大的场合且费用较低的净化方法是（ ）。

A. 燃烧法   B. 吸收法

C. 吸附法   D. 冷凝法

69. 空调按承担室内负荷的输送介质分类，属于空气-水系统的是（ ）。

A. 风机盘管系统   B. 带盘管的诱导系统

C. 风机盘管机组加新风系统   D. 辐射板系统等

70. 将回风与新风在空气处理设备前混合，利用回风的冷量或热量来降低或提高新风温度，是空调中应用最广泛的一种形式。该空调属于（ ）。

A. 封闭式系统   B. 直流式系统

C. 一次回风系统   D. 二次回风系统

71. 有末端装置的半集中式系统，能在房间就地回风，具有风管断面小、空气处理室小、空调机房占地少、风机耗电量少的优点。此空调系统为（ ）。

A. 风机盘管系统   B. 双风管集中式系统

C. 诱导器系统   D. 变风量系统

72. 输送有毒、可燃、易爆气体介质，最高工作压力 P>4.0MPa 的长输管道属于（ ）。

A. GA1 级   B. GB1 级

C. GC1 级   D. GD1 级

73. 某工业管道设计压力 P 为 15MPa，则该管道属于（ ）。

A. 低压管道   B. 中压管道

C. 高压管道   D. 超高压管道

74. 下列有关热力管道上补偿器安装说法正确的是（ ）。

A. 水平安装的方形补偿器应与管道保持同一坡度，垂直臂应呈水平

B. 方形补偿器两侧的第一个支架为滑动支架

C. 填料式补偿器活动侧管道的支架应为导向支架

D. 单向填料式补偿器应装在固定支架中间

75. 夹套管安装时，操作正确的是（   ）。

A. 内管直管段对接焊缝间距不应小于100mm

B. 夹套管穿墙、平台或楼板，应装设套管和挡水环

C. 内管有焊缝时应进行100%射线检测

D. 真空度试验合格后进行严密性试验

76. 联苯热载体夹套的外管进行压力试验，不得采用的介质是（   ）。

A. 联苯   B. 氮气

C. 水   D. 压缩空气

77. 参照《固定式压力容器安全技术监察规程》TSG 21—2016，设计压力为20MPa的压力容器属于（   ）。

A. 低压容器   B. 中压容器

C. 高压容器   D. 超高压容器

78. 利用气体或液体通过颗粒状固体层而使固体颗粒处于悬浮运动状态，并进行气固相反应过程或液固相反应过程的反应器是（   ）。

A. 釜式反应器   B. 流化床反应器

C. 管式反应器   D. 固定床反应器

79. 与浮顶罐比较，内浮顶储罐的优点是（   ）。

A. 绝对保证储液的质量   B. 降低蒸发损耗

C. 维修简便   D. 储罐易大型化

80. 容积是1000～5000m³的内浮顶油罐适合采用的施工方法是（   ）。

A. 水浮正装法   B. 抱杆倒装法

C. 充气顶升法   D. 整体卷装法

二、（81～100题）电气和自动化控制工程

81. 要求尽量靠近变压器室，主要起到分配电力作用的是（   ）。

A. 高压配电室   B. 低压配电室

C. 控制室   D. 电容器室

82. 以下属于变配电设备中一次设备的是（   ）。

A. 高压断路器   B. 高压隔离开关

C. 继电保护及自动装置   D. 电压互感器

83. 目前应用较广的高压断路器有（   ）。

A. 多油断路器   B. 少油断路器

C. 六氟化硫断路器   D. 真空断路器

84. 建筑物及高层建筑物变电所的高压开关一般采用（   ）。

A. 真空断路器   B. 少油断路器

C. 多油断路器   D. 六氟化硫断路器

85. 以下属于 SF_6 断路器特点的是（　　）。

A. 不能进行频繁操作   B. 运行维护复杂

C. 具有优良的电绝缘性能   D. 价格较低

86. 能切断工作电流，但不能切断事故电流，适用于无油化、不检修、要求频繁操作的场所的是（　　）。

A. 高压断路器   B. 高压隔离开关

C. 高压负荷开关   D. 高压熔断器

87. 由传感器完成对湿度、压力、温度等非电物理量的检测，并将其转换成相应的电学量，而变换后的电量作为被调节参数，送到控制器的自动控制系统组成部分的是（　　）。

A. 放大变换环节   B. 反馈环节

C. 控制器   D. 校正装置

88. 采用了面向对象的设计方法，它把单个分散的测量控制设备变成网络节点，通过网络实现集散控制，具有强大功能的现场总线技术的是（　　）。

A. PROFIBUS 总线   B. FF 总线

C. CAN 总线   D. Lonworks 总线

89. 用可以测量的中间变量，测量计算后转换计算出控制量的自动控制类型的是（　　）。

A. 单回路系统   B. 多回路系统

C. 比值系统   D. 复合系统

90. 具有强大功能的现场总线技术，被誉为通用控制网络，采用 ISO/IOS 模型的全部七层通信协议，通过网络实现集散控制的现场总线控制形式的是（　　）。

A. Lonworks 总线   B. CAN 总线

C. FF 总线   D. HART 总线

91. 使用方便、工作可靠、价格便宜，且具有高精度的放大电路，适用于远距离传输的集成温度传感器材质的是（　　）。

A. 铂及其合金   B. 铜-康铜

C. 镍铬-考铜   D. 半导体 PN 结

92. 目前可供使用的双绞线多为 8 芯（4 对），在采用 10Base-T 的情况下，接收对为（　　）。

A. 1、2 芯   B. 3、6 芯

C. 4、7 芯   D. 5、8 芯

93. 有关双绞线连接，描述正确的是（　　）。

A. 星型网的布线   B. 两端安装有 RJ-45 头（水晶头）

C. 最大网线长度为 500m   D. 可安装 4 个中继器

94. 对于同轴电缆的细缆连接，描述正确的是（　　）。

A. 与 RJ-45 接口相连   B. 每段干线长度最大为 925m

C. 每段干线最多接入 30 个用户   D. 最多采用 3 个中继器

95. 电磁绝缘性能好、信号衰减小、频带宽、传输速度快、传输距离大，主要用于要求传输距离较长、布线条件特殊的主干网连接的网络传输介质是（　　）。

A. 非屏蔽双绞线
B. 屏蔽式双绞线

C. 同轴电缆
D. 光纤

96. 智能建筑系统的智能化子系统构成有（　　）。

A. 楼宇自动化系统（BAS）
B. 通信自动化系统（CAS）

C. 办公自动化系统（OAS）
D. 综合布线系统（PDS）

97. 以下属于楼宇自动化系统（BAS）的是（　　）。

A. 视频监控系统
B. 数字信息分析处理

C. 联动系统
D. 计算机网络

98. 体积小、重量轻、便于隐蔽、寿命长、价格低、易调整，被广泛使用在安全技术防范工程中的线型探测器是（　　）。

A. 开关入侵探测器
B. 主动红外探测器

C. 带孔同轴电缆电场畸变探测器
D. 次声探测器

99. 传输视频图像的距离远、传输图像质量好、抗干扰、保密、体积小、重量轻、抗腐蚀、容易敷设的系统信号的传输是（　　）。

A. 双绞线传输
B. 音频屏蔽线传输

C. 同轴电缆传输
D. 光缆传输

100. 与基带传输相比，闭路监控频带传输的特点是（　　）。

A. 不需要调制、解调
B. 传输距离一般不超过 2km

C. 设备花费少
D. 提高通信线路的利用率

模拟题二

一、单项选择题（共 **40** 题，每题 **1** 分。每题的备选项中，只有 **1** 个最符合题意）

1. 对铸铁的韧性和塑性影响最大的是石墨的（　　）。

A. 数量
B. 形状
C. 大小
D. 分布

2. 抗拉强度与钢相当，扭转疲劳强度甚至超过 45 号钢。在实际工程中，常用来代替钢制造某些重要零件，如曲轴、连杆和凸轮轴的是（　　）。

A. 灰铸铁
B. 球墨铸铁
C. 蠕墨铸铁
D. 可锻铸铁

3. 强度高，密度小，有良好的耐腐蚀性，但铸造性能不佳，耐热性不良。多用于制造承受冲击荷载，以及在腐蚀性介质中工作的外形不太复杂的零件，如氨用泵体的是（　　）。

A. Al-Si 铸造铝合金
B. Al-Cu 铸造铝合金
C. Al-Mg 铸造铝合金
D. Al-Zn 铸造铝合金

4. 可制造齿轮、轴套和涡轮等在复杂条件下工作的高强度抗磨零件，以及弹簧和其他高耐腐蚀性弹性元件的是（　　）。

A. 铝黄铜
B. 锡青铜
C. 铝青铜
D. 硅青铜

5. 可用于输送浓硝酸、强碱等介质，但焊接难度大的有色金属管是（　　）。

A. 铅及铅合金管
B. 铜及铜合金管
C. 铝及铝合金管
D. 钛及钛合金管

6. 耐温范围广（-70~110℃），能够任意弯曲、安装简便，无味、无毒。适用于建筑冷热水管道、供暖管道、雨水管道、燃气管道的是（　　）。

A. 氯化聚氯乙烯管
B. 无规共聚聚丙烯管
C. 交联聚乙烯管
D. 聚丁烯管

7. 对用于法兰连接时的聚四氟乙烯垫片描述正确的是（　　）。

A. 耐多种酸、碱、盐的腐蚀
B. 粘结金属法兰面
C. 耐熔融碱金属腐蚀
D. 可用于压力较高的场合

8. 具有多道密封和一定的自紧功能，不粘结法兰密封面，能在高温、低压、高真空、冲击振动等循环交变的各种苛刻条件下，保持其优良的密封性能的垫片是（　　）。

A. 柔性石墨垫片
B. 金属缠绕式垫片
C. 齿形金属垫片
D. 金属环形垫片

9. 以下属于借助于介质本身的流量、压力或温度参数发生变化而自行动作的阀门是（　　）。

A. 节流阀   B. 闸阀

C. 截止阀   D. 疏水器

10. 具有耐腐蚀、耐油、耐水、强度高、安装简便等优点，适合各种环境条件下使用，也可应用于变电所、供电隧道等电缆密集场所的桥架结构形式的是（   ）。

A. 梯级式   B. 托盘式

C. 金属槽盒式   D. 难燃封闭槽盒

11. 以下属于埋弧焊特点的是（   ）。

A. 可用于焊铝、钛及其合金   B. 可进行全位置焊接

C. 焊接质量好   D. 适合焊接厚度小于 1mm 的薄板

12. 普通结构钢、低合金钢的焊接可选用（   ）。

A. 中硅或低硅型焊剂   B. 高锰、高硅型焊剂

C. 低锰、低硅型焊剂   D. 烧结陶质焊剂

13. 以下对于焊接参数选择正确的是（   ）。

A. 为了提高劳动生产率应选择小直径焊条

B. 焊接电流选择的最主要因素是焊条直径和焊缝空间位置

C. 使用酸性焊条焊接一般采用短弧焊

D. 重要焊接结构或厚板大刚度结构的焊接应选用交流焊机

14. 可获得高强度、较高的弹性极限和韧性，主要用于重要结构零件的热处理的是（   ）。

A. 去应力退火   B. 正火

C. 淬火   D. 高温回火

15. 以下对于高压无气喷涂法，说法正确的是（   ）。

A. 有涂料回弹和大量漆雾飞扬   B. 涂料利用率低

C. 涂膜质量较好   D. 是应用最广泛的涂装方法

16. 适用于以聚苯乙烯泡沫塑料、聚氯乙烯泡沫塑料、聚氨酯泡沫塑料作为绝热层的喷涂施工，且施工方便、工艺简单、效率高、不受绝热面几何形状限制，无接缝、整体性好，该绝热层为（   ）。

A. 涂抹绝热层   B. 喷涂绝热层

C. 浇注式绝热层   D. 闭孔橡胶挤出发泡材料

17. 以下属于桥架型起重机的是（   ）。

A. 门式起重机   B. 门座起重机

C. 桅杆起重机   D. 缆索起重机

18. 起重机吊装荷载的组成是（   ）。

A. 被吊物重量

B. 被吊物在吊装状态下的重量

C. 被吊物在吊装状态下的重量和吊、索具重量

D. 被吊物在吊装状态下的重量及吊、索具重量和滑车重量

19. 以下对于管道气压试验，说法正确的是（   ）。

A. 承受内压的钢管气压试验压力为设计压力的 1.5 倍

B. 压力泄放装置的设定压力不得低于试验压力的 1.1 倍

C. 输送极度和高度危害介质必须进行泄漏性试验

D. 泄漏性试验合格后进行气压试验

20. 对在基础上做液压试验且容积大于 $100m^3$ 的设备，液压试验的同时，在（　　）时，应作基础沉降观测。

A. 充液时

B. 充液 1/2

C. 充液 2/3

D. 充满液

21. 表示分部工程顺序码的是（　　）。

A. 第一、二位数字

B. 第三、四位数字

C. 第五、六位数字

D. 第七、八、九位数字

22. 对《通用安装工程工程量计算标准》GB/T 50856—2024 附录中工作内容的描述正确的是（　　）。

A. 同一项目特征对应的工作内容必须一致

B. 工作内容体现的是清单项目质量或特性的要求或标准

C. 编制工程量清单时要描述工作内容

D. 工作内容因施工工艺和方法不同而不同

23. 对表面糙度 Ra 为 $1.6\sim3.2\mu m$ 的金属表面进行除锈，常用的除锈方法是（　　）。

A. 用砂轮、钢丝刷、刮具、砂布、喷砂或酸洗除锈

B. 用非金属刮具、油石或粒度 150 号的砂布蘸机械油擦拭或进行酸洗除锈

C. 用细油石或粒度为 150~180 号的砂布蘸机械油擦拭或进行酸洗除锈

D. 先用粒度为 180 号或 240 号的砂布蘸机械油擦拭，然后用干净的绒布蘸机械油和细研磨膏的混合剂进行磨光

24. 液体或可熔化固体物质火灾的是（　　）。

A. A 类火灾

B. B 类火灾

C. E 类火灾

D. F 类火灾

25. 为适应交通流量和频繁使用而特别设计的电梯是（　　）。

A. Ⅰ类电梯

B. Ⅲ类电梯

C. Ⅴ类电梯

D. Ⅵ类电梯

26. 工作可靠、平稳、无噪声、油膜吸振能力强，因此可承受较大的冲击荷载的是（　　）。

A. 螺栓连接

B. 滑动轴承装配

C. 齿轮传动装配

D. 涡轮蜗杆传动机构

27. 可以输送具有磨琢性、化学腐蚀性或有毒的散状固体物料，甚至输送高温物料，但不能输送黏性强的物料，同时不能大角度向上倾斜输送物料的输送机是（　　）。

A. 带式输送机

B. 螺旋输送机

C. 埋刮板输送机

D. 振动输送机

28. 按适用范围分类，以下属于专用机械设备的是（　　）。

A. 结晶器   B. 汽轮机

C. 刮油机   D. 建材设备

29. 有关锅炉水压试验，说法正确的是（   ）。

A. 对升降管、水冷壁管进行通球试验   B. 每台锅炉安装一块压力表

C. 试压环境温度不得低于15℃   D. 水压试验完成后安装锅炉附属设备

30. 反映蒸汽锅炉容量大小的指标是（   ）。

A. 额定蒸发量   B. 受热面蒸发率

C. 受热面发热率   D. 锅炉热效率

31. 对于型号为SHL10-1.25/350-AⅡ型的锅炉，表述正确的是（   ）。

A. 双锅筒横置式锅炉   B. 额定热功率为10MW

C. 过热器出口处蒸汽温度125℃   D. 采用往复推动炉排炉

32. 对于锅炉锅筒的安装，说法错误的是（   ）。

A. 上锅筒设支座，下锅筒靠对流管束支撑   B. 下锅筒设支座，上锅筒用吊环吊挂

C. 上、下锅筒均设支座   D. 水压试验合格后安装锅筒内部装置

33. 二氧化碳灭火系统不适用于扑救的火灾是（   ）。

A. 油浸变压器室   B. 油轮油舱

C. 活泼金属及其氢化物的火灾   D. 大中型电子计算机房

34. 符合绿色环保要求，灭火剂是以固态常温常压储存，属于无管网灭火系统，安装相对灵活且造价相对较低的气体灭火系统的是（   ）。

A. 二氧化碳灭火系统   B. 七氟丙烷灭火系统

C. IG541混合气体灭火系统   D. 热气溶胶预制灭火系统

35. 输送气体灭火剂的管道应采用（   ）。

A. 无缝钢管   B. 不锈钢管

C. 铜管   D. 焊接钢管

36. 下列关于自镇流高压汞灯叙述正确的是（   ）。

A. 发光效率低   B. 功率因数接近于1

C. 寿命长   D. 显色性差

37. 按"消防工程"相关项目编码列项的是（   ）。

A. 消防管道上的阀门   B. 消防管道进行探伤

C. 消防管道除锈、刷油、保温   D. 水流指示器

38. 按不同点数以"系统"计算的消防系统调试是（   ）。

A. 自动报警系统调试   B. 水灭火控制装置调试

C. 防火控制装置调试   D. 气体灭火系统装置调试

39. 电机控制和保护设备安装符合要求的是（   ）。

A. 电机控制及保护设备应远离电动机

B. 每台电动机均应安装控制和保护设备

C. 采用热元件时，保护整定值一般为电动机额定电流的1.5~2.5倍

D. 采用熔丝时，保护整定值为电机额定电流的1.1~1.25倍

40. 有关电动机试运行，说法正确的是（　　）。

A. 第一次启动应空载运行 2h

B. 滑动轴承温升不得超过 60℃

C. 滚动轴承温升不得超过 45℃

D. 交流电机带负荷在热态时可连接启动 2 次

二、多项选择题（共 20 题，每题 1.5 分。每题的备选项中，有 2 个或 2 个以上符合题意，至少有 1 个错项。错选，本题不得分；少选，所选的每个选项得 0.5 分）

41. 使用温度 700℃ 以上，高温用的多孔质绝热材料是（　　）。

A. 石棉　　　　　　　　　　　　B. 硅藻土

C. 硅酸钙　　　　　　　　　　　D. 蛭石加石棉

42. 以下属于石墨性能的是（　　）。

A. 极高的导热性　　　　　　　　B. 强度随着温度的增加而降低

C. 耐硝酸的腐蚀　　　　　　　　D. 耐熔融的碱腐蚀

43. 以下对于焊丝选用，说法正确的是（　　）。

A. 半自动埋弧焊选用直径 3~6mm 焊丝

B. 自动埋弧焊一般使用直径 2mm 焊丝

C. 同一电流使用较小直径的焊丝时，可获得加大焊缝熔深、减小熔宽的效果

D. 当工件装配不良时，宜选用较粗焊丝

44. 以下属于安装工程附件的是（　　）。

A. 活接头　　　　　　　　　　　B. 盲板

C. 管接头　　　　　　　　　　　D. 凸台

45. 对铜（铝）芯聚氯乙烯绝缘聚氯乙烯护套电力电缆描述正确的有（　　）。

A. 绝缘性能优良　　　　　　　　B. 长期工作温度不超过 160℃

C. 短路最长持续时间不超过 5s　　D. 最小弯曲半径不小于电缆直径的 10 倍

46. 钎焊具有的特点是（　　）。

A. 可用于结构复杂、开敞性差的焊件

B. 容易实现异种金属、金属与非金属的连接

C. 接头的强度高、耐热能力好

D. 多采用搭接接头

47. 可用刷涂法进行小面积工件涂装的漆是（　　）。

A. 硝基漆　　　　　　　　　　　B. 酚醛漆

C. 过氯乙烯　　　　　　　　　　D. 油性红丹漆

48. 下列关于刷油防腐和绝热工程计量规则，叙述正确的是（　　）。

A. 管道刷油按图示中心线以延长米计算，扣除附属构筑物、管件及阀门等所占长度

B. 管道防腐蚀工程量可以"平方米"或"米"为计量单位

C. 设备绝热、管道绝热工程量以"立方米"为计量单位

D. 绝热工程技术规范规定，保温层厚度大于 100mm，保冷层大于 75mm 时，应分层施工

49. 对于蒸汽吹扫，说法正确的是（　　）。

A. 管道绝热工程完成后再进行蒸汽吹扫

B. 流速不应小于 20m/s

C. 蒸汽吹扫前，应先进行暖管并及时疏水

D. 蒸汽吹扫应按加热、冷却、再加热的顺序循环进行

50. 安装工程工程量的计量依据和文件包括的范围为（　　）。

A. 《通用安装工程工程量计算标准》GB/T 50856—2024 的各项规定

B. 拟定的投标文件

C. 经审定通过的施工设计图纸及其说明

D. 常规施工方案

51. 项目特征是（　　）。

A. 直接影响工程实体的自身价值

B. 履行合同义务的基础

C. 综合单价的结果

D. 载明构成工程量清单项目自身的本质及要求

52. 以下对于安装工业管道与市政工程管网的界定，说法正确的是（　　）。

A. 给水管道以厂区入口水表井为界

B. 排水管道以厂区围墙内第一个污水井为界

C. 热力和燃气以厂区入口第一个计量表（阀门）为界

D. 室外给水排水、供暖、燃气管道以市政管道碰头井为界

53. 电梯的轿厢引导系统和对重引导系统均由（　　）组成。

A. 导向轮   B. 导轨架

C. 导靴   D. 导轨

54. 下列关于垫铁放置要求，叙述正确的有（　　）。

A. 相邻两组垫铁距离一般应保持 500~1000mm

B. 单块斜垫铁下面应有平垫铁

C. 承受主要负荷且在设备运行时产生较强连续振动时，应使用成对斜垫铁，找平后用点焊焊牢

D. 垫铁端面应露出设备底面外缘，平垫铁宜露出 10~30mm；斜垫铁宜露出 10~50mm

55. 属于燃烧前脱硫技术的是（　　）。

A. 洗选法   B. 化学浸出法

C. 微波法   D. 石灰石/石膏法

56. 有关消防水泵接合器设置，符合要求的是（　　）。

A. 消防车可通过消防水泵接合器加压送水

B. 水泵接合器处应设置永久性标志铭牌

C. 水泵接合器应设在距室外消火栓 15m 以内

D. 水泵接合器应距离消防水池 40m 以上

57. 下列场所的室内消火栓给水系统应设置消防水泵接合器的是（　　）。

A. 超过四层的其他多层民用建筑

B. 高层民用建筑

C. 超过 2 层或建筑面积大于 10000m² 的地上建筑

D. 室内消火栓设计流量大于 10L/s 平战结合的人防工程

58. 下列关于水喷雾灭火系统叙述正确的是（　　　）。

A. 具有较高的电绝缘性

B. 灭火机理主要是表面冷却、窒息、乳化和稀释作用

C. 可用于控制火势及防护冷却

D. 水压较自动喷水系统高，水量小

59. 常见电光源中，属于气体放电发光电光源的是（　　　）。

A. 荧光灯
B. LED 灯

C. 卤钨灯
D. 金属卤化物灯

60. 与外镇流式高压水银灯相比，自镇流高压汞灯的特点是（　　　）。

A. 显色性好
B. 功率因数高

C. 寿命长
D. 发光效率高

选做部分

共 40 题，分为两个专业组，考生可在两个专业组的 40 个试题中任选 20 题作答，按所答的前 20 题计分，每题 1.5 分。试题由单选和多选组成。错选，本题不得分；少选，所选的每个选项得 0.5 分。

一、（61~80 题）管道和设备工程

61. 适用于工作温度不大于 70℃，可承受高浓度的酸和碱的腐蚀，防冻裂，安装简单，使用寿命长达 50 年的是（　　　）。

A. 硬聚氯乙烯给水管
B. 聚丙烯给水管

C. 聚乙烯管
D. 聚丁烯管

62. 对于室内给水管道引入管的敷设，说法正确的是（　　　）。

A. 引入管上应装设阀门、水表和止回阀

B. 引入管上应绕水表旁设旁通管

C. 环状管网应有 2 条或 2 条以上引入管

D. 枝状管网只需 1 条引入管

63. 以下对于给水管道安装顺序，说法正确的是（　　　）。

A. 防冻、防结露完成后进行水压试验

B. 水压试验压力为设计压力的 1.25 倍

C. 试压合格后进行管道防腐

D. 交付使用前冲洗、消毒

64. 适合建筑面积大、周围空地面积有限的大型单体建筑和小型建筑群落的地源热泵的是（　　　）。

A. 水平式地源热泵
B. 垂直式地源热泵

C. 地表水式地源热泵　　　　　　　　　D. 地下水式地源热泵

65. 管网控制方便，可实现分片供热，比较适用于面积较小、厂房密集的小型工厂的热网布置形式为（　　）。

A. 枝状管网　　　　　　　　　　　　B. 环状管网

C. 辐射管网　　　　　　　　　　　　D. 直线管网

66. 排气方便，室温可调节，易产生垂直失调，是最常用的双管系统做法。该机械循环热水供暖系统是（　　）。

A. 双管上供下回式　　　　　　　　　B. 单-双管式

C. 双管中供式　　　　　　　　　　　D. 水平串联单管式

67. 目前，高层建筑的垂直疏散通道和避难层（间），如防烟楼梯间和消防电梯，以及与之相连的前室和合用前室主要采用的防排烟方式的是（　　）。

A. 自然排烟　　　　　　　　　　　　B. 竖井排烟

C. 机械排烟　　　　　　　　　　　　D. 加压防烟

68. 能够有效地收集物料，多用于集中式输送，即多点向一点输送，但输送距离受到一定限制的气力输送形式的是（　　）。

A. 吸送式　　　　　　　　　　　　　B. 循环式

C. 混合式　　　　　　　　　　　　　D. 压送式

69. 与喷水室相比，表面式换热器具有（　　）特点。

A. 构造简单，占地少　　　　　　　　B. 对水的清洁度要求高

C. 对空气加湿　　　　　　　　　　　D. 水侧阻力大

70. 能较好地去除 $0.5\mu m$ 以上的灰尘粒子，可作净化空调系统的中间过滤器和低级别净化空调系统的末端过滤器，其滤料为超细玻璃纤维滤纸和丙纶纤维滤纸的是（　　）。

A. 中效过滤器　　　　　　　　　　　B. 高中效过滤器

C. 亚高效过滤器　　　　　　　　　　D. 高效过滤器

71. 矩形风管无法兰连接的形式有（　　）。

A. 插条连接　　　　　　　　　　　　B. 承插连接

C. 立咬口连接　　　　　　　　　　　D. 薄钢材法兰弹簧夹连接

72. 热力管道直接埋地敷设时，在补偿器和自然转弯处应设（　　）。

A. 通行地沟　　　　　　　　　　　　B. 半通行地沟

C. 不通行地沟　　　　　　　　　　　D. 检查井

73. 热力管道安装符合要求的是（　　）。

A. 蒸汽支管应从主管下部或侧面接出

B. 汽、水逆向流动时蒸汽管道坡度一般为3‰

C. 蒸汽管道敷设在其前进方向的左侧，凝结水管道敷设在右侧

D. 减压阀应垂直安装在水平管道上

74. 压缩空气管道安装符合要求的是（　　）。

A. 一般选用低压流体输送用焊接钢管、镀锌钢管及无缝钢管

B. 弯头的弯曲半径一般是 3D

C. 支管从总管或干管的底部引出

D. 强度和严密性试验的介质一般为水

75. 对于地沟敷设，说法正确的是（   ）。

A. 当管道数量少、管径较小、距离较短且维修工作量不大时，宜采用半通行地沟敷设

B. 地沟内管道保温层外壳与沟壁的净距宜为 100~200mm

C. 地沟内热力管道的分支处装有阀门、仪表等附件时，应设置检查井或人孔

D. 热力管沟内严禁敷设易燃易爆、有毒的液体或气体管道

76. 铝及铝合金管切割时，一般采用（   ）。

A. 砂轮机切割   B. 车床切割

C. 氧-乙炔火焰切割   D. 手工锯条切割

77. 生产能力大，操作弹性大，塔板效率高，气体压降及液面落差较小，塔造价较低，是国内许多工厂进行蒸馏操作时最乐于采用的一种塔型。该塔是（   ）。

A. 泡罩塔   B. 筛板塔

C. 浮阀塔   D. 填料塔

78. 为使填料塔发挥良好的效能，填料应符合的要求是（   ）。

A. 有较小的比表面积

B. 有较低的空隙率

C. 有良好的润湿性能

D. 单位体积填料质量轻、造价低、坚固耐用、不易堵塞

79. 组装速度快、应力小、不需要很大的吊装机械，但高空作业量大，需要相当数量的夹具，全位置焊接技术要求高，适用于任意大小球罐安装的方法是（   ）。

A. 分片组装法   B. 分带分片混合组装法

C. 环带组装法   D. 拼半球组装法

80. 应在焊后立即进行热消氢处理的球罐焊缝有（   ）。

A. 厚度大于 32mm 的高强度钢   B. 壁厚大于 34mm 的碳钢

C. 厚度大于 38mm 的其他低合金钢 D. 锻制凸缘与球壳板的对接焊缝

二、（81~100 题）电气和自动化控制工程

81. 与隔离开关不同的是，高压负荷开关（   ）。

A. 有明显可见的断开间隙

B. 有简单的灭弧装置

C. 能带负荷操作

D. 适用于无油化、不检修、要求频繁操作的场所

82. 具有良好的非线性、动作迅速、残压低、通流容量大、无续流、结构简单、可靠性高、耐污能力强等优点，在电站及变电所中得到广泛应用的避雷器是（   ）。

A. 保护间隙避雷器   B. 管型避雷器

C. 阀型避雷器   D. 氧化锌避雷器

83. 变压器室外安装时，需要安装在室内的是（   ）。

A. 电流互感器　　　　　　　　　　B. 隔离开关

C. 测量系统及保护系统开关柜、盘、屏　　D. 断路器

84. 以下对于变压器柱上安装，说法正确的是（　　）。

A. 适合于小容量变压器安装

B. 安装高度为离地面 2m 以上

C. 变压器外壳、中性点和避雷器三者合用一组接地引下线接地装置

D. 接地极根数每组 1 根

85. 以下属于第二类防雷建筑物的是（　　）。

A. 军工用品　　　　　　　　　　　　B. 省级档案馆

C. 大型火车站　　　　　　　　　　　D. 国家级重点文物保护的建筑物

86. 以下避雷针安装符合要求的是（　　）。

A. 引下线离地面 1.8m 处加断接卡子

B. 避雷针与引下线之间的连接可采用焊接

C. 避雷针应热镀锌

D. 避雷针及其接地装置应采取自上而下的施工程序

87. 将传感器固定在弹性元件上，弹性元件受压变形后产生位移，导致作用于传感器的磁场强度变化，电势也随之变化，从而进行压力测量的是（　　）。

A. 电阻式压差传感器　　　　　　　　B. 电容式压差传感器

C. 霍尔压力传感器　　　　　　　　　D. 压电陶瓷传感器

88. 一般用于精密测温，其匹配性能好的双端温度传感器的是（　　）。

A. AD590 J　　　　　　　　　　　　B. AD590 K

C. AD590 L　　　　　　　　　　　　D. AD590 M

89. 积分调节是调节器输出使调节机构动作，一直到被调参数与给定值之间偏差消失为止，能用在（　　）的调节上。

A. 压力　　　　　　　　　　　　　　B. 流量

C. 液位　　　　　　　　　　　　　　D. 温度

90. 符合涡轮式流量计安装要求的是（　　）。

A. 垂直安装

B. 安装在直管段

C. 流量计的前端应有长度为 5D（D 为管径）的直管

D. 传感器前后的管道中安装有弯头时，直管段的长度需相应减少

91. 符合电动调节阀安装要求的是（　　）。

A. 电动调节阀在管道防腐和试压后进行

B. 应水平安装于水平管道上

C. 一般装在供水管上

D. 阀旁应装有旁通阀和旁通管路

92. 当网络规模较大，或者网络应用较复杂时，则可采用（　　）。

A. RJ-45 双绞线接口千兆位网卡

B. 光纤接口的千兆位网卡

C. 10/100Mbps 的 RJ-45 接口快速以太网网卡

D. 10/100/1000Mbps 双绞线以太网网卡

93. 选用集线器（HUB）时，与粗缆相连需要有（　　）。

A. RJ-45 接口 　　　　　　　　B. BNC 接口

C. AUI 接口 　　　　　　　　　D. 光纤接口

94. 以下属于卫星电视接收系统室外单元设备的是（　　）。

A. 高频头 　　　　　　　　　　B. 接收天线

C. 卫星接收机 　　　　　　　　D. 电视机

95. 把放大后的第一中频信号均等地分成若干路，以供多台卫星接收机接收多套电视节目的是（　　）。

A. 高频头 　　　　　　　　　　B. 功分器

C. 调制器 　　　　　　　　　　D. 混合器

96. 将摄像机输出的图像信号调制为电磁波，常用在同时传输多路图像信号而布线相对容易的场所，该信号传输的方式为（　　）。

A. 直接传输 　　　　　　　　　B. 射频传输

C. 微波传输 　　　　　　　　　D. 光纤传输

97. 对于门禁控制系统，表述正确的是（　　）。

A. 主控模块、协议转换器属于前端设备

B. 门禁控制系统是一种典型的集散型控制系统

C. 监视、控制的现场网络完成各系统数据的高速交换和存储

D. 信息管理、交换的上层网络能够实现分散的控制设备、数据采集设备之间的通信连接

98. 根据通信线路和接续设备的分离，属于管理子系统的为（　　）。

A. 建筑物配线架 　　　　　　　B. 建筑物楼层网络设备

C. 楼层配线架 　　　　　　　　D. 建筑物的网络设备

99. 有关水平布线子系统，说法正确的是（　　）。

A. 水平子系统的水平电缆最大长度为 90m

B. 通过转接点可实现多次转接

C. 水平系统布线是水平布线

D. 接插软线或跳线的长度不应超过 10m

100. 有关垂直干线子系统，说法正确的是（　　）。

A. 建筑物配线架到楼层配线架的距离不应超过 2000m

B. 垂直干线子系统是垂直布线

C. 垂直干线子系统中信息的交接最多两次

D. 布线走向应选择干线线缆最短、最安全和最经济的路由

模拟题三

一、单项选择题（共 40 题，每题 1 分。每题的备选项中，只有 1 个最符合题意）

1. 具有气孔率高、耐高温及保温性能好、密度小等特点，属于目前应用最多、最广的耐火隔热保温材料的是（　　）。

A. 硅藻土
B. 硅酸铝耐火纤维
C. 微孔硅酸钙
D. 矿渣棉制品

2. 合成树脂分子结构为直线型，进行反复加热冷却但化学成分没有发生变化的热塑性树脂的是（　　）。

A. 低密度聚乙烯
B. 聚苯乙烯
C. 酚醛树脂
D. 环氧树脂

3. 能耐强酸、强碱和有机溶剂腐蚀，并能适用于其中两种介质的结合或交替使用的场合，特别适用于农药、人造纤维、染料、纸浆和有机溶剂的回收以及废水处理系统等工程的热固性塑料的是（　　）。

A. 酚醛树脂
B. 环氧树脂
C. 呋喃树脂
D. 不饱和聚酯树脂

4. 具有优良阻燃性能，其重量轻，刚性大，尺寸稳定性好，耐化学腐蚀，价格低廉，广泛应用于中央空调系统、房屋隔热降能保温、化工管道的深低温的保温、车船等场所的保温领域的是（　　）。

A. 聚苯乙烯泡沫
B. 聚氯乙烯泡沫
C. 聚氨酯泡沫
D. 酚醛泡沫

5. 按基体类型分类，属于热塑性树脂基复合材料的是（　　）。

A. 聚氨酯树脂基复合材料
B. 有机硅树脂基复合材料
C. 聚四氯乙烯基复合材料
D. 碳基复合材料

6. 质量轻，强度大，坚固耐用，适用于输送潮湿和酸碱等腐蚀性气体的通风系统的是（　　）。

A. 铝塑复合管
B. 涂塑钢管
C. 钢骨架聚乙烯管
D. 玻璃钢管

7. 以下对于蝶阀性能描述错误的是（　　）。

A. 可快速启闭
B. 良好的流量控制特性
C. 流体阻力大
D. 适合安装在大口径管道上

8. 阀门的进、出口一般要伴装截止阀，且阀门的工作原理是介质通过阀瓣通道小孔时阻力增大，经节流达到使用目的，该阀门是（　　）。

A. 安全阀
B. 止回阀

C. 节流阀　　　　　　　　　　　　　D. 减压阀

9. 高温下可正常运行，适用于工业、民用、国防及其他如高温、腐蚀、核辐射、防爆等恶劣环境及消防系统、救生系统场合的电缆是（　　　）。

A. 铜（铝）芯交联聚乙烯绝缘电力电缆　　B. 预制分支电缆

C. 矿物绝缘电缆　　　　　　　　　　D. 穿刺分支电缆

10. 下列情况中，符合焊条选用原则的是（　　　）。

A. 在焊接结构刚性大、接头应力高、焊缝易产生裂纹时，应考虑选用比母材强度低一级的焊条

B. 承受动荷载和冲击荷载的焊件应选用酸性焊条

C. 对受力不大、焊接部位难以清理的焊件应选用低氢型焊条

D. 考虑生产效率和经济性应尽量选用低氢型焊条

11. 绝大多数场合选用的焊后热处理方法是（　　　）。

A. 低温回火　　　　　　　　　　　　B. 单一中温回火

C. 单一高温回火　　　　　　　　　　D. 正火加高温回火

12. 以下对于涡流探伤特点描述正确的是（　　　）。

A. 检测速度快

B. 探头与试件需直接接触

C. 不受试件大小和形状限制

D. 可适用于非导体的表面、近表面缺陷检测

13. 因涡流和磁滞作用使钢材发热，具有效率高、升温速度快、调节方便、无剩磁等特点的焊后热处理方法是（　　　）。

A. 感应加热法　　　　　　　　　　　B. 火焰加热法

C. 电阻炉加热法　　　　　　　　　　D. 红外线加热法

14. 对于塑料薄膜作防潮隔气层时，说法正确的是（　　　）。

A. 在保温层外表面缠绕聚乙烯或聚氯乙烯薄膜

B. 适用于纤维质绝热层

C. 适用于硬质预制块绝热层

D. 适用于涂抹的绝热层

15. 适用于硬质材料的绝热层上面或要求防火的管道上的保护层的是（　　　）。

A. 塑料薄膜保护层　　　　　　　　　B. 玻璃丝布保护层

C. 石棉石膏或石棉水泥保护层　　　　D. 金属薄板保护层

16. 三台起重机共同抬吊一个设备，已知设备质量为 60t，索吊具质量为 2t，不均匀荷载系数取上限，则计算荷载应为（　　　）。

A. 62t　　　　　　　　　　　　　　B. 68.20t

C. 79.20t　　　　　　　　　　　　　D. 81.84t

17. 用在重量不大，跨度、高度较大的场合，如桥梁建造、电视塔顶设备吊装的吊装方法是（　　　）。

A. 塔式起重机吊装　　　　　　　　　B. 履带起重机吊装

C. 缆索系统吊装　　　　　　　　　　　D. 液压提升

18. 承受内压的埋地钢管道，试验温度下的许用应力为 600MPa，设计温度下的许用应力为 300MPa，则液压试验压力应为设计压力的（　　　）。

A. 1.15 倍　　　　　　　　　　　　　　B. 1.5 倍

C. 3 倍　　　　　　　　　　　　　　　　D. 9.75 倍

19. 对于设备的气压试验，说法正确的是（　　　）。

A. 气压试验介质应采用干燥洁净的空气、氮气或惰性气体

B. 碳素钢和低合金钢制设备试验时，气体温度不得低于 5℃

C. 气压试验压力与设计压力相同

D. 气密性试验合格后进行气压试验

20. 依据《通用安装工程工程量计算标准》GB/T 50856—2024 的规定，编码 030411 所表示的项目名称为（　　　）。

A. 电缆安装　　　　　　　　　　　　　B. 防雷及接地装置

C. 配管、配线　　　　　　　　　　　　D. 照明灯具安装

21. 措施项目清单计价宜采用（　　　）。

A. 单价计价方式　　　　　　　　　　　B. 总价计价方式

C. 费率计价方式　　　　　　　　　　　D. 都可以

22. 泵内装有两个相反方向同步旋转的叶形转子，启动快，耗功少，运转维护费用低，抽速大、效率高，对被抽气体中所含的少量水蒸气和灰尘不敏感，广泛用于真空冶金以及真空蒸馏等方面的是（　　　）。

A. 罗茨泵　　　　　　　　　　　　　　B. 扩散泵

C. 电磁泵　　　　　　　　　　　　　　D. 水环泵

23. 本身为一种次级泵，需要机械泵作为前级泵，是目前获得高真空最广泛、最主要的工具。该泵是（　　　）。

A. 罗茨泵　　　　　　　　　　　　　　B. 扩散泵

C. 喷射泵　　　　　　　　　　　　　　D. 水锤泵

24. 以下属于往复式通风机的是（　　　）。

A. 螺杆式　　　　　　　　　　　　　　B. 轴流式

C. 活塞式　　　　　　　　　　　　　　D. 罗茨式

25. 风机试运转时，应符合的要求有（　　　）。

A. 风机启动后应在临界转速附近运转

B. 风机的润滑油冷却系统中的冷却水压力必须高于油压

C. 启动油泵先于风机启动，停止则晚于风机停转

D. 风机达额定转速后将风机调理到最大负荷

26. 模块式冷水机组的缺点是（　　　）。

A. 对水质要求较高　　　　　　　　　　B. 耗能高

C. 外型尺寸大　　　　　　　　　　　　D. 扩大机组容量困难

27. 与单段煤气发生炉相比，双段式煤气发生炉具有的特点是（　　　）。

A. 效率较高   B. 容易堵塞管道

C. 输送距离短   D. 长期运行成本高

28. 锅炉对流管束安装时做法正确的是（   ）。

A. 应先胀后焊   B. 胀接前行水压试验

C. 补胀不宜多于两次   D. 先焊锅筒焊缝，后焊集箱对接焊口

29. 锅炉水压试验的范围不包括（   ）。

A. 过热器   B. 对流管束

C. 安全阀   D. 锅炉本体范围内管道

30. 结构简单、处理烟气量大，没有运动部件、造价低、维护管理方便，除尘效率一般可达85%左右，在工业锅炉烟气净化中应用最广泛，该除尘设备是（   ）。

A. 湿式除尘器   B. 旋风除尘器

C. 麻石水膜除尘器   D. 旋风水膜除尘器

31. 下述喷水灭火系统中，喷头为开式的是（   ）。

A. 湿式灭火系统   B. 干式灭火系统

C. 预作用系统   D. 自动喷水雨淋系统

32. 适用于固定静止的简单设备或辅助的螺栓是（   ）。

A. 固定地脚螺栓   B. 活动地脚螺栓

C. 胀锚地脚螺栓   D. 粘结地脚螺栓

33. 锅炉安全附件安装中，常用的水位计有玻璃管式、磁翻柱液位计以及（   ）。

A. 波纹管式水位计   B. 弹簧式水位计

C. 杠杆式水位计   D. 平板式水位计

34. 关于消防电梯设置范围，叙述正确的是（   ）。

A. 建筑高度大于 30m 的住宅建筑

B. 一类高层公共建筑和建筑高度大于 30m 的二类高层公共建筑

C. 6 层及以上且总建筑面积大于 3000m² （包括设置在其他建筑内五层及以上楼层）的老年人照料设施

D. 设置消防电梯的建筑的地下或半地下室，埋深大于 10m 且总面积大于 3000m² 的其他地下或半地下建筑（室）

35. 属于干粉灭火设备的是（   ）。

A. 报警控制器   B. 信号反馈装置

C. 减压阀   D. 火灾探测器

36. 采用在电路中串入电阻的方法以减小启动电流的是（   ）。

A. 自耦减压起动控制柜（箱）减压启动   B. 绕线转子异步电动机启动

C. 软启动器   D. 变频启动

37. 延时精确度较高，且延时时间调整范围较大，但价格较高的是（   ）。

A. 电磁式时间继电器   B. 电动式时间继电器

C. 空气阻尼式时间继电器   D. 晶体管式时间继电器

38. 用电流继电器作为电动机保护和控制时，要求电流继电器（   ）。

A. 额定电流应小于电动机的额定电流

B. 动作电流一般为电动机额定电流的 2.5 倍

C. 线圈并联在主电路中

D. 常闭触头并联于控制电路中

39. 以下对于金属导管敷设，说法正确的是（　　）。

A. 钢导管应采用对口熔焊连接

B. 镀锌钢导管不得采用套管熔焊连接

C. 以专用接地卡固定的铜芯软导线保护联结导体的截面面积不应大于 4mm²

D. 熔焊焊接的圆钢保护联结导体直径不应大于 6mm

40. 柔性导管的连接符合规定的是（　　）。

A. 柔性导管的长度在动力工程中不宜大于 1.2m

B. 明配的柔性导管固定点间距不应大于 0.3m

C. 金属柔性导管不应做保护导体的接续导体

D. 柔性导管管卡与设备、弯头中点等边缘的距离应大于 0.3m

二、多项选择题（共 20 题，每题 1.5 分。每题的备选项中，有 2 个或 2 个以上符合题意，至少有 1 个错项。错选，本题不得分；少选，所选的每个选项得 0.5 分）

41. 下列关于蠕墨铸铁特性与用途，叙述正确的有（　　）。

A. 蠕墨铸铁的强度接近于可锻铸铁

B. 具有灰铸铁良好的铸造性能和导热性

C. 具有一定的韧性和较高的耐磨性

D. 主要用于生产汽缸盖、汽缸套、钢锭模和液压阀等铸件

42. 奥氏体型不锈钢具有的性能是（　　）。

A. 缺口敏感性和脆性转变温度较高　　　B. 焊接性能不好

C. 屈服强度低　　　　　　　　　　　　D. 通过冷变形强化

43. 具有耐酸性、耐碱性，并与金属附着力强的涂料是（　　）。

A. 酚醛树脂漆　　　　　　　　　　　　B. 环氧树脂涂料

C. 呋喃树脂漆　　　　　　　　　　　　D. 氟-46 涂料

44. 对球形补偿器特点描述正确的是（　　）。

A. 补偿管道的轴向位移

B. 单台使用时补偿热膨胀能力大

C. 流体阻力和变形应力小

D. 可防止因地基产生不均匀沉降等原因对管道产生的破坏

45. 与非屏蔽双绞线相比，对于屏蔽双绞线说法正确的是（　　）。

A. 电缆的外层可完全消除辐射　　　　　B. 价格相对较高

C. 安装比非屏蔽双绞线电缆简单　　　　D. 必须配有支持屏蔽功能的特殊连接器

46. 能够用来切割不锈钢的方法为（　　）。

A. 氧-丙烷火焰切割　　　　　　　　　B. 氧熔剂切割

C. 等离子弧切割　　　　　　　　　　　D. 碳弧气割

47. 对于电泳涂装法的特点描述，正确的是（　　）。

A. 采用有机溶剂　　　　　　　　　B. 涂装效率高

C. 涂装质量好　　　　　　　　　　D. 投资费用高

48. 桥架型起重机的工作机构构成通常包括（　　）。

A. 起升机构　　　　　　　　　　　B. 变幅机构

C. 小车运行机构和大车运行机构　　D. 旋转机构

49. 对于水清洗，说法正确的是（　　）。

A. 管道水冲洗的流速不应小于 1.5m/s

B. 冲洗排放管的截面面积不应大于被冲洗管截面面积的 60%

C. 严重锈蚀和污染管道可分段进行高压水冲洗

D. 管道冲洗合格后，用压缩空气或氮气及时吹干

50. 以下对于项目特征描述正确的是（　　）。

A. 项目特征对综合单价的确定没有影响

B. 当某项目超过基本安装高度时，应在项目特征中予以描述

C. 体现项目特征的区别和对报价有实质影响的内容必须描述

D. 项目特征的确定与拟建工程施工图纸无关

51. 与《通用安装工程工程量计算标准》GB/T 50856—2024 不同的是，分部分项工程量清单形式中不包含（　　）。

A. 项目编码　　　　　　　　　　　B. 项目名称

C. 工程量计算规则　　　　　　　　D. 工程内容

52. 承包人实施的下列工程及工作不应予计量包括（　　）。

A. 承包人为完成永久工程所实施的临时工程

B. 承包人所完成但不符合合同图纸及合同规范要求的工程

C. 承包人责任造成的其他返工

D. 发包人原因引起超出合同约定工程范围的工程

53. 与润滑油相比，润滑脂常用的场合是（　　）。

A. 散热要求高、密封好　　　　　　B. 重负荷和振动负荷

C. 轧机轴承润滑　　　　　　　　　D. 球磨机滑动轴承润滑

54. 吊斗式提升机具有的特点是（　　）。

A. 主要用于垂直方向输送　　　　　B. 可连续输送物料

C. 输送混合物料的离析很小　　　　D. 适用于铸铁块、焦炭、大块物料输送

55. 蒸汽锅炉安全阀的安装和试验符合要求的是（　　）。

A. 安装前安全阀应逐个进行严密性试验

B. 按较高压力进行整定的安全阀必须是过热器上的安全阀

C. 安全阀应铅锤安装

D. 省煤器安全阀整定压力调整应在蒸汽严密性试验后用水压的方法进行

56. 对于喷水灭火系统管道的安装，说法正确的是（　　）。

A. 管道穿过建筑物的变形缝时设置柔性短管

B. 穿过墙体或楼板时加设套管

C. 套管长度不得大于墙体厚度

D. 套管应高出楼面或地面 30mm

57. 下列关于室外消火栓系统叙述正确的是（　　）。

A. 其主要作用是供消防车取水，经增压后向建筑物内的供水管网供水或实施灭火

B. 地上湿式室外消火栓适用于气温较寒冷地区

C. 地上干式室外消火栓和地下式室外消火栓适用于气温较高地区

D. 按消火栓进水口与市政管网连接方式分为承插式和法兰式

58. 下列关于消防水泵、水箱及水池叙述正确的是（　　）。

A. 目前消防给水系统中使用的水泵多为轴流泵

B. 自动喷水灭火系统可按"用一备一"或"用二备一"的比例设置备用泵

C. 一类高层公共建筑的消防水箱不应小于 $36m^3$

D. 当建筑群共用消防水池时，消防水池的容积应按消防用水量最大的一栋建筑物的用水量计算确定

59. 以下霓虹灯安装符合规定的是（　　）。

A. 固定后的灯管与建筑物表面的距离不宜大于 20mm

B. 霓虹灯专用变压器应为双绕组式

C. 霓虹灯专用变压器的二次侧和灯管间的连接线应采用额定电压大于 15kV 的高压绝缘导线

D. 明装的霓虹灯变压器安装高度不得低于 3.5m

60. 有关电动机功率选择，说法正确的是（　　）。

A. 负载转矩的大小是选择电动机功率的主要依据

B. 电动机铭牌标出的额定功率是指电动机轴输出的机械功率

C. 为了提高设备自然功率因数，应尽量使电动机满载运行

D. 电动机的效率一般为 70%

选做部分

共 40 题，分为两个专业组，考生可在两个专业组的 40 个试题中任选 20 题作答，按所答的前 20 题计分，每题 1.5 分。试题由单选和多选组成。错选，本题不得分；少选，所选的每个选项得 0.5 分。

一、(61~80 题)　管道和设备工程

61. 当管径大于 50mm 时，宜采用（　　）。

A. 球阀　　　　　　　　　　　　B. 闸阀

C. 蝶阀　　　　　　　　　　　　D. 快开阀

62. 用于消防系统的比例式减压阀，其设置符合要求的是（　　）。

A. 减压阀前后装设阀门和压力表　　B. 阀后应装设过滤器

C. 消防给水减压阀前应装设泄水龙头　D. 需绕过减压阀设旁通管

63. 关于清通设备，下列叙述正确的是（　　）。

A. 清通设备主要包括检查口、清扫口和检查井

B. 检查口为可双向清通的管道维修口，清扫口仅可单向清通

C. 暗装立管，在检查口处应安装检修门

D. 生活污水排水管道，可在建筑物内设检查井

64. 适用于耗热量大的建筑物，间歇使用的房间和有防火防爆要求的车间，具有热惯性小、升温快、设备简单、投资省等优点的是（   ）。

A. 热水供暖系统

B. 蒸汽供暖系统

C. 热风供暖系统

D. 低温热水地板辐射供暖系统

65. 每户的供热管道入口设小型分水器和集水器，各组散热器并联。适用于多层住宅多个用户的分户热计量系统的是（   ）。

A. 分户水平单管系统

B. 分户水平双管系统

C. 分户水平单双管系统

D. 分户水平放射式系统

66. 热水网路中根据水力工况要求，为提高供热介质压力而设置的水泵为（   ）。

A. 补水泵

B. 混水泵

C. 循环水泵

D. 中继泵

67. 适宜设置钢制散热器的是（   ）。

A. 高层建筑供暖和高温水供暖系统

B. 蒸汽供暖系统

C. 相对湿度较大的房间

D. 供水温度偏低且间歇供暖的房间

68. 能提供较大的通风量和较高的风压，风机具有可逆转特性。可用于铁路、公路隧道的通风换气的是（   ）。

A. 排尘通风机

B. 防爆通风机

C. 防、排烟通风机

D. 射流通风机

69. 同时具有控制、调节两种功能，且主要用于大断面风管的风阀是（   ）。

A. 蝶式调节阀

B. 复式多叶调节阀

C. 菱形多叶调节阀

D. 插板阀

70. 吸收式制冷系统组成设备包括（   ）。

A. 循环器

B. 发生器

C. 冷凝器

D. 蒸发器

71. 适合于高、中、低压通风管道系统的是（   ）。

A. 铝板

B. 聚氨酯、酚醛复合风管

C. 玻璃钢板

D. 玻璃纤维复合风管

72. 空调风管多采用（   ）。

A. 圆形风管

B. 矩形风管

C. 圆形螺旋风管

D. 椭圆形风管

73. 目的是减弱压缩机排气的周期性脉动，稳定管网压力，同时可进一步分离空气中的油和水分的压缩空气站设备的是（   ）。

A. 空气过滤器

B. 后冷却器

C. 贮气罐

D. 油水分离器

74. 压缩机至后冷却器或贮气罐之间排气管上安装的手动调节管路，能使压缩机空载启动的是（　　）。

A. 空气管路
B. 油水吹除管路

C. 负荷调节管路
D. 放散管路

75. 大口径铜及铜合金连接应采用（　　）。

A. 螺纹连接
B. 承插焊

C. 翻边活套法兰连接
D. 加衬焊环焊接

76. 应用于 PP-R 管、PB 管、金属复合管等新型管材与管件连接，是目前家装给水系统应用最广的塑料管连接方式的是（　　）。

A. 粘结
B. 焊接

C. 电熔合连接
D. 法兰连接

77. 衬里用橡胶通常采用（　　）。

A. 软橡胶
B. 半硬橡胶

C. 硬橡胶
D. 硬橡胶（半硬橡胶）与软橡胶复合

78. 构造较简单、传热面积可根据需要而增减、双方的流体可作严格的逆流。用于传热面积不太大而要求压强较高或传热效果较好的场合。此种换热器是（　　）。

A. 夹套式换热器
B. 沉浸式蛇管换热器

C. 喷淋式蛇管换热器
D. 套管式换热器

79. 每根管子都可以自由伸缩，结构较简单，重量轻，适用于高温和高压场合，但管内清洗比较困难，管板的利用率差的是（　　）。

A. 固定管板式换热器
B. U 形管换热器

C. 浮头式换热器
D. 填料函式列管换热器

80. 对于气柜安装质量检验，说法正确的是（　　）。

A. 气柜壁板的对接焊缝均应进行真空试漏法

B. 气柜底板的严密性试验均应经煤油渗透试验

C. 下水封的焊缝应进行注水试验

D. 钟罩、中节的气密试验和快速升降试验属于气柜总体试验

二、（81~100 题）电气和自动化控制工程

81. 主要对接收到的信号进行再生放大，以扩大网络的传输距离的网络设备是（　　）。

A. 网卡
B. 集线器（HUB）

C. 路由器
D. 防火墙

82. 有线电视干线传输系统中，通过对各种不同频率的电信号的调节来补偿扬声器和声场的缺陷是（　　）。

A. 均衡器
B. 放大器

C. 分支器
D. 分配器

83. 符合建筑物内通信配线原则的是（　　）。

A. 通信配线电缆应采用 HYA 或综合布线大对数铜芯对绞电缆

B. 竖向（垂直）电缆配线管只允许穿放一条电缆

C. 横向（水平）电缆配线管允许穿多根电缆

D. 通信电缆可以与用户线合穿一根电缆配线管

84. 电缆接续环节包括的内容有（　　）。

A. 模块的芯线复接   B. 编排线序

C. 扣式接线子的直接   D. 接头封合

85. 属于容积式的流量传感器的是（　　）。

A. 压差式流量计   B. 转子流量计

C. 涡轮流量计   D. 椭圆齿轮流量计

86. 可以测量各种黏度的导电液体，特别适合测量含有各种纤维和固体污物的腐体，工作可靠、精度高、线性好、测量范围大，反应速度也快的流量传感器是（　　）。

A. 节流式   B. 速度式

C. 容积式   D. 电磁式

87. 专门供石油、化工、食品等生产过程中测量具有腐蚀性、高黏度、易结晶、含有固体状颗粒、温度较高的液体介质的压力检测仪表是（　　）。

A. 活塞式压力计   B. 远传压力表

C. 电接点压力表   D. 隔膜式压力表

88. 精度高，重复性好，结构简单，运动部件少，耐高压，用于城市燃气管网中测量燃气体积流量的仪表是（　　）。

A. 电磁流量计   B. 涡轮流量计

C. 椭圆齿轮流量计   D. 节流装置流量计

89. 属于集散系统回路联调的是（　　）。

A. 单机调试   B. 系统调试

C. 系统控制回路调试   D. 报警、连锁、程控网路试验

90. 与电压互感器不同的是，电流互感器（　　）。

A. 一次绕组匝数较多   B. 二次绕组匝数较多

C. 一次绕组串接在电路中   D. 二次回路接近开路状态

91. 用于发电厂送电、电业系统和工矿企业变电所受电、配电、实现控制、保护、检测，还可以用于频繁启动高压电动机的移开式高压开关柜的是（　　）。

A. GG-1A（F）系列开关柜   B. XGN 系列开关柜

C. KYN 系列高压开关柜   D. JYN 系列高压开关柜

92. 漏电保护器安装符合要求的是（　　）。

A. 照明线路的中性线不通过漏电保护器

B. 安装后带负荷分、合开关三次，不得出现错误动作

C. 安装漏电保护器后应拆除单相闸刀开关或瓷插

D. 电源进线必须接在漏电保护器的正下方

93. 母线安装时，涂漆颜色黄绿红黑对应的相序分别为（　　）。

A. ABCN   B. NBCA

C. CNAB   D. CABN

94. 在防雷接地系统中，符合引下线安装要求的是（　　　）。

A. 引下线可采用扁钢和圆钢敷设

B. 引下线不可利用建筑物内的金属体

C. 明敷时宜在离地面 300~400mm 处加断接卡子

D. 单独敷设时，必须采用镀锌制品

95. 在防雷接地系统中，符合均压环安装要求的是（　　　）。

A. 层高大于 3m 的建筑物每两层设置一圈均压环

B. 均压环是高层建筑为防侧击雷而设计的水平避雷带

C. 当建筑物高度超过 30m 时，30m 以上设置均压环

D. 均压环均用扁钢制作安装

96. 容量很大，能接几百个住户终端访客对讲系统的是（　　　）。

A. 单户型对讲系统　　　　　　　　B. 直按式对讲系统

C. 拨号式对讲系统　　　　　　　　D. 联网型对讲系统

97. 可以直接对干扰信号进行测控的自动控制类型的是（　　　）。

A. 单回路系统　　　　　　　　　　B. 多回路系统

C. 比值系统　　　　　　　　　　　D. 复合系统

98. 在大中型网络中，核心和骨干层交换机都要采用（　　　）。

A. 二层交换机　　　　　　　　　　B. 三层交换机

C. 四层交换机　　　　　　　　　　D. 七层交换机

99. 以下属于综合布线系统连接件的是（　　　）。

A. 配线架　　　　　　　　　　　　B. 光纤分线盒

C. 局域网设备　　　　　　　　　　D. 终端匹配电阻

100. 有关信息插座，说法正确的是（　　　）。

A. 光纤插座模块支持 622Mbps 信息传输

B. 8 针模块化信息插座是为所有的综合布线推荐的标准信息插座

C. 综合布线系统终端设备可以通过接插软线与信息插座相连

D. 终端设备的信号接口与标准的信息插座不符时，需通过适配器相连

模拟题四

一、单项选择题（共 40 题，每题 1 分。每题的备选项中，只有 1 个最符合题意）

1. 以下耐火砌体材料中，抗热震性好的中性耐火砌体材料的是（　　）。

A. 硅砖   B. 黏土砖

C. 铬砖   D. 碳砖

2. 用于燃料油、双酯润滑油和液压油系统的密封件的是（　　）。

A. 天然橡胶   B. 丁基橡胶

C. 氯丁橡胶   D. 氟硅橡胶

3. 耐压、抗破裂性能好、质量轻，具有一定的弹性、耐温性能好、防紫外线、抗热老化能力强、耐腐蚀性优异，且隔氧、隔磁、抗静电、抗音频干扰的复合材料是（　　）。

A. 玻璃纤维增强聚酰胺复合材料   B. 碳纤维复合材料

C. 塑料-钢复合材料   D. 塑料-铝合金

4. 在塑料组分中，能够提高塑料的强度和刚度，减少塑料在常温下的蠕变现象及提高热稳定性、耐磨性、导热性、导电性及阻燃性，并改善加工性能的是（　　）。

A. 树脂   B. 填料

C. 增塑剂   D. 稳定剂

5. 能够耐强酸、强碱及强氧化剂腐蚀，具有杰出的防污和耐候性。特别适用于对耐候性要求很高的桥梁或化工厂设施的是（　　）。

A. 聚氨酯漆   B. 环氧煤沥青

C. 三聚乙烯防腐涂料   D. 氟-46 涂料

6. 对于化工衬里用的聚异丁烯橡胶，对其性能描述正确的是（　　）。

A. 良好的耐腐蚀性   B. 不透气性差

C. 强度高   D. 耐热性较好

7. 与方形补偿器相比，填料式补偿器的特点是（　　）。

A. 补偿能力大   B. 占地面积大

C. 轴向推力大   D. 能补偿横向位移

8. 用于电压较低的户内外配电装置和配电箱之间电气回路连接的是（　　）。

A. 软母线   B. 硬母线

C. 电缆母线   D. 离相封闭母线

9. 具有耐腐蚀、耐油、耐水、强度高、安装简便等优点，适合含潮湿、盐雾、有化学气体和严寒、酷热等环境或应用于发电厂、变电所等电缆密集场所的是（　　）桥架模式。

A. 电缆托盘、梯架布线   B. 金属槽盒布线

C. 有盖的封闭金属槽盒   D. 难燃封闭槽盒

10. 以下对于总线型以太网中使用的 50Ω 细同轴电缆说法正确的是（   ）。

A. 用于数字传输   B. 属宽带同轴电缆

C. 最大传输距离为 1000m   D. 传输带宽可达 1GHz

11. 管壁厚度为 30mm 的高压钢管焊接应采用的坡口形式及加工方法是（   ）。

A. 手提砂轮磨 V 形坡口   B. 氧乙炔切割 U 形坡口

C. 车床加工 U 形坡口   D. 手工锉 V 形坡口

12. 可以用来检测 25mm 厚的金属焊缝缺陷形状，且显示缺陷的灵敏度高、速度快的方法是（   ）。

A. X 射线探伤   B. γ 射线探伤

C. 超声波探伤   D. 磁粉探伤

13. 对于钢基体表面处理，不符合质量要求的是（   ）。

A. 金属热喷涂层达到 Sa_3 级

B. 搪铅、纤维增强塑料衬里、橡胶衬里达到 $Sa_{2.5}$ 级

C. 衬铅、塑料板非黏结衬里达到 Sa_1 级

D. 水玻璃胶泥衬砌砖板衬里达到 Sa_1 级

14. 以下对于衬里工艺说法正确的是（   ）。

A. 纤维增强酚醛树脂衬里应采用连续法施工铺贴

B. 热硫化橡胶板衬里的施工首先是进行橡胶硫化

C. 耐酸陶瓷砖可广泛应用于塔、池、罐、槽的防腐内衬

D. 不透性石墨衬里导热性优良且机械强度较高

15. 结构简单，起重量大，对场地要求不高，使用成本低，但效率不高。主要适用于某些特重、特高和场地受到特殊限制的设备、构件吊装的是（   ）。

A. 履带起重机   B. 全地面起重机

C. 塔式起重机   D. 桅杆起重机

16. 对于管道吹扫与清洗，说法正确的是（   ）。

A. 管道在压力试验前进行吹扫与清洗

B. DN<600mm 的气体管道，宜采用水冲洗

C. 管道应连同系统内的仪表、阀门进行吹扫

D. 吹扫与清洗的顺序应按主管、支管、疏排管依次进行

17. 液压、润滑管道酸洗钝化的工艺顺序正确的是（   ）。

A. 酸洗→脱脂→水洗→钝化→水洗→无油压缩空气吹干

B. 脱脂→酸洗→水洗→钝化→水洗→无油压缩空气吹干

C. 水洗→酸洗→脱脂→钝化→水洗→无油压缩空气吹干

D. 水洗→脱脂→酸洗→钝化→水洗→无油压缩空气吹干

18. 设计压力为 1.2MPa 的埋地铸铁管道，其水压试验的压力应为（   ）。

A. 1.2MPa   B. 1.7MPa

C. 1.8MPa   D. 2.4MPa

19. 依据《通用安装工程工程量计算标准》GB/T 50856—2024 的规定，编码 0312 所表示的项目名称为（   ）。

    A. 机械设备安装工程   B. 电气设备安装工程

    C. 刷油、防腐蚀、绝热工程   D. 措施项目

20. 在《通用安装工程工程量计算标准》GB/T 50856—2024 中，将安装工程按专业、设备特征或工程类别分为机械设备安装工程、热力设备安装工程等 14 部分，其中编码 0314 是（   ）。

    A. 通信设备及线路工程   B. 刷油、防腐蚀、绝热工程

    C. 其他及附属工程   D. 措施项目

21. 以下属于回转泵的是（   ）。

    A. 离心泵   B. 旋涡泵

    C. 隔膜泵   D. 螺杆泵

22. 此泵相当于将几个单级蜗壳式泵装在一根轴上串联工作，主要用于流量较大、扬程较高的城市给水、矿山排水和输油管线，排出压力高达 18MPa。该离心泵是（   ）。

    A. 分段式多级离心泵   B. 中开式多级离心泵

    C. 自吸离心泵   D. 离心式冷凝水泵

23. 将叶轮与电动机的转子直联成一体，浸没在被输送液体中工作，可以保证绝对不泄漏，特别适用于输送腐蚀性、易燃易爆、高压、高温、低温等液体的离心泵是（   ）。

    A. 深井潜水泵   B. 隔膜计量泵

    C. 筒式离心油泵   D. 屏蔽泵

24. 以下对于无填料泵主要特点描述错误的是（   ）。

    A. 用屏蔽套将叶轮与电动机的转子隔离开来

    B. 可以保证绝对不泄漏

    C. 特别适用于输送腐蚀性、易燃易爆、剧毒、有放射性及极为贵重的液体

    D. 适用于输送高压、高温、低温及高熔点的液体

25. 与离心式通风机的型号表示方法不同的是，轴流式通风机型号表示方法中不含（   ）。

    A. 传动方式   B. 旋转方式

    C. 出风口位置   D. 气流风向

26. 与离心式通风机相比，轴流式通风机具有的特点是（   ）。

    A. 流量小   B. 风压大

    C. 体积大   D. 经济性好

27. 对省煤器性能表述正确的是（   ）。

    A. 改善并强化燃烧   B. 缩短汽包使用寿命

    C. 省煤器可完全代替蒸发受热面   D. 安装前应逐根进行水压试验

28. 当锅筒工作压力为 2MPa 时，锅炉本体水压试验的试验压力应为（   ）。

    A. 2MPa   B. 2.4MPa

    C. 2.5MPa   D. 3MPa

29. 对于有焰燃烧火灾效果好，而对深位火灾由于渗透性较差，灭火效果不理想的灭火方法是（   ）。

A. 冷却灭火 　　　　　　　　　　B. 隔离灭火

C. 窒息灭火 　　　　　　　　　　D. 化学抑制灭火

30. 对有过热器的锅炉，当炉内气体压力升高时，过热器上的安全阀应（   ）。

A. 最先开启 　　　　　　　　　　B. 最后开启

C. 与省煤器安全阀同时开启 　　　D. 在省煤器安全阀之后开启

31. 电动机铭牌标出的额定功率指（   ）。

A. 电动机输入的总功率 　　　　　B. 电动机输入的电功率

C. 电动机轴输出的机械功率 　　　D. 电动机轴输出的总功率

32. 具有限流作用及较高的极限分断能力，用于具有较大短路电流的电力系统和成套配电装置中的熔断器的是（   ）。

A. 螺旋式熔断器 　　　　　　　　B. 封闭式熔断器

C. 填充料式熔断器 　　　　　　　D. 自复熔断器

33. 以下属于低压控制电器的是（   ）。

A. 转换开关 　　　　　　　　　　B. 自动开关

C. 接触器 　　　　　　　　　　　D. 熔断器

34. 固定消防炮灭火系统的设置符合要求的是（   ）。

A. 宜选用近控炮系统

B. 室内消防炮的布置数量不应少于一门

C. 室外消防炮应设置在被保护场所常年主导风向的下风方向

D. 灭火对象高度较高、面积较大时应设置消防炮塔

35. 当电路发生严重过载、短路以及失压等故障时，能自动切断故障电路，广泛用于建筑照明和动力配电线路中的是（   ）。

A. 转换开关 　　　　　　　　　　B. 自动开关

C. 行程开关 　　　　　　　　　　D. 接近开关

36. 响应频率低，稳定性好，适用于非金属（或金属）、液位高度、粉状物高度、塑料、烟草等测试对象的接近开关是（   ）。

A. 涡流式接近开关 　　　　　　　B. 电容式接近开关

C. 霍尔接近开关 　　　　　　　　D. 光电接近开关

37. 熔丝熔化时，管内气压很高，常用在容量较大的负载上作短路保护，大容量的能达到1kA的熔断器是（   ）。

A. 螺旋式熔断器 　　　　　　　　B. 封闭式熔断器

C. 填充料式熔断器 　　　　　　　D. 自复熔断器

38. 组合型漏电保护器的组成有漏电开关与（   ）。

A. 熔断器 　　　　　　　　　　　B. 低压断路器

C. 接触器 　　　　　　　　　　　D. 电压继电器

39. 具有连接、弯曲操作简易，不用套丝、无须做跨接线、无须刷油，效率较高的新

型保护导管是（　　）。

 A. 焊接钢管　　　　　　　　　　　B. 半硬质阻燃管

 C. 套接紧定式 JDG 钢导管　　　　　D. 可挠金属套管

40. 符合塑料护套线配线要求的是（　　）。

 A. 塑料护套线应直接敷设于混凝土内

 B. 塑料护套线平弯时，弯曲半径不小于护套线厚度的 3 倍

 C. 塑料护套线在室内沿建筑物表面水平敷设高度距地面不应小于 1.8m

 D. 多尘场所应采用 IPX5 等级的密闭式盒

二、多项选择题（共 20 题，每题 1.5 分。每题的备选项中，有 2 个或 2 个以上符合题意，至少有 1 个错项。错选，本题不得分；少选，所选的每个选项得 0.5 分）

41. 对于高分子材料的基本性能及特点表述正确的是（　　）。

 A. 强度高　　　　　　　　　　　　B. 耐腐蚀性好

 C. 电绝缘性好　　　　　　　　　　D. 耐热性好

42. 对于钛及钛合金性能描述正确的是（　　）。

 A. 具有良好的低温性能　　　　　　B. 耐硝酸和碱溶液腐蚀

 C. 耐氢氟酸腐蚀　　　　　　　　　D. 焊接性能好

43. 以下对于焊条药皮作用表述正确的是（　　）。

 A. 促进合金元素氧化　　　　　　　B. 改善焊接工艺性能

 C. 保证焊缝质量　　　　　　　　　D. 提高焊缝金属的力学性能

44. 与旋塞阀性能相比不同的是，球阀（　　）。

 A. 密封性能好　　　　　　　　　　B. 具有良好的流量调节功能

 C. 可快速启闭　　　　　　　　　　D. 适用于含纤维、微小固体颗粒等介质

45. 与电力电缆相比，控制电缆的特点是（　　）。

 A. 有铜芯和铝芯　　　　　　　　　B. 线径较粗

 C. 绝缘层相对要薄　　　　　　　　D. 芯数较多

46. 等离子弧焊与 TIG 焊相比具有的特点是（　　）。

 A. 焊接生产率高　　　　　　　　　B. 穿透能力强

 C. 设备费用低　　　　　　　　　　D. 不可焊 1mm 以下金属箔

47. 金属薄板保护层连接时，不使用自攻螺钉的是（　　）。

 A. 金属保护层纵缝的插接缝　　　　B. 金属保护层纵缝的搭接缝

 C. 水平金属管道上的环缝　　　　　D. 铝箔玻璃钢板保护层的纵缝

48. 以下属于塔式起重机特点的是（　　）。

 A. 台班费高　　　　　　　　　　　B. 适用于作业周期长的吊装

 C. 适用于单件重量大的吊装　　　　D. 吊装速度快

49. 以下属于交流换向器电动机的是（　　）。

 A. 磁滞同步电动机　　　　　　　　B. 单相串励电动机

 C. 推斥电动机　　　　　　　　　　D. 三相异步电动机

50. 设备的耐压试验若采用气压试验代替液压试验时，符合规定的是（　　）。

A. 压力容器的对接焊缝进行 100% 射线或超声检测并合格

B. 非压力容器的对接焊缝进行 25% 超声Ⅲ级检测并合格

C. 非压力容器的对接焊缝进行 25% 射线Ⅲ级检测并合格

D. 由单位技术总负责人批准的安全措施

51. 下列关于金属薄板保护层施工要求，叙述正确的是（   ）。

A. 硬质绝热制品金属保护层纵缝，在不损坏里面制品及防潮层前提下可进行咬接

B. 金属保护层的环缝，可采用搭接或插接

C. 冷结构的金属保护层接缝宜用咬合或钢带捆扎结构

D. 铝筒玻璃钢薄板保护层的纵缝，可以使用自攻螺钉固定

52. 发承包双方应按照《通用安装工程工程量计算标准》 GB/T 50856—2024 相关规定，在（   ）进行工程计量。

A. 合同约定的时间节点   B. 工程形象目标节点

C. 工程完工   D. 工程进度节点

53. 措施项目"有害身体健康环境中施工防护"包括（   ）。

A. 粉尘防护   B. 有害气体防护

C. 高浓度氧气防护   D. 火灾防护

54. 属于窒息灭火的有（   ）。

A. 泡沫   B. 二氧化碳

C. 蒸汽   D. 水喷雾

55. 螺栓连接的防松装置中，属于摩擦力防松装置的是（   ）。

A. 弹簧垫圈   B. 槽型螺母和开口销

C. 对顶螺母   D. 圆螺母带翅片

56. 以下对于工业锅炉过热器安装说法正确的是（   ）。

A. 通常由支承架、带法兰的铸铁翼片管、铸铁弯头或蛇形管等组成

B. 对流过热器大都垂直悬挂于锅炉尾部

C. 辐射过热器多半装于锅炉的炉顶部或包覆于炉墙内壁上

D. 过热器材料大多为铸铁

57. 水灭火系统的末端试水装置的安装包含（   ）。

A. 压力表   B. 控制阀

C. 连接管   D. 排水管

58. 对于喷淋系统水灭火管道、消火栓管道室内外界限的划分，说法正确的是（   ）。

A. 以建筑物外墙皮 1.5m 为界

B. 入口处设阀门者以阀门为界

C. 设在高层建筑物内消防泵间管道应以泵间外墙皮 1.5m 为界

D. 以与市政给水管道碰头点（井）为界

59. 金属卤化物灯的特点有（   ）。

A. 发光效率高   B. 显色性好

C. 电压突降不会熄灯   D. 需要配专用变压器

60. 符合灯器具安装一般规定的是（　　）。

A. 相线应接于螺口灯头中间触点的端子上

B. 敞开式灯具的灯头对地面距离应大于 2.5m

C. 高低压配电设备的正上方应安装灯具

D. 绝缘铜芯导线的线芯截面面积不应小于 1mm^2

选做部分

共 40 题，分为两个专业组，考生可在两个专业组的 40 个试题中任选 20 题作答，按所答的前 20 题计分，每题 1.5 分。试题由单选和多选组成。错选，本题不得分；少选，所选的每个选项得 0.5 分。

一、（61~80 题）管道和设备工程

61. 以下倒流防止器的安装符合要求的是（　　）。

A. 倒流防止器应安装在垂直位置　　　　B. 采用焊接连接

C. 倒流防止器两端宜安装维修闸阀　　　D. 两端不宜安装可挠性接头

62. 室外给水管网允许直接吸水时，水泵的进水管和出水管上均应设置（　　）。

A. 阀门　　　　　　　　　　　　　　　B. 止回阀

C. 压力表　　　　　　　　　　　　　　D. 防水锤措施

63. 室外供暖管道采用的管材有（　　）。

A. 无缝钢管　　　　　　　　　　　　　B. 焊接钢管

C. 钢板卷焊管　　　　　　　　　　　　D. 镀锌钢管

64. 有关供暖管道安装，符合要求的是（　　）。

A. 管径大于 32mm 宜采用焊接或法兰连接

B. 共用立管宜采用热镀锌钢管螺纹连接

C. 管道穿外墙或基础时应加设填料套管

D. 一对共用立管每层连接的户数不宜大于三户

65. 下列关于室外燃气管道，叙述正确的是（　　）。

A. 燃气压力大于 1.6MPa 但不大于 4.0MPa 的城镇燃气（不包括液态燃气）室外管道工程，采用钢管

B. 管道附件不得采用螺旋焊缝钢管制作

C. 压力不大于 1.6MPa 的室外燃气管道中压和低压燃气管道宜采用钢骨架聚乙烯塑料复合管

D. 塑料管多用于工作压力 ≤0.6MPa 的室外地下管道

66. 燃气管道吹扫、试压、探伤表述正确的是（　　）。

A. 室内燃气管道强度试验的介质为水

B. 燃气管道空气吹扫流速不宜高于 20m/s

C. 中压 B 级天然气管道全部焊缝需 100% 超声波无损探伤

D. 中压 B 级天然气地下管道 30%X 光拍片

67. 在供热计量系统中作为强制收费的管理手段，又可在常规供暖系统中利用其调节

功能，避免用户随意调节，维持系统正常运行的是（　　）。

A. 锁闭阀
B. 调节阀

C. 关断阀
D. 平衡阀

68. 利用射流能量密集、速度衰减慢，而吸气气流速度衰减快的特点，使有害物得到有效控制，具有风量小，控制效果好，抗干扰能力强，不影响工艺操作的是（　　）。

A. 密闭罩
B. 吹吸式排风罩

C. 外部吸气罩
D. 接受式排风罩

69. 除尘效率高、耐温性能好、压力损失低；但一次投资高，钢材消耗多、要求较高的制造安装精度，该除尘器是（　　）。

A. 旋风除尘器
B. 湿式除尘器

C. 过滤式除尘器
D. 静电除尘器

70. 利用声波通道截面的突变达到消声的目的，宜于在高温、高湿、高速及脉动气流环境下工作，具有良好的低频或低中频消声性能的是（　　）。

A. 阻性消声器
B. 抗性消声器

C. 扩散消声器
D. 干涉型消声器

71. 风管制作时，镀锌钢板及含有各类复合保护层的钢板应采用的连接方法有（　　）。

A. 电焊
B. 气焊

C. 咬口连接
D. 铆接

72. 夹套管的内管输送的介质为（　　）。

A. 工艺物料
B. 蒸汽

C. 热水
D. 联苯热载体

73. 对于不锈钢管道安装，说法正确的是（　　）。

A. 宜采用机械和等离子切割

B. 壁厚大于 3mm 的不锈钢管应采用钨极惰性气体保护焊

C. 焊接前无需采取防护措施

D. 组对时采用碳素钢卡具

74. 衬胶管道预制时，对于现场加工的钢制弯管，说法正确的是（　　）。

A. 基体一般为无缝钢管

B. 弯曲角度大于 90°

C. 弯曲半径不小于管外径的 4 倍，且只允许一个平面弯

D. 弯管完毕后进行衬里

75. 对于高压管子焊口探伤符合要求的是（　　）。

A. 用 X 射线透视，固定焊抽查 20%
B. 用 X 射线透视，转动平焊抽查 20%

C. 超声波探伤，100% 检查
D. 探伤不合格的焊缝允许返修两次

76. 金属油罐罐壁严密性试验一般采用（　　）。

A. 真空箱试验法
B. 煤油试漏法

C. 化学试验法
D. 压缩空气试验法

77. 有关低压干式气柜，说法正确的是（　　）。

A. 基础费用高   B. 煤气压力稳定

C. 大容量贮气经济   D. 无内部活动部件

78. 以下属于静置设备安装——整体塔器安装工作内容的是（　　）。

A. 吊耳制作、安装   B. 压力试验

C. 清洗、脱脂、钝化   D. 防腐、绝热

79. 铝及铝合金管道保温时，不得使用的保温材料是（　　）。

A. 石棉绳   B. 毛毡

C. 橡胶板   D. 玻璃棉

80. 高压管道的弯头和异径管，可在施工现场用高压管子（　　）。

A. 焊制   B. 弯制

C. 缩制   D. 胀接

二、（81～100题）电气和自动化控制工程

81. 具有较强的灭弧能力，有限流作用。熔体还具有"锡桥"，利用"冶金效应"可使熔体在较小的短路电流和过负荷时熔断的是（　　）。

A. RM10 低压断路器   B. RL6 低压断路器

C. RT0 低压熔断器   D. RS0 低压熔断器

82. 能带负荷通断电路，又能在短路、过负荷、欠压或失压的情况下自动跳闸，主要用于低压配电装置的主控制开关的是（　　）。

A. 塑壳式低压断路器   B. 万能式低压断路器

C. 低压熔断器   D. 低压配电箱

83. 符合电缆敷设一般技术要求的有（　　）。

A. 三相四线制系统可采用三芯电缆另加一根单芯电缆

B. 并联运行的电力电缆，应采用相同型号、规格及长度电缆

C. 电缆终端头与电源接头附近均应留有备用长度

D. 直埋电缆应在全长上留少量裕度

84. 以下电缆安装操作正确的是（　　）。

A. 裸钢带铠装电缆应埋地敷设

B. 电缆接头处、转弯处应设置明显的标桩

C. 电缆穿导管敷设时，管子的两端应做喇叭口

D. 交流单芯电缆应单独穿入钢管内

85. 能有效地发现较危险的集中性缺陷，是鉴定电气设备绝缘强度最直接的方法。该电气设备基本试验是（　　）。

A. 泄漏电流的测试   B. 直流耐压试验

C. 交流耐压试验   D. 电容比的测量

86. 对于架空线路的敷设，说法正确的是（　　）。

A. 靠近混凝土杆的两根架空导线间距不小于 300mm

B. 直线杆时上下两层横担间距为 300mm

C. 同杆架设时，通信电缆应在电力线上方

D. 通信电缆与电力线的垂直距离不小于 1.5m

87. 发生偏差时，调节器输出信号不仅与输入偏差信号大小有关，与偏差存在时间长短有关，还与偏差变化的速度有关，也可用于温度测量的是（　　）。

A. 比例微分调节（PD）　　　　　　　　B. 积分调节（I）

C. 比例积分调节（PI）　　　　　　　　D. 比例积分微分调节（PID）

88. 对于液位、界位和料位均能够测量的仪表为（　　）。

A. 超声波式　　　　　　　　　　　　　B. 电极式

C. 重锤探测式　　　　　　　　　　　　D. 音叉式

89. 有关水管压力传感器安装，说法正确的是（　　）。

A. 在工艺管道的防腐和试压后进行　　　B. 宜选在管道弯头部分安装

C. 应加接缓冲弯管和截止阀　　　　　　D. 开孔与焊接应在工艺管道安装后进行

90. 有关电磁流量计安装，说法正确的是（　　）。

A. 应安装在直管段

B. 流量计的前端应有长度为 5D 直管段

C. 安装有阀门和弯头时直管段的长度需相应减少

D. 应安装在流量调节阀的后端

91. 集散型控制系统是由（　　）部分组成的。

A. 集中管理　　　　　　　　　　　　　B. 分散控制

C. 检测　　　　　　　　　　　　　　　D. 通信

92. 路由器的选择必须具有的安全特性是（　　）。

A. 身份认证　　　　　　　　　　　　　B. 网管功能

C. 数据加密　　　　　　　　　　　　　D. 攻击探测和防范

93. 传输电视信号具有传输损耗小、频带宽、传输容量大、频率特性好、抗干扰能力强、安全可靠的是（　　）。

A. 同轴电缆传输　　　　　　　　　　　B. 光缆传输

C. 多频道微波分配系统　　　　　　　　D. 调幅微波链路

94. 电话通信建筑物内用户线安装符合要求的是（　　）。

A. 电话线路保护管的最大标称管径不大于 30mm

B. 一根保护管最多布放 6 对电话线

C. 暗装墙内的电话分线箱安装高度宜为底边距地面 0.5~1.0m

D. 电话出线盒的底边距地面宜为 0.5m

95. 电缆芯线接续、改接按设计图示数量以（　　）计算。

A. "头"　　　　　　　　　　　　　　　B. "芯"

C. "中继段"　　　　　　　　　　　　　D. "百对"

96. 台式机工作站中通常选用（　　）接口的无线局域网网卡。

A. PCI　　　　　　　　　　　　　　　B. ISA

C. USB　　　　　　　　　　　　　　　D. PCMCIA

97. 属于办公自动化使用的数据传输及通信设备的是（　　）。

A. 可视电话   B. 传真机

C. 调制解调器   D. 局域网

98. 建筑物干线布线子系统（有时也称垂直干线子系统）指的是（　　　）。

A. 从建筑群配线架到各建筑物配线架

B. 从建筑物配线架到各楼层配线架

C. 从楼层配线架到各信息插座

D. 从信息插座到终端设备

99. 可以应用于所有场合，特别适于信息插座比较多的建筑物楼层配线间的配线架的是（　　　）。

A. LGX 光纤配线架   B. 组合式可滑动配线架

C. 模块化系列配线架   D. 110A 系列配线架

100. 双绞线测试、光纤测试以（　　　）计算。

A. 个（块）   B. 芯（端口）

C. 根   D. 链路（点、芯）

模拟题五

一、单项选择题（共40题，每题1分。每题的备选项中，只有1个最符合题意）

1. 与钢相比不同的是，耐磨铸铁中的（　　）。

A. 碳、硅含量高

B. 硅和锰有益

C. 硫有害

D. 磷有害

2. 可用于高温、高压、高浓度或混有不纯物等各种苛刻腐蚀环境，力学性能良好，塑性、韧性优良的有色金属是（　　）。

A. 铝及铝合金

B. 镁及镁合金

C. 镍及镍合金

D. 钛及钛合金

3. 具有极高的透明度，电绝缘性能好，制成的泡沫塑料是目前使用最多的一种缓冲材料，有优良的抗水性，机械强度好，缓冲性能优异，易于模塑成型，该热塑性塑料是（　　）。

A. 聚丙烯

B. 聚四氟乙烯

C. 聚苯乙烯

D. ABS 树脂

4. 能使语言和数据通信设备、交换设备和其他信息管理设备彼此连接的是（　　）。

A. 电力电缆

B. 控制电缆

C. 综合布线电缆

D. 母线

5. 以下属于涂料中次要成膜物质的是（　　）。

A. 合成树脂

B. 颜料

C. 稀料

D. 增塑剂

6. 能够提高漆膜的致密度，降低漆膜的可渗性，在底漆中起到防锈作用的物理性防锈颜料的是（　　）。

A. 锌铬黄

B. 锌粉

C. 磷酸锌

D. 氧化锌

7. 拆装方便，安装时不需要停用设备，拆开缆线，不影响设备生产而且节省安装时间，可用于大型冶炼设备中的防火套管的是（　　）。

A. 管筒式防火套管

B. 缠绕式防火套管

C. 开口式防火套管

D. 搭扣式防火套管

8. 主要用于切断、分配和改变介质流动方向，可适用于工作条件恶劣的介质，且特别适用于含纤维、微小固体颗料等介质输送的是（　　）。

A. 节流阀

B. 球阀

C. 截止阀

D. 止回阀

9. 接头完全绝缘，且接头耐用、耐扭曲，防振、防水、防腐蚀老化，安装简便可靠，可以在现场带电安装，不需使用终端箱、分线箱的电缆是（　　）。

A. 铜（铝）芯交联聚乙烯绝缘电力电缆　　B. 预制分支电缆

C. 矿物绝缘电缆　　D. 穿刺分支电缆

10. 传输电视信号具有传输损耗小、频带宽、传输容量大、频率特性好、抗干扰能力强、安全可靠等优点，是有线电视信号传输技术手段发展方向的是（　　）。

A. 双绞电缆　　B. 通信电缆

C. 同轴电缆　　D. 通信光缆

11. 以下对于碳弧切割描述错误的是（　　）。

A. 适用于开 U 形坡口　　B. 可在金属上加工沟槽

C. 能切割不锈钢　　D. 生产效率高

12. 属于熔化极电弧焊的焊接方法的是（　　）。

A. 埋弧焊　　B. 等离子弧焊

C. 电渣焊　　D. 电阻焊

13. 与埋弧焊相比，电渣焊具有的特点是（　　）。

A. 只能平焊　　B. 焊接效率低

C. 热影响区窄　　D. 主要应用于 30mm 以上的厚件

14. 在熔焊接头的坡口中，属于组合型坡口的是（　　）。

A. U 形坡口　　B. Y 形坡口

C. V 形坡口　　D. 卷边坡口

15. 与衬铅相比，搪铅具有的特点是（　　）。

A. 采用搪钉固定法　　B. 生产周期短

C. 成本低　　D. 适用于负压、回转运动和振动下工作

16. 与地上管道的保温结构组成相比，管道的保冷结构具有（　　）。

A. 防锈层　　B. 防潮层

C. 保护层　　D. 修饰层

17. 可吊重慢速行驶，稳定性能较好，可以全回转作业，适宜于作业地点相对固定而作业量较大场合的流动式起重机的是（　　）。

A. 汽车起重机　　B. 轮胎起重机

C. 履带起重机　　D. 塔式起重机

18. 自动喷水—泡沫联用系统属于（　　）。

A. 冷却灭火　　B. 隔离灭火

C. 窒息灭火　　D. 化学抑制灭火

19. 对于忌油系统脱脂，符合要求的是（　　）。

A. 脱脂溶剂可采用四氯化碳、精馏酒精、三氯乙烯和二氯乙烷

B. 对有明显油渍或锈蚀严重的管子应先酸洗后再脱脂

C. 脱脂后应自然蒸发清除残液

D. 有防锈要求的脱脂件宜在干燥的环境下保存

20. 对于液压、润滑油管道采用化学清洗法除锈时，说法正确的是（　　）。

A. 应当对整个管道系统及设备进行全面化学清洗

B. 酸洗合格后进行水洗、钝化

C. 循环酸洗合格后的管道系统应进行空气试漏或液压试漏检验

D. 对不能及时投入运行的化学清洗合格的管道必须采取预膜保护措施

21. 主要依靠降低金属本身的化学活性来提高它在环境介质中的稳定性或依靠金属表面上的转化产物对环境介质的隔离而起到防护作用。该辅助项目为（　　）。

A. 酸洗　　　　　　　　　　　　B. 钝化

C. 脱脂　　　　　　　　　　　　D. 预膜

22. 与管道压力试验相比，属于设备特有的压力试验的是（　　）。

A. 液压试验　　　　　　　　　　B. 气压试验

C. 泄漏性试验　　　　　　　　　D. 气密性试验

23. 依据《通用安装工程工程量计算标准》GB/T 50856—2024 的规定，编码 0309 所表示的项目名称为（　　）。

A. 给水排水、采暖、燃气工程　　B. 工业管道工程

C. 消防工程　　　　　　　　　　D. 通风空调工程

24. 汇总工程量时，其精确度取值以（　　）为单位，应保留小数点后三位数字。

A. m　　　　　　　　　　　　　B. kg

C. t　　　　　　　　　　　　　　D. 组

25. 性能优越、安全可靠、速度可达 6m/s 的无齿轮减速器式的交流电动机电梯是（　　）。

A. 调速电梯　　　　　　　　　　B. 调压调速电梯

C. 调频调压调速电梯　　　　　　D. 蜗杆蜗轮式减速器电梯

26. 对于电梯导轨架安装，说法正确的是（　　）。

A. 导轨架的位置最好设置在导轨接头处

B. 上端最后一个导轨架与机房楼板的距离不得大于 200mm

C. 每根导轨上至少应设置 2 个导轨架

D. 导轨架之间的间隔距离一般应大于 2.5m

27. 液体沿轴向移动，流量连续均匀，脉动小，流量随压力变化也很小，运转时无振动和噪声，泵的转数可高达 18000r/min，能够输送黏度变化范围大的液体。该泵是（　　）。

A. 轴流泵　　　　　　　　　　　B. 往复泵

C. 齿轮泵　　　　　　　　　　　D. 螺杆泵

28. 以下风机中，产生的风压最高的是（　　）。

A. 轴流通风机　　　　　　　　　B. 鼓风机

C. 压缩机　　　　　　　　　　　D. 高压离心式通风机

29. 依据《通用安装工程工程量计算标准》GB/T 50856—2024，中压锅炉安装中以"台"为计量单位的是（　　）。

A. 省煤器　　　　　　　　　　　B. 汽包

C. 暖风器　　　　　　　　　　　D. 旋风分离器

30. 以下属于煤气发生附属设备的是（　　）。

A. 煤气洗涤塔 　　　　　　　　　B. 电气滤清器

C. 竖管 　　　　　　　　　　　　D. 旋风除尘器

31. 对于锅炉的烘炉，说法正确的是（　　）。

A. 锅炉烘炉前进行严密性试验 　　B. 有水冷壁的锅炉宜采用蒸汽烘炉

C. 重型炉墙烘炉的温升不宜大于 80℃/d 　D. 烘炉后锅炉本体要经过水压试验

32. 对于抛煤机炉、煤粉炉、沸腾炉等室燃炉锅炉，一般采用（　　）。

A. 单级旋风除尘器 　　　　　　　B. 二级旋风除尘器

C. 麻石水膜除尘器 　　　　　　　D. 旋风水膜除尘器

33. 对于石灰石（石灰）—石膏湿法烟气脱硫的特点表述正确的是（　　）。

A. 脱硫效率高 　　　　　　　　　B. 基建投资费用低

C. 水消耗小 　　　　　　　　　　D. 设备的腐蚀较干法轻

34. 普通灯具的计量单位是（　　）。

A. 个 　　　　　　　　　　　　　B. 组

C. 套 　　　　　　　　　　　　　D. 部

35. 干粉灭火系统适用于（　　）。

A. 可燃固体深位火灾 　　　　　　B. 灭火前可切断气源的气体火灾

C. 可燃金属及其氢化物 　　　　　D. 带电设备火灾

36. 干粉炮系统适用于（　　）。

A. 甲、乙、丙类液体火灾 　　　　B. 一般固体可燃物火灾

C. 可燃气体火灾 　　　　　　　　D. 遇水发生化学反应而引起燃烧的物质

37. 可以在同一根导管内穿线或槽盒内敷线的情形有（　　）。

A. 同一交流回路的绝缘导线

B. 不同回路、不同电压等级的绝缘导线

C. 同一槽盒内敷设绝缘导线和电缆

D. 槽盒内的绝缘导线总截面面积不应超过槽盒内截面面积的 50%

38. 空气经过硅胶或氯化钙等吸湿材料的表面或孔隙，使得空气中的水分被吸附的方法是（　　）。

A. 表面式换热器减湿法 　　　　　B. 冷冻减湿机减湿法

C. 固体吸湿剂法 　　　　　　　　D. 液体吸湿剂法

39. 焊接钢管内穿 4 根线芯截面是 $4mm^2$ 的铜芯绝缘导线时，应选择的管径为（　　）。

A. 15mm 　　　　　　　　　　　B. 20mm

C. 25mm 　　　　　　　　　　　D. 32mm

40. 以下对于导管管子的加工，说法正确的是（　　）。

A. 采用气焊切割

B. 明设管弯曲半径不宜小于管外径的 6 倍

C. 混凝土内暗配管的弯曲半径不应小于管外径的 4 倍

D. 埋地配管的弯曲半径不应小于外径的 6 倍

二、多项选择题（共20题，每题1.5分。每题的备选项中，有2个或2个以上符合题意，至少有1个错项。错选，本题不得分；少选，所选的每个选项得0.5分）

41. 与普通耐火砖比较，耐火混凝土具有的特点是（　　）。

A. 施工简便　　　　　　　　　　　B. 价廉

C. 炉衬整体密封性强　　　　　　　D. 强度较高

42. 灭火的基本方法有（　　）。

A. 冷却灭火　　　　　　　　　　　B. 隔离灭火

C. 物理抑制灭火　　　　　　　　　D. 化学抑制灭火

43. 与碱性焊条相比，酸性焊条焊接时所表现出的特点是（　　）。

A. 促使合金元素氧化　　　　　　　B. 对铁锈、水分不敏感

C. 焊缝金属的抗裂性较好　　　　　D. 用于合金钢和重要碳钢结构的焊接

44. 适用电压500V及250V，用于室内外明装固定敷设或穿管敷设的绝缘导线的是（　　）。

A. BV　　　　　　　　　　　　　　B. BVV

C. BBX　　　　　　　　　　　　　D. BBLX

45. 有线传输中的接续设备是系统中各种连接硬件的统称，包括连接器和（　　）。

A. 信息插座　　　　　　　　　　　B. 连接模块

C. 配线架　　　　　　　　　　　　D. 管理器

46. 以下对于渗透探伤特点描述正确的是（　　）。

A. 不受被检试件几何形状、尺寸大小的限制

B. 缺陷显示直观，检验灵敏度高

C. 适用于结构疏松及多孔性材料

D. 能显示缺陷的深度及缺陷内部的形状和大小

47. 半硬质或软质的绝热制品金属保护层纵缝可采用（　　）形式。

A. 咬接　　　　　　　　　　　　　B. 插接

C. 搭接　　　　　　　　　　　　　D. 咬合或钢带捆扎

48. 以下属于流动式起重机特点的是（　　）。

A. 台班费低

B. 对道路、场地要求较高

C. 适用于单件重量大的大中型设备、构件吊装

D. 适用于短周期作业

49. 对于大型机械设备的润滑油、密封油管道系统的清洗，说法正确的是（　　）。

A. 酸洗合格后、系统试运行前进行油清洗

B. 不锈钢管道宜采用水冲洗净后进行油清洗

C. 油清洗应采用系统内循环方式进行

D. 油清洗合格的管道，应采取封闭或充氮保护措施

50. 等离子弧焊与TIG焊相比具有的特点是（　　）。

A. 焊接生产率高　　　　　　　　　B. 穿透能力强

C. 设备费用低   D. 不可焊 1mm 以下金属箔

51. 030801001 低压碳钢管的项目特征包含的内容有（   ）。

A. 绝热形式   B. 压力试验

C. 吹扫与清洗设计要求   D. 除锈、刷油

52.《通用安装工程工程量计算标准》GB/T 50856—2024 中应按附录 N "其他及附属工程"列项的有（   ）。

A. 设备底、面漆修补   B. 过梁/墙/楼板的钢套管

C. 凿（压、切割）槽   D. 打洞（孔）

53. 发包人提供材料、专业分包工程的总承包服务费应分别列项，可按（   ）计量。

A. 项   B. 工程量数量

C. 费率   D. 都可以

54. 与离心泵相比，往复泵具有的特点是（   ）。

A. 扬程无限高   B. 流量与排出压力无关

C. 具有自吸能力   D. 流量均匀

55. 与透平式压缩机相比，活塞式压缩机的主要性能特点有（   ）。

A. 气流速度低、损失小   B. 从低压到超高压范围均适用

C. 排气量和出口压力变化无关   D. 排气均匀无脉动

56. 同工况下，与离心式压缩机相比，轴流式压缩机具有（   ）。

A. 单位面积的气体通流能力大

B. 特别适用于要求大流量的场合

C. 轴流式压缩机结构简单

D. 在定转速下流量调节范围大

57. 中压锅炉安装中，下列计量单位为 "t" 的是（   ）。

A. 省煤器   B. 旋风分离器

C. 除渣装置   D. 炉排及燃烧装置

58. 下列关于消防供水管道，叙述正确的是（   ）。

A. 向环状管网输水的进水管不应少于两条

B. 消防给水管道应采用阀门分成若干独立段，每段内室外消火栓的数量不宜超过 5 个

C. 室外消防给水采用两路消防供水时，应布置成环状

D. 室内消火栓给水管网与自动喷水等其他灭火系统应可以不分开设置

59. 光纤照明的特点有（   ）。

A. 装饰性强

B. 不怕水

C. 柔软可弯曲

D. 不可用于具有火险、爆炸性气体和蒸汽的场所

60. 对于磁力启动器，说法正确的是（   ）。

A. 磁力启动器由接触器、按钮和热继电器组成

B. 两只接触器的主触头并联起来接入主电路

C. 线圈串联起来接入控制电路

D. 用于某些按下停止按钮后电动机不及时停转易造成事故的生产场合

选做部分

共40题，分为两个专业组，考生可在两个专业组的40个试题中任选20题作答，按所答的前20题计分，每题1.5分。试题由单选和多选组成。错选，本题不得分；少选，所选的每个选项得0.5分。

一、（61~80题）管道和设备工程

61. 有关排水立管安装，说法正确的是（　　）。

A. 立管上管卡间距不得大于3m　　　　B. 垂直方向转弯应采用90°弯头连接

C. 立管上的检查口与外墙成90°角　　　D. 排水立管应进行灌水试验

62. 对于层数较多的建筑物，当室外给水管网水压不能满足室内用水时，可采用的给水方式有（　　）。

A. 高位水箱并联给水方式　　　　　　　B. 气压罐供水方式

C. 高位水箱串联给水方式　　　　　　　D. 贮水池加水泵方式

63. 是一种新型高效节能散热器，装饰性强，小体积能达到最佳散热效果，提高了房间的利用率，该散热器是（　　）。

A. 翼形散热器　　　　　　　　　　　　B. 钢制板式散热器

C. 钢制翅片管对流散热器　　　　　　　D. 光排管散热器

64. 膨胀水箱安装时，（　　）上可以安装阀门。

A. 膨胀管　　　　　　　　　　　　　　B. 循环管

C. 信号管　　　　　　　　　　　　　　D. 溢流管

65. 室内热水供暖系统试压，操作正确的是（　　）。

A. 在试压系统最高点设手压泵　　　　　B. 关闭与室外系统相通的阀门

C. 打开系统中全部阀门　　　　　　　　D. 试压时不能隔断锅炉和膨胀水箱

66. 有关燃气调压器安装，说法正确的是（　　）。

A. 调压器的燃气进、出口管道之间应设旁通管

B. 中压燃气调压站室外进口管道上不得设置阀门

C. 调压器前后均应设置自动记录式压力仪表

D. 放散管管口不得超过调压站屋檐1.0m

67. 室外燃气聚乙烯（PE）管道安装采用的连接方式有（　　）。

A. 电熔连接　　　　　　　　　　　　　B. 螺纹连接

C. 粘结　　　　　　　　　　　　　　　D. 热熔连接

68. 空调按空气处理设备的设置情况分类，属于半集中式系统的是（　　）。

A. 单风管系统　　　　　　　　　　　　B. 双风管系统

C. 风机盘管机组加新风系统　　　　　　D. 局部系统

69. 分体式空调机组中属于室外机的有 （   ）。

A. 压缩机　　　　　　　　　　　B. 冷凝器

C. 送风机　　　　　　　　　　　D. 加热器

70. 当中、高压风管的管段长大于 1.2m 时，（   ）。

A. 采用扁钢平加固　　　　　　　B. 采用棱筋、棱线的方法加固

C. 采用加固框的形式加固　　　　D. 不需加固

71. 有关风管连接表述正确的是 （   ）。

A. 铝板风管法兰连接可采用增强尼龙螺栓

B. 硬聚氯乙烯风管和法兰连接可采用镀锌螺栓

C. 软管连接可用于风管与部件的连接

D. 风管在刷油、绝热后进行严密性、漏风量检测

72. 空调系统热交换器安装时，蒸汽加热器入口的管路上应安装 （   ）。

A. 温度计　　　　　　　　　　　B. 压力表

C. 调节阀　　　　　　　　　　　D. 疏水阀

73. 在通风空调系统中，以 "m^2" 为计量单位的是 （   ）。

A. 风机盘管　　　　　　　　　　B. 柔性接口

C. 柔性软风管　　　　　　　　　D. 风管漏光试验、漏风试验

74. 空调冷凝水管道宜采用的材质是 （   ）。

A. 聚氯乙烯塑料管　　　　　　　B. 铸铁管

C. 热镀锌钢管　　　　　　　　　D. 焊接钢管

75. 钛及钛合金管焊接应采用 （   ）。

A. 惰性气体保护焊　　　　　　　B. 氧-乙炔焊

C. 二氧化碳气体保护焊　　　　　D. 真空焊

76. 铝及铝合金管连接一般采用 （   ）。

A. 手工钨极氩弧焊　　　　　　　B. 氧-乙炔焊

C. 熔化极半自动氩弧焊　　　　　D. 二氧化碳气体保护焊

77. 高压钢管验收时，当管子外径大于或等于 35mm 时做 （   ）。

A. 拉力试验两个　　　　　　　　B. 冲击试验两个

C. 压扁试验一个　　　　　　　　D. 冷弯试验一个

78. 公称直径为 32mm 的奥氏体型不锈钢管探伤应采用 （   ）。

A. 磁力法　　　　　　　　　　　B. 荧光法

C. 着色法　　　　　　　　　　　D. 超声波法

79. 对于高压管道安装，说法正确的是 （   ）。

A. 高压阀门应逐个进行强度和严密性试验

B. 高压管子冷弯后需必须进行热处理

C. 奥氏体型不锈钢高压管热处理的次数不得超过三次

D. 壁厚为 16~34mm 的高压钢管采用 V 形坡口

80. 高压管道的弯头和异径管，可在施工现场用高压管子（   ）。

A. 焊制   B. 弯制

C. 缩制   D. 胀接

二、(81~100题) 电气和自动化控制工程

81. 避雷器安装时,符合要求的是 ( )。

A. 阀型避雷器应垂直安装

B. 多污秽地区的管型避雷器安装应减小倾斜角度

C. 磁吹阀型避雷器组装时其上下节可以互换

D. 避雷器不得任意拆开

82. 对于母线安装,说法正确的是 ( )。

A. 低压母线不得垂直安装   B. 母线焊接采用氩弧焊

C. 包括支持绝缘子安装   D. 包括母线伸缩接头的制作安装

83. 建筑工地临时供电的直线杆上,低压与低压线的横担间的最小垂直距离是 ( )。

A. 1.2m   B. 1.0m

C. 0.6m   D. 0.3m

84. 接地极制作安装符合要求的是 ( )。

A. 常用的为钢管接地极和角钢接地极   B. 接地极长为5m

C. 接地极只能垂直敷设   D. 接地极的间距不宜小2.5m

85. 以下对于户内接地母线,敷设符合要求的是 ( )。

A. 大部分采用埋地敷设   B. 接地线的连接采用搭接焊

C. 明敷接地线宜涂淡蓝色标识   D. 圆钢接地线搭接长度为直径的2倍

86. 现场总线控制系统的特点是 ( )。

A. 系统的开放性   B. 系统的互操作性

C. 分散的系统结构   D. 接线复杂

87. 测量不干扰被测温场,具有较高的测量准确度,理论上无测量上限,易于快速与动态测量。该温度检测仪表是 ( )。

A. 双金属温度计   B. 热电阻温度计

C. 热电偶温度计   D. 辐射式温度计

88. 用于测量低压、负压的压力表,被广泛用于实验室压力测量或现场锅炉烟、风通道各段压力及通风空调系统各段压力的测量。该压力表是 ( )。

A. 液柱式压力计   B. 活塞式压力计

C. 弹性式压力计   D. 电气式压力计

89. 电气调整试验的步骤是 ( )。

A. 准备工作→分系统调试→整体调试→外观检查→单体试验

B. 准备工作→外观检查→单体试验→整体调试→分系统调试

C. 准备工作→外观检查→单体试验→分系统调试→整体调试

D. 准备工作→单体试验→分系统调试→整体调试→外观检查

90. 下列热力管道敷设时,适宜采用不通行地沟敷设的是 ( )。

A. 直接埋地敷设管道的补偿器处

B. 管道数量多、管径较大、管道垂直排列宽度超过 1.5m

C. 直接埋地敷设管道的阀门处

D. 管道数量少、管径较小、距离较短且维修工作量不大

91. 对于位于计算机和它所连接的网络之间的防火墙，说法正确的是（　　）。

A. 包过滤路由器是硬件形式的防火墙

B. 代理服务器是软件形式的防火墙

C. 防火墙主要由服务访问规则、验证工具、包过滤和应用网关组成

D. 专用防火墙设备是固件形式的防火墙

92. 有线电视系统中，把多路（套）电视信号转换成一路含有多套电视节目的宽带复合信号的是（　　）。

A. 天线 　　　　　　　　　　　　B. 前端装置

C. 传输干线 　　　　　　　　　　D. 用户分配网络

93. 对电话通信系统安装描述正确的是（　　）。

A. 一般包括数字程控用户交换机、配线架、交接箱、分线箱（盒）及传输线的安装

B. 用户交换机与市电信局连接的中继线一般用同轴电缆

C. 建筑内的传输线用性能优良的双绞线电缆

D. 程控电话交换采用的是模拟语音信息传输

94. 建筑物内普通市话电缆芯线接续应采用（　　）。

A. 扣式接线子

B. 扭绞接续

C. 外护套分接处接头封合宜采用热可缩套管

D. 旋转卡接式

95. 通过应用软件包内不同应用程序之间的互相调用或共享数据，以提高办公事务处理效率的是（　　）。

A. 事务型办公系统 　　　　　　　B. 信息管理型办公系统

C. 决策支持型办公系统 　　　　　D. 综合型办公系统

96. 使用较多，具有光耦合效率较高、纤芯直径较大，施工安装时光纤对准要求不高，配备设备较少，而且光缆在微小弯曲或较大弯曲时，传输特性不会有太大改变的是（　　）。

A. $8.3\mu m/125\mu m$ 突变型单模光纤　　B. $50\mu m/125\mu m$ 光纤

C. $62.5\mu m/125\mu m$ 光纤　　　　　　D. $9\mu m/125\mu m$ 光纤

97. 在传输速率在 100Mbps 的应用系统中，（　　）传输距离最大。

A. 5 类双绞电缆 　　　　　　　　B. $62.5\mu m/125\mu m$ 多模光纤

C. 同轴电缆 　　　　　　　　　　D. 单模光缆

98. 当给定楼层配线间所要服务的信息插座大于 75m 且超过 200 个时，通常（　　）。

A. 采用单干线子系统

B. 采用双通道或多个通道的干线子系统

C. 采用分支电缆与配线间干线相连接的二级交接间

D. 增设楼层配线间

99. 符合光电缆敷设一般规定的是（　　）。

A. 光缆弯曲半径不应小于光缆外径的 15 倍

B. 布放光缆的牵引力不应超过允许张力的 100%

C. 瞬间最大牵引力不得超过允许张力的 120%

D. 主要牵引力应加在光缆的光芯上

100. 在一般的综合布线系统工程设计中，为了保证网络安全可靠，垂直干线线缆与楼层配线架的连接方法应首先选用（　　）。

A. 点对点端连接　　　　　　　　　　B. 分支递减连接

C. 点对点端连接与分支递减连接混合　　D. 总线制连接

模拟题六

一、单项选择题（共40题，每题1分。每题的备选项中，只有1个最符合题意）

1. 钢中某元素含量高时，钢材的强度高，而塑性小、硬度大，此种元素为（　　）。

   A. 碳　　　　　　　　　　　　　B. 氢

   C. 磷　　　　　　　　　　　　　D. 硫

2. 铸铁按照石墨的形状特征分类，普通灰铸铁中石墨呈（　　）。

   A. 片状　　　　　　　　　　　　B. 蠕虫状

   C. 团絮状　　　　　　　　　　　D. 球状

3. 力学性能良好，尤其塑性、韧性优良，能适应多种腐蚀环境，多用于食品加工设备、化学品装运容器、电气与电子部件、处理苛性碱设备、耐海水腐蚀设备和换热器，也常用于制作接触浓 $CaCl_2$ 溶液的冷冻机零件，以及发电厂给水加热器管合金的是（　　）。

   A. 钛及钛合金　　　　　　　　　B. 铅及铅合金

   C. 镁及镁合金　　　　　　　　　D. 镍及镍合金

4. 人造石墨经过不透性处理，具有许多优异的性能，下列叙述不正确的是（　　）。

   A. 石墨材料常用来制造传热设备　　B. 具有极高的导热性能

   C. 耐熔融的碱腐蚀　　　　　　　D. 耐发烟硫酸腐蚀

5. 特点是无毒、耐化学腐蚀，在常温下无任何溶剂能溶解，是最轻的热塑性塑料管，具有较高的强度，较好的耐热性，最高工作温度可达95℃，目前它被广泛地用在冷热水供应系统中，但其低温脆化温度仅为-15~0℃，在北方地区其应用受到一定限制，这种非金属管材是（　　）。

   A. 超高分子量聚乙烯管　　　　　B. 聚乙烯管

   C. 交联聚乙烯管　　　　　　　　D. 无规共聚聚丙烯管

6. 垫片很少受介质的冲刷和腐蚀，适用于易燃、易爆、有毒介质及压力较大的重要密封的法兰是（　　）。

   A. 环连接面型　　　　　　　　　B. 突面型

   C. 凹凸面型　　　　　　　　　　D. 榫槽面型

7. 不仅在石油、煤气、化工、水处理等一般工业上得到广泛应用，而且还应用于热电站的冷却水系统，结构简单、体积小、重量轻，只由少数几个零件组成，操作简单，且有较好的流量控制特性，适合安装在大口径管道上的阀门是（　　）。

   A. 截止阀　　　　　　　　　　　B. 闸阀

   C. 止回阀　　　　　　　　　　　D. 蝶阀

8. 下列关于波形补偿器，叙述不正确的是（　　）。

   A. 波纹补偿器习惯上也叫膨胀节或伸缩节

B. 能补偿管道的机械变形和吸收各种机械振动

C. 能提高管道使用寿命的作用

D. 直埋管道补偿器一般采用法兰方式

9. 主要使用在应急电源至用户消防设备、火灾报警设备、通风排烟设备、疏散指示灯、紧急电源插座、紧急用电梯等供电回路的衍生电缆的是（   ）。

A. 阻燃电缆   B. 耐火电缆

C. 防水电缆   D. 耐寒电缆

10. 作为各类电气仪表及自动化仪表装置之间的连接线，起着传递各种电气信号，保障系统安全、可靠运行的电气材料的是（   ）。

A. 电力电缆   B. 控制电缆

C. 信号电缆   D. 综合布线电缆

11. 气割不能切割的金属是（   ）。

A. 铸铁   B. 纯铁

C. 低合金钢   D. 钛

12. 能量集中、温度高，电弧挺度好，能够焊接更细、更薄的工件（如1mm以下金属箔的焊接）的焊接方法是（   ）。

A. 埋弧焊   B. 钎焊

C. 熔化极气体保护焊   D. 等离子弧焊

13. 下列焊接接头的坡口，不属于基本型坡口的是（   ）。

A. I形坡口   B. V形坡口

C. 带钝边J形坡口   D. 单边V形坡口

14. 焊后热处理中，回火处理的目的不包括（   ）。

A. 调整工件的强度、硬度及韧性   B. 细化组织、改善切削加工性能

C. 避免变形、开裂   D. 保持使用过程中的尺寸稳定

15. 适用于铝、镁、钛合金结构件表面及近表面缺陷的检测方法为（   ）。

A. 涡流检测   B. 磁粉检测

C. 荧光液体渗透检测   D. 着色液体渗透检测

16. 采用氢-氧焰将铅条熔融后贴覆在被衬的物件或设备表面上，形成具有一定厚度的密实铅层。这种防腐方法为（   ）。

A. 涂铅   B. 粘铅

C. 衬铅   D. 搪铅

17. 目前应用最普遍的绝热层结构形式，主要用于管、柱状保温体的预制保温瓦和保温毡等绝热材料施工的是（   ）。

A. 粘贴绝热层   B. 绑扎绝热层

C. 钉贴绝热层   D. 充填绝热层

18. 某施工单位承担一台82t大型压缩机的吊装任务，施工现场可提供200t、170t的大型汽车起重机各1台，200t、170t汽车起重机吊索具重量均为2t，不均匀荷载系数为1.1。该吊装工程的计算荷载为（   ）。（小数点后保留1位，四舍五入）

A. 94.6t　　　　　　　　　　　　B. 92.4t

C. 101.6t　　　　　　　　　　　D. 104.1t

19. 解决了在常规状态下，采用桅杆起重机、移动式起重机所不能解决的大型构件整体提升技术难题的吊装方法是（　　）。

A. 直升机吊装　　　　　　　　　B. 缆索系统吊装

C. 液压提升吊装　　　　　　　　D. 桥式起重机吊装

20. 某有色金属管道的设计压力为 0.6MPa，其气压试验压力为（　　）。

A. 0.6MPa　　　　　　　　　　　B. 0.69MPa

C. 0.75MPa　　　　　　　　　　D. 0.90MPa

21. 编码前四位为 0310 的是（　　）。

A. 机械设备安装工程　　　　　　B. 通风空调工程

C. 工业管道工程　　　　　　　　D. 给水排水、采暖、燃气工程

22. 在《通用安装工程工程量计算标准》GB/T 50856—2024 中，将安装工程按专业、设备特征或工程类别分为机械设备安装工程、热力设备安装工程等 14 部分，其中其他及附属工程编码是（　　）。

A. 0311　　　　　　　　　　　　B. 0312

C. 0313　　　　　　　　　　　　D. 0314

23. 工作机构除了起升机构外，通常还有旋转机构和变幅机构，通过起升机构、变幅机构、旋转机构和运行机构的组合运动，可以实现在圆形或长圆形空间起重作业的是（　　）。

A. 臂架型起重机　　　　　　　　B. 桥架型起重机

C. 缆索型起重机　　　　　　　　D. 梁式起重机

24. 适用于大型储罐的设备基础的是（　　）。

A. 素混凝土基础　　　　　　　　B. 钢筋混凝土基础

C. 垫层基础　　　　　　　　　　D. 框架式基础

25. 输送能力大、运转费用低，常用来完成大量繁重散状固体的输送任务的输送设备为（　　）。

A. 斗式输送机　　　　　　　　　B. 鳞板输送机

C. 刮板输送机　　　　　　　　　D. 螺旋输送机

26. 根据金属表面粗糙度来选用不同的除锈方法，适合采用非金属刮具、油石或粒度 150 号的砂布蘸机械油擦拭或进行酸洗除锈的金属表面粗糙度 Ra（μm）的是（　　）。（2023 年）

A. 6.3~50　　　　　　　　　　　B. >50

C. 1.6~3.2　　　　　　　　　　D. 0.2~0.8

27. 在化工、印刷行业中用于输送一些有毒的重金属，如汞、铅等，用于核动力装置中输送作为载热体的液态金属（钠或钾、钠钾合金），也用于铸造生产中输送熔融的有色金属的其他类型泵的是（　　）。

A. 喷射泵　　　　　　　　　　　B. 水环泵

C. 电磁泵   D. 水锤泵

28. 在锅炉的主要性能指标中, 反映锅炉工作强度的指标是 (　　)。

 A. 蒸发量   B. 出口蒸汽压力和热水出口温度

 C. 受热面蒸发率   D. 热效率

29. 溴化锂吸收式冷水机组缺点是 (　　)。

 A. 故障率高   B. 节电不节能

 C. 噪声高   D. 对臭氧层有破坏作用

30. 额定蒸发量 2t/h 的锅炉, 其水位计和安全阀 (不包括省煤器上的安全阀) 的安装数量为 (　　)。

 A. 一个水位计, 一个安全阀   B. 一个水位计, 至少两个安全阀

 C. 两个水位计, 一个安全阀   D. 两个水位计, 至少两个安全阀

31. 依据《通用安装工程工程量计算标准》GB/T 50856—2024 的规定, 中压锅炉本体设备安装工程量计量时, 按图示数量以 "套" 计算的项目是 (　　)。

 A. 旋风分离器   B. 省煤器

 C. 管式空气预热器   D. 炉排及燃烧装置

32. 某建筑物高度为 120m, 采用临时高压给水系统时, 应设高位消防水箱, 水箱的设置高度应保证最不利点消火栓静压力不低于 (　　)。

 A. 0.07MPa   B. 0.10MPa

 C. 0.15MPa   D. 0.20MPa

33. 干粉灭火系统由干粉灭火设备和自动控制两大部分组成, 关于其特点和适用范围下列表述正确的是 (　　)。

 A. 占地面积小, 但造价高

 B. 适用于硝酸纤维等化学物质的火灾

 C. 适用于灭火前未切断气源的气体火灾

 D. 不冻结, 尤其适合无水及寒冷地区

34. 适用高层的宾馆、商务楼、综合楼等建筑使用的火灾自动报警系统的是 (　　)。

 A. 区域报警系统   B. 集中报警系统

 C. 控制中心报警系统   D. 局部报警系统

35. 灭火报警装置的计量单位是 (　　)。

 A. 个   B. 组

 C. 套   D. 部

36. 小容量三相鼠笼式异步电动机适宜的启动方法一般应为 (　　)。

 A. 直接启动   B. 变频启动

 C. Y-Δ 降压启动   D. 串电阻降压启动

37. 所测对象是非金属 (或金属)、液位、粉状物、塑料、烟草等, 应选用的接近开关是 (　　)。

 A. 涡流式   B. 电容式

 C. 霍尔式   D. 光电式

38. 接点多、容量大，可以将一个输入信号变成一个或多个输出信号的继电器是（　　）。

A. 电流继电器　　　　　　　　　　B. 温度继电器

C. 中间继电器　　　　　　　　　　D. 时间继电器

39. 主要用于砖、混凝土内暗设和吊顶内敷设及与钢管、电线管与设备连接间的过渡，与钢管、电线管、设备入口均采用专用混合接头连接的导管为（　　）。

A. 刚性阻燃管　　　　　　　　　　B. 套接紧定式 JDG 钢导管

C. 金属软管　　　　　　　　　　　D. 可挠金属套管

40. 下列关于导管敷设叙述不正确的是（　　）。

A. 导管与热水管、蒸汽管平行敷设时，宜敷设在热水管、蒸汽管的下面

B. 对有保温措施的热水管、蒸汽管，其最小距离不宜小于 100mm

C. 导管（或配线槽盒）与不含可燃及易燃易爆气体的其他管道的距离，平行或交叉敷设不应小于 100mm

D. 导管（或配线槽盒）与可燃及易燃易爆气体不宜平行敷设，交叉敷设处不应小于 100mm

二、多项选择题（共 20 题，每题 1.5 分。每题的备选项中，有 2 个或 2 个以上符合题意，至少有 1 个错项。错选，本题不得分；少选，所选的每个选项得 0.5 分）

41. 普通低合金钢比碳素结构钢具有（　　）。

A. 较高的韧性　　　　　　　　　　B. 良好的焊接性能

C. 良好的耐腐蚀性　　　　　　　　D. 较高的脆性转变温度

42. 下列耐火材料中，耐热震性好的有（　　）。

A. 硅砖制品　　　　　　　　　　　B. 黏土砖制品

C. 高铝质制品　　　　　　　　　　D. 碳质制品

43. 同轴电缆具有的特点是（　　）。

A. 随着温度升高，衰减值减少　　　B. 损耗与工作频率的平方根成正比

C. 50Ω 电缆多用于数字传输　　　　D. 75Ω 电缆多用于模拟传输

44. 颜料是涂料的次要成膜物质，其主要功能有（　　）。

A. 溶解成膜物质　　　　　　　　　B. 提高涂层的机械强度、抗渗性

C. 增进涂层的耐候性　　　　　　　D. 滤去有害光波

45. 下列关于对焊法兰叙述正确的是（　　）。

A. 法兰强度高

B. 用于管道热膨胀或其他荷载而使法兰承受的应力较大

C. 不适用于低温的管道

D. 适用于应力变化反复的场合

46. 下列关于闸阀的特征与用途，叙述正确的是（　　）。

A. 和截止阀相比，在开启和关闭闸阀时省力，水流阻力较小

B. 用于启闭频繁的管路上

C. 用于完全开启或完全关闭的管路中

D. 适合安装在各种口径的管道上

47. 多模光纤的特点有（   ）。

A. 耦合光能量大

B. 发散角度大

C. 传输频带较窄

D. 适用于远程通信

48. 激光切割与其他热切割方法相比较，主要特点有（   ）。

A. 切割精度高

B. 切割速度快

C. 可切割多种材料

D. 可以切割任意厚度的材料

49. 与熔化极气体保护焊相比，CO_2 气体保护电弧焊的特点有（   ）。

A. 焊接生产效率高

B. 焊接飞溅较大，焊缝表面成形较差

C. 不能焊接容易氧化的有色金属

D. 可直流反接

50. 采用电弧焊焊接时，正确的焊条选用方法有（   ）。

A. 焊接在腐蚀介质、高温条件下工作的结构件时，应选用低合金钢焊条

B. 对于普通结构钢，应选用熔敷金属抗拉强度等于或稍高于母材的焊条

C. 对结构形状复杂、刚性大的厚大焊件，应选用低氢型焊条

D. 为保障焊工身体健康，条件允许情况下尽量多采用酸性焊条

51. 电泳涂装法目前在工业上较为广泛采用的是直流电源定电压法的阳极电泳，其主要特点有（   ）。

A. 大大降低了大气污染和环境危害

B. 涂装效率高，涂料损失小

C. 解决了其他涂装方法对复杂形状工件的涂装难题

D. 设备简单，投资费用低

52. 下列关于防潮层施工，叙述正确的是（   ）。

A. 阻燃性沥青玛蹄脂贴玻璃布作防潮隔气层时，在绝热层外面涂抹一层 2~3mm 厚的阻燃性沥青玛蹄脂，接着缠绕一层玻璃布或涂塑窗纱布

B. 阻燃性沥青玛蹄脂贴玻璃布作防潮隔气层适用于纤维质绝热层

C. 塑料薄膜作防潮隔气层，搭接缝宽度应在 100mm 左右

D. 塑料薄膜作防潮隔气层，适用于硬质预制块做的绝热层或涂抹的绝热层

53. 大型机械的润滑油、密封油等管道系统进行油清洗时，应遵循的规定有（   ）。

A. 系统酸洗合格后，试运转前进行油清洗

B. 不锈钢油管道系统宜采用蒸汽吹净后，再进行油清洗

C. 酸洗钝化或蒸汽吹扫合格后，应在两周内进行油清洗

D. 油清洗合格的管道，应脱脂后进行封闭保护

54. 下列关于安装工业管道与市政工程管网工程的界定，叙述正确的是（   ）。

A. 给水管道以厂区入口水表井为界

B. 排水管道以厂区围墙外第一个污水井为界

C. 热力以厂区入口第一个计量表（阀门）为界

D. 燃气以市政管道喷头井为界

55. 依据《通用安装工程工程量计算标准》GB/T 50856—2024，在编制某建设项目分部分项工程量清单时，必须包括五部分内容，其中有（   ）。

A. 项目名称 　　　　　　　　　B. 项目编码

C. 计算规则 　　　　　　　　　D. 工作内容

56. 按照在生产中所起的作用分类，污水处理机械包括（　　　）。

A. 结晶器 　　　　　　　　　　B. 刮油机

C. 污泥（油）输送机 　　　　　D. 水力除焦机

57. 水源热泵机组优点有（　　　）。

A. 节约能源 　　　　　　　　　B. 环境效应显著

C. 一次性投资及运行费比较低 　D. 在冬季运行时，可回收热量

58. 液位检测表（水位计）用于指示锅炉内水位的高低，在安装时应满足要求，下列表述正确的是（　　　）。

A. 蒸发量大于 0.2t/h 的锅炉，每个锅炉应安装两个彼此独立的水位计

B. 水位计与锅筒之间的汽-水连接管长度应小于 500mm

C. 水位计距离操作地面高于 6m 时，应加装远程水位显示装置

D. 水位计不得设置放水管及放水阀门

59. 需要设置消防水泵接合器的室内消火栓给水系统有（　　　）。

A. 高层民用建筑

B. 建筑面积大于 5000m² 的地下或半地下建筑

C. 高层工业建筑和超过四层的多层工业建筑

D. 城市交通隧道

60. 常见电光源中，属于气体放电发光电光源的是（　　　）。

A. 卤钨灯 　　　　　　　　　　B. 荧光灯

C. 汞灯 　　　　　　　　　　　D. 钠灯

选做部分

共 40 题，分为两个专业组，考生可在两个专业组的 40 个试题中任选 20 题作答，按所答的前 20 题计分，每题 1.5 分。试题由单选和多选组成。错选，本题不得分；少选，所选的每个选项得 0.5 分。

一、（61~80 题）管道和设备工程

61. 对于层数较多的建筑物，当室外给水管网水压不能满足室内用水时，可采用的给水方式有（　　　）。

A. 高位水箱并联给水方式 　　　B. 气压罐供水方式

C. 高位水箱串联给水方式 　　　D. 贮水池加水泵方式

62. 住宅建筑应在配水管上和分户管上设置水表，根据有关规定，（　　　）水表在表前与阀门间应有 8~10 倍水表直径的直线管段。

A. 旋翼式 　　　　　　　　　　B. 螺翼式

C. 孔板式 　　　　　　　　　　D. 容积活塞式

63. 下列关于室内排出管安装要求，叙述正确的是（　　　）。

A. 排出管一般铺设在地下室或地下

B. 排出管穿过地下室外墙或地下构筑物的墙壁时应设置防水套管

C. 排水立管应进行通球试验

D. 排出管在隐蔽前必须进行泄漏试验

64. 热风采暖系统是利用热风炉输出热风进行采暖的系统，其特点有（　　）。

A. 适用于耗热量小的建筑物

B. 适用于间歇使用的房间和有防火防爆要求的车间

C. 热惰性小

D. 设备简单

65. 采暖钢管的连接可采用（　　）。

A. 热熔连接　　　　　　　　　　　B. 焊接

C. 法兰盘连接　　　　　　　　　　D. 丝扣连接

66. 置换通风送风分布器的位置通常设在（　　）。

A. 靠近房顶处　　　　　　　　　　B. 房顶上

C. 房顶与地板中间处　　　　　　　D. 靠近地板处

67. 对于防爆等级高的通风机，其制造材料的要求应符合（　　）。

A. 叶轮及机壳均采用高温合金钢板

B. 叶轮表面喷镀三氧化二铝

C. 叶轮和机壳均采用铝板

D. 叶轮采用铝板、机壳采用高温合金钢板

68. 按承担室内负荷的输送介质分类，属于全水系统的是（　　）。

A. 带盘管的诱导系统　　　　　　　B. 风机盘管机组加新风系统

C. 风机盘管系统　　　　　　　　　D. 辐射板系统

69. 空气处理机组中必须设置加湿设备的空调为（　　）。

A. 舒适性空调　　　　　　　　　　B. 制药车间空调

C. 纺织车间空调　　　　　　　　　D. 计算机机房空调

70. 矩形风管无法兰连接形式的有（　　）。

A. 插条连接　　　　　　　　　　　B. 立咬口连接

C. 薄钢材法兰弹簧夹连接　　　　　D. 抱箍连接

71. 某热力管道敷设方式比较经济，且维修检查方便，但占地面积较大，热损失较大，其敷设方式为（　　）。

A. 直接埋地敷设　　　　　　　　　B. 地沟敷设

C. 架空敷设　　　　　　　　　　　D. 直埋与地沟相结合敷设

72. 目的是减弱压缩机排气的周期性脉动，稳定管网压力，同时可进一步分离空气中的油和水分的压缩空气站设备的是（　　）。

A. 空气过滤器　　　　　　　　　　B. 后冷却器

C. 贮气罐　　　　　　　　　　　　D. 油水分离器

73. 联苯热载体夹套的外管，应用（　　）进行压力试验。

A. 联苯　　　　　　　　　　　　　B. 水

C. 氮气 D. 压缩空气

74. 下列关于塑料管连接方法，叙述正确的是（　　）。

A. 粘结法主要用于聚烯烃管，如 LDPE、HDPE 及 PP 管

B. 焊接主要用于硬 PVC 管、ABS 管的连接

C. 电熔合连接应用于 PP-R 管、PB 管、PE-RT 管、金属复合管

D. 螺纹连接填料可采用白漆丝或生料带

75. 在工业管道安装中，高压管道除采用法兰接口外，对于工作温度为−40~200℃条件下的管道连接也可采用活接头连接，其允许范围是（　　）。

A. PN≤80MPa/DN≤60mm B. PN≤60MPa/DN≤50mm

C. PN≤32MPa/DN≤15mm D. PN≤20MPa/DN≤25mm

76. 该塔突出的优点是结构简单、金属耗量小、总价低，主要缺点是操作弹性范围较窄、小孔易堵塞，此塔为（　　）。

A. 泡罩塔 B. 筛板塔

C. 喷射塔 D. 浮阀塔

77. 某列管换热器制造方便，易于更换管束和检修清洗，且适用于温差较大、腐蚀严重的场合。此换热器为（　　）。

A. 固定管板式换热器 B. 填料函式换热器

C. 浮头式换热器 D. U 形管换热器

78. 内浮顶储罐是带罐顶的浮顶罐，也是拱顶罐和浮顶罐相结合的新型储罐，其特点有（　　）。

A. 能绝对保证储液的质量

B. 与浮顶相比可以进一步降低蒸发损耗

C. 维修简便

D. 储罐大型化

79. 球罐拼装焊接安装完毕后，应进行检验，检验内容包括（　　）。

A. 焊缝检查 B. 水压试验

C. 充水试验 D. 气密性试验

80. 火柜和排气筒塔架防腐蚀方法有（　　）。

A. 涂沥青漆 B. 涂过氯乙烯漆

C. 涂防锈漆 D. 涂防锈漆和着色漆

二、（81~100题）电气和自动化控制工程

81. 变电所工程中，电容器室的主要作用是（　　）。

A. 接受电力 B. 分配电力

C. 存储电能 D. 提高功率因数

82. 下列关于高压变配电设备，叙述正确的是（　　）。

A. 断路器可以切断工作电流和事故电流

B. 负荷开关可以切断工作电流和事故电流

C. 隔离开关只能在没电流时分合闸

D. 送电时先合隔离开关，再合负荷开关；停电时先分负荷开关，再分隔离开关

83. 氧化锌避雷针在电站和变电所中应用广泛，其主要特点为（　　）。

A. 动作迅速，残压低　　　　　　　　　B. 结构简单，可靠性高

C. 流通容量大，续流电流小　　　　　　D. 耐污能力强

84. 母线垂直布置，位于上方的相序是（　　）。

A. A　　　　　　　　　　　　　　　　B. B

C. C　　　　　　　　　　　　　　　　D. N

85. 电力电缆安装前要进行检查，对 1kV 以下的电缆进行检查的内容是（　　）。

A. 直流耐压试验　　　　　　　　　　　B. 交流耐压试验

C. 用 500V 摇表测绝缘　　　　　　　　D. 用 1000V 摇表测绝缘

86. 建筑物防雷接地系统安装工程中，属于独立避雷针的除钢筋结构独立避雷针外，还应包括的是（　　）。

A. 等边角钢独立避雷针　　　　　　　　B. 扁钢与角钢混合结构独立避雷针

C. 钢管环形结构独立避雷针　　　　　　D. 钢筋混凝土环形杆独立避雷针

87. 100m 长的避雷引下线的工程量是（　　）。

A. 100m　　　　　　　　　　　　　　B. 102.5m

C. 103.9m　　　　　　　　　　　　　D. 105m

88. 广泛适用于冶金、铸造、石化、水泥等领域的过程检测，可对各种运动工作物体的表面温度进行快速测量的温度检测仪表为（　　）。

A. 智能温度变送器　　　　　　　　　　B. 红外辐射温度检测器

C. 装配式热电阻　　　　　　　　　　　D. 装配式铂电阻

89. 电磁流量计的特点有（　　）。

A. 无阻流元件，阻力损失极小　　　　　B. 不能测量含有固体颗粒或纤维的液体

C. 可以测量腐蚀性及非腐蚀性液体　　　D. 只能测导电液体

90. 下列过程检测仪表计量，以"台"为计量单位的是（　　）。

A. 温度仪表　　　　　　　　　　　　　B. 压力仪表

C. 变送单元仪表　　　　　　　　　　　D. 流量仪表

91. 可在 6~8km 距离内不使用中继器实现高速率数据传输，电磁绝缘性能好、衰减小、频带宽，传输速度快，主要用于布线条件特殊的主干网，该网络传输介质为（　　）。

A. 双绞线　　　　　　　　　　　　　　B. 同轴电缆

C. 光纤　　　　　　　　　　　　　　　D. 大对数铜缆

92. 有判断网络地址和选择 IP 路径的功能，能在多网络互联环境中建立灵活的连接，可用完全不同的数据分组和介质访问方法连接各种子网。属网络层的一种互联设备，该设备是（　　）。

A. 集线器　　　　　　　　　　　　　　B. 路由器

C. 交换机　　　　　　　　　　　　　　D. 网卡

93. 在计算机控制系统中，代号为 DCS 的系统是（　　）。

A. 数据采集系统　　　　　　　　　　　B. 直接数字控制系统

C. 监督控制系统　　　　　　　　　　D. 集散控制系统

94. 适用于炼钢炉、炼焦炉等高温地区，也可测量液态氢、液态氮等低温物体的温度检测仪表的是（　　　）。

A. 玻璃液位温度计　　　　　　　　　B. 热电阻温度计

C. 热电偶温度计　　　　　　　　　　D. 辐射温度计

95. 电话通信系统的主要组成部分包括（　　　）。

A. 用户终端设备　　　　　　　　　　B. 传输系统

C. 用户分配网　　　　　　　　　　　D. 电话交换设备

96. 建筑物内通信配线的分线箱（组线箱）内接线模块宜采用（　　　）。

A. 普通卡接式接线模块　　　　　　　B. 旋转卡接式接线模块

C. 扣式接线模块　　　　　　　　　　D. RJ45 快接式接线模块

97. 智能建筑的楼宇自动化系统包括的内容有（　　　）。

A. 电梯监控系统　　　　　　　　　　B. 保安监控系统

C. 防盗报警系统　　　　　　　　　　D. 给水排水监控系统

98. 办公自动化系统数据的采集、存储和处理都依赖于（　　　）。

A. 计算机技术　　　　　　　　　　　B. 通信技术

C. 系统科学　　　　　　　　　　　　D. 行为科学

99. 闭路监控系统中，能完成对摄像机镜头、全方位云台的总线控制，有的还能对摄像机电源的通断进行控制的设备为（　　　）。

A. 处理器　　　　　　　　　　　　　B. 均衡器

C. 调制器　　　　　　　　　　　　　D. 解码器

100. 安全防范系统工程计量中，安全防范分系统调试的计量单位是（　　　）。

A. 系统　　　　　　　　　　　　　　B. 台

C. 套　　　　　　　　　　　　　　　D. 部

模拟题七

一、单项选择题（共 **40** 题，每题 **1** 分。每题的备选项中，只有 **1** 个最符合题意）

1. 钢材元素中，含量较多会严重影响钢材冷脆性的元素是（ ）。

A. 硫 B. 磷

C. 硅 D. 锰

2. 强度和硬度较高，耐磨性较好，但塑性、冲击韧性和可焊性差，主要用于制造轴类、农具、耐磨零件和垫板等的普通碳素结构钢型号为（ ）。

A. Q195 B. Q215

C. Q235 D. Q275

3. 抗拉强度远远超过灰铸铁，而与钢相当，具有较好的耐疲劳强度，常用来代替钢制造某些重要零件，如曲轴、连杆和凸轮轴等，也可用于高层建筑室外进入室内给水的总管或室内总干管。这种铸铁是（ ）。

A. 球墨铸铁 B. 蠕墨铸铁

C. 可锻铸铁 D. 耐腐蚀铸铁

4. 在工程材料分类中，铸石属于（ ）。

A. 耐火材料 B. 耐火隔热材料

C. 非金属耐腐蚀材料 D. 陶瓷材料

5. 某酸性耐火材料，抗酸性炉渣侵蚀能力强，易受碱性炉渣侵蚀，主要用于焦炉、玻璃熔窑、酸性炼钢炉等热工设备，该耐火材料为（ ）。

A. 硅砖 B. 铬砖

C. 镁砖 D. 碳砖

6. 用来输送高温、高压汽、水等介质或高温、高压含氢介质的管材为（ ）。

A. 螺旋缝焊接钢管 B. 双层卷焊钢管

C. 一般无缝钢管 D. 高压无缝钢管

7. 当焊件和焊条存在水分时，采用碱性焊条焊接，焊缝中容易出现的缺陷是（ ）。

A. 变形 B. 夹渣

C. 裂纹 D. 氢气孔

8. 压缩回弹性能好，具有多道密封和一定自紧功能，对法兰压紧面的表面缺陷不敏感，易对中，拆卸方便，能在高温、低压、高真空、冲击振动等场合使用的平垫片为（ ）。

A. 橡胶石棉垫片 B. 金属缠绕式垫片

C. 齿形垫片 D. 金属环形垫片

9. 防止管道介质中的杂质进入传动设备或精密部位，使生产发生故障或影响产品的质量的附件是（　　）。

A. 补偿器
B. 视镜
C. 阻火器
D. 除污器

10. 成对使用或单台使用没有补偿能力，但它可作管道万向接头使用的补偿器的是（　　）。

A. 方形补偿器
B. 填料式补偿器
C. 波形补偿器
D. 球形补偿器

11. 能够对非金属材料切割的是（　　）。

A. 氧–乙炔切割
B. 氢氧源切割
C. 等离子弧切割
D. 碳弧气割

12. 焊接质量好，但速度慢、生产效率低的非熔化极焊接方法为（　　）。

A. 埋弧焊
B. 钨极惰性气体保护焊
C. CO_2 气体保护焊
D. 等离子弧焊

13. 管壁厚度为 20~60mm 的高压钢管焊接时，其坡口规定为（　　）。

A. V 形坡口，根部钝边厚度 3mm 左右
B. V 形坡口，根部钝边厚度 2mm 左右
C. U 形坡口，根部钝边厚度 2mm 左右
D. U 形坡口，根部钝边厚度为管壁厚度的 1/5

14. 为了使重要的金属结构零件获得高强度、较高弹性极限和较高的韧性，应采用的热处理工艺为（　　）。

A. 正火
B. 高温回火
C. 去应力退火
D. 完全退火

15. 超声波探伤与 X 射线探伤相比，具有的特点是（　　）。

A. 具有较低的探伤灵敏度、效率高
B. 对缺陷观察具有直观性
C. 对试件表面无特殊要求
D. 适合于厚度较大试件的检验

16. 基体表面处理质量等级需达到 Sa_3 级的是（　　）。

A. 金属热喷涂层
B. 搪铅
C. 橡胶衬里
D. 涂料涂层

17. 硬质绝热制品金属保护层纵缝，在不损坏里面制品及防潮层前提下可进行（　　）固定。

A. 抽芯铆钉
B. 搭接
C. 插接
D. 咬接

18. 特别适用于精密仪器及外表面要求比较严格的物件吊装的索具是（　　）。

A. 素麻绳
B. 油浸麻绳
C. 尼龙带
D. 钢丝绳

19. 两台起重机共同抬吊一个重物，已知重物质量为 50t，索吊具质量为 2t，不均衡荷载系数为 1.1，其计算荷载应为（　　）。

A. 55t

B. 57.2t

C. 60.5t

D. 62.92t

20. 液压、润滑管道的除锈应采用（　　）。

A. 水清洗

B. 油清洗

C. 酸洗

D. 蒸汽吹扫

21. 根据《建设工程工程量清单计价规范》GB 50500 的规定，项目编码第五、六位数字表示的是（　　）。

A. 工程类别

B. 专业工程

C. 分部工程

D. 分项工程

22. 项目编码前六位为 030803 的是（　　）。

A. 切削设备安装工程

B. 给水排水管道

C. 高压管道

D. 管道附件

23. 对表面粗糙度 Ra 为 $0.2 \sim 0.8\mu m$ 的金属表面进行除锈，常用的除锈方法是（　　）。

A. 用钢丝刷刷洗除锈

B. 用非金属刮具沾机械油擦拭除锈

C. 用红黑油石沾机械油擦拭除锈

D. 用粒度为 240 号砂布蘸机械油擦拭除锈

24. 固体散料输送设备中，振动输送机的工作特点为（　　）。

A. 能输送黏性强的物料

B. 能输送具有化学腐蚀性或有毒的散状固体物料

C. 能输送易破损的物料

D. 能输送含气的物料

25. 按照泵的作用原理分类，转子泵应属于（　　）。

A. 漩涡泵

B. 往复泵

C. 滑片泵

D. 喷射泵

26. 特点是启动快，耗功少，运转维护费用低，抽速大、效率高，对被抽气体中所含的少量水蒸气和灰尘不敏感，广泛用于真空冶金中的冶炼、脱气、轧制的泵是（　　）。

A. 喷射泵

B. 水环泵

C. 罗茨泵

D. 扩散泵

27. 与离心式通风机相比，轴流式通风机的使用特点为（　　）。

A. 风压高、流量小

B. 体积较大

C. 动叶、导叶可调节

D. 经济性较差

28. 容量是锅炉的主要性能指标之一，热水锅炉容量单位是（　　）。

A. t/h

B. MW

C. $kg/(m^2 \cdot h)$

D. $kJ/(m^2 \cdot h)$

29. 锅炉的汽、水压力系统及其附属设备安装完毕后，必须进行水压试验，其中应单独进行水压试验的是（　　）。

A. 锅筒　　　　　　　　　　　　　　B. 联箱

C. 过热器　　　　　　　　　　　　　D. 安全阀

30. 锅炉安全附件安装中，常用的水位计有玻璃管式、磁翻柱液位计以及（　　　）。

A. 波纹管式水位计　　　　　　　　　B. 弹簧式水位计

C. 杠杆式水位计　　　　　　　　　　D. 平板式水位计

31. 设备比较简单，操作容易，脱硫效率高；但脱硫后烟气温度较低，且设备的腐蚀较严重的脱硫方法是（　　　）。

A. 燃烧前燃料脱硫　　　　　　　　　B. 烟气脱硫

C. 干法脱硫　　　　　　　　　　　　D. 湿法烟气脱硫

32. 通常由支承架、带法兰的铸铁翼片管、铸铁弯头或蛇形管等组成，安装在锅炉尾部烟管中的设备是（　　　）。

A. 省煤器　　　　　　　　　　　　　B. 空气预热器

C. 过热器　　　　　　　　　　　　　D. 对流管束

33. 自动喷水雨淋式灭火系统包括管道系统、雨淋阀、火灾探测器以及（　　　）。

A. 水流指示器　　　　　　　　　　　B. 预作用阀

C. 开式喷头　　　　　　　　　　　　D. 闭式喷头

34. 具有冷却、乳化、稀释等作用，且不仅可用于灭火，还可用来控制火势及防护冷却的灭火系统为（　　　）。

A. 自动喷水湿式灭火系统　　　　　　B. 自动喷水干式灭火系统

C. 水喷雾灭火系统　　　　　　　　　D. 水幕灭火系统

35. 采用临时高压给水系统的建筑物应设消防水箱，下列说法正确的是（　　　）。

A. 一类高层公共建筑，不应小于 $16m^3$

B. 多层公共建筑、二类高层公共建筑和一类高层住宅，不应小于 $12m^3$

C. 二类高层住宅，不应小于 $12m^3$

D. 建筑高度大于 $21m$ 的多层住宅，不应小于 $5m^3$

36. 在建筑施工现场使用的能够瞬时点燃，工作稳定，能耐高、低温，功率大，但平均寿命短的光源类型为（　　　）。

A. 长弧氙灯　　　　　　　　　　　　B. 短弧氙灯

C. 高压钠灯　　　　　　　　　　　　D. 卤钨灯

37. 可以对三相笼型异步电动机作不频繁自耦减压启动，以减少电动机启动电流对输电网络的影响，可加速电动机转速至额定转速和人为停止电动机运转，并对电动机具有过载、断相、短路等保护的电动机的启动方法是（　　　）。

A. 星-三角启动　　　　　　　　　　B. 自耦减压启动控制柜（箱）减压启动

C. 绕线转子异步电动机启动　　　　　D. 软启动器

38. 具有断路保护功能，能起到灭弧作用，还能避免相间短路，常用于容量较大的负载上作短路保护。这种低压电气设备是（　　　）。

A. 螺旋式熔断器　　　　　　　　　　B. 瓷插式熔断器

C. 封闭式熔断器　　　　　　　　　　D. 铁壳刀开关

39. 一般敷设在较小型电动机的接线盒与钢管口的连接处，用来保护电缆或导线不受机械损伤的导管为（　　）。

A. 电线管
B. 硬质聚氯乙烯管
C. 金属软管
D. 可挠金属套管

40. 下列关于导管的弯曲半径，叙述不正确的是（　　）。

A. 明配导管的弯曲半径不宜小于管外径的 5 倍
B. 埋设于混凝土内的导管弯曲半径不宜小于管外径的 6 倍
C. 当直埋于地下时，导管弯曲半径不宜小于管外径的 10 倍
D. 电缆导管的弯曲半径不应小于电缆最小允许弯曲半径

二、多项选择题（共 20 题，每题 1.5 分。每题的备选项中，有 2 个或 2 个以上符合题意，至少有 1 个错项。错选，本题不得分；少选，所选的每个选项得 0.5 分）

41. 下列关于沉淀硬化不锈钢叙述正确的是（　　）。

A. 突出优点是经沉淀硬化热处理以后具有较高的强度
B. 但耐腐蚀性较铁素体不锈钢差
C. 主要用于制造高强度的容器、结构和零件
D. 可用作高温零件

42. 下列属于桥架型起重机的有（　　）。

A. 门式起重机
B. 门座起重机
C. 塔式起重机
D. 桥式起重机

43. 下列不锈钢可以通过冷处理强化的有（　　）。

A. 铁素体不锈钢
B. 马氏体不锈钢
C. 奥式体不锈钢
D. 奥氏体-铁素体（双相）不锈钢

44. 常用耐腐蚀涂料中，具有良好的耐碱性能的有（　　）。

A. 酚醛树脂漆
B. 环氧-酚醛漆
C. 环氧树脂涂料
D. 呋喃树脂漆

45. 下列关于松套法兰，叙述正确的是（　　）。

A. 多用于铜、铝等有色金属及不锈钢管上
B. 比较适合输送腐蚀性介质
C. 适用于管道需要频繁拆卸以供清洗和检查的地方
D. 适用于高压管道的连接

46. 下列关于球阀，叙述正确的是（　　）。

A. 主要用于切断、分配和改变介质流动方向
B. 结构紧凑、密封性能好
C. 易实现快速启闭、维修方便
D. 仅适用于清洁介质

47. 氧-丙烷火焰切割的优点有（　　）。

A. 安全性高
B. 对环境污染小
C. 切割面粗糙度低
D. 火焰温度高

48. 钎焊的缺点是（　　）。

A. 不易保证焊件的尺寸精度　　　　　B. 增加了结构重量

C. 接头的耐热能力比较差　　　　　　D. 接头强度比较低

49. 超声波探伤与 X 射线探伤相比，具有的特点是（　　）。

A. 探伤灵敏度高　　　　　　　　　　B. 周期长、成本高

C. 适用任意工作表面　　　　　　　　D. 适合厚度较大的零件

50. 设备衬胶前的表面处理宜采用喷砂除锈法。在喷砂前应除去铸件气孔中的空气及油垢等杂质，采用的方法有（　　）。

A. 蒸汽吹扫　　　　　　　　　　　　B. 加热

C. 脱脂及空气吹扫　　　　　　　　　D. 脱脂及酸洗、钝化

51. 下列关于绝热结构保护层施工，叙述正确的是（　　）。

A. 塑料薄膜或玻璃丝布保护层适用于硬质材料的绝热层上面或要求防火的管道上

B. 石棉石膏或石棉水泥保护层适用于纤维质的绝热层上面使用

C. 金属保护层的接缝可根据具体情况选用搭接、插接或咬接形式

D. 金属保护层应有整体防（雨）水功能，对水易渗进绝热层的部位应用玛蹄脂或胶泥严缝

52. 有防锈要求的脱脂件经脱脂处理后，宜采取的密封保护措施有（　　）。

A. 充氮封存　　　　　　　　　　　　B. 气相防锈纸

C. 充空气封存　　　　　　　　　　　D. 气相防锈塑料薄膜

53. 低压碳钢管的"工程内容"有（　　）。

A. 压力试验　　　　　　　　　　　　B. 吹扫、清洗

C. 脱脂　　　　　　　　　　　　　　D. 除锈、刷油、防腐蚀

54. 同样工况下，与活塞式压缩机相比，回转式压缩机特征有（　　）。

A. 结构复杂　　　　　　　　　　　　B. 体积小、重量轻

C. 较广的工况范围内保持高效率　　　D. 空气动力噪声

55. 润滑脂常用于（　　）。

A. 散热要求不是很高的场合

B. 密封设计很高的场合

C. 重负荷和振动负荷、中速或低速、经常间歇或往复运动的轴承

D. 球磨机滑动轴承润滑

56. 电梯安装工程中，运行速度小于 2.5m/s 的电梯通常有（　　）。

A. 蜗杆蜗轮式减速器电梯　　　　　　B. 斜齿轮式减速器电梯

C. 行星轮式减速器电梯　　　　　　　D. 无齿轮减速器电梯

57. 离心式锅炉给水泵是锅炉给水专业用泵，其特点有（　　）。

A. 扬程不高　　　　　　　　　　　　B. 结构形式均为单级离心泵

C. 输送带悬浮物的液体　　　　　　　D. 流量随锅炉负荷变化

58. 下列能表明蒸汽锅炉热经济性的指标有（　　）。

A. 锅炉热效率　　　　　　　　　　　B. 煤水比

C. 煤汽比

D. 锅炉受热面蒸发率

59. 在气体灭火系统中，二氧化碳灭火系统不适用于扑灭（　　）。

A. 甲、乙、丙类的液体火灾

B. 某些气体火灾、固体表面和电气设备火灾

C. 硝化纤维和火药库火灾

D. 活泼金属及其氢化物火灾

60. 高压钠灯发光效率高，属于节能型光源，其特点有（　　）。

A. 黄色光谱透雾性能好

B. 最适于交通照明

C. 耐振性能好

D. 功率因数高

选做部分

共 40 题，分为两个专业组，考生可在两个专业组的 40 个试题中任选 20 题作答，按所答的前 20 题计分，每题 1.5 分。试题由单选和多选组成。错选，本题不得分；少选，所选的每个选项得 0.5 分。

一、（61~80 题）管道和设备工程

61. 在室内竖向分区给水方式中，高位水箱并联供水方式同高位水箱串联供水方式相比，具有的特点有（　　）。

A. 各区独立运行互不干扰，供水可靠

B. 能源消耗较小

C. 管材耗用较多，水泵型号较多，投资较高

D. 水箱占用建筑上层使用面积

62. 下列关于室内给水管道的防护及水压试验，叙述正确的是（　　）。

A. 埋地的钢管、铸铁管一般采用涂刷热沥青绝缘防腐

B. 管道防冻防结露常用的绝热层材料有聚氨酯、岩棉、毛毡、玻璃丝布

C. 生活给水系统管道在交付使用之前必须进行冲洗和消毒

D. 饮用水管道在使用前用每升水中含 20~30mg 游离氯的水灌满管道进行消毒，水在管道中停留 24h 以上

63. 排出管有室外排水管连接处的检查井，井中心距建筑物外墙不小于（　　）。

A. 2m

B. 3m

C. 4m

D. 5m

64. 下列关于室内燃气管道，叙述正确的是（　　）。

A. 低压燃气管道应选用热镀锌钢管

B. 中压和次高压燃气管道宜选用无缝钢管

C. 选用铜管时，应采用硬钎焊连接

D. 选用薄壁不锈钢管时，宜优先选用卡套式管件机械连接

65. 燃气系统埋地铺设的聚乙烯管道长管段上通常设置的补偿器是（　　）。

A. 波形补偿器

B. 方形补偿器

C. 套筒补偿器

D. 球形补偿器

66. 适用于燃气管道的塑料管主要是 （　　）。

A. 聚氯乙烯   B. 聚丁烯

C. 聚乙烯   D. 聚丙烯

67. 分散除尘系统的特点有 （　　）。

A. 系统管道复杂   B. 系统压力容易平衡

C. 布置紧凑   D. 除尘器回收粉尘的处理较为麻烦

68. 除尘效率高、耐温性能好、压力损失低；但一次投资高、钢材消耗多、要求较高的制造安装精度的除尘设备是 （　　）。

A. 惯性除尘器   B. 旋风除尘器

C. 湿式除尘器   D. 静电除尘器

69. 与喷水室相比，表面式换热器具有的特点包括 （　　）。

A. 构造简单   B. 占地少

C. 对水的清洁度要求较高   D. 水侧阻力小

70. 圆形风管的无法兰连接中，其连接形式有 （　　）。

A. 承插连接   B. 立咬口连接

C. 芯管连接   D. 抱箍连接

71. 下列关于热力管道地沟敷设叙述正确的是 （　　）。

A. 管道数量少、管径较小、距离较短，宜采用半通行地沟敷设

B. 不通行地沟内管道一般不采用单排水平敷设

C. 在热力管沟内严禁敷设易燃易爆、易挥发、有毒、腐蚀性的液体或气体管道

D. 直接埋地敷设要求管道保温结构具有低的导热系数、高的耐压强度和良好的防火性能

72. 压缩空气站里常用的油水分离器形式有 （　　）。

A. 环形回转式   B. 撞击折回式

C. 离心折回式   D. 离心旋转式

73. 为保证薄壁不锈钢管内壁焊接成型平整光滑，应采用的焊接方式为 （　　）。

A. 激光焊   B. 氧-乙炔焊

C. 二氧化碳气体保护焊   D. 钨极惰性气体保护焊

74. 防腐衬胶管道未衬里前应先预安装，预安装完成后，需要进行 （　　）。

A. 气压试验   B. 严密性试验

C. 水压试验   D. 渗漏试验

75. 下列工业管道工程计量规则，叙述正确的是 （　　）。

A. 各种管道安装工程量，均按设计管道中心线长度，以"米"计算

B. 扣除阀门及各种管件所占长度

C. 遇弯管时，按两管交叉的中心线交点计算

D. 方形补偿器以其所占长度列入管道安装工程量

76. 具有生产能力大，操作弹性大，塔板效率高，气体压降及液面落差小，塔造价低，是国内许多工厂进行蒸馏时最乐于采用的塔为 （　　）。

A. 筛板塔   B. 泡罩塔

C. 填料塔   D. 浮阀塔

77. 油罐焊接完毕后，检查罐顶焊缝严密性的方法一般采用（　　）。

A. 煤油试漏法   B. 压缩空气试验法

C. 真空箱试验法   D. 化学试验法

78. 下列油罐不属于地上油罐的是（　　）。

A. 罐底位于设计标高±0.00 及其以上

B. 罐底在设计标高±0.00 以下，但不超过油罐高度的 1/2

C. 油罐埋入地下深于其高度的 1/2，而且油罐的液位最大高度不超过设计标高±0.00 以上 0.2m

D. 罐内液位处于设计标高±0.00 以下 0.2m

79. 球罐的预热温度应根据以下条件确定：焊接材料、气象条件、接头的拘束度和（　　）。

A. 焊件长度   B. 焊件厚度

C. 焊件韧性   D. 焊件塑性

80. 静置设备安装—整体容器安装（项目编码：030302002），工作内容不包括（　　）。

A. 附件制作   B. 安装

C. 压力试验   D. 清洗、脱脂、钝化

二、（81~100 题）电气和自动化控制工程

81. 容量较小，一般在 315kVA 及以下的变压器是（　　）。

A. 车间变电所   B. 独立变电所

C. 杆上变电所   D. 建筑物及高层建筑物变电所

82. 高压开关设备中的熔断器，在电力系统中可作为（　　）。

A. 过载故障的保护设备   B. 转移电能的开关设备

C. 短路故障的保护设备   D. 控制设备启停的操作设备

83. 敞开装设在金属框架上，保护和操作方案较多，装设地点灵活的低压断路器为（　　）。

A. SF_6 低压断路器   B. 万能式低压断路器

C. 塑壳式低压断路器   D. 固定式低压断路器

84. 电缆安装工程施工时，下列做法中错误的为（　　）。

A. 直埋电缆做波浪形敷设

B. 在三相四线制系统中采用四芯电力电缆

C. 并联运行电缆具备相同的型号、规格及长度

D. 裸钢带铠装电缆进行直接埋地敷设

85. 防雷接地系统安装时，在土壤条件极差的山石地区应采用接地极水平敷设。要求接地装置所用材料全部采用（　　）。

A. 镀锌圆钢   B. 镀锌方钢

C. 镀锌角钢   D. 镀锌扁钢

86. 检验电气设备承受雷电压和操作电压的绝缘性能和保护性能，应采用的检验方法为（　　）。

A. 绝缘电阻测试
B. 直流耐压试验
C. 冲击波试验
D. 泄漏电流试验

87. 根据《通用安装工程工程量计算标准》GB/T 50856—2024，单独安装的铁壳开关、自动开关、箱式电阻器、变阻器的外部进出线预留长度应从（　　）。

A. 安装对象最远端子接口算起
B. 安装对象最近端子接口算起
C. 安装对象下端往上 2/3 处算起
D. 安装对象中心算起

88. 常用的流量传感器有（　　）。

A. 节流式
B. 速度式
C. 容积式
D. 电阻式

89. 测量范围极大，远远大于酒精、水银温度计，适用于炼钢炉、炼焦炉等高温地区，也可测量液态氢、液态氮等低温物体的温度检测仪表的是（　　）。

A. 热电偶温度计
B. 热电阻温度计
C. 辐射温度计
D. 一体化温度变送器

90. 特别适合于重油、聚乙烯醇、树脂等黏度较高介质流量的测量，用于精密地、连续或间断地测量管道流体的流量或瞬时流量，属容积式流量计。该流量计是（　　）。

A. 涡轮流量计
B. 椭圆齿轮流量计
C. 电磁流量计
D. 均速管流量计

91. 能够对空气、氮气、水及与水相似的其他安全流体进行小流量测量，其结构简单、维修方便、价格较便宜、测量精度低。该流量测量仪表为（　　）。

A. 涡轮流量计
B. 椭圆齿轮流量计
C. 玻璃管转子流量计
D. 电磁流量计

92. 根据《通用安装工程工程量计算标准》GB/T 50856—2024，下列部件按工业管道工程相关项目编码列项的有（　　）。

A. 电磁阀
B. 节流装置
C. 消防控制
D. 取源部件

93. 电磁绝缘性能好、信号衰小、频带宽、传输速度快、传输距离大的网络传输介质是（　　）。

A. 双绞线
B. 粗缆
C. 细缆
D. 光纤

94. 有线电视系统安装时，室外线路敷设正确的做法有（　　）。

A. 用户数量和位置变动较大时，可架空敷设

B. 用户数量和位置比较稳定时，可直接埋地敷设

C. 有电力电缆管道时，可共管孔敷设

D. 可利用架空通信、电力杆路敷设

95. 不需要调制、解调，设备花费少，传输距离一般不超过 2km 的电视监控系统信号传输方式的是（　　）。

A. 微波传输　　　　　　　　　　B. 射频传输

C. 基带传输　　　　　　　　　　D. 宽带传输

96. 作用是将反射面内收集到的卫星电视信号聚焦到馈源口，形成适合波导传输的电磁波的卫星电视接收系统的是（　　　）。

A. 卫星天线　　　　　　　　　　B. 高频头

C. 功分器　　　　　　　　　　　D. 调制器

97. 从用户服务功能角度看，智能建筑可提供三大方面的服务功能，即安全功能、舒适功能和便利高效功能，下列属于安全功能的有（　　　）。

A. 火灾自动报警　　　　　　　　B. 空调监控

C. 供配电监控　　　　　　　　　D. 应急照明

98. 空间入侵探测器包括（　　　）。

A. 声控探测器　　　　　　　　　B. 被动红外探测器

C. 微波入侵探测器　　　　　　　D. 视频运动探测器

99. 办公自动化系统的支柱科学技术是（　　　）。

A. 计算机技术　　　　　　　　　B. 通信技术

C. 系统科学　　　　　　　　　　D. 网络技术

100. 综合布线系统中，使不同尺寸或不同类型的插头与信息插座相匹配，提供引线的重新排列，把电缆连接到应用系统的设备接口的器件是（　　　）。

A. 适配器　　　　　　　　　　　B. 接线器

C. 连接模块　　　　　　　　　　D. 转接器

模拟题八

一、单项选择题（共 40 题，每题 1 分。每题的备选项中，只有 1 个最符合题意）

1. 钢中含有的碳、硅、锰、硫、磷等元素对钢材性能的影响，叙述正确的为（　　）。

A. 当含碳量超过 1.00%时，钢材强度下降，塑性大、硬度小、易加工

B. 硫、磷含量较高时，会使钢材产生热脆和冷脆性，但对其塑性、韧性影响不大

C. 硅、锰能够在不显著降低塑性、韧性的情况下，提高钢材的强度和硬度

D. 锰能够提高钢材的强度和硬度，而硅则会使钢材塑性、韧性显著降低

2. 依据《钢铁产品牌号表示方法》GB/T 221—2008，Q355ND 表示（　　）。

A. 最小上屈服强度值 355MPa、交货状态为正火或正火轧制、质量等级为 D 级的低合金高强度结构钢

B. 最大上屈服强度值 355MPa、交货状态为正火或正火轧制、质量等级为 D 级的低合金高强度结构钢

C. 最小上屈服强度值 355MPa、交货状态为回火或回火轧制、质量等级为 D 级的低合金高强度结构钢

D. 最大上屈服强度值 355MPa、交货状态为回火或回火轧制、质量等级为 D 级的低合金高强度结构钢

3. 某种钢材，其塑性和韧性较高，可通过热处理强化，多用于制作较重要的、荷载较大的机械零件，是广泛应用的机械制造用钢。此种钢材为（　　）。

A. 普通碳素结构钢 B. 优质碳素结构钢

C. 普通低合金钢 D. 奥氏体型不锈钢

4. 某种铸铁具有较高的强度、塑性和冲击韧性，可以部分代替碳钢，用来制作形状复杂、承受冲击和振动荷载的零件，且与其他铸铁相比，其成本低、质量稳定、处理工艺简单。此铸铁为（　　）。

A. 可锻铸铁 B. 球墨铸铁

C. 蠕墨铸铁 D. 片墨铸铁

5. 在要求耐腐蚀、耐磨或高温条件下，当不受冲击振动时，选用的非金属材料为（　　）。

A. 蛭石 B. 铸石

C. 石墨 D. 玻璃

6. 某塑料制品分为硬、软两种。硬制品密度小，抗拉强度较好，耐水性、耐油性和耐化学药品侵蚀性好，用来制作化工、纺织等排污、气、液输送管；软塑料常制成薄膜，用于工业包装等。此塑料制品材料为（　　）。

A. 聚乙烯 B. 聚四氟乙烯

C. 聚氯乙烯　　　　　　　　　　　　D. 聚苯乙烯

7. 根据涂料的基本组成分类，溶剂应属于（　　）。

A. 主要成膜物质　　　　　　　　　　B. 次要成膜物质

C. 辅助成膜物质　　　　　　　　　　D. 其他辅助材料

8. 密封性能较好，使用周期长，常用于凹凸式密封面法兰的连接，缺点是在每次更换垫片时，都要对两法兰密封面进行加工，因而费时费力，这种垫片是（　　）。

A. 橡胶垫片　　　　　　　　　　　　B. 橡胶石棉垫片

C. 齿形垫片　　　　　　　　　　　　D. 金属环形垫片

9. 在管道上主要用于切断、分配和改变介质流动方向，设计成 V 形开口的球阀，还具有较好的流量调节功能。不仅适用于水、溶剂、酸和天然气等一般工作介质，而且还适用于工作条件恶劣的介质，如氧气、过氧化氢、甲烷和乙烯等，且适用于含纤维、微小固体颗粒等介质。该阀门为（　　）。

A. 疏水阀　　　　　　　　　　　　　B. 球阀

C. 旋塞阀　　　　　　　　　　　　　D. 蝶阀

10. 主要使用在应急电源至用户消防设备、火灾报警设备、通风排烟设备、疏散指示灯、紧急电源插座、紧急用电梯等供电回路的衍生电缆是（　　）。

A. 阻燃电缆　　　　　　　　　　　　B. 耐火电缆

C. 防水电缆　　　　　　　　　　　　D. 耐寒电缆

11. 在金属结构制造部门得到广泛应用，加工多种不能用气割加工的金属，如铸铁、高合金钢、铜和铝及其合金等，但对有耐腐蚀要求的不锈钢一般不采用的切割方法是（　　）。

A. 氧–乙炔火焰切割　　　　　　　　B. 等离子弧切割

C. 碳弧气割　　　　　　　　　　　　D. 冷切割

12. 采用熔化极惰性气体保护焊焊接铝、镁等金属时，为提高接头的焊接质量，可采用的焊接连接方式为（　　）。

A. 直流正接法　　　　　　　　　　　B. 直流反接法

C. 交流串接法　　　　　　　　　　　D. 交流并接法

13. 焊接电流的大小，对焊接质量及生产率有较大影响。其中最主要的因素是焊条直径和（　　）。

A. 焊条类型　　　　　　　　　　　　B. 接头形式

C. 焊接层次　　　　　　　　　　　　D. 焊缝空间位置

14. 工件强度、硬度、韧性较退火为高，而且生产周期短，能量耗费少的焊后热处理工艺为（　　）。

A. 正火工艺　　　　　　　　　　　　B. 淬火工艺

C. 中温回火　　　　　　　　　　　　D. 高温回火

15. 只适用于工地拼装的大型普通低碳钢容器的组装焊缝的焊后热处理工艺是（　　）。

A. 正火加高温回火　　　　　　　　　B. 单一的高温回火

C. 单一的中温回火　　　　　　　　　D. 正火

16. 特点是质量高，但只适用于较厚的、不怕碰撞的工件的金属表面处理方法是（　　）。

A. 手工法　　　　　　　　　　　　　B. 湿喷砂法

C. 酸洗法　　　　　　　　　　　　　D. 抛丸法

17. 某设备内部需覆盖铅防腐，该设备在负压下回转运动，且要求传热性好，此时覆盖铅的方法应为（　　）。

A. 搪钉固定法　　　　　　　　　　　B. 搪铅法

C. 螺栓固定法　　　　　　　　　　　D. 压板条固定法

18. 广泛应用于陶瓷、石材、玻璃、金属、复合材料、化工等行业，切口质量优异，表面平滑，不存在任何毛刺和氧化残迹，安全、环保、速度较快、效率较高的切割方法是（　　）。

A. 砂轮切割　　　　　　　　　　　　B. 氧熔剂切割

C. 激光切割　　　　　　　　　　　　D. 水刀切割

19. 自行式起重机选用时，根据被吊设备或构件的就位位置、现场具体情况等确定起重机的站车位置，站车位置一旦确定，则（　　）。

A. 可由特性曲线确定起重机臂长

B. 可由特性曲线确定起重机能吊装的荷载

C. 可确定起重机的工作幅度

D. 起重机的最大起升高度即可确定

20. 脱脂后应及时将脱脂件内部的残液排净，不能采用的方法是（　　）。

A. 用清洁、无油压缩空气吹干　　　　B. 用氮气吹干

C. 自然蒸发　　　　　　　　　　　　D. 用清洁无油的蒸汽吹干

21. 编制工程量清单时，安装工程工程量清单根据的文件不包括（　　）。

A. 经审定通过的项目可行性研究报告

B. 与工程相关的标准、规范和技术资料

C. 经审定通过的施工组织设计

D. 经审定通过的施工图纸

22. 下列不属于静电喷涂法的特点的是（　　）。

A. 对人体无害　　　　　　　　　　　B. 附着力差、机械强度低

C. 不需要底漆　　　　　　　　　　　D. 成本低于喷漆工艺

23. 中小型形状复杂的装配件表面的防锈油脂，其初步清洗的方法是（　　）。

A. 清洗液浸洗　　　　　　　　　　　B. 热空气吹洗

C. 清洗液喷洗　　　　　　　　　　　D. 溶剂油擦洗

24. 机械设备安装工程中，常用于固定静置的简单设备或辅助设备的地脚螺栓为（　　）。

A. 长地脚螺栓　　　　　　　　　　　B. 可拆卸地脚螺栓

C. 活动地脚螺栓　　　　　　　　　　D. 胀锚地脚螺栓

25. 适用于运送粉末状的、块状的或片状的颗粒物料的带式输送机为（　　）。

A. 平型带式输送机　　　　　　　　　　B. 槽型带式输送机

C. 拉链式带式输送机　　　　　　　　　D. 弯曲带式输送机

26. 电梯无严格的速度分类，我国习惯上将高速电梯规定为（　　）。

A. 速度低于 1.0m/s 的电梯　　　　　　B. 速度在 1.0~2.0m/s 的电梯

C. 速度大于 2.0m/s 的电梯　　　　　　D. 速度超过 4.0m/s 的电梯

27. 与离心式泵的主要区别是防止输送的液体与电气部分接触，保证输送液体绝对不泄漏的泵是（　　）。

A. 离心式杂质泵　　　　　　　　　　　B. 离心式冷凝水泵

C. 屏蔽泵　　　　　　　　　　　　　　D. 混流泵

28. 广泛应用于大型电站、大型隧道、矿井的通风、引风机的是（　　）。

A. 离心式通风机　　　　　　　　　　　B. 轴流式通风机

C. 混流式通风机　　　　　　　　　　　D. 罗茨式通风机

29. 蒸发量为 1t/h 的锅炉，其省煤器上装有 3 个安全阀，为确保锅炉安全运行，此锅炉至少应安装的安全阀数量为（　　）。

A. 3 个　　　　　　　　　　　　　　　B. 4 个

C. 5 个　　　　　　　　　　　　　　　D. 6 个

30. 锅炉本体安装时，对流式过热器安装的部位应为（　　）。

A. 水平悬挂于锅炉尾部　　　　　　　　B. 垂直悬挂于锅炉尾部

C. 包覆于炉墙内壁上　　　　　　　　　D. 包覆于锅炉的炉顶部

31. 根据生产工艺要求，烟气除尘率达到 85% 左右即满足需要，可选用没有运动部件、结构简单、造价低、维护管理方便，且广泛应用的除尘设备是（　　）。

A. 麻石水膜除尘器　　　　　　　　　　B. 旋风水膜除尘器

C. 旋风除尘器　　　　　　　　　　　　D. 静电除尘器

32. 锅炉安全附件安装中，常用的水位计有玻璃管式、磁翻柱液位计以及（　　）。

A. 波纹管式水位计　　　　　　　　　　B. 弹簧式水位计

C. 杠杆式水位计　　　　　　　　　　　D. 平板式水位计

33. 通常将火灾划分为六大类，其中 D 类火灾指（　　）。

A. 木材、布类、纸类、橡胶和塑胶等普通可燃物的火灾

B. 可燃性液体或气体的火灾

C. 电气设备的火灾

D. 钾、钠、镁等可燃性金属或其他活性金属的火灾

34. 适用于液化石油气、天然气等可燃气体火灾现场的系统灭火剂是（　　）。

A. 泡沫炮系统　　　　　　　　　　　　B. 干粉炮系统

C. 水炮系统　　　　　　　　　　　　　D. 水灭火系统

35. 属于开式自动喷水灭火系统的是（　　）。

A. 湿式自动喷水灭火系统　　　　　　　B. 预作用式自动喷水灭火系统

C. 干式自动喷水灭火系统　　　　　　　D. 雨淋系统

36. 它是电光源中光效最高的一种光源，也是太阳能路灯照明系统的最佳光源。它视见分辨率高，对比度好，特别适用于高速公路、市政道路、公园、庭院等照明场所。这种电光源是（　　）。

A. 低压钠灯

B. 高压钠灯

C. 氙灯

D. 金属卤化物灯

37. 适用于容量较大的电动机，通过控制电动机的电压，使其在启动过程中逐渐升高，很自然地限制启动电流，同时具有可靠性高、维护量小、电动机保护良好以及参数设置简单等优点的启动方式为（　　）。

A. 星-三角启动法（$Y-\Delta$）

B. 绕线转子异步电动机启动

C. 软启动器启动

D. 直接启动

38. 主要用于频繁接通、分断交直流电路，控制容量大，其主要控制对象是电动机，广泛用于自动控制电路。该低压电气设备是（　　）。

A. 熔断器

B. 低压断路器

C. 继电器

D. 接触器

39. 下列关于硬质聚氯乙烯管叙述不正确的是（　　）。

A. 硬质聚氯乙烯管主要用于电线、电缆的保护套管

B. 连接一般为加热承插式连接和塑料热风焊

C. 弯曲可不必加热

D. 易变形老化，适用于腐蚀性较大的场所的明、暗配

40. 长期不用电机的绝缘电阻不能满足相关要求时，必须进行干燥。下列选项中属于电机通电干燥法的是（　　）。

A. 外壳铁损干燥法

B. 灯泡照射干燥法

C. 电阻器加盐干燥法

D. 热风干燥法

二、多项选择题（共20题，每题1.5分。每题的备选项中，有2个或2个以上符合题意，至少有1个错项。错选，本题不得分；少选，所选的每个选项得0.5分）

41. 钛及钛合金具有很多优异的性能，其主要优点有（　　）。

A. 高温性能良好，可在540℃以上使用

B. 低温性能良好，可作为低温材料

C. 常温下抗海水、抗大气腐蚀

D. 常温下抗硝酸和碱溶液腐蚀

42. 在热塑性工程塑料中，聚丙烯性能叙述正确的有（　　）。

A. 耐热性能良好

B. 力学性能优良

C. 耐光性能优良

D. 染色性能优良

43. 金属缠绕垫片是由金属带和非金属带螺旋复合绕制而成的一种半金属平垫片，具有的特点是（　　）。

A. 压缩、回弹性能好

B. 具有多道密封但无自紧功能

C. 对法兰压紧面的表面缺陷不太敏感

D. 容易对中，拆卸方便

44. 按药皮熔化后的熔渣碱度分类，可将焊条分为酸性焊条和碱性焊条，其中酸性焊条所具有的特点有（　　）。

A. 具有较强的还原性

B. 对铁锈、水分不敏感，焊缝中很少有由氢气引起的气孔

C. 不能完全清除焊缝中的硫、磷等杂质

D. 焊缝金属力学性能较低

45. 按阀门动作特点分类，属于驱动阀门的有（　　）。

A. 节流阀

B. 闸阀

C. 止回阀

D. 旋塞阀

46. 填料式补偿器主要由带底脚的套筒、插管和填料函三部分组成，与方形补偿器相比其主要特点有（　　）。

A. 占地面积小

B. 填料使用寿命长，无须经常更换

C. 流体阻力小，补偿能力较大

D. 轴向推力大，易漏水漏气

47. 在焊接方法分类中，属于熔化焊的有（　　）。

A. 电渣焊

B. 电阻焊

C. 激光焊

D. 电子束焊

48. 下列应选用低氢焊条的工况为（　　）。

A. 在高温、低温、耐磨或其他特殊条件下工作的焊件

B. 当母材中碳、硫、磷等元素的含量偏高时

C. 对结构形状复杂、刚性大的厚大焊件

D. 对承受动荷载和冲击荷载的焊件

49. 液体渗透检验的优点是（　　）。

A. 不受被检试件几何形状、尺寸大小、化学成分和内部组织结构的限制

B. 大批量的零件可实现100%的检验

C. 检验的速度快，操作比较简便

D. 可以显示缺陷的深度及缺陷内部的形状和大小

50. 衬铅的施工方法与搪铅的施工方法相比，特点有（　　）。

A. 施工简单，生产周期短

B. 适用于立面、静荷载和正压下工作

C. 传热性好

D. 适用于负压、回转运动和振动下工作

51. 在安装工程常用的机械化吊装设备中，履带起重机的工作特点有（　　）。

A. 在平整坚实的场地上可以载荷行驶作业

B. 不能全回转作业

C. 适用于没有道路的工地

D. 可安装打桩、拉铲等装置

52. 下列关于管道气压试验的方法和要求，叙述正确的是（　　）。

A. 试验时，应装有压力泄放装置，其设定压力不得高于试验压力的1.1倍

B. 试验前，应用空气进行预试验，试验压力宜为0.3MPa

C. 工艺管道除了强度试验和严密性试验以外，有些管道还要进行一些特殊试验

D. 真空系统在压力试验合格后，还应按设计文件规定进行24h的真空度试验，以增

压率不大于10%为合格

53. 激光切割是一种无接触的切割方法，其切割的主要特点有（　　）。

A. 切割质量好 　　　　　　　　　　B. 可切割金属与非金属材料

C. 切割时生产效率不高 　　　　　　D. 适用于各种厚度材料的切割

54. 静电喷涂法是一种将粉末涂料喷涂在工件表面上的处理方法，其特点有（　　）。

A. 施工对环境无污染 　　　　　　　B. 涂层外观质量优异

C. 涂层耐腐、耐磨 　　　　　　　　D. 对工人技术要求高

55. 垫铁安装在设备底座下起减振、支撑作用，下列说法中正确的是（　　）。

A. 最薄垫铁安放在垫铁组最上面 　　B. 最薄垫铁安放在垫铁组中间

C. 斜垫铁安放在垫铁组最上面 　　　D. 斜垫铁安放在垫铁组最下面

56. 往复泵与离心泵相比，其特点有（　　）。

A. 扬程有一定的范围 　　　　　　　B. 流量与排出压力无关

C. 具有自吸能力 　　　　　　　　　D. 流量均匀

57. 螺杆泵的特点和用途，叙述正确的是（　　）。

A. 液体沿轴向移动 　　　　　　　　B. 流量连续均匀，随压力变化小

C. 运转时振动与噪声大 　　　　　　D. 输送黏度变化范围大的液体

58. 根据《通用安装工程工程量计算标准》GB/T 50856—2024，热力设备安装工程按设计图示设备质量以"t"计量的有（　　）。

A. 烟道、热风道 　　　　　　　　　B. 渣仓

C. 脱硫吸收塔 　　　　　　　　　　D. 除尘器

59. 下列关于七氟丙烷灭火系统，叙述正确的是（　　）。

A. 效能高、速度快、环境效应好、不污染被保护对象

B. 对人体基本无害

C. 可用于硝化纤维火灾

D. 不可用于过氧化氢火灾

60. 填充料式熔断器的主要特点是（　　）。

A. 具有限流作用 　　　　　　　　　B. 具有较高的极限分断能力

C. 具有分流作用 　　　　　　　　　D. 具有较低的极限分断能力

选做部分

共40题，分为两个专业组，考生可在两个专业组的40个试题中任选20题作答，按所答的前20题计分，每题1.5分。试题由单选和多选组成。错选，本题不得分；少选，所选的每个选项得0.5分。

一、（61~80题）管道和设备工程

61. 在大型的高层建筑中，常将球墨铸铁管设计为总立管，其接口连接方式有（　　）。

A. 橡胶圈机械式接口 　　　　　　　B. 承插接口

C. 螺纹法兰连接 　　　　　　　　　D. 套管连接

62. 高层建筑、大型民用建筑的加压给水泵应设备用泵，备用泵的容量应等于泵站中

( )。

A. 各泵总容量的一半   B. 最大一台泵的容量

C. 各泵的平均容量   D. 最小一台泵的容量

63. 布置简单，基建投资少，运行管理方便，是热水管网最普遍采用的形式，此种管网布置形式为（ ）。

A. 平行管网   B. 辐射管网

C. 枝状管网   D. 环状管网

64. 与铸铁散热器相比，钢制散热器的特点是（ ）。

A. 结构简单，热稳定性好   B. 防腐蚀性好

C. 耐压强度高   D. 占地小，使用寿命长

65. 保证不间断地供应燃气，平衡、调度燃气供气量的燃气系统设备是（ ）。

A. 燃气管道系统   B. 压送设备

C. 贮存装置   D. 燃气调压站

66. 广泛应用于有机溶剂蒸气和碳氢化合物的净化处理，也可用于除臭的有害气体净化方法的是（ ）。

A. 燃烧法   B. 吸收法

C. 吸附法   D. 冷凝法

67. 在通风工程中，利用声波通道截面的突变，使沿管道传递的某些特定频段的声波反射回声源，从而达到消声的目的，且由扩张室和连接管串联组成的是（ ）。

A. 抗性消声器   B. 阻性消声器

C. 缓冲式消声器   D. 扩散消声器

68. 将回风与新风在空气处理设备前混合，再一起进入空气处理设备，目前是空调中应用最广泛的形式，这种空调系统形式是（ ）。

A. 直流式系统   B. 封闭式系统

C. 一次回风系统   D. 二次回风系统

69. 大型金属油罐应根据项目特征，按设计图示数量以（ ）计算。

A. 台   B. 座

C. t   D. 系统

70. 热力管道如在不通行地沟内敷设，其分支处装有阀门、仪表、除污器等附件时，应设置（ ）。

A. 检查井   B. 排污孔

C. 手孔   D. 人孔

71. 压缩空气管道中，弯头应尽量采用煨弯，其弯曲半径不应小于（ ）。

A. $2D$ B. $2.5D$

C. $3D$ D. $3.5D$

72. 下列关于钛及钛合金管道安装要求，叙述正确的是（ ）。

A. 钛及钛合金管的切割可以使用火焰切割

B. 钛及钛合金管焊接应采用惰性气体保护焊或真空焊

C. 钛及钛合金管焊接应采用氧-乙炔焊、二氧化碳气体保护焊或手工电弧焊

D. 钛及钛合金管不宜与其他金属管道直接焊接连接，当需要进行连接时，可采用活套法兰连接

73. 衬胶管与管件的基体一般为（　　　）。

A. 合金钢

B. 碳钢

C. 铜合金

D. 铸铁

74. 下列工业管道管件计量规则叙述正确的是（　　　）。

A. 管件压力试验、吹扫、清洗、脱脂均不包括在管道安装中

B. 三通、四通、异径管均按大管径计算

C. 管件用法兰连接时执行法兰安装项目，管件本身不再计算安装

D. 计量单位为"个"

75. 表征填料效能好的有（　　　）。

A. 较高的空隙率

B. 操作弹性大

C. 较大的比表面积

D. 重量轻、造价低，机械强度高

76. 传热系数较小，传热面受到容器限制，只适用于传热量不大的场合，该换热器为（　　　）。

A. 夹套式换热器

B. 蛇管式换热器

C. 列管式换热器

D. 板片式换热器

77. 下列金属球罐的拼装方法中，一般仅适用于中、小球罐安装的是（　　　）。

A. 分片组装法

B. 分带分片混合组装法

C. 环带组装法

D. 拼半球组装法

78. 在相同容积和相同压力下，与立式圆筒形储罐相比，球形罐的优点为（　　　）。

A. 表面积最小，可减少钢材消耗

B. 罐壁内应力小，承载能力比圆筒形储罐大

C. 基础工程量小，占地面积较小，节省土地

D. 加工工艺简单，可大大缩短施工工期

79. 气柜施工过程中，根据焊接规范要求，应对焊接质量进行检验，以下操作正确的是（　　　）。

A. 气柜壁板所有对焊焊缝均应进行真空试漏试验

B. 下水封的焊缝应进行注水试验

C. 水槽壁对接焊缝应进行氨气渗漏试验

D. 气柜底板焊缝应进行煤油渗透试验

80. 在下列金属构件中，不属于工艺金属结构件的是（　　　）。

A. 管廊

B. 设备框架

C. 漏斗、料仓

D. 吊车轨道

二、（81~100题）电气和自动化控制工程

81. 关于建筑物及高层建筑物变电所，叙述正确的是（　　　）。

A. 变压器一律采用干式变压器

B. 高压开关可以采用真空断路器

C. 高压开关可以采用六氟化硫断路器　　　D. 高压开关可以采用少油断路器

82. 互感器的主要功能有（　　　）。

A. 使仪表和继电器标准化

B. 提高仪表及继电器的绝缘水平

C. 简化仪表构造

D. 避免短路电流直接流过测量仪表及继电器的线圈

83. 低压动力配电箱的主要功能是（　　　）。

A. 只对动力设备配电

B. 只对照明设备配电

C. 不仅对动力设备配电，也可兼向照明设备配电

D. 给小容量的单相动力设备配电

84. 漏电保护器安装时，错误的做法有（　　　）。

A. 安装在进户线小配电盘上

B. 照明线路导线，不包括中性线，通过漏电保护器

C. 安装后拆除单相闸刀开关、熔丝盒

D. 安装后选带负荷分、合开关三次

85. 室内变压器安装时，必须实现可靠接地的部件包括（　　　）。

A. 变压器中性点　　　　　　　　　　　B. 变压器油箱

C. 变压器外壳　　　　　　　　　　　　D. 金属支架

86. 制造、使用或贮存炸药、火药、起爆药、火工品等大量爆炸物质的建筑物，因电火花而引起爆炸，会造成巨大破坏和人身伤亡者的建筑物等属于（　　　）。

A. 第一类防雷建筑物　　　　　　　　　B. 第二类防雷建筑物

C. 第三类防雷建筑物　　　　　　　　　D. 第四类防雷建筑物

87. 检验电气设备承受雷电压和操作电压的绝缘性能和保护性能的试验是（　　　）。

A. 绝缘电阻的测试　　　　　　　　　　B. 直流耐压试验

C. 冲击波试验　　　　　　　　　　　　D. 局部放电试验

88. 依据《通用安装工程工程量计算标准》GB/T 50856—2024 的规定，防雷及接地装置若利用基础钢筋作接地极，编码列项应为（　　　）。

A. 钢筋项目　　　　　　　　　　　　　B. 均压环项目

C. 接地极项目　　　　　　　　　　　　D. 措施项目

89. 流量传感器中具有重现性和稳定性能好，不受环境、电磁、温度等因素干扰的优点，以及显示迅速、测量范围大的优点，缺点是只能用来测量透明的气体和液体的是（　　　）。

A. 压差式流量计　　　　　　　　　　　B. 靶式流量计

C. 光纤式涡轮传感器　　　　　　　　　D. 椭圆齿轮流量计

90. 常用于低温区的温度监测器，测量精度高、性能稳定，不仅广泛应用于工业测温，而且被制成标准的基准仪的是（　　　）。

A. 热电阻温度计　　　　　　　　　　　B. 热电偶温度计

C. 双金属温度计　　　　　　　　　　　D. 辐射式温度计

91. 关于均速管流量计叙述正确的是（　　　）。

A. 适用于大口径大流量的各种液体流量测量

B. 安装、拆卸、维修方便

C. 压损大、能耗大

D. 输出差压较高

92. 如果接入网络的网络终端设备距离较远，首选的设备是（　　　）。

A. 中继器　　　　　　　　　　　　B. 集线器

C. 交换机　　　　　　　　　　　　D. 路由器

93. 有线电视系统一般由信号源、前端设备、干线传输系统和用户分配网络组成，前端设备不包括（　　　）。

A. 调制器　　　　　　　　　　　　B. 放大器

C. 均衡器　　　　　　　　　　　　D. 滤波器

94. 在电话通信系统安装工程中，目前用户交换机与市电信局连接的中继线一般均采用（　　　）。

A. 光缆　　　　　　　　　　　　　B. 大对数铜芯电缆

C. 双绞线电缆　　　　　　　　　　D. HYA 型铜芯市话电缆

95. 移动通信设备中全向天线的计量单位是（　　　）。

A. 副　　　　　　　　　　　　　　B. 个

C. 套　　　　　　　　　　　　　　D. 组

96. 根据相关规定，属于建筑自动化系统的有（　　　）。

A. 给水排水监控系统　　　　　　　B. 电梯监控系统

C. 计算机网络系统　　　　　　　　D. 通信系统

97. 属于直线型报警探测器类型的是（　　　）。

A. 开关入侵探测器　　　　　　　　B. 红外入侵探测器

C. 激光入侵探测器　　　　　　　　D. 超声波入侵探测器

98. 主动红外探测器的特点是（　　　）。

A. 体积小、重量轻　　　　　　　　B. 抗噪防误报能力强

C. 寿命长　　　　　　　　　　　　D. 价格高

99. 以数据库为基础，可以把业务做成应用软件包，包内的不同应用程序之间可以互相调用或共享数据的办公自动化系统的是（　　　）。

A. 事务型办公系统　　　　　　　　B. 信息管理型办公系统

C. 决策支持型办公系统　　　　　　D. 系统科学型办公系统

100. 信息插座在综合布线系统中起着重要作用，为所有综合布线推荐的标准信息插座的是（　　　）。

A. 6 针模块化信息插座　　　　　　B. 8 针模块化信息插座

C. 10 针模块化信息插座　　　　　　D. 12 针模块化信息插座

模拟题九

一、单项选择题（共40题，每题1分。每题的备选项中，只有1个最符合题意）

1. 具有较高的强度、硬度和耐磨性。通常用于弱腐蚀性介质环境中，如海水、淡水和水蒸气中；以及使用温度≤580℃的环境中，通常也可作为受力较大的零件和工具的制作材料。但由于此钢焊接性能不好，故一般不用作焊接件的不锈钢为（　　）。

　　A. 铁素体型不锈钢　　　　　　　　B. 奥氏体型不锈钢

　　C. 马氏体型不锈钢　　　　　　　　D. 铁素体-奥氏体型不锈钢

2. 某种钢材含碳量小于0.8%，其所含的硫、磷及金属夹杂物较少，塑性和韧性较高，广泛应用于机械制造，当含碳量较高时，具有较高的强度和硬度，主要制造弹簧和耐磨零件，此种钢材为（　　）。

　　A. 普通碳素结构钢　　　　　　　　B. 优质碳素结构钢

　　C. 普通低合金钢　　　　　　　　　D. 优质低合金钢

3. 主要用于焦炉、玻璃熔窑、酸性炼钢炉等热工设备，软化温度很高，接近其耐火度，重复煅烧后体积不收缩，甚至略有膨胀，但是抗热震性差的耐火制品为（　　）。

　　A. 硅砖制品　　　　　　　　　　　B. 碳质制品

　　C. 黏土砖制品　　　　　　　　　　D. 镁质制品

4. 安装工程中常用的聚丙烯材料，除具有质轻、不吸水，介电性和化学稳定性良好以外，其优点还有（　　）。

　　A. 耐光性能良好　　　　　　　　　B. 耐热性能良好

　　C. 低温韧性良好　　　　　　　　　D. 染色性能良好

5. 某塑料管材无毒、质量轻、韧性好、可盘绕、耐腐蚀，常温下不溶于任何溶剂，强度较低，一般适宜于压力较低的工作环境，其耐热性能不好，不能作为热水管使用。该管材为（　　）。

　　A. 聚乙烯管　　　　　　　　　　　B. 聚丙烯管

　　C. 聚丁烯管　　　　　　　　　　　D. 工程塑料管

6. 特别适用于对耐候性要求很高的桥梁或化工厂设施的新型涂料是（　　）。

　　A. 聚氨酯漆　　　　　　　　　　　B. 环氧煤沥青

　　C. 三聚乙烯防腐涂料　　　　　　　D. 氟-46涂料

7. 法兰密封面形式为O形圈面型，其使用特点为（　　）。

A. O形密封圈是非挤压型密封

B. O形圈截面尺寸较小，消耗材料少

C. 结构简单，不需要相配合的凸面和槽面的密封面

D. 密封性能良好，但压力使用范围较窄

8. 具有结构简单、严密性较高，但阻力比较大等特点，主要用于热水供应及高压蒸汽管路上的阀门为（   ）。

A. 截止阀   B. 闸阀

C. 蝶阀   D. 旋塞阀

9. 自然补偿的管段不能很大，是因为管道变形时会产生（   ）。

A. 纵向断裂   B. 横向断裂

C. 纵向位移   D. 横向位移

10. 高层建筑中母线槽供电的替代产品，具有供电可靠、安装方便、占建筑面积小、故障率低、价格便宜、免维修维护等优点，广泛应用于高中层建筑、住宅楼、商厦、宾馆、医院的电气竖井内垂直供电，也适用于隧道、机场、桥梁、公路等额定电压为 0.6/1kV 配电线路的电缆是（   ）。

A. 橡皮绝缘电力电缆   B. 矿物绝缘电缆

C. 预制分支电缆   D. 穿刺分支电缆

11. 热效率高、熔深大、焊接速度快、机械化操作程度高，因而适用于中厚板结构平焊位置长焊缝的焊接，其焊接方法为（   ）。

A. 埋弧焊   B. 钨极惰性气体保护焊

C. 熔化极气体保护焊   D. CO_2 气体保护焊

12. 对搭接、T 形、对接、角接、端接五种接头形式均适用的焊接方法为（   ）。

A. 熔焊   B. 压力焊

C. 高频电阻焊   D. 钎焊

13. 将经淬火的碳素钢工件加热到 A_{c1}（珠光体开始转变为奥氏体）前的适当温度，保持一定时间，随后用符合要求的方式冷却，以获得所需的组织结构和性能。此种热处理方法为（   ）。

A. 去应力退火   B. 完全退火

C. 正火   D. 回火

14. 涂膜质量好，工件各个部位，如内层、凹陷、焊缝等处都能获得均匀平滑的漆膜的涂覆方法是（   ）。

A. 滚涂法   B. 空气喷涂法

C. 高压无气喷涂法   D. 电泳涂装法

15. 与 X 射线探伤相比，γ 射线探伤的主要特点是（   ）。

A. 投资少，成本低   B. 照射时间短，速度快

C. 灵敏度高   D. 操作较麻烦

16. 彻底的喷射或抛射除锈，标准为钢材表面无可见的油脂和污垢，且氧化皮、铁锈和油漆涂层等附着物已基本清除，其残留物应是牢固附着的钢材表面除锈质量等级为（   ）。

A. St_2 B. St_3

C. Sa_1 D. Sa_2

17. 软质或半硬质绝热制品的金属保护层纵缝采用搭接缝，可使用的连接方式是（   ）。

A. 抽芯铆钉连接 　　　　　　　　　B. 自攻螺钉

C. 钢带捆扎 　　　　　　　　　　　D. 玻璃钢打包带捆扎

18. 桥梁建造、电视塔顶设备常用的吊装方法是（　　）。

A. 直升机吊装 　　　　　　　　　　B. 缆索系统吊装

C. 液压提升 　　　　　　　　　　　D. 桥式起重机吊装

19. 某工艺管道系统，其管线长、口径大、系统容积也大，且工艺限定禁水。此管道的吹扫、清洗方法应选用（　　）。

A. 无油压缩空气吹扫 　　　　　　　B. 空气爆破法吹扫

C. 高压氮气吹扫 　　　　　　　　　D. 先蒸汽吹净后再进行油清洗

20. 承受内压的埋地铸铁管道，设计压力为0.4MPa，其液压试验压力为（　　）。

A. 0.6MPa 　　　　　　　　　　　　B. 0.8MPa

C. 0.9MPa 　　　　　　　　　　　　D. 1.0MPa

21. 编码前六位为030408的是（　　）。

A. 母线安装 　　　　　　　　　　　B. 控制设备及低压电器安装

C. 电缆安装 　　　　　　　　　　　D. 配管、配线

22. 下列不锈钢可以通过热处理强化的有（　　）。

A. 铁素体不锈钢 　　　　　　　　　B. 马氏体不锈钢

C. 沉淀硬化不锈钢 　　　　　　　　D. 奥氏体-铁素体（双相）不锈钢

23. 结构简单，操作维护方便，能够解决既需要垂直提升又需要水平位移的块状、糊状、有毒有害的物料输送，克服现有输送设备效率低、能耗大、卸料点单一等不足，缺点是输送速度较慢、间歇作业的输送机是（　　）。

A. 链斗式输送机 　　　　　　　　　B. 斗式输送机

C. 转斗式输送机 　　　　　　　　　D. 吊斗提升机

24. 按《电梯主参数及轿厢、井道、机房的型式与尺寸 第1部分：Ⅰ、Ⅱ、Ⅲ、Ⅵ类电梯》GB/T 7025.1规定，其中Ⅲ类电梯指的是（　　）。

A. 为运送病床（包括病人）及医疗设备而设计的电梯

B. 主要为运送通常由人伴随的货物而设计的电梯

C. 为适应交通流量和频繁使用而特别设计的电梯

D. 杂物电梯

25. 既适用于输送腐蚀性、易燃、易爆、剧毒及贵重液体，也适用于输送高温、高压、高熔点液体，广泛用于石化及国防工业的泵为（　　）。

A. 无填料泵 　　　　　　　　　　　B. 离心式耐腐蚀泵

C. 筒式离心泵 　　　　　　　　　　D. 离心式杂质泵

26. 特点是启动快，耗功少，运转维护费用低，抽速大、效率高，对被抽气体中所含的少量水蒸气和灰尘不敏感，广泛用于真空冶金中的冶炼、脱气、轧制的泵是（　　）。

A. 喷射泵 　　　　　　　　　　　　B. 水环泵

C. 罗茨泵 　　　　　　　　　　　　D. 扩散泵

27. 具有产气量大、气化完全、煤种适应性强、煤气热值高、操作简便、安全性能高

的优点，但效率较低的煤气发生炉是（　　）。

A. 单段煤气发生炉 　　　　　　B. 双段煤气发生炉

C. 干馏式煤气发生炉 　　　　　D. 湿馏式煤气发生炉

28. 反映热水锅炉工作强度的指标是（　　）。

A. 额定热功率 　　　　　　　　B. 额定工作压力

C. 受热面发热率 　　　　　　　D. 锅炉热效率

29. 下列有关工业锅炉本体安装的说法，正确的是（　　）。

A. 锅筒内部装置的安装应在水压试验合格后进行

B. 水冷壁和对流管束一端为焊接，另一端为胀接时，应先胀后焊

C. 铸铁省煤器整体安装完后进行水压试验

D. 对流过热器大多安装在锅炉的顶部

30. 某除尘设备适合处理烟气量大和含尘浓度高的场合单独采用，也可安装在文丘里洗涤器后作脱水器使用。该设备是（　　）。

A. 麻石水膜除尘器 　　　　　　B. 旋风除尘器

C. 旋风水膜除尘器 　　　　　　D. 冲激式除尘器

31. 下列有关消防水泵接合器的作用，说法正确的是（　　）。

A. 灭火时通过消防水泵接合器接消防水带向室外供水灭火

B. 火灾发生时消防车通过水泵接合器向室内管网供水灭火

C. 灭火时通过水泵接合器给消防车供水

D. 火灾发生时通过水泵接合器控制泵房消防水泵

32. 自动喷水灭火系统中，同时具有湿式系统和干式系统特点的灭火系统为（　　）。

A. 自动喷水雨淋系统 　　　　　B. 自动喷水预作用系统

C. 自动喷水干式灭火系统 　　　D. 水喷雾灭火系统

33. 对火焰产生的发射谱频有高灵敏度，能防止阳光辐射所产生的误报警的火灾探测器是（　　）。

A. 红外火焰探测器 　　　　　　B. 紫外火焰探测器

C. 红紫外复合火焰探测器 　　　D. 感温式探测器

34. 火灾现场报警装置不包括（　　）。

A. 火灾探测器 　　　　　　　　B. 警铃

C. 声光报警器 　　　　　　　　D. 手动报警按钮

35. 按照《通用安装工程工程量计算标准》GB/T 50856—2024 规定，气体灭火系统中的贮存装置安装项目，包括存储器、驱动气瓶、支框架、减压装置、压力指示仪等安装，但不包括（　　）。

A. 集流阀 　　　　　　　　　　B. 选择阀

C. 容器阀 　　　　　　　　　　D. 单向阀

36. 具有限流作用及较高的极限分断能力是其主要特点，常用于要求较高的，具有较大短路电流的电力系统和成套配电装置中，此种熔断器是（　　）。

A. 自复式熔断器 　　　　　　　B. 螺旋式熔断器

C. 填充料式熔断器　　　　　　　　　　　D. 封闭式熔断器

37. 电动机装设过载保护装置，电动机额定电流为 10A，当采用热元件时，其保护整定值为（　　　）。

A. 12A　　　　　　　　　　　　　　　　B. 15A

C. 20A　　　　　　　　　　　　　　　　D. 25A

38. 仅能用于暗配的电线管是（　　　）。

A. 电线管　　　　　　　　　　　　　　　B. 焊接钢管

C. 硬质聚氯乙烯管　　　　　　　　　　　D. 半硬质阻燃管

39. 下列关于金属导管叙述不正确的是（　　　）。

A. 钢导管不得采用对口熔焊连接

B. 镀锌钢导管或壁厚小于或等于 2mm 的钢导管，不得采用套管熔焊连接

C. 镀锌钢导管、可弯曲金属导管和金属柔性导管不得熔焊连接

D. 当非镀锌钢导管采用螺纹连接时，连接处的两端不得熔焊焊接保护联结导体

40. 下列关于槽盒内敷线叙述不正确的是（　　　）。

A. 同一槽盒内不宜同时敷设绝缘导线和电缆

B. 同一路径无防干扰要求的线路，可敷设于同一槽盒内，但槽盒内的绝缘导线总截面面积（包括外护套）不应超过槽盒内截面面积的 50%

C. 同一路径无防干扰要求的线路，可敷设于同一槽盒内，但载流导体不宜超过 30 根

D. 分支接头处绝缘导线的总截面面积（包括外护层）不应大于该点盒（箱）内截面面积的 75%

二、多项选择题（共 20 题，每题 1.5 分。每题的备选项中，有 2 个或 2 个以上符合题意，至少有 1 个错项。错选，本题不得分；少选，所选的每个选项得 0.5 分）

41. 镁及镁合金的主要特性有（　　　）。

A. 密度小、化学活性强、强度低　　　　　B. 能承受较大的冲击、振动荷载

C. 耐腐蚀性良好　　　　　　　　　　　　D. 缺口敏感性小

42. 铸石作为耐磨、耐腐蚀衬里，主要特性为（　　　）。

A. 腐蚀性能强，能耐氢氟酸腐蚀

B. 耐磨性好，比锰钢高 5~10 倍

C. 硬度高，仅次于金刚石和刚玉

D. 应用广，可用于各种管道防腐内衬

43. 下列关于塑料管的性能与用途叙述正确的有（　　　）。

A. 聚丁烯管主要用于输送生活用的冷热水，具有很高的耐温性、耐久性、化学稳定性

B. 工程塑料管用于输送饮用水、生活用水、污水、雨水，可高于 60℃

C. 耐酸酚醛塑料耐硝酸腐蚀

D. 耐酸酚醛塑料耐盐酸与硫酸腐蚀

44. 下列耐土壤腐蚀，是地下管道的良好涂料的是（　　　）。

A. 生漆　　　　　　　　　　　　　　　　B. 漆酚树脂漆

C. 沥青漆   D. 三聚乙烯防腐涂料

45. 按法兰密封面形式分类，环连接面型法兰的连接特点有（   ）。

A. 不需与金属垫片配合使用   B. 适用于高温、高压的工况

C. 密封面加工精度要求较高   D. 安装要求不太严格

46. 有关绝缘导线的选用，叙述正确的是（   ）。

A. 铝芯特别适合用于高压线和大跨度架空输电

B. 塑料绝缘电线适宜在室外敷设

C. RV 型、RX 型铜芯软线主要用在需柔性连接的可动部位

D. 铜芯低烟无卤阻燃交联聚烯烃绝缘电线适宜于高层建筑内照明及动力分支线路使用

47. 下列关于等离子弧切割，叙述正确的是（   ）。

A. 等离子弧切割是靠熔化来切割材料

B. 等离子弧切割对于有色金属切割效果更佳

C. 等离子弧切割速度快

D. 等离子弧切割热影响大

48. 下列关于焊接参数的选择，叙述正确的是（   ）。

A. 焊条直径的选择主要取决于焊件厚度、接头形式、焊缝位置及焊接层次等因素

B. 直流电源一般用在重要的焊接结构或厚板大刚度结构的焊接上

C. 使用酸性焊条焊接时，应进行短弧焊

D. 使用碱性焊条或薄板的焊接，采用直流反接；而酸性焊条，通常选用正接

49. 涂料的涂覆方法中，高压无气喷涂的特点有（   ）。

A. 由于涂料回弹使得大量漆雾飞扬

B. 涂膜质量较好

C. 涂膜的附着力强

D. 适宜于大面积的物体涂装

50. 保温结构需要设置防潮层的状况有（   ）。

A. 架空敷设   B. 地沟敷设

C. 埋地敷设   D. 潮湿环境

51. 依据《建筑设计防火规范（2018 年版）》GB/T 50016—2014，生产的火灾危险性分类，根据生产中使用或产生的物质性质及其数量等因素进行确定，分为甲、乙、丙、丁、戊五类。下列属于乙类火灾的有（   ）。

A. 闪点小于 28℃的液体   B. 爆炸下限不小于 10%的气体

C. 助燃气体   D. 闪点不小于 60℃的液体

52. 下列关于化学清洗，叙述正确的是（   ）。

A. 当进行管道化学清洗时，应将无关设备及管道进行隔离

B. 管道酸洗钝化应按脱脂、酸洗、水洗、钝化、无油压缩空气吹干的顺序进行

C. 当采用循环方式进行酸洗时，管道系统应预先进行空气试漏或液压试漏检验合格

D. 对不能及时投入运行的化学清洗合格的管道，应采取压缩空气保护

53. 螺杆式冷水机组的特征有（　　）。

A. 运动部件少

B. 低负荷运转时无喘振现象

C. 在低负荷时能效比较高

D. 润滑系统简单

54. 示教型焊接器人的特征有（　　）。

A. 根据控制指令自动确定焊缝的起点、空轨迹及有关参数

B. 能适应不同结构、不同点的焊接任务

C. 适用于大量生产

D. 对环境的应变能力较差

55. 关于清洗设备及装配件表面的除锈油脂，下列叙述正确的是（　　）。

A. 对中小型形状复杂的装配件，可采用相应的清洗液喷洗

B. 对形状复杂、污垢粘附严重的装配件，宜采用溶剂油、蒸汽、热空气、金属清洗剂和三氯乙烯等清洗液进行浸泡

C. 当对装配件进行最后清洗时，宜采用超声波装置

D. 对形状复杂、污垢粘附严重、清洗要求高的装配件，宜采用溶剂油、清洗汽油、轻柴油、金属清洗剂、三氯乙烯和碱液等进行浸–喷联合清洗

56. 下列容积式泵叙述正确的是（　　）。

A. 隔膜计量泵具有绝对不泄漏的优点

B. 回转泵的特点是无吸入阀和排出阀，结构简单紧凑、占地面积小

C. 齿轮泵一般适用于输送具有润滑性能的液体

D. 螺杆泵主要特点是液体沿轴向移动，流量连续均匀，脉动小，但运转时有振动和噪声

57. 活塞式压缩机与透平式压缩机相比，其特点有（　　）。

A. 除超高压压缩机，机组零部件多用普通金属材料

B. 适用性强

C. 外形尺寸及重量较大

D. 压力范围小

58. 风机安装完毕后应进行试运转，风机运转时，正确的操作方法有（　　）。

A. 以电动机带动的风机均应经一次启动立即停止运转的试验

B. 风机启动后应在临界转速附近停留一段时间，以检查风机的状况

C. 风机停止运转后，应待轴承回油温度降到小于45℃后，才能停止油泵工作

D. 风机润滑油冷却系统中的冷却水压力必须低于油压

59. 下列属于锅炉中"炉"的组成设备的是（　　）。

A. 对流管束

B. 煤斗

C. 省煤器

D. 除渣板

60. 发光二极管（LED）是电致发光的固体半导体高亮度电光源，其特点有（　　）。

A. 使用寿命长

B. 显色指数高

C. 无紫外和红外辐射

D. 能在低电压下工作

选做部分

共 40 题，分为两个专业组，考生可在两个专业组的 40 个试题中任选 20 题作答，按所答的前 20 题计分，每题 1.5 分。试题由单选和多选组成。错选，本题不得分；少选，所选的每个选项得 0.5 分。

一、（61~80 题）管道和设备工程

61. DN100 室外给水管道，采用地上架空方式敷设，宜选用的管材为（　　）。

A. 铸铁给水管　　　　　　　　　　　B. 硬聚氯乙烯给水管

C. 镀锌无缝钢管　　　　　　　　　　D. 镀锌焊接钢管

62. 硬聚氯乙烯给水管应用较广泛，下列关于此管表述正确的为（　　）。

A. 当管外径≥63mm 时，宜采用承插式粘结

B. 适用于给水温度≤70℃，工作压力不大于 0.6MPa 的生活给水系统

C. 公共建筑、车间内管道可不设伸缩节

D. 不宜用于高层建筑的加压泵房内

63. 下列关于热水供应管道的附件安装要求，叙述正确的是（　　）。

A. 止回阀应装设在闭式水加热器、贮水器的给水供水管上

B. 用管道敷设形成的 L 形和 Z 字弯曲管段来补偿管道的温度变形

C. 室内热水供应管道长度超过 50m 时，一般应设套管伸缩器或方形补偿器

D. 靠近凝结水管末端处或蒸汽管水平下凹敷设的下部设置疏水器

64. 装饰性强，小体积能达到最佳散热效果，无须加暖气罩，可减小室内占用空间，提高房间利用率的散热器结构形式为（　　）。

A. 翼型散热器　　　　　　　　　　　B. 钢制板式散热器

C. 钢制翅片管对流散热器　　　　　　D. 光排管散热器

65. 燃气系统中，埋地铺设的聚乙烯管道长管段上通常设置（　　）。

A. 方形补偿器　　　　　　　　　　　B. 套筒补偿器

C. 波形补偿器　　　　　　　　　　　D. 球形补偿器

66. 目前主要用于高层建筑的垂直疏散通道和避难层（间）的建筑防火防排烟措施的是（　　）。

A. 局部防烟　　　　　　　　　　　　B. 自然防烟

C. 加压防烟　　　　　　　　　　　　D. 机械防烟

67. 空调系统按承担室内负荷的输送介质分类，属于全水系统的是（　　）。

A. 带盘管的诱导系统　　　　　　　　B. 风机盘管系统

C. 辐射板系统　　　　　　　　　　　D. 风机盘管加新风系统

68. 典型空调系统中，采用诱导器做末端装置的半集中式系统称为诱导器系统，其特点有（　　）。

A. 风管断面大　　　　　　　　　　　B. 空气处理室小

C. 空调机房占地少　　　　　　　　　D. 风机耗电量大

69. 通风管道按断面形状分为圆形、矩形两种。在同样的断面面积下，圆形风管与矩

形风管相比具有的特点是（　　　　）。

 A. 占有效空间较小，易于布置   B. 强度小

 C. 管道周长最短，耗钢量小   D. 压力损失大

70. 根据《通用安装工程工程量计算标准》GB/T 50856—2024，下列项目以"米"为计量单位的是（　　　　）。

 A. 碳钢通风管   B. 塑料通风管

 C. 柔性软风管   D. 净化通风管

71. 在输送介质为热水的水平管道上，偏心异径管的连接方式应为（　　　　）。

 A. 取管底平   B. 取管顶平

 C. 取管左齐   D. 取管右齐

72. 压缩空气管道一般选用低压流体输送用焊接钢管、低压流体输送用镀锌钢管及无缝钢管，公称通径小于 50mm，也可采用螺纹连接，以（　　　　）为填料。

 A. 白漆麻丝   B. 石棉水泥

 C. 青铅   D. 聚四氟乙烯生料带

73. 不锈钢管壁厚大于 3mm 时，采用的焊接方法是（　　　　）。

 A. 手工电弧焊   B. 氩电联焊

 C. 氩弧焊   D. 惰性气体保护焊

74. 高压管道阀门安装前应逐个进行强度和严密性试验，对其进行严密性试验时的压力要求为（　　　　）。

 A. 等于该阀门公称压力   B. 等于该阀门公称压力 1.2 倍

 C. 等于该阀门公称压力 1.5 倍 D. 等于该阀门公称压力 2.0 倍

75. 根据项目特征，管材表面超声波探伤的计量单位有（　　　　）。

 A. 张   B. t

 C. m^2 D. m

76. 填料塔所具有的特征是（　　　　）。

 A. 结构复杂   B. 用耐腐材料制造

 C. 对减压蒸馏系统有明显的优越性 D. 适用于液气比较大的蒸馏操作

77. 具有结构比较简单，重量轻，适用于高温和高压场合的优点；其主要缺点是管内清洗比较困难，因此管内流体必须洁净；且因管子需一定的弯曲半径，故管板的利用率差的换热器是（　　　　）。

 A. 固定管板式换热器   B. U 形管换热器

 C. 浮头式换热器   D. 填料函式列管换热器

78. 球罐水压试验过程中要进行基础沉降观测，并做好实测记录。正确的观测时点为（　　　　）。

 A. 充水前   B. 充水到 1/2 球罐本体高度

 C. 充满水 24h   D. 放水后

79. 在气柜总体实验中，进行气柜的气密性试验和快速升降试验的目的是检查（　　　　）。

A. 各钟节、钟罩在升降时的性能 　　　B. 气柜壁板焊缝的焊接质量

C. 各导轮、导轨配合及工作情况 　　　D. 整体气柜密封性能

80. 根据《通用安装工程工程量计算标准》GB/T 50856—2024，下列静置设备安装工程量的计量单位为"座"的是（　　　）。

A. 球形罐组对安装 　　　　　　　　　B. 火炬及排气筒制作安装

C. 整体塔器安装 　　　　　　　　　　D. 热交换器类设备安装

二、（81~100 题）电气和自动化控制工程

81. 10kV 及以下变配电室经常设有高压负荷开关，其特点为（　　　）。

A. 能够断开短路电流 　　　　　　　　B. 能够切断工作电流

C. 没有明显的断开间隙 　　　　　　　D. 没有灭弧装置

82. 适用于需频繁操作及有易燃易爆危险的场所，要求加工精度高，对其密封性能要求更严的高压断路器是（　　　）。

A. 多油断路器 　　　　　　　　　　　B. 少油断路器

C. 高压真空断路器 　　　　　　　　　D. 六氟化硫断路器

83. 电压互感器由一次绕组、二次绕组、铁芯组成。其结构特征是（　　　）。

A. 一次绕组匝数较多，二次绕组匝数较少

B. 一次绕组匝数较少，二次绕组匝数较多

C. 一次绕组并联在线路上

D. 一次绕组串联在线路上

84. 用于低压电网、配电设备中，作短路保护和防止连续过载之用的低压熔断器是（　　　）。

A. 封闭式熔断器 　　　　　　　　　　B. 无填料封闭管式

C. 有填料封闭管式 　　　　　　　　　D. 自复式熔断器

85. 电缆穿导管敷设时，正确的施工方法有（　　　）。

A. 每一根管内只允许穿一根电缆

B. 管道的内径是电缆外径的 1.2~1.4 倍

C. 单芯电缆不允许穿入钢管内

D. 应有 3%的排水坡度

86. 同绝缘电阻的测试相比，泄漏电流的测试特点有（　　　）。

A. 绝缘本身的缺陷容易暴露 　　　　　B. 能发现一些尚未贯通的集中性缺陷

C. 有助于分析绝缘的缺陷类型 　　　　D. 测量用的微安表要比兆欧表精度低

87. 单独安装的铁壳开关、自动开关、刀开关、启动器、箱式电阻器、变阻器外部进出盘、箱、柜的进出线预留长度是（　　　）。

A. 0.3m 　　　　　　　　　　　　　　B. 0.4m

C. 0.5m 　　　　　　　　　　　　　　D. 0.6m

88. 传感器中能将压力变化转换为电压或电流变化的传感器有（　　　）。

A. 热电阻型传感器 　　　　　　　　　B. 电阻式差压传感器

C. 电阻式液位传感器 　　　　　　　　D. 霍尔式压力传感器

89. 基于测量系统中弹簧管在被测介质的压力作用下，迫使弹簧管的末端产生相应的弹性变形，借助拉杆经齿轮传动机构的传动并予以放大，由固定齿轮上的指示装置将被测值在度盘上指示出来的压力表是（　　）。

A. 隔膜式压力表
B. 压力传感器
C. 远传压力表
D. 电接点压力表

90. 属于差压式流量检测仪表的有（　　）。

A. 玻璃管转子流量计
B. 涡轮流量计
C. 节流装置流量计
D. 均速管流量计

91. 电动阀的安装，符合要求的是（　　）。

A. 管道防腐试压后安装
B. 垂直安装在水平管道上
C. 一般安装在供水管上
D. 阀旁应装有旁通阀和旁通管路

92. 集线器是对网络进行集中管理的重要工具，是各分支的汇集点。集线器选用时要注意接口类型，与双绞线连接时需要具有的接口类型为（　　）。

A. BNC 接口
B. AUI 接口
C. USB 接口
D. RJ-45 接口

93. 防火墙是在内部网和外部网之间、专用网与公共网之间界面上构造的保护屏障。常用的防火墙有（　　）。

A. 网卡
B. 过滤路由器
C. 交换机
D. 代理服务器

94. 光缆穿管道敷设时，若施工环境较好，一次敷设光缆的长度不超过 1000m，一般采用的敷设方法为（　　）。

A. 人工牵引法敷设
B. 机械牵引法敷设
C. 气吹法敷设
D. 顶管法敷设

95. 依据《通用安装工程工程量计算标准》GB/T 50856—2024 的规定，通信线路安装工程中，光缆接续的计量单位为（　　）。

A. 段
B. 头
C. 芯
D. 套

96. 智能建筑系统结构的下层由三个智能子系统构成，这三个智能子系统是（　　）。

A. BAS、CAS、SAS
B. BAS、CAS、OAS
C. BAS、CAS、FAS
D. CAS、PDS、FAS

97. 出入口控制系统中的门禁控制系统是一种典型的（　　）。

A. 可编程控制系统
B. 集散型控制系统
C. 数字直接控制系统
D. 设定点控制系统

98. 智能建筑系统中具有各个智能化系统信息汇集和各类信息综合管理功能的是（　　）。

A. 系统集成中心（SIC）
B. 楼宇自动化系统（BAS）
C. 通信自动化系统（CAS）
D. 综合布线系统（PDS）

99. 随着网络通信技术、计算机技术和数据库技术的成熟，办公自动化系统已发展进入新层次，其特点不包括（   ）。

A. 集成化   B. 智能化

C. 多媒体化   D. 数字化

100. 连接件是综合布线系统中各种连接设备的统称，下面选项不属于连接件的是（   ）。

A. 配线架   B. 配线盘

C. 中间转接器   D. 光纤接线盒

模拟题一答案与解析

一、单项选择题（共 **40** 题，每题 **1** 分。每题的备选项中，只有 **1** 个最符合题意）

1.【答案】B

【解析】

低合金钢分类与常用牌号

序号	分类	常用牌号	分类依据
1	普通质量低合金钢	Q295、Q335 Q355B（C、D）、Q390B（C、D）	《低合金高强度结构钢》GB/T 1591—2018 《低合金高强度结构钢》GB/T 1591—2018
2	优质低合金钢	Q235NHA（B、C、D） Q420B（C、D）、Q460B	《耐候结构钢》GB/T 4171—2008 《低合金高强度结构钢》GB/T 1591—2018
3	特殊质量低合金钢	12MnNiVR 16Mn、Q345R、L390Q	《承压设备用钢板和钢带 第 6 部分：调质高强度钢》GB/T 713.6—2023 《石油天然气工业 油气开采中用于含硫化氢环境的材料 第 2 部分：抗开裂碳钢、低合金钢和铸铁》GB/T 20972.2—2025

合金钢可分为优质合金钢、特殊质量合金钢。

合金钢分类及常用牌号

序号	分类	常用牌号	分类依据
1	优质合金钢	20Mn、12CrMo、35CrMnA ZG120Mn7Mo1 BT4	《合金结构钢》GB/T 3077—2015 《奥氏体锰钢铸件》GB/T 5680—2023 《电磁纯铁》GB/T 6983—2022
2	特殊质量合金钢	06Cr19Ni10、06Cr17Ni12Mo2 NiS1101、NiS1602、NiS4101	《不锈钢和耐热钢 牌号及化学成分》GB/T 20878—2024 《耐蚀合金牌号》GB/T 15007—2017

2. 【答案】B

【解析】

三种材料分类表

金属材料	黑色金属		铁、碳素钢、合金钢
	有色金属		铝、铅、铜、镁和镍等及其合金
非金属材料	无机非金属材料	耐火材料	耐火砌体材料、耐火水泥及耐火混凝土
		耐火隔热材料	硅藻土、蛭石、玻璃纤维（矿渣棉）、石棉制品
		耐腐蚀（酸）非金属材料	铸石、石墨、耐酸水泥、天然耐酸石材和玻璃等
		陶瓷材料	电器绝缘陶瓷、化工陶瓷、结构陶瓷和耐酸陶瓷等
	高分子材料	橡胶	天然橡胶、丁苯橡胶、氯丁橡胶、硅橡胶等
		塑料	聚四氟乙烯、ABS、聚丙烯、聚砜和聚乙烯等
		合成纤维	聚酯纤维和聚酰胺纤维等
复合材料	无机-有机材料		玻璃纤维增强塑料、聚合物混凝土、沥青混凝土等
	非金属-金属材料		钢筋混凝土、钢丝网水泥、塑铝复合管、铝箔面油毡等
	其他复合材料		水泥石棉制品、不锈钢包覆钢板等

3. 【答案】D

【解析】钢材的力学性能（如抗拉强度、屈服强度、伸长率、冲击韧度和硬度等）取决于钢材的成分和金相组织。钢材的成分一定时，其金相组织主要取决于钢材的热处理，如退火、正火、淬火加回火等，其中淬火加回火的影响最大。

4. 【答案】C

【解析】普通碳素结构钢低温韧性和时效敏感性较差。

优质碳素结构钢，含碳量小于0.8%。与普通碳素结构钢相比，优质碳素结构钢塑性和韧性较高，并可通过热处理强化。多用于较重要的零件，是广泛应用的机械制造用钢。

普通低合金钢，比碳素结构钢具有较高的韧性，同时有良好的焊接性能、冷热压加工性能和耐腐蚀性，部分钢种还具有较低的脆性转变温度，用于制造各种容器、螺旋焊管、建筑结构。

优质低合金钢，广泛用于制造各种要求韧性高的重要机械零件和构件。当零件的形状复杂、截面尺寸较大、要求韧性高时，采用优质低合金钢可使复杂形状零件的淬火变形和开裂倾向降到最小。

5. 【答案】B

【解析】优质碳素钢分为低碳钢、中碳钢和高碳钢。低碳钢强度和硬度低，但塑性和韧性高，加工性和焊接性能优良，用于制造承载较小和要求韧性高的零件以及小型渗碳零件；中碳钢强度和硬度较高，塑性和韧性较低，切削性能良好，但焊接性能较差，冷热变形能力良好，主要用于制造荷载较大的机械零件。常用的中碳钢为40、45和50钢。高碳钢具有较高的强度和硬度、较高的弹性极限和疲劳极限（尤其是缺口疲劳极限），切削性能尚可，但焊接性能和冷塑性变形能力差，水淬时容易产生裂纹。主要用于制造弹簧和耐磨零件。碳素工具钢是基本上不加入合金化元素的高碳钢，也是工具钢中成本较低、冷热加工性良好、使用范围较广的钢种。

6.【答案】D

【解析】碳素结构钢包括：Q195、Q215、Q235、Q275。

Q195 主要用于轧制薄板和盘条等；Q215 钢主要用于制作管坯、螺栓等；Q235 钢强度适中，有良好的承载性，又具有较好的塑性和韧性，可焊性和可加工性也好，大量制作钢筋、型钢和钢板用于建造房屋和桥梁等；Q275 主要用于制造轴类、农具、耐磨零件和垫板等。

低合金结构钢包括 Q345 及以上。Q345 具有综合力学性能、耐低温冲击韧性、焊接性能和冷热压加工性能良好的特性，可用于建筑结构、化工容器和管道、起重机械和鼓风机等。

7.【答案】D

【解析】无缝钢管主要适用于高压供热系统和高层建筑的冷、热水管和蒸汽管道以及各种机械零件的坯料，通常压力在 0.6MPa 以上的管路都应采用无缝钢管。

单面螺旋缝钢管用于输送水等一般用途；双面螺旋钢管用于输送石油和天然气等特殊用途。

双层卷焊钢管具有高的爆破强度和内表面清洁度，有良好的耐疲劳抗震性能。适于汽车和冷冻设备、电热电器工业中的刹车管、燃料管、润滑油管、加热或冷却器。

合金钢管用于各种锅炉耐热管道和过热器管道等。合金钢管强度高，节省钢材。耐热合金钢管具有强度高、耐热的优点。但合金钢管焊接时要对焊口部位采取焊前预热或焊后热处理。

8.【答案】C

【解析】钢管的理论重量（钢的密度为 7.85g/cm³）按下式计算：

$$W = 0.0246615 \times (D-t) \times t = 0.0246615 \times (32-2) \times 2 = 1.48 \ (\text{kg/m})$$

$$1.48 \times 2 = 2.96 \ (\text{kg})$$

式中：W——钢管的单位长度理论重量（kg/m）；

D——钢管的外径（mm）；

t——钢管的壁厚（mm）。

9.【答案】B

【解析】对焊法兰又称高颈法兰，对焊法兰主要用于工况比较苛刻的场合，如管道热膨胀或其他荷载而使法兰承受的应力较大，或应力变化反复的场合；压力、温度大幅度波动的管道和高温、高压及零下低温的管道。

10.【答案】B

【解析】（1）凹凸面型法兰：安装时便于对中，还能防止垫片被挤出。但垫片宽度较大，须较大压紧力，适用于压力稍高的场合。与齿形金属垫片配合使用。

（2）榫槽面型法兰：垫片比较窄，压紧垫片所需的螺栓力较小。安装时易对中，垫片受力均匀，故密封可靠。垫片很少受介质的冲刷和腐蚀。适用于易燃、易爆、有毒介质及压力较高的重要密封场合。但更换垫片困难，法兰造价较高。榫面部分容易损坏。

（3）O 形圈面型法兰：较新的法兰连接形式，是一种通过"自封作用"实现挤压型密封。O形圈具有良好的密封能力，压力使用范围很宽，静密封工作压力可达100MPa以上。

（4）环连接面型法兰：在法兰的突面上开出一环状梯形槽作为法兰密封面，专门与金属环形垫片（八角形或椭圆形的实体金属垫片）配合。这种密封面的密封性能好，对安装要求也不太严格，适合于高温、高压工况，但密封面的加工精度较高。

11.【答案】A

【解析】ZR-YJ（L）V$_{22}$-3×120-10-300表示铜（铝）芯交联聚乙烯绝缘、聚氯乙烯护套、双钢带铠装、三芯、120mm^2、电压10kV、长度为300m的阻燃电力电缆。

12.【答案】B

【解析】阻燃电缆具有火灾时低烟、低毒和低腐蚀性酸气释放的特性，不含（或含有低量）卤素并只有很小的火焰蔓延。

耐火电缆与一般电缆相比，具有优异的耐火耐热性能，适用于高层及安全性能要求较高的场所的消防设施。耐火电缆与阻燃电缆的主要区别是耐火电缆在火灾发生时能维持一段时间的正常供电，而阻燃电缆不具备这个特性。耐火电缆主要使用在应急电源至用户消防设备、火灾报警设备、通风排烟设备、疏散指示灯、紧急电源插座、紧急用电梯等供电回路。

13.【答案】C

【解析】钨极惰性气体保护焊（TIG焊接法）的优点：

（1）钨极不熔化，焊接过程稳定，易实现机械化；保护效果好，焊缝质量高。

（2）是焊接薄板金属和打底焊的一种极好方法，几乎可以适用于所有金属的连接，尤其适用于焊接化学活泼性强的铝、镁、钛和锆等有色金属和不锈钢、耐热钢等各种合金；对于厚壁重要构件（如压力容器及管道），为了保证高的焊接质量，也采用钨极惰性气体保护焊。

钨极惰性气体保护焊（TIG焊接法）的缺点：

（1）熔深浅，熔敷速度小，生产率较低。

（2）只适用于薄板（6mm以下）及超薄板焊接。

（3）不适宜野外作业。

（4）惰性气体较贵，生产成本较高。

14.【答案】A

【解析】熔化极气体保护焊（MIG焊接法）的特点：

（1）和TIG焊接法一样，几乎可焊所有金属，尤其适合焊有色金属、不锈钢、耐热钢、碳钢、合金钢。

（2）焊接速度较快，熔敷效率较高，劳动生产率高。

（3）MIG焊接法可直流反接，焊接铝、镁等金属时有良好的阴极雾化作用，可有效去除氧化膜，提高接头焊接质量。

（4）成本比TIG焊接法低。

15.【答案】A

【解析】CO$_2$气体保护焊主要优点：①焊接生产效率高；②焊接变形小、焊接质量较高；③焊缝抗裂性能高，焊缝低氢且含氮量较少；④焊接成本低；⑤焊接时电弧为明弧焊，可见性好，操作简便，可进行全位置焊接。

不足之处：①焊接飞溅较大，焊缝表面成形较差；②不能焊接容易氧化的有色金属；③抗风能力差；④很难用交流电源进行焊接，焊接设备比较复杂。

16.【答案】D

【解析】（1）点焊是一种高速、经济的连接方法，多用于薄板的非密封性连接。如汽车驾驶室、金属车厢复板的焊接。

（2）缝焊多用于焊接有密封性要求的薄壁结构（$\delta \leq 3mm$），如油桶、罐头罐、暖气片、飞机和汽车油箱的薄板焊接。

（3）对焊接头性能较差，多用于对接头强度和质量要求不是很高，直径小于 20mm 的棒料、管材、门窗等构件的焊接。

（4）电渣压力焊适用于现浇钢筋混凝土结构中竖向或斜向钢筋的连接，与电弧焊相比，它工效高、成本低，我国在一些高层建筑的柱、墙钢筋施工中已取得了很好的效果。

17.【答案】A

【解析】喷射除锈法是用压缩空气将磨料喷射到金属表面去除铁锈和其他污物，常以石英砂作为磨料，也称为喷砂除锈。喷射除锈法是目前最广泛采用的除锈方法，多用于施工现场设备及管道涂覆前的表面处理。喷射除锈法的主要优点是除锈效率高、质量好、设备简单。但操作时灰尘弥漫，劳动条件差，且会影响到喷砂区附近机械设备的生产和保养。

18.【答案】C

【解析】Sa_1 级——轻度的喷射或抛射除锈。钢材表面没有附着不牢的氧化皮、铁锈和油漆涂层等附着物。

　　　　Sa_2 级——彻底的喷射或抛射除锈。附着物已基本清除，其残留物应是牢固附着的。

　　　　$Sa_{2.5}$ 级——非常彻底的喷射或抛射除锈。钢材表面无可见附着物，残留的痕迹仅是点状或条纹状的轻微色斑。

　　　　Sa_3 级——使钢材表观洁净的喷射或抛射除锈。表面无任何可见残留物及痕迹，呈现均匀的金属色泽，并有一定粗糙度。

19.【答案】C

【解析】千斤顶是一种普遍使用的起重工具，具有结构轻巧、搬动方便、体积小、能力大、操作简便等特点。千斤顶的顶升高度一般在 100～400mm，起重能力在 3～500t。

滑车是起重机械运输作用中被广泛使用的一种小型起重工具，用它与钢丝绳穿绕在一起，配以卷扬机，即可进行重物的起吊运输作业。

电动卷扬机广泛用于设备吊装中，具有牵引力大、速度快、结构紧凑、操作方便和安全可靠等特点。

手动卷扬机仅用于无电源和起重量不大的起重作业。它靠改变齿轮传动比来改变起重量和升降速度。

绞磨是一种人力驱动的牵引机械，具有结构简单、易于制作、操作容易、移动方便等优点，一般用于起重量不大、起重速度较慢又无电源的起重作业中。

20. 【答案】C

【解析】对于轻型、中型工作类型的起重机，滑轮采用灰铸铁 HT15-33 或者球墨铸钢 QT-10 制造；对于重级以上工作类型的起重机，滑轮采用铸钢 ZG25 或者 ZG35 制造；对于大直径（$D>800$mm）的滑轮可以采用碳钢 Q235-A 焊接。

21. 【答案】D

【解析】管道系统安装后，在压力试验合格后，应进行吹扫与清洗。

空气吹扫宜间断性吹扫。吹扫压力不得大于系统容器和管道的设计压力，吹扫流速不宜小于 20m/s。

吹扫忌油管道时，应使用无油压缩空气或其他不含油的气体进行吹扫。

吹扫检验以 5min 后靶板上无杂物为合格。

当吹扫的系统容积大、管线长、口径大，并不宜用水冲洗时，可采取"空气爆破法"进行吹扫。爆破吹扫时，向系统充注的气体压力不得超过 0.5MPa，并应采取相应的安全措施。

22. 【答案】C

【解析】大管道可采用闭式循环冲洗技术，闭式循环冲洗技术应用过程省水、省电、省时、节能环保，适用范围广，经济效益显著。适用于城市供热管网、供水管网和各种以水为冲洗介质的工业、民用管网冲洗。

23. 【答案】B

【解析】工程量清单是载明建设工程分部分项工程项目、措施项目、其他项目的编码、名称、项目特征、计量单位和相应数量以及规费、税金等内容的明细清单。

《通用安装工程工程量计算标准》GB/T 50856—2024 附录中分专业列出分部分项工程清单项目、措施项目的项目编码、项目名称、项目特征、计量单位、工程量计算规则及工作内容。

工程量清单是以单位（项）工程为单位编制。在编制工程量清单时，在同一份单位工程量清单中所列的分部分项工程量清单项目的编码不得有重码。

同一个标段（或合同段）的一份工程量清单中含有多个单位工程且工程量清单是以单位工程为编制对象，在编制工程量清单时应特别注意项目编码十至十二位的设置不得有重码。

工程量清单的项目名称应依据工程量计量规范附录中的项目名称结合拟建工程实际确定。

24. 【答案】A

【解析】第一级编码表示工程类别，采用两位数字（即第一、二位数字）表示。01 表示房屋建筑与装饰工程，02 表示仿古建筑工程，03 表示通用安装工程，04 表示市政工程，05 表示园林绿化工程，06 表示矿山工程，07 表示构筑物工程，08 表示城市轨道交通工程，09 表示爆破工程。

25. 【答案】B

【解析】地脚螺栓主要包括固定地脚螺栓、活动地脚螺栓、胀锚固地脚螺栓、粘结地脚螺栓四类。

（1）固定地脚螺栓：又称短地脚螺栓，适用于没有强烈振动和冲击的设备。

（2）活动地脚螺栓：又称长地脚螺栓，适用于有强烈振动和冲击的重型设备。

（3）胀锚固地脚螺栓：胀锚地脚螺栓中心到基础边沿的距离不小于 7 倍的胀锚直径，安装胀锚的基础强度不得小于 10MPa。常用于固定静置的简单设备或辅助设备。

（4）粘结地脚螺栓：是近年来常用的地脚螺栓，其方法和要求同胀锚固地脚螺栓。

26.【答案】D

【解析】不承受主要负荷的垫铁组，只使用平垫铁和一块斜垫铁。

承受主要负荷的垫铁组，应使用成对斜垫铁。

承受主要负荷且在设备运行时产生较强连续振动时，垫铁组不能采用斜垫铁，只能采用平垫铁。

每个地脚螺栓旁边至少应放置一组垫铁，相邻两组垫铁距离一般应保持 500～1000mm。每一组垫铁内，斜垫铁放在最上面，单块斜垫铁下面应有平垫铁。

每组垫铁总数一般不得超过 5 块。厚垫铁放在下面，薄垫铁放在上面，最薄的安放在中间，且不宜小于 2mm。

同一组垫铁几何尺寸要相同。

垫铁组伸入设备底座底面的长度应超过设备地脚螺栓的中心。

27.【答案】C

【解析】D280-100×6 表示泵的流量为 280m³/h，单级扬程为 100mH₂O，总扬程为 100×6＝600mH₂O，6 级分段式多级离心水泵。

28.【答案】A

29.【答案】D

【解析】装配件表面除锈及污垢清除宜采用碱性清洗液和乳化除油液。

清洗设备及装配件表面油脂，宜采用下列方法：

（1）对设备及大、中型部件的局部清洗，宜采用擦洗和涮洗。

（2）对中、小型形状复杂的装配件，宜采用多步清洗法或浸、涮结合清洗。

（3）对形状复杂、污垢粘附严重的装配件，进行喷洗；对精密零件、滚动轴承等不得用喷洗法。

（4）最后清洗时宜采用超声波装置。

（5）对形状复杂、污垢粘附严重、清洗要求高的装配件，宜进行浸-喷联合清洗。

30.【答案】A

【解析】（1）炉排安装前要进行炉外冷态试运转，链条炉排试运转时间不应少于 8h；往复炉排试运转时间不应少于 4h。试运转速度不少于两级。炉排转动应平稳，如发生卡住、抖动、跑偏等现象，应予以清除。

（2）炉排安装顺序根据炉排形式而定，一般是由下而上的顺序安装。

31.【答案】C

【解析】工业锅炉上常用的有液柱式、弹簧式和波纹管式压力表，以及压力变送器。安装时应注意以下几点：

（1）压力测点应选在管道的直线段介质流速稳定的地方，取压装置端部不应伸入管道内壁。

（2）测量低压的压力表或变送器的安装高度宜与取压点的高度一致；测量高压的压力表安装在操作岗位附近时，宜距地面 1.8m 以上，或在仪表正面加保护罩。

（3）锅筒压力表的表盘上应标有表示锅筒工作压力的红线。

（4）压力表应安装在便于观察和吹扫的位置。

32.【答案】D

【解析】锅炉水位计安装时应注意以下几点：

（1）蒸发量大于 0.2t/h 的锅炉，每台锅炉应安装两个彼此独立的水位计。

（2）水位计应装在便于观察的地方。水位计距离操作地面高于 6m 时，应加装远程水位显示装置。

（3）水位计和锅筒（锅壳）之间的汽-水连接管的内径不得小于 18mm，连接管的长度要小于 500mm，以保证水位计灵敏准确。

（4）水位计应有放水阀门和接到安全地点的放水管。

（5）水位计与汽包之间的汽-水连接管上不能安装阀门，更不得装设球阀。如装有阀门，在运行时应将阀门全开，并予以铅封。

33.【答案】C

【解析】临时高压消防给水系统：消防管网平时水压和流量不满足灭火需要，起火时需要启动消防水泵，使管网内的压力和流量达到灭火要求。

分区给水的室内消火栓给水系统：当建筑物的高度超过 50m 或消火栓处静水压力超过 0.8MPa，应采用分区供水室内消火栓给水系统。

34.【答案】B

【解析】局部应用方式，是指直接向保护对象喷放细水雾，并持续一定时间，保护空间内某具体保护对象的系统应用方式。局部应用方式适用于扑救大空间内具体保护对象的火灾。

35.【答案】B

【解析】墙壁消防水泵接合器的安装应符合设计要求；设计无要求时，其安装高度距地面宜为 0.7m，与墙面上的门、窗、孔、洞的净距离不应小于 2.0m，且不应安装在玻璃幕墙下方。

36.【答案】B

【解析】1）室内消火栓系统管网应布置成环状，当室外消火栓设计流量不大于 20L/s，且室内消火栓不超过 10 个时，可布置成枝状；

2）室内消火栓环状给水管道检修时应符合下列要求：

① 检修时关闭的竖管不超过 1 根；当竖管超过 4 根时，可关闭不相邻的 2 根。

② 每根竖管与供水横干管相接处应设置阀门。

③ 满足消防用水量时，宜直接从市政管道取水。

④ 室内消火栓给水管网与自动喷水灭火管网应分开设置，如有困难应在报警阀前分开设置。

⑤ 高层建筑的消防给水应采用高压或临时高压给水系统，与生活、生产给水系统分开独立设置。

37.【答案】C

【解析】预作用系统，预作用阀后的管道系统内平时无水，呈干式，充满有压或无压的气体。火灾发生初期，火灾探测器系统动作先于喷头控制自动开启或手动开启预作用阀，使消防水进入阀后管道，系统成为湿式。当火场温度达到喷头的动作温度时，闭式喷头开启，即可出水灭火。该系统由火灾探测系统、闭式喷头、预作用阀、充气设备和钢管等组成。该系统既克服了干式系统延迟的缺陷，又可避免湿式系统易渗水的弊病，故适用于不允许有水渍损失的建筑物、构筑物。

38.【答案】B

【解析】直管形荧光灯目前较多采用 T5 和 T8。T5 显色性好，对色彩丰富的物品及环境有比较理想的照明效果，光衰小，寿命长，平均寿命达 10000h。适用于服装、百货、超级市场、食品、水果、图片、展示窗等色彩绚丽的场合。

T8 色光、亮度、节能、寿命都较佳，适用于宾馆、办公室、商店、医院、图书馆及家庭等色彩朴素但要求亮度高的场合。

39.【答案】D

【解析】高压钠灯使用时发出金白色光。发光效率高，属于节能型光源。它的结构简单，坚固耐用，平均寿命长。显色性差，但紫外线少，不招飞虫。透雾性能好，最适于交通照明；光通量维持性能好，可以在任意位置点燃；耐振性能好；受环境温度变化影响小，适用于室外；但功率因数低。

金属卤化物灯主要用在要求高照度的场所、繁华街道及要求显色性好的大面积照明的地方。

氙灯显色性很好，发光效率高，功率大，有"小太阳"的美称，它适于大面积照明。在建筑施工现场使用的是长弧氙灯，功率很高，用触发器启动。大功率长弧氙灯能瞬时点燃，工作稳定。耐低温也耐高温，耐振。氙灯的缺点是平均寿命短，为 500~1000h，价格较高。

低压钠灯在电光源中光效最高，寿命最长，具有不炫目的特点。低压钠灯是太阳能路灯照明系统的最佳光源，低压钠灯视见分辨率高，对比度好，特别适合于高速公路、交通道路、市政道路、公园、庭院照明。

40.【答案】D

【解析】（1）当交流、直流或不同电压等级的插座安装在同一场所时，应有明显的区别，且必须选择不同结构、不同规格和不能互换的插座。

（2）插座的接线应符合下列规定：

1）面对插座，左零右火上地线。

2）插座的保护接地端子不应与中性线端子连接。

3）保护接地线（PE）在插座间不得串联连接。

4）相线与中性线不得利用插座本体的接线端子转接供电。

二、多项选择题（共 20 题，每题 1.5 分。每题的备选项中，有 2 个或 2 个以上符合题意，至少有 1 个错项。错选，本题不得分；少选，所选的每个选项得 0.5 分）

41.【答案】ABD

42.【答案】ACD

【解析】通用型主要品种有聚氯乙烯、聚乙烯、聚丙烯和聚苯乙烯等。工程型则可作为结构材料使用，通常在特殊的环境中使用。一般具有优良的机械性能、耐磨性能、尺寸稳定性、耐热性能和耐腐蚀性能。主要品种有聚酰胺、聚甲醛和聚苯醚等。

43.【答案】BC

【解析】普通钢板具有良好的加工性能，结构强度较高，且价格便宜，应用广泛。空调、超净等防尘要求较高的通风系统，一般采用镀锌钢板和塑料复合钢板。

冷轧无取向硅钢片最主要的用途是用于发电机制造，冷轧取向硅钢片最主要的用途是用于变压器制造。

铝合金板延展性能好，适宜咬口连接、耐腐蚀，且具有传热性能良好，在摩擦时不易产生火花的特性，所以铝合金板常用于防爆的通风系统。

44.【答案】CD

【解析】截止阀主要用于热水供应及高压蒸汽管路中，严密性较高。安装时要注意流体"低进高出"，方向不能装反。选用特点：结构比闸阀简单，制造、维修方便，可以调节流量，但流动阻力大，不适用于带颗粒和黏性较大的介质。

闸阀广泛用于冷、热水管道系统中，闸阀和截止阀相比，启闭省力，水流阻力较小。闸板与阀座之间密封面易受磨损，严密性较差；不完全开启时，水流阻力较大。闸阀一般只作为截断装置，不宜用于需要调节大小和启闭频繁的管路上。闸阀无安装方向。闸阀选用特点：密封性能好，流体阻力小，开启、关闭力较小，有调节流量的作用，并且能从阀杆的升降高低看出阀的开度大小，主要用在一些大口径管道上。

45.【答案】BC

【解析】多模光纤：中心玻璃芯较粗，可传输多种模式的光。多模光纤耦合光能量大，发散角度大，对光源的要求低，能用光谱较宽的发光二极管（LED）作光源，有较高的性能价格比。缺点是传输频带较单模光纤窄，多模光纤传输的距离比较近，一般只有几千米。

单模光纤：只能传一种模式的光。优点是其模间色散很小，传输频带宽，适用于远程通信。缺点是芯线细，耦合光能量较小，光纤与光源以及光纤与光纤之间的接口比多模光纤难；单模光纤只能与激光二极管（LD）光源配合使用，而不能与发光二极管（LED）配合使用。单模光纤的传输设备较贵。

46.【答案】AB

【解析】氧-燃气火焰切割可分为氧-乙炔火焰切割（俗称气割）、氧-丙烷火焰切割、氧-天然气火焰切割和氧-氢火焰切割。实际生产中，应用最广的是氧-乙炔火焰切割和氧-丙烷火焰切割。

47.【答案】AD

【解析】设备及管道表面金属涂层主要采用热喷涂法施工。

（1）金属热喷涂热源可采用燃烧法和电加热法两大类。

（2）金属热喷涂工艺包括基体表面预处理、热喷涂、后处理、精加工等过程。

（3）金属热喷涂用材可采用锌、锌铝合金、铝和铝镁合金。

（4）金属热喷涂设备主要由喷枪、热源、涂层材料供给装置以及控制系统和冷却系统组成。

48.【答案】ABD

【解析】流动式起重机的选用步骤：

1）根据被吊装设备或构件的就位位置、现场具体情况等确定起重机的站车位置，站车位置一旦确定，其工作幅度就确定了。

2）根据被吊装设备或构件的就位高度、设备尺寸、吊索高度和站车位置，由起升高度特性曲线来确定起重机的臂长。

3）根据上述已确定的工作幅度、臂长，由起重量特性曲线确定起重机的额定起重量。

4）如果起重机的额定起重量大于计算荷载，则起重机选择合适，否则重新选择。

5）校核通过性能。计算吊臂与设备之间、吊钩与设备及吊臂之间的安全距离，若符合规范要求，选择合格，否则重选。

49.【答案】ABD

【解析】管道水压试验的方法和要求：

（1）试压前的准备工作。在试验管道系统的最高点和管道末端安装排气阀；在管道的最低处安装排水阀；压力表应安装在最高点，试验压力以此表为准。

（2）试验时，环境温度不宜低于5℃。当低于5℃应采取防冻措施。

50.【答案】AC

【解析】（1）特殊地区施工增加：高原、高寒施工防护；地震防护。

（2）安装与生产同时进行施工增加：火灾防护、噪声防护。

（3）在有害身体健康环境中施工增加：有害化合物防护；粉尘防护；有害气体防护；高浓度氧气防护。

（4）脚手架搭拆：场内、场外材料搬运；搭、拆脚手架；拆除脚手架后材料的堆放。

51.【答案】BCD

【解析】除合同另有约定外，下列工程项目及零星工作可采用计日工计量计价：

1）不能依据施工图纸、工程变更及合同约定计量规则进行计量的增加工程或替代工程。

2）按发包人要求增加的短工期、零星、有限工程范围、少量工程数量的工程项目。

3）极端变化的工作条件引起的非正常操作。

4）进行紧急工程引起其他工程损坏的修复。

5）按发包人要求打开已隐蔽的工程，但相关工程通过检测证明符合合同要求的。

6）修复其他承包人完成工作后周边受影响工程的费用。

7）因发包人暂缓（停）工程引起工程延期而必须更换材料的费用。

8）合同范围外发包人特殊要求的清扫和清场工作。

9）合同范围外发包人要求的测试运行。

10）非承包人原因引起的修复和恢复被损坏的微小工程（大规模的损坏恢复应按工

程变更规定计量与计价）。

52.【答案】BCD

【解析】工程计量时每一项目汇总的有效位数应符合下列规定：

1）以"t"为单位，应保留小数点后三位数字，每四位小数四舍五入；

2）以"m""km""m²""m³""kg"为单位，应保留小数点后两位数字，第三位小数四舍五入。

53.【答案】BCD

【解析】一般砖混结构的电梯井道采用埋入式稳固导轨架。钢筋混凝土结构的电梯井道，则常用焊接式、预埋螺栓固定式、对穿螺栓固定式稳固导轨架更合适。

54.【答案】ABD

【解析】消防车道应符合下列要求：

（1）车道的净宽度和净空高度均不应小于 4.0m。

（2）转弯半径应满足消防车转弯的要求。

（3）消防车道与建筑之间不应设置妨碍消防车操作的树木、架空管线等障碍物。

（4）消防车道靠建筑外墙一侧的边缘距离建筑外墙不宜小于 5m。

（5）消防车道的坡度不宜大于 8%。

（6）环形消防车道至少应有两处与其他车道连通，尽头式消防车道应设置回车道或回车场。

55.【答案】AB

【解析】锅炉本体主要是由"锅"与"炉"两大部分组成。"锅"包括锅筒（汽包）、对流管束、水冷壁、集箱（联箱）、蒸汽过热器、省煤器和管道组成的一个封闭的汽-水系统。"炉"是指锅炉中使燃料燃烧产生高温烟气的场所，是由煤斗、炉排、炉膛、除渣板、送风装置等组成的燃烧设备。

锅炉辅助设备分别组成锅炉房的燃料供应与除灰渣系统、通风系统、水-汽系统和仪表控制系统。

56.【答案】ABC

57.【答案】BC

【解析】储存装置及管道安装：

（1）二氧化碳灭火管网系统的储存装置由储存容器、容器阀和集流管等组成；七氟丙烷和 IG541 预制灭火系统的储存装置由储存容器、容器阀等组成；热气溶胶预制灭火系统的储存装置由发生剂罐、引发器和保护箱（壳）体等组成。

（2）储存装置的布置，应便于操作、维修及避免阳光照射。操作面距墙面或两操作面之间的距离，不宜小于 1.0m，且不应小于储存容器外径的 1.5 倍。

（3）输送气体灭火剂的管道应采用无缝钢管，无缝钢管及管件内外应进行防腐处理；输送气体灭火剂的管道安装在腐蚀性较大的环境里，宜采用不锈钢管及管件；输送启动气体的管道，宜采用铜管。

（4）管道的连接，当公称直径小于或等于 80mm 时，宜采用螺纹连接；大于 80mm 时，宜采用法兰连接。

（5）容器阀和集流管之间应采用挠性连接；储存容器和集流管应采用支架固定。

（6）在储存容器或容器阀上，应设安全泄压装置和压力表。组合分配系统的集流管，应设安全泄压装置。

（7）在通向每个防护区的灭火系统主管道上，应设压力信号器或流量信号器。

（8）组合分配系统中的每个防护区应设置控制灭火剂流向的选择阀，选择阀的位置应靠近储存容器且便于操作。选择阀应设有标明其工作防护区的永久性铭牌。

（9）喷头的布置应满足喷放后气体灭火剂在防护区内均匀分布的要求，当保护对象属可燃液体时，喷头射流方向不应朝向液体表面。

58.【答案】AB

【解析】负压类的有环泵式比例混合器和管线式泡沫比例混合器；正压类的有压力式泡沫比例混合器和平衡压力式泡沫比例混合器。

59.【答案】ACD

【解析】电线管路水平敷设超过下列长度时，中间应加接线盒：

1）管子长度超过30m，无弯曲时；

2）管子长度超过20m，有1个弯曲时；

3）管子长度超过15m，有2个弯曲时；

4）管子长度超过8m，有3个弯曲时。

60.【答案】CD

【解析】导线连接有铰接、焊接、压接和螺栓连接等，导线与设备或器具的连接应符合下列规定：

（1）截面面积在2.5mm² 及以下的多芯铜芯线应接续端子或拧紧搪锡后再与设备或器具的端子连接。

（2）每个设备或器具的端子接线不多于2根导线或2个导线端子。

（3）截面面积在6mm² 及以下铜芯导线间的连接应采用导线连接器或缠绕搪锡连接，并应符合下列规定：

① 单芯导线与多芯软导线连接时，多芯软导线宜搪锡处理；

② 导线连接后不应明露线芯；

③ 多尘场所的导线连接应选用IP5X 及以上的防护等级连接器；潮湿场所的导线连接应选用IPX5 及以上的防护等级连接器。

（4）绝缘导线、电缆的线芯连接金具（连接管和端子），其规格应与线芯的规格适配，且不得采用开口端子。

选做部分

共40题，分为两个专业组，考生可在两个专业组的40个试题中任选20题作答，按所答的前20题计分，每题1.5分。试题由单选和多选组成。错选，本题不得分；少选，所选的每个选项得0.5分。

一、（61~80题）管道和设备工程

61.【答案】B

【解析】室内给水系统给水方式总结：

涉及水泵：投资大、需维护、有振动噪声；分散布置或者型号多管理维护时较麻烦。

涉及水箱：高位水箱增加结构荷载，层间水箱占用建筑面积，但水箱具有一定延时供水功能。

涉及贮水池：外网水压不能充分利用，供水可靠，有一定延时供水功能。

并联供水：各区独立，互不干扰，但费管。

串联供水：供水独立性差，但省管。

涉及减压给水：要求电力充足、电价低。

气压水罐供水水质卫生条件好。

62. 【答案】ABC

【解析】给水铸铁管采用承插连接，在交通要道等振动较大的地段采用青铅接口。在大型的高层建筑中，将球墨铸铁管设计为总立管，应用于室内给水系统。球墨铸铁管采用橡胶圈机械式接口或承插接口，也可以采用螺纹法兰连接的方式。

63. 【答案】D

【解析】

给水管道管材选用表

管道类别		条件	适用管材	建筑物性质
室内	冷水管	DN≤150mm	低压流体输送用镀锌焊接钢管	一般民用建筑
		DN≥150mm	镀锌无缝钢管	
		D_e≤160mm	给水硬聚氯乙烯管	
		D_e≤63mm	给水聚丙烯管、衬塑铝合金管	一般或高级民用建筑
		DN≤150mm	薄壁铜管	高级、高层民用建筑
		DN≥150mm	球墨铸铁管（总立管）	
室内	热水管	DN≤150mm	低压流体输送用镀锌焊接钢管	一般民用建筑
			薄壁铜管	高级民用建筑
		D_e≤63mm	给水聚丙烯管、衬塑铝合金管	
	饮用水	DN≤150mm	薄壁铜管、不锈钢管	
		D_e≤63mm	给水聚丙烯管、衬塑铝合金管	
室外	冷水管	DN≤150mm	低压流体输送用镀锌焊接钢管	地上
		DN≤65mm	低压流体输送用镀锌焊接钢管	地下
		DN≥80mm	给水铸铁管或球墨铸铁管	
		D_e=20~630mm	给水硬聚氯乙烯管	

64. 【答案】CD

【解析】A形柔性法兰接口排水铸铁管采用法兰压盖连接，橡胶圈密封，螺栓紧固。广泛用于高层、超高层建筑及地震区的室内排水管道。W形无承口（管箍式）柔性接口采用橡胶圈不锈钢带连接，便于安装和检修，接头轻巧、外形美观。

一般排水横干管、首层出户管宜采用 A 形管；排水立管及排水支管宜采用 W 形管。

65.【答案】D

【解析】排出管穿地下室外墙或地下构筑物的墙壁时应设防水套管。

室内排水管道安装的排出管与室外排水管连接处设置检查井。一般检查井中心至建筑物外墙的距离不小于 3m，不大于 10m。排出管在隐蔽前必须进行灌水试验，其灌水高度应不低于底层卫生器具的上边缘或底层地面的高度。

66.【答案】C

【解析】对室内热水供应管道长度超过 40m 时，一般应设补偿器来补偿管道的温度变形。

67.【答案】D

【解析】（1）单向流通风：通过有组织的气流流动，控制有害物的扩散和转移。这种方法具有通风量小、控制效果好等优点。

（2）均匀通风：速度和方向完全一致的宽大气流称为均匀流，利用送风气流构成的均匀流把室内污染空气全部压出和置换。这种通风方法能有效排除室内污染气体，目前主要应用于汽车喷涂室等对气流、温度控制要求高的场所。

（3）置换通风：置换通风的送风分布器通常都靠近地板，送风口面积大。低速、低温送风与室内分区流态是置换通风的重要特点。置换通风对送风的空气分布器要求较高，它要求分布器能将低温的新风以较小的风速均匀送出，并能散布开来。

68.【答案】B

【解析】（1）燃烧法：广泛应用于有机溶剂蒸气和碳氢化合物的净化处理，也可用于除臭。

（2）吸附法：广泛应用于低浓度有害气体的净化，特别是各种有机溶剂蒸气。吸附法的净化效率能达到 100%。常用的吸附剂有活性炭、硅胶、活性氧化铝等。

（3）吸收法：广泛应用于无机气体等有害气体的净化。同时可进行除尘，适用于处理气体量大的场合。与其他净化方法相比，吸收法的费用较低。吸收法的缺点是还要对排水进行处理，净化效率难以达到 100%。

（4）冷凝法：净化效率低，只适用于浓度高、冷凝温度高的有害蒸气。低浓度气体的净化通常采用吸收法和吸附法，是通风排气中有害气体的主要净化方法。

69.【答案】BC

【解析】（1）全空气系统：如定风量或变风量的单风管系统、双风管系统、全空气诱导系统等。

（2）空气-水系统：如带盘管的诱导系统、风机盘管机组加新风系统等。

（3）全水系统：如风机盘管系统、辐射板系统等。

70.【答案】C

【解析】（1）封闭式系统：最节省能量，没有新风，仅适用于人员活动很少的场所，如仓库等。

（2）直流式系统：所处理的空气全部来自室外新风，系统消耗较多的冷量和热量。主要用于空调房间内产生有毒有害物质而不允许利用回风的场所。

（3）混合式系统：

一次回风系统，将回风与新风在空气处理设备前混合，再一起进入空气处理设备，这是空调中应用最广泛的一种形式，混合的目的在于利用回风的冷量或热量来降低或提高新风温度。

二次回风系统，一部分回风在空气处理设备前面与新风混合，另一部分不经过空气处理设备，直接与处理后的空气混合，二次混合的目的在于代替加热器提高送风温度。

71.【答案】C

【解析】风机盘管系统是设置风机盘管机组的半集中式系统，风机盘管系统本身就是末端装置。适用于空间不大、负荷密度高的场合，如高层宾馆、办公楼和医院病房等。

双风管集中式系统，具有如下优点：每个房间（或每个区）可以分别控制；室温调节速度较快；冬季和过渡季的冷源以及夏季的热源可以利用室外新风；空调房间内无末端装置，对使用者无干扰。

诱导器系统是采用诱导器做末端装置的半集中式系统，空调房间有诱导器静压箱。诱导器系统能在房间就地回风，具有风管断面小、空气处理室小、空调机房占地少、风机耗电量少的优点。

变风量系统的风量变化是通过专用的变风量末端装置实现的，可分为节流型、旁通型、诱导型。

变制冷剂流量（VRV）空调系统（有末端装置）节能，节省建筑空间，施工安装方便，施工周期短，尤其适用于改造工程。

72.【答案】A

【解析】GA 类（长输管道）划分为 GA1 级和 GA2 级。符合下列条件之一的长输管道为 GA1 级：

1）输送有毒、可燃、易爆气体介质，最高工作压力 $P>4.0$MPa 的长输管道；

2）输送有毒、可燃、易爆液体介质，最高工作压力 $P \geqslant 6.4$MPa，并且输送距离>200km 的长输管道。

GA1 级以外的长输（油气）管道为 GA2 级。

73.【答案】C

【解析】在工程中，按照工业管道设计压力 P 划分为低压、中压和高压管道：

（1）低压管道：$0<P \leqslant 1.6$MPa。

（2）中压管道：$1.6<P \leqslant 10$MPa。

（3）高压管道：$10<P \leqslant 42$MPa；或蒸汽管道：$P \geqslant 9$MPa，工作温度$\geqslant 500$℃。

工业管道界限划分，以设备、罐类外部法兰为界，或以建筑物、构筑物墙皮为界。

74.【答案】ABC

【解析】（1）水平安装的方形补偿器应与管道保持同一坡度，垂直臂应呈水平。垂直安装时，应有排水、疏水装置。

（2）方形补偿器两侧的第一个支架宜设置在距补偿器弯头起弯点 0.5~1.0m 处，支架为滑动支架。导向支架只宜设在离弯头 DN40 以外处。

（3）填料式补偿器活动侧管道的支架应为导向支架。单向填料式补偿器应装在固定支架附近。双向填料式补偿器安装在固定支架中间。

75.【答案】BC

【解析】夹套管安装：

（1）直管段对接焊缝的间距，内管不应小于200mm，外管不应小于100mm。

（2）环向焊缝距管架的净距不应小于100mm，且不得留在过墙或楼板处。

（3）夹套管穿墙、平台或楼板，应装设套管和挡水环。

（4）内管有焊缝时，该焊缝应进行100%射线检测。

（5）内管加工完毕后，焊接部位应裸露进行压力试验。

（6）真空系统在严密性试验合格后，进行真空度试验，时间为24h，系统增压率不大于5%为合格。

（7）内管应用干燥无油压缩空气进行系统吹扫，气体流速不小于20m/s。

76.【答案】C

【解析】联苯热载体夹套的外管，应用联苯、氮气或压缩空气进行试验，不得用水进行压力试验。

77.【答案】C

【解析】（1）超高压容器：设计压力大于或等于100MPa的压力容器；

（2）高压容器：设计压力大于或等于10MPa，且小于100MPa的压力容器；

（3）中压容器：设计压力大于或等于1.6MPa，且小于10MPa的压力容器；

（4）低压容器：设计压力大于或等于0.1MPa，且小于1.6MPa的压力容器。

78.【答案】B

【解析】按结构形式可分为釜式、管式、塔式和流化床反应器。

（1）固定床反应器：主要用于实现气固相催化反应，如氨合成塔、二氧化硫接触氧化器、烃类蒸汽转化炉等。

（2）流化床反应器：是一种利用气体或液体通过颗粒状固体层而使固体颗粒处于悬浮运动状态，并进行气固相反应过程或液固相反应过程的反应器。在用于气固系统时，又称沸腾床反应器。目前，流化床反应器已在化工、石油、冶金、核工业等部门得到广泛应用。

79.【答案】AB

【解析】内浮顶储罐：一是与浮顶罐比较，有固定顶，绝对保证储液的质量。内浮盘漂浮在液面上，可减少蒸发损失85%~96%；减少空气污染，降低着火爆炸危险，特别适合于储存高级汽油和喷气燃料及有毒的石油化工产品；可减少罐壁罐顶的腐蚀，延长储罐的使用寿命。二是在密封相同情况下，与浮顶相比可以进一步降低蒸发损耗。

缺点：与拱顶罐相比，钢板耗量比较多，施工要求高；与浮顶罐相比，维修不便（密封结构），储罐不易大型化，目前一般不超过10000m³。

80.【答案】C

【解析】

各类油罐的施工方法选定

油罐类型	施工方法			
	水浮正装法	抱杆倒装法	充气顶升法	整体卷装法
拱顶油罐（m³）	—	100~700	1000~20000	—
无力矩顶油罐（m³）	—	100~700	1000~5000	—
浮顶油罐（m³）	3000~50000	—	—	—
内浮顶油罐（m³）	—	100~700	1000~5000	—
卧式油罐（m³）	—	—	—	各种容量

二、（81~100题）电气和自动化控制工程

81.【答案】B

【解析】高压配电室的作用是接受电力；变压器室的作用是把高压电转换成低压电；低压配电室的作用是分配电力；电容器室的作用是提高功率因数；控制室的作用是预告信号。这五个部分作用不同，需要安装在不同的房间。其中低压配电室则要求尽量靠近变压器室。

82.【答案】ABD

【解析】变配电设备一般可分为一次设备和二次设备。

一次设备指直接输送、分配、使用电能的设备，主要包括变压器、高压断路器、高压隔离开关、高压负荷开关、高压熔断器、高压避雷器、并联电容器、并联电抗器、电压互感器和电流互感器等；二次设备是指对一次设备的工作状况进行监视、控制、测量、保护和调节所必需的电气设备，主要包括监控装置、操作电器、测量表计、继电保护及自动装置、直流控制系统设备等。

83.【答案】BCD

【解析】高压断路器的作用是通断正常负荷电流，并在电路出现短路故障时自动切断电流，保护高压电线和高压电气设备的安全。按其采用的灭弧介质分有油断路器、六氟化硫断路器、真空断路器等。少油断路器、真空断路器和六氟化硫断路器目前应用较广。

高压真空断路器有落地式、悬挂式、手车式三种形式。真空断路器的特点是体积小、重量轻、寿命长，能频繁操作，开断电容电流性能好，可连续多次重合闸，且运行维护简单。它在35kV配电系统及以下电压等级中处于主导地位。

六氟化硫断路器适用于需频繁操作及易燃易爆危险场所，要求加工精度高，对其密封性能要求更严。

多油断路器很少使用。

84.【答案】AD

【解析】建筑物及高层建筑物变电所是民用建筑中经常采用的变电所形式，变压器一律采用干式变压器，高压开关一般采用真空断路器，也可采用六氟化硫断路器，但通风条件要好，从防火安全角度考虑，一般不采用少油断路器。

85.【答案】C

【解析】SF_6 具有优良的电绝缘性能，在电流过零时，电弧暂时熄灭后，SF_6 能迅速恢复绝缘强度，使电弧很快熄灭。

SF_6 断路器的主要特点是体积小、重量轻、寿命长、能进行频繁操作、可连续多次重合闸、开断能力强、燃弧时间短、运行中无爆炸和燃烧的可能、噪声小，且运行维护简单，检修周期一般可达 10 年，但是价格比较高。

SF_6 断路器适用于需频繁操作及有易燃易爆危险的场所，要求加工精度高，对其密封性能要求更严。

SF_6 断路器灭弧室的结构形式有压气式、自能灭式（旋弧式、热膨胀式）和混合灭弧式。

86.【答案】C

【解析】高压断路器可以切断工作电流和事故电流。

高压隔离开关的主要功能是隔离高压电源，以保证其他设备和线路的安全检修。其结构特点是断开后有明显可见的断开间隙。没有专门的灭弧装置，不允许带负荷操作。它可用来通断一定的小电流。隔离开关只能在没电流时分合闸。

高压负荷开关能切断工作电流，但不能切断事故电流，适用于无油化、不检修、要求频繁操作的场所。

高压熔断器主要功能是对电路及其设备进行短路和过负荷保护。

互感器避免短路电流直接流过测量仪表及继电器的线圈。

87.【答案】B

【解析】（1）被控对象，是控制系统所控制和操纵的对象，它接受控制量并输出被控量。

（2）控制器（调节装置），将测量装置送来的被调参数与设定值在调节装置中进行比较，出现偏差后，按系统的不同要求，进行相应的调节，输出控制信号，以控制执行机构的运动。

（3）反馈环节，由传感器完成对湿度、压力、温度等非电物理量的检测，并将其转换成相应的电学量，而变换后的电量作为被调节参数，送到控制器（调节装置）。反馈环节一般也称为测量变送环节。

（4）执行机构，根据控制器输出控制信号的方向、大小，控制执行机构的动作，如电机的变速、阀门的开启等，从而改变调节参数的数值。

88.【答案】D

【解析】Lonworks 总线是一种具有强大功能的现场总线技术。它采用了 ISO/IOS 模型的全部七层通信协议，采用了面向对象的设计方法，它把单个分散的测量控制设备变成网络节点，通过网络实现集散控制。通过网络变量把网络通信设计简化为参数设置，其通信速率从 300kb/S 至 1.5Mb/S 不等，直接通信距离可达 2700m（78kb/S，双绞线）；支持双绞线、同轴电缆、光纤、射频、红外线和电力线等多种通信介质，并开发了相应的安全防爆产品，被誉为通用控制网络。

89.【答案】C

【解析】单回路系统，只有一个控制变量组成的单环反馈系统。

多回路系统，如果被控制的变量变化较为复杂，在单回路基础上，还需通过辅助变量，共同完成对变量的调整与控制。

比值系统，用可以测量的中间变量，测量计算后转换计算出控制量。或在控制系统中，需有一个能自动跟随的控制系统辅助调节，以达到对控制变量的进一步调节。

复合系统，复合系统直接对干扰信号进行测控，一部分干扰信号送到被控回路，另一通道将干扰信号进行补偿、调整，然后再作用到被控回路。

90.【答案】A

【解析】（1）Lonworks 总线，被誉为通用控制网络，具有强大功能的现场总线技术。采用 ISO/IOS 模型的全部七层通信协议，采用了面向对象的设计方法，把单个分散的测量控制设备变成网络节点，通过网络实现集散控制。

（2）CAN 总线，是控制局域网络的，用于汽车内部测量与执行机构之间的数据通信。广泛应用于离散控制领域，信号传输介质为双绞线。

（3）FF 总线，基金会现场总线 FF 是在过程自动化领域得到广泛支持和具有良好前景的技术。

（4）PROFIBUS 总线，DP 型适合于加工自动化领域的应用。FMS 型适用于纺织、楼宇自动化、可编程控制器、低压开关等。

（5）HART 总线，是在现有的模拟信号传输线上实现数字信号通信，属于模拟系统向数字系统转变过程中的过渡产品。

91.【答案】D

【解析】以热电偶为材料的热电势传感器。铂及其合金组成的热电偶价格最贵，优点是热电势非常稳定。铜-康铜价格最便宜，居中为镍铬-考铜，且它的灵敏度又最高。电势的大小取决于测量端与自由端的温差。当自由端距热源较近时受热源温度影响较大，会给测量带来误差，因此通常需采用补偿导线和热电偶连接。

以半导体 PN 结为材料的热电势传感器，集成温度传感器使用方便、工作可靠、价格便宜，且具有高精度的放大电路，适用于远距离传输。

92.【答案】A

【解析】目前可供使用的双绞线多为 8 芯（4 对），在采用 10Base-T 的情况下，只用 2 对（1、2 芯为接收对，3、6 芯为发送对），另外 2 对（4、5、7、8 芯）不用。

93.【答案】ABD

【解析】双绞线一般用于星型网的布线连接，两端安装有 RJ-45 头（水晶头），连接网卡与集线器，最大网线长度为 100m，如果要加大网络的范围，在两段双绞线之间可安装中继器，最多可安装 4 个中继器，如安装 4 个中继器连 5 个网段，最大传输范围可达 500m。

94.【答案】C

【解析】同轴电缆的细缆：与 BNC 网卡相连，两端装 50Ω 的终端电阻。用 T 形头，T 形头之间最小距离 0.5m。细缆网络每段干线长度最大为 185m，每段干线最多接入 30 个用户。如采用 4 个中继器连接 5 个网段，网络最大距离可达 925m。细缆安装较容易，造价较低，但日常维护不方便，一旦一个用户出故障，便会影响其他用户的正常工作。

95.【答案】D

【解析】非屏蔽双绞线适用于网络流量不大的场合。

屏蔽式双绞线适用于网络流量较大的高速网络协议应用。

同轴电缆的粗缆传输距离长，性能好，但成本高，网络安装、维护困难，一般用于大型局域网的干线，连接时两端需终接器。

同轴电缆的细缆安装较容易，造价较低，但日常维护不方便，一旦一个用户出故障，便会影响其他用户的正常工作。

光纤的电磁绝缘性能好、信号衰减小、频带宽、传输速度快、传输距离大，主要用于要求传输距离较长、布线条件特殊的主干网连接。

96.【答案】ABC

【解析】智能建筑系统由上层的智能建筑系统集成中心（SIC）和下层的 3 个智能化子系统构成。智能化子系统包括楼宇自动化系统（BAS）、通信自动化系统（CAS）和办公自动化系统（OAS）。综合布线系统（PDS）是建筑物或建筑群内部之间的传输网络。三个子系统通过综合布线系统（PDS）连接成一个完整的智能化系统，由 SIC 统一监管。

97.【答案】AC

【解析】

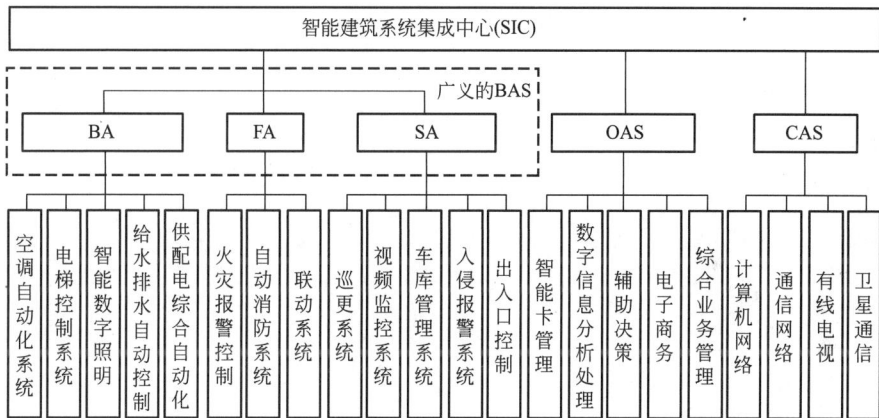

智能楼宇系统组成和功能示意图

98.【答案】B

【解析】（1）点型入侵探测器，警戒范围仅是一个点的报警器，如开关入侵探测器、振动入侵探测器（又包括压电式振动入侵探测器和电动式振动入侵探测器）。

（2）直线型入侵探测器，如红外入侵探测器、激光入侵探测器。

被动红外探测器的抗噪能力较强，噪声信号不会引起误报，红外探测器一般用在背景不动或防范区域内无活动物体的场合。

主动红外探测器，体积小、重量轻、便于隐蔽，采用双光路的主动红外探测器可大大提高其抗噪防误报的能力。而且主动红外探测器寿命长、价格低、易调整，广泛使用在安全技术防范工程中。

99.【答案】D

【解析】在小型防范区域内，探测器的电信号用双绞线传输。传输声音和图像复核信号时常用音频屏蔽线和同轴电缆。一根同轴电缆传送一路信号用于短距离传输，一根同轴电缆传送多路信号适用于远距离传输。光缆传输视频图像时，传输距离远、传输图像质量好、抗干扰、保密、体积小、重量轻、抗腐蚀、容易敷设，但造价较高。

100. 【答案】D

【解析】闭路监控电视系统一般由摄像、传输、控制、图像处理和显示部分组成。基带传输不需要调制、解调，设备花费少，传输距离一般不超过 2km。频带传输经过调制、解调，克服了许多长途电话线路不能直接传输基带信号的缺点，能实现多路复用的目的，提高了通信线路的利用率。

模拟题二答案与解析

一、单项选择题（共 40 题，每题 1 分。每题的备选项中，只有 1 个最符合题意)

1. 【答案】B

【解析】铸铁的韧性和塑性主要决定于石墨的数量、形状、大小和分布，其中石墨形状的影响最大。铸铁的其他性能也与石墨密切相关。基体组织是影响铸铁硬度、抗压强度和耐磨性的主要因素。按照石墨的形状特征，灰口铸铁可分为普通灰铸铁（石墨呈片状）、蠕墨铸铁（石墨呈蠕虫状）、可锻铸铁（石墨呈团絮状）和球墨铸铁（石墨呈球状）。

2. 【答案】B

【解析】灰铸铁价格便宜，占各类铸铁的总产量 80% 以上。

球墨铸铁，综合机械性能接近于钢。球墨铸铁的抗拉强度与钢相当，扭转疲劳强度甚至超过 45 号钢。在实际工程中，常用球墨铸铁来代替钢制造某些重要零件，如曲轴、连杆和凸轮轴等，也可用于高层建筑室外进入室内给水的总管或室内总干管。

蠕墨铸铁，强度接近于球墨铸铁，并具有一定的韧性和较高的耐磨性；同时又有灰铸铁良好的铸造性能和导热性。蠕墨铸铁在生产中主要用于生产汽缸盖、汽缸套、钢锭模和液压阀等铸件。作为一种新的铸铁材料，发展前景相当乐观。

可锻铸铁，常用来制造形状复杂、承受冲击和振动荷载的零件，如管接头和低压阀门等。

3. 【答案】C

【解析】铸造铝合金（ZL）分为 Al–Si 铸造铝合金、Al–Cu 铸造铝合金、Al–Mg 铸造铝合金和 Al–Zn 铸造铝合金。Al–Mg 铸造铝合金强度高，密度小，有良好的耐腐蚀性，但铸造性能不佳，耐热性不良。该合金多用于制造承受冲击荷载，以及在腐蚀性介质中工作的外形不太复杂的零件，如氨用泵体等。

4. 【答案】C

【解析】铝黄铜可制作耐腐蚀零件，还可用于制造大型蜗杆等重要零件。

锡青铜在化工、机械、仪表等工业中广泛应用，主要用于制造轴承、轴套等耐磨零件和弹簧等弹性元件，以及抗蚀、抗磁零件等。

铝青铜可制造齿轮、轴套和蜗轮等在复杂条件下工作的高强度抗磨零件，以及弹簧和其他高耐腐蚀性弹性元件。

硅青铜可制作弹簧、齿轮、蜗轮、蜗杆等耐腐蚀和耐磨零件。

5. 【答案】D

【解析】铅及铅合金管耐腐蚀性能强，用于输送 15% ~ 65% 的硫酸、二氧化硫、60% 氢氟酸、浓度小于 80% 的醋酸，但不能输送硝酸、次氯酸、高锰酸钾和盐酸。

铜管的导热性能良好，适用工作温度在250℃以下，多用于制造换热器、压缩机输油管、低温管道、自控仪表以及保温伴热管和氧气管道等。

铝管的特点是重量轻，不生锈，但机械强度较差，不能承受较高的压力，铝管常用于输送浓硝酸、醋酸、脂肪酸、过氧化氢等液体及硫化氢、二氧化碳气体。它不耐碱及含氯离子的化合物，如盐水和盐酸等介质。

钛管具有重量轻、强度高、耐腐蚀性强和耐低温等特点，常被用于其他管材无法胜任的工艺部位，如输送强酸、强碱及其他材质管道不能输送的介质。钛管虽然具有许多优点，但因价格昂贵，焊接难度大，所以没有被广泛采用。

6.【答案】C

【解析】氯化聚氯乙烯（CPVC）管道是现今新型的输水管道。该管与其他塑料管材相比具有刚性高、耐腐蚀、阻燃性能好、导热性能低、热膨胀系数低及安装方便等特点。

交联聚乙烯管（PEX管），耐温范围广（-70~110℃）、耐压、化学性能稳定、抗蠕变强度高、重量轻、流体阻力小、能够任意弯曲、安装简便、使用寿命达50年之久。无味、无毒。连结方式有：夹紧式、卡环式、插入式三种。PEX管适用于建筑冷热水管道、供暖管道、雨水管道、燃气管道以及工业用的管道等。

无规共聚聚丙烯管（PP-R管），是最轻的热塑性塑料管，具有较高的强度，较好的耐热性，最高工作温度可达95℃，在1.0MPa下长期（50年）使用温度可达70℃，其低温脆化温度仅为-15~0℃，在北方地区不能用于室外。每段长度有限，且不能弯曲施工。

聚丁烯管具有很高的耐久性、化学稳定性和可塑性，重量轻，柔韧性好，用于压力管道时耐高温特性尤为突出（-30~100℃），抗腐蚀性能好、可冷弯、使用安装维修方便、寿命长（可达50~100年），适于输送热水。但紫外线照射会导致老化，易受有机溶剂侵蚀。

7.【答案】A

【解析】聚四氟乙烯垫片的耐腐蚀性、耐热性、耐寒性和耐油性优于现有其他塑料垫片。不易老化、不燃烧、吸水性近乎为零。用于接触面可以做到平整光滑，对金属法兰不粘结。除受熔融碱金属以及含氟元素气体侵蚀外，它能耐多种酸、碱、盐、油脂类溶液介质的腐蚀。其使用温度一般小于200℃，但不能用于压力较高的场合。

8.【答案】B

【解析】垫片按材质可分为非金属垫片、半金属垫片和金属垫片三大类。金属缠绕式垫片属于半金属垫片。

金属缠绕式垫片：压缩、回弹性能好；具有多道密封和一定的自紧功能；对于法兰压紧面的表面缺陷不太敏感，不粘结法兰密封面，容易对中，拆卸便捷；能在高温、低压、高真空、冲击振动等循环交变的各种苛刻条件下，保持其优良的密封性能。在石油化工工艺管道上被广泛采用。

9.【答案】D

【解析】驱动阀门是用手操纵或其他动力操纵的阀门，如截止阀、节流阀（针型阀）、闸阀、旋塞阀。

自动阀门是借助于介质本身的流量、压力或温度参数发生变化而自行动作的阀门。如止回阀、安全阀、浮球阀、减压阀、跑风阀和疏水器。

10.【答案】D

【解析】桥架按结构形式分为梯级式、托盘式、槽式（槽盒）、组合式。

电缆托盘、梯架布线适用于电缆数量较多或较集中的场所。

金属槽盒布线一般适用于正常环境的室内明敷工程，不可在有严重腐蚀及受严重机械损伤的场所采用。

有盖的封闭金属槽盒可在建筑物顶棚内敷设。

难燃封闭槽盒用于电缆防火保护，属轻型封闭式，能阻断燃烧火焰，能维持盒内电缆正常的工作，并具有耐腐蚀、耐油、耐水、强度高、安装简便等优点，适合含潮湿、盐雾、有化学气体和严寒、酷热等各种环境条件下使用，或应用于发电厂、变电所、供电隧道、工矿企业等电缆密集场所，以防止电缆着火延燃和满足重要电缆回路防火、耐火分隔。

11.【答案】C

【解析】埋弧焊的主要优点是：①热效率较高，熔深大，工件的坡口可较小，减少了填充金属量；②焊接速度高；③焊接质量好；④在有风的环境中焊接时，埋弧焊的保护效果胜过其他焊接方法。

埋弧焊的主要缺点有：①一般只适用于水平位置焊缝焊接；②难以用来焊接铝、钛等氧化性强的金属及其合金；③不能直接观察电弧与坡口的相对位置，容易焊偏；④只适于长焊缝的焊接；⑤不适合焊接厚度小于 1mm 的薄板。

埋弧焊熔深大、生产效率高，机械化操作程度高，适于焊中厚板结构的长焊缝和大直径圆筒环焊缝，尤其适用于大批量生产。是当今焊接生产中最普遍使用的焊接方法之一。

12.【答案】B

【解析】耐热钢、低温钢、耐腐蚀钢的焊接可选用中硅或低硅型焊剂配合相应的合金钢焊丝。

普通结构钢、低合金钢的焊接可选用高锰、高硅型焊剂。

对焊接韧性要求较高的低合金钢厚板，选用低锰、低硅型或无锰中硅型焊剂。

焊接不锈钢以及其他高合金钢时，应选用以氟化物为主要组分的焊剂或无锰中硅型焊剂，亦可采用烧结焊剂。

铁素体、奥氏体等高合金钢，一般选用碱度较高的熔炼焊剂或烧结陶质焊剂。

13.【答案】B

【解析】焊条直径的选择主要取决于焊件厚度、接头形式、焊缝位置及焊接层次等因素。在不影响焊接质量的前提下，为了提高劳动生产率，一般倾向于选择大直径的焊条。

焊接电流选择的最主要因素是焊条直径和焊缝空间位置。含合金元素较多的合金钢焊条，焊接电流相应减小。

电弧电压的选择：在使用酸性焊条焊接时，一般采用长弧焊。

在中、厚板焊条电弧焊时，往往采用多层焊。

直流电源，电弧稳定，飞溅小，焊接质量好，一般用在重要的焊接结构或厚板大刚度结构的焊接上。其他情况下，应首先考虑用交流焊机，交流焊机构造简单，造价低，使用维护也较直流焊机方便。

14.【答案】D

【解析】去应力退火目的是为了去除残余应力。

正火目的是消除应力、细化组织、改善切削加工性能及淬火前的预热处理，也是某些结构件的最终热处理。经正火处理的工件其强度、硬度、韧性较退火为高，而且生产周期短，能量耗费少，故在可能情况下，应优先考虑正火处理。

淬火是为了提高钢件的硬度、强度和耐磨性，多用于各种工具、轴承、零件等。

低温回火，主要用于各种高碳钢的切削工具、模具、滚动轴承等的回火处理。

中温回火，使工件得到好的弹性、韧性及相应的硬度，一般适用于中等硬度的零件、弹簧等。

高温回火，即调质处理，可获得较高的力学性能，如高强度、较高的弹性极限和韧性，主要用于重要结构零件的热处理。钢经调质处理后不仅强度较高，而且塑性、韧性更显著超过正火处理的情况。

15.【答案】C

【解析】空气喷涂法是应用最广泛的一种涂装方法，几乎可适用于一切涂料品种，该法的最大特点是可获得厚薄均匀、光滑平整的涂层。但涂料利用率低，对空气的污染严重，施工中必须采取良好的通风和安全预防措施。

高压无气喷涂法主要特点是没有一般空气喷涂时发生的涂料回弹和大量漆雾飞扬的现象，节省漆料，减少了污染，改善了劳动条件，工效高，涂膜的附着力也较强，涂膜质量较好，适宜于大面积的物体涂装。

16.【答案】B

【解析】（1）涂抹绝热层：涂抹法可在被绝热对象处于运行状态下进行施工。涂抹绝热层整体性好，与保温面结合较牢固，不受保温面形状限制，价格也较低；施工作业简单，但劳动强度大，工期较长，不能在零摄氏度以下施工。

（2）浇注式绝热层：较适合异型管件、阀门、法兰的绝热以及室外地面或地下管道绝热。

（3）喷涂绝热层：适用于以聚苯乙烯泡沫塑料、聚氯乙烯泡沫塑料、聚氨酯泡沫塑料作为绝热层的喷涂施工。这种结构施工方便、工艺简单、效率高、不受绝热面几何形状限制，无接缝、整体性好。但要注意施工安全和劳动保护。

（4）闭孔橡胶挤出发泡材料：新型保温材料，保温性能优异、质地柔软、手感舒适、施工方便，阻燃性好，耐严寒、潮湿、日照以及在120℃以下长期使用不易老化变质。

17.【答案】A

【解析】

起重机分类

名称	类别		品种
起重机	桥架型	桥式起重机	带回转臂、带回转小车、带导向架的桥式起重机，同轨、异轨双小车桥式起重机，单主梁、双梁、挂梁桥式起重机，电动葫芦桥式起重机，柔性吊挂桥式起重机，悬挂起重机
		门式起重机	双梁、单梁、可移动主梁门式起重机
		半门式起重机	—
	臂架型	塔式起重机	固定塔式、移动塔式、自升塔式起重机
		流动式起重机	轮胎起重机、履带起重机、汽车起重机
		铁路起重机	蒸汽、内燃机、电力铁路起重机
		门座起重机	港口、船厂、电站门座起重机
		半门座起重机	—
		桅杆起重机	固定式、移动式桅杆起重机
		悬臂式起重机	柱式、壁式、旋臂式起重机，自行车式起重机
		浮式起重机	—
		甲板起重机	—
	缆索型	缆索起重机	固定式、平移式、辐射式缆索起重机
		门式缆索起重机	

18.【答案】C

【解析】起重机吊装荷载的组成：被吊物在吊装状态下的重量和吊、索具重量（流动式起重机一般还应包括吊钩重量和从臂架头部垂下至吊钩的起升钢丝绳重量）。

19.【答案】C

【解析】（1）管道气压试验选用空气、氮气或其他不易燃和无毒的气体。承受内压钢管及有色金属管道的强度试验压力应为设计压力的 1.15 倍，真空管道的试验压力应为 0.2MPa。

（2）管道气压试验的方法和要求：

1）试验时应装有压力泄放装置，其设定压力不得高于试验压力的 1.1 倍。

2）试验前，应用压缩空气进行预试验，试验压力宜为 0.2MPa。

（3）管道泄漏性试验：

1）输送极度和高度危害介质以及可燃介质的管道，必须进行泄漏性试验。

2）泄漏性试验应在压力试验合格后进行。

3）泄漏性试验压力为设计压力。

20.【答案】C

【解析】对在基础上做液压试验且容积大于 $100m^3$ 的设备，液压试验的同时，在充液前、充液 1/3 时、充液 2/3 时、充满液后 24h 时、放液后，应作基础沉降观测。

21.【答案】C

【解析】如 030101001001 编码含义如下图所示。

```
03    01    01    001    001
 │     │     │     │      └── 第五级   具体清单项目名称顺序码(由清单编制人从001开始)
 │     │     │     └──────── 第四级   分项工程项目名称顺序码，001表示"台式及仪表机床"
 │     │     └────────────── 第三级   分部工程顺序码，01表示"切削设备安装工程"
 │     └──────────────────── 第二级   专业工程顺序码，01表示"机械设备安装工程"
 └────────────────────────── 第一级   工程分类码，03表示"安装工程"
```

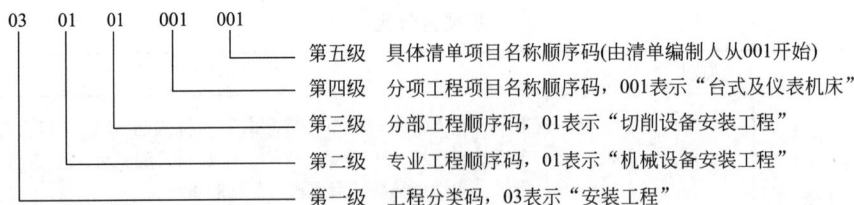

安装工程清单编码示例

22.【答案】D

【解析】清单项目可能发生的工作内容，在编制综合单价时需要根据清单项目特征中的要求、具体的施工方案等确定。工作内容不同于项目特征，项目特征体现的是清单项目质量或特性的要求或标准，工作内容体现的是完成一个合格的清单项目需要具体做的施工作业和操作程序。不同的施工工艺和方法，工作内容也不一样，在编制工程量清单时一般不需要描述工作内容。

23.【答案】C

【解析】

金属表面的常用除锈方法

金属表面粗糙度 Ra（μm）	常用除锈方法
>50	用砂轮、钢丝刷、刮具、砂布、喷砂或酸洗除锈
6.3~50	用非金属刮具、油石或粒度150号的砂布蘸机械油擦拭或进行酸洗除锈
1.6~3.2	用细油石或粒度为150~180号的砂布蘸机械油擦拭或进行酸洗除锈
0.2~0.8	先用粒度为180号或240号的砂布蘸机械油擦拭，然后用干净的绒布蘸机械油和细研磨膏的混合剂进行磨光

24.【答案】B

【解析】按照《火灾分类》GB/T 4968—2008的规定，火灾分为A、B、C、D、E、F六类。

A类火灾：固体物质火灾。这种物质通常具有有机物性质，一般在燃烧时能产生灼热的余烬。例如：木材、棉、毛、麻、纸张等火灾。

B类火灾：液体或可熔化固体物质火灾。例如：汽油、煤油、原油、甲醇、乙醇、沥青、石蜡等火灾。

C类火灾：气体火灾。例如：煤气、天然气、甲烷、乙烷、氢气、乙炔等火灾。

D类火灾：金属火灾。例如：钾、钠、镁、钛、锆、锂等火灾。

E类火灾：带电火灾。物体带电燃烧的火灾。例如：变压器等设备的电气火灾。

F类火灾：烹饪器具内的烹饪物（如动物油脂或植物油脂）火灾。

25.【答案】D

【解析】1）Ⅰ类：为运送乘客而设计的电梯。

2）Ⅱ类：主要为运送乘客，同时也可运送货物设计的电梯。

3）Ⅲ类：为运送病床（包括病人）及医疗设备设计的电梯。

4）Ⅳ类：主要为运送通常由人伴随的货物而设计的电梯。

5）Ⅴ类：杂物电梯。

6）Ⅵ类：为适应交通流量和频繁使用而特别设计的电梯。

26.【答案】B

【解析】滑动轴承装配：其特点是工作可靠、平稳、无噪声、油膜吸振能力强，可承受较大的冲击荷载。

滚动轴承装配：包括清洗、检查、安装和间隙调整等步骤。

齿轮传动装配：齿轮最常用的材料是钢，其次是铸铁，还有非金属材料。非金属材料适用于高速、轻载且要求降低噪声的场合。

蜗轮蜗杆传动机构：特点是传动比大、传动比准确、传动平稳、噪声小、结构紧凑、能自锁。不足之处是传动效率低、工作时产生摩擦热大、需良好的润滑。

27.【答案】D

【解析】振动输送机可以输送具有磨琢性、化学腐蚀性或有毒的散状固体物料，甚至输送高温物料。振动输送机结构简单，操作方便，安全可靠。振动输送机与其他连续输送机相比，初始价格较高，维护费用较低，运行费用较低。但输送能力有限，且不能输送黏性强、易破损、含气的物料，同时不能大角度向上倾斜输送物料。

28.【答案】D

【解析】专用机械设备指专门用于某个领域生产的机械设备，如火力、水力发电设备、核电设备、矿业设备、纺织设备、石油化工设备、冶金设备、建材设备等。

29.【答案】A

【解析】锅炉的汽、水压力系统及其附属设备安装完毕后，必须进行水压试验。水压试验要求如下：

（1）准备工作：将上、下锅筒内清理干净；对升降管、水冷壁管进行通球试验；封闭人孔、手孔；拆下安全阀并以盲板封住。每台锅炉装压力表两块；打开锅炉上的主气阀；关闭排污阀；将锅炉、手压泵以及管道与水源连接。

（2）试验介质：水压试验时，试验用水应清洁，水温应高于周围露点温度，且不高于70℃；试压环境温度不得低于5℃，当环境温度低于5℃时，应采取必要的防冻措施。

（3）锅炉水压试验不合格时，应返修。返修后应重新进行水压试验。

（4）锅炉水压试验后，应及时将锅炉内的水全部放尽。立式过热器内的水不能放尽时，在冰冻期应采取防冻措施。

30.【答案】A

【解析】蒸汽锅炉用额定蒸发量表明其容量的大小，即每小时生产的额定蒸汽量称为蒸发量，单位是 t/h，也称锅炉的额定出力或铭牌蒸发量。

热水锅炉则用额定热功率来表明其容量的大小，单位是 MW。

31.【答案】A

【解析】型号为 SHL10-1.25/350-AⅡ型的锅炉，表示为双锅筒横置式锅炉，采用链条炉排，蒸发量为 10t/h，额定工作压力为 1.25MPa，出口过热蒸汽温度为 350℃，燃用二类烟煤。

32.【答案】A

【解析】锅筒支承物的安装，双横锅筒的支承有三种方法：第一种是下锅筒设支座，上锅筒靠对流管束支撑；第二种是下锅筒设支座，上锅筒用吊环吊挂；第三种是上、下锅筒均设支座。

锅筒内部装置的安装，应在水压试验合格后进行。

33.【答案】C

【解析】二氧化碳不适用于扑救活泼金属及其氢化物的火灾（如锂、钠、镁、铝、氢化钠等）、自己能供氧的化学物品火灾（如硝化纤维和火药等）、能自行分解和供氧的化学物品火灾（如过氧化氢等）。

34.【答案】D

【解析】热气溶胶预制灭火系统：符合绿色环保要求，灭火剂是以固态常温常压储存，不存在泄漏问题，维护方便；属于无管网灭火系统，安装相对灵活，工程造价相对较低。

35.【答案】A

【解析】（1）输送气体灭火剂的管道应采用无缝钢管。

（2）输送气体灭火剂的管道安装在腐蚀性较大的环境里，宜采用不锈钢管。

（3）输送启动气体的管道，宜采用铜管。

（4）管道的连接，当公称直径小于或等于80mm时，宜采用螺纹连接；大于80mm，宜采用法兰连接。使用在腐蚀性较大的环境里，应采用不锈钢的管道附件。

36.【答案】B

【解析】自镇流高压汞灯的优点是发光效率高、省电、附件少，功率因数接近于1。缺点是寿命短，只有大约1000h。由于自镇流高压汞灯的光色好、显色性好、经济实用，故可以用于施工现场照明或工业厂房整体照明。

37.【答案】D

【解析】（1）消防管道如需进行探伤，按"工业管道工程"相关项目编码列项。

（2）消防管道上的阀门、管道及设备支架、套管制作安装，按"给水排水、供暖、燃气工程"相关项目编码列项。

（3）消防管道及设备除锈、刷油、保温除注明者外，按"刷油、防腐蚀、绝热工程"相关项目编码列项。

38.【答案】A

【解析】（1）自动报警系统调试按"系统"计算。

（2）水灭火控制装置调试按控制装置的"点"数计算。

（3）防火控制装置调试按设计图示数量以"个"或"部"计算。

（4）气体灭火系统装置调试按调试、检验和验收所消耗的试验容器总数，以"点"计算。

39.【答案】B

【解析】电机控制和保护设备安装应符合下列要求：

1）电机控制及保护设备一般设置在电动机附近。

2）每台电动机均应安装控制和保护设备。

3）装设过流和短路保护装置（或需装设断相和保护装置），保护整定值一般为：

采用热元件时，按电动机额定电流的 1.1~1.25 倍；

采用熔丝时，按电机额定电流的 1.5~2.5 倍。

40.【答案】A

【解析】电动机第一次启动一般在空载下进行，空载运行时间为 2h。电机在试运行中应进行下列检查：

1）滑动轴承温升不应超过 45℃，滚动轴承温升不应超过 60℃；

2）交流电机带负荷连接启动次数，如无产品规定时，可规定为：在冷态时可连接启动 2 次，在热态时可连接启动 1 次。

二、多项选择题（共 20 题，每题 1.5 分。每题的备选项中，有 2 个或 2 个以上符合题意，至少有 1 个错项。错选，本题不得分；少选，所选的每个选项得 0.5 分）

41.【答案】BD

【解析】保温用的多为无机绝热材料，保冷用的多为有机绝热材料。使用温度 700℃以上的高温用绝热材料，纤维质的有硅酸铝纤维和硅纤维；多孔质的有硅藻土、蛭石加石棉和耐热胶粘剂等制品。

中温用绝热材料，使用温度在 100~700℃。中温用纤维质材料有石棉、矿渣棉和玻璃纤维等；多孔质材料有硅酸钙、膨胀珍珠岩、蛭石和泡沫混凝土等。

42.【答案】AD

【解析】（1）铸石具有极优良的耐磨性、耐化学腐蚀性、绝缘性及较高的抗压性能。但脆性大、承受冲击荷载的能力低。在要求耐腐蚀、耐磨或高温条件下，当不受冲击振动时，铸石是钢铁的理想代用材料。

（2）石墨具有高度的化学稳定性，极高的导热性。石墨在高温下有较高的机械强度，当温度增加时，石墨的强度随之提高。石墨在中性介质中有很好的热稳定性，在急剧改变温度的条件下，不会炸裂破坏，常用来制造传热设备。石墨具有良好的化学稳定性。除了强氧化性的酸（如硝酸、铬酸、发烟硫酸和卤素）之外，在所有的化学介质中都很稳定，甚至在熔融的碱中也很稳定。

43.【答案】CD

【解析】半自动埋弧焊用的焊丝较细，一般直径为 1.6mm、2mm、2.4mm。自动埋弧焊一般使用直径 3~6mm 的焊丝，以充分发挥埋弧焊的大电流和高熔敷率的优点。对于一定的电流值可使用不同直径的焊丝。同一电流使用较小直径的焊丝时，可获得加大焊缝熔深、减小熔宽的效果。当工件装配不良时，宜选用较粗的焊丝。

44.【答案】BD

【解析】常用的管件有弯头、三通、异径管、活接头和管接头等。附件有：吹扫接头、管端封堵（管帽、管堵、盲板）、凸台。

45.【答案】CD

【解析】铜（铝）芯聚氯乙烯绝缘聚氯乙烯护套电力电缆：价格便宜，物理机械性能较好，挤出工艺简单，但绝缘性能一般。大量用来制造 1kV 及以下的低压电力电缆，供低压配电系统使用。该电缆长期工作温度不超过 70℃，电缆导体的最高温度不超过 160℃，短路最长持续时间不超过 5s，施工敷设最低温度不得低于 0℃，最小弯曲半径不小于电缆直径的 10 倍。

46.【答案】ABD

【解析】钎焊的优点：

（1）对母材没有明显的不利影响；

（2）引起的应力和变形小，容易保证焊件的尺寸精度；

（3）有对焊件整体加热的可能性，可用于结构复杂、开敞性差的焊件，并可一次完成多缝多零件的连接；

（4）容易实现异种金属、金属与非金属的连接；

（5）对热源要求较低，工艺过程简单。

钎焊的缺点：

（1）钎焊接头的强度一般比较低、耐热能力差；

（2）多采用搭接接头形式，增加了母材消耗和结构重量。

47.【答案】BD

【解析】涂刷法：油性调和漆、酚醛漆、油性红丹漆可采用涂刷法；硝基漆、过氯乙烯不宜使用涂刷法。

48.【答案】BCD

49.【答案】ACD

【解析】（1）蒸汽吹扫前，管道系统的绝热工程应已完成。

（2）蒸汽吹扫流速不应小于 30m/s。

（3）蒸汽吹扫前，应先进行暖管并及时疏水。

（4）蒸汽吹扫应按加热、冷却、再加热的顺序循环进行。吹扫时宜采取每次吹扫一根，轮流吹扫的方法。

50.【答案】ACD

【解析】工程量计算除依据《通用安装工程工程量计算标准》GB/T 50856—2024 各项规定外，编制依据还包括：

（1）国家或省级、行业建设主管部门颁发的现行计价依据和办法；

（2）经审定通过的施工设计图纸及其说明、施工组织设计或施工方案、其他有关技术经济文件；

（3）与建设工程有关的标准和规范；

（4）经审定通过的其他有关技术经济文件，包括招标文件、施工现场情况、地勘水文资料、工程特点及常规施工方案等。

51.【答案】ABD

【解析】项目特征是载明构成工程量清单项目自身的本质及要求，用于说明设计图纸、技术标准规范及招标文件所要求完成的清单项目的文字性描述。项目特征用于区分《通用安装工程工程量计算标准》GB/T 50856—2024 同一条目下各个具体的清单项目。由于项目特征直接影工程实体的自身价值，所以它是履行合同义务的基础，是合理编制综合单价的前提。《通用安装工程工程量计算标准》GB/T 50856—2024给出了各条目应描述的项目特征内容，在实际应用中具有约束和规范作用。

52.【答案】AC

【解析】安装工业管道与市政工程管网工程的界定：给水管道以厂区入口水表井为界；排水管道以厂区围墙外第一个污水井为界；热力和燃气以厂区入口第一个计量表（阀门）为界。

安装给水排水、供暖、燃气工程与市政工程管网工程的界定：室外给水排水、供暖、燃气管道以市政管道碰头井为界；厂区、住宅小区的庭院喷灌及喷泉水设备安装按安装中的相应项目执行；公共庭院喷灌及喷泉水设备安装按市政管网中的相应项目执行。

53.【答案】BCD

【解析】导向轮属于曳引系统。

电梯的引导系统，包括轿厢引导系统和对重引导系统。这两种系统均由导轨、导轨架和导靴三种机件组成。

54.【答案】ABD

【解析】垫铁放置应符合以下要求：每个地脚螺栓旁边至少应放置一组垫铁，应放在靠近地脚螺栓和底座主要受力部位下方。相邻两组垫铁距离一般应保持500~1000mm。每一组垫铁内，斜垫铁放在最上面，单块斜垫铁下面应有平垫铁。不承受主要负荷的垫铁组，只使用平垫铁和一块斜垫铁即可；承受主要负荷的垫铁组，应使用成对斜垫铁，找平后用点焊焊牢；承受主要负荷且在设备运行时产生较强连续振动时，垫铁组不能采用斜垫铁，只能采用平垫铁。每组垫铁总数一般不得超过5块，并将各垫铁焊牢。在垫铁组中，厚垫铁放在下面，薄垫铁放在上面，最薄的安放在中间，且不宜小于2mm，以免发生翘曲变形。同一组垫铁几何尺寸要相同。设备调平后，垫铁端面应露出设备底面外缘，平垫铁宜露出10~30mm；斜垫铁宜露出10~50mm。垫铁组伸入设备底座底面的长度应超过设备地脚螺栓的中心。

55.【答案】ABC

【解析】（1）燃烧前脱硫技术可以通过洗选法、化学浸出法、微波法、细菌脱硫，还可以将煤进行气化或者液化。

（2）烟气脱硫技术：

1）干法脱硫：主要是利用固体吸收剂（一般是石灰石）去除烟气中的SO_2。干法脱硫的最大优点是治理中无废水、废酸的排放，减少了二次污染。缺点是脱硫效率低，设备庞大。

2）湿法烟气脱硫：是采用液体吸收剂去除烟气中的SO_2，系统所用设备简单，操作容易，脱硫效率高；但脱硫后烟气温度较低，且设备的腐蚀较干法严重。

56.【答案】AB

【解析】当发生火灾时，消防车的水泵可通过该接合器接口与建筑物内的消防设备相连接，并加压送水。

水泵接合器处应设置永久性标志铭牌，并应标明供水系统、供水范围和额定压力。

消防水泵接合器设置原则为：消防给水为竖向分区供水时，在消防车供水压力范围内的分区，应分别设置水泵接合器；

水泵接合器应设在室外便于消防车使用的地点，且距室外消火栓或消防水池的距离不宜小于 15m，并不宜大于 40m。

57.【答案】BD

【解析】下列场所的室内消火栓给水系统应设置消防水泵接合器：

（1）高层民用建筑；

（2）设有消防给水的住宅、超过五层的其他多层民用建筑；

（3）超过 2 层或建筑面积大于 10000m^2 的地下或半地下建筑、室内消火栓设计流量大于 10L/s 平战结合的人防工程；

（4）高层工业建筑和超过四层的多层工业建筑；

（5）城市交通隧道。

58.【答案】ABC

【解析】水喷雾灭火系统由水源、供水设备、管道、雨淋报警阀、过滤器和水雾喷头等组成。水喷雾灭火系统通过改变水的物理状态，利用水雾喷头使水从连续的洒水状态转变成不连续的细小水雾滴喷射出来。它具有较高的电绝缘性和良好的灭火性能。水喷雾的灭火机理主要是表面冷却、窒息、乳化和稀释作用，不仅可用于灭火，还可用于控制火势及防护冷却等方面。

水喷雾灭火系统主要用于保护火灾危险性大、火灾扑救难度大的专用设备或设施。由于水喷雾灭火系统要求的水压较自动喷水系统高，水量也较大，因此在使用中受到一定的限制。

59.【答案】AD

【解析】热致发光电光源（如白炽灯、卤钨灯等）；气体放电发光电光源（如荧光灯、汞灯、钠灯、金属卤化物灯等）；固体发光电光源（如 LED 灯和场致发光器件等）。

60.【答案】ABD

【解析】（1）外镇流式高压水银灯，优点是省电、耐振、寿命长、发光强；缺点是起动慢，需 4~8min；当电压突然跌落 5% 时会熄灯，再次点燃时间约 5~10min；显色性差，功率因数低。

（2）自镇流高压汞灯，优点是发光效率高、省电、附件少，功率因数接近于 1；缺点是寿命短，只有大约 1000h。由于自镇流高压汞灯的光色好、显色性好、经济实用，故可以用于施工现场照明或工业厂房整体照明。

选做部分

共 40 题，分为两个专业组，考生可在两个专业组的 40 个试题中任选 20 题作答，按所答的前 20 题计分，每题 1.5 分。试题由单选和多选组成。错选，本题不得分；少选，所选的每个选项得 0.5 分。

一、（61~80 题）管道和设备工程

61.【答案】B

【解析】聚丙烯给水管：适用于工作温度不大于 70℃、系统工作压力不大于 0.6MPa 的给水系统。特点是不锈蚀，可承受高浓度的酸和碱的腐蚀；耐磨损、不结垢，流动阻力小；可显著减少振动和噪声；防冻裂；可减少结露现象并减少热损失；重量轻、安装简单；使用寿命长，在规定使用条件下可使用 50 年。

62. 【答案】AC

【解析】环状管网和枝状管网应有 2 条或 2 条以上引入管，或采用贮水池或增设第二水源。每条引入管上应装设阀门、水表和止回阀。当生活和消防共用给水系统，且只有一条引入管时，应绕水表旁设旁通管，旁通管上设阀门。

63. 【答案】D

【解析】给水管道防腐→安装→水压试验→防冻、防结露→冲洗、消毒→交付使用。

64. 【答案】D

【解析】地下水式地源热泵适合建筑面积大、周围空地面积有限的大型单体建筑和小型建筑群落。

65. 【答案】C

【解析】（1）枝状管网：热水管网最普遍采用的形式。布置简单，基建投资少，运行管理方便。

（2）环状管网：环状管网投资大，运行管理复杂，管网要有较高的自动控制措施。

（3）辐射管网：管网控制方便，可实现分片供热，但投资和材料消耗量大，比较适用于面积较小、厂房密集的小型工厂。

66. 【答案】A

【解析】双管上供下回式：特点是最常用的双管系统做法，适用于多层建筑供暖；排气方便；室温可调节，易产生垂直失调。

67. 【答案】D

【解析】加压防烟造价高，是一种有效的防烟措施，目前主要用于高层建筑的垂直疏散通道和避难层（间）。垂直通道主要指防烟楼梯间和消防电梯，以及与之相连的前室和合用前室。所谓前室是指与楼梯间或电梯入口相连的小室。合用前室指既是楼梯间又是电梯间的前室。上述这些通道只要不具备自然排烟，或即使具备自然排烟条件但它们在建筑高度过高或重要的建筑中，都必须采用加压送风防烟。

68. 【答案】A

【解析】气力输送系统可分为吸送式、压送式、混合式和循环式四类，常用的为前两类。

吸送式输送系统的优点在于能有效地收集物料，多用于集中式输送，即多点向一点输送，输送距离受到一定限制。

压送式输送系统的输送距离较长，适于分散输送，即一点向多点输送。

混合式输送系统吸料方便，输送距离长；可多点吸料，并压送至若干卸料点；缺点是结构复杂，风机的工作条件较差。

循环式输送系统一般用于较贵重气体输送特殊物料。

69. 【答案】A

【解析】 喷水室能够实现对空气加湿、减湿、加热、冷却多种处理过程，并具有一定的空气净化能力。

表面式换热器可以实现对空气减湿、加热、冷却多种处理过程。与喷水室相比，表面式换热器具有构造简单，占地少，对水的清洁度要求不高，水侧阻力小等优点。

70.**【答案】** C

【解析】 （1）中效过滤器：去除 $1.0\mu m$ 以上的灰尘粒子，在净化空调系统和局部净化设备中作为中间过滤器。滤料一般是无纺布。

（2）高中效过滤器：去除 $1.0\mu m$ 以上的灰尘粒子，可作净化空调系统的中间过滤器和一般送风系统的末端过滤器。其滤料为无纺布或丙纶滤布。

（3）亚高效过滤器：去除 $0.5\mu m$ 以上的灰尘粒子，可作净化空调系统的中间过滤器和低级别净化空调系统的末端过滤器。其滤料为超细玻璃纤维滤纸和丙纶纤维滤纸。

（4）高效过滤器（HEPA）和超低透过率过滤器（ULPA）：高效过滤器（HEPA）是净化空调系统的终端过滤设备和净化设备的核心。超低透过率过滤器（ULPA）是 $0.1\mu m$ 10 级或更高级别净化空调系统的末端过滤器。HEPA 和 ULPA 的滤材都是超细玻璃纤维滤纸。

71.**【答案】** ACD

【解析】 圆形风管无法兰连接：其连接形式有承插连接、芯管连接及抱箍连接。

矩形风管无法兰连接：其连接形式有插条连接、立咬口连接及薄钢材法兰弹簧夹连接。

72.**【答案】** C

【解析】 直接埋地敷设时，在补偿器和自然转弯处应设不通行地沟，沟的两端宜设置导向支架，保证其自由位移。在阀门等易损部件处，应设置检查井。

73.**【答案】** D

【解析】 （1）热力管道应设有坡度，汽、水同向流动的蒸汽管道坡度一般为 3‰，汽、水逆向流动时坡度不得小于 5‰。热水管道应有不小于 2‰ 的坡度，坡向放水装置。

（2）蒸汽支管应从主管上方或侧面接出，热水管应从主管下部或侧面接出。

（3）水平管道变径时应采用偏心异径管连接，当输送介质为蒸汽时，取管底平，以利排水；输送介质为热水时，取管顶平，以利排气。

（4）蒸汽管道一般敷设在其前进方向的右侧，凝结水管道敷设在左侧。热水管道敷设在右侧，而回水管道敷设在左侧。

（5）直接埋地热力管道穿越铁路、公路时，交角不小于 45°，管顶距铁路轨面不小于 1.2m，距道路路面不小于 0.7m，并应加设套管，套管伸出铁路路基和道路边缘不应小于 1m。

（6）减压阀应垂直安装在水平管道上。减压阀组一般设在离地面 1.2m 处，如设在离地面 3m 左右处时，应设置永久性操作平台。

74.**【答案】** AD

【解析】 （1）压缩空气管道一般选用低压流体输送用焊接钢管、镀锌钢管及无缝钢管。公称通径小于 50mm，采用螺纹连接，以白漆麻丝或聚四氟乙烯生料带作填料；公称通径大于 50mm，宜采用焊接方式连接。

（2）管路弯头应尽量采用煨弯，其弯曲半径一般为4*D*，不应小于3*D*。

（3）从总管或干管上引出支管时，必须从总管或干管的顶部引出，接至离地面1.2～1.5m处，并装一个分气筒，分气筒上装有软管接头。

（4）压缩空气管道安装完毕后，应进行强度和严密性试验，试验介质一般为水。

（5）强度及严密性试验合格后进行气密性试验，试验介质为压缩空气或无油压缩空气。气密性试验压力为1.05*P*。

75.【答案】CD

【解析】通行地沟敷设：当热力管道通过不允许开挖的路段时；热力管道数量多或管径较大；地沟内任一侧管道垂直排列宽度超过1.5m时，采用通行地沟敷设。

半通行地沟敷设：当热力管道通过的地面不允许开挖，或管道数量较多、采用通行地沟难以实现或经济不合理时，可采用半通行地沟敷设。半通行地沟一般净高为1.2～1.4m，通道净宽0.5～0.6m，长度超过60m应设检修出入口。

不通行地沟敷设：管道数量少、管径较小、距离较短，以及维修工作量不大时，宜采用不通行地沟敷设。不通行地沟内管道一般采用单排水平敷设。

地沟内管道敷设时，管道保温层外壳与沟壁的净距宜为150～200mm，与沟底的净距宜为100～200mm；与沟顶的净距：不通行地沟为50～100mm，半通行和通行地沟为200～300mm。地沟内管道之间的净距应有利于安装和维修。

如地沟内热力管道的分支处装有阀门、仪表、疏排水装置、除污器等附件时，应设置检查井或人孔。

在热力管沟内严禁敷设易燃易爆、易挥发、有毒、腐蚀性的液体或气体管道。如必须穿越地沟，应加装防护套管。

76.【答案】ABD

【解析】铝及铝合金管切割可用手工锯条、机械（锯床、车床等）及砂轮机，不得使用火焰切割；坡口宜采用机械加工，不得使用氧-乙炔火焰等切割。

77.【答案】C

【解析】浮阀塔是国内许多工厂进行蒸馏操作时最乐于采用的一种塔型。浮阀塔具有下列优点：生产能力大，操作弹性大，塔板效率高，气体压降及液面落差较小，塔造价较低。

78.【答案】CD

【解析】填料是填料塔的核心。规整填料具有比表面积大、压降小、流体分布均匀、传质传热效率高等优点，得到了广泛的应用。规整填料中应用最广的是垂直波纹填料。

填料应符合以下要求：

（1）有较大的比表面积，有良好的润湿性能及有利于液体在填料上均匀分布的形状。

（2）有较高的空隙率，使得气、液通过能力大且气流阻力小，操作弹性范围较宽。

（3）从经济、实用及可靠的角度出发，还要求单位体积填料的重量轻、造价低、坚固耐用、不易堵塞，有足够的力学强度，对于气、液两相介质都有良好的化学稳定性等。

79.【答案】A

【解析】分片组装法适用于任意大小球罐的安装。

环带组装法一般适用于中、小球罐的安装。

拼半球组装法仅适用于中、小型球罐的安装。

分带分片混合组装法适用于中、小型球罐的安装。

施工中较常用的是分片组装法和环带组装方法。

80.【答案】ACD

【解析】球罐焊后热处理的主要目的：一方面是释放残余应力，改善焊缝塑性和韧性；更重要的是为了消除焊缝中的氢根，改善焊接部位的力学性能。遇有下列情况的焊缝，均应在焊后立即进行焊后热消氢处理：（1）厚度大于 32mm 的高强度钢；（2）厚度大于 38mm 的其他低合金钢；（3）锻制凸缘与球壳板的对接焊缝。

目前，我国对壁厚大于 34mm 的各种材质的球罐都采用整体热处理。

二、（81～100 题）电气和自动化控制工程

81.【答案】BCD

【解析】高压隔离开关主要功能是隔离高压电源，以保证其他设备和线路的安全检修。其结构特点是断开后有明显可见的断开间隙，而且断开间隙的绝缘及相间绝缘是足够可靠的。高压隔离开关没有专门的灭弧装置，不允许带负荷操作。它可用来通断一定的小电流，如励磁电流不超过 2A 的空载变压器、电容电流不超过 5A 的空载线路以及电压互感器和避雷器等。

高压负荷开关与隔离开关一样，具有明显可见的断开间隙。不同的是，高压负荷开关具有简单的灭弧装置，能通断一定的负荷电流和过负荷电流，但不能断开短路电流。高压负荷开关适用于无油化、不检修、要求频繁操作的场所。

82.【答案】D

【解析】避雷器类型有：保护间隙避雷器、管型避雷器、阀型避雷器、氧化锌避雷器。氧化锌避雷器由于具有良好的非线性、动作迅速、残压低、通流容量大、无续流、结构简单、可靠性高、耐污能力强等优点，是传统碳化硅阀型避雷器的更新换代产品，在电站及变电所中得到了广泛的应用。保护间隙避雷器、管型避雷器在工厂变电所中使用较少。

83.【答案】C

【解析】变压器室外安装时，变压器、电压互感器、电流互感器、避雷器、隔离开关、断路器一般都装在室外。只有测量系统及保护系统开关柜、盘、屏等安装在室内。

84.【答案】C

【解析】柱上安装，变压器容量一般都在 320kV·A 以下。变压器安装高度为离地面 2.5m 以上，台架采用槽钢制作，变压器外壳、中性点和避雷器三者合用一组接地引下线接地装置。接地极根数每组一般 2～3 根，要求变压器台及所有金属构件均进行防腐处理。

85.【答案】CD

【解析】第一类防雷建筑物：制造、使用或贮存炸药、火药、起爆药、军工用品等大量爆炸物质的建筑物。

第二类防雷建筑物：国家级重点文物保护的建筑物、国家级办公建筑物、大型展览和博览建筑物、大型火车站、国宾馆、国家级档案馆、大型城市的重要给水水泵房等特

别重要的建筑物及对国民经济有重要意义且装有大量电子设备的建筑物等。

第三类防雷建筑物：省级重点文物保护的建筑物及省级档案馆，预计雷击次数较大的工业建筑物、住宅、办公楼等一般性民用建筑物。

86.【答案】ABC

【解析】（1）在烟囱上安装，根据烟囱的不同高度，一般安装 1～3 根避雷针，要求在引下线离地面 1.8m 处加断接卡子，并用角钢加以保护，避雷针应热镀锌。

（2）避雷针（带）与引下线之间的连接应采用焊接或热剂焊（放热焊接）。

（3）避雷针（带）的引下线及接地装置使用的紧固件均应使用镀锌制品。当采用没有镀锌的地脚螺栓时应采取防腐措施。

（4）装有避雷针的金属筒体，当其厚度不小于 4mm 时，可作避雷针的引下线。筒体底部应至少有 2 处与接地体对称连接。

（5）避雷针（网、带）及其接地装置应采取自下而上的施工程序。首先安装集中接地装置，后安装引下线，最后安装接闪器。

87.【答案】C

【解析】压力传感器是将压力转换成电流或电压的器件，可用于测量压力和物体的位移。

（1）利用金属弹性制成的压力传感器，最常用的弹性测量元件有弹簧、弹簧管、波纹管和弹性膜片。

1）电阻式压差传感器：是将测压弹性元件的输出位移变换成电阻的滑动触点的位移，转换成电位器阻值的变化来测量压力。

2）电容式压差传感器：是最常见的一种压力传感器。在压力的作用下，二个金属平板活动电极能产生相应位移。相应的平板电容器的容量发生变化，转换成相应的电压或电流。

3）霍尔压力传感器：霍尔元件随压力变化而运动时，则作用于霍尔片上的磁场强度变化，霍尔电势也随之变化，霍尔电势的大小正比于位移的变化。

压力式传感器只能用在测量动态压力和快速脉动的压力上。

（2）压电传感器：

1）压电陶瓷传感器：压电陶瓷广泛被用作高效压力传感器的材料。

2）有机压电材料传感器：广泛地应用在压力测量上。

88.【答案】CD

【解析】AD590 双端温度传感器。AD590 的后缀以 I、J、K、L、M 表示。AD590L、AD590M 一般用于精密测温，其匹配性能好。

89.【答案】ABC

【解析】积分调节是当被调参数与给定值发生偏差时，调节器输出使调节机构动作，一直到被调参数与给定值之间偏差消失为止。积分调节多用于压力、流量和液位的调节上，而不能用在温度上。

90.【答案】B

【解析】（1）涡轮式流量计应水平安装，流体的流动方向必须与流量计所示的流向标志一致。

（2）涡轮式流量计应安装在直管段，流量计的前端应有长度为 10D（D 为管径）的直管，流量计的后端应有长度为 5D 的直管段。

（3）如传感器前后的管道中安装有阀门和弯头等影响流量平稳的设备，则直管段的长度还需相应增加。

（4）涡轮式流量变送器应安装在便于维修并避免管道振动的场所。

91.【答案】D

【解析】电动调节阀和工艺管道同时安装，管道防腐和试压前进行。

（1）应垂直安装于水平管道上，尤其对大口径电动阀不能有倾斜。

（2）阀体上的水流方向应与实际水流方向一致，一般安装在回水管上。

（3）阀旁应装有旁通阀和旁通管路。

92.【答案】B

【解析】网卡是主机和网络的接口，用于提供与网络之间的物理连接。

有线网卡的选择：工作站的网卡基本上统一采用 10/100Mbps 的 RJ-45 接口快速以太网网卡。一般的中小型企业局域网采用相对廉价的 RJ-45 双绞线接口千兆位网卡；当网络规模较大，或者网络应用较复杂，则可采用光纤接口的千兆位网卡。服务器集成的网卡，通常都是兼容性的 10/100/1000Mbps 双绞线以太网网卡。

93.【答案】C

【解析】选用集线器（HUB）时，与双绞线连接，需要具有 RJ-45 接口；如果与细缆相连，需要具有 BNC 接口；与粗缆相连需要有 AUI 接口；当局域网长距离连接时，还需要具有与光纤连接的光纤接口。

94.【答案】AB

【解析】卫星电视接收系统由接收天线、高频头和卫星接收机三大部分组成。接收天线与高频头，通常放置在室外，称为室外单元设备。卫星接收机与电视机相接，称为室内单元设备。

95.【答案】B

【解析】

（1）高频头：作用是将卫星天线收到的微弱信号进行放大，并且变频后放大输出。

（2）功分器：作用是把经过线性放大器放大后的第一中频信号均等地分成若干路，以供多台卫星接收机接收多套电视节目，实现一个卫星天线能够同时接收几个电视节目或供多个用户使用。

（3）调制器：功能是把信号源所提供的视频信号和音频信号调制成稳定的高频射频振荡信号。

（4）混合器：是将两套以上的不同频率的射频信号混合在一起，形成一路宽带的射频信号多频道节目输出的器件。

96.【答案】B

【解析】闭路监控系统中，当传输距离较近时采用信号直接传输，当传输距离较远时采用射频、微波或光纤传输，如今大多采用计算机局域网实现闭路监控信号的远程传输。

（1）基带传输：控制信号直接传输常用多芯控制电缆对云台、摄像机进行多线制控制，也有通过双绞线采用编码方式进行控制的。

（2）射频传输：常用在同时传输多路图像信号而布线相对容易的场所。

（3）微波传输：常用在布线困难的场所。

（4）光纤传输：高质量、大容量、强抗干扰性、安全性是其他传输方式不可比拟的。

（5）互联网传输：将图像信号与控制信号作为一个数据包传输。

97.【答案】B

【解析】门禁系统一般由管理中心设备（控制软件、主控模块、协议转换器等）和前端设备（含门禁读卡模块、进/出门读卡器、电控锁、门磁开关及出门按钮）两大部分组成。

门禁控制系统是一种典型的集散型控制系统。系统网络由两部分组成：监视、控制的现场网络和信息管理、交换的上层网络。监视、控制的现场网络是一种低速、实时数据输网络，实现分散的控制设备、数据采集设备之间的通信连接。信息管理、交换的上层网络由各相关的智能卡门禁工作站和服务器组成，完成各系统数据的高速交换和存储。

98.【答案】BC

【解析】根据通信线路和接续设备的分离，建筑群配线架、建筑物配线架和建筑物的网络设备属于设备间子系统，楼层配线架和建筑物楼层网络设备属于管理子系统。信息插座与终端设备之间的连线或信息插座通过适配器与终端设备之间的连线属于工作区子系统。

99.【答案】A

【解析】水平子系统的水平电缆最大长度为90m，这是楼层配线架到信息插座之间的电缆长度。另有10m分配给工作区电缆、设备电缆、光缆和楼层配线架上的接插软线或跳线。其中，接插软线或跳线的长度不应超过5m。

在楼层配线架与信息插座之间设置转接点，最多转接一次。

水平系统布线并非一定是水平的布线。配线架到最远的信息插座距离要小于100m。

100.【答案】CD

【解析】垂直干线子系统由设备间到楼层配线间配线架间的连接线缆（光缆）组成。垂直干线子系统并非一定是垂直的布线。垂直干线子系统中信息的交接最多两次。垂直干线子系统布线走向应选择干线线缆最短、最安全和最经济的路由。

综合布线干线子系统布线的最大距离为：建筑群配线架到楼层配线架间的距离不应超过2000m，建筑物配线架到楼层配线架的距离不应超过500m。

模拟题三答案与解析

一、单项选择题（共 40 题，每题 1 分。每题的备选项中，只有 1 个最符合题意）

1.【答案】A

【解析】硅藻土耐火隔热保温材料目前应用最多、最广。硅藻土砖、板、管具有气孔率高、耐高温及保温性能好、密度小等特点，广泛用于各种热体表面及各种高温窑炉、锅炉、炉墙中层的保温绝热部位。硅藻土管广泛用于各种高温管道及其他高温设备的保温绝热部位。

2.【答案】B

【解析】合成树脂分子结构分为直线型、支链型和体型（或称为网状型）三种。聚苯乙烯属于直线型，低密度聚乙烯属于支链型，常用的热塑性树脂有聚苯乙烯、聚氯乙烯和聚酰胺。热固性树脂有酚醛树脂、不饱和聚酯树脂、环氧树脂、有机硅树脂，其分子结构是网状结构。

3.【答案】C

【解析】呋喃树脂能耐强酸、强碱和有机溶剂腐蚀，并能适用于其中两种介质的结合或交替使用的场合。是现有耐热树脂中耐热性能最好的树脂之一。呋喃树脂具有良好的阻燃性，燃烧时发烟少。其缺点是固化工艺不如环氧树脂和不饱和树脂那样方便。呋喃树脂不耐强氧化性介质。特别适用于农药、人造纤维、染料、纸浆和有机溶剂的回收以及废水处理系统等工程。

4.【答案】D

【解析】酚醛泡沫产品与聚苯乙烯泡沫、聚氯乙烯泡沫、聚氨酯泡沫等材料相比，在阻燃方面它具有特殊的优良性能。其重量轻，刚性大，尺寸稳定性好，耐化学腐蚀，耐热性好，难燃，自熄，低烟雾，耐火焰穿透，遇火无洒落物，价格低廉，是电器、仪表、建筑、石油化工等行业较为理想的绝缘隔热保温材料，广泛应用于中央空调系统、轻质保温彩钢板、房屋隔热降能保温、化工管道的深低温的保温、车船等场所的保温领域。缺点是脆性大，开孔率高。

5.【答案】C

【解析】

```
                                                            不饱和聚酯树脂基复合材料
                                                            环氧树脂基复合材料
                                          热固性树脂          酚醛树脂基复合材料
                                          基复合材料          聚氨酯树脂基复合材料
                            树脂基                            有机硅树脂基复合材料
                            复合材料
                高分子基                  热塑性树脂          聚丙烯基复合材料
                复合材料                  基复合材料          聚四氯乙烯基复合材料
    有机材料
    基复合材料                 橡胶基复合材料
                木质基复合材料

                                                            硼硅玻璃基复合材料
                                          玻璃基复合材料      铝硅玻璃基复合材料
                                                            高硅玻璃基复合材料
                            陶瓷基
                            复合材料                        铝锂硅微晶玻璃基复合材料
                                          玻璃陶瓷          镁铝硅微晶玻璃基复合材料
复合材料                                   基复合材料        钡铝硅微晶玻璃基复合材料
                无机非金属材料
                基复合材料
                            水泥基复合材料
                            碳基复合材料

                            铝基复合材料
                            镁基复合材料
                            铜基复合材料
                金属基       钛基复合材料
                复合材料      高温金属基复合材料
                            金属间化合物基复合材料
                            难熔金属基复合材料
```

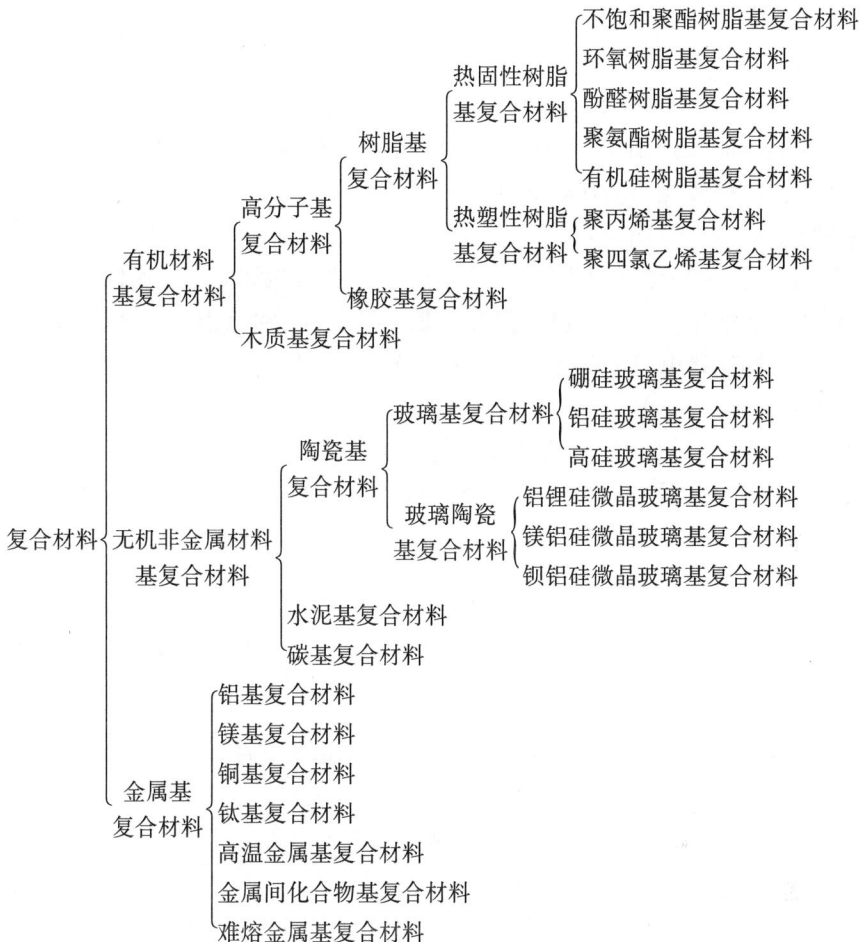

复合材料的分类

6. 【答案】D

【解析】（1）铝塑复合管：采用卡套式铜配件连接，主要用于建筑内配水支管和热水器管。

（2）钢塑复合管：以铜配件丝扣连接，多用于建筑给水冷水管。

（3）钢骨架聚乙烯管：新型双面防腐压力管道。采用法兰或电熔连接方式，主要用于市政和化工管网。

（4）涂塑钢管：不但具有钢管的高强度、易连接、耐水流冲击等优点，还克服了钢管遇水易腐蚀、污染、结垢及塑料管强度不高、消防性能差等缺点，设计寿命可达50年。主要缺点是安装时不得进行弯曲、热加工和电焊切割等作业。

（5）玻璃钢管：质量轻，强度大，坚固耐用，适用于输送潮湿和酸碱等腐蚀性气体的通风系统，可输送氢氟酸和热浓碱以外的腐蚀性介质和有机溶剂。

7. 【答案】C

【解析】蝶阀适合安装在大口径管道上。结构简单、体积小、重量轻，由少数几个零件组成，旋转 90°即可快速启闭，操作简单。流体阻力小，具有良好的流量控制特性。常用的蝶阀有对夹式蝶阀和法兰式蝶阀。

8.【答案】D

【解析】减压阀又称调压阀。常用的减压阀有活塞式、波纹管式及薄膜式等。减压阀的原理是介质通过阀瓣通道小孔时阻力增大，经节流造成压力损耗从而达到减压目的。减压阀的进、出口一般要伴装有截止阀。

9.【答案】C

【解析】矿物绝缘电缆适用于工业、民用、国防及其他如高温、腐蚀、核辐射、防爆等恶劣环境中；也适用于工业、民用建筑的消防系统、救生系统等必须确保人身和财产安全的场合。矿物绝缘电缆可在高温下正常运行。

10.【答案】A

【解析】对于普通结构钢，通常要求焊缝金属与母材等强度，应选用熔敷金属抗拉强度等于或稍高于母材的焊条；对于合金结构钢有时还要求合金成分与母材相同或接近。在焊接结构刚性大、接头应力高、焊缝易产生裂纹时，应考虑选用比母材强度低一级的焊条。

对承受动荷载和冲击荷载的焊件，可选低氢型焊条。

对受力不大、焊接部位难以清理的焊件，应选用对铁锈、氧化皮、油污不敏感的酸性焊条。

考虑生产效率和经济性。在满足要求时，应尽量选用酸性焊条。

11.【答案】C

【解析】焊后热处理一般选用单一高温回火或正火加高温回火处理。

对于气焊焊口采用正火加高温回火处理。

单一的中温回火只适用于工地拼装的大型普通低碳钢容器的组装焊缝。

绝大多数场合是选用单一的高温回火。

12.【答案】A

【解析】涡流探伤的主要优点是检测速度快，探头与试件可不直接接触，无需耦合剂。主要缺点是只适用于导体，对形状复杂试件难做检查，只能检查薄试件或厚试件的表面、近表面缺陷。

13.【答案】A

【解析】感应加热是因涡流和磁滞作用使钢材发热。具有效率高、省电、升温速度快、调节方便、无剩磁等优点，但设备结构复杂、成本高、维护困难。

辐射加热常用火焰加热法、电阻炉加热法、红外线加热法。红外线加热可适用于各种尺寸、各种形状的焊接接头的热处理，加热效果仅次于感应加热。

14.【答案】B

【解析】（1）阻燃性沥青玛蹄脂贴玻璃布作防潮隔气层时，是在绝热层外面涂抹一层2~3mm 厚的阻燃性沥青玛蹄脂，接着缠绕一层玻璃布或涂塑窗纱布，然后再涂抹一层2~3mm 厚阻燃性沥青玛蹄脂形成。此法适用于在硬质预制块做的绝热层或涂抹的绝热层上面使用。

（2）塑料薄膜作防潮隔气层，是在保冷层外表面缠绕聚乙烯或聚氯乙烯薄膜1~2层，注意搭接缝宽度应在100mm左右，一边缠一边用热沥青玛蹄脂或专用胶粘剂粘结。这种防潮层适用于纤维质绝热层面上。

15.【答案】C

【解析】（1）塑料薄膜或玻璃丝布保护层：适用于纤维制的绝热层上面使用。

（2）石棉石膏或石棉水泥保护层：适用于硬质材料的绝热层上面或要求防火的管道上。

（3）金属薄板保护层：是用镀锌薄钢板、铝合金薄板、铝箔玻璃钢薄板等按防潮层的外径加工成型。

16.【答案】D

【解析】 $Q_j = K_1 \cdot K_2 \cdot Q = 1.1 \times 1.2 \times (60 + 2) = 81.84t$。

式中： Q_j 为计算荷载；动载系数 K_1 为1.1；不均衡荷载系数 K_2 为1.1~1.2；Q 为设备及索吊具重量。

17.【答案】C

【解析】（1）塔式起重机吊装：起重吊装能力为3~100t，臂长在40~80m，常用在使用地点固定、使用周期较长的场合，较经济。

（2）履带起重机吊装：起重能力为30~2000t，机动灵活，使用方便，使用周期长，较经济。

（3）桥式起重机吊装：起重能力为3~1000t，跨度在3~150m，使用方便，多为仓库、厂房、车间内使用。

（4）缆索系统吊装：用在其他吊装方法不便或不经济的场合，重量不大，跨度、高度较大的场合，如桥梁建造、电视塔顶设备吊装。

（5）液压提升：目前多采用"钢绞线悬挂承重、液压提升千斤顶集群、计算机控制同步"方法整体提升（滑移）大型设备与构件。

18.【答案】C

【解析】承受内压的地上钢管道及有色金属管道的液压试验压力应为设计压力的1.5倍，埋地钢管道的试验压力应为设计压力的1.5倍，并不得低于0.4MPa。

$$P_T = 1.5P [\sigma]_s / [\sigma]_t$$

当试验温度下，$[\sigma]_s / [\sigma]_t$ 大于6.5时，应取6.5。

承受内压钢管及有色金属管的气压试验压力应为设计压力的1.15倍，真空管道的试验压力应为0.2MPa。

19.【答案】A

【解析】气压试验介质应采用干燥洁净的空气、氮气或惰性气体。

碳素钢和低合金钢制设备试验时，气体温度不得低于15℃。

（1）气压试验时，应缓慢升压至规定试验压力的10%，且不超过0.05MPa，保压5min，对所有焊缝和连接部位进行初次泄漏检查。

（2）达到试验压力，保压时间不少于30min，然后将压力降至规定试验压力的87%，对所有焊接接头和连接部位进行全面检查。

设备的气密性试验主要用于密封性要求高的容器。

对采用气压试验的设备，气密性试验可在气压耐压试验压力降到气密性试验压力后一并进行。

20.【答案】C

【解析】 D.4 控制设备及低压电器安装（030404）

D.8 电缆安装（030408）

D.9 防雷及接地装置（030409）

D.11 配管、配线（030411）

D.12 照明灯具安装（030412）

21.【答案】B

【解析】 分部分项工程项目清单计价宜采用单价计价方式，措施项目清单计价宜采用总价计价方式。

22.【答案】A

【解析】 水环泵：也叫水环式真空泵，该泵在煤矿（抽瓦斯）、化工、造纸、食品、建材、冶金等行业中得到广泛应用。

罗茨泵：泵内装有两个相反方向同步旋转的叶形转子，转子间、转子与泵壳内壁间有细小间隙。特点是启动快，耗功少，运转维护费用低，抽速大、效率高，对被抽气体中所含的少量水蒸气和灰尘不敏感，有较大抽气速率，能迅速排除突然放出的气体。广泛用于真空冶金中的冶炼、脱气、轧制，以及化工、食品、医药工业中的真空蒸馏、真空浓缩和真空干燥等方面。

扩散泵：是目前获得高真空的最广泛、最主要的工具之一，通常指油扩散泵。扩散泵是一种次级泵，它需要机械泵作为前级泵。扩散泵中的油在加热到沸腾温度后产生大量的油蒸气，油蒸气经导流管从各级喷嘴定向高速喷出。气体分子经过几次碰撞后，被压缩到低真空端，再由下几级喷嘴喷出的蒸汽进行多级压缩，最后由前级泵抽走，如此循环工作达到抽气目的。

电磁泵：在化工、印刷行业中用于输送一些有毒的重金属，如汞、铅等，用于核动力装置中输送作为载热体的液态金属（钠或钾、钠钾合金），也用于铸造生产中输送熔融的有色金属。

23.【答案】B

【解析】 喷射泵：又称射流真空泵。

水环泵：也叫水环式真空泵，该泵在煤矿（抽瓦斯）、化工、造纸、食品、建材、冶金等行业中得到广泛应用。

扩散泵：是目前获得高真空的最广泛、最主要的工具之一，通常指油扩散泵。扩散泵是一种次级泵，它需要机械泵作为前级泵。扩散泵中的油在加热到沸腾温度后产生大量的油蒸气，油蒸气经导流管从各级喷嘴定向高速喷出。气体分子经过几次碰撞后，被压缩到低真空端，再由下几级喷嘴喷出的蒸汽进行多级压缩，最后由前级泵抽走，如此循环工作达到抽气目的。

水锤泵：利用流动中的水被突然制动时所产生的能量，将低水头能转换为高水头能。适合于具有微小水力资源条件的贫困用水地区，以解决山丘地区农村饮水和治旱问题。

24.【答案】C

【解析】

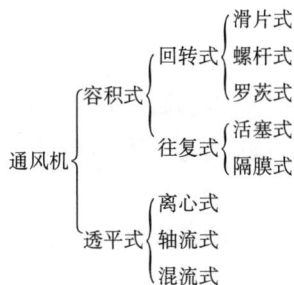

通风机的分类

25.【答案】C

【解析】风机运转时，应符合以下要求：

（1）风机启动后，不得在临界转速附近停留；

（2）应在风机启动前开动启动油泵，待主油泵供油正常后才能停止启动油泵；风机停止运转前，应先开动启动油泵，风机停止转动后应待轴承回油温度降到45℃后再停止启动油泵；

（3）风机的润滑油冷却系统中的冷却水压力必须低于油压。

26.【答案】A

【解析】模块式冷水机组，由多台模块式冷水机单元并联组成。优点：按照冷负荷变化，随时调整运行的模块数，使输出冷量与空调负荷达到最佳配合，减少能耗；多台压缩机并联工作有保障；质量轻，外形尺寸小，节省建筑面积；模块式的组合，对制冷系统提供最大的备用能力，而且扩大机组容量非常简单易行。缺点：对水质要求较高，一旦结垢阻塞，就会影响冷凝器和蒸发器的传热；造价高、零部件多，易损件多，维护费用高；压缩比低，单机制冷量小；单机头部分负荷下调节性能差，不能进行无级调节；单位制冷量质量指标较大。

27.【答案】A

【解析】双段式煤气发生炉气化效率和综合热效率均比单段炉高，不易堵塞管道，两段炉煤气热值高而且稳定，操作弹性大，自动化程度高，劳动强度低。两段炉煤气站煤种适用性广，不污染环境，节水显著，占地面积小，输送距离长，长期运行成本低。

干馏式煤气发生炉更适合于烟煤用户，具有投资小、煤气热值高、施工周期短的特点。

28.【答案】C

【解析】对流管束连接方式有胀接和焊接两种。

胀接完成后，进行水压试验，并检查胀口严密性和确定需补胀的胀口。补胀在放水后进行，补胀不宜多于两次。

水冷壁和对流管束管子，一端为焊接，另一端为胀接时，应先焊后胀。并且管子上全部附件应在水压试验之前焊接完毕。

先焊集箱对接焊口，后焊锅筒焊缝。

焊接→胀接→水压试验→补胀（次数不宜多于两次）。

29.【答案】C

【解析】锅炉水压试验的范围包括有锅筒、联箱、对流管束、水冷壁管、过热器、锅炉本体范围内管道及阀门等；安全阀应单独进行水压试验。

30.【答案】B

【解析】工业锅炉最常用干法除尘的是旋风除尘器。旋风除尘器结构简单、处理烟气量大，没有运动部件、造价低、维护管理方便，除尘效率一般可达85%左右，是工业锅炉烟气净化中应用最广泛的除尘设备。

麻石水膜除尘器：耐酸、防腐、耐磨，使用寿命长，除尘效率可以达到98%以上。

旋风水膜除尘器：适合处理烟气量大和含尘浓度高的场合。它可以单独采用，也可以安装在文丘里洗涤器之后作为脱水器。

31.【答案】D

32.【答案】C

33.【答案】D

34.【答案】D

【解析】消防电梯设置范围：

1）建筑高度大于33m的住宅建筑。

2）一类高层公共建筑和建筑高度大于32m的二类高层公共建筑、5层及以上且总建筑面积大于3000m²（包括设置在其他建筑内五层及以上楼层）的老年人照料设施。

3）设置消防电梯的建筑的地下或半地下室，埋深大于10m且总面积大于3000m²的其他地下或半地下建筑（室）。

35.【答案】C

【解析】干粉灭火系统由干粉灭火设备和自动控制两大部分组成。前者由干粉储存容器、驱动气体瓶组、启动气体瓶组、减压阀、管道及喷嘴组成；后者由火灾探测器、信号反馈装置、报警控制器等组成。

36.【答案】B

【解析】（1）自耦减压起动控制柜（箱）减压启动：可以对三相笼型异步电动机作不频繁自耦减压启动。对电动机具有过载、断相、短路等保护。

（2）绕线转子异步电动机启动：采用在转子电路中串入电阻的方法启动。

（3）软启动器：软启动器可实现电动机平稳启动，平稳停机。改善电动机的保护，简化故障查找。可靠性高、维护量小、电动机保护良好以及参数设置简单等。

37.【答案】B

【解析】时间继电器种类繁多，有电磁式、电动式、空气阻尼式、晶体管式等。其中电动式时间继电器的延时精确度较高，且延时时间调整范围较大，但价格较高；电磁式时间继电器的结构简单，价格较低，但延时较短，体积和重量较大。

38.【答案】B

【解析】用电流继电器作为电动机保护和控制时，电流继电器线圈的额定电流应大于或等于电动机的额定电流；电流继电器的动作电流一般为电动机额定电流的2.5倍。安装电流继电器时，需将线圈串联在主电路中，常闭触头串接于控制电路中与解除器连接，起到保护作用。

39.【答案】B

【解析】（1）钢导管不得采用对口熔焊连接；镀锌钢导管或壁厚小于或等于2mm的钢导管，不得采用套管熔焊连接。

（2）金属导管应与保护导体可靠连接，并应符合下列规定：

1）镀锌钢导管、可弯曲金属导管和金属柔性导管不得熔焊连接；

2）以专用接地卡固定的保护联结导体应为铜芯软导线，截面面积不应小于4mm²；以熔焊焊接的保护联结导体宜为圆钢，直径不应小于6mm，其搭接长度应为圆钢直径的6倍。

40.【答案】C

【解析】（1）刚性导管经柔性导管与电气设备、器具连接时，柔性导管的长度在动力工程中不宜大于0.8m，在照明工程中不宜大于1.2m。

（2）明配的金属、非金属柔性导管固定点间距应均匀，不应大于1m，管卡与设备、器具、弯头中点、管端等边缘的距离应小于0.3m。

（3）可弯曲金属导管和金属柔性导管不应做保护导体的接续导体。

二、多项选择题（共20题，每题1.5分。每题的备选项中，有2个或2个以上符合题意，至少有1个错项。错选，本题不得分；少选，所选的每个选项得0.5分）

41.【答案】BCD

【解析】蠕墨铸铁的强度接近于球墨铸铁，并具有一定的韧性和较高的耐磨性；同时又有灰铸铁良好的铸造性能和导热性。蠕墨铸铁是在一定成分的铁水中加入适量的蠕化剂经处理而炼成的。蠕墨铸铁主要用于生产汽缸盖、汽缸套、钢锭模和液压阀等铸件。

42.【答案】CD

【解析】奥氏体型不锈钢：具有较高的韧性、良好的耐腐蚀性、高温强度和较好的抗氧化性，以及良好的压力加工和焊接性能。但这类钢屈服强度低，且不能采用热处理方法强化，只能进行冷变形强化。

43.【答案】BD

【解析】

各种涂料情况表

涂料类型	耐酸	耐碱	耐强氧化剂	附着力	备注
生漆	√	×	×	强	耐溶剂，漆膜干燥时间较长、毒性较大，地下管道、纯碱系统应用

续表

涂料类型	耐酸	耐碱	耐强氧化剂	附着力	备注
漆酚树脂漆	○	○	○	○	适用于大型快速施工，广泛用于化肥、氯碱生产、地下防潮防腐
酚醛树脂漆	√	×	×	差	漆膜脆，与金属附着力较差
环氧-酚醛漆	√	√	○	强	热固性涂料
环氧树脂涂料	√	√	○	极好	漆膜好
过氯乙烯漆	√	○	○	差	不耐有机溶剂、不耐光、不耐磨、不耐强烈机械冲击。与金属表面附着力不强，特别是光滑表面和有色金属表面更为突出
沥青漆	○	√	×	○	不耐有机溶剂，埋地使用
呋喃树脂漆	√	√	×	差	耐有机溶剂，不宜直接涂覆在金属或混凝土表面。须底漆（如环氧树脂底漆、生漆和酚醛树脂清漆），漆膜性脆，与金属附着力差
聚氨基甲酸酯漆	○	○	○	好	新型漆，良好的耐腐蚀、耐油、耐磨，漆膜韧性和电绝缘性均好
无机富锌漆	○	○	○	○	船漆，需涂面漆（如环氧-酚醛漆、环氧树脂漆、过氯乙烯漆等，面漆不少于两层）
氟-46涂料	√	√	√	好	特别适用于桥梁

说明：√表示可以耐此类腐蚀，×表示不耐，○表示不做出判断

44. 【答案】CD

【解析】球形补偿器主要依靠球体的角位移来吸收或补偿管道一个或多个方向上横向位移，该补偿器应成对使用，单台使用没有补偿能力，但它可作管道万向接头使用。

球形补偿器具有补偿能力大，流体阻力和变形应力小，且对固定支座的作用力小等特点。球形补偿器用于热力管道中，补偿热膨胀，其补偿能力为一般补偿器的5~10倍；用于冶金设备的汽化冷却系统中，可作万向接头用；用于建筑物的各种管道中，可防止因地基产生不均匀下沉或振动等意外原因对管道产生的破坏。

45. 【答案】BD

【解析】屏蔽双绞线电缆的外层可减小辐射，但并不能完全消除辐射。屏蔽双绞线价格相对较高，安装时要比非屏蔽双绞线电缆困难。必须配有支持屏蔽功能的特殊连接器和相应的安装技术。传输速率在100m内可达到155Mbps。

计算机网络中常使用的是第三类、第五类、超五类以及目前的六类非屏蔽双绞线电

缆。第三类双绞线适用于大部分计算机局域网络。

46.【答案】BC

【解析】氧-丙烷火焰切割属于气割。能气割的金属：纯铁、低碳钢、中碳钢、低合金钢以及钛。

铸铁、不锈钢、铝和铜等不满足气割条件，目前常用的是等离子弧切割。

氧熔剂切割尽管属于气割，但可用来切割不锈钢。

等离子弧能够切割不锈钢、高合金钢、铸铁、铝、铜、钨、钼、陶瓷、水泥、耐火材料等。

碳弧气割可加工铸铁、高合金钢、铜和铝及其合金等，但不得切割不锈钢。

47.【答案】BCD

【解析】电泳涂装法主要特点有：

（1）采用水溶性涂料，安全卫生；

（2）涂装效率高，涂料损失小；

（3）涂膜厚度均匀，附着力强，涂装质量好，可对复杂形状工件涂装；

（4）生产效率高；

（5）设备复杂，投资费用高，耗电量大，施工条件严格，并需进行废水处理。

48.【答案】AC

【解析】桥架型起重机通过起升机构的升降运动、小车运行机构和大车运行机构的水平运动，在矩形三维空间内完成对物料的搬运作业。

臂架型起重机的工作机构除了起升机构外，通常还有旋转机构和变幅机构，通过起升机构、变幅机构、旋转机构和运行机构的组合运动，可以实现在圆形或长圆形空间的装卸作业。

49.【答案】ACD

【解析】（1）管道冲洗应使用洁净水，水中氯离子含量不得超过 25ppm。

（2）管道水冲洗的流速不应小于 1.5m/s，冲洗压力不得超过管道的设计压力。

（3）冲洗排放管的截面面积不应小于被冲洗管截面面积的 60%。排水时，不得形成负压。

（4）水冲洗应连续进行。

（5）对有严重锈蚀和污染管道，可分段进行高压水冲洗。

（6）管道冲洗合格后，用压缩空气或氮气及时吹干。

50.【答案】BC

【解析】项目特征是用来表述项目名称的实质内容，关系到综合单价的合理确定，项目特征应描述构成清单项目自身价值的本质特征。项目特征的描述要根据《通用安装工程工程量计算标准》GB/T 50856—2024 中项目特征的内容，结合技术规范、标准图集、施工图纸，按照工程结构、使用材质及规格或安装位置等拟建工程项目的实际，予以详细表述和说明。体现项目特征的区别和对报价有实质影响的内容必须描述。

项目特征是区分清单项目的依据，是编制综合单价的前提，是履行合同义务的基础。

当某项目超过基本安装高度时，应在项目特征中予以描述。

51. 【答案】CD

【解析】《通用安装工程工程量计算标准》GB/T 50856—2024 规定的内容包括项目编码、项目名称、项目特征、计量单位和工程量计算规则。分部分项工程量清单必须包括五部分：项目编码、项目名称、项目特征、计量单位和工程量。

52. 【答案】ABC

【解析】承包人实施的下列工程及工作不应予计量：

1）承包人为完成永久工程所实施的临时工程，合同约定应予计量的临时工程除外。

2）承包人原因引起超出合同约定工程范围的工程。

3）承包人所完成但不符合合同图纸及合同规范要求的工程。

4）承包人拆除及迁离不符合合同图纸及合同规范要求的工程或工作。

5）承包人责任造成的其他返工。

53. 【答案】BC

【解析】润滑脂的缺点有冷却散热性能差，内摩擦阻力大，供脂换脂不如油方便。

润滑脂常用于散热要求和密封设计不是很高的场合，重负荷和振动负荷、中速或低速、经常间歇或往复运动的轴承，特别是处于垂直位置的机械设备，如轧机轴承润滑。

润滑油常用于在散热要求高、密封好、设备润滑剂需要起到冲刷作用的场合。如球磨机滑动轴承润滑。

54. 【答案】CD

【解析】吊斗式提升机是以吊斗在垂直或倾斜轨道上运行的间断输送设备。吊斗的提升或倾翻卸料是借助卷扬来完成的。

吊斗式提升机结构简单，维修量很小，输送能力可大可小，输送混合物料的离析很小。吊斗式提升机适用于大多间歇的提升作业，铸铁块、焦炭、大块物料等均能得到很好的输送。

55. 【答案】AC

【解析】蒸汽锅炉安全阀的安装和试验，应符合下列要求：

1）安装前安全阀应逐个进行严密性试验；

2）蒸发量大于 0.5t/h 的锅炉，至少应装设两个安全阀（不包括省煤器上的安全阀）；锅炉上必须有一个安全阀按规定中的较低的整定压力进行调整；对装有过热器的锅炉，按较低压力进行整定的安全阀必须是过热器上的安全阀，过热器上的安全阀应先开启；

3）蒸汽锅炉安全阀应铅锤安装，排汽管底部应装有疏水管。省煤器的安全阀应装排水管。在排水管、排汽管和疏水管上，不得装设阀门；

4）省煤器安全阀整定压力调整应在蒸汽严密性试验前用水压方法进行；

5）蒸汽锅炉安全阀经调整检验合格后，应加锁或铅封。

56. 【答案】AB

【解析】管道穿过建筑物的变形缝时设置柔性短管；穿过墙体或楼板时加设套管，套管长度不得小于墙体厚度或应高出楼面或地面 50mm，套管与管道的间隙用不燃材料填塞密实。

57. 【答案】AD

【解析】室外消火栓系统设置在建筑物外，其主要作用是供消防车取水，经增压后向建筑物内的供水管网供水或实施灭火，也可以直接连接水带、水枪出水灭火。

室外消火栓布置及安装：

（1）按其安装场合可分为地上式和地下式。地上式又分为湿式和干式，地上湿式室外消火栓适用于气温较高的地区，地上干式室外消火栓和地下式室外消火栓适用于气温较寒冷地区。

（2）按消火栓进水口与市政管网连接方式分为承插式和法兰式，承插式消火栓压力1.0MPa，法兰式消火栓压力1.6MPa；进水口规格可分为DN100和DN150两种。

（3）按其用途可分为普通型消火栓和特殊型消火栓。特殊型有泡沫型、防撞型、调压型、减压稳压型之分。

58. 【答案】BCD

【解析】消防水泵是消防给水系统的心脏。目前消防给水系统中使用的水泵多为离心泵，该类水泵具有适用范围广、型号多、供水连续、可随意调节流量等优点。消防水泵主要是指水灭火系统中的消防给水泵，如消火栓泵、喷淋泵、消防转输泵等。

设置消防水泵和消防转输泵时均应设置备用泵，备用泵的工作能力不应小于最大一台消防工作泵的工作能力。自动喷水灭火系统可按"用一备一"或"用二备一"的比例设置备用泵。

消防水箱采用临时高压给水系统的建筑物应设消防水箱。

一类高层公共建筑的消防水箱不应小于 $36m^3$。

消防水池，当建筑群共用消防水池时，消防水池的容积应按消防用水量最大的一栋建筑物的用水量计算确定。

59. 【答案】BC

【解析】1）霓虹灯灯管应采用专用的绝缘支架固定。固定后的灯管与建筑物、构筑物表面的距离不宜小于20mm。

2）霓虹灯专用变压器应为双绕组式，所供灯管长度不应大于允许负载长度，露天安装的应采取防雨措施。

3）霓虹灯专用变压器的二次侧和灯管间的连接线应采用额定电压大于15kV的高压绝缘导线；高压绝缘导线与附着物表面的距离不应小于20mm。

4）明装的霓虹灯变压器安装高度低于3.5m时，应采取防护措施；室外安装距离晒台、窗口、架空线等不应小于1m，并应有防雨措施。霓虹灯管附着基面及其托架应采用金属或不燃材料制作，并应固定可靠，室外安装应耐风压。

60. 【答案】ABC

【解析】电动机形式选择：开启式、防护式、封闭式、密闭式或防爆式。

功率的选择：负载转矩的大小是选择电动机功率的主要依据。电动机铭牌标出的额定功率是指电动机轴输出的机械功率。为了提高设备自然功率因数，应尽量使电动机满载运行，电动机的效率一般为80%以上。

选做部分

共 40 题，分为两个专业组，考生可在两个专业组的 40 个试题中任选 20 题作答，按所答的前 20 题计分，每题 1.5 分。试题由单选和多选组成。错选，本题不得分；少选，所选的每个选项得 0.5 分。

一、（61~80 题）管道和设备工程

61. 【答案】BC

【解析】管径小于等于 50mm 时，宜采用闸阀或球阀；管径大于 50mm 时，宜采用闸阀或蝶阀；在双向流动和经常启闭管段上，宜采用闸阀或蝶阀，不经常启闭而又需快速启闭的阀门，应采用快开阀。

62. 【答案】A

【解析】用于消防系统的减压阀应采用同时减静压和动压的品种，如比例式减压阀。比例式减压阀的设置应符合以下要求：减压阀宜设置两组，其中一组备用；减压阀前、后装设阀门和压力表；阀前应装设过滤器；消防给水减压阀后应装设泄水龙头，定期排水；不得绕过减压阀设旁通管；阀前、后宜装设可曲挠橡胶接头。

63. 【答案】ABC

【解析】清通设备主要包括检查口、清扫口和检查井。

（1）检查口和清扫口：检查口为可双向清通的管道维修口，清扫口仅可单向清通。在生活污水管道上设置的检查口和清扫口，当设计无要求时应符合以下规定：在立管上应每隔一层设置一个检查口，但在最低层和有卫生器具的最高层必须设置。如为两层建筑时，可仅在底层设置立管检查口；如有乙字弯管时，则在该层乙字弯管的上部设置检查口。检查口中心高度距操作地面一般为 1m，检查口朝向应便于检修。暗装立管，在检查口处应安装检修门。

（2）检查井：不散发有害气体或大量蒸汽的工业废水的排水管道，可以在建筑物内设置检查井，可以在管道转弯和连接支管处、管道的管径、坡度改变处、直线管段上隔一定的距离处设置。生活污水排水管道，不得在建筑物内设检查井。

64. 【答案】C

【解析】热风供暖系统适用于耗热量大的建筑物，间歇使用的房间和有防火防爆要求的车间，具有热惰性小、升温快、设备简单、投资省等优点。

低温热水地板辐射供暖系统具有节能、舒适性强、能实现"按户计量、分室调温"、不占用室内空间等特点。供暖管敷设形式有平行排管、蛇形排管、蛇形盘管。

65. 【答案】D

【解析】分户水平单管系统，能够分户计量和调节供热量，可分室改变供热量，满足不同的温度要求。

分户水平双管系统，该系统一个住户内的各组散热器并联，可实现分房间温度控制。

分户水平单双管系统，可用于面积较大的户型以及跃层式建筑。

分户水平放射式系统，又称"章鱼式"。在每户的供热管道入口设小型分水器和集水器，各组散热器并联。适用于多层住宅多个用户的分户热计量系统。

66. 【答案】D

【解析】中继泵：热水网路中根据水力工况要求，为提高供热介质压力而设置的水泵。

67. 【答案】A

【解析】钢制散热器的特点（与铸铁相比）：

金属耗量少，传热系数高；耐压强度高，外形美观整洁，占地小，便于布置。适用于高层建筑供暖和高温水供暖系统，也适合大型别墅或大户型住宅使用。

钢制散热器热稳定性较差，在供水温度偏低而又采用间歇供暖时，散热效果明显降低；耐腐蚀性差，使用寿命比铸铁散热器短。在蒸汽供暖系统中及具有腐蚀性气体的生产厂房或相对湿度较大的房间，不宜采用钢制散热器。

68. 【答案】D

【解析】排尘通风机：适用于输送含尘气体。为了防止磨损，可在叶片表面渗碳、喷镀三氧化二铝、硬质合金钢等，或焊上一层耐磨焊层，如碳化钨等。

防爆通风机：对于防爆等级低的通风机，叶轮用铝板制作，机壳用钢板制作，对于防爆等级高的通风机，叶轮、机壳则均用铝板制作，并在机壳和轴之间增设密封装置。

防、排烟通风机：可采用普通钢制离心通风机，也可采用消防排烟专用轴流风机。具有耐高温的显著特点。一般在温度高于 300℃ 的情况下可连续运行 40min 以上。排烟风机一般装于室外，如装在室内应将冷却风管接到室外。

射流通风机：与普通轴流通风机相比，能提供较大的通风量和较高的风压。风机具有可逆转特性。可用于铁路、公路隧道的通风换气。

69. 【答案】C

【解析】蝶式调节阀、菱形单叶调节阀和插板阀主要用于小断面风管；平行式多叶调节阀、对开式多叶调节阀和菱形多叶调节阀主要用于大断面风管；复式多叶调节阀和三通调节阀用于管网分流或合流或旁通处的各支路风量调节。

只具有控制功能的风阀有止回阀、防火阀、排烟阀等。

70. 【答案】BCD

【解析】吸收式制冷系统主要由四大设备组成：发生器、冷凝器、蒸发器和吸收器。构成两个循环环路：制冷剂循环和吸收剂循环。制冷剂循环主要由蒸发器、冷凝器和膨胀阀组成。吸收剂循环主要由吸收器、发生器和溶液泵组成。

71. 【答案】C

【解析】通风管道的分类：

钢板、玻璃钢板适合高、中、低压通风管道系统；

不锈钢板、铝板、硬聚氯乙烯等风管适用于中、低压通风管道系统；

聚氨酯、酚醛复合风管适用于工作压力 ≤2000Pa 的空调系统，玻璃纤维复合风管适用于工作压力 ≤1000Pa 的空调系统。

72. 【答案】B

【解析】在一般情况下通风风管（特别是除尘风管）都采用圆形管道，空调风管多用矩形风管，高速风管宜采用圆形螺旋风管。

73. 【答案】C

【解析】（1）空气压缩机：在压缩空气站中，最广泛采用的是活塞式空气压缩机。在大型压缩空气站中，较多采用离心式或轴流式空气压缩机。

（2）空气过滤器：应用较广的有金属网空气过滤器、填充纤维空气过滤器、自动浸油空气过滤器和袋式过滤器等。

（3）后冷却器：常用的后冷却器有列管式、散热片式、套管式等。

（4）贮气罐：目的是减弱压缩机排气的周期性脉动，稳定管网压力，同时可进一步分离空气中的油和水分。

（5）油水分离器：常用的有环形回转式、撞击折回式和离心旋转式三种结构形式。

（6）空气干燥器：常用的有吸附法和冷冻法。

74. 【答案】D

【解析】（1）空气管路是从空气压缩机进气管到贮气罐后的输气总管。

（2）油水吹除管路是指从各级别冷却器、贮气罐内向外排放油和水的管路。

（3）负荷调节管路是指从贮气罐到压缩机入口处减荷阀的一段管路。利用从贮气罐反流气体压力的变化，自动关闭或打开减荷阀，控制系统的供气量。

（4）放散管路是指压缩机至后冷却器或贮气罐之间排气管上安装的手动放空管。在压缩机启动时打开放散管，使压缩机能空载启动，停车后通过它放掉该段管中残留的压缩空气。

75. 【答案】D

【解析】铜及铜合金管的连接方式有螺纹连接、焊接（承插焊和对口焊）、法兰连接（焊接法兰、翻边活套法兰和焊环活套法兰）。

大口径铜及铜合金对口焊接也可用加衬焊环的方法焊接。

76. 【答案】C

【解析】（1）塑料管粘结：塑料管粘结必须采用承插口形式；聚氯乙烯管道采用过氯乙烯清漆或聚氯乙烯胶作为胶粘剂。粘结法主要用于硬 PVC 管、ABS 管的连接，广泛应用于排水系统。

（2）塑料管焊接：管径小于 200mm 时一般应采用承插口焊接。管径大于 200mm 的管子可采用直接对焊。焊接一般采用热风焊。焊接主要用于聚烯烃管，如低密度聚乙烯管、高密度聚乙烯管及聚丙烯管。

（3）电熔合连接：应用于 PP-R 管、PB 管、金属复合管等新型管材与管件连接，是目前家装给水系统应用最广的连接方式。

77. 【答案】BCD

【解析】衬里用橡胶一般不单独采用软橡胶，通常采用硬橡胶或半硬橡胶，或采用硬橡胶（半硬橡胶）与软橡胶复合衬里。

78. 【答案】D

【解析】夹套式换热器：传热系数较小，传热面又受到容器的限制，只适用于传热量不大的场合。

沉浸式蛇管换热器：优点是结构简单，价格低廉，便于防腐，能承受高压。主要缺点是容器的体积比蛇管的体积大得多，总传热系数较小。

喷淋式蛇管换热器：多用作冷却器。它和沉浸式蛇管换热器相比，具有便于检修和清洗、传热效果较好等优点，其缺点是喷淋不易均匀。

套管式换热器：优点是构造较简单、能耐高压、传热面积可根据需要而增减、双方的流体可作严格的逆流。缺点是管间接头较多，易发生泄漏；单位换热器长度具有的传热面积较小。在需要传热面积不太大而要求压强较高或传热效果较好时，宜采用套管式换热器。

79.【答案】B

【解析】列管式换热器目前应用最广泛，在高温、高压的大型装置上多采用列管式换热器：

1）固定管板式换热器：两端管板和壳体连接成一体，具有结构简单和造价低廉的优点。但是由于壳程不易检修和清洗，因此壳方流体应是较洁净且不易结垢的物料。当两流体的温差较大时，应考虑热补偿。

2）U形管换热器：管子弯成U形，管子的两端固定在同一块管板上，因此每根管子都可以自由伸缩。这类换热器的结构较简单，重量轻，适用于高温和高压场合。其主要缺点是管内清洗比较困难，管板的利用率差。

3）浮头式换热器：管束可从壳体中抽出，便于清洗和检修，故浮头式换热器应用较为普遍，但结构较复杂，金属耗量较多，造价较高。

4）填料函式列管换热器：在一些温差较大、腐蚀严重且需经常更换管束的冷却器中应用较多，其结构较浮头简单，制造方便，易于检修清洗。

80.【答案】CD

【解析】（1）气柜施工过程中的焊接质量检验。焊接规范要求：

1）气柜壁板所有对焊焊缝均应经煤油渗透试验。

2）下水封的焊缝应进行注水试验。

（2）气柜底板的严密性试验可采用真空试漏法或氨气渗漏法。

（3）气柜总体试验。焊接规范要求：

1）气柜施工完毕，进行注水试验。其目的一是预压基础，二是检查水槽的焊接质量。水槽注水试验不应少于24h。

2）钟罩、中节的气密试验和快速升降试验。其目的是检查各中节、钟罩在升降时的性能和各导轮、导轨、配合及工作情况、整体气柜密封的性能。

二、（81～100题）电气和自动化控制工程

81.【答案】B

【解析】网卡是主机和网络的接口，用于提供与网络之间的物理连接。

集线器（HUB）是对网络进行集中管理的重要工具，是各分支的汇集点。HUB是一个共享设备，其实质是一个中继器，对接收到的信号进行再生放大，以扩大网络的传输距离。选用HUB时，与双绞线连接时需要具有RJ-45接口；如果与细缆相连，需要具有BNC接口；与粗缆相连需要有AUI接口；当局域网长距离连接时，还需要具有与光纤连接的光纤接口。

82.【答案】A

【解析】干线传输系统，除电缆以外还有干线均衡器、放大器、分配器、分支器等设备。

均衡器是一种可以分别调节各种频率成分电信号放大量的电子设备，通过对各种不同频率的电信号的调节来补偿扬声器和声场的缺陷。

放大器是放大电视信号的设备，保证电视信号质量。

分配器是把一路信号等分为若干路信号的无源器件。

分支器不是把信号分成相等的输出，而是分出一部分到支路上去，分出的这一部分比较少，主要输出仍占信号的主要部分。

83.【答案】A

【解析】建筑物内通信配线原则：①建筑物内通信配线设计宜采用直接配线方式，当建筑物占地体型和单层面积较大时可采用交接配线方式。②建筑物内通信配线电缆应采用非填充型铜芯铝塑护套市内通信电缆（HYA），或采用综合布线大对数铜芯对绞电缆。③建筑物内竖向（垂直）电缆配线管允许穿多根电缆，横向（水平）电缆配线管应一根电缆配线管穿放一条电缆。④通信电缆不宜与用户线合穿一根电缆配线管，配线管内不得合穿其他非通信线缆。

84.【答案】AC

【解析】电缆接续顺序：拗正电缆→剖缆→编排线序→芯线接续前的测试→接续（包括模块直接、模块的芯线复接、扣式接线子的直接、扣式接线子的复接、扣式接线子的不中断复接）→接头封合。

85.【答案】D

【解析】流量传感器常用节流式、速度式、容积式等。

（1）节流式：包括压差式流量计、靶式流量计、转子流量计。

（2）速度式：常用的是涡轮流量计。

（3）容积式：通常有椭圆齿轮流量计。

86.【答案】D

【解析】节流式中的靶式流量计则经常用于高黏度的流体，如重油、沥青等流量的测量，也适用于有浮黑物、沉淀物的流体。

速度式，常用的是涡轮流量计。为了提高测量精度，在涡轮前后均装有导流器和一段直管，入口直段的长度应为管径的10倍，出口长度应为管径的5倍。涡轮流量计线性好，反应灵敏，但只能在清洁流体中使用。光纤涡轮传感器具有重现性和稳定性，不受环境、电磁、温度等因素干扰，显示迅速，测量范围大，缺点是只能用来测量透明的气体和液体。

容积式，通常有椭圆齿轮流量计，经常作为精密测量，用于高黏度的流体测量。

电磁式，在管道中不设任何节流元件，可以测量各种黏度的导电液体，特别适合测量含有各种纤维和固体污物的腐体，对腐蚀性液体也适用。工作可靠、精度高、线性好、测量范围大，反应速度也快。

87.【答案】D

【解析】活塞式压力计：精度很高，用来检测低一级活塞式压力计或检验精密压力表，是一种主要压力标准计量仪器。

远传压力表：适用于测量对钢及铜合金不起腐蚀作用的介质的压力。可以实现集中检测和远距离控制。此压力表还能就地指示压力，以便现场工作检查。

电接点压力表：利用被测介质压力对弹簧管产生位移来测值。广泛应用于石油、化工、冶金、电力、机械等工业部门或机电设备配套中测量无爆炸危险的各种流体介质压力。

隔膜式压力表：专门供石油、化工、食品等生产过程中测量具有腐蚀性、高黏度、易结晶、含有固体状颗粒、温度较高的液体介质的压力。

88.【答案】B

【解析】电磁流量计：是一种只能测量导电性流体流量的仪表。它是一种无阻流元件，精确度高，直管段要求低，而且可以测量含有固体颗粒或纤维的液体、腐蚀性及非腐蚀性液体。

涡轮流量计：具有精度高，重复性好，结构简单，运动部件少，耐高压，测量范围宽，体积小，重量轻，压力损失小，维修方便等优点，用于封闭管道中测量低黏度气体的体积流量。

椭圆齿轮流量计：用于精密的连续或间断的测量管道中液体的流量或瞬时流量，它特别适合于重油、聚乙烯醇、树脂等黏度较高介质的流量测量。

节流装置流量计：适用于非强腐蚀的单向流体流量测量，允许一定的压力损失。

89.【答案】CD

【解析】集散系统调试分三个步骤进行：系统调试前的常规检查、系统调试（包括单机调试和系统调试）、回路联调（包括系统误差检查，系统控制回路调试，报警、连锁、程控网路试验）。

系统调试指的是集散系统调试，而回路联调指的是集散系统和现场在线仪表连接调试。

90.【答案】BC

【解析】电流互感器结构特点是：一次绕组匝数少且粗，有的型号没有一次绕组；而二次绕组匝数较多，导体较细。电流互感器的一次绕组串接在一次电路中，二次绕组与仪表、继电器电流线圈串联，形成闭合回路，由于这些电流线圈阻抗很小，工作时电流互感器二次回路接近短路状态。

电流互感器在工作时，二次绕组侧不得开路。电流互感器二次绕组侧有一端必须接地。

电压互感器由一次绕组、二次绕组、铁芯组成。一次绕组并联在线路上，一次绕组匝数较多，二次绕组的匝数较少，相当于降低变压器。二次回路中，仪表、继电器的电压线圈与二次绕组并联，线圈的阻抗很大，工作时二次绕组近似于开路状态。

电压互感器在工作时，其一、二次绕组侧不得短路；电压互感器二次绕组侧有一端必须接地。

91.【答案】C

【解析】高压开关柜按结构形式可分为固定式（G）、移开式（手车式Y）两类。

手车式开关柜与固定式开关柜相比，具有检修安全、供电可靠性高等优点，但其价格较贵。

KYN 系列高压开关柜，用于发电厂送电、电业系统和工矿企业变电所受电、配电、实现控制、保护、检测，还可以用于频繁启动高压电动机等。

92. 【答案】B

【解析】（1）漏电保护器应安装在进户线小配电盘上或照明配电箱内。安装在电度表之后，熔断器（或胶盖刀闸）之前。对于电磁式漏电保护器，也可装于熔断器之后。

（2）所有照明线路导线，包括中性线在内，均须通过漏电保护器。

（3）电源进线必须接在漏电保护器的正上方，出线均接在下方。

（4）安装漏电保护器后，不能拆除单相闸刀开关或瓷插、熔丝盒等。

（5）漏电保护器在安装后带负荷分、合开关三次，不得出现错误动作；再用试验按钮试验三次，应能正确动作（即自动跳闸，负载断电）。

（6）运行中的漏电保护器，每月至少用试验按钮试验一次。

93. 【答案】A

【解析】

母线排列次序及涂漆的颜色

相序	涂漆颜色	排列次序		
		垂直布置	水平布置	引下线
A	黄	上	内	左
B	绿	中	中	中
C	红	下	外	右
N	黑	下	最外	最右

94. 【答案】AD

【解析】引下线可采用扁钢和圆钢敷设，也可利用建筑物内的金属体。单独敷设时，必须采用镀锌制品。

引下线沿外墙明敷时，宜在离地面 1.5~1.8m 处加断接卡子。暗敷时，断接卡可设在距地 300~400mm 的墙内接地端子测试箱内。

95. 【答案】BC

【解析】均压环是高层建筑为防侧击雷而设计的水平避雷带。

（1）当建筑物高度超过 30m 时，30m 以上设置均压环。建筑物层高小于或等于 3m 的每两层设置一圈均压环，层高大于 3m 的每层设置一圈均压环。

（2）均压环可利用建筑物圈梁的两条水平主钢筋，圈梁的主钢筋小于 $\phi 12mm$ 的，可用其四根水平主钢筋。用作均压环的圈梁钢筋应用同规格的圆钢接地焊接。没有圈梁的可敷设 40mm×4mm 扁钢作为均压环。

（3）用作均压环的圈梁钢筋或扁钢应与避雷引下线连接形成闭合回路。

（4）建筑物 30m 以上的金属门窗、栏杆等应用 $\phi 10mm$ 圆钢或 25mm×4mm 扁钢与均压环连接。

96. 【答案】C

【解析】单户型一般用在单独用户，如单体别墅。

单元型可视或非可视对讲系统主机分直按式和拨号式两种。直按式容量较小，适用于多层住宅。拨号式容量很大，能接几百个住户终端。

联网型对讲系统是将大门口主机、门口主机、用户分机以及小区的管理主机组网实现集中管理。

97. 【答案】AD

【解析】单回路系统、复合系统可以直接对干扰信号进行测控。

98. 【答案】B

【解析】根据交换机工作时所对应的 OSI 模型的层次可以分为二层交换机、三层交换机、四层交换机和七层交换机。目前主要应用的还是二层和三层两种。在大中型网络中，核心和骨干层交换机都要采用三层交换机。

99. 【答案】AB

【解析】连接件是综合布线系统中各种连接设备的统称。可分为：

（1）配线设备：如配线架（箱、柜）等。

（2）交接设备：如配线盘（交接间的交接设备）等。

（3）分线设备：有电缆分线盒、光纤分线盒。

连接件不包括某些应用系统对综合布线系统的连接硬件，也不包括有源或无源电子线路的中间转接器或其他器件（如局域网设备、终端匹配电阻、阻抗匹配变量器、滤波器和保护器件）等。

100. 【答案】BCD

【解析】3 类信息插座模块支持 16Mbps 信息传输。

5 类信息插座模块支持 155Mbps 信息传输。

超 5 类信息插座模块支持 622Mbps 信息传输。

千兆位信息插座模块支持 1000Mbps 信息传输。

光纤插座模块支持 1000Mbps 信息传输。

多媒体信息插座支持 100Mbps 信息传输。

8 针模块化信息插座是为所有的综合布线推荐的标准信息插座。

综合布线系统终端设备可以通过接插软线（或软线）与信息插座相连，如果终端设备的信号接口与标准的信息插座（RJ45 插座）的尺寸或接线不符，则可以通过适配器与综合布线系统的标准的信息插座相连。

适配器是一种使不同尺寸或不同类型的插头与信息插座相匹配，提供引线的重新排列，把电缆连接到应用系统的设备接口的器件。

模拟题四答案与解析

一、单项选择题（共 40 题，每题 1 分。每题的备选项中，只有 1 个最符合题意）

1.【答案】D

【解析】中性耐火材料：以高铝质制品为代表，主晶相是莫来石和刚玉。铬砖抗热震性能差，高温荷重变形温度较低。碳质制品是另一类中性耐火材料，分为碳砖、石墨制品和碳化硅质制品三类。碳质制品热膨胀系数很低，导热性高，耐热震性能好，高温强度高。在高温下长期使用也不软化，不受任何酸碱侵蚀，有良好的抗盐性能，也不受金属和熔渣的润湿，质轻，是优质的耐高温材料。缺点是高温下易氧化，不宜在氧化氛围中使用。碳质制品广泛用于高温炉炉衬、熔炼有色金属炉的衬里。

2.【答案】D

【解析】丁基橡胶：用于轮胎内胎、门窗密封条，以及磷酸酯液压油系统的零件、胶管、电线的绝缘层、胶布、减震阻尼器、耐热输送带和化工设备衬里等。

氯丁橡胶：用于重型电缆护套、耐油耐腐蚀胶管、胶带、化工容器衬里、电缆绝缘层和胶粘剂。

氟硅橡胶：耐油、耐化学品腐蚀，耐热、耐寒、耐辐射、耐高真空性能和耐老化性能优良；但强度较低，价格昂贵。用于燃料油、双酯润滑油和液压油系统的密封件。

3.【答案】D

【解析】塑料-铝合金：耐压、抗破裂性能好、质量轻，具有一定的弹性、耐温性能好、防紫外线、抗热老化能力强、耐腐蚀性优异，常温下不溶于任何溶剂，且隔氧、隔磁、抗静电、抗音频干扰。

4.【答案】B

【解析】常用的塑料制品都是以合成树脂为基本材料，再按一定比例加入填料、增塑剂、着色剂和稳定剂等材料，经混炼、塑化，并在一定压力和温度下制成的。

①树脂：在塑料中主要起胶结作用，塑料的性质主要取决于树脂的性质。

②填料：又称填充剂，其作用是提高塑料的强度和刚度，减少塑料在常温下的蠕变（又称冷流）现象及提高热稳定性，对降低塑料制品的成本、增加产量有显著的作用，并可提高塑料制品的耐磨性、导热性、导电性及阻燃性，改善加工性能。

③增塑剂：作用是提高塑料加工时的可塑性及流动性，改善塑料制品的柔韧性。

5.【答案】D

【解析】①聚氨酯漆：聚氨酯漆具有耐盐、耐酸、耐各种稀释剂等优点，同时又具有施工方便、无毒、造价低等特点。

②环氧煤沥青：综合了环氧树脂机械强度高、粘结力大、耐化学介质侵蚀和煤沥青耐腐蚀等优点，防腐寿命可达到 50 年以上。

③三聚乙烯防腐涂料：是经熔融混炼造粒而成（固体粉末涂料），具有良好的机械强度、电性能、抗紫外线、抗老化和抗阳极剥离等性能，防腐寿命可达到 20 年以上。

④氟-46 涂料：有优良的耐腐蚀性能，对强酸、强碱及强氧化剂，即使在高温下也不发生任何作用。耐有机溶剂（高温高压下的氟、三氟化氯和熔融的碱金属除外）。它的耐热性仅次于聚四氟乙烯涂料，耐寒性很好，具有杰出的防污和耐候性，因此可维持 15～20 年不用重涂。故特别适用于对耐候性要求很高的桥梁或化工厂设施。

6.【答案】A

【解析】用于化工防腐蚀的主要有聚异丁烯橡胶，它具有良好的耐腐蚀性、耐老化性、耐氧化性及抗水性，不透气性比所有橡胶都好，但强度和耐热性较差。但在低温下仍有良好的弹性及足够的强度。它能耐各种浓度的盐酸、浓度小于 80% 的硫酸、稀硝酸、浓度小于 40% 的氢氟酸、碱液及各种盐类溶液等介质的腐蚀。不耐氟、氯、溴及部分有机溶剂，如苯、四氯化碳、二硫化碳、汽油、矿物油及植物油等介质的腐蚀。

7.【答案】C

【解析】方形补偿器优点是制造容易、运行可靠、维修方便、补偿能力大、轴向推力小。缺点是占地面积较大。

填料式补偿器，又称套筒式补偿器。优点是安装方便、占地面积小、流体阻力较小、补偿能力较大。缺点是轴向推力大、易漏水漏气、需经常检修和更换填料。如管道变形有横向位移时，易造成填料圈卡住。主要用在安装方形补偿器时空间不够的场合。

8.【答案】B

【解析】母线分为裸母线和封闭母线两大类。裸母线分为两类：软母线用于电压较高（350kV 以上）的户外配电装置；硬母线，又称汇流排，用于电压较低的户内外配电装置和配电箱之间电气回路的连接。封闭母线是用金属外壳将导体连同绝缘等封闭起来的母线。封闭母线包括离相封闭母线、共箱（含共箱隔相）封闭母线和电缆母线，广泛用于发电厂、变电所、工业和民用电源的引线。

9.【答案】D

【解析】电缆托盘、梯架布线适用于电缆数量较多或较集中的场所。

金属槽盒布线一般适用于正常环境的室内明敷工程，不可在有严重腐蚀及受严重机械损伤的场所采用。

有盖的封闭金属槽盒可在建筑物顶棚内敷设。

难燃封闭槽盒用于电缆防火保护，能阻断燃烧火焰，能维持盒内电缆正常的工作，并具有耐腐蚀、耐油、耐水、强度高、安装简便等优点，适合含潮湿、盐雾、有化学气体和严寒、酷热等各种环境条件下使用，或应用于发电厂、变电所、供电隧道、工矿企业等电缆密集场所，以防止电缆着火延燃和满足重要电缆回路防火、耐火分隔。

10.【答案】A

【解析】目前有两种广泛使用的同轴电缆，一种是 50Ω 电缆，用于数字传输，也叫基带同轴电缆，主要用于基带信号传输，传输带宽为 1～20MHz。总线型以太网就是使用 50Ω 同轴电缆，在以太网中，50Ω 细同轴电缆的最大传输距离为 185m，粗同轴电缆可达 1000m。

另一种是 75Ω 电缆，用于模拟传输，也叫宽带同轴电缆。75Ω 宽带同轴电缆常用于 CATV 网，传输带宽可达 1GHz，目前常用 CATV 电缆的传输带宽为 750MHz。

同轴电缆的带宽取决于电缆长度。

11.【答案】C

【解析】（1）管材的坡口：

1）I 形坡口：适用于管壁厚度在 3.5mm 以下的管口焊接。

2）V 形坡口：适用于中低压钢管焊接，坡口的角度为 60°~70°，坡口根部有钝边，其厚度为 2mm 左右。

3）U 形坡口：U 形坡口适用于高压钢管焊接，管壁厚度在 20~60mm。坡口根部有钝边，其厚度为 2mm 左右。

（2）坡口的加工方法：

1）低压碳素钢管，公称直径等于或小于 50mm 的，采用手提砂轮磨坡口；直径大于 50mm 的，用氧乙炔切割坡口，然后用手提砂轮机打掉氧化层并打磨平整。

2）中压碳素钢管、中低压不锈钢管和低合金钢管以及各种高压钢管，用坡口机或车床加工坡口。

3）有色金属管，用手工锉坡口。

12.【答案】A

【解析】X 射线探伤优点是显示缺陷的灵敏度高，特别是当焊缝厚度小于 30mm 时，较 γ 射线灵敏度高，其次是照射时间短、速度快。缺点是设备复杂、笨重，成本高，操作麻烦，穿透力较 γ 射线小。

13.【答案】D

【解析】

钢基体表面覆盖层类别及质量等级

序号	覆盖层类别	表面处理质量等级
1	金属热喷涂层	Sa_3 级
2	搪铅、纤维增强塑料衬里、橡胶衬里、树脂胶泥衬砌砖板衬里、塑料板黏结衬里、玻璃鳞片衬里、喷涂聚脲衬里、涂料涂层	$Sa_{2.5}$ 级
3	水玻璃胶泥衬砌砖板衬里、涂料涂层、氯丁胶乳水泥砂浆衬里	Sa_2 级或 St_3 级
4	衬铅、塑料板非黏结衬里	Sa_1 级或 St_2 级

14.【答案】C

【解析】纤维增强塑料衬里（如玻璃钢衬里），是指以树脂为胶粘剂，纤维及其织物为增强材料手工铺贴或喷射的设备、管道衬里层及隔离层。用于纤维增强塑料衬里的胶粘剂材料主要有环氧树脂、不饱和聚酯树脂、呋喃树脂和酚醛树脂等热固性树脂。铺贴法是用手工糊制贴衬纤维增强塑料，可连续施工或间断施工。纤维增强酚醛树脂衬里应采用间断法施工。

热硫化橡胶板衬里的工艺过程为：设备表面处理→胶浆配置→涂刷胶浆→硫化。金属表面一般采用喷砂除锈，也有采用酸洗处理。对铸铁件，在喷砂前应用蒸汽或其他方法加热除去铸件气孔中的空气及油垢等。

耐酸陶瓷砖具有耐酸度高、吸水率低，在常温下不易氧化，不易被介质污染等特性。耐酸瓷砖具有耐压、耐腐、易清洁、耐酸碱的特点。广泛应用于塔、池、罐、槽的防腐内衬。

不透性石墨是由人造石墨浸渍酚醛或呋喃树脂而组成的，优点是导热性优良、温差急变性好、易于机械加工、耐腐蚀性好。缺点是机械强度较低，价格较贵。用于制造各种类型的热交换器、盐酸合成炉、膜式吸收器、管道、管件、阀门、泵类以及衬里用的砖板等。

15.【答案】D

【解析】常用的起重机有流动式起重机、塔式起重机、桅杆起重机等。

（1）流动式起重机：主要有汽车起重机、轮胎起重机、履带起重机、全地面起重机、随车起重机等。适用范围广，机动性好，可以方便地转移场地，但对道路、场地要求较高，台班费较高。适用于单件重量大的大中型设备、构件的吊装，作业周期短。

（2）塔式起重机：吊装速度快，台班费低。但起重量一般不大，并需要安装和拆卸。适用于在某一范围内数量多，而每一单件重量较小的设备、构件吊装，作业周期长。

（3）桅杆起重机：属于非标准起重机。结构简单，起重量大，对场地要求不高，使用成本低，但效率不高。主要适用于某些特重、特高和场地受到特殊限制的设备、构件吊装。

16.【答案】D

【解析】管道系统安装后，在压力试验合格后，应进行吹扫与清洗。

管道吹扫与清洗方法的选用，一般应符合下列规定：

（1）DN≥600mm 的液体或气体管道，宜采用人工清理。

（2）DN<600mm 的液体管道，宜采用水冲洗。

（3）DN<600mm 的气体管道，宜采用压缩空气吹扫。

（4）蒸汽管道应采用蒸汽吹扫，非热力管道不得采用蒸汽吹扫。

（5）管道吹洗前的保护措施。应将系统内的仪表、孔板、节流阀、调节阀、电磁阀、安全阀、止回阀等管道组件暂时拆除，以模拟件或临时短管替代，待管道吹洗合格后再重新复位。对以焊接形式连接的上述阀门、仪表等部件，应采取流经旁路或卸掉阀头及阀座加保护套等保护措施后再进行吹扫与清洗。

（6）吹扫与清洗的顺序应按主管、支管、疏排管依次进行。

17.【答案】B

【解析】（1）当进行管道化学清洗时，应将无关设备及管道进行隔离。

（2）管道酸洗钝化应按脱脂、酸洗、水洗、钝化、水洗、无油压缩空气吹干的顺序进行。当采用循环方式进行酸洗时，管道系统应预先进行空气试漏或液压试漏检验合格。

（3）化学清洗后的管道以内壁呈金属光泽为合格。

（4）对不能及时投入运行的化学清洗合格的管道，应采取封闭或充氮保护措施。

18. 【答案】B

【解析】承受内压的埋地铸铁管道的试验压力，当设计压力小于或等于 0.5MPa 时，应为设计压力的 2 倍；当设计压力大于 0.5MPa 时，应为设计压力加 0.5MPa。

19. 【答案】C

【解析】刷油、防腐蚀、绝热工程（编码：0312）。

20. 【答案】D

【解析】

附录 A 机械设备安装工程（编码：0301）

附录 B 热力设备安装工程（编码：0302）

附录 C 静置设备与工艺金属结构制作安装工程（编码：0303）

附录 D 电气设备安装工程（编码：0304）

附录 E 建筑智能化工程（编码：0305）

附录 F 自动化控制仪表安装工程（编码：0306）

附录 G 通风空调工程（编码：0307）

附录 H 工业管道工程（编码：0308）

附录 J 消防工程（编码：0309）

附录 K 给水排水、采暖、燃气工程（编码：0310）

附录 L 通信设备及线路工程（编码：0311）

附录 M 刷油、防腐蚀、绝热工程（编码：0312）

21. 【答案】D

【解析】

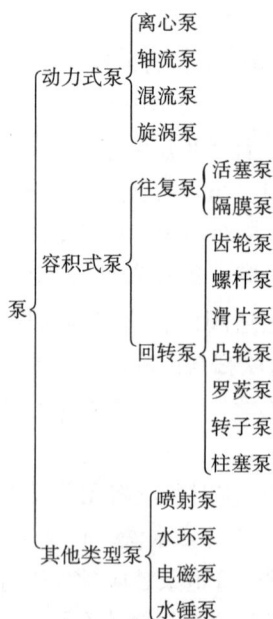

泵的种类

22. 【答案】B

【解析】分段式多级离心泵相当于将几个叶轮装在一根轴上串联工作。

中开式多级离心泵主要用于流量较大、扬程较高的城市给水、矿山排水和输油管线，排出压力高达 18MPa。此泵相当于将几个单级蜗壳式泵装在一根轴上串联工作，又叫蜗壳式多级离心泵。

自吸离心泵适用于启动频繁的场合，如消防、卸油槽车、酸碱槽车及农田排灌等。

离心式冷凝水泵是电厂的专用泵，要求有较高的气蚀性能。

23. 【答案】D

【解析】深井潜水泵的电动机和泵制成一体，和一般深井泵比较，潜水泵在井下水中工作，无需很长的传动轴。

隔膜计量泵，具有绝对不泄漏的优点，最适合输送和计量易燃易爆、强腐蚀、剧毒、有放射性和贵重液体。

筒式离心油泵，特别适用于小流量、高扬程的需要。筒式离心泵是典型的高温高压离心泵。

屏蔽泵，又称为无填料泵，它是将叶轮与电动机的转子直联成一体，浸没在被输送液体中工作的泵。屏蔽泵是离心式泵，为了防止输送的液体与电气部分接触，用特制的屏蔽套将电动机转子和定子与输送液体隔离开来。屏蔽泵可以保证绝对不泄漏，特别适用于输送腐蚀性、易燃易爆、剧毒、有放射性及极为贵重的液体；也适用于输送高压、高温、低温及高熔点的液体。

24. 【答案】A

【解析】屏蔽泵，又称为无填料泵，它是将叶轮与电动机的转子直联成一体，浸没在被输送液体中工作的泵。屏蔽泵是离心式泵，为了防止输送的液体与电气部分接触，用特制的屏蔽套将电动机转子和定子与输送液体隔离开来。屏蔽泵可以保证绝对不泄漏，特别适用于输送腐蚀性、易燃易爆、剧毒、有放射性及极为贵重的液体；也适用于输送高压、高温、低温及高熔点的液体。

25. 【答案】B

【解析】离心式通风机的型号由六部分组成：名称、型号、机号、传动方式、旋转方式、出风口位置。

轴流式通风机的全称包括：名称、型号、机号、传动方式、气流风向、出风口位置六个部分。

26. 【答案】D

【解析】离心式通风机常用于小流量、高压力的场所。与离心式通风机相比，轴流式通风机具有流量大、风压低、体积小的特点。轴流式通风机安装角可调，使用范围和经济性能均比离心式通风机好。动叶可调的轴流通风机在大型电站、大型隧道、矿井等通风、引风装置中得到日益广泛的应用。

27. 【答案】D

【解析】省煤器的作用：

（1）吸收低温烟气的热量，节省燃料。

（2）由于给水进入汽包之前先在省煤器加热，因此减少了给水在受热面的吸热，可以用省煤器来代替部分造价较高的蒸发受热面。

（3）给水温度提高，进入汽包就会减小汽包壁温差，热应力相应的减小，延长汽包使用寿命。

铸铁省煤器安装前，应逐根（或组）进行水压试验。

28.【答案】C

【解析】

锅炉本体水压试验的试验压力（MPa）

锅筒工作压力	试验压力
<0.8	锅筒工作压力的 1.5 倍，但不小于 0.2
0.8~1.6	锅筒工作压力加 0.4
>1.6	锅筒工作压力的 1.25 倍

29.【答案】D

【解析】化学抑制灭火的常见灭火剂有干粉灭火剂和七氟丙烷灭火剂。化学抑制灭火速度快，使用得当可有效地扑灭初期火灾，减少人员伤亡和财产损失。该方法对于有焰燃烧火灾效果好，而对深位火灾由于渗透性较差，灭火效果不理想。在条件许可的情况下，采用化学抑制灭火的灭火剂与水、泡沫等灭火剂联用会取得明显效果。

30.【答案】A

31.【答案】C

32.【答案】C

【解析】螺旋式熔断器：常用于配电柜中。

封闭式熔断器：常用在容量较大的负载上作短路保护，大容量的能达到 1kA。

填充料式熔断器：它的主要特点是具有限流作用及较高的极限分断能力，用于具有较大短路电流的电力系统和成套配电装置中。

自复熔断器：是一种新型限流元件，应用时和外电路的低压断路器配合工作，效果很好。

33.【答案】C

【解析】低压电器指电压在 1000V 以下的各种控制设备、继电器及保护设备等。

低压配电器有熔断器、转换开关和自动开关等。

低压控制电器有接触器、控制继电器、启动器、控制器、主令电器、电阻器、变阻器和电磁铁等，主要用于电力拖动和自动控制系统中。

34.【答案】D

【解析】固定消防炮灭火系统的设置：

1）宜选用远控炮系统，发生火灾时，灭火人员难以及时接近或撤离固定消防炮位的场所。

2）室内消防炮的布置数量不应少于两门。

3）室外消防炮的布置应能使射流完全覆盖被保护场所，消防炮应设置在被保护场所常年主导风向的上风方向；当灭火对象高度较高、面积较大时，或在消防炮的射流受到较高大障碍物的阻挡时，应设置消防炮塔。

35.【答案】B

【解析】双电源（自动）转换开关也叫备自投。可以自动完成电源间切换而无须人工操作，以保证重要用户供电的可靠性。

自动开关，又称自动空气开关。当电路发生严重过载、短路以及失压等故障时，能自动切断故障电路。自动开关也可以不频繁地接通和断开电路及控制电动机直接启动，是具有保护环节的断合电器。常用作配电箱中的总开关或分路开关，广泛用于建筑照明和动力配电线路中。

行程开关，是位置开关（又称限位开关）的一种，将机械位移转变成电信号，控制机械动作或用作程序控制。

接近开关，是一种开关型传感器，且动作可靠，性能稳定，频率响应快，应用寿命长，抗干扰能力强，并具有防水、防振、耐腐蚀等特点。如宾馆、饭店、车库的自动门，自动热风机上都有应用。

36.【答案】B

【解析】接近开关的选用，在一般的工业生产场所，通常都选用涡流式接近开关和电容式接近开关。

1）当被测对象是导电物体或可以固定在一块金属物上的物体时，一般都选用涡流式接近开关，因为它的响应频率高、抗环境干扰性能好、应用范围广、价格较低。

2）若所测对象是非金属（或金属）、液位高度、粉状物高度、塑料、烟草等。则应选用电容式接近开关。这种开关的响应频率低，但稳定性好。

3）若被测物为导磁材料，应选用霍尔接近开关，它的价格最低。

4）在环境条件比较好、无粉尘污染的场合，可采用光电接近开关。在要求较高的传真机上，在烟草机械上都被广泛地使用。

5）在防盗系统中，自动门通常使用热释电接近开关、超声波接近开关、微波接近开关。有时为了提高识别的可靠性，上述几种接近开关往往被复合使用。

37.【答案】B

【解析】螺旋式熔断器：常用于配电柜中。

封闭式熔断器：常用在容量较大的负载上作短路保护，大容量的能达到 1kA。

填充料式熔断器：它的主要特点是具有限流作用及较高的极限分断能力。用于具有较大短路电流的电力系统和成套配电的装置中。

自复熔断器：是一种新型限流元件，应用时和外电路的低压断路器配合工作，效果很好。

38.【答案】B

【解析】漏电开关按工作类型划分有开关型、继电器型、单一型漏电保护器、组合型漏电保护器。组合型漏电保护器由漏电开关与低压断路器组合而成。

按结构原理划分有电压动作型、电流型、鉴相型和脉冲型。

39.【答案】C

【解析】焊接钢管：管壁较厚，适用于潮湿、有机械外力、有轻微腐蚀气体场所的明、暗配。

半硬质阻燃管：也叫 PVC 阻燃塑料管，该管刚柔结合、易于施工，劳动强度较低，质轻，运输较为方便，已被广泛应用于民用建筑暗配管。

可挠金属套管：主要用于砖、混凝土内暗设和吊顶内敷设及与钢管、电线管与设备连接间的过渡。

套接紧定式 JDG 钢导管：电气线路新型保护导管，其最大特点是连接、弯曲操作简易，不用套丝、无须做跨接线、无须刷油，效率较高。

40.【答案】B

【解析】塑料护套线配线要求如下：

（1）塑料护套线严禁直接敷设在建筑物顶棚内、墙体内、抹灰层内、保温层内或装饰面内。

（2）塑料护套线在室内沿建筑物表面水平敷设高度距地面不应小于 2.5m，垂直敷设时距地面高度 1.8m 以下的部分应采取保护措施。

（3）当塑料护套线侧弯或平弯时，弯曲半径应分别不小于护套线宽度和厚度的 3 倍。

（4）塑料护套线的接头应设在明装盒（箱）或器具内，多尘场所应采用 IP5X 等级的密闭式盒（箱），潮湿场所应采用 IPX5 等级的密闭式盒（箱）。

二、多项选择题（共 20 题，每题 1.5 分。每题的备选项中，有 2 个或 2 个以上符合题意，至少有 1 个错项。错选，本题不得分；少选，所选的每个选项得 0.5 分）

41.【答案】BC

【解析】高分子材料的基本性能及特点：质轻、比强度高、减摩、耐磨性好、电绝缘性好、耐腐蚀性好、导热系数小、易老化、易燃、耐热性低、刚度小。

42.【答案】AB

43.【答案】BCD

【解析】焊条由药皮和焊芯两部分组成。药皮具有机械保护作用，药皮促进氧化物还原，保证焊缝质量，弥补合金元素烧损，提高焊缝金属的力学性能，改善焊接工艺性能，稳定电弧，减少飞溅，使焊缝成型好、易脱渣和熔敷效率高。保证焊接金属获得具有合乎要求的化学成分和力学性能，使焊条具有良好的焊接工艺性能。

焊芯作用是传导电流，将电弧电能转化为热能，焊芯本身熔化为填充金属与母材熔合形成焊缝。

44.【答案】ABD

【解析】球阀在管道上主要用于切断、分配和改变介质流动方向，设计成 V 形开口的球阀还具有良好的流量调节功能。球阀具有结构紧凑、密封性能好、结构简单、体积较小、重量轻、材料耗用少、安装尺寸小、驱动力矩小、操作简便、易实现快速启闭和维修方便等特点。选用特点：适用于水、溶剂、酸和天然气等一般工作介质，而且还适用于工作条件恶劣的介质，如氧气、过氧化氢、甲烷和乙烯等，且特别适用于含纤维、微小固体颗粒等介质。

旋塞阀旋转 90°就全开或全关，热水龙头也属旋塞阀的一种。选用特点：结构简单，外形尺寸小，启闭迅速，操作方便，流体阻力小，便于制造三通或四通阀门，可作分配换向用。但密封面容易磨损，保持其严密性比较困难，开关力较大。此种阀门只适用于一般低压流体做开闭用，也不宜于做调节流量用。

45.【答案】CD

【解析】电力电缆和控制电缆的区分如下：

（1）电力电缆有铠装和无铠装的，控制电缆一般有编织的屏蔽层。

（2）电力电缆通常线径较粗，控制电缆截面一般不超过 10mm^2。

（3）电力电缆有铜芯和铝芯，控制电缆一般只有铜芯。

（4）电力电缆有高耐压的，所以绝缘层厚，控制电缆一般是低压的绝缘层相对要薄。

（5）电力电缆芯数少，一般少于 5，控制电缆一般芯数较多。

46.【答案】AB

【解析】等离子弧焊是一种不熔化极电弧焊。离子气为氩气、氮气、氦气或其中二者之混合气。等离子弧广泛应用于焊接、喷涂和堆焊。等离子弧焊与 TIG 焊相比具有以下特点：

（1）焊接速度快，生产率高。

（2）穿透能力强，在一定厚度范围内能获得锁孔效应，可一次行程完成 8mm 以下直边对接接头单面焊双面成型的焊缝，焊缝致密，成形美观。

（3）电弧挺直度和方向性好，可焊接薄壁结构（如 1mm 以下金属箔的焊接）。

（4）设备比较复杂、气体耗量大、费用较高，只宜于室内焊接。

47.【答案】BCD

48.【答案】BD

49.【答案】BC

【解析】电动机按结构及工作原理分类：可分为异步电动机和同步电动机。同步电动机还可分为永磁同步电动机、磁阻同步电动机和磁滞同步电动机。异步电动机可分为感应电动机和交流换向器电动机。感应电动机又分为三相异步电动机、单相异步电动机和罩极异步电动机。交流换向器电动机又分为单相串励电动机、交直流两用电动机和推斥电动机。

50.【答案】ACD

【解析】设备的耐压试验应采用液压试验，若采用气压试验代替液压试验时，必须符合下列规定：

（1）压力容器的对接焊缝进行 100%射线或超声检测并合格；

（2）非压力容器的对接焊缝进行 25%射线或超声检测，射线检测为Ⅲ级合格、超声检测为Ⅱ级合格；

（3）由单位技术总负责人批准的安全措施。

51.【答案】ABC

52.【答案】ABD

【解析】发承包双方应在合同约定的时间节点、工程形象目标节点或工程进度节点，按照《通用安装工程工程量计算标准》GB/T 50856—2024 相关规定进行工程计量。

53.【答案】ABC

54. 【答案】BCD

【解析】窒息灭火。在着火场所，可以通过灌注非助燃气体，如二氧化碳、氮气、蒸汽等，来降低空间的氧浓度，达到窒息灭火。此外，水喷雾灭火系统工作时，喷出的水滴吸收热气流热量而转化成蒸汽，当空气中水蒸气浓度达到35%时，燃烧即停止，这也是窒息灭火。

55. 【答案】AC

【解析】螺栓连接本身具有自锁性，可承受静荷载。

螺栓连接的防松装置包括：摩擦力防松装置（弹簧垫圈、对顶螺母、自锁螺母）。

56. 【答案】BC

【解析】省煤器通常由支承架、带法兰的铸铁翼片管、铸铁弯头或蛇形管等组成，安装在锅炉尾部烟管中。铸铁省煤器安装前逐根进行水压试验。

过热器是由进、出口联箱及许多蛇形管组装而成的，按照传热方式的不同，过热器可分为低温对流过热器、屏式过热器和高温辐射过热器。对流过热器大都垂直悬挂于锅炉尾部，辐射过热器多半装于锅炉的炉顶部或包覆于炉墙内壁上。过热器材料大多由具有良好耐高温强度性能的耐热合金钢制造。

57. 【答案】AB

【解析】末端试水装置以"组"计算，包括压力表、控制阀等附件安装。末端试水装置安装中不含连接管及排水管安装，其工程量并入消防管道。

58. 【答案】AB

【解析】对于喷淋系统水灭火管道、消火栓管道室内外界限的划分：室内外界限应以建筑物外墙皮 1.5m 为界，入口处设阀门者应以阀门为界；设在高层建筑物内消防泵间管道应以泵间外墙皮为界。与市政给水管道的界限：以与市政给水管道碰头点（井）为界。

59. 【答案】ABD

【解析】金属卤化物灯的特点：

（1）发光效率高，光色接近自然光。

（2）显色性好。

（3）电压突降会自灭，电压变化不宜超过额定值的±5%。

（4）应用中除要配专用变压器外，1kW 的钠铊铟灯还应配专用的触发器才能点燃。

60. 【答案】ABD

【解析】灯器具安装基本要求，一般规定：

（1）连接吊灯灯头的软线应做保护扣，两端芯线应搪锡压线；当采取螺口灯头时，相线应接于螺口灯头中间触点的端子上。

（2）绝缘铜芯导线的线芯截面面积不应小于 $1mm^2$。

（3）高低压配电设备、裸母线及电梯曳引机的正上方不应安装灯具。

（4）敞开式灯具的灯头对地面距离应大于 2.5m。

选做部分

共 40 题，分为两个专业组，考生可在两个专业组的 40 个试题中任选 20 题作答，按所答的前 20 题计分，每题 1.5 分。试题由单选和多选组成。错选，本题不得分；少选，所选的每个选项得 0.5 分。

一、(61~80 题)　管道和设备工程

61.【答案】C

【解析】 倒流防止器，也称防污隔断阀，是一种严格限定管道中的压力水只能单向流动的水力控制组合装置。连接方式有螺纹连接和法兰连接。安装技术要求：倒流防止器应安装在水平位置；安装后倒流防止器的阀体不应承受管道的重量；倒流防止器两端宜安装维修闸阀，进口前宜安装过滤器，至少一端应装有可挠性接头；泄水阀的排水口不应直接与排水管道固定连接，漏水斗下端面与地面距离不应小于 300mm。

62.【答案】ABC

【解析】 室外给水管网允许直接吸水时，吸水管上装阀门、止回阀和压力表，并应绕水泵设置装有阀门的旁通管。

每台水泵的出水管上应装设止回阀、阀门和压力表，并应设防水锤措施。

备用泵的容量与最大一台水泵相同。

63.【答案】AC

【解析】 室外供暖管道采用无缝钢管和钢板卷焊管，室内供暖管道采用焊接钢管或镀锌钢管。

钢管的连接可采用焊接、法兰连接和丝扣连接。

64.【答案】ABD

【解析】 供暖管道安装要求：

(1) 管径大于 32mm 宜采用焊接或法兰连接。

(2) 热水供暖和汽、水同向流动的蒸汽和凝结水管道，坡度一般为 3‰；汽、水逆向流动的蒸汽管道，坡度不得小于 5‰。

(3) 管道最高点安装排气装置，最低点安装泄水装置。

(4) 管道穿过墙或楼板，应设置填料套管。穿外墙或基础时，应加设防水套管。套管直径比管道直径大两号为宜。管道穿过厨房、卫生间等容易积水的房间楼板，应加设填料套管。

供回水干管的共用立管宜采用热镀锌钢管螺纹连接。一对共用立管每层连接的户数不宜大于三户。

65.【答案】ABC

【解析】 燃气压力大于 1.6MPa 但不大于 4.0MPa 的城镇燃气（不包括液态燃气）室外管道工程，采用钢管；当管道附件与管道采用焊接连接时，两者材质应相同或相近；管道附件不得采用螺旋焊缝钢管制作，严禁采用铸铁制作。压力不大于 1.6MPa 的室外燃气管道中压和低压燃气管道宜采用聚乙烯管、机械接口球墨铸铁管、钢管或钢骨架聚乙烯塑料复合管。塑料管多用于工作压力≤0.4MPa 的室外地下管道。

66. 【答案】C

【解析】燃气管在安装完毕、压力试验前应进行吹扫，吹扫介质为压缩空气，吹扫流速不宜低于 20m/s，吹扫压力不应大于工作压力。

室内燃气管道安装完毕后必须按规定进行强度和严密性试验，试验介质宜采用空气，严禁用水。

中压 B 级天然气管道全部焊缝需 100%超声波无损探伤，地下管 100%X 光拍片，地上管 30%X 光拍片（无法拍片部位除外）。

67. 【答案】A

【解析】锁闭阀可在供热计量系统中作为强制收费的管理手段，也可在常规供暖系统中利用其调节功能。当系统调试完毕即锁闭阀门，避免用户随意调节，维持系统正常运行。

调节阀调节流量、压力、温度。关断阀起开闭作用。

平衡阀是用于规模较大的供暖或空调水系统的水力平衡。平衡阀安装位置在建筑供暖和空调系统入口，干管分支环路或立管上。

68. 【答案】B

【解析】（1）密闭罩：有害物源全部密闭在罩内，从罩外吸入空气，使罩内保持负压。只需要较小的排风量就能对有害物进行有效控制。

（2）外部吸气罩：利用排风气流的作用，使有害物吸入罩内。

（3）接受式排风罩：生产过程或设备本身会产生或诱导一定的气流运动，如高温热源上部的对流气流等，把排风罩设在污染气流前方，有害物会随气流直接进入罩内。

（4）吹吸式排风罩：是利用射流能量密集、速度衰减慢，而吸气气流速度衰减快的特点，使有害物得到有效控制。它具有风量小，控制效果好，抗干扰能力强，不影响工艺操作等特点。

69. 【答案】D

【解析】（1）旋风除尘器：是利用离心力从气流中除去尘粒的设备。

（2）湿式除尘器：除尘器结构简单，投资低，占地面积小，除尘效率高，能同时进行有害气体的净化，但不能干法回收物料，泥浆处理比较困难，有时要设置专门的废水处理系统。

（3）过滤式除尘器：可分为袋式除尘器、颗粒层除尘器、空气过滤器三种类型。过滤式除尘器属高效过滤设备，应用非常广泛。

（4）静电除尘器：除尘效率高、耐温性能好、压力损失低；但一次投资高，钢材消耗多、要求较高的制造安装精度。

70. 【答案】B

【解析】（1）阻性消声器：是利用敷设在气流通道内的多孔吸声材料来吸收声能，降低沿通道传播的噪声。具有良好的中、高频消声性能。

（2）抗性消声器：利用声波通道截面的突变（扩张或收缩）达到消声的目的，具有良好的低频或低中频消声性能。

（3）扩散消声器：器壁上设许多小孔，气流经小孔喷射后，通过降压减速，达到消声目的。

（4）缓冲式消声器：利用多孔管和腔室阻抗作用，将脉冲流转化为平滑流。

（5）干涉型消声器：利用波在传播过程中，相波相互削弱或完全抵消，达到消声目的。

（6）阻抗复合消声器：对低、中、高整个频段内的噪声均可获得较好的消声效果。

71.【答案】CD

【解析】镀锌钢板及含有各类复合保护层的钢板应采用咬口连接或铆接，不得采用焊接连接。

72.【答案】A

【解析】夹套管由内管（主管）和外管组成。材质采用碳钢或不锈钢，内管输送的介质为工艺物料，外管的介质为蒸汽、热水、冷媒或联苯热载体等。

73.【答案】A

【解析】（1）不锈钢宜采用机械和等离子切割机等进行切割。应使用不锈钢专用砂轮片，不得使用切割碳素钢管的砂轮。

（2）不锈钢管坡口宜采用机械、等离子切割机、砂轮机等制作。

（3）不锈钢管焊接一般可采用手工电弧焊及氩弧焊。薄壁管可采用钨极惰性气体保护焊，壁厚大于 3mm 时，应采用氩电联焊。

（4）不锈钢管道焊接时，在焊口两侧各 100mm 范围内，采取防护措施，如用非金属片遮住或涂白垩粉。

（5）不锈钢管组对时，采用螺栓连接形式。严禁将碳素钢卡具焊接在不锈钢管口上用来对口。

74.【答案】CD

【解析】衬胶管与管件的基体一般为碳钢、铸铁，要求表面平整，无砂眼、气孔等缺陷，大多采用无缝钢管。

（1）管道焊接应采用对焊。

（2）现场加工的钢制弯管，弯曲角度不应大于 90°，弯曲半径不小于管外径的 4 倍，且只允许一个平面弯。

（3）管段及管件的机械加工，焊接、热处理等应在衬里前进行完毕，并经预装、编号、试压及检验合格。

75.【答案】BC

【解析】高压管子探伤的焊口数量应符合以下要求：

（1）若采用 X 射线透视，转动平焊抽查 20%，固定焊 100% 透视。

（2）若采用超声波探伤，100% 检查。

（3）探伤不合格的焊缝允许返修，每道焊缝的返修次数不得超过一次。

76.【答案】B

【解析】金属油罐罐底焊接完毕后，通常用真空箱试验法或化学试验法进行严密性试验，罐壁严密性试验一般采用煤油试漏法，罐顶则一般利用煤油试漏或压缩空气试验法以检查其焊缝的严密性。

77.【答案】 BC

【解析】 低压湿式气柜构造简单，易于施工，但是其煤气压力波动大，土建基础费用高，冬季耗能大，检修时产生大量污水，寿命只有约 10 年。

低压干式气柜基础费用低，占地少，运行管理和维修方便，维修费用低，无大量污水产生，煤气压力稳定，寿命可长达 30 年。大容量干式气柜在技术与经济两方面均优于湿式气柜。低压干式气柜内部有活塞。

高压气柜贮存压力最大约 16MPa。高压气柜没有内部活动部件，结构简单。按其贮存压力变化而改变其贮存量。

78.【答案】 ABC

【解析】 静置设备安装——整体塔器安装其工作内容包括：①塔器安装；②吊耳制作、安装；③塔盘安装；④设备填充；⑤压力试验；⑥清洗、脱脂、钝化；⑦灌浆。

79.【答案】 AD

【解析】 （1）铝及铝合金管子与支架之间须垫毛毡、橡胶板、软塑料等进行隔离。

（2）管道保温时，不得使用石棉绳、石棉板、玻璃棉等带有碱性的材料，应选用中性保温材料。

80.【答案】 BC

【解析】 高压管件一般采用高压钢管焊制、弯制和缩制。

焊接三通由高压无缝钢管焊制而成。

高压管道的弯头和异径管，可在施工现场用高压管子弯制和缩制。

二、（81～100 题）电气和自动化控制工程

81.【答案】 C

【解析】 RT0 低压熔断器，具有较强的灭弧能力，有限流作用。熔体还具有"锡桥"，利用"冶金效应"可使熔体在较小的短路电流和过负荷时熔断。

82.【答案】 B

【解析】 万能式低压断路器，又称框架式自动开关。它主要用于低压配电装置的主控制开关。

低压熔断器，用于低压系统中设备及线路的过载和短路保护。

低压配电箱，按用途分为动力配电箱和照明配电箱。动力配电箱主要用于对动力设备配电，也可以兼向照明设备配电。照明配电箱主要用于照明配电，也可以给一些小容量的单相动力设备包括家用电器配电。

83.【答案】 BCD

【解析】 （1）在三相四线制系统，必须采用四芯电力电缆，不应采用三芯电缆另加一根单芯电缆或电缆金属护套等作中性线的方式。

（2）并联运行的电力电缆，应采用相同型号、规格及长度的电缆。

（3）电缆敷设时，在电缆终端头与电源接头附近均应留有备用长度，以便在故障时提供检修。直埋电缆应在全长上留少量裕度，并作波浪形敷设，以补偿运行时因热胀冷缩而引起的长度变化。

84.【答案】 BC

【解析】电缆在室外直接埋地敷设。埋设深度不应小于 0.7m，经过农田的电缆埋设深度不应小于 1m，埋地敷设的电缆必须是铠装并且有防腐保护层，裸钢带铠装电缆不允许埋地敷设。

直埋电缆在直线段每隔 50~100m 处、电缆接头处、转弯处、进入建筑物等处应设置明显的方位标志或标桩。

电缆穿导管敷设，要求管道的内径等于电缆外径的 1.5~2 倍，管子的两端应做喇叭口。交流单芯电缆不得单独穿入钢管内，敷设电缆管时应有 0.1% 的排水坡度。

85.【答案】C

【解析】（1）绝缘电阻测试能有效地反映绝缘的整体受潮、污秽以及严重过热老化等缺陷。

（2）泄漏电流的测试和绝缘电阻本质上没有多大区别，但是泄漏电流的测量有如下特点：

1）试验电压比兆欧表高得多，能发现一些尚未贯通的集中性缺陷；

2）有助于分析绝缘的缺陷类型；

3）泄漏电流测量用的微安表要比兆欧表精度高。

（3）直流耐压试验与交流耐压试验相比，具有试验设备轻便、对绝缘损伤小和易于发现设备的局部缺陷等优点。

（4）交流耐压试验，能有效地发现较危险的集中性缺陷，是鉴定电气设备绝缘强度最直接的方法。

86.【答案】D

【解析】架空线路的敷设，架空导线间距不小于 300mm，靠近混凝土杆的两根架空导线间距不小于 500mm。上下两层横担间距：直线杆时为 600mm；转角杆时为 300mm。广播线、通信电缆与电力同杆架设时，应在电力线下方，二者垂直距离不小于 1.5m。

87.【答案】D

【解析】比例积分微分调节（PID），发生偏差时，调节器输出信号不仅与输入偏差信号大小有关，与偏差存在时间长短有关，还与偏差变化的速度有关。PID 调节用在惯性滞后大的场合，如温度测量。

88.【答案】A

【解析】（1）测量液位的仪表：玻璃管（板）式、称重式、浮力式（浮筒、浮球、浮标）、静压式（压力式、差压式）、电容式、电阻式、超声波式、放射性式、激光式及微波式等。

（2）测量界位的仪表：浮力式、差压式、电极式和超声波式等。

（3）测量料位的仪表：重锤探测式、音叉式、超声波式、激光式、放射性式等。

总结：液位、料位、界面三种均能测的是超声波式；测量界位的仪表独有的是电极式；测量料位独有的仪表是重锤探测式、音叉式。

89.【答案】C

【解析】（1）水管压力传感器不宜在焊缝及其边缘上开孔和焊接安装。水管压力传感器的开孔与焊接应在工艺管道安装时同时进行。必须在工艺管道的防腐和试压前进行。

（2）水管压力传感器宜选在管道直管部分，不宜选在管道弯头、阀门等阻力部件的附近，水流流束死角和振动较大的位置。

（3）水管压力传感器应加接缓冲弯管和截止阀。

90.【答案】A

【解析】（1）电磁流量计应安装在直管段。

（2）流量计的前端应有长度为 $10D$ 的直管段，流量计的后端应有长度为 $5D$ 的直管段。

（3）传感器前后的管道中，安装有阀门和弯头等影响流量平稳的设备，则直管段的长度还需相应增加。

（4）系统如有流量调节阀，电磁流量计应安装在流量调节阀的前端。

91.【答案】ABD

【解析】集散型控制系统由集中管理部分、分散控制部分和通信部分组成。分散控制部分用于对现场设备的运行状态、参数进行监测和控制。

92.【答案】ACD

【解析】路由器必须具有如下的安全特性：可靠性与线路安全、身份认证、访问控制、信息隐藏、数据加密、攻击探测和防范。

93.【答案】B

【解析】有线电视信号的传输分为有线传输和无线传输。有线传输常用同轴电缆和光缆为介质。无线传输有多频道微波分配系统和调幅微波链路。闭路电视系统中大量使用同轴电缆作为传输介质。光缆传输电视信号具有传输损耗小、频带宽、传输容量大、频率特性好、抗干扰能力强、安全可靠等优点，是有线电视信号传输技术手段的发展方向。

94.【答案】BC

【解析】（1）建筑物内普通用户线宜采用铜芯 0.5mm 或 0.6mm 线径的对绞用户线，亦可采用铜芯 0.5mm 线径的平行用户线。

（2）电话线路保护管，最小标称管径不小于 15mm，最大不大于 25mm。一根保护管最多布放 6 对电话线。

（3）暗装墙内的电话分线箱安装高度宜为底边距地面 0.5～1.0m。

（4）电话出线盒的安装高度，底边距地面宜为 0.3m。

95.【答案】D

【解析】（1）光缆接续按设计图示数量以"头"计算；光缆成端接头按设计图示数量以"芯"计算；光缆中继段测试按设计图示数量以"中继段"计算；电缆芯线接续、改接按设计图示数量以"百对"计算。

（2）堵塞成端套管等按设计图示数量以"个"计算；电缆全程测试按设计图示数量以"百对"计算。

96.【答案】AC

【解析】台式机工作站中通常选用 PCI 或者 USB 接口的无线局域网网卡，对于笔记本用户可以选择 PCMCIA 和 USB 两种接口类型的无线局域网网卡。

97.【答案】CD

【解析】可视电话属于语音处理设备。

传真机属于图形图像处理设备。

办公自动化使用的数据传输及通信设备，包括调制解调器、长距离数据收发器、通信控制器、公用电话交换网、局域网、专用自动交换机、综合业务数字网（ISDN）和公用分组交换网等。

98.【答案】A

【解析】从建筑群配线架到各建筑物配线架属于建筑物干线布线子系统。建筑群干线子系统宜采用光缆，语音传输有时也可以选用大对数电缆。

99.【答案】D

【解析】楼层配线间交接设备主要是配线架，配线架又可分为电缆配线架和光缆配线架（箱）。

光缆配线架（箱）类型有：LGX 光纤配线架、组合式可滑动配线架、光纤接续箱等。

电缆配线架类型有：模块化系列配线架和 110 系列配线架。110 系列配线架分为夹接式（A 型）和插接式（P 型）。110A 系统配线架可以应用于所有场合，特别适于信息插座比较多的建筑物。

100.【答案】D

【解析】配线架、跳线架、信息插座、光纤盒以"个（块）"计算；光纤连接以"芯（端口）"计算；光缆终端盒以"个"计算；线管理器、跳块以"个"计算；双绞线测试、光纤测试以"链路（点、芯）"计算。

模拟题五答案与解析

一、单项选择题（共 40 题，每题 1 分。每题的备选项中，只有 1 个最符合题意）

1. 【答案】A

2. 【答案】C

【解析】镍及镍合金可用于高温、高压、高浓度或混有不纯物等各种苛刻腐蚀环境。镍力学性能良好，尤其塑性、韧性优良，能适应多种腐蚀环境。广泛应用于化工、制碱等行业中的压力容器、换热器、塔器、冷凝器等。

钛及钛合金只在 540℃ 以下使用；钛具有良好的低温性能；常温下钛具有极好的抗蚀性能，在硝酸和碱溶液等介质中十分稳定。但在任何浓度的氢氟酸中均能迅速溶解。钛管价格昂贵，焊接难度大。

镁及镁合金的比强度和比刚度可以与合金结构钢相媲美，镁合金能承受较大的冲击、振动荷载，并有良好的机械加工性能和抛光性能。其缺点是耐腐蚀性较差、缺口敏感性大及熔铸工艺复杂。

3. 【答案】C

【解析】聚苯乙烯制品具有极高的透明度，电绝缘性能好，刚性好及耐化学腐蚀。但性脆、冲击强度低、易出现应力开裂、耐热性差及不耐沸水等。聚苯乙烯泡沫塑料是目前使用最多的一种缓冲材料。它具有闭孔结构，吸水性小，有优良的抗水性；密度小，机械强度好，缓冲性能优异；加工性好，易于模塑成型；着色性好，温度适应性强，抗放射性优异等优点，在外墙保温中占有率很高。但燃烧时会放出污染环境的苯乙烯气体。

4. 【答案】C

【解析】电力电缆是用于传输和分配电能的一种电缆。

控制电缆用于远距离操作、控制、信号及保护测量回路。作为各类电气仪表及自动化仪表装置之间的连接线，起着传递各种电气信号、保障系统安全、可靠运行的作用。

综合布线电缆用于传输语言、数据、影像和其他信息的标准结构化布线系统，实现高速率数据的传输要求。综合布线系统使语言和数据通信设备、交换设备和其他信息管理设备彼此连接。综合布线系统使用的传输媒体有各种大对数铜缆和各类非屏蔽双绞线及屏蔽双绞线。

母线是各级电压配电装置中的中间环节，它的作用是汇集、分配和传输电能。

5. 【答案】B

【解析】

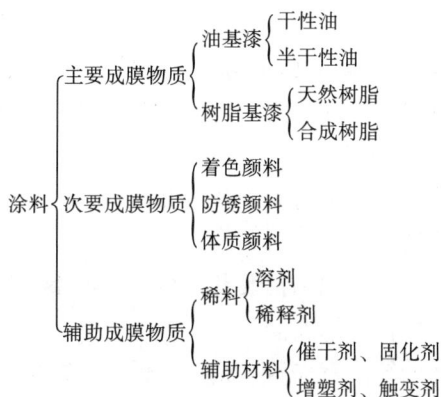

```
        ┌ 主要成膜物质 ┤ 油基漆 ┤ 干性油
        │           │       └ 半干性油
        │           └ 树脂基漆 ┤ 天然树脂
        │                     └ 合成树脂
        │           ┌ 着色颜料
   涂料 ┤ 次要成膜物质 ┤ 防锈颜料
        │           └ 体质颜料
        │           ┌ 稀料 ┤ 溶剂
        └ 辅助成膜物质 ┤    └ 稀释剂
                    └ 辅助材料 ┤ 催干剂、固化剂
                              └ 增塑剂、触变剂
```
涂料的基本组成

6. **【答案】** D

7. **【答案】** D

【解析】 管筒式防火套管，一般适合保护较短或较平直的管线，电缆保护、汽车线束、发电机组中常用，安装后牢靠，不易拆卸，密封、绝缘、隔热、防潮的效果较好。

缠绕式防火套管，主要用于阀门、弯曲管道等不规则被保护物的高温防护，缠绕方便，也适用于户外高温管道，如天然气管道、暖气管道等，起到保温、隔热作用，减少热量损失。

搭扣式防火套管，优点在于拆装方便，安装时不需要停用设备，拆开缆线，只需将套管从中间黏合即可起到密封绝缘的作用，不影响设备生产而且节省安装时间。大型冶炼设备中常用，金属高温软管中也有使用。

8. **【答案】** B

【解析】 截止阀，不适用于带颗粒和黏性较大的介质。

止回阀，一般适用于清洁介质，对于带固体颗粒和黏性较大的介质不适用。

球阀，在管道上主要用于切断、分配和改变介质流动方向，适用于水、溶剂、酸和天然气等一般工作介质，而且还适用于工作条件恶劣的介质，如氧气、过氧化氢、甲烷和乙烯等，且特别适用于含纤维、微小固体颗料等介质。

节流阀，不适用于黏度大和含有固体悬浮物颗粒的介质。

9. **【答案】** D

【解析】 穿刺分支电缆可以在现场带电安装，不需要使用终端箱、分线箱。

10. **【答案】** D

【解析】 有线传输常用双绞线、同轴电缆和光缆为介质。其中双绞线和同轴电缆传输电信号，光缆传输光信号。

通信电缆是指传输电话、电报、传真文件、电视和广播节目、数据和其他电信号的电缆。由一对以上相互绝缘的导线绞合而成。通信电缆具有传输损耗小、频带宽、传输容量大、保密性好、少受自然条件和外部干扰影响等优点。

双绞线（双绞电缆）扭绞的目的是使对外的电磁辐射和遭受外部的电磁干扰减少到最小。

11. 【答案】C

【解析】利用碳弧气割可在金属上加工沟槽。碳弧气割的适用范围及特点为：

（1）在清除焊缝缺陷和清理焊根时，能清楚地观察到缺陷的形状和深度，生产效率高。

（2）可用来加工焊缝坡口，特别适用于开 U 形坡口。

（3）使用方便，操作灵活。

（4）可加工铸铁、高合金钢、铜和铝及其合金等，但不得切割不锈钢。

（5）设备、工具简单，操作使用安全。

（6）碳弧气割可能产生的缺陷有夹碳、粘渣、铜斑、割槽尺寸和形状不规则等。

12. 【答案】A

【解析】

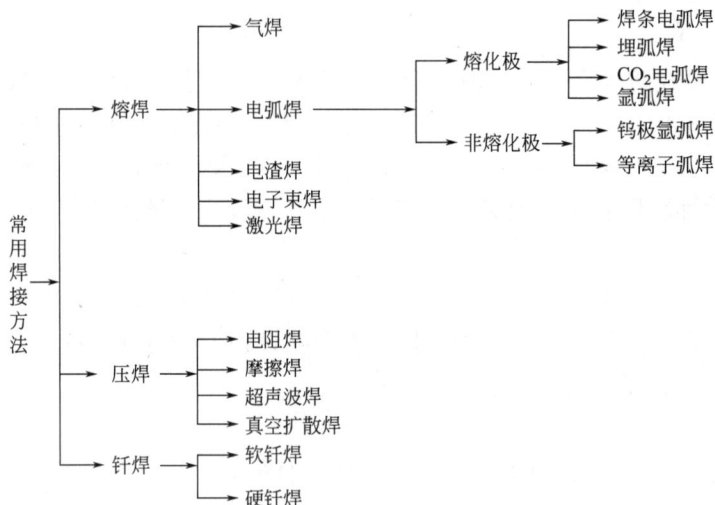

焊接方法的分类

13. 【答案】D

【解析】电渣焊总是以立焊方式进行，不能平焊。对熔池的保护作用比埋弧焊更强。电渣焊的焊接效率比埋弧焊高，焊接时坡口准备简单，热影响区比电弧焊宽得多，机械性能下降，故焊后一般要进行热处理（通常用正火），以改善组织和性能。电渣焊主要应用于 30mm 以上的厚件，特别适用于重型机械制造业，如轧钢机、水轮机、水压机及其他大型锻压机械。电渣焊可进行大面积堆焊和补焊。

14. 【答案】B

【解析】基本型坡口主要有 I 形、V 形、单边 V 形、U 形、J 形坡口等。

组合型坡口，名称与字母有关，但又不是基本型坡口。

特殊型坡口，名称与字母无关。

15. 【答案】D

【解析】衬铅一般采用搪钉固定法、螺栓固定法和压板条固定法。

衬铅的施工方法比搪铅简单，生产周期短，相对成本也低，适用于立面、静荷载和正压下工作；搪铅与设备器壁之间结合均匀且牢固，没有间隙，传热性好，适用于负压、回转运动和振动下工作。

16. 【答案】B

【解析】由内到外，保冷结构由防腐层、保冷层、防潮层、保护层组成。

保温绝热结构由防腐层、保温层、保护层组成。与保冷结构不同的是，保温结构通常只有在潮湿环境或埋地状况下才需增设防潮层。

17. 【答案】B

【解析】汽车起重机具有汽车的行驶通过性能，机动性强，行驶速度高，可以快速转移，特别适应于流动性大、不固定的作业场所。吊装时，靠支腿将起重机支撑在地面上。不可在360°范围内进行吊装作业，对基础要求也较高。

轮胎起重机行驶速度低于汽车式，高于履带式；可吊重慢速行驶，稳定性能较好，车身短，转弯半径小，可以全回转作业，适宜于作业地点相对固定而作业量较大的场合。

履带起重机是自行式、全回转的一种起重机械。一般大吨位起重机较多采用履带起重机。其对基础的要求也相对较低，在一般平整坚实的场地上可以荷载行驶作业。但其行走速度较慢。适用于没有道路的工地、野外等场所。除起重作业外，在臂架上还可装打桩、抓斗、拉铲等工作装置，一机多用。

18. 【答案】B

【解析】隔离灭火将可燃物与氧气、火焰隔离，就可以中止燃烧，扑灭火灾。例如，自动喷水—泡沫联用系统在喷水的同时喷出泡沫，泡沫覆盖于燃烧液体或固体的表面，在发挥冷却作用的同时，将可燃物与空气隔开，从而可以灭火。

19. 【答案】A

【解析】脱脂剂可采用四氯化碳、精馏酒精、三氯乙烯和二氯乙烷等作为脱脂用的溶剂。

对有明显油渍或锈蚀严重的管子进行脱脂时，应先采用蒸汽吹扫、喷砂或其他方法清除油渍和锈蚀后，再进行脱脂。

脱脂后应及时将脱脂件内部的残液排净，并应用清洁、无油压缩空气或氮气吹干，不得采用自然蒸发的方法清除残液。当脱脂件允许时，可采用清洁无油的蒸汽将脱脂残液吹除干净。

有防锈要求的脱脂件经脱脂处理后，宜采取充氮封存或采用气相防锈纸、气相防锈塑料薄膜等措施进行密封保护。

20. 【答案】B

【解析】（1）当进行管道化学清洗时，应将无关设备及管道进行隔离。

（2）管道酸洗钝化应按脱脂、酸洗、水洗、钝化、水洗、无油压缩空气吹干的顺序进行。当采用循环方式进行酸洗时，管道系统应预先进行空气试漏或液压试漏检验合格。

（3）化学清洗后的管道以内壁呈金属光泽为合格。

（4）对不能及时投入运行的化学清洗合格的管道，应采取封闭或充氮保护措施。

21.【答案】D

【解析】钝化，指在经酸洗后的设备和管道内壁金属表面上用化学的方法进行流动清洗或浸泡清洗，以形成一层致密的氧化铁保护膜的过程。

预膜，即化学转化膜。特别是酸洗和钝化合格后的管道，可利用预膜的方法加以防护。其防护功能主要是依靠降低金属本身的化学活性来提高它在环境介质中的稳定性。此外，也依靠金属表面上的转化产物对环境介质的隔离而起到防护作用。

22.【答案】D

【解析】管道压力试验包括：液压试验、气压试验、泄漏性试验、管道真空度试验。

设备压力试验包括：液压试验、气压试验、气密性试验。

23.【答案】C

24.【答案】C

【解析】汇总工程量时，其精确度取值：以"m""m²""m³""kg"为单位，应保留小数点后两位数字；以"t"为单位，应保留小数点后三位数字；以"个""件""根""组""系统"为单位，应取整数。

25.【答案】C

【解析】调速电梯：启动时采用开环，减速时采用闭环。

调压调速电梯：启动时采用闭环，减速时也采用闭环。

调频调压调速电梯（VVVF驱动的电梯）：性能优越、安全可靠、速度可达6m/s。交流电动机低速范围为有齿轮减速器式；高速范围为无齿轮减速器式。近年来，无齿轮减速器式正逐渐覆盖低速范围，矢量VVVF调速电梯使用较广。

蜗杆蜗轮式减速器为有齿轮减速器的电梯，运行速度2.5m/s以下。

26.【答案】C

【解析】每台电梯均具有用于轿厢和对重装置的两组至少4列导轨。

每根导轨上至少应设置2个导轨架，各导轨架之间的间隔距离应不大于2.5m。

安装导轨架之间的距离一般为1.5~2m，但上端最后一个导轨架与机房楼板的距离不得大于500mm。导轨架的位置必须让开导轨接头，让开的距离必须在200mm以上。每根导轨应有2个以上导轨架。

27.【答案】D

【解析】轴流泵输送的液体沿泵轴方向流动，适用于低扬程大流量送水。

往复泵与离心泵相比，有扬程无限高、流量与排出压力无关、具有自吸能力的特点，但缺点是流量不均匀。

齿轮泵，属于回转泵。一般适用于输送具有润滑性能的液体，主要是作为辅助油泵。

螺杆泵，属于回转泵。主要特点是液体沿轴向移动，流量连续均匀，脉动小，流量随压力变化也很小，运转时无振动和噪声，泵的转数可高达18000r/min，能够输送黏度变化范围大的液体。

28.【答案】C

【解析】按产生压力的高低分类。分为：通风机（排出气体压力≤14.7kPa）、鼓风机

（14.7kPa<排出气体压力≤350kPa）、压缩机（排出气体压力>350kPa）。

离心式通风机按输送气体压力可分为低、中、高压三种。

低压离心式通风机≤0.98kPa；

0.98kPa<中压离心式通风机≤2.94kPa；

2.94kPa<高压离心式通风机≤14.7kPa。

29.【答案】B

【解析】（1）中压锅炉本体安装：

1）汽包以"台"为计量单位。

2）回转式空气预热器以"台"为计量单位。

3）管式空气预热器以"台"为计量单位。

（2）中压锅炉其他辅助设备安装：

1）扩容器、消音器以"台"为计量单位。

2）暖风器以"只"为计量单位。

30.【答案】D

【解析】煤气发生设备包括煤气发生炉、煤气洗涤塔、电气滤清器、竖管和煤气发生附属设备五部分。

煤气发生附属设备包括旋风除尘器、焦油分离机、盘形阀、隔离水封、钟罩阀、余热锅炉、捕滴器、煤气排送机等。

31.【答案】B

【解析】烘炉前，锅炉本体要经过水压试验；烘炉可采用火焰或蒸汽。有水冷壁的各种类型的锅炉宜采用蒸汽烘炉。烘炉一般为14~15d，整体安装的锅炉，烘炉宜为2~4d。

烘炉烟气温升应在过热器后或相当位置进行测定；其温升应符合下列要求：

重型炉墙第一天温升不宜大于50℃，以后温升不宜大于20℃/d，后期烟温不应大于220℃。

锅炉经烘炉和煮炉后进行严密性试验。

32.【答案】B

【解析】旋风除尘器结构简单、处理烟气量大、没有运动部件、造价低、维护管理方便，除尘效率一般可达85%左右，是工业锅炉烟气净化中应用最广泛的除尘设备。

麻石水膜除尘器除尘效率可以达到98%以上。

旋风水膜除尘器适合处理烟气量大和含尘浓度高的场合。

供热锅炉房多采用旋风除尘器。对于往复炉排、链条炉排等层燃式锅炉，一般采用单级旋风除尘器。对抛煤机炉、煤粉炉、沸腾炉等室燃炉锅炉，一般采用二级旋风除尘器；当采用干法旋风除尘达不到烟尘排放标准时，可采用湿式除尘。

33.【答案】A

【解析】石灰石（石灰）—石膏湿法在湿法烟气脱硫领域得到广泛应用。该工艺特点是：吸收剂价廉易得，且脱硫效率、吸收剂利用率高，能适应高浓度 SO_2 烟气条件，钙硫比低，脱硫石膏可以综合利用等。

缺点是基建投资费用高、水消耗大、脱硫废水具有腐蚀性等。

34.【答案】C

【解析】普通灯具的计量单位是"套"。

35.【答案】B

【解析】干粉灭火系统适用于灭火前可切断气源的气体火灾，易燃、可燃液体和可熔化固体火灾，可燃固体表面火灾。它造价低，占地小，不冻结，对于无水及寒冷的北方尤为适宜。

干粉灭火系统不适用于火灾中产生含有氧的化学物质，如硝酸纤维、可燃金属及其氢化物、可燃固体深位火灾、带电设备火灾。

36.【答案】C

【解析】（1）泡沫炮系统适用于甲、乙、丙类液体、固体可燃物火灾现场。

（2）干粉炮系统适用于液化石油气、天然气等可燃气体火灾现场。

（3）水炮系统适用于一般固体可燃物火灾现场。

（4）水炮系统和泡沫炮系统不得用于扑救遇水发生化学反应而引起燃烧、爆炸等物质的火灾。

37.【答案】A

【解析】（1）同一交流回路的绝缘导线不应穿于不同金属导管或敷设于不同的金属槽盒内。

（2）除设计要求以外，不同回路、不同电压等级和交流与直流线路的绝缘导线不应穿入同一导管内。

（3）槽盒内敷线应符合下列规定：

1）同一槽盒内不宜同时敷设绝缘导线和电缆。

2）同一路径无防干扰要求的线路，可敷设于同一槽盒内；槽盒内的绝缘导线总截面面积（包括外护套）不应超过槽盒内截面面积的40%，且载流导体不宜超过30根。

3）当控制和信号等非电力线路敷设于同一槽盒内时，绝缘导线的总截面面积不应超过槽盒内截面面积的50%。

38.【答案】C

【解析】喷水室和表面式换热器都能对空气进行减湿处理。此外，减湿方法还有升温通风、冷冻减湿机减湿法、固体吸湿剂法和液体吸湿剂法。固体吸湿剂除湿原理是空气经过吸湿材料的表面或孔隙，空气中的水分被吸附，常用的固体吸湿剂是硅胶和氯化钙。

39.【答案】B

【解析】

单芯导线管选择表

线芯截面	焊接钢管（管内导线根数）									电线管（管内导线根数）									线芯截面
（mm²）	2	3	4	5	6	7	8	9	10	10	9	8	7	6	5	4	3	2	（mm²）
1.5		15			20			25				32				25		20		1.5

续表

线芯截面 （mm²）	焊接钢管（管内导线根数）									电线管（管内导线根数）									线芯截面 （mm²）
	2	3	4	5	6	7	8	9	10	10	9	8	7	6	5	4	3	2	
2.5	15		20		25					32			25			20			2.5
4	15		20		25		32			32			25			20			4
6		20		25		32			40			32			25		20		6
10	20	25		32		40		50				40			32		25		10

40. 【答案】B

【解析】（1）用砂轮机切割配管是目前先进、有效的切割方法，切割速度快、功效高、质量好。禁止使用气焊切割。

（2）配管管子煨弯，DN25 以下的钢管可以用弯管器煨弯。DN70mm 以下的管子可用电动弯管机煨弯，DN70mm 以上的管子采用热煨。热煨管煨弯角度不应小于 90°。弯曲半径应符合下列规定：明设管弯曲半径不宜小于管外径的 6 倍，当两个接线盒间只有一个弯曲时，其弯曲半径不宜小于管外径的 4 倍。暗配管当埋设于混凝土内时，其弯曲半径不应小于管外径的 6 倍；当埋设于地下时，其弯曲半径不应小于外径的 10 倍。

二、多项选择题（共 20 题，每题 1.5 分。每题的备选项中，有 2 个或 2 个以上符合题意，至少有 1 个错项。错选，本题不得分；少选，所选的每个选项得 0.5 分）

41. 【答案】ABC

【解析】耐火混凝土与普通耐火砖比较，具有施工简便、价廉、炉衬整体密封性强等优点，但强度较低。

42. 【答案】ABD

【解析】灭火的基本方法有冷却灭火、隔离灭火、窒息灭火和化学抑制灭火。

43. 【答案】AB

【解析】（1）酸性焊条，其熔渣的成分主要是酸性氧化物（SiO_2、TiO_2、Fe_2O_3）。酸性焊条药皮中含有多种氧化物，具有较强的氧化性，促使合金元素氧化；酸性焊条对铁锈、水分不敏感，焊缝很少产生氢气孔。但酸性熔渣脱氧不完全，也不能有效地清除焊缝的硫、磷等杂质，故焊缝金属的力学性能较低，一般用于焊接低碳钢和不太重要的碳钢结构。

（2）碱性焊条，其熔渣的主要成分是碱性氧化物（如大理石、萤石等）。焊条的脱氧性能好，合金元素烧损少，焊缝金属合金化效果较好。遇焊件或焊条存在铁锈和水分时，容易出现氢气孔。碱性焊条的熔渣脱氧较完全，又能有效地消除焊缝金属中的硫，合金元素烧损少，所以焊缝金属的力学性能和抗裂性均较好，可用于合金钢和重要碳钢结构的焊接。

44. 【答案】CD

45. 【答案】BCD

【解析】有线传输中的接续设备是系统中各种连接硬件的统称，包括连接器、连接模块、配线架、管理器等。

综合布线系统的部件包括传输媒介、连接件、信息插座等。

46.【答案】AB

【解析】渗透探伤包括渗透、清洗、显像和检查四个基本步骤。渗透探伤的优点是不受被检试件几何形状、尺寸大小、化学成分和内部组织结构、缺陷方位的限制，一次操作可同时检验开口于表面中所有缺陷；检验的速度快，大量的零件可以同时进行批量检验，缺陷显示直观，检验灵敏度高，操作简单，不需要复杂设备，费用低廉，能发现宽度 $1\mu m$ 以下的缺陷。能检查出裂纹、夹杂、疏松、折叠、气孔等缺陷；对于结构疏松及多孔性材料不适用。最主要的限制是只能检出试件开口于表面的缺陷，且不能显示缺陷的深度及缺陷内部的形状和大小。

47.【答案】BC

【解析】（1）硬质绝热制品金属保护层纵缝可咬接。半硬质或软质的绝热制品金属保护层纵缝可插接或搭接。插接缝可用自攻螺钉或抽芯铆钉连接，而搭接缝只能用抽芯铆钉连接，钉间距 200mm。

（2）金属保护层的环缝，可采用搭接或插接。水平管道环缝上一般不使用螺钉或铆钉固定。

（3）保冷结构的金属保护层接缝宜用咬合或钢带捆扎结构。

（4）铝箔玻璃钢板保护层的纵缝，不得使用自攻螺钉固定。可同时用带垫片抽芯铆钉和玻璃钢打包带捆扎进行固定。保冷结构的保护层，不得使用铆钉进行固定。

（5）对水易渗进绝热层的部位应用玛蹄脂或胶泥严缝。

48.【答案】BCD

49.【答案】ACD

【解析】油清洗方法适用于大型机械的润滑油、密封油等管道系统的清洗。油清洗应在酸洗合格后、系统试运行前进行。不锈钢油系统管道宜采用蒸汽吹净后再进行油清洗。

（1）油清洗应采用系统内循环方式进行，每 8h 应在 40~70℃内反复升降油温 2~3 次。

（2）管道油清洗后用过滤网检验。

（3）油清洗合格的管道，应采取封闭或充氮保护措施。

50.【答案】AB

【解析】等离子弧焊是一种不熔化极电弧焊。离子气为氩气、氮气、氦气或其中二者之混合气。等离子弧广泛应用于焊接、喷涂和堆焊。等离子弧焊与 TIG 焊相比有以下特点：

（1）焊接速度快，生产率高。

（2）穿透能力强，在一定厚度范围内能获得锁孔效应，可一次行程完成 8mm 以下直边对接接头单面焊双面成型的焊缝。焊缝致密，成形美观。

（3）电弧挺直度和方向性好，可焊接薄壁结构（如 1mm 以下金属箔的焊接）。

（4）设备比较复杂、气体耗量大、费用较高，只宜于室内焊接。

51.【答案】BC

【解析】如 030801001 低压碳钢管，项目特征有：材质、规格、连接形式、焊接方法、压力试验、吹扫与清洗设计要求、脱脂设计要求等。

52.【答案】BCD

【解析】《通用安装工程工程量计算标准》GB/T 50856—2024 中涉及的过梁/墙/楼板的钢套管（塑料套管），凿（压、切割）槽、打洞（孔）项目，应按《通用安装工程工程量计算标准》GB/T 50856—2024 附录 N "其他及附属工程" 的相应项目编码列项。

53.【答案】AC

【解析】发包人提供材料、专业分包工程的总承包服务费应分别列项，可按 "项" 或费率计量。按费率计量的，宜以暂估价作为计价基础；直接发包的专业工程的总承包服务费应按《通用安装工程工程量计算标准》GB/T 50856—2024 列项，宜以 "项" 计量。

54.【答案】ABC

【解析】往复泵是依靠在泵缸内做往复运动的活塞或塞柱来改变工作室的容积，从而达到吸入和排出液体。往复泵与离心泵相比，有扬程无限高、流量与排出压力无关、具有自吸能力的特点，但缺点是流量不均匀。

55.【答案】ABC

【解析】压缩机按作用原理可分为容积式和透平式两大类。往复活塞式（简称活塞式）压缩机属容积式，在使用范围和产量上均占主要地位。

活塞式与透平式压缩机性能比较

活塞式	透平式
1. 气流速度低、损失小、效率高。	1. 气流速度高、损失大。
2. 压力范围广，从低压到超高压范围均适用。	2. 小流量，超高压范围不适用。
3. 适用性强，排气压力在较大范围内变动时，排气量不变。同一台压缩机还可用于压缩不同的气体。	3. 流量和出口压力变化由性能曲线决定，若出口压力过高，机组则进入喘振工况而无法运行。
4. 除超高压压缩机，机组零部件多用普通金属材料。	4. 旋转零部件常用高强度合金钢。
5. 外形尺寸及重量较大，结构复杂，易损件多，排气脉动性大，气体中常混有润滑油	5. 外形尺寸及重量较小，结构简单，易损件少，排气均匀无脉动，气体中不含油

56.【答案】ABC

【解析】轴流式和离心式压缩机性能比较：

同工况下，与离心式压缩机相比，轴流式压缩机的最大特点是单位面积的气体通流能力大，在相同加工气体量的前提条件下，径向尺寸小，特别适用于要求大流量的场合。另外，轴流式压缩机还具有结构简单、运行维护方便等优点。但叶片型线复杂，制造工艺要求高，以及稳定工况区较窄，在定转速下流量调节范围小等方面则是明显不及离心式压缩机。

57.【答案】ABC

58.【答案】ABC

【解析】（1）室外消防给水管道：

1）室外消防给水采用两路消防供水时，应布置成环状，但当采用一路消防供水时，可布置成枝状。

2）向环状管网输水的进水管不应少于两条，当其中一条发生故障，其余进水管应仍能满足消防用水总量的供给要求。

3）消防给水管道应采用阀门分成若干独立段，每段内室外消火栓的数量不宜超过5个。

4）管道的直径应根据流量、流速和压力要求经计算确定，但不应小于 DN100，有条件的应不小于 DN150。

（2）室内消防给水管道：

1）室内消火栓系统管网应布置成环状，当室外消火栓设计流量不大于 20L/s，且室内消火栓不超过 10 个时，可布置成枝状。

2）管道的直径应根据设计流量、流速和压力要求经计算确定，室内消火栓竖管管径应根据竖管最低流量经计算确定，但不应小于 DN100。

3）室内消火栓给水管网与自动喷水等其他灭火系统应分开设置；当合用消防泵时，供水管路沿水流方向应在报警阀前分开设置。

59. 【答案】ABC

【解析】光纤照明具有其他方式不可替代的优势。一是装饰性强。通过光纤输出的光，不仅明暗可调，而且颜色可变，是动态夜景照明的理想方法。二是安全。光纤本身只导光不导电，不怕水，不易破损，而且体积小，柔软可弯曲，是一种十分安全的变色发光塑料条，可以安全地用在高温、低温、高湿度、水下、露天等场所。在博物馆照明中，可以免除红外线、紫外线对展品的损伤，在具有火险、爆炸性气体和蒸汽的场所，它是一种安全的照明方式。

60. 【答案】AD

【解析】接触器主要用于频繁接通、分断交、直流电路，控制容量大，可远距离操作，配合继电器可以实现定时操作，连锁控制，各种定量控制和失压及欠压保护，广泛应用于自动控制电路，其主要控制对象是电动机。

磁力启动器由接触器、按钮和热继电器组成。热继电器是一种具有延时动作的过载保护器件。磁力启动器具有接触器的一切特点，两只接触器的主触头串联起来接入主电路，吸引线圈并联起来接入控制电路。用于某些按下停止按钮后电动机不及时停转易造成事故的生产场合。

选做部分

共 40 题，分为两个专业组，考生可在两个专业组的 40 个试题中任选 20 题作答，按所答的前 20 题计分，每题 1.5 分。试题由单选和多选组成。错选，本题不得分；少选，所选的每个选项得 0.5 分。

一、（61~80 题）管道和设备工程

61. 【答案】A

【解析】排水立管通常沿卫生间墙角敷设，宜靠近外墙。排水立管在垂直方向转弯时，应采用乙字弯或两个 45°弯头连接。立管上的检查口与外墙成 45°角。立管上应用管卡固定，管卡间距不得大于 3m，承插管一般每个接头处均应设置管卡。排水立管应作通球试验。

62. 【答案】AC

63. 【答案】B

【解析】① 翼形散热器，圆翼形多用于不产尘车间，或是要求散热器高度小的地方。

② 钢制板式散热器，是一种新型高效节能散热器，装饰性强，小体积能达到最佳散热效果，无须加暖气罩，最大限度减小室内占用空间，提高了房间的利用率。

③ 钢制翅片管对流散热器，适用于蒸汽系统、热水系统、热风供暖装置。

④ 光排管散热器，是自行供热的车间厂房首选的散热设备，也适用于灰尘较大的车间。

64. 【答案】C

【解析】膨胀管上严禁安装阀门；循环管严禁安装阀门；信号管上可以安装阀门；溢流管不应安装阀门；排水管应安装阀门。

65. 【答案】BC

【解析】室内热水供暖系统试压前，在试压系统最高点设排气阀，在系统最低点装设手压泵或电泵。打开系统中全部阀门，但需关闭与室外系统相通的阀门。

66. 【答案】A

【解析】调压器的燃气进、出口管道之间应设旁通管。

中压燃气调压站室外进口管道上应设置阀门。

调压器及过滤器前后均应设置指示式压力表，调压器后应设置自动记录式压力仪表。

放散管管口应高出调压站屋檐 1.0m 以上。

在调压器燃气入口（或出口）处，应设防止燃气出口压力过高的安全保护装置。

67. 【答案】AD

【解析】室外燃气聚乙烯（PE）管道安装采用电熔连接或热熔连接，不得采用螺纹连接和粘结。聚乙烯管与金属管道连接，采用钢塑过渡接头连接。

68. 【答案】C

【解析】空调按空气处理设备的设置情况分类：

（1）集中式系统，按送入每个房间的送风管的数目可分为单风管系统和双风管系统。

（2）半集中式系统，如风机盘管机组加新风系统为典型的半集中式系统。

（3）分散式系统，也称局部系统。

69. 【答案】AB

【解析】分体式空调机组：压缩机、冷凝器和冷凝器风机置于室外，称室外机；蒸发器、送风机、空气过滤器、加热器、加湿器等组成另一机组，置于室内，称室内机。

70. 【答案】C

【解析】圆形风管一般不需要加固。当管径大于 700mm，且管段较长时，每隔 1.2m，可用扁钢平加固。矩形风管当边长大于或等于 630mm，管段大于 1.2m 时，均应采取加固措施。边长小于或等于 800mm 的风管，宜采用棱筋、棱线的方法加固。当中、高压风管的管段长大于 1.2m 时，应采用加固框的形式加固。高压风管的单咬口缝应有加固、补强措施。

71.【答案】BC

【解析】不锈钢风管法兰连接的螺栓，宜用同材质的不锈钢制成。

铝板风管法兰连接应采用镀锌螺栓，并在法兰两侧垫镀锌垫圈。

硬聚氯乙烯风管和法兰连接，应采用镀锌螺栓或增强尼龙螺栓，螺栓与法兰接触处应加镀锌垫圈。

软管连接：主要用于风管与部件（如散流器、静压箱、侧送风口等）的连接。

风管安装连接后，在刷油、绝热前应按规范进行严密性、漏风量检测。

72.【答案】BC

【解析】空调系统热交换器安装时，蒸汽加热器入口的管路上应安装压力表和调节阀，在凝水管路上应安装疏水阀。热水加热器的供回水管路上应安装调节阀和温度计，加热器上还应安装放气阀。

73.【答案】BD

【解析】风机盘管计量单位为"台"；柔性接口计量单位为"m²"；柔性软风管计量单位为"米"或"节"。

静压箱的计量单位为"个"或"m²"；通风工程检测、调试的计量单位为"系统"；风管漏光试验、漏风试验的计量单位为"m²"；通风管道计量单位为"m²"。

74.【答案】AC

【解析】空调冷凝水管道宜采用聚氯乙烯塑料管或热镀锌钢管，不宜采用焊接钢管。采用聚氯乙烯塑料管时，一般可以不加防二次结露的保温层；采用镀锌钢管时，应设置保温层。

75.【答案】AD

【解析】钛及钛合金管焊接应采用惰性气体保护焊或真空焊，不能采用氧-乙炔焊或二氧化碳气体保护焊，也不得采用普通手工电弧焊。

76.【答案】ABC

【解析】铝及铝合金管连接采用焊接和法兰连接，焊接可采用手工钨极氩弧焊、氧-乙炔焊及熔化极半自动氩弧焊。

二氧化碳气体保护焊不能焊容易氧化的有色金属。

77.【答案】ABC

【解析】从每批钢管中选出硬度最高和最低的各一根，每根制备五个试样，其中拉力试验两个、冲击试验两个、压扁或冷弯试验一个。当管子外径大于或等于 35mm 时做压扁试验，外径小于 35mm 时做冷弯试验。

78.【答案】BCD

79.【答案】AC

【解析】高压阀门应逐个进行强度和严密性试验。强度试验压力等于阀门公称压力的 1.5 倍，严密性试验压力等于公称压力。

高压管子应尽量冷弯，冷弯后可不进行热处理。

奥氏体型不锈钢管热弯时，加热温度以 900~1000℃ 为宜。热弯后须整体进行固溶淬火处理。同时，取同批管子试样两件，做晶间腐蚀倾向试验。如有不合格者，则全部作热处理，但热处理不得超过三次。

高压管道的焊缝坡口应采用机械方法。当壁厚小于 16mm 时，采用 V 形坡口；壁厚为 7~34mm 时，可采用 V 形坡口或 U 形坡口。

80.【答案】BC

【解析】高压管件一般采用高压钢管焊制、弯制和缩制。

焊接三通由高压无缝钢管焊制而成。

高压管道的弯头和异径管，可在施工现场用高压管子弯制和缩制。

二、（81~100 题）电气和自动化控制工程

81.【答案】AD

【解析】阀型避雷器应垂直安装。管型避雷器可倾斜安装，在多污秽地区安装时，还应增大倾斜角度。磁吹阀型避雷器组装时，其上下节位置应符合产品出厂的编号，切不可互换。避雷器不得任意拆开。

82.【答案】B

【解析】母线安装，其支持点的距离要求如下：低压母线不得大于 900mm，高压母线不得大于 700mm。低压母线垂直安装，且支持点间距无法满足要求时，应加装母线绝缘夹板。母线的连接有焊接和螺栓连接两种。

母线的安装不包括支持绝缘子安装和母线伸缩接头的制作安装，母线焊接采用氩弧焊。

83.【答案】C

【解析】建筑工地临时供电的杆距一般不大于 35m；线间的距离不得小于 0.3m；横担间的最小垂直距离不应小于下表中的规定值。

横担间的最小垂直距离（单位：m）

排列方式	直线杆	分支或转角杆
高压与低压	1.2	1.0
低压与低压	0.6	0.3

84.【答案】A

【解析】接地极制作安装，常用的为钢管接地极和角钢接地极。

（1）接地极垂直敷设，一般接地极长为 2.5m，垂直接地极的间距不宜小于其长度的 2 倍，通常为 5m。

（2）接地极水平敷设，在土壤条件极差的山石地区采用接地极水平敷设。接地装置全部采用镀锌扁钢，所有焊接点处均刷沥青。接地电阻应小于 4Ω，超过时，应补增接地装置的长度。

85.【答案】B

【解析】户内接地母线敷设：

（1）户内接地母线大多是明设，分支线与设备连接的部分大多数为埋设。

（2）明设接地线支持件间的距离，在水平直线部分宜为 0.5~1.5m；垂直部分宜为 1.5~3m；转弯部分宜为 0.3~0.5m。

（3）接地线沿建筑物墙壁水平敷设时，离地面距离宜为 250~300mm；与墙壁的间隙宜为 10~15mm。

（4）明敷接地线，应涂绿色和黄色相间的条文标识。中性线宜涂淡蓝色标识。

（5）接地线的连接采用搭接焊。

86.【答案】ABC

【解析】现场总线控制系统的特点：系统的开放性、系统的互操作性、分散的系统结构。

现场总线系统的接线十分简单，一对双绞线可以挂接多个设备，当需要增加现场控制设备时，可就近连接在原有的双绞线上，既节省了投资，也减少安装的工作量。

87.【答案】D

【解析】辐射式温度计的测量不干扰被测温场，不影响温场分布，从而具有较高的测量准确度。理论上无测量上限，可以测到相当高的温度。此外，其探测器的响应时间短，易于快速与动态测量。在一些特定的条件下，例如核辐射场、辐射测温场可以进行准确而可靠的测量。

88.【答案】A

【解析】一般压力表适用于测量无爆炸危险、不结晶、不凝固及对钢及铜合金不起腐蚀作用的液体、蒸汽和气体等介质的压力。

（1）液柱式压力计，用于测量低压、负压的压力表，被广泛用于实验室压力测量或现场锅炉烟、风通道各段压力及通风空调系统各段压力的测量。液柱式压力计结构简单，使用、维修方便，但信号不能远传。

（2）活塞式压力计，测量精度很高，可达 0.05%~0.02%，用来检测低一级的活塞式压力计或检验精密压力表，是一种主要的压力标准计量仪器。

（3）弹性式压力计，构造简单、牢固可靠、测压范围广、使用方便、造价低廉、有足够的精度，可与电测信号配套制成遥测遥控的自动记录仪表与控制仪表。

（4）电气式压力计，可将被测压力转换成电量进行测量，多用于压力信号的远传、发信或集中控制，和显示、调节、记录仪表联用，广泛用于工业自动化和化工过程中。

89.【答案】C

【解析】电气调整试验的步骤是：准备工作、外观检查、单体试验、分系统调试、整体调试。

90.【答案】AD

【解析】热力管道直接埋地敷设时，在补偿器和自然转弯处应设不通行地沟，沟的两端宜设置导向支架，保证其自由位移。在阀门等易损部件处，应设置检查井。

当热力管道通过不允许开挖的路段时；热力管道数量多或管径较大；地沟内任一侧管道垂直排列宽度超过 1.5m 时，采用通行地沟敷设。

当管道数量少、管径较小、距离较短，以及维修工作量不大时，宜采用不通行地沟敷设。

91.【答案】BC

【解析】防火墙是位于计算机和它所连接的网络之间的软件或硬件。防火墙主要由服务访问规则、验证工具、包过滤和应用网关组成。

防火墙可以是一种硬件、固件或者软件，如专用防火墙设备是硬件形式的防火墙，包过滤路由器是嵌有防火墙固件的路由器，而代理服务器等软件就是软件形式的防火墙。

92.【答案】B

【解析】有线电视系统一般由天线、前端装置、传输干线和用户分配网络组成。

前端装置的作用是把经过处理的各路信号进行混合，把多路（套）电视信号转换成一路含有多套电视节目的宽带复合信号，然后经过分支、分配、放大等处理后变成高电平宽带复合信号，送往干线传输分配部分的电缆始端。

前端装置包括接收机、调制器、放大器、变换器、滤波器、发生器。

93.【答案】AC

【解析】普通电话采用模拟语音信息传输。程控电话交换是采用数字传输信息。

电话通信系统安装一般包括数字程控用户交换机、配线架、交接箱、分线箱（盒）及传输线等设备器材安装。目前，用户交换机与市电信局连接的中继线一般均用光缆，建筑内的传输线用性能优良的双绞线电缆。

94.【答案】A

【解析】建筑物内通信配线电缆：

（1）建筑物内分线箱内接线模块宜采用普通卡接式或旋转卡接式。当采用综合布线时，分线箱内接线模块宜采用卡接式或 RJ45 快接式接线模块。

（2）建筑物内普通市话电缆芯线接续应采用扣式接线子，不得使用扭绞接续。电缆的外护套分接处接头封合宜冷包为主，也可采用热可缩套管。

95.【答案】A

【解析】办公自动化系统按处理信息的功能划分为三个层次：事务型办公系统、信息管理型办公系统、决策支持型办公系统（即综合型办公系统）。

（1）事务型办公系统，这些常用的办公事务处理的应用可做成应用软件包，包内的不同应用程序之间可以互相调用或共享数据，以提高办公事务处理的效率。

（2）信息管理型办公系统是第二个层次，要求必须有供本单位各部门共享的综合数据库。

（3）决策支持型办公系统是第三个层次，建立在信息管理型办公系统的基础上。

事务型办公系统和信息管理型办公系统是以数据库为基础的。决策支持型办公系统除需要数据库外，还要有其领域的专家系统。该系统可以模拟人类专家的决策过程来解决复杂的问题。

96.【答案】C

【解析】推荐采用 $50\mu m/125\mu m$ 光纤或 $62.5\mu m/125\mu m$ 光纤。要求较高的场合也可用 $8.3\mu m/125\mu m$ 突变型单模光纤。一般 $62.5\mu m/125\mu m$ 光纤使用较多，因其具有光耦合

效率较高、纤芯直径较大，施工安装时光纤对准要求不高，配备设备较少，而且光缆在微小弯曲或较大弯曲时，传输特性不会有太大改变。

97. 【答案】D

【解析】采用5类双绞电缆时，传输速率超过100Mbps的高速应用系统，布线距离不宜超过90m，否则宜选用单模或多模光缆。传输率在1Mbps以下时，采用5类双绞电缆布线距离可达2km以上。采用62.5μm/125μm多模光纤，信息传输速率为100Mbps时，传输距离为2km。采用单模光缆时，传输最大距离可以延伸到3km。

98. 【答案】BCD

【解析】如果在给定楼层配线间所要服务的信息插座都在75m范围以内，可采用单干线子系统。大于75m则采用双通道或多个通道的干线子系统，也可采用分支电缆与配线间干线相连接的二级交接间。如果在给定楼层配线间所要服务的信息插座超过200个时，通常也要增设楼层配线间。

99. 【答案】A

【解析】光电缆敷设的一般规定如下：

（1）光缆的弯曲半径不应小于光缆外径的15倍，施工过程中应不小于20倍。

（2）布放光缆的牵引力不应超过光缆允许张力的80%。瞬间最大牵引力不得超过光缆允许张力的100%，主要牵引力应加在光缆的加强芯上，牵引端头与牵引索之间应加入转环。光缆端头应做密封防潮处理。

100. 【答案】A

【解析】垂直干线线缆与楼层配线架的连接方法有点对点端连接、分支递减连接两种。为了保证网络安全可靠，应首先选用点对点端连接方法。为了节省投资费用，也可改用分支连接方法。

模拟题六答案与解析

一、单项选择题（共 **40** 题，每题 **1** 分。每题的备选项中，只有 **1** 个最符合题意）

1. 【答案】A

2. 【答案】A

【解析】按照石墨的形状特征，灰口铸铁可分为普通灰铸铁（石墨呈片状）、蠕墨铸铁（石墨呈蠕虫状）、可锻铸铁（石墨呈团絮状）和球墨铸铁（石墨呈球状）四大类。

3. 【答案】D

【解析】镍及镍合金是用于化学、石油、有色金属冶炼、高温、高压、高浓度或混有不纯物等各种苛刻腐蚀环境下比较理想的金属材料。

由于镍的标准电势大于铁，可获得耐腐蚀性优异的镍基耐蚀合金。镍力学性能良好，尤其塑性、韧性优良，能适应多种腐蚀环境。多用于食品加工设备、化学品装运容器、电气与电子部件、处理苛性碱设备、耐海水腐蚀设备和换热器，如化工设备中的阀门、泵、轴、夹具和紧固件，也常用于制作接触浓 $CaCl_2$ 溶液的冷冻机零件，以及发电厂给水加热器的管子等。

4. 【答案】D

【解析】人造石墨经过不透性处理，即通过浸渍、压型浇注等方法制得的新型结构材料称为不透性石墨。它不仅具有高度的化学稳定性，还具有极高的导热性能。

石墨材料具有高熔点（3700℃），在高温下有高的机械强度。当温度增加时，石墨的强度随之提高。石墨在 3000℃ 以下具有还原性，在中性介质中有很好的热稳定性，在急剧改变温度的条件下，石墨比其他结构材料都稳定，不会炸裂破坏。石墨的导热系数是碳钢的三倍多，所以石墨材料常用来制造传热设备。

石墨具有良好的化学稳定性。人造石墨材料的耐腐蚀性能良好，除了强氧化性的酸（如硝酸、铬酸、发烟硫酸和卤素）之外，在所有的化学介质中都很稳定，甚至在熔融的碱中也很稳定。

5. 【答案】D

6. 【答案】D

【解析】榫槽面型：是具有相配合的榫面和槽面的密封面，垫片放在槽内，由于受槽的阻挡，不会被挤出。垫片比较窄，因而压紧垫片所需的螺栓力也就相应较小。即使应用于压力较大之处，螺栓尺寸也不致过大，安装时易对中。垫片受力均匀，故密封可靠。垫片很少受介质的冲刷和腐蚀。但更换垫片困难，法兰造价较高。

7. 【答案】D

8. 【答案】D

【解析】波纹补偿器习惯上也叫膨胀节或伸缩节。由构成其工作主体的波纹管（一种弹性元件）和端管、支架、法兰、导管等附件组成。其利用波纹管的伸缩变形，吸收管线、导管、容器等由热胀冷缩等原因而产生的尺寸变化，补偿管线、导管、容器等的轴向、横向和角向位移，也可用于降噪减振。主要用在各种管道中，它能够补偿管道的热位移、机械变形和吸收各种机械振动，起到降低管道变形应力和提高管道使用寿命的作用。波纹补偿器连接方式分为法兰连接和焊接两种，直埋管道补偿器一般采用焊接方式（地沟安装除外）。

9.【答案】B

10.【答案】B

11.【答案】A

【解析】气割过程是预热→燃烧→吹渣过程，但并不是所有金属都能满足这个过程的要求，只有符合下列条件的金属才能进行气割：

（1）金属在氧气中的燃烧点应低于其熔点；

（2）金属燃烧生成氧化物的熔点应低于金属熔点，且流动性要好；

（3）金属在切割氧流中的燃烧应是放热反应，且金属本身的导热性要低。

符合上述气割条件的金属有纯铁、低碳钢、中碳钢、低合金钢以及钛。

12.【答案】D

13.【答案】C

14.【答案】B

【解析】回火是将经过淬火的工件加热到临界点 A_{c1} 以下适当温度，保持一定时间，随后用符合要求的方式冷却，以获得所需的组织结构和性能。其目的是调整工件的强度、硬度、韧性等力学性能，降低或消除应力，避免变形、开裂，并保持使用过程中的尺寸稳定。

15.【答案】A

16.【答案】D

17.【答案】B

18.【答案】D

【解析】$Q_j = K_1 \cdot K_2 \cdot Q$

$Q_j = 1.1 \times 1.1 \times （82+4） \approx 104.1$

19.【答案】C

20.【答案】B

21.【答案】D

22.【答案】C

【解析】

附录 A　机械设备安装工程（编码：0301）

附录 B　热力设备安装工程（编码：0302）

附录 C　静置设备与工艺金属结构制作安装工程（编码：0303）

附录 D　电气设备安装工程（编码：0304）

附录 E　建筑智能化工程（编码：0305）

附录 F　自动化控制仪表安装工程（编码：0306）

附录 G　通风空调工程（编码：0307）

附录 H　工业管道工程（编码：0308）

附录 J　消防工程（编码：0309）

附录 K　给排水、采暖、燃气工程（编码：0310）

附录 L　通信设备及线路工程（编码：0311）

附录 M　刷油、防腐蚀、绝热工程（编码：0312）

附录 N　其他及附属工程（编码：0313）

附录 P　措施项目（编码：0314）

23.【答案】A

【解析】臂架型起重机的结构特点是都有一个悬伸、可旋转的臂架作为主要受力构件。其工作机构除了起升机构外，通常还有旋转机构和变幅机构，通过起升机构、变幅机构、旋转机构和运行机构的组合运动，可以实现在圆形或长圆形空间的起重作业。

24.【答案】C

【解析】设备基础是机械设备的承载体，其质量的好坏直接影响到设备的正常运行。设备基础的种类很多，按基础材料组成、埋置深度、结构形式、使用功能等划分为不同基础。

按组成材料不同分为素砖基础、素混凝土基础、钢筋混凝土基础和垫层基础等。

① 素砖基础、素混凝土基础适用于承受荷载较小、变形不大的设备基础；

② 钢筋混凝土基础适用于承受荷载较大、变形较大的设备基础；

③ 垫层基础适用于使用后允许产生沉降的结构，如大型储罐等。

25.【答案】B

26.【答案】A

【解析】

金属表面的常用除锈方法

金属表面粗糙度 Ra（μm）	常用除锈方法
>50	用砂轮、钢丝刷、刮具、砂布、喷砂或酸洗除锈
6.3~50	用非金属刮具、油石或粒度 150 号的砂布蘸机械油擦拭或进行酸洗除锈
1.6~3.2	用细油石或粒度为 150~180 号的砂布蘸机械油擦拭或进行酸洗除锈
0.2~0.8	先用粒度为 180 号或 240 号的砂布蘸机械油擦拭，然后用干净的绒布蘸机械油和细研磨膏的混合剂进行磨光

27.【答案】C

28.【答案】C

29.【答案】B

【解析】溴化锂吸收式冷水机组，优点：运动部件少，故障率低，运动平稳，振动小，噪声低；加工简单，操作方便，可实现 10%～100% 无级调节；溴化锂溶液无毒，对臭氧层无破坏作用；可利用余热、废热及其他低品位热能；运行费用少，安全性好；以热能为动力，电能耗用少。缺点：使用寿命比压缩式短；节电不节能，耗气量大，热效率低；机组长期在真空下运行，外气容易侵入，造成冷量衰减，故要求严格密封，给制造和使用带来不便；机组排热负荷比压缩式大，对冷却水水质要求较高；溴化锂溶液对碳钢具有强腐蚀性，影响机组寿命和性能。

30．【答案】D

31．【答案】D

32．【答案】C

33．【答案】D

34．【答案】B

【解析】火灾自动报警系统分类：

（1）区域报警系统，由火灾探测器、区域控制器、火灾报警装置等构成，适于小型建筑等单独使用。

（2）集中报警系统，由火灾探测器和集中控制器等组成，适于高层的宾馆、商务楼、综合楼等建筑使用。

（3）控制中心报警系统，由设置在消防控制室的集中报警控制器、消防控制设备等组成，适用于大型建筑群、超高层建筑，可对建筑中的消防设备实现联动控制和手动控制。

35．【答案】B

36．【答案】A

37．【答案】B

38．【答案】C

39．【答案】D

【解析】可挠金属套管：指普利卡金属套管（PULLKA），由镀锌钢带（Fe、Zn）、钢带（Fe）及电工纸（P）构成双层金属制成的可挠性电线、电缆保护套管，主要用于砖、混凝土内暗设和吊顶内敷设及与钢管、电线管与设备连接间的过渡，与钢管、电线管、设备入口均采用专用混合接头连接。

40．【答案】B

二、多项选择题（共 20 题，每题 1.5 分。每题的备选项中，有 2 个或 2 个以上符合题意，至少有 1 个错项。错选，本题不得分；少选，所选的每个选项得 0.5 分）

41．【答案】ABC

【解析】普通低合金钢比碳素结构钢具有较高的韧性，同时有良好的焊接性能、冷热压加工性能和耐腐蚀性，部分钢种还具有较低的脆性转变温度。

42．【答案】BD

43．【答案】BCD

44．【答案】BCD

【解析】颜料是涂料的主要成分之一，在涂料中加入颜料不仅使涂料具有装饰性，更重要的是能改善涂料的物理和化学性能，提高涂层的机械强度、附着力、抗渗性和防腐蚀性能等，还能滤去有害光波的作用，从而增进涂层的耐候性和保护性。

45.【答案】ABD

【解析】对焊法兰又称为高颈法兰。它与其他法兰不同之处在于从法兰与管子焊接处到法兰盘有一段长而倾斜的高颈，此段高颈的壁厚沿高度方向逐渐过渡到管壁厚度，改善了应力的不连续性，因而增加了法兰强度。对焊法兰主要用于工况比较苛刻的场合，如管道热膨胀或其他荷载而使法兰承受的应力较大，或应力变化反复的场合；压力、温度大幅度波动的管道和高温、高压及零下低温的管道。

46.【答案】AC

47.【答案】ABC

48.【答案】ABC

49.【答案】BC

50.【答案】BCD

51.【答案】ABC

52.【答案】AC

53.【答案】AB

54.【答案】ABC

55.【答案】AB

56.【答案】BC

【解析】按照在生产中所起的作用分类：

（1）冷冻机械，如冷冻机和结晶器等。

（2）搅拌与分离机械，如搅拌机、过滤机、离心机、脱水机、压滤机等。

（3）污水处理机械，如刮油机、刮泥机、污泥（油）输送机等。

（4）其他专用机械，如抽油机、水力除焦机、干燥机等。

57.【答案】ABD

【解析】水源热泵机组。优点：节约能源，在冬季运行时，可回收热量；一机多运，运行稳定；环境效应显著；能效比高。缺点：受可利用的水源条件限制，受水层的地理结构的限制；系统容易发生源侧与负荷侧的水串水现象；受到不同地区及国家能源政策、燃料价格的影响；一次性投资及运行费比较高。

58.【答案】ABC

59.【答案】ACD

【解析】下列场所的室内消火栓给水系统应设置消防水泵接合器：

（1）高层民用建筑；

（2）设有消防给水的住宅、超过五层的其他多层民用建筑；

（3）超过二层或建筑面积大于$10000m^2$的地下或半地下建筑、室内消火栓设计流量大于$10L/s$平战结合的人防工程；

（4）高层工业建筑和超过四层的多层工业建筑；

（5）城市交通隧道。

60.【答案】BCD

选做部分

共 40 题，分为两个专业组，考生可在两个专业组的 40 个试题中任选 20 题作答，按所答的前 20 题计分，每题 1.5 分。试题由单选和多选组成。错选，本题不得分；少选，所选的每个选项得 0.5 分。

一、（61～80 题）管道和设备工程

61.【答案】AC

62.【答案】B

63.【答案】ABC

64.【答案】BCD

65.【答案】BCD

66.【答案】D

67.【答案】C

68.【答案】CD

69.【答案】BCD

70.【答案】ABC

71.【答案】C

72.【答案】C

73.【答案】ACD

74.【答案】CD

75.【答案】CD

76.【答案】B

77.【答案】B

78.【答案】AB

79.【答案】ABD

80.【答案】B

二、（81～100 题）电气和自动化控制工程

81.【答案】D

82.【答案】ACD

83.【答案】ABD

84.【答案】A

85.【答案】C

86.【答案】D

87.【答案】C

88.【答案】B

89.【答案】ACD

90. 【答案】BCD

91. 【答案】C

92. 【答案】B

93. 【答案】D

94. 【答案】C

95. 【答案】ABD

96. 【答案】AB

97. 【答案】ABD

98. 【答案】A

【解析】办公自动化的支撑技术如下：

（1）计算机技术：办公自动化系统数据的采集、存储和处理都依赖于计算机技术。

（2）通信技术：通信系统是办公自动化系统的神经系统，它完成信息的传递任务。

（3）系统科学：系统科学为办公自动化系统提供各种与决策有关的理论方法，完成定量结构分析、预测未来、政策评价等。

（4）行为科学：行为科学重点研究社会环境中个人和群体行为产生的原因及规律，以解释、说明、预测、引导、控制人的行为。在办公自动化系统设计中，借鉴行为科学组织结构、组织设计、组织变革和发展中的理论与方法，以保证办公自动化系统的有效性。

99. 【答案】D

100. 【答案】A

模拟题七答案与解析

一、单项选择题（共**40**题，每题**1**分。每题的备选项中，只有**1**个最符合题意)

1. 【答案】B

2. 【答案】D

3. 【答案】A

【解析】球墨铸铁的抗拉强度远远超过灰铸铁，与钢相当。因此对于承受静荷载的零件，使用球墨铸铁比铸钢还节省材料，而且重量更轻，并具有较好的耐疲劳强度。实验表明，球墨铸铁的扭转疲劳强度甚至超过45钢。在实际工程中，常用球墨铸铁来代替钢制造某些重要零件，如曲轴、连杆和凸轮轴等，也可用于高层建筑室外进入室内给水的总管或室内总干管。

4. 【答案】C

【解析】这道题的考点是耐腐蚀（酸）非金属材料所包含的材料种类。常用的非金属耐腐蚀材料有铸石、石墨、耐酸水泥、天然耐酸石材和玻璃等。

5. 【答案】A

【解析】硅砖抗酸性炉渣侵蚀能力强，但易受碱性渣的侵蚀，它的软化温度很高，接近其耐火度，重复煅烧后体积不收缩，甚至略有膨胀，但是抗热震性差。硅砖主要用于焦炉、玻璃熔窑、酸性炼钢炉等热工设备。

6. 【答案】D

【解析】这道题的考点是金属管材。

高压无缝钢管是用优质碳素钢和合金钢制造，质量比一般无缝钢管好，可以耐高压和超高压。用于制造锅炉设备与高压超高压管道，也可用来输送高温、高压汽、水等介质或高温、高压含氢介质。

7. 【答案】D

8. 【答案】B

9. 【答案】D

【解析】除污器是在石油化工工艺管道中应用较广的一种部件。其作用是防止管道介质中的杂质进入传动设备或精密部位，使生产发生故障或影响产品的质量。其结构形式有Y形除污器、锥形除污器、直角式除污器和高压除污器，其主要材质有碳钢、不锈耐酸钢、锰钒钢、铸铁和可锻铸铁等。内部的过滤网有铜网和不锈耐酸钢丝网。

阻火器是化工生产常用的部件，多安装在易燃易爆气体的设备及管道的排空管上，以防止管内或设备内气体直接与外界火种接触而引起火灾或爆炸。常用的阻火器有砾石阻火器、金属网阻火器和波形散热式阻火器。

视镜又称为窥视镜，其作用是通过视镜直接观察管道及设备内被传输介质的流动情况，多用于设备的排液、冷却水等液体管道上。常用的有玻璃板式、三通玻璃板式和直通玻璃管式三种。

10.【答案】D

11.【答案】C

12.【答案】B

13.【答案】C

14.【答案】B

15.【答案】D

16.【答案】A

17.【答案】D

18.【答案】C

19.【答案】D

20.【答案】C

【解析】在安装施工中，对设备和管道内壁有特殊清洁要求的，应进行酸洗，如液压、润滑管道的除锈应采用酸洗法。

21.【答案】C

22.【答案】C

23.【答案】D

【解析】

金属表面的常用除锈方法

金属表面粗糙度 Ra（μm）	常用除锈方法
>50	用砂轮、钢丝刷、刮具、砂布、喷砂或酸洗除锈
6.3~50	用非金属刮具、油石或粒度 150 号的砂布蘸机械油擦拭或进行酸洗除锈
1.6~3.2	用细油石或粒度为 150~180 号的砂布蘸机械油擦拭或进行酸洗除锈
0.2~0.8	先用粒度为 180 号或 240 号的砂布蘸机械油擦拭，然后用干净的绒布蘸机械油和细研磨膏的混合剂进行磨光

24.【答案】B

25.【答案】C

26.【答案】C

【解析】罗茨泵，也叫罗茨真空泵。它是泵内装有两个相反方向同步旋转的叶形转子，转子间、转子与泵壳内壁间有细小间隙而互不接触的一种变容真空泵。特点是启动快，耗功少，运转维护费用低，抽速大、效率高，对被抽气体中所含的少量水蒸气和灰尘不敏感，有较大抽气速率，能迅速排除突然放出的气体。广泛用于真空冶金中的冶炼、脱气、轧制，以及化工、食品、医药工业中的真空蒸馏、真空浓缩和真空干燥等方面。

27. 【答案】C

28. 【答案】B

29. 【答案】D

30. 【答案】D

31. 【答案】D

32. 【答案】A

33. 【答案】C

34. 【答案】C

【解析】水喷雾灭火系统，由于水喷雾具有的冷却、窒息、乳化、稀释等作用，使该系统的用途广泛，不仅可用于灭火，还可用于控制火势及防护冷却等方面。

35. 【答案】C

【解析】采用临时高压给水系统的建筑物应设消防水箱。

一类高层公共建筑，不应小于 $36m^3$。

多层公共建筑、二类高层公共建筑和一类高层住宅，不应小于 $18m^3$。

二类高层住宅，不应小于 $12m^3$。

建筑高度大于 21m 的多层住宅，不应小于 $6m^3$。

总建筑面积大于 $10000m^2$ 且小于 $30000m^2$ 的商店建筑，不应小于 $36m^3$；总建筑面积大于 $30000m^2$ 的商店建筑，不应小于 $50m^3$。

36. 【答案】A

37. 【答案】B

38. 【答案】C

39. 【答案】C

【解析】金属软管，又称蛇皮管，一般敷设在较小型电动机的接线盒与钢管口的连接处，用来保护电缆或导线不受机械损伤。

40. 【答案】A

【解析】导管的弯曲半径应符合下列规定：

（1）明配导管的弯曲半径不宜小于管外径的 6 倍，当两个接线盒间只有一个弯曲时，其弯曲半径不宜小于管外径的 4 倍。

（2）埋设于混凝土内的导管弯曲半径不宜小于管外径的 6 倍，当直埋于地下时，其弯曲半径不宜小于管外径的 10 倍。

（3）电缆导管的弯曲半径不应小于电缆最小允许弯曲半径。

二、多项选择题（共 20 题，每题 1.5 分。每题的备选项中，有 2 个或 2 个以上符合题意，至少有 1 个错项。错选，本题不得分；少选，所选的每个选项得 0.5 分）

41. 【答案】ACD

42. 【答案】AD

【解析】

起重机分类

名称	类别		品种
起重机	桥架型	桥式起重机	带回转臂、带回转小车、带导向架的桥式起重机，同轨、异轨双小车桥式起重机，单主梁、双梁、挂梁桥式起重机，电动葫芦桥式起重机，柔性吊挂桥式起重机，悬挂起重机
		门式起重机	双梁、单梁、可移动主梁门式起重机
		半门式起重机	—
	臂架型	塔式起重机	固定塔式、移动塔式、自升塔式起重机
		流动式起重机	轮胎起重机、履带起重机、汽车起重机
		铁路起重机	蒸汽、内燃机、电力铁路起重机
		门座起重机	港口、船厂、电站门座起重机
		半门座起重机	—
		桅杆起重机	固定式、移动式桅杆起重机
		悬臂式起重机	柱式、壁式、旋臂式起重机，自行车式起重机
		浮式起重机	—
		甲板起重机	—
	缆索型	缆索起重机	固定式、平移式、辐射式缆索起重机
		门式缆索起重机	—

43.【答案】ACD

【解析】不锈钢按金相组织和加工工艺可分为铁素体不锈钢、马氏体不锈钢、奥氏体不锈钢、奥氏体-铁素体（双相）不锈钢、沉淀硬化不锈钢五类。现将各类不锈钢的定义和特点简述如下：

① 铁素体不锈钢。基体以体心立方晶体结构的铁素体组织为主，一般不能通过热处理硬化，但冷加工能使其轻微强化。此钢有良好的抗高温氧化能力，在氧化性酸溶液（如硝酸溶液）中有良好的耐蚀性，故其在硝酸和氮肥工业中广泛使用。另外，0Cr13不锈钢在弱腐蚀介质（如淡水）中也有良好的耐蚀性。其缺点是钢的缺口敏感性和脆性转变温度较高，钢在加热后对晶间腐蚀也较为敏感。

② 马氏体不锈钢。基体以畸变体心立方晶体结构的马氏体组织为主，能通过热处理调整其力学性能。此钢具有较高的强度、硬度和耐磨性。通常用于弱腐蚀性介质环境中，如海水、淡水和水蒸气中，以及使用温度小于或等于580℃的环境中；通常也可作为受力较大的零件和工具的制作材料。但由于此钢焊接性能不好，故一般不用作焊接件。

③ 奥氏体不锈钢。基体以面立方晶体结构的奥氏体组织为主，主要通过冷工或氮合金化使其强化。钢中主要合金元素为铬、镍、铁、铝、锢、氮等。此钢具有较高的韧性、良好的耐蚀性、高温强度和较好的抗氧化性，以及良好的压力加工和焊接性能。但是这类钢的屈服强度低。

④ 奥氏体-铁素体（双相）不锈钢。基体兼有奥氏体和铁素体两相组织（其中较少相的含量至少为25%），能通过冷加工使其强化。这类钢的屈服强度约为奥氏体不锈钢的

两倍，可焊性良好，韧性较高，应力腐蚀、晶间腐蚀及焊接时的热裂倾向均小于奥氏体不锈钢。

⑤沉淀硬化不锈钢。基体以马氏体或奥氏体组织为主，并能通过沉淀硬化（又称时效硬化）处理使其硬（强）化。这类钢的突出优点是经沉淀硬化热处理以后具有较高的强度，耐蚀性优于铁素体不锈钢。它主要用于制造高强度和耐蚀的容器、结构和零件，也可用作高温零件。

44.【答案】BCD

【解析】酚醛树脂漆是以酚醛树脂溶于有机溶剂中，并加入适量的增韧剂和填料配制而成。酚醛树脂漆具有良好的电绝缘性和耐油性，能耐60%硫酸、盐酸、一定浓度的醋酸和磷酸，大多数盐类和有机溶剂等介质的腐蚀。但不耐强氧化剂和碱，且漆膜较脆，温差变化大时易开裂，与金属附着力较差，在生产中应用受到一定限制。

环氧-酚醛漆是热固性涂料，其漆膜兼有环氧和酚醛两者的长处，既有环氧树脂良好的机械性能和耐碱性，又有酚醛树脂的耐酸、耐溶和电绝缘性。

环氧树脂涂料具有良好的耐腐蚀性能，特别是耐碱性，并有较好的耐磨性。

呋喃树脂漆是以糠醛为主要原料制成，它具有优良的耐酸性、耐碱性及耐温性，同时原料来源广泛，价格较低。

45.【答案】ABC

46.【答案】ABC

47.【答案】ABC

48.【答案】BCD

49.【答案】AD

50.【答案】AB

51.【答案】CD

【解析】（1）塑料薄膜或玻璃丝布保护层适用于纤维质的绝热层上面使用。

（2）石棉石膏或石棉水泥保护层的厚度：管径 DN≤500mm 时，厚度 $\delta=10mm$；当管径 DN>500mm 时，厚度 $\delta=15mm$。这种保护层适用于硬质材料的绝热层上面或要求防火的管道上。

（3）金属薄板保护层：

1）金属保护层的接缝可根据具体情况选用搭接、插接或咬接形式。

2）硬质绝热制品金属保护层纵缝，在不损坏里面制品及防潮层前提下可进行咬接。半硬质或软质绝热制品的金属保护层纵缝可用插接或搭接。插接缝可用自攻螺钉或抽芯铆钉连接，而搭接缝只能用抽芯铆钉连接，钉的间距为200mm。

3）金属保护层的环缝，可采用搭接或插接（重叠宽度30~50mm）。搭接或插接的环缝上，水平管道一般不使用螺钉或铆钉固定（立式保护层有防坠落要求者除外）。

4）保冷结构的金属保护层接缝宜用咬合或钢带捆扎结构。

5）铝箔玻璃钢薄板保护层的纵缝，不得使用自攻螺钉固定。可同时用带垫片抽芯铆钉（间距小于或等于150mm）和玻璃钢打包带捆扎（间距小于或等于500mm，且每块板上至少捆两道）进行固定。保冷结构的保护层不得使用铆钉进行固定。

6) 金属保护层应有整体防（雨）水功能，对水易渗进绝热层的部位应用玛蹄脂或胶泥严缝。

52. 【答案】ABD

【解析】有防锈要求的脱脂件经脱脂处理后，宜采取充氮封存或采用气相防锈纸、气相防锈塑料薄膜等措施进行密封保护。

53. 【答案】ABC

【解析】低压碳钢管的"工程内容"有：①安装；②压力试验；③吹扫、清洗；④脱脂。

54. 【答案】BCD

【解析】同样工况下，与活塞式压缩机相比，回转式压缩机零部件（特别是易损件）少，结构简单，维护方便，容易实现自动化。回转式压缩机转速高，使得压缩机体积小、重量轻，输气均匀、压力脉动小，适应性强，在较广的工况范围内保持高效率。缺点是存在空气动力噪声，大部分回转式压缩机运动部件加工需要专用设备，相对运动的机件之间的密封问题较难满意解决，导致只适用于中压、低压。

55. 【答案】AC

56. 【答案】AC

57. 【答案】AD

【解析】这道题的考点是常用泵的种类、特性和用途。离心式锅炉给水泵是锅炉给水专业用泵，也可以用来输送一般清水。其结构形式为分段式多级离心泵。锅炉给水泵对于扬程要求不大，但流量要随锅炉负荷而变化。

58. 【答案】AC

59. 【答案】CD

60. 【答案】ABC

选做部分

共40题，分为两个专业组，考生可在两个专业组的40个试题中任选20题作答，按所答的前20题计分，每题1.5分。试题由单选和多选组成。错选，本题不得分；少选，所选的每个选项得0.5分。

一、（61~80题）管道和设备工程

61. 【答案】AC

62. 【答案】ACD

63. 【答案】B

64. 【答案】ABC

【解析】室内燃气管道宜选用钢管，也可选用铜管、不锈钢管、铝塑复合管等。低压燃气管道应选用热镀锌钢管（热浸镀锌），中压和次高压燃气管道宜选用无缝钢管。

室内燃气管道连接：

① 室内燃气钢制管道：采用螺纹连接时，管件的材质、连接方式应同管道；选用无缝钢管时，连接方式应为电弧焊接。

②选用铜管时，应采用硬钎焊连接，不得采用对焊、螺纹或软钎焊（熔点小于500℃）连接。

③选用薄壁不锈钢管时，应采用承插氩弧焊式管件连接或卡套式管件机械连接，并宜优先选用承插氩弧焊式管件连接。

④室内燃气管道选用不锈钢波纹管时，应采用卡套式管件机械连接或卡套式管件。

⑤室内燃气管道选用铝塑复合管时，应采用卡套式管件或承插式管件机械连接。

⑥软管与管道、燃具的连接处应采用压紧螺帽（锁母）或管卡（喉箍）固定。

65.【答案】C

【解析】补偿器：常用在架空管、桥管上，用以调节因环境温度变化而引起的管道膨胀与收缩。补偿器形式有套筒式补偿器和波形管补偿器，埋地铺设的聚乙烯管道长管段上通常设置套筒式补偿器。

66.【答案】C

67.【答案】BD

68.【答案】D

69.【答案】ABD

70.【答案】ACD

71.【答案】C

72.【答案】ABD

73.【答案】D

74.【答案】C

75.【答案】ACD

76.【答案】D

77.【答案】AB

78.【答案】CD

79.【答案】B

80.【答案】A

二、（81~100题）电气和自动化控制工程

81.【答案】C

82.【答案】AC

83.【答案】B

84.【答案】D

85.【答案】D

86.【答案】C

87.【答案】D

88.【答案】ABC

【解析】常用的流量传感器有节流式、速度式、容积式和电磁式。

89.【答案】A

90.【答案】B

91. 【答案】C

92. 【答案】ABD

【解析】在线仪表和部件（流量计、调节阀、电磁阀、节流装置、取源部件等）安装，按《通用安装工程工程量计算标准》GB/T 50856—2024 工业管道工程相关项目编码列项。

93. 【答案】D

94. 【答案】ABD

95. 【答案】C

96. 【答案】A

97. 【答案】AD

【解析】从用户服务功能角度看，智能建筑可提供三大方面的服务功能，即安全功能、舒适功能和便利高效功能。

智能建筑的三大服务功能

安全功能	舒适功能	便利高效功能
火灾自动报警	空调监控	综合布线
自动喷淋灭火	供热监控	用户程控交换机
防盗报警	给水排水监控	VSAT 卫星通信
闭路电视监控	供配电监控	办公自动化
保安巡更	卫星电缆电视	Internet
电梯运行控制	背景音乐	宽带接入
出入控制	装饰照明	物业管理
应急照明	视频点播	一卡通

98. 【答案】ACD

99. 【答案】ABC

100. 【答案】A

模拟题八答案与解析

一、单项选择题（共 40 题，每题 1 分。每题的备选项中，只有 1 个最符合题意）

1.【答案】C

2.【答案】A

【解析】低合金高强度结构钢表示方法：钢的牌号由代表屈服强度"屈"字的汉语拼音首字母 Q、规定的最小上屈服强度值、交货状态代号、质量等级符号（B、C、D、E、F）四个部分组成。交货状态为热轧时，交货状态代号为 AR 或 WAR 可省略，交货状态为正火或正火轧制状态时，交货状态代号均用 N 表示；Q+规定的最小上屈服强度值+交货状态代号，简称为"钢级"。例如：Q355ND 表示最小上屈服强度值 355MPa、交货状态为正火或正火轧制、质量等级为 D 级的低合金高强度结构钢。

3.【答案】B

4.【答案】A

【解析】可锻铸铁具有较高的强度、塑性和冲击韧性，可以部分代替碳钢。这种铸铁有黑心可锻铸铁、白心可锻铸铁、珠光体可锻铸铁三种类型。可锻铸铁常用来制造形状复杂、承受冲击和振动荷载的零件，如管接头和低压阀门等。与球墨铸铁相比，可锻铸铁具有成本低、质量稳定、处理工艺简单等优点。

5.【答案】B

6.【答案】C

7.【答案】C

8.【答案】C

9.【答案】B

10.【答案】B

【解析】耐火电缆，是指具有规定的耐火性能（如线路完整性、烟密度、烟气毒性、耐腐蚀性）的电缆。在结构上带有特殊耐火层，与一般电缆相比，具有优异的耐火耐热性能，适用于高层及安全性能要求较高的场所。

耐火电缆与阻燃电缆的主要区别是：耐火电缆在火灾发生时能维持一段时间的正常供电，而阻燃电缆不具备这个特性。耐火电缆主要使用在应急电源至用户消防设备、火灾报警设备、通风排烟设备、疏散指示灯、紧急电源插座、紧急用电梯等供电回路。

11.【答案】C

12.【答案】B

13.【答案】D

【解析】焊接电流的大小，对焊接质量及生产率有较大影响。主要根据焊条类型、焊条直径、焊件厚度、接头形式、焊缝空间位置及焊接层次等因素决定，其中，最主要的因素是焊条直径和焊缝空间位置。

14. 【答案】A

15. 【答案】C

16. 【答案】D

17. 【答案】B

18. 【答案】D

【解析】水刀切割的特点：可以对任何材料进行任意曲线的一次性切割加工；切口质量优异，表面平滑，不存在任何毛刺和氧化残迹，切口不需要二次加工；安全、环保、速度较快、效率较高，广泛应用于陶瓷、石材、玻璃、金属、复合材料、化工等行业。

19. 【答案】C

20. 【答案】C

【解析】脱脂后应及时将脱脂件内部的残液排净，并应用清洁、无油压缩空气或氮气吹干，不得采用自然蒸发的方法清除残液。当脱脂件允许时，可采用清洁无油的蒸汽将脱脂残液吹除干净。经检验合格后，将管口封闭，避免以后施工中再被污染。

21. 【答案】A

22. 【答案】B

23. 【答案】A

24. 【答案】D

25. 【答案】C

26. 【答案】C

27. 【答案】C

【解析】屏蔽泵既是离心式泵的一种，但又不同于一般离心式泵。其主要区别是为了防止输送的液体与电气部分接触，用特制的屏蔽套将电动机转子和定子与输送液体隔离开来，以满足输送液体绝对不泄漏的需要。

28. 【答案】B

29. 【答案】C

30. 【答案】B

31. 【答案】C

32. 【答案】D

33. 【答案】D

34. 【答案】B

【解析】系统灭火剂的选用及适用范围：

1）泡沫炮系统适用于甲、乙、丙类液体及固体可燃物火灾现场。

2）干粉炮系统适用于液化石油气、天然气等可燃气体火灾现场。

3）水炮系统适用于一般固体可燃物火灾现场。

4）水炮系统和泡沫炮系统不得用于扑救遇水发生化学反应而引起燃烧、爆炸等物质的火灾。

35.【答案】D

【解析】

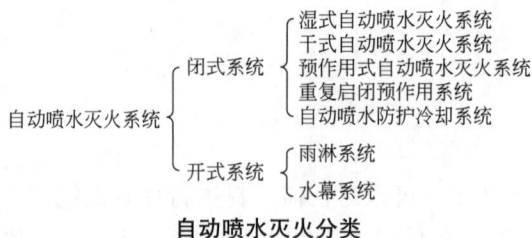

自动喷水灭火分类

36.【答案】A

37.【答案】C

38.【答案】D

39.【答案】C

【解析】硬质聚氯乙烯管：由聚氯乙烯树脂加入稳定剂、润滑剂等助剂经捏合、滚压、塑化、切粒、挤出成型加工而成。主要用于电线、电缆的保护套管等。管材长度一般为4m/根，颜色一般为灰色。管材连接一般为加热承插式连接和塑料热风焊，弯曲必须加热进行。该管耐腐蚀性较好，易变形老化，机械强度比钢管差，适用于腐蚀性较大的场所的明、暗配。

40.【答案】A

【解析】干燥方法为：外部干燥法（热风干燥法、电阻器加盐干燥法、灯泡照射干燥法）及通电干燥法（磁铁感应干燥法、直流电干燥法、外壳铁损干燥法、交流电干燥法）。

二、多项选择题（共20题，每题1.5分。每题的备选项中，有2个或2个以上符合题意，至少有1个错项。错选，本题不得分；少选，所选的每个选项得0.5分）

41.【答案】BCD

42.【答案】AB

43.【答案】ACD

44.【答案】BCD

【解析】酸性焊条具有较强的氧化性，对铁锈、水分不敏感，焊缝中很少有由氢气引起的气孔，但酸性熔渣脱氧不完全，也不能完全清除焊缝中的硫、磷等杂质，故焊缝金属力学性能较低。

45.【答案】ABD

【解析】这道题的考点是阀门的类别。

阀门的种类很多，但按其动作特点分为两大类，即驱动阀门和自动阀门。驱动阀门是用手操纵或其他动力操纵的阀门，如截止阀、节流阀（针型阀）、闸阀、旋塞阀等，均属这类阀门。自动阀门是借助于介质本身的流量、压力或温度参数发生变化而自行动作的阀门，如止回阀（逆止阀、单流阀）、安全阀、浮球阀、减压阀、跑风阀和疏水器等，均属自动阀门。止回阀属于自动阀门。

46.【答案】AD

47.【答案】ACD

48. 【答案】BCD

49. 【答案】ABC

50. 【答案】AB

51. 【答案】ACD

52. 【答案】ABC

53. 【答案】AB

【解析】本题考点是切割，具体为激光切割的特点。

激光切割是利用激光束把材料穿透，并使激光束移动而实现的无接触切割方法。其切割特点有：切割质量好，切割效率高，可切割多种材料（金属与非金属），但切割大厚板时有困难。随着大功率激光源的改进，将会使其成为今后切割技术的发展趋势。

54. 【答案】ABC

【解析】静电喷涂法是一种将粉末涂料喷涂在工件表面上的处理方法。用高压静电设备（静电喷塑机）把粉末涂料喷涂到工件的表面，在静电作用下，粉末会均匀地吸附在工件表面；粉状涂层经过高温烘烤后流平固化，形成一层致密的效果各异的最终保护涂层，牢固附着在工件表面，涂膜呈现平光或哑光效果。喷塑粉主要有丙烯酸粉末、聚酯粉末等。

静电喷涂工艺的优势：不需稀料，施工对环境无污染，对人体无害；涂层外观质量优异，附着力及机械强度高；喷涂施工固化时间短；涂层耐腐、耐磨；不需要底漆；施工简便，对工人技术要求低；成本低于喷漆工艺。有些施工场合已经明确提出必须使用静电喷涂工艺处理。

55. 【答案】BD

56. 【答案】BC

【解析】往复泵是依靠在泵缸内作往复运动的活塞或塞柱来改变工作室的容积，从而达到吸入和排出液体的目的。往复泵与离心泵相比，有扬程无限高、流量与排出压力无关、具有自吸能力的特点，但缺点是流量不均匀。

57. 【答案】ABD

【解析】螺杆泵的主要特点是液体沿轴向移动，流量连续均匀，脉动小，流量随压力变化也很小，运转时无振动和噪声，泵的转数可高达 18000r/min，能够输送黏度变化范围大的液体。

58. 【答案】ABC

59. 【答案】ABD

60. 【答案】AB

【解析】填充料式熔断器的主要特点是具有限流作用及较高的极限分断能力。用于具有较大短路电流的电力系统和成套配电的装置中。

选做部分

共 40 题，分为两个专业组，考生可在两个专业组的 40 个试题中任选 20 题作答，按所答的前 20 题计分，每题 1.5 分。试题由单选和多选组成。错选，本题不得分；少选，所选的每个选项得 0.5 分。

一、(61~80 题)　管道和设备工程

61.【答案】ABC

62.【答案】B

63.【答案】C

【解析】这道题的考点是管网的形式及其特点。管网按布置形式可分为枝状管网、环状管网和辐射管网。其中枝状管网是呈树枝状布置的管网，是热水管网最普遍采用的形式。布置简单，管道的直径随距热源越远而逐渐减小，基建投资少，运行管理方便。

64.【答案】C

65.【答案】C

66.【答案】A

67.【答案】A

68.【答案】C

69.【答案】B

【解析】大型金属油罐应根据项目特征（名称、材质、容积），按设计图示数量以"座"计算。

70.【答案】AD

71.【答案】C

72.【答案】BD

73.【答案】BD

74.【答案】BCD

75.【答案】ACD

76.【答案】A

77.【答案】BCD

78.【答案】ABC

79.【答案】B

80.【答案】D

二、(81~100 题)　电气和自动化控制工程

81.【答案】ABC

82.【答案】ACD

83.【答案】C

84.【答案】BC

85.【答案】ACD

86.【答案】A

87.【答案】C

88.【答案】B

89.【答案】C

90.【答案】A

91.【答案】AB

92.【答案】A

【解析】如果接入网络的网络终端设备距离较远，首选的设备是中继器（Repeater）。中继器是一种工作在物理层的互连设备，其作用就是一个放大器。它把接收的信号经过整形、放大后输出。中继器的输入和输出端通常连接相同的传输介质，也可以连接不同传输介质。使用中继器互连的网络必须属于同一个网络。

93.【答案】C

94.【答案】A

95.【答案】A

96.【答案】AB

97.【答案】BC

98.【答案】ABC

99.【答案】A

100.【答案】B

模拟题九答案与解析

一、单项选择题（共 **40** 题，每题 **1** 分。每题的备选项中，只有 **1** 个最符合题意）

1. 【答案】C

2. 【答案】B

3. 【答案】A

4. 【答案】B

5. 【答案】A

6. 【答案】D

【解析】氟-46 涂料具有优良的耐腐蚀性能，对强酸、强碱及强氧化剂，即使在高温下也不发生任何作用。耐寒性很好，具有杰出的防污和耐候性，因此可维持 15～20 年不用重涂。故特别适用于对耐候性要求很高的桥梁或化工厂设施，在赋予被涂物美观的外表的同时避免基材的锈蚀。

7. 【答案】B

8. 【答案】A

9. 【答案】D

【解析】自然补偿是利用管道几何形状所具有的弹性来吸收热变形，其缺点是管道变形时会产生横向位移，而且补偿的管段不能很大。

10. 【答案】C

【解析】预制分支电缆，是工厂在生产主干电缆时，按用户设计图纸预制分支线的电缆，分支线预先制造在主干电缆上，分支线截面大小和分支线长度等是根据设计要求决定的。预制分支电缆是高层建筑中母线槽供电的替代产品，具有供电可靠、安装方便、占建筑面积小、故障率低、价格便宜、免维修维护等优点，广泛应用于高中层建筑、住宅楼、商厦、宾馆、医院的电气竖井内垂直供电，也适用于隧道、机场、桥梁、公路等额定电压为 0.6/1kV 配电线路中。预制分支电缆按应用类型分普通型、绝缘型和耐火型三种。

11. 【答案】A

12. 【答案】A

【解析】这道题的考点是焊接接头分类。

对接接头、T 形（十字）接头、搭接接头、角接接头和端接接头五种基本类型都适用于熔焊，一般压力焊（高频电阻焊除外），都采用搭接接头，个别情况才采用对接接头；高频电阻焊一般采用对接接头，个别情况才采用搭接接头；钎焊连接的接头也有多种形式，即搭接接头、T 形接头、套接接头、舌形与槽形接头。

13. 【答案】D

14.【答案】D

15.【答案】A

16.【答案】D

17.【答案】A

18.【答案】B

19.【答案】B

20.【答案】B

21.【答案】C

22.【答案】B

【解析】不锈钢按金相组织和加工工艺可分为铁素体不锈钢、马氏体不锈钢、奥氏体不锈钢、奥氏体-铁素体（双相）不锈钢、沉淀硬化不锈钢五类。现将各类不锈钢的定义和特点简述如下：

① 铁素体不锈钢。基体以体心立方晶体结构的铁素体组织为主，一般不能通过热处理硬化，但冷加工能使其轻微强化。此钢有良好的抗高温氧化能力，在氧化性酸溶液（如硝酸溶液）中有良好的耐蚀性，故其在硝酸和氮肥工业中广泛使用。另外，0Cr13不锈钢在弱腐蚀介质（如淡水）中也有良好的耐蚀性。其缺点是钢的缺口敏感性和脆性转变温度较高，钢在加热后对晶间腐蚀也较为敏感。

② 马氏体不锈钢。基体以畸变体心立方晶体结构的马氏体组织为主，能通过热处理调整其力学性能。此钢具有较高的强度、硬度和耐磨性。通常用于弱腐蚀性介质环境中，如海水、淡水和水蒸气中，以及使用温度小于或等于580℃的环境中；通常也可作为受力较大的零件和工具的制作材料。但由于此钢焊接性能不好，故一般不用作焊接件。

③ 奥氏体不锈钢。基体以面立方晶体结构的奥氏体组织为主，主要通过冷工或氮合金化使其强化。钢中主要合金元素为铬、镍、铁、铝、铟、氮等。此钢具有较高的韧性、良好的耐蚀性、高温强度和较好的抗氧化性，以及良好的压力加工和焊接性能。但是这类钢的屈服强度低。

④ 奥氏体-铁素体（双相）不锈钢。基体兼有奥氏体和铁素体两相组织（其中较少相的含量至少为25%），能通过冷加工使其强化。这类钢的屈服强度约为奥氏体不锈钢的两倍，可焊性良好，韧性较高，应力腐蚀、晶间腐蚀及焊接时的热裂倾向均小于奥氏体不锈钢。

⑤ 沉淀硬化不锈钢。基体以马氏体或奥氏体组织为主，并能通过沉淀硬化（又称时效硬化）处理使其硬（强）化。这类钢的突出优点是经沉淀硬化热处理以后具有较高的强度，耐蚀性优于铁素体不锈钢。它主要用于制造高强度和耐蚀的容器、结构和零件，也可用作高温零件。

23.【答案】C

【解析】转斗式输送机：是一种斗式输送机，可根据需要制造成如C形、Z形、环形等形式，以实现水平和垂直输送物料。料斗能移动至卸料点自动翻转卸出物料，卸料便捷。整个输送机的结构简单，操作维护方便，能够解决既需要垂直提升又需要水平位移的块状、糊状、有毒有害的物料输送，克服现有输送设备效率低、能耗大、卸料点单一等不足。缺点是输送速度较慢、间歇作业。

24.【答案】A

25.【答案】A

26.【答案】C

【解析】罗茨泵，也叫罗茨真空泵。它是泵内装有两个相反方向同步旋转的叶形转子，转子间、转子与泵壳内壁间有细小间隙而互不接触的一种变容真空泵。特点是启动快，耗功少，运转维护费用低，抽速大、效率高，对被抽气体中所含的少量水蒸气和灰尘不敏感，有较大抽气速率，能迅速排除突然放出的气体。广泛用于真空冶金中的冶炼、脱气、轧制，以及化工、食品、医药工业中的真空蒸馏、真空浓缩和真空干燥等方面。

27.【答案】A

【解析】单段煤气发生炉由加煤机、炉主体、清灰装置等组成。它具有产气量大、气化完全、煤种适应性强、煤气热值高、操作简便、安全性能高的优点。缺点是单段式煤气发生炉效率较低，煤焦油在高温下裂解为沥青质焦油，与煤气中的粉尘混杂在一起，容易沉淀在管道内堵塞管道。主要应用于输送距离较短，对燃料要求不高的窑炉及工业炉，如热处理炉、锅炉煤气化改造、耐火材料行业。

28.【答案】C

29.【答案】A

30.【答案】C

31.【答案】B

32.【答案】B

33.【答案】C

34.【答案】A

35.【答案】B

【解析】贮存装置安装，包括存储器、驱动气瓶、支框架、集流阀、容器阀、单向阀、高压软管和安全阀等贮存装置和阀驱动装置、减压装置、压力指示仪等。

36.【答案】C

37.【答案】A

【解析】这道题的考点是电动机的电机安装。装设过载保护装置，保护整定值一般为：采用热元件时，按电动机额定电流的1.1~1.25倍；采用熔丝（片）时，按电机额定电流的1.5~2.5倍。

38.【答案】D

【解析】管子的选择：

（1）电线管：薄壁钢管管径以外径计算，适用于干燥场所的明、暗配。

（2）焊接钢管：分镀锌和不镀锌两种，管壁较厚，管径以公称直径计算，适用于潮湿、有机械外力、有轻微腐蚀气体场所的明、暗配。

（3）硬质聚氯乙烯管：系由聚氯乙烯树脂加入稳定剂、润滑剂等助剂经捏合、滚压、塑化、切粒、挤出成型加工而成。主要用于电线、电缆的保护套管等。管材长度一般为4m/根，颜色一般为灰色。管材连接一般为加热承插式连接和塑料热风焊，弯曲必须加热进行。该管耐腐蚀性较好，易变形老化，机械强度比钢管差，适用于腐蚀性较大的场所的明、暗配。

（4）半硬质阻燃管：也叫 PVC 阻燃塑料管，由聚氯乙烯树脂加入增塑剂、稳定剂及阻燃剂等经挤出成型而得，用于电线保护，一般颜色为黄色、红色、白色等。管道连接采用专用接头抹塑料胶后粘结，管道弯曲自如无须加热，成捆供应，每捆 100m。该管刚柔结合、易于施工，劳动强度较低，质轻，运输较为方便，已被广泛应用于民用建筑暗配管。

39.【答案】D

【解析】金属导管：

（1）钢导管不得采用对口熔焊连接；镀锌钢导管或壁厚小于或等于 2mm 的钢导管，不得采用套管熔焊连接。

（2）金属导管应与保护导体可靠连接，并应符合下列规定：

1）镀锌钢导管、可弯曲金属导管和金属柔性导管不得熔焊连接。

2）当非镀锌钢导管采用螺纹连接时，连接处的两端应熔焊焊接保护联结导体。

3）镀锌钢导管、可弯曲金属导管和金属柔性导管连接处的两端宜采用专用接地卡固定保护联结导体。

4）机械连接的金属导体，管与管、管与盒（箱）体的连接配件应选用配套部件，其连接应符合产品技术文件要求。

5）金属导管与金属梯架、托盘连接时，镀锌材质的连接端宜用专用接地卡固定保护联结导体，非镀锌材质的连接处应熔焊焊接保护联结导体。

6）以专用接地卡固定的保护联结导体应为铜芯软导线，截面面积不应小于 4mm²；以熔焊焊接的保护联结导体宜为圆钢，直径不应小于 6mm，其搭接长度应为圆钢直径的 6 倍。

40.【答案】B

二、多项选择题（共 20 题，每题 1.5 分。每题的备选项中，有 2 个或 2 个以上符合题意，至少有 1 个错项。错选，本题不得分；少选，所选的每个选项得 0.5 分）

41.【答案】AB

【解析】镁及镁合金的主要特性是密度小、化学活性强、强度低。但纯镁一般不能用于结构材料。虽然镁合金相对密度小，且强度不高，但它的比强度和比刚度却可以与合金结构钢相媲美，镁合金能承受较大的冲击、振动荷载，并有良好的机械加工性能和抛光性能。其缺点是耐腐蚀性较差、缺口敏感性大及熔铸工艺复杂。

42.【答案】BC

43.【答案】AD

【解析】聚丁烯管主要用于输送生活用的冷热水，该管具有很高的耐温性、耐久性、化学稳定性，无味、无毒、无臭，温度适用范围是 -30~100℃，具有耐寒、耐热、耐压、不结垢、寿命长（可达 50~100 年）的特点，且耐老化性能强。

工程塑料管用于输送饮用水、生活用水、污水、雨水，以及化工、食品、医药工程中的各种介质。目前还广泛用于中央空调、纯水制备和水处理系统中的各用水管道，但该管道对于流体介质温度一般要求小于 60℃。

耐酸酚醛塑料管，耐酸酚醛塑料是一种具有良好耐腐蚀性和热稳定性的非金属材料，是用热固性酚醛树脂为胶粘剂，耐酸材料如石棉、石墨等作填料制成。它用于输送除氧化性酸（如硝酸）及碱以外的大部分酸类和有机溶剂等介质，特别能耐盐酸、低浓度和中等浓度硫酸的腐蚀。

44.【答案】ABC

【解析】生漆（也称大漆），具有耐酸性、耐溶剂性、抗水性、耐油性、耐磨性和附着力很强等优点。缺点是不耐强碱及强氧化剂，漆膜干燥时间较长，毒性较大，施工时易引起人体中毒。生漆的使用温度约150℃，生漆耐土壤腐蚀，是地下管道的良好涂料，生漆在纯碱系统中也有较多的应用。

漆酚树脂漆，它改变了生漆的毒性大、干燥慢、施工不便等缺点，但仍保持生漆的其他优点，适用于大型快速施工的需要，广泛应用在化肥、氯碱生产中，防止工业大气如二氧化硫、氨气、氯气、氯化氢、硫化氢和氧化氮等气体腐蚀，也可作为地下防潮和防腐蚀涂料，但它不耐阳光紫外线照射，应用时应考虑用于受阳光照射较少的部位。

沥青漆，它在常温下能耐氧化氮、二氧化硫、三氧化硫、氨气、酸雾、氯气、低浓度的无机盐和浓度40%以下的碱、海水、土壤、盐类溶液以及酸性气体等介质腐蚀。但不耐油类、醇类、脂类、烃类等有机溶剂和强氧化剂等介质腐蚀。

三聚乙烯防腐涂料，该涂料广泛用于天然气和石油输配管线、市政管网、油罐、桥梁等防腐工程。具有良好的机械强度、电性能、抗紫外线、抗老化和抗阳及剥离等性能，防腐寿命可达到20年以上。

45.【答案】BCD

【解析】环连接面型法兰专门与用金属材料加工成八角形或椭圆形的实体金属垫片配合，实现密封连接。由于金属环垫可以依据各种金属的固有特性来选用，因而这种密封面的密封性能好，对安装要求也不太严格，适合于高温、高压工况，但密封面的加工精度较高。

46.【答案】ACD

【解析】绝缘导线选用时注意：

（1）铜芯电线被广泛采用。相较于铝芯电线，铜芯电线有较多的优势，如电阻率低、导电性能好、电压损失低、能耗低；载流量大，适合应用在用电量大的地方；强度高，能够适应高温环境，抗疲劳，稳定性高，具有更好的耐腐蚀性；发热温度低，在同样的电流下，同截面的铜芯电缆的发热量比铝芯电缆小得多，使得运行更安全等。因此，国家已明令在新建住宅中应使用铜导线。

虽然铝芯电线的性能不及铜芯电线，但铝芯电线也有价格低廉、重量轻等优势，此外铝芯在空气中，能很快生成一层氧化膜，防止电线后续的进一步氧化，特别适合用于高压线和大跨度架空输电。

（2）塑料绝缘电线（BV型）基本替代了橡皮绝缘电线（BX型）。由于橡皮绝缘电线生产工艺比塑料绝缘电线复杂，且橡皮绝缘的绝缘物中某些化学成分会对铜产生化学作用，虽然这种作用轻微，但仍是一种缺陷。塑料绝缘电线由于绝缘性能良好，价格较低，无论明设或穿管敷设均可替代橡皮绝缘线。但由于塑料绝缘线不能耐高温，绝缘容易老化，所以塑料绝缘电线不宜在室外敷设。

（3）RV 型、RX 型铜芯软线主要用在需柔性连接的可动部位。

（4）铜芯低烟无卤阻燃交联聚烯烃绝缘电线，在火灾时低烟、低毒、不含卤素，适宜于高层建筑内照明及动力分支线路使用。

（5）在架空配电线路中，按其结构形式一般可分为高、低压分相式绝缘导线，低压集束型绝缘导线，高压集束型半导体屏蔽绝缘导线，高压集束型金属屏蔽绝缘导线等。

47.【答案】ABC

48.【答案】ABD

49.【答案】BCD

50.【答案】CD

51.【答案】BC

52.【答案】ABC

【解析】需要化学清洗（酸洗）的管道，其清洗范围和质量要求应符合设计文件的规定。对管道内壁有特殊清洁要求的，如液压、润滑油管道的除锈可采用化学清洗法。实施要点如下：

（1）当进行管道化学清洗时，应将无关设备及管道进行隔离。

（2）化学清洗液的配方应经试验鉴定后使用。

（3）管道酸洗钝化应按脱脂、酸洗、水洗、钝化、无油压缩空气吹干的顺序进行。当采用循环方式进行酸洗时，管道系统应预先进行空气试漏或液压试漏检验合格。

（4）化学清洗后的管道以目测检查，内壁呈金属光泽为合格。

（5）对不能及时投入运行的化学清洗合格的管道，应采取封闭或充氮保护措施。

53.【答案】ABC

【解析】螺杆式冷水机组，兼有活塞式制冷压缩机和离心式制冷压缩机二者的优点。优点：结构简单，体积小、重量轻，运动部件少，易损件少，寿命长；运行比较平稳，低负荷运转时无喘振现象；单级压缩比大，管理方便，可以在 15%～100% 范围内对制冷量进行无级调节，在低负荷时能效比较高，节电显著；对湿冲程不敏感。缺点：加工工艺和装配精度要求严格，润滑系统较复杂，耗油量比活塞式大，初投资费用比活塞式高；单机容量比离心式小，转速比离心式低，大容量机组噪声比离心式高。

54.【答案】CD

【解析】示教型焊接机器人通过示教，记忆焊接轨迹及焊接参数，并严格按照示教程序完成产品的焊接。只需一次示教，便可以精确重现示教的每一步操作，这类焊接机器人的应用较为广泛，适宜于大量生产，主要用于流水线的固定工位上，但对环境的应变能力较差。

智能型焊接机器人可以根据控制指令自动确定焊缝的起点、空轨迹及有关参数，并能根据实际情况自动跟踪焊缝、焊机姿态、调整焊接参数、控制焊接质量。具有灵巧、轻便、容易移动等特点，能适应不同结构、不同点的焊接任务。

55.【答案】CD

56.【答案】ABC

57.【答案】ABC

【解析】

活塞式与透平式压缩机性能比较

活塞式	透平式
1. 气流速度低、损失小、效率高。	1. 气流速度高、损失大。
2. 压力范围广，从低压到超高压范围均适用。	2. 小流量，超高压范围不适用。
3. 适用性强，排气压力在较大范围内变动时，排气量不变。同一台压缩机还可用于压缩不同的气体。	3. 流量和出口压力变化由性能曲线决定，若出口压力过高，机组则进入喘振工况而无法运行。
4. 除超高压压缩机，机组零部件多用普通金属材料。	4. 旋转零部件常用高强度合金钢。
5. 外形尺寸及重量较大，结构复杂，易损件多，排气脉动性大，气体中常混有润滑油	5. 外形尺寸及重量较小，结构简单，易损件少，排气均匀无脉动，气体中不含油

58.【答案】ACD

【解析】风机运转时，应符合以下要求：①风机运转时，以电动机带动的风机均应经一次启动立即停止运转的试验，并检查转子与机壳等确无摩擦和不正常声响后，方得继续运转（汽轮机、燃气轮机带动的风机的启动应按设备技术文件的规定执行）；②风机启动后，不得在临界转速附近停留（临界转速由设计确定）；③风机启动时，润滑油的温度一般不应低于25℃，运转中轴承的进油温度一般不应高于40℃；④风机启动前，应先检查循环供油是否正常，风机停止转动后，应待轴承回油温度降到小于45℃后，再停止油泵工作；⑤有启动油泵的机组，应在风机启动前开动启动油泵，待主油泵供油正常后才能停止启动油泵；风机停止运转前，应先开动启动油泵，风机停止转动后应待轴承回油温度降到45℃后再停止启动油泵；⑥风机运转达额定转速后，应将风机调理到最小负荷（罗茨、叶氏鼓风机除外）进行机械运转至规定的时间，然后逐步调整到设计负荷下检查原动机是否超过额定负荷，如无异常现象则继续运转至所规定的时间为止；⑦高位油箱的安装高度，以轴承中分面为基准面，距此向上不应低于5m；⑧风机润滑油冷却系统中的冷却水压力必须低于油压。

59.【答案】BD

60.【答案】ACD

选做部分

共40题，分为两个专业组，考生可在两个专业组的40个试题中任选20题作答，按所答的前20题计分，每题1.5分。试题由单选和多选组成。错选，本题不得分；少选，所选的每个选项得0.5分。

一、(61~80题)　管道和设备工程

61.【答案】D

62.【答案】D

63.【答案】ABD

64.【答案】B

65. 【答案】B

66. 【答案】C

67. 【答案】BC

68. 【答案】BC

69. 【答案】C

70. 【答案】C

71. 【答案】B

72. 【答案】AD

73. 【答案】B

【解析】不锈钢管焊接一般可采用手工电弧焊及氩弧焊。为确保内壁焊接成型、平整光滑，薄壁管可采用钨极惰性气体保护焊，壁厚大于 3mm 时，应采用氩电联焊。

74. 【答案】A

75. 【答案】CD

76. 【答案】BCD

77. 【答案】B

78. 【答案】ACD

79. 【答案】ACD

80. 【答案】B

二、（81~100 题）电气和自动化控制工程

81. 【答案】B

【解析】高压负荷开关与隔离开关一样，具有明显可见的断开间隙。具有简单的灭弧装置，能通断一定的负荷电流和过负荷电流，但不能断开短路电流。

断路器可以切断工作电流和事故电流，负荷开关能切断工作电流，但不能切断事故电流，隔离开关只能在没电流时分合闸。送电时先合隔离开关，再合负荷开关；停电时先分负荷开关，再分隔离开关。

82. 【答案】D

83. 【答案】AC

84. 【答案】B

85. 【答案】C

86. 【答案】ABC

87. 【答案】C

88. 【答案】BD

89. 【答案】D

90. 【答案】CD

91. 【答案】BD

92. 【答案】D

93. 【答案】BD

94. 【答案】B

95.【答案】B

96.【答案】B

97.【答案】B

98.【答案】A

【解析】系统集成中心（SIC）应具有各个智能化系统信息汇集和各类信息综合管理的功能，汇集建筑物内外各类信息，接口界面标准化、规范化，以实现各子系统之间的信息交换及通信；对建筑物各个子系统进行综合管理；对建筑物内的信息进行实时处理，并且具有很强的信息处理及信息通信能力。

99.【答案】D

100.【答案】C